CIM关键技术开发与城市大数据治理

修文群 著

清华大学出版社
北京

内 容 简 介

本书聚焦于 CIM（城市信息模型）建设中的技术挑战与应用难点，通过融合 3D GIS、BIM 与 IoT 技术，探索并开发了一系列关键技术与产品。首先，通过 BIM/IoT 超轻量化处理与 3D GIS 有效集成，建立城市级 CIM 搜索引擎；其次，基于摘要化、空间化、语义化处理并结合深度学习等 AI 技术，开发了三维视频地图；第三，结合 AR/VR，在 UNITY 中导入 BIM 与 IoT 数据，探索数字孪生开发应用；第四，针对互联网虚拟空间管理，建立虚实一体化三维赛博地图。

本书采用 CESIUM、REVIT、UNITY 等主流软件，进行了孪生楼宇 AR 火灾应急、地铁人员 VR 疏散模拟等多项工程实践，开发了全球互联网空间定位等系列产品专利，针对 CIM 建设提供务实、高效的解决方案与可操作指南。

本书适合智慧城市规划建设与管理者，城市信息化开发与工程实施人员，地理信息、规划设计、建筑工程、设施监测、工业控制、城市安全等大中专院校师生与科研人员，以及 GIS、BIM、IoT、数字孪生等方向技术爱好者。

版权所有，侵权必究。举报：010-62782989，beiqinquan@tup.tsinghua.edu.cn。

图书在版编目(CIP)数据

CIM关键技术开发与城市大数据治理 / 修文群著.
北京：清华大学出版社，2025. 4. -- ISBN 978-7-302-68618-7
Ⅰ. TU984
中国国家版本馆CIP数据核字第2025EU2771号

责任编辑：申美莹
封面设计：杨玉兰
版式设计：方加青
责任校对：胡伟民
责任印制：丛怀宇

出版发行：清华大学出版社
网　　址：https://www.tup.com.cn，https://www.wqxuetang.com
地　　址：北京清华大学学研大厦A座　　邮　　编：100084
社 总 机：010-83470000　　邮　　购：010-62786544
投稿与读者服务：010-62776969，c-service@tup.tsinghua.edu.cn
质 量 反 馈：010-62772015，zhiliang@tup.tsinghua.edu.cn
印 装 者：大厂回族自治县彩虹印刷有限公司
经　　销：全国新华书店
开　　本：170mm×240mm　　印　　张：23.25　　字　　数：620千字
版　　次：2025年5月第1版　　印　　次：2025年5月第1次印刷
定　　价：99.00元

产品编号：099574-01

前　言

本书针对当前 CIM 建设热潮中诸多技术挑战与应用难点，以产业化、社会化为导向，以 3D GIS 为集成平台，以 BIM/IoT 超轻量化为必要手段，开发了 CIM 搜索引擎、视频地图、赛博地图、孪生楼宇、AR/VR 等一系列关键技术与产品，服务于城市大数据综合治理。

本书内容包括：①通过 BIM/IoT "参数＋语义"超轻量化处理，融合 3D GIS，建立城市级 CIM 目录索引与搜索引擎，实现 CIM 构件高效查询与定位导航；②基于深度学习，对海量监控视频开展空间标定、语义识别与轨迹提取，添加热点标签，开发三维视频地图，使地图逻辑从静态走向动态；③在 Unity 中导入 BIM 模型与 IoT 数据，开发动态场景，进行分析模拟，结合 AR/VR 探索数字孪生，实现监测诊断与仿真优化；④针对赛博虚拟空间管理，拓展 IP，增加经纬度与高程，开展网络对象与资源空间测绘，建立虚实一体化三维赛博地图，使互联网成为新一代全球定位系统。

本书结合 CIM 主流软件 "GIS：Cesium｜BIM：Revit｜IoT：Unity"开发了城市风险治理 CIM 一张图、三维视频地图、三维赛博地图、CIM 搜索引擎、互联网空间定位、"多媒体＋灯光秀"室内指引、二维码室内导航等专利产品，以此为基础，进行了孪生楼宇 AR 火灾应急、地铁人员 VR 疏散模拟、占道施工 AR 辅助挖掘等工程实践，为 CIM 开发者与应用者提供了务实解决方案与可操作指南。

在 CIM 实施策略方面，本书提出了：借鉴互联网地图成功经验，开发城市级 CIM 目录索引与搜索引擎；借鉴城市网格化管理成功经验，推动 CIM 集约开发与规模应用；借鉴区块链成功经验，建立 CIM "区域自治＋安全共享"产业化机制。

参与本书撰写工作的有修文群、戴明良、李晓明、齐文光、汪驰升、王新雨等，深圳城市公共安全技术研究院、深圳大学建筑规划学院提供了大力支持，本书学习借鉴了国内外同行诸多先进成果（可以扫描下方二维码获取参考文献），在此致以衷心感谢。

参考文献

本书读者对象包括智慧城市规划建设与管理者，城市信息化系统开发人员与工程实施人员，地理信息、规划设计、建筑工程、设施监测、工业控制、城市安全等大专院校师生与科研人员，以及 GIS、BIM、IoT、数字孪生等方向技术爱好者。

作者

2025 年 1 月

目 录

第 1 章 CIM 关键技术与实施策略 　　1
1.1 CIM 关键技术开发 　　3
1.2 借鉴网格化管理经验，推动 CIM 集约开发与规模应用 　　7
1.3 基于区块链技术的 CIM 开发应用 　　11

第 2 章 BIM 超级轻量化 　　16
2.1 BIM 模型轻量化编程实现 　　17
2.2 模型属性数据轻量化示例 　　21

第 3 章 视频轻量化与三维视频地图 　　53
3.1 基于 3D GIS 监控视频集成管理与目标搜索关键技术 　　53
3.2 基于 3D GIS 监控视频动态目标空间标定关键技术 　　60
3.3 基于城市天际线的遥感视频生产与交通信息提取 　　68
3.4 基于视频深度学习的密集人群安全监测 　　78
3.5 城市全景视频热点标签交互技术 　　85
3.6 三维视频地图专利组 　　90

第 4 章 互联网空间定位与三维赛博地图 　　99
4.1 基于 IP 测绘与 GIS 拓展的互联网空间定位系统 　　99
4.2 "虚拟 - 现实"一体化 3D CyberGIS 　　108
4.3 互联网新型全球空间定位系统专利组 　　114

第 5 章 CIM 搜索引擎开发 　　121
5.1 总体设计 　　121
5.2 关键技术与功能模块 　　123
5.3 基础平台搭建集成 　　131
5.4 主体功能开发 　　138

第 6 章　CIM 数字孪生开发　　161

　　6.1　孪生城市 IoT 设备　　162
　　6.2　主流孪生方案及其 IoT 工具　　163
　　6.3　常用物联网通信协议　　166
　　6.4　Unity 与 IoT 连接方式　　170
　　6.5　孪生楼宇实施案例　　180

第 7 章　基于 CIM 的 AR/MR 开发应用　　220

　　7.1　基于 SLAM+ 定位二维码的室内逃生指引系统　　221
　　7.2　基于 BIM+AR 的占道开挖辅助施工系统　　231
　　7.3　基于 HoloLens MR 的三维电子沙盘　　242

第 8 章　城市安全大数据综合治理综述　　251

　　8.1　建立大数据联席会议机制，推进城市安全综合治理　　251
　　8.2　以大数据 CIM 一张图为核心，建立公共安全综合治理新模式　　253
　　8.3　建立闭环，提升质量，推动城市风险评估治理一体化　　256
　　8.4　升级大数据呼叫中心，推动城市安全群防群治　　261
　　8.5　宏观灾害大数据情景构建与应急优化　　264

第 9 章　城市风险治理 CIM 一张图　　267

　　9.1　系统概述　　268
　　9.2　开发路线　　270
　　9.3　程序实现　　272
　　9.4　创新之处　　280
　　9.5　风险治理 CIM 一张图版本迭代与功能实现　　282
　　9.6　城市风险隐患举报微信公众号　　296

第 10 章　基于 CIM 的高层楼宇火灾应急仿真　　302

　　10.1　事故类型选定与模拟情景设计　　303
　　10.2　模拟系统关键技术　　305
　　10.3　楼宇灾害情景演化　　311
　　10.4　全景视频 VR 逃生模拟　　318
　　10.5　基于 Pathfinder 的高层楼宇疏散模拟　　323

第 11 章 基于 CIM 的地铁人员模拟疏散 329

11.1 系统功能设计 330
11.2 事故情景设定 331
11.3 静态事故场景构建 331
11.4 VR 事故场景构建 336
11.5 人员模拟疏散功能实现 346

第 1 章
CIM 关键技术与实施策略

2020 年 3 月，习近平总书记考察杭州城市大脑运营中心时指出，"运用大数据、云计算、区块链、人工智能等前沿技术推动城市管理手段、管理模式、管理理念创新，从数字化到智能化再到智慧化，是推动城市治理体系和治理能力现代化的必由之路"。

城市信息模型（city information modeling，CIM）：以三维地理信息系统（3D geographic information system，3D GIS）、建筑信息模型（building information sytem，BIM）、物联网（Internet of things，IoT）等为基础，整合城市地上地下、室内室外、历史现状未来等多源信息模型和城市感知数据，构建起多维城市信息有机体，进而开展城市规划、建造、管理、服务的过程。CIM 核心技术还包括数字孪生、区块链、人工智能（artifical intelligence，AI）、增强现实/虚拟现实（augmented reality/virtual reality，AR/VR）等。

CIM 是"宏观 GIS+ 微观 BIM+ 动态 IoT"数据应用的结合。GIS 与 BIM 提供不同尺度对象时空管理与可视化分析功能，IoT 将人车物能等实时信息流反馈其中，实现数字孪生，再通过数据转换、融合共享与搜索引擎等关键技术，实现城市全要素、高精度、海量大数据高效利用。以 CIM 为核心架构，全方位融合人口、房屋、交通、安防、生命线等业务系统，可实现跨地域感知、跨系统集成、跨部门共享，提升城市信息化综合治理能力。

当前 CIM 建设的最大挑战，莫过于如何行之有效地承载城市海量时空大数据，真正实现"GIS+BIM+IoT"产业化、社会化应用。CIM 成为生产力，其前提是数据高效管理、深度共享与便捷利用。CIM 从"CAD+GIS"二维抽象描述阶段，发展到"BIM+IoT+AR/VR"对等还原乃至人为复杂化阶段，造成了"摩尔悖论"：数据产量严重超出处理能力，导致数据过载与信息失真，不得不通过周期性数据销毁来保证存储空间。CIM 在个案设计、施工、运维上取得了良好成果，但在规模化应用上，仍存在难以逾越的巨大障碍，在新数据结构或新芯片革命尚未到来之际，怎样因地制宜突破"大数据-低效能"困境？

具体而言，构建城市级 CIM、数字孪生乃至元宇宙，是走"逻辑化抽象＋分布式计算"路线，还是走"真实感渲染＋集中式存储"路线？按照通俗思路，1∶1 还原现实世界，必将海量吞噬计算资源，造成信息过载与浪费，非最佳解决方案。现阶段 CIM 目标显然不是"美学"，而是实用性。CIM 开发建设，应实行减法策略与变通之道，充分发掘城市现有信息处理能力，满足社会化应用的刚需。

综上所述，CIM 建设与应用，不能重走"形象工程、超前消费"之路，有必要辩证借鉴 IT 进化史，参考互联网成功应用范例，实事求是选择创新点，将关键技术开发与管理思想创新有机结合，开展"网格化管理+区块链运营"，建立 CIM 搜索引擎，实现快速查询与便捷共享，使 CIM 大数据真正实现可管可用、产业循环。围绕上述目的，本书技术体系与逻辑架构如表 1-1 所示，提出的 CIM 关键技术开发内容如下。

（1）CIM 数据超轻量化，针对 BIM 模型，采用"中心坐标+时间戳+关键属性"参数化抽象方案；针对视频（video）等 IoT 数据中的动态目标，采取"坐标化+矢量化+语义化"抽象方案。在保持对象唯一性与特征有效性前提下，最大限度压缩 CIM 数据量。

（2）借鉴互联网地图技术，建立城市级 CIM 目录索引与搜索引擎，实现 CIM 构件快速查询与精准定位，使 CIM 大数据具备可管性、实用性，降低技术门槛与经济成本，扩大用户对象与使用范围，为城市级、社会化服务提供有效支撑。

（3）数字孪生领域，在静态精细化建模（Revit+3ds Max）基础上，注重动态数据加载与功能开发，以孪生楼宇为案例，以 Unity 3D 为集成平台，将 IoT 数据（人、车、水、视频等）实时接入 BIM 中，建立全要素镜像，实现动静一体化查询定位与可视分析。

（4）围绕城市视频监控大数据，进行视频标定、视频分析、目标矢量化，语义化提取，在建立轻量化索引基础上，进一步开展热点标注，形成三维视频地图，将动态视频集成于 3D GIS 管理体系之中。

（5）在 AR/VR 方面，通过 HoloLens、Unity 3D 等进行二次开发，加载 3D GIS、BIM、SLAM、全景视频等，进行"多媒体+灯光秀"室内逃生 AR 智能指引、多人协同 AR 电子沙盘与全景视频 VR 应急预案等探索性研究。

（6）在 AI 方面，采用深度学习卷积模型开展视频分析，监测预警人群异常行为。

（7）在赛博空间管理方面，开展互联网资源测绘与标定，扩充 IP 字段，增加经纬度属性，建立以"经纬度+IP 地址"为三维坐标的新型全球互联网空间定位系统，实现网络空间要素与现实空间动态连接与双向检索。拓展 3D GIS 数据结构，增加网络维度与虚拟属性，建立网络对象、资源、行为、关系的 IP 数据库，将现实空间经纬度、网络空间维度（IP 地址）及其虚拟属性（如网名、域名、邮件、微信、微博等）集成于统一管理体系，通过三维赛博地图（cyber map），实现"虚拟-现实"一体化定位搜索与动态监控。

表1-1 本书技术体系与逻辑架构

CIM 关键技术	BIM 轻量化	视频 轻量化	CIM 搜索引擎	IoT 数字孪生	AR/VR 地理沉浸	AI 辅助编程	IP 空间定位	IP 三维显示
CIM 建设策略	网格化管理 （grid management）				区块链模式 （blockchain mode）			
CIM 专利技术	全球互联网空间定位系统（global internet spatial positioning system）， 三维视频地图，三维赛博地图，室内定位导航							
CIM 产品开发	风险治理 CIM 一张图	VideoMAP 视频地图	CyberMAP 赛博地图	CIM 搜索引擎	全球互联网 空间定位系 统	"多媒体+ 灯光秀" 室内指引		二维码 室内导航
CIM 应用实践	BIM+IoT+GIS+AR 孪生楼宇			BIM+SLAM+VR 地铁应急			BIM+GIS+AR 道路挖掘	

与关键技术相匹配，本书提出以下 CIM 实施策略。

（1）借鉴互联网地图成功应用经验，以复杂 CIM"参数化、坐标化、矢量化、语义化"处理为前提，开发城市级 CIM 目录索引与搜索引擎，对海量 CIM 构件开展基于时空属性的查询与定位，获得其权属信息及网络连接，整合政、企、民多方资源，统筹城市级 CIM 大数据协同共享与产业应用。

（2）借鉴城市网格化管理的成功应用经验，推动 CIM 集约开发与规模应用。CIM 构件及事件数据量大、动态性强、复杂度高，CIM 产业化、社会化首当其冲面临大数据降维、可操作难题。网格化管理将辖区划分成若干网格单元，分而治之，由管理员对分管单元开展全时空监控，实现了分层分级、人机协同优化管理，对 CIM 开发应用具有重要启示。

（3）借鉴区块链成功应用经验，探索建立城市 CIM 大数据"区域自治＋安全共享"产业化机制，解决算力、产权、保密、记账、追溯、激励等难题，形成基于"信用＋权益"的 CIM 大数据共享、流通、增值模式。

1.1　CIM 关键技术开发

1.1.1　CIM 发展现状与挑战

CIM 精度越来越高，体量越来越大，主流信息技术能否有效处理，已成为当下 CIM 可持续发展的关键点。纵观 IT 发展史，CAD、GIS 伴随计算机软件、硬件，经历了漫长迭代升级过程而走向成熟，这同样也是 CIM 必经之路。30 多年来，Wintel 体系无颠覆性革命，摩尔定律似乎已到尽头。CIM 建设应用，首先必须评估投入产出比：系统数据量增加了多少倍？算力提升了多少倍？经济回报率处于何种状态？上述难题若不能有效破解，则 CIM 困境将长期存在下去。从战略规划与技术实施出发，如果没有城市级 CIM 目录索引与搜索引擎，则无法开展便捷化、社会化的应用，CIM 发展只能重复监控视频的老路，被动应对、人工调用，用于事后存档与简单取证。

城市 CIM 数据已经达到零部件级的精细描述、毫秒级的动态采样频率。面对如此大规模、精细化、实时性数据，如何有效生产、存储和更新？如何高效精准应用？一个单体建筑的 BIM 三维构件有几百万个，数据量可高达几百吉字节（GB），由此扩展到城市级，数据种类更多样，迭代速度更快，数据量更急剧增长。因此 CIM 开发应用必须解决海量异构大数据可用性问题，包括轻量化、优化存储、快速查询等。

基于上述原因，当前 CIM 开发应用难，社会化推广任重道远，CIM 项目投入大产出少，经济效益不明显，根本原因在于技术超前性还是人为复杂化？CIM 技术门槛高、复杂量大，受制于软件、硬件消耗，人力与资金投入，信息融合与流程再造成本，以及不确定性等因素，短时间内难有突破，中小城市、中小企业力不从心。而对于投入巨大、初建成型的 CIM 工程，面对后期数据更新、产业协同与社会推广，往往短板效应突出，整体质量不佳，难实现理想目标。总之，数据量超出了计算能力，产生 IT 异化现象，导致规模不经济，在新信息技术革命来临之前，CIM 发展注定要经历漫长的等待期。

1.1.2 以 3D GIS 为平台建立 CIM 管理架构

当前 CIM 实施基本思路，是将 BIM 与 IoT 数据经有效转换后，集成到 GIS 体系中，以 BIM 提升 GIS 地下、室内、部件微观管理能力，以 IoT 补充 GIS 动态管理能力，实现基于"地图查询+三维导航"的城市级全时空应用场景，支持 AR/VR，提供身临其境浏览互动。在 CIM 应用方向上，科研、工程、政务侧重不同，在效率性、复杂性、专业性等方面各有取舍，但目录索引与搜索引擎为统一核心功能，以此为基础，进一步融合游戏技术，塑造数字孪生（动态化+交互化）+元宇宙（虚拟人+业务化）的生态。

以 3D GIS 为集成平台，为 CIM 建设提供：二三维一体化基础底图和统一坐标系；CIM 异构数据间相互连接；空间分析与大规模管理能力。3D GIS 支持多源坐标转换，可实现倾斜摄影、激光点云、卫星雷达、DEM、BIM、IoT 等数据融合匹配。

GIS-BIM 支持城市全场景一体化显示、快速查询与统计分析，其数据融合方式有两种：通过开发插件将 BIM 数据转换到 GIS 中；通过中间数据如 IFC、OBJ、FBX、GIFF 等实现交互。BIM 数据导入 GIS 平台后，可实现轻量化，包括实例化存储、多细节层次及批次绘制等。

另外，通过 GIS 实现 IoT 数据动态汇聚，提供多样化实时计算、分析挖掘和动态可视化能力。GIS-IoT 支持多终端多协议传感信息接入，包括监控视频、手机信令、工业控制、GPS/北斗、射频识别（RFID）、数据采集与监控（SCADA）等。支持监测目标态势感知和历史分析，包括监测信息读取统计、位置追踪、状态判定等。

关键问题在于：以当前 GIS 技术能力，能否维持城市级 CIM 大数据库与一体化平台？能否有效管理 BIM 复杂构件与 IoT 动态目标？答案并不乐观。因而有必要借鉴、采用区块链自治性、分布式管理策略，在各 CIM 数据所有者之间形成传输共享调用机制。一方面将源数据存储于所有者系统中，另一方面将目录索引动态更新于中枢门户，建立 CIM 搜索引擎，向政、企、民用户提供高速、简捷、通用式门槛服务，以获得 CIM 数据的基本状况，包括是否存在、身处何处、由谁所有、如何调用。正如手机地图之所以能够突破传统 GIS 局限、获得社会化普及，原因在于其简化与实用，可快速提供全市范围地名检索与路线匹配，这同样应为当今 CIM 建设核心目的，即对全市时空大数据开展集约化管理，进行快速查询与统计分析，提供大规模群体式服务，为进一步实现复杂应用提供导航指引。

1.1.3 BIM 超级轻量化

BIM 轻量化即"通过逻辑抽象，把握模型结构与行为本质，最大限度去除冗余，压缩数据量"。BIM 参数化与实体化的差别如同矢量与栅格数据，当处于不同状况时（针对微观研究与个体工程时、面向宏观模拟与群体治理时、算力充足时、数据量远超处理能力时），应因地制宜，采取不同对策。BIM 模型由几何信息与属性信息组成，后者轻量化方法简单，只要将其压缩为 DB、XML、JSON、CSV 或 TXT 文件。

BIM 几何轻量化方法包括①参数化，采用参数或三角化描述，降低三维几何数据规模；②减面优化，使用三角网简化功能，删除模型中多余或重叠的点面，减少构件三角面片数；③实例化图元描述，对 BIM 模型中形状相同但位置或角度不同的构件，采用相似性算法进行合并，只记录其空间坐标即可。当前市场上 BIM 数据格式不同，厂商均未公开其文件结构，读取某类 BIM 模型完整信息，必须依赖于相关软件，通过安装转换工具或插件，转换为标准格式或其他格式。

本书提出 BIM 超级轻量化解决方案：以 Revit 为例，通过 API 二次开发、第三方插件转换、IFC 文件直接提取方式，获取"BIM 构件中心点坐标 + 内部 ID+ 时间戳 + 核心属性（名称、权属、联系人等）"，进行坐标转换，在保持构件唯一性前提下，最大限度减少非必要信息，压缩数据量，服务于建立 CIM 目录索引与搜索引擎。

具体操作如下：通过创建 Revit API，结合 C#、VS 开发工具，获取构件包围盒（bounding box）中心点和构件质心（centroid），进一步取得中心点坐标值及构件 ID 等属性值，将信息导出为 XLSX、CSV 等格式；或者在 Python、Dynamo 可视化插件环境下，直接获取 BIM 构件中心点坐标值及 ID 等属性值，将属性信息导出为 XML、JSON 等格式。

1.1.4 视频数据 GIS 化管理

当前，我国各类监控摄像机已达数亿规模，随着覆盖广度、密度增加，精度提高，视频数据获取量已远远超出处理能力，信息过载导致监控效率下降，必须通过"边缘计算 + 摘要处理"提升信息价值，通过 AI 取代人工操作，实现视频对象快速检索与定位追踪，关键技术包括以下三项。

视频结构化处理：对视频内容按语义关系，采用时空分割、特征提取、对象识别等手段，处理成为可供理解的文本信息，包括目标、形状、大小、颜色、坐标、种类、时间、速度、轨迹等，把海量视频中有用信息提取出来，减轻带宽压力，降低存储容量。

视频语义提取：基于运动目标，开展行为分析。通过前景提取、目标跟踪等方法，消解静态背景，提取目标元数据信息，包括目标轨迹、大小、颜色、类型、时间等类型，形成元数据表。

动态目标搜索：输入类型、颜色、大小、区域以及轨迹等特征信息，搜索元数据表，返回对应值。根据查询结果和轨迹信息（以 x，y，width，high，time 序列表示），获取轨迹中目标点时间戳，抓取相关帧，将元数据表中记录的目标轨迹叠加到对应帧上并截图存储。

以上述关键技术为基础，本书提出针对监控视频的 GIS 轻量化方案：将动态视频目标，通过视频标定与分析，转化为具有实际坐标的矢量点位及轨迹线段，将结构化处理所得到各种语义信息作为相关属性值同步存入数据库相关记录中，开启 GIS 管理模式，在最大限度压缩数据量、提取有效信息基础上，开展基于视频目标"时间 + 位置 + 属性"的快速查询与定位追踪。

1.1.5 CIM 目录索引与搜索引擎

CIM 首要建设目标之一是城市级目录管理与资源共享，即通过 CIM 搜索引擎，实现各类时空数据查询定位，识别源数据位置与权属人，在资源有效获取前提下，开展产业化应用。

在当前算力存力制约下，应采用互联网搜索引擎开发与区块链管理策略，建立 CIM 门户网站，对城市时空大数据开展语义整合、目录管理、定位搜索与权益共享。通过 3D GIS 驱动 BIM、IoT 数据，实现多部门、多主体数据共享和应用协同。数据孤岛、信息壁垒之所以长期存在，背后是责权利、人员体制机制等结构性矛盾，上述痼疾因 CIM 数据量、复杂性与专业性因素叠加而产生倍增效应。如何破解？答案在于 CIM 目录索引与搜索引擎开发应用，从而使得广大非专业用户在第一时间可掌握全市时空大数据基本状况，快速找到目标对象及所属单位，有效降低应用门槛，以规模化应用反推数据开放，再结合信息化市长联席会议机制与闭环管理模式，深度解决数据共享难题。

本书提出了以建设 CIM 目录索引与搜索引擎为抓手，统筹激活城市级海量 CIM 大数据开发应用策略，具体实现：以 Cesium 作为 3D GIS 集成平台，以 Vue 3+TypeScript+Vite 作为前端程序开发框架，以 Java+Node.js 为后端开发语言，使用事件驱动、非阻塞 I/O 模型，处理大量查询并发请求；采用 PostgreSQL 作为空间数据库，采用 Visual Studio（VS）Code 作为开发环境，引入 Element-plus/icons-vue 等 UI 插件，以某城市综合体 BIM 模型为实验数据，开展 CIM 搜索引擎功能性能测试，共包含千种实体，超过 5 万个构件，该引擎支持自定义关键字实时搜索，可通过复合分词准确定位至 BIM 构件及其三维空间。

1.1.6　CIM 与数字孪生

数字孪生通过数字化复制现实世界，实现监控、管理、预测与决策。孪生城市是实体城市、虚拟城市紧密耦合与功能一体化。数字孪生在传统 3S 基础上，进一步融合 BIM、IoT、政企业务、居民社交等数据，具备高精场景还原、数据模型驱动、智能分析模拟、以虚控实能力。结合三维游戏软件与 AR/VR，开发动态应用场景，打造数字人分身，结合数字货币，开展数字管理、数字经营与虚拟生活，创建虚实一体元宇宙。

CIM 建设关键技术之一是以 3D GIS 对接 IoT 传感器，接入处理实时数据，支持高效存储和条件检索，实现实时可视和历史挖掘，开展物联对象空间定位、设备监控、空间追踪、互动查询以及业务分析，具体功能包括如下：

（1）接入通用数据：支持 HTTP、TCP、UDP、RSS、WebSocket 协议，通过拉取或接收，以 XML、JSON、CSV、GeoJSON 等格式将 IoT 数据实时接入，采用 ActiveMQ 等接入流数据；

（2）接入视频数据：支持 RTSP 协议，将视频以流方式接入、存储、处理与转码分发，支持视频坐标与地理坐标转换，开展视频分析与空间标定，识别其中动态目标，将"矢量+语义"叠加到三维地图；

（3）接入传感器数据：支持 Modbus、MQTT、CoAP、OPC UA、BLE、CAN 等主流物联协议，将 IoT 实时数据接入并转发，实现多传感器汇聚；

（4）接入物联云平台数据：通过多种标准和自定义协议，支持主流物联网云平台，如阿里、华为、腾讯等。

本书以孪生楼宇开发为案例，通过在 BIM 模型中接入多类传感器信号与监控视频，实时监测高楼中人、车、物、水、电、气等运动元素，服务于大厦监控诊断、优化管理、灾害预防与应急指挥。具体而言，以 Unity、Siemens、Ansys 等作为集成、开发与可视化平台，构建孪生楼宇三维静动态场景，实现了人流、车流、水流及电梯实时监测系统。关键技术包括 CAD 翻模与 SLAM 相结合的 BIM 模型生成、多源 IoT 数据实时接入与在线分析、IoT 与 BIM 一体化动态效果制作、"BIM+IoT+AR/VR+动画"多元合成灾害疏散模拟等。

1.1.7　CIM 与 AR/VR

将 AR/VR 应用到 CIM 领域，针对 POI，BIM，视频，SLAM，BD/GPS，StreetView 等多元数据，自动匹配传感器位置、方向与用户、事件关系，通过手机、眼镜、头盔等，把几何和属性信息叠加到现实场景，开展目标寻找、实景导航、设施巡查、三维剖分、安全模拟应用。

AR/VR 是地图创新重要方向，以手机等设备为实时视频流载体，通过视频标定，在 CIM 场景之上，叠加点线面体、地形、影像、路标、文本等标签，提供距离、面积、体积等量测功能，提升地图信息含量与现实功能，使图上要素与人、环境同步，开启临近模式，自动识别并显示 POI 位置、距离、方向、属性等，与箭头、语音相结合，进行目标搜索和实景导航。

基于 AR 实现 CIM 模型与地理环境无缝融合、实时交互，带来智能化与超越感。在宏观层面，登高望远，透视城市，将城市建筑及其属性、数值尽收眼底；在微观层面，把 CIM 模型实时投影到工程设计、评估、施工与服务现场，开展辅助作业、量化分析与方案比对，提升精度与效率，保证质量与安全。

1.2　借鉴网格化管理经验，推动 CIM 集约开发与规模应用

现实中遇到难题时，如果能力暂时不足以实现目的，怎么办？自然是想方设法将难度降低到能力之下。拆分，分而治之，是降低工作量与复杂度通用方法。将问题尽可能细分，直到能用最佳方式将其解决为止——笛卡儿。

还原论（reductionism）认为复杂事物可转化为各组成部分之和，从而可被更好地理解、利用。还原论是科学思想内核，可将复杂事物分解为简单对象加以处理。

城市网格化管理，是以现实需求与应用发展为导向，采用单元网格管理法和城市部件管理法相结合方式，整合多类数字技术，研发新型信息终端，创建城市"监督中心＋指挥中心"两轴行政制度，再造管理流程与评价体系，实现精细化、高效率、政民互动的城市信息化闭环管理模式。该模式由北京东城区陈平书记首创，于 2004 年上线运行，极大提升了城市管理效率和水平。2005 年该模式开始全国推广，20 年的社会实践充分证明，网格化管理是理念、技术与体制三位一体的集成创新，是提升政府治理能力的有效手段。面对当前 CIM 建设应用中诸多困难问题，有必要深度借鉴网格化管理思想与成功经验，走因地制宜、学以致用的 CIM 产业化、社会化发展之路。

从方法论角度看，以需求与应用为导向，进行信息化开发建设，是网格化管理新模式成功关键。其中创意设计是新模式核心，科学组织是新模式条件，优秀团队是新模式保障，专家队伍是新模式智囊，领导重视是新模式的有力支撑。

单元网格管理法：该方法是以万平方米为单位，将所辖区域划分成若干个网格状单元，由城市管理监督员对所分管的万米单元实施全时段监控，同时明确各级地域责任人为辖区城市管理责任人，从而对管理空间实现分层、分级、全区域管理的方法。

城市部件管理法：该方法是把物化的城市管理对象作为城市部件进行管理，运用地理编码技术，将城市部件按照地理坐标定位到万米单元网格地图上，通过网格化城市管理信

息平台对其进行分类管理的方法。

1.2.1 坚持还原论，网格化是 CIM 分而治之最佳策略

CIM 建设具有极大超前性，在新 IT 革命尚未发生前提下，应用先行，需求驱动，需要以务实思想、变通策略与创新管理来克服技术能力先天不足的难题。在 GIS/MIS 时代，网格化管理推动了城市管理质量与效率巨大提升，在 CIM 时代，更需要立体化、精细化网格管理策略，将海量大数据分解至与算力、存力、人力相平衡的状态。网格化管理的本质在于通过空间分割与数据降维，使网管员参考地图对辖区内有限部件进行标准化、有效性管理。CIM 产业化、社会化应用，同样面临数据降维、可操作性挑战，城市构件从 GIS 级上升 CIM 级，BIM、IoT、监控视频、近距遥感等数据量大、动态性强、复杂度高，必须分类分层、统一编码并建立目录索引，否则无法有效利用。由于增加了立体维度与时间变量，上述分割编码工作难度倍增。一方面要参考 GIS 网格化方案，开展 CIM 网格划分，建立分布式管理体系，防止冗余调用与海量超载导致崩溃；另一方面，CIM 网格化基本原则是在现有技术条件与人力、成本约束下，探索可存储可管理的最佳数据单元，既形成 CIM 计算合理数据量，又兼顾现实管理工作量，在具体实现上，可借鉴云计算（MapReduce）策略进行优化分割。

MapReduce 将大型数据处理任务分解成很多单个的、可在服务器集群中并行执行的任务，而这些任务的计算结果可以合并起来计算最终的结果。MapReduce 作为分布式计算框架，以一种可靠的、具有容错能力的并行处理模式，用于解决海量数据的计算问题。MapReduce 由两个阶段组成：Map 负责把大的数据块进行切片并计算，Reduce 负责把 Map 切片计算结果数据进行汇总；Map 负责拆分和求解子问题，Reduce 负责合并子解。

1.2.2 坚持系统论，CIM 建设应完善体系结构，避免短板效应

系统是若干要素以一定结构联结而成的具有某种功能的有机整体，整体性、开放性、结构性、进化性等是所有系统的共同特征。

整体性：系统整体功能取决于各组成部分之和，系统各要素缺一不可、紧密相关。

开放性：系统应与环境间不断进行物质、能量和信息交换。

结构性：系统要素之间存在层次性、等级性、和谐性，系统总体功能取决于系统结构。

进化性：系统从低级结构向高级结构发展，若目标合理、结构协调、遵循规律、动力持续，则系统有序度不断提高。

网格化管理是体现唯物论与辩证法的系统工程，是哲学思想引领下体制改革，是管理创新与信息技术有机结合，它以破解城市管理现实难题为抓手，建立起自组织、自循环城市信息化治理体系。网格化管理注重系统分析与顶层设计，把城市管理分解为网格、部件、轴心、终端等信息化要素，综合开发，配套应用，有效防止了因系统短板引发整体失败。

网格化管理体系建立，充分体现了系统论思想和方法，在建设过程中按照计划评审技术（PERT）确定了关键线路，有序完成网络平台、存储备份、呼叫中心等基础设施建设，以及基础数据标准、标准信息编码、管理业务流程、组织机构规范等标准支撑体系建设；

然后是万米单元数据产生、部件调查录入、地址采集编码、基础数据库群建立依次开展；进一步完成了地理编码系统、管理信息系统、管理协同系统、监督指挥系统、综合评价系统、应用维护系统等研发，组织安全保障体系；整合多种信息技术，完成了万米单元网格划分、城市部件普查及定位、城管通研发、网格化信息平台建设、两轴心管理体制建设、评价体系建立。

CIM 作为智慧城市发展高级阶段，当前面临数据量、复杂度、计算力、高成本、私有性等诸多技术与管理挑战。在大规模推广前，务必开展调查研究、样本实验，以充分发现各种不利因素，寻求灵活务实解决方案。在此基础上，进行系统分析与顶层设计，研究系统及其要素关系，涉及结构、功能、动力、目标等方面，以期达到总体效益最优。

网格化管理体现了整体性、开放性、动态性、等级性和有序性。不管是网格员、公众、媒体等发现问题要素，接线员、分析员等问题监督要素，城市综合管理委员会的任务派遣员、设施办与有关部门协调人员等任务派遣要素，还是各专业部门的处置人员要素，通过制度流程设计，使上述各类要素相辅相成、不可或缺，组成全新高效城市管理系统，将发现、监督、传递、处置等功能相互耦合，使系统整体功效得到充分发挥。通过建立城市管理监督中心与管理指挥中心，将监督职能和管理职能分开，各司其职，各负其责，相互制约。通过设立独立于市政部门之外的管理监督指挥中心，专门负责问题监督和指挥调度工作，从而实现了城市管理的执行权与监督权的分离。

CIM 建设应用务必遵循系统论原理，发挥动力学机制，以解决现实问题为出发点，以大数据增值为驱动力，建立"开发与应用、共享与流通、监督与评价"业务闭环链条，打造"政务统筹＋企业主体＋社会参与"大数据综合治理体系。

在战略管理层面，通过落实市长负责制、大数据联席会议制、项目全周期负责制，赋予大数据局、信息中心独立权限，强制 CIM 系统社会化应用等手段，解决条块分割、权责不清、任期魔咒、技术异化等信息化传统痼疾。

在策略实施层面，通过开展网格化管理，降低 CIM 单位数据量，提升可操作性；在轻量化、抽象化处理基础上，开发城市级 CIM 目录索引与搜索引擎；复制区块链成功经验，建立 CIM 大数据共享、交易、加密与激励机制；借鉴大型网游先进理念与关键技术，打造 CIM 大数据多方编辑与应用更新能力；通过 AI 云接口与手机 App，鼓励广大民众开展 CIM 大数据众筹众包等。通过以上步骤，有效消除 CIM 建设应用中数据过载、信息无序、共享障碍、更新困难等问题，避免系统失灵与效益低下。

参考网格化管理经验，CIM 建设应用宜建立与之相匹配的双轴心架构，如图 1-1 所示。

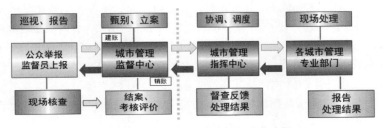

图 1-1　网格化管理系统架构与业务流程

CIM 指挥调度中心：对 CIM 控件及实体进行目录式统一化管理，定期召开 CIM 开发应用联席会议，运维 CIM 搜索引擎，市长挂帅，统一规划，快速部署，全面协同；

CIM 质量监控中心：确保 CIM 数据精准、闭环更新，对 CIM 系统、应用及管理对象进行全方位监控，客观评价 CIM 建设绩效，及时发现隐患问题，对后续应用情况进行跟踪评价，全面提升 CIM 系统质量与效益。

1.2.3 坚持实践论，服务现实需求，以规模应用为出发点

当前 CIM 发展核心命题不是学术导向与形象工程，而是轻量化、实用化、产业化，是如何行之有效服务于城市管理、企业经营与社会生活，是从实践中来，到实践中去，在应用中不断发展完善、解放自我，形成自循环、自适应产业链生态体系。

网格化城市管理以需求为导向，是从最基层做起、从实践中反馈回来、从实践里升华出来的一套方法、理念和方案。现代信息技术和社会科学以及政府管理学相结合，引导社会管理体制、政府体制创新。要使城市管理方式由粗放转变为精细，就要解决管理空间、管理责任细化的问题。根据这一需求，采用网格地图思想和测绘技术，创建万米单元网格管理法，将管理空间细化到 $10\,000\text{m}^2$，并将管理责任落实到万米单元，为实现精细化管理奠定了基础。要使政府对城市管理对象的掌握由盲目转变为精确，就要解决城市管理对象的精确定位问题。根据这一需求，应用地理编码、GIS 和 GPS 技术，创建了城市部件管理法，使政府对城市管理做到了从未有过的清晰。

CIM 建设同样应遵循上述原则，坚持以城市级大数据社会化应用为目标，立足于提供务实产品与服务，从"GIS+CAD"跨越到"3D GIS+BIM+IoT"乃至 AR/VR 层级，落实生产力法则，实现社会经济效益。作为 CIM 产业化前提条件，需建立城市级目录索引与搜索引擎，以此为抓手，摸清数据底数，打通数据连接，开展导航服务，在全市海量 CIM 部件中，根据关键词快速搜索、定位到源数据及其拥有者，进而开展深入共享与专业应用。通过搜索引擎实现 CIM 数据高可用性，建立全市范畴动态数据画像，使之在应用中获得迭代优化。

1.2.4 坚持治理论，以社会应用倒推 CIM 大数据更新迭代

网格化管理通过信息发布、热线电话等，构成政、民良性互动，在系统开放中不断获得发展动力。系统在动态应用中不断积累数据知识，逐步走向完善。新模式以信息技术为支撑，体现出有序层次和等级结构，形成"发现、立案、派遣、结案"的有效闭环，将之前被动、定性、分散的管理行为变为主动、定量、系统的治理措施。

将 CIM 发展纳入产业循环与社会治理，通过政、企、民多元主体在具体使用过程中不断发现问题并解决问题，使 CIM 获得增长与完善动力。例如，针对海量数据动态更新这一巨大挑战，一方面综合运用信息技术最新成果，探索 CIM 自动更新模式，如 IoT 自动迭代、AI 自动生成等；另一方面，大力推动广大民众利用手机，以文字、语音、图片、视频、点云等方式，实时获取 CIM 构件及其环境变化，通过 AI 网络接口，提取有效信息，经分析评估后，补充到 CIM 大数据库中，实现数据众包、云化迭代。网格化城市管理体系与流程如图 1-2 所示。

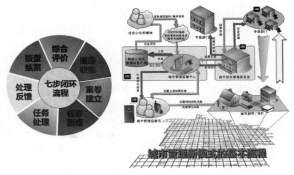

图 1-2 网格化城市管理体系与流程

1.3 基于区块链技术的 CIM 开发应用

习近平总书记指出,"探索利用区块链共享模式,实现政务数据跨部门、跨区域利用,促进业务协同办理,深化'跑一次'改革,为群众带来更好的服务体验"。将区块链与 CIM 应用紧密联系,推动政务、企业 CIM 大数据在确保安全权益前提下,开展社会化、激励式应用。

区块链是基于密码原理的分布式共享账本技术,以 P2P、去中心化方式形成信任机制,通过密码技术解决身份和数据可信问题,通过分布式计算技术推动数据共享与多方协同,有效支持数据所有权和使用权分离,从而打破信息流通和业务协作壁垒。

当前 CIM 建设重点难点在于数据量、复杂性倍增条件下如何高效推进跨地域、部门、系统的政企数据共享与协同服务,包括政府部门 3D GIS 数据共享,企业 BIM、IoT 数据共享的安全性、交易性问题。一方面,无论是政务数据授权使用,还是企业数据付费使用,都涉及数据安全管理、身份认证、产权交易等,同时在使用过程中,还存在多版本、多备份数据的同步更新与溯源挑战。另一方面,由于 CIM 大数据算力悖论及权属制约,CIM 应用必须建立在分布式、边缘式计算模式上,存在广泛去中心化趋势。

CIM 与区块链结合有其内外在必然性,CIM 建设与应用应充分借鉴区块链成功思路、模式与技术,进一步定制、优化、升级,建立城市级 CIM 大数据共享、交易、协作、更新体系,打破条块分割、信息壁垒等信息化传统痼疾。区块链有助于解决 CIM 数据共享与开放中的互通互信、隐私保护、安全访问、交换时效、追溯审计、身份认证、权限控制等难题。"CIM+区块链"具有多中心治理特征,可实现参与方共同维护更新账本,开展数据交易,以充分调动各方积极性与创造力。其中共识算法是建立信任基础,CIM 数据操作必须获得各参与者认可,以此为前提条件,促进政府、企业间 CIM 数据共享以及社会开放。加密算法有效降低了 CIM 数据共享中安全风险,非对称加密则保证了数据传输的安全性和准确性。智能合约用于实现业务要求和处理规则,提高共享效率,解决 CIM 数据传输的法律合规性,同时解决传统数据共享中身份认证与控制体系复杂、重复建设导致难以互通等问题。基于区块链的 CIM 数据共享去中心化模式,有利于调动企业、公众积极性,充分共享其私有数据,促进众包众筹式应用。

综上所述,CIM 建设应用核心议题是让全体用户在统一共享数据环境中合作开发、分享成果，但目前仍面临数据产权、安全、效率、协同等多因素挑战。对于 CIM 大数据，无论是企业 BIM、IoT，还是政府 GIS，如何能在保密状态下、合规用户间进行高效流通、安全共享与协同更新？第一，要确定用户身份权限，达成共识机制，签订智能合约；第二，CIM 数据分布分散且规模巨大，不适合中心式管理，区块链以 P2P 网络为核心技术，最大限度利用各种计算资源，形成分布式处理能力，有效解决算力、存力瓶颈；第三，建立区块链交易与增值机制，激励 CIM 数据在流通中产生经济效益、提升发展动力；第四，CIM 数据产生、共享、流通、应用全过程对应分布式账本，形成多用户、多地点、多版本数据动态更新及回溯能力；第五，通过不对称加密算法，确保 CIM 数据安全。区块链技术原理如图 1-3 所示。

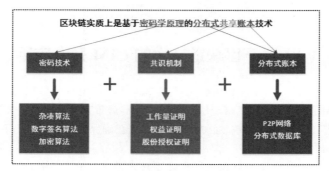

图 1-3　区块链技术原理

1.3.1　区块链关键技术及先进能力

　　基于时间戳的链式区块结构、分布式节点的共识机制、基于共识算力的经济激励和可编程的智能合约是区块链技术代表性创新点，其利用分布式共识算法来生成和更新数据，利用非对称密码保证数据安全，利用脚本代码组成的智能合约来操作数据，适用于多主体参与且共同维护数据的城市信息化场景。"区块链+政企网"可用于解决 CIM 大数据共享难题，提高其协作效能、安全性与满意度。多机构、多用户共享电子证据，降低 CIM 应用中各种取证成本与应用限制；采用时间戳、哈希值来验证数据，采用非对称加密进行数据传输，保障了 CIM 共享与更新过程中的安全性，为 CIM 模型创建、访问、控制以及交易构造了安全可信平台。

　　区块链系统架构如图 1-4 所示。

应用层	可编程金融	可编程货币	可编程社会
合约层	脚本代码	算法机制	智能合约
激励层	资源挖矿	挖矿奖励	交易费用
共识层	工作量证明(PoW)	权益证明(PoS)	其他共识算法
网络层	P2P 网络	多播	接入管理
数据层	数据区块	链式结构	时间戳
	哈希函数	Merkle树	非对称加密

图 1-4　区块链系统架构

数据层：封装了底层数据及相关密钥、时间戳、随机数等；

网络层：包括P2P、分布式组网机制、数据传播和验证机制等；

共识层：封装各类共识算法，含PoW、PoS、DPoS、PoW+PoS、燃烧证明、重要性证明等；

激励层：将经济激励因素集成到体系中，包括其激励机制和分配机制等；

合约层：封装各类脚本、算法和智能合约，是可编程基础；

应用层：封装了各种应用场景和案例。

区块链包括公有、联盟、私有三种模式，公有链完全开放、去中心化，安全性最好但处理速度慢；联盟链对参与成员开放，有篡改风险，但处理速度大为提高；私有链是中心化系统，适合内部使用，需身份认证场景。联盟链、私有链在确定参与者中运行区块链，确保在具有共同目标但不完全信任实体间的有效互动。联盟链支持政府数据开放与共享，私有链可用于部门内部，两者相结合，建立行业内跨部门数据共享、业务协同系统，是当前"CIM+区块链"开发应用主导方向，可为企业和社会数据接入提供有力支持。

1.3.2　区块链技术有效解决CIM数据共享协同难点

2022年12月，中共中央、国务院印发《关于构建数据基础制度更好发挥数据要素作用的意见》指出，"数据已成为继土地、劳力、资本、技术之后的第五大生产力要素，但数据要素使用过程中面临安全挑战，表现在数据确权定价困难、数据流转交易障碍、数据隐私风险严峻三个方面"。

CIM时代，条块分割与数据壁垒问题从政府部门之间进一步扩大到了企业与社会层面，CIM数据如何无障碍共享？如何市场化流通？如何协同式更新？自产生之日起，CIM就是政、企、民多元互动的过程与结果，"应用为先、共享本质、众包更新"属性贯穿其生命周期，故而亟需针对性解决知识产权、利益分配、交易记账、身份识别、安全保密、共享流通、防窃防篡等关键问题。

当前"区块链+政务网"模式得到了广泛应用，场景包括身份认证、电子证照、诚信管理、政务公开等。数字身份证集成了与个人有关各种证件、文件、资产、记录等，不再依靠第三方机构验证，在众多事务办理过程中实现快速查询和高效认证。CIM建设与应用，同样要求政、企、民之间形成高效协同机制，区块链以去中心化、分布记账、不可篡改、精确溯源、激励共享等特性为CIM数据共享营造出信任机制与安全属性。

CIM数据规模庞大，需多方参与、动态更新，必须采用分布式存储、边缘化计算与P2P网络共享机制，破解中心算力、存力不足难题；另外，在多方之间建立信任关系，有效开展数据共享与交易，提供数据操作精确记录与回溯能力，保持多数据副本动态备份，提升CIM安全性与稳定性，为其开展市场化服务与社会化应用开辟通道。

CIM价值实现赖于多源数据融合，需支持3D GIS-BIM-IoT等数据在全生命周期内同步与溯源。由于多方参与者之间不具备完全可信性，对数据共享过程必须进行高效验证。CIM数据涉及国家安全、商业机密与个人隐私，社会化共享后，所有权不再唯一，多方都具有编辑、更新及转发权，一旦篡改、泄露或误操作，责任不清，追究困难。必须采用区块链模式，各CIM主体按照预先约定，制定数据更新规则，构建流通共享通道，建立协同互信机制，实现数据本地化验证。任何数据更新，只有经区块链多数节点认可后，才能写入完成，从而保证数据完整性和稳定性，再通过时序区块与分布式账本，进行全程可溯。任意节点发现不合理问题，都可通过区块数据和时间戳逐一查证，实现事件追踪。

综上所述，区块链通过密码技术实现了 CIM 数据逻辑安全，通过分布式账本实现了 CIM 数据物理安全，通过分布式多中心架构实现了 CIM 数据高可用性，保证了在节点故障情况下，数据不丢失、服务高可用。区块链在政府、企业无须对外提供原始数据前提下，实现相关分析处理，解决了不信任方之间基于隐私的协同计算，结合智能合约技术，进一步明晰数据共享与业务协同过程中的使用权。

1.3.3 区块链 +BIM 开发应用

BIM 所存在的信任、效率、权限、协作以及复杂体系下碎片化问题，恰恰是区块链技术天然优势，两者形成最佳互补。当智能建造进入 3.0 阶段，其优越性体现在多用户（设计、建造、施工、监理、业主等）可同时使用 BIM，但目前尚无针对 BIM 数据共享、协同操作与安全管理的有效措施，尤其缺乏模型加密、流动激励、边缘计算、自由共享等现实手段。伴随工程生命周期延伸，BIM 数据不断累积更新、体量膨胀，造成传输共享困难、加载显示缓慢、现场应用失真等难题。项目参与方采用不同平台，数据格式难以兼容。区块链可在充分保证数据准确性、安全性前提下，使参与方都能有效介入 BIM 模型开发，所有操作都具有不可变、防篡改的时间戳与数字签名。

智慧建造 3.0 ＝ 工业化生产（BIM）+ 数字化协作（区块链）+ 大数据决策（AI）

在大型 BIM 应用中，必须在共享 BIM 模型基础上开展业务协同，不可避免面临权利纠纷、安全威胁、版本管理、数据同步等挑战，区块链则是打开 BIM 3.0 有力工具。BIM 构件一旦共享，被赋予地址并记录在链上，使用者只能看到该构件族，编辑、修改则必须向拥有者进行申请。由于区块链记录了整个 BIM 项目从无到有全过程，无论模型拥有者还是使用者都无法进行恶意删除篡改，借由其核心机制，数据操作可恢复到修改过程中任意版本，其透明性避免了各种合同纠纷。区块链以 BIM 构件为信息单元，实现多维建筑数据的积累传递，将各参建方统一纳入分布式管理系统，打破信息壁垒，建立可信协作。将建设过程与 BIM 实时关联，在建造使用过程中，持续完善模型、实现数据更新。

1.3.4 区块链 +GIS 开发应用

区块链在 GIS 中应用：基于共识机制的 GIS 数据采集，包括众包采集、物联网采集等；基于防篡改机制的数据存储与数据追溯；基于激励机制的 GIS 数据交易；基于共识与账本的 GIS 用户数据更新与版本管理等。

为推动 GIS 数据市场化共享，提供高安全、可追溯新应用模式，当前主流 GIS 厂商纷纷采用区块链组件，开展去中心化 GIS 数据存储与管理，通过加密技术实现 GIS 数据防篡改，"区块链 +GIS"支持 Fabric 与 IPFS 联合存储，支持空间区块链数据查询、编辑、追溯，支持空间区块链的地图服务、数据服务和历史服务。

"区块链 +GIS"采用联盟链模式，具有多中心、授权管理和成本优化等特点，包括 FISCO BCOS、Hyperledger Fabric、Quorum、Coco Framework 等。通过在 GIS 内部集成

Hyperledger Fabric 引擎和 IPFS 文件系统，实现联盟、通道、合约、证书、安全等功能，支持矢量、影像、图片、视频上链查询、历史追溯。通过封装 Fabric 接口，实现空间数据交易的发起、验证、账本更新和一致性检测等。在数据流转方面，针对溯源、确权、公证等数据一致性需求场景，应用空间区块链技术，发挥其版本特性，追溯地理位置以及空间形变等。

"区块链+GIS"将区块链技术与空间技术进行整合，实现空间数据存储与管理的高安全、防篡改和可追溯性，为地理数据资产登记、交易、共享、更新等场景提供安全、协同、激励式环境。在数据组织上，支持点、线、面、体、属性等数据集，可对空间、属性、文件等数据类别进行有效管理；在读写性能上，采用本地 GeoPackage 缓存数据，对链上要素建立 GeoHash 空间索引；通过执行 Fabric 框架下的链码完成相关任务，通过智能合约实现业务规则自动化；根据空间数据的几何和属性特性，设计不同类别空间链码，实现空间数据查询、编辑和历史追溯等功能。

第 2 章
BIM 超级轻量化

本书基于 Revit 及其 API，以"C# + VS"集成开发环境（IDE）和"Python + Dynamo"可视化开发工具两种方式，分别实现 BIM 模型的参数化提取。目标在于实现 BIM 超轻量级目录索引，为城市海量 BIM 大数据应用提供便捷实用性支撑。关键技术包括获取 BIM 构件中心点坐标、内部 ID、时间戳、名称、权属人等关键属性，以中心点坐标作为关键空间标识，以 ID 作为关键属性标识，在保持 BIM 构件唯一性前提下，最大限度压缩数据量。将复杂多元 BIM 数据保存为本体化、文本化信息，建立超大规模 BIM 高效时空索引，在宏观上实现海量 BIM 数据快速检索定位与目标监控等功能。

在具体实现方式上，提供三种方案。①搭建 Revit 开发环境，通过引用 Revit API 创建 Revit 扩展，以此开展 Revit 数据存储、视图创建、界面定义等；在 C# 语言、VS 开发环境下，获取 BIM 构件数据集，在提取 BIM 构件包围盒中心点或构件质心的基础上，进一步取得上述 BIM 构件中心点坐标值及构件 ID 等属性值，将信息导出为 XLSX、CSV 等格式。②在 Python、Dynamo 插件开发环境下，同样通过提取 BIM 构件包围盒中心点或构件质心两种方式，取得 BIM 构件中心点坐标值及 ID 属性值，将属性信息导出为 XLSX、JSON 等格式。③针对上述 BIM 数据集和 IFC 中间文件，参考其文件格式，通过 ChatGPT 辅助 C# 编程，直接获取 BIM 构件中心点坐标及 ID 属性值。得到中心点坐标等信息后可通过四参数、七参数等不同坐标转换算法，批量将 BIM 构件中心点坐标转换为地理坐标，实现在现实空间的精确映射，建立城市级 CIM 高效搜索引擎，为开展网络化条件查询与定位搜索提供支持。BIM 模型参数化流程如图 2-1 所示。

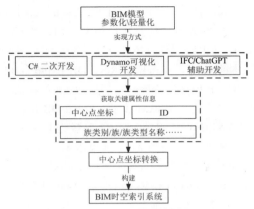

图 2-1　BIM 模型参数化流程图

2.1　BIM 模型轻量化编程实现

本节主要采用 Revit 软件开展 BIM 参数化与轻量化过程。将 BIM 参数化并将模型参数信息进行转换输出有多种实现方式。一是采用 Revit API + C# 人工编程的方式实现信息的提取、转换与输出，该方式可通过直接调用 Revit API 来访问模型的图形数据和属性数据。在开发语言上因 Revit 提供的应用程序编程接口是 .NET 类型的，因此 C#、Visual Basic 以及托管 Visual C++ 等语言都可以用于二次开发。二是采用 Dynamo 节点式可视化编辑器自带的节点库完成，也可以通过 Dynamo + Python 或 Dynamo + C# 方式编写自定义节点来完成更加复杂的功能开发。三是采用第三方插件来实现模型信息的参数化导出。相比第三种方式，第一、第二种方式更加灵活，能更好地满足用户自定义功能的需求。

2.1.1　开发环境搭建

本书使用 Revit 2022、VS 2022 及 .NET Framework 4.8 搭建开发环境，同时需安装 Revit 2022 SDK、Revit Lookup 以及 Add-In Manager 等辅助开发工具。其中 Revit 2022 软件和集成开发环境 VS 2022 可在对应官网下载对应版本的软件即可，而 .NET Framework 的版本需根据 Revit 软件版本对应的 Revit API 版本进行安装，具体版本可根据安装的 Revit SDK 目录下的 Getting Started with the Revit API 文档中的 Development Requirements 章节中的说明进行对应版本的安装操作。以下对 Revit 二次开发需配套安装的辅助开发工具进行简述。

1. Revit 2022 SDK[1]

Revit 2022 SDK 中包含二次开发的接口文件、库文件、帮助文档以及示例代码。其中 RevitAddInUtility.chm 和 RevitAPI.chm 文档，可用于查询所有相关的 API 及样例代码。

2. Revit Lookup[2] 及 Revit DB Explorer[3]

由于在 Revit 默认操作界面中，模型等图元的许多参数信息不支持直接浏览，因此需借助其他工具来实现信息查看功能。安装 Revit Lookup 插件，可查看大部分图元元素的参数信息以及关联关系，无须编写程序代码，通过输出日志等方式来逐一输出查看信息。该插件已在 GitHub 网站上开源，具体下载地址为 https://github.com/jeremytammik/RevitLookup/releases。使用 Revit Lookup 能够查看的信息包括模型类别、几何图形、族、名称、位置、Id、UnitqueId、标高、尺寸、包围盒及实体质心位置等各类构件、视图及其他信息等。

如使用 2021 以上版本的 Revit，也可使用 Revit DB Explorer（RDBE）工具查询 Revit 中的参数及数据信息。相较于 Revit Lookup，其具有检索查看效率更快、UI 操作更便捷等优点，且能够通过编写 C# 代码更改 Revit 数据。Revit DB Explorer 可作为 Revit Lookup 的替代工具。该插件已在 GitHub 上开源，具体下载地址为 https://github.com/NeVeSpl/RevitDBExplorer/releases，在本书编写时的最新版本号为 1.5.0，下载 RevitDBExplorer-1.5.0.msi 安装包，可直接进行配置安装，按提示即可完成安装。

在 Revit 中安装好后，Revit Lookup 和 Revit DB Explorer 工具将显示在"附加模块"中，如图 2-2 所示。

图 2-2　安装 Revit Look up 与 Revit DB Explorer 工具

3. Revit Add-in Manager

Add-in Manager 插件管理器用于加载和管理 Revit 二次开发生成的应用程序，包括外部命令和外部应用程序，可极大地方便二次开发人员对程序的开发和调试，在 Revit 启动时即可自动完成插件的加载和运行，修改调试插件的程序代码，经 VS 编译后可通过 Add-in Manager 直接再次执行，避免采用不断重复启动 Revit 来重新加载插件的问题。插件管理器可在 GitHub 网站上下载，具体下载地为 https://github.com/chuongmep/RevitAddInManager/releases。与之前版本不同，在本书编写时的最新版本号为 1.4.4，下载 RevitAddinManager-1.4.4.msi 安装包，可直接进行配置安装步骤，按提示一直单击"下一步"/Next 按钮即可完成安装。完成安装后如图 2-3 所示。

图 2-3　Add-in Manager 插件管理器

2.1.2 Revit API C# 二次开发流程

本书 Revit 二次开发以 VS 为平台，基于 .NET 建立工程类库，添加 RevitAPI.dll 和 RevitAPIUI.dll 程序集，即可开展自定义程序功能开发。常用的 API 接口包括外部命令模式（IExternalCommand）和外部应用模式（IExternalApplication）。当 Revit 需扩展系统功能时，可通过 API 命令来实现外部命令模式的接口函数，通过继承 IExternalCommand 的派生接口，重载 Execute() 函数，添加用户自定义程序，编译生成 DLL 文件后即可通过 Add-in Manager 加载到 Revit 软件中执行用户自定义功能。外部应用程序操作流程与外部命令模式类似，通过继承 IExternalApplication 的派生接口，重载函数 OnStartup() 和 OnShutdown()，添加用户自定义的重写程序后，当 Revit 软件在启动和关闭时可执行用户自定义的程序功能。

2.1.3 Revit Dynamo 可视化开发流程

新版 Revit Dynamo[5] 已内置在"管理"选项卡"可视化编程"面板中，如图 2-4 所示。Dynamo 是一种使用图形节点（node）方式访问 Revit API 的开源可视化编程工具，每个内置节点中封装了代码块，具备特定的程序功能，节点有输入或输出端点用于连接各个节点，形成具有一定算法逻辑顺序的节点操作序列，可实现无代码式的程序开发。可视化的图形开发界面能够降低非程序人员通过二次开发扩展 Revit 功能的难度。同时对于一些相对复杂的算法也可以通过"Python Script"节点手动编写 Python 代码实现更加定制化的功能节点。Dynamo 节点式可视化开发界面如图 2-5 所示。

图 2-4 "管理"选项卡中的"可视化编程"面板

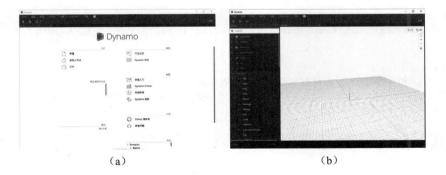

（a） （b）

图 2-5 Dynamo 可视化开发
（a）Dynamo 启动页面；（b）Dynamo 可视化开发界面

2.1.4 Revit API C# 与 Dynamo 开发流程对比

以生成一个三维立方体为例，分别用 C# 程序和 Dynamo 可视化程序的方式实现，过程对比如下。

1. C#程序

代码 2-1：通过 C# 程序生成立方体模型关键程序

```csharp
// 获取当前文档
var doc = commandData.Application.ActiveUIDocument.Document;

// 以（0,0,0）为起点创建正方形四个角的点坐标，以长度 2000 毫米为例
// 转换单位直接除以 304.8，1 英尺等于 304.7999995367 毫米
double length = 2000 / 304.8;
var point1 = new XYZ(0, 0, 0);
var point2 = new XYZ(length, 0, 0);
var point3 = new XYZ(length, length, 0);
var point4 = new XYZ(0, length, 0);

// 以上述 4 个点为顶点，创建 4 条线段
var line1 = Line.CreateBound(point1, point2);
var line2 = Line.CreateBound(point2, point3);
var line3 = Line.CreateBound(point3, point4);
var line4 = Line.CreateBound(point4, point1);

// 创建曲线环 CurveLoop 集合
var curveloops = new CurveLoop();
// 依次添加线段
curveloops.Append(line1);
curveloops.Append(line2);
curveloops.Append(line3);
curveloops.Append(line4);

// 将曲线环起点平移至（1, 2, 3）位置
var transfoorm = Transform.CreateTranslation(new XYZ(1, 2, 3));
curveloops.Transform(transfoorm);
// 创建一个拉伸立方体，并设置拉伸的方向（0,0,1）和挤出的高度 length
var solidCube = GeometryCreationUtilities.CreateExtrusionGeometry(new List<CurveLoop> { curveloops }, XYZ.BasisZ, length);

// 创建事务
using (Transaction tran = new Transaction(doc, "生成一个拉伸立方体"))
{
    // 启动事务
    tran.Start();
    // 创建一个几何体，并储存外部模型为常规模型
    var shape = DirectShape.CreateElement(doc, new ElementId(BuiltInCategory.OST_GenericModel));
    // 以创建的立方体，设置生成几何对象
    shape.SetShape(new GeometryObject[] { solidCube });
    // 提交事务
    tran.Commit();
}
```

代码生成的立方体模型如图 2-6 所示。

图 2-6　C# 程序生成立方体示例

2. Dynamo 可视化程序

Dynamo 可视化程序生成立方体流程如图 2-7 所示。

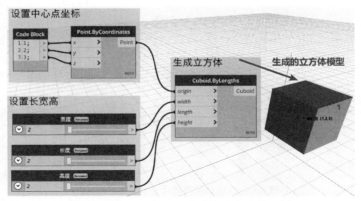

图 2-7　Dynamo 可视化程序生成立方体示例

2.2　模型属性数据轻量化示例

通过调用 Revit API 进行二次开发，实现模型属性信息的提取与转换，可将参数信息直接导出为 JSON、CSV、XML 格式或 Excel 表数据，也可直接导出到数据库中，最终得到 BIM 模型的轻量化属性数据集。本节以 Revit C# 二次开发和 Dynamo 可视化开发两种方式分别实现了 2 个 BIM 模型的轻量化示例，重点描述模型的中心点坐标、ID 标识以及其他关键信息的读取、转换与输出过程，包括多个程序开发和工具软件的操作。

其中，针对模型中心点坐标简要描述其获取方式和实现流程。模型的几何形状类型可分为规则几何体和不规则复合几何体，在获取模型几何体的中心点坐标时可采用 Revit 二次开发的方式实现。具体实现上可采用以下三种方式得到。方式一：由于 Revit 中基于点的族其位置信息为一个坐标点（LocationPoint），基于线的族其位置信息为一组曲线坐标（LocationCurve），在模型构件为规则体的前提下，前者通过 LocationPoin.Point() 方法获得的坐标值即为中心点坐标，后者可分别遍历模型实体（Solid）的所有面，以获取实体的最上表面和最下表面坐标点，通过坐标点的矢量求和再平均可近似地取得该 BIM 构件的中心点坐标。方式二：Revit API 中 Solid 类包含 ComputeCentroid() 方法，可获取规则及不规则实体的质心位置，即可作为 BIM 构件的中心点坐标输出。方式三：三维模型几何形状多样，通常一个完整的 BIM 模型整体上是一个不规则几何体，在几何体的基础上构建模型的体积包围盒，可近似得到模型的整体轮廓大小，通过 Revit API 中的 solid.GetBoundingBox() 方法得到 BoundingBoxXYZ 类型的实体包围盒，其中包含 BoundingBoxXYZ.Max() 和 BoundingBoxXYZ.Min() 属性，即分别为位于右上角的包围盒最大坐标值和位于左下角的包围盒最小坐标值，将最大坐标值和最小坐标值做矢量求和再平均可近似地取得该 BIM 构件的中心点坐标。总的来说，方式一适用于规则几何体模型，方式二、三既适用于规则几何体，又适用于不规则几何体，因此在以下示例中将使用后两种方式来描述模型中心点坐标的获取过程。

以获取椅子模型的中心点坐标为例,通过模型的质心和包围盒的方法实现中心点坐标的获取,实现示意如图 2-8 所示。

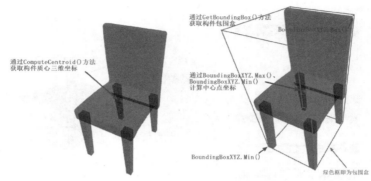

图 2-8 获取模型构件的中心点坐标示意图

2.2.1 轻量化示例一(C# 语言)

本示例使用 C# 语言获取 Revit 模型构件中心点坐标:首先需过滤并获取场景中所有所需元素对象;其次是遍历并获得每个元素实体;再次是计算实体的中心点坐标信息以及获取所需的其他属性值;最后将信息输出到 Excel 表格中。以某商业综合体的 Revit 模型为例,获取各构件中心点坐标等信息并输出,模型如图 2-9 所示。

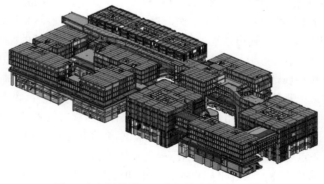

图 2-9 案例模型一:商业综合体 Revit 模型

具体开发过程包括创建新类库项目、添加 API 引用、功能代码实现、编译生成 DLL 文件、加载运行 DLL 文件等,具体步骤如下。

步骤 1,打开 VS 2022,新建 C# 类库(.NET Framework)项目,用于编译生成 DLL 文件,项目名称命名为 GetRevitCenterCoordInfos,不同版本的 Revit 需选择不同的 .NET 框架版本,Revit 2022 需选择 .NET Framework 4.8。

步骤 2,右击"解决方案资源管理器"中项目下的"引用"→"添加引用",在 Revit 2022 安装目录下选择并添加 RevitAPI.dll 和 RevitAPIUI.dll 两个 Revit 二次开发的关键引用,如图 2-10 所示。选择这两个引用,右击,在引用属性面板中将"复制本地"属性设置为 False,避免在生成 DLL 文件时复制其他不需要的信息,如图 2-11 所示。

图 2-10 添加引用

图 2-11 设置引用"复制本地"属性为 False

步骤 3，完成项目创建及配置后，新建 C# 脚本开展功能代码的编程实现，并命名为 ExportCenterCoordInfos.cs。在该 C# 脚本中添加 Autodesk.Revit.UI 等命名空间，并继承 IExteralCommand 接口。由于本案例中使用的 Revit 模型由 12 个 Revit RVT 文件链接组合而成，因此需先获取所有链接文件的文档（document），才能访问各个文档中的元素对象及文档中包含的其他内部数据信息。获取链接文件首先需要过滤当前文档所有的链接文件，再将链接文件转换为文档，其中主要用到 RevitLinkInstance 类别过滤器和 RevitLinkInstance.GetLinkDocument() 方法。关键实现如代码 2-2 所示。

代码 2-2：获取所有链接文件的 Document 对象

```
/// <summary>
/// 扩展函数
/// </summary>
public static class ExtensionsFunction {
    // 获取链接文档和当前文档
    public static List<Document> GetLinkedDocuments(Document doc) {
        // 构件过滤器
        FilteredElementCollector docs = new FilteredElementCollector(doc);
        // 创建文档几何，过滤链接文件，并获取所有链接的文档
        List<Document> linkedDocuments = docs.OfCategory(BuiltInCategory.OST_RvtLinks)
            .WhereElementIsNotElementType()
            .Cast<RevitLinkInstance>()
            .Select(
                link => link.GetLinkDocument()).ToList();

        // 将本案例中的文档添加到链接文档集合中
        linkedDocuments.Add(doc);
        TaskDialog.Show("文档数量：", "链接文档数量：" + docs.GetElementCount().ToString() + " || " + "总文档数量：" + linkedDocuments.Count);
        // 返回链接文档和当前文档的集合
        return linkedDocuments;
    }
}
```

利用上述定义获取链接文档的扩展方法 ExtensionsFunction.GetLinkedDocuments（Document doc）获取所有 Document 对象后，可新建元素收集器 FilteredElementCollector，遍历并获取每一个 Document 对象下所有所需的元素对象，并将过滤结果存储到集合中，关键实现如代码 2-3 所示。

代码 2-3：获取所需的所有元素

```
// 声明文档集合
List<Document> docs = new List<Document>();
// 获取当前文档和链接文档
docs = ExtensionsFunction.GetLinkedDocuments(doc);
// 声明 elems 用于存储所有文档中的 Element
List<Element> elems = new List<Element>();
// 遍历当前文档和链接文档获取所有收集器
foreach (var SingleDoc in docs) {
    FilteredElementCollector collectorSingle = null;
    if (SingleDoc != null) {
        // 创建单个文档的元素收集器
        collectorSingle = new FilteredElementCollector(SingleDoc);
        // 过滤元素
        List<Element> elemSingle = collectorSingle
    .WhereElementIsNotElementType()
    .Where(e => e.IsPhysicalEntity())
    .ToList<Element>();

        // 将单个文档中的过滤结果都存储到 elems 集合
        for (int i = 0; i < elemSingle.Count; i++) {
            elems.Add(elemSingle[i]);
        }
    }
}
```

步骤 4，采用递归方式获取元素中所有实体。通过 Element.get_Geometry（Options options）方法获取场景元素的几何信息，并设置 Options 类型的参数用来限定过滤条件，如几何体的详细程度包括粗略、中等和精细三种，对应视图的详细程度 DetailLevel，本案例使用 ViewDetailLevel.Fine 精细程度。另外 bool 类型参数 IncludeNonVisibleObjects 是否包含不可见元素的设置也会影响对元素构件几何信息的获取，默认设置为 false。设置为 false 时获取的几何信息通常只包括 Solid 类型，设置为 true 时可以包含 Solid 类型以外的几何类型，如 Line 类型等。其他设置如代码 2-4 所示。

代码 2-4：遍历元素中的几何对象及选项配置

```
/// <summary>
/// 扩展函数
/// </summary>
public static class ExtensionsFunction
{
    // 获取元素所有的几何对象
    public static List<GeometryObject> GetGO(this Element element,
Options options = default(Options))
    {
        // 声明 resultsList 集合，储存几何对象
```

```csharp
    List<GeometryObject> resultsList = new List<GeometryObject>();
    // 获取几何元素
    var geometryElement = element.get_Geometry(SetGeometryOptions(options));

    RecurseGOGetAllSolid(geometryElement, ref resultsList);
    return resultsList;
}

// 设置几何选项
public static Options SetGeometryOptions(Options options)
{
    // 给 option 赋值，若为空则实例化 option，用来设置几何对象的特征
    options = options ?? new Options();
    // 计算几何对象的引用
    options.ComputeReferences = true;
    // 设置几何体的详细程度为精细
    options.DetailLevel = ViewDetailLevel.Fine;
    // 提取不可见元素的几何对象
    options.IncludeNonVisibleObjects = true;
    return options;
}
```

根据 Options 的属性设置，获取元素的几何对象后，通过循环递归的方式最终获得构件中的 Solid 实体对象。其中，通过几何元素 GeometryElement 获取几何实例 GeometryInstance，再通过几何实例获取实体 Solid，关键实现如代码 2-5 所示。

代码 2-5：遍历元素中的实体

```csharp
/// <summary>
/// 扩展函数
/// </summary>
public static class ExtensionsFunction
{
    // 递归遍历元素中的几何对象
    private static void RecurseGOGetAllSolid(this GeometryElement geometryElement, ref List<GeometryObject> geometryObjects) {
        if (geometryElement == null) return;
        // 获取几何元素 GeometryElement 中所有几何对象 GeometryObject
        IEnumerator<GeometryObject> enumerator = geometryElement.GetEnumerator();

        // 循环遍历几何对象
        while (enumerator.MoveNext()) {
            // 获取当前几何对象
            GeometryObject currentGO = enumerator.Current;
            switch (currentGO) {
                // 为几何元素时继续递归
                case GeometryElement element:
                    RecurseGOGetAllSolid(currentGO as GeometryElement, ref geometryObjects);
                    break;
                // 为几何实例时继续递归
                case GeometryInstance instance:
                    RecurseGOGetAllSolid((currentGO as GeometryInstance).GetInstanceGeometry(), ref geometryObjects);
```

```
                    break;
                // 为一个实体时，获取该实体
                case Solid solid:
                    // 过滤掉为空的实体
                    solid = currentGO as Solid;
                    if (solid.Faces.Size == 0 || solid.Edges.Size == 0)
                        continue;
                    geometryObjects.Add(currentGO);
                    break;
        } } }
}
```

本案例中最终使用的实体对象，为单个构件元素中一个或多个 Solid 的合并实体，关键实现如代码 2-6 所示。

代码 2-6：合并元素中的实体

```
/// <summary>
/// 扩展函数
/// </summary>
public static class ExtensionsFunction {
    /// 将多个实体合并成一个实体
    public static Solid UnionSolids(List<Solid> solids) {
        Solid union = null;
        // 遍历实体集合
        foreach (Solid solid in solids) {
            if (null != solid && 0 < solid.Faces.Size) {
                if (null == union) {
                    union = solid;
                    return union;
                } else {
                    union = BooleanOperationsUtils.ExecuteBooleanOperation(union, solid, BooleanOperationsType.Union);
                    return union;
                }
            }
        }
        return union;
    }
}
```

步骤 5，通过上述递归方法获取合并后的实体，可对应取得其参数信息。采用二次开发的优势在于能够更好地自定义用户需求，可针对性地过滤出所需的特定属性项。在通常情况下，无须将图元全部信息导出，从而提高对关键信息的利用和加载效率，提高非几何参数信息数据的轻量化水平。

在 Revit 中，元素参数获取可分为两步，首先需要获得信息载体，然后就可以采用不同信息获取方式得到载体信息。信息载体包括 ElementType（元素类型）、Family（族）、FamilyInstance（族实例）、HostObject（宿主对象）等，载体有三种主要的获取方式，分别为直接获取、通过构件 ID 获取以及通过过滤器获取。进一步从载体中获取其信息有四种方式，分别为通过对应的属性和方法直接获取、通过 GetParameters() 方法获取、通过 Element.get_Parameter 获取，以及通过 LookupParameter() 方法获取，参数信息获取流程如图 2-12 所示。关键实现如代码 2-7 所示，其中部分实体有些参数信息可能是没有的，因此本案例中定义了一个扩展方法 CheckParametersIncluded 用来检查实体是否包含某一项参数信息，关键实现如代码 2-8 所示。

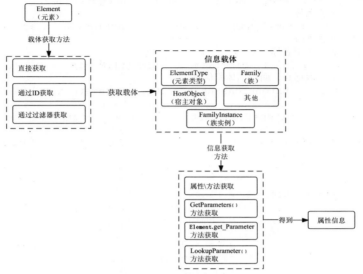

图 2-12　参数信息获取流程

代码 2-7：获取参数信息

```
for (int i = 0; i < elems.Count; i++) {
    // 遍历获取单个元素中的几何对象
    singleElementGeometryObjecs = ExtensionsFunction.GetGO(elems[i]);

    // 获取实体
    foreach (var item in singleElementGeometryObjects) {
        var solid = item as Solid;

        // 单个元素的实体集合
        if (singleElementSolids.Count == 0)
            singleElementSolids.Add(solid);

        // 所有实体集合
        allElementSolids.Add(solid);
    }

    if (singleElementSolids.Count > 0) {
        // 将多个实体合并为一个实体
        var unionSolid = ExtensionsFunction.UnionSolids(singleElementSolids);
        if (unionSolid != null) {
            // 单个元素中所有实体合并为一个实体后的实体集合
            singleElementUnionSolids.Add(unionSolid);

            // 获取元素信息
            // 获取项目文档名称
            string documentTitle = elems[i].Document.Title;
            // 元素 Id
            string elemId = elems[i].Id.ToString();
```

```
            // 元素 UniqueId
            string uniqueId = elems[i].UniqueId;
            // 族类别名称
            string categoryName = elems[i].Category.Name;
            // 族名称
            string familyName = ExtensionsFunction.CheckParametersInclud
ed(elems[i], "族");
            // 族类型名称
            string familySymbolName = elems[i].Name;
            // 获取标高、面积、体积信息
        string level = ExtensionsFunction.CheckParametersIncluded(elems[i],
"标高");
        string area = ExtensionsFunction.CheckParametersIncluded(elems[i],
"面积");
        string volume = ExtensionsFunction.CheckParametersIncluded(elems[i],
"体积");

    // 单个元素信息
            elementInfo = new List<string> {
                            serialNumber.ToString(),
                            documentTitle,
                            elemId,
                            uniqueId,
                            categoryName,
                            familyName,
                            familySymbolName,
                            level,
                            area,
                            volume
                            };
            // 元素信息集合
            elementInfoList.Add(elementInfo);
            // 序号
            serialNumber++;
        }
        singleElementSolids.Clear();
    }
    singleElementGeometryObjecs.Clear();
}
```

代码 2-8：检查实体是否包含某一项参数信息

```
/// <summary>
/// 扩展函数
/// </summary>
public static class ExtensionsFunction
{
    // 检查是否包含某项属性
    public static string CheckParametersIncluded(this Element elem, string parameterName)
    {
        // 使用 ?? 运算符给 Parameter 赋值，若 Parameter 为空，则赋值 null；若不为空，
则通过 LookupParameter 赋值
        Parameter elemParameter = elem.LookupParameter(parameterName) ?? null;
        //Parameter 不为空时获取属性值
        if (elemParameter != null)
```

```csharp
            return elemParameter.AsValueString();
        else
            return null;
    }
}
```

步骤 6，本案例通过构建包围盒的方式来计算中心点位置信息，关键实现如代码 2-9 所示。

代码 2-9：使用包围盒计算获取中心点坐标信息

```csharp
// 单个实体中的信息
List<string> unionSolidInfo = new List<string>();
// 实体信息集合
var unionSolidInfoList = new List<List<string>>();

boundingBoxMax, boundingBoxMin, centreCoordinates, maxInModelCoords, minInModelCoords;
foreach (var solid in singleElementUnionSolids){
    boundingBoxMax = new XYZ();
    boundingBoxMin = new XYZ();
    centreCoordinates = new XYZ();

    // 包围盒
    BoundingBoxXYZ solidBox = new BoundingBoxXYZ();
    try {
        solidBox = solid.GetBoundingBox();
    }
    catch { }

    // 变换
    Transform trf = solidBox.Transform;
    // 包围盒最大值
    boundingBoxMax = solidBox.Max;
    // 包围盒最小值
    boundingBoxMin = solidBox.Min;
    // 坐标转换后的包围盒最大值
    maxInModelCoords = trf.OfPoint(boundingBoxMax);
    // 坐标转换后的包围盒最小值
    minInModelCoords = trf.OfPoint(boundingBoxMin);

    // 取包围盒中心位置
    centreCoordinates = maxInModelCoords.Add(minInModelCoords).Multiply(0.5);
    //centreCoordinates = minInModelCoords.Add(maxInModelCoords.
Subtract(minInModelCoords).Multiply(0.5));   // min + ((max-min)*0.5) 效果同上

    // 合并后实体的包围盒信息
    unionSolidInfo = new List<string> {
                        maxInModelCoords.ToString(),
                        minInModelCoords.ToString(),
                        centreCoordinates.ToString()
                    };
    unionSolidInfoList.Add(unionSolidInfo);
}

// 获取的信息集合
var infoListResult = new List<string>();
```

```
// 元素信息集合
var infoList = new List<List<string>>();

// 合并 List
for (int i = 0; i < elementInfoList.Count; i++)
{
    infoListResult = elementInfoList[i].Concat(unionSolidInfoList[i]).ToList<string>();
    // 对象信息列表
    infoList.Add(infoListResult);
}
```

步骤 7，Revit 中通过二次开发导出数据常用的工具 NPOI 库、Epplus 库以及 COM 组件。本案例采用 NPOI 库将信息导出到 Excel 表格中。POI 是一套由 Java 写成的库，而 NPOI 则是 POI 的 .NET 开源版本，可以实现对表格数据的读写操作，同时 NPOI 不依赖 Windows 系统的 Office 环境，在没有安装微软（Microsoft）办公软件的计算机上也可以对 Excel 或 Word 文档进行读写操作。NPOI 可在 NuGet 程序包中搜索并安装，如图 2-13 所示。使用 NPOI 创建 Excel 文件有三种方式，分别为 HSSFWorkbook、XSSFWorkbook 和 SXSSFWorkbook。其中 HSSFWorkbook 针对 Excel2003 以下的版本，导出文件的扩展名为 .xls，且数据导出的行数和列数有限制，至多 65 535 行 256 列；XSSFWorkbook 针对 Excel2007 以上的版本，导出文件的扩展名为 .xlsx，导出数据条数也存在上限，至多 1 048 576 行 16 384 列，且由于数据没有持久化保存到本地硬盘中，因此数据量过多时可能存在 OOM（out of memory，内存溢出）问题；而 SXSSFWorkbook 可以设置储存的行数，当到达设置数量时则将内存中的数据持久化写入文件中，依次逐步地将所有数据按设置的行数分批次写入，以避免内存溢出问题，从而实现大量数据的导出。关键实现如代码 2-10 所示。

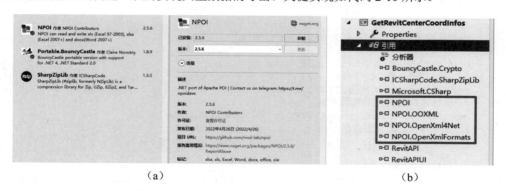

(a) (b)

图 2-13 安装 NPOI

(a) 安装 NPOI 2.5.6；(b) NPOI 完成安装后添加的引用

代码 2-10：利用 NPOI 将信息导出到 Excel 中

```
// 创建 Excel 文件
// 设置最大内存量为 1000 行
SXSSFWorkbook workBook = new SXSSFWorkbook(1000);
// 在 Excel 中创建一个工作簿，并命名
ISheet sheet = workBook.CreateSheet("Revit 数据信息");
// 设置表头字段
```

```csharp
string[] theadName = new string[] { "序号","文档名称", "元素ID",
"UniqueID", "族类别名称", "族名称", "族类型名称","标高","面积","体积",
"包围盒最大值", "包围盒最小值", "包围盒中心点位置"};
// 设置首行格式
IRow row0 = sheet.CreateRow(0);
// 设置标题行单元格高度, Height 的单位是 1/20 个点, 需乘以 20
row0.Height = 30 * 20;

// 标题及内容单元格样式
ICellStyle theadCellStyle = ExtensionsFunction.CreateCellStyle(workBook, true);
ICellStyle contentCellStyle = ExtensionsFunction.CreateCellStyle(workBook, false);

// 将表头字段信息写入第一行
for (int i = 0; i < theadName.Count(); i++) {
    // 在第一行创建单元格
    var cell = row0.CreateCell(i);
    // 第一行单元格格式设置
    cell.CellStyle = theadCellStyle;
    // 在第一行单元格写入信息
    cell.SetCellValue(theadName[i]);
}

// 将获取的参数信息和中心点坐标信息写入表格
for (int i = 0; i < infoList.Count; i++) {
    // 创建行：第一行为表头, 从第二行开始创建
    var row = sheet.CreateRow(i + 1);
    for (int j = 0; j < infoList[i].Count; j++) {
        // 创建单元格
        var cell = row.CreateCell(j);
        // 单元格格式设置
        cell.CellStyle = contentCellStyle;
        // 将信息写入单元格
        cell.SetCellValue(infoList[i][j]);
    }
}
// 根据写入单元格的内容宽度自动设置列宽
ExtensionsFunction.AutoSetColumnWidth(sheet, theadName.Length);

// 保存 Excel 文件
SaveFileDialog fileDialog = new SaveFileDialog();
// 设置标题
fileDialog.Title = " 导出 .csv 或 .xlsx 文件";
// 设置 Excel 文件保存格式
fileDialog.Filter = "EXCEL 文件 |*.xlsx|CSV 文件 |*.csv";
// 设置 Excel 表格文件名称
fileDialog.FileName = "Revit 信息统计";
// 确认保存
bool isFileOk = false;
fileDialog.FileOk += (s, e) => {
    isFileOk = true;
};
fileDialog.ShowDialog();
if (isFileOk) {
    // 写入信息, 并保存
    var path = fileDialog.FileName;
```

```
        using (var fs = new FileStream(path, FileMode.Create, FileAccess.Write)) {
            workBook.Write(fs);
            MessageBox.Show($" 数据导出完成，文件成功保至 {fileDialog.FileName}",
"DML- 输出信息 ");
            // 关闭文件流
            fs.Close();
            // 释放流所占用的资源
            fs.Dispose();
        }
    }
```

在上述使用 NPOI 导出参数信息的代码中，可对表格做一些美化和格式设置。代码 2-11 针对 Excel 表格的标题行及内容行单元格的格式样式分别进行了设置。

代码 2-11：设置单元格样式

```
/// <summary>
/// 扩展函数
/// </summary>
public static class ExtensionsFunction {
    // 设置单元格样式
    public static ICellStyle CreateCellStyle(IWorkbook workbook, bool isThead) {
        // 格式设置
        var cellStyle = workbook.CreateCellStyle();

        // 设置字体
        var font = workbook.CreateFont();
        font.IsBold = isThead;
        cellStyle.SetFont(font);
        if (isThead) {
            // 设置单元格颜色（RGB）
            cellStyle.FillForegroundColor = NPOI.HSSF.Util.HSSFColor.Grey25Percent.Index;
            cellStyle.FillPattern = NPOI.SS.UserModel.FillPattern.SolidForeground;
        }
        // 设置文字水平和垂直对齐方式
        cellStyle.Alignment = HorizontalAlignment.Center;
        cellStyle.VerticalAlignment = VerticalAlignment.Center;
        // 设置边框
        cellStyle.BorderTop = BorderStyle.Thin;
        cellStyle.BorderBottom = BorderStyle.Thin;
        cellStyle.BorderLeft = BorderStyle.Thin;
        cellStyle.BorderRight = BorderStyle.Thin;
        // 内容自动换行，避免存在换行符的内容合并成单行
        cellStyle.WrapText = true;
        return cellStyle;
    }
}
```

使用 NPOI 导出的数据在单元格中默认列宽是固定的，通过遍历获取单元格的列宽，并取得最大宽度的单元格宽度作为整列的宽度，以实现自适应的列宽设置，如代码 2-12 所示。

代码 2-12：NPOI 自动设置列宽

```
/// <summary>
/// 扩展函数
/// </summary>
public static class ExtensionsFunction {
    public static void AutoSetColumnWidth(ISheet sheet, int columns) {
        // 遍历列
        for (int currColIndex = 0; currColIndex <= columns; currColIndex++) {
            // 获取当前列宽
            int currColumnWidth = sheet.GetColumnWidth(currColIndex) / 256;
            // 遍历行
            for (int currRowIndex = 1; currRowIndex <= sheet.LastRowNum; currRowIndex++) {
                // 获取当前行
                IRow currentRow;
                currentRow = sheet.GetRow(currRowIndex) == null ? sheet.CreateRow(currRowIndex) : sheet.GetRow(currRowIndex);
                if (currentRow.GetCell(currColIndex) != null)
                {
                    // 获取当前单元格及内容宽度
                    ICell currentCell = currentRow.GetCell(currColIndex);
                    int contextWidth = System.Text.Encoding.Default.GetBytes(currentCell.ToString()).Length;
                    // 若当前单元格内容宽度大于列宽，则调整列宽为当前单元格宽度
                    currColumnWidth = currColumnWidth < contextWidth ? contextWidth : currColumnWidth;
                }
            }
            // 重新设置列宽，第二个参数的单位是 1/256 个字符宽度，乘以 256 为一个完整的字符宽度；经测试列宽再乘以 0.9 列宽更加符合单元格内容宽度
            int setColumnWidthValue = System.Convert.ToInt32(currColumnWidth * 256 * 0.9);
            // 设置列宽为单元格中内容的最大宽度
            sheet.SetColumnWidth(currColIndex, setColumnWidthValue);
        }
    }
}
```

步骤 8，在代码实现过程中可通过选择 VS 的 "调试" → "附加到进程" 选项，将 Revit.exe 软件运行程序添加的 VS 中。按 R 键可快速定位到 R 开头的进程，将 VS 与 Revit 关联到一起，方便进行代码调试，如图 2-14 所示。

图 2-14　附加 Revit 到进程

步骤 9，完成程序功能的编写后，编译生成 DLL 文件，并复制记录 DLL 文件的生成路径；通过安装的 Add-In Manager 单击 Add-In Manager(Manual Mode) 按钮打开插件管理器，在 Load Command 面板，单击 Load 按钮复制 DLL 文件的生成路径加载 DLL 文件，完成加载后文件将显示在面板中，选择 GetRevitCenterCoordInfos.ExportCenterCoordInfos，单击 Run 按钮即可运行自定义的导出功能，如图 2-15 所示。

步骤 10，插件程序运行完成后即可保存 Excel 表格文件到本地硬盘中。导出时已设置了文件的默认名称，可选择 .xlsx 和 .csv 两种格式，如图 2-16 所示。

图 2-15　加载并运行 DLL 文件　　　　　图 2-16　保存信息到指定文件中

步骤 11，插件完成开发后，为方便再次调用插件，在插件管理器面板选择 Save Addin → Save，将 DLL 文件以 .addin 格式保存到 Revit 存放外部插件的路径下。保存后在 Revit 中选择"总是载入"，此后每次打开 Revit 时能够直接在"附加模块"→"外部工具"下直接运行自定义的插件工具，如图 2-17 所示。

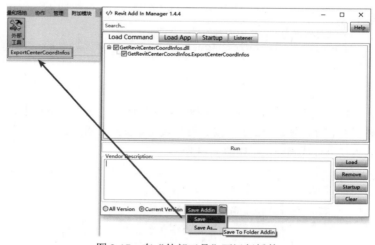

图 2-17　在"外部工具"下运行插件

通过 C# 语言实现自定义导出插件完成数据输出后，本案例中 BIM 模型共输出 4 万余条数据，输出结果如图 2-18 所示。图 2-19 所示为将商业综合体 BIM 模型最小参数化后所形成构件的中心点阵。

序号	文档名称	元素ID	UniqueID	GUID编码	族类别名称	族名称	族类型名称	标高	面积	体积	包围盒最大值	包围盒最小值	包围盒中心点位置
41834	LXD_1B_A	2363647	2bf6dfc8-	357bff6c-	窗	单扇百叶	BYC1900x5	F0(0.000)	13.61	0.28	(232.48773	(226.25413	(229.37093
41835	LXD_1B_A	2363812	2bf6dfc8-	4c598662-	门	双扇平开	M2124	F0(0.000)	6.48	0.16	(363.95098	(363.32762	(363.63930
41836	LXD_1B_A	2363953	2bf6dfc8-	70fd640d-	门	双扇平开	M1824	F0(0.000)	5.69	0.14	(380.37159	(374.46607	(377.41883
41837	LXD_1B_A	2363989	2bf6dfc8-	cec7c435-	门	双扇平开	M1824	F0(0.000)	5.69	0.14	(405.88012	(399.97460	(402.92736
41838	LXD_1B_A	2364011	2bf6dfc8-	5be828c4-	门	双扇平开	M1824	F0(0.000)	5.69	0.14	(418.18327	(412.27775	(415.23051
41839	LXD_1B_A	2364092	2bf6dfc8-	d80628f8-	门	双扇平开	M1824	F0(0.000)	5.69	0.14	(435.45977	(429.58418	(432.53694
41840	LXD_1B_A	2364116	2bf6dfc8-	4f1d9977-	门	双扇平开	M1824	F0(0.000)	5.69	0.14	(466.49363	(460.58812	(463.54088
41841	LXD_1B_A	2364144	2bf6dfc8-	4201c7e0-	门	双扇平开	M1824	F0(0.000)	5.69	0.14	(490.60781	(484.70229	(487.65505
41842	LXD_1B_A	2364168	2bf6dfc8-	5e16042b-	门	双扇平开	M1824	F0(0.000)	5.69	0.14	(518.16686	(512.26135	(515.21411
41843	LXD_1B_A	2364288	2bf6dfc8-	d65c9fc0-	墙	基本墙	建筑内墙	F0(0.000)	7.36	1.77	(455.91292	(449.35124	(452.63208
41844	LXD_1B_A	2364442	2bf6dfc8-	1b937825-	门	双扇平开	FM乙1924	F0(0.000)	6.27	0.22	(455.61945	(449.38586	(452.50265
41845	LXD_1B_A	2364787	2bf6dfc8-	bafac599-	门	双扇平开	M2124	F0(0.000)	6.48	0.16	(515.26332	(508.37355	(511.81844
41846	LXD_1B_A	2364835	2bf6dfc8-	9fd88f44-	门	双扇平开	M2124	F0(0.000)	6.48	0.16	(497.90707	(491.01791	(494.46279
41847	LXD_1B_A	2364915	2bf6dfc8-	d3ff41af-	门	双扇平开	M1821	F0(0.000)	5.03	0.13	(482.81581	(476.91030	(479.86306
41848	LXD_1B_A	2364970	2bf6dfc8-	f28534a8-	门	双扇平开	M4224	F0(0.000)	11.96	0.28	(450.07303	(449.44967	(449.76135
41849	LXD_1B_A	2365008	2bf6dfc8-	1f315a86-	门	双扇平开	M1524	F0(0.000)	4.91	0.12	(450.07303	(449.44967	(449.76135
41850	LXD_1B_A	2365102	2bf6dfc8-	76648101-	门	双扇平开	M4224	F0(0.000)	11.96	0.28	(450.07303	(449.44967	(449.76135
41851	LXD_1B_A	2365178	2bf6dfc8-	c5db0c73-	门	双扇平开	FM乙	F0(0.000)	4.33	0.15	(454.60059	(450.17145	(452.38602
41852	LXD_1B_A	2365216	2bf6dfc8-	c7a5cd05-	门	双扇平开	FM乙	F0(0.000)	4.33	0.15	(473.62946	(469.20033	(471.41489
41853	LXD_1B_A	2365270	2bf6dfc8-	b2321be7-	门	双扇平开	M2124	F0(0.000)	6.48	0.16	(460.17802	(453.28825	(456.73313
41854	LXD_1B_A	2365316	2bf6dfc8-	87f63c0c-	门	双扇平开	M2124	F0(0.000)	6.48	0.16	(432.61896	(425.72920	(429.17408
41855	LXD_1B_A	2365348	2bf6dfc8-	5680cd7f-	门	双扇平开	M2124	F0(0.000)	6.48	0.16	(408.34075	(401.45098	(404.89586
41856	LXD_1B_A	2365385	2bf6dfc8-	9999fec2-	门	双扇平开	M2124	F0(0.000)	6.48	0.16	(377.50085	(370.61134	(374.05609
41857	LXD_1B_A	2365477	2bf6dfc8-	042c507f-	门	双扇平开	M1824	F0(0.000)	5.69	0.14	(363.95098	(363.32762	(363.63930
41858	LXD_1B_A	2365505	2bf6dfc8-	9aaad2dc-	门	双扇平开	M1824	F0(0.000)	5.69	0.14	(363.95098	(363.32762	(363.63930
41859	LXD_1B_A	2365541	2bf6dfc8-	3150b187-	门	双扇平开	M1824	F0(0.000)	5.69	0.14	(363.95098	(363.32762	(363.63930
41860	LXD_1B_A	2365607	2bf6dfc8-	72f30bfa-	门	双扇平开	M1824	F0(0.000)	5.69	0.14	(363.95098	(363.32762	(363.63930
41861	LXD_1B_A	2365707	2bf6dfc8-	ef3bd6f5-	门	双扇平开	M1522	F0(0.000)	4.53	0.12	(363.95098	(363.32762	(363.63930
41862	LXD_1B_A	2365866	2bf6dfc8-	c0d9d045-	门	单扇平开	1000 x	F0(0.000)	2.41	0.04	(384.30859	(380.53563	(382.42211
41863	LXD_1B_A	2365920	2bf6dfc8-	88c41fe2-	门	单扇平开	1000 x	F0(0.000)	2.41	0.04	(439.42670	(435.65374	(437.54022
41864	LXD_1B_A	2365996	2bf6dfc8-	b04c5078-	门	单扇平开	1000 x	F0(0.000)	2.41	0.04	(467.31384	(463.54088	(465.42736
41865	LXD_1B_A	2366042	2bf6dfc8-	920c708f-	门	单扇平开	1000 x	F0(0.000)	2.41	0.04	(529.05925	(525.28628	(527.17277
41866	LXD_1B_A	2366122	2bf6dfc8-	674751a6-	门	单扇平开	1000 x	F0(0.000)	2.41	0.04	(501.68064	(497.90767	(499.79416
41867	LXD_1B_A	2366196	2bf6dfc8-	bf7305f6-	门	单扇平开	1000 x	F0(0.000)	2.41	0.04	(442.95361	(439.18064	(441.06712
41868	LXD_1B_A	2366226	2bf6dfc8-	db907ff1-	门	单扇平开	1000 x	F0(0.000)	2.41	0.04	(391.44442	(387.67145	(389.55794
41869	LXD_1B_A	2366548	2bf6dfc8-	5dc5a2cb-	墙	基本墙	建筑玻璃	F0(0.000)	132.57	33.14	(363.63930	(363.63930	(363.63930
41870	LXD_1B_A	2366647	454f8155-	456cc023-	楼板	楼板	建筑空调	F0(0.000)	6.05	0.30	(366.67408	(364.04941	(365.36174
41871	LXD_1B_A	2366967	454f8155-	718f0d7a-	窗	单扇平开	BYC4200x4	F0(0.000)	21.25	0.41	(364.04941	(363.22920	(363.63930
41872	LXD_1B_A	2367248	454f8155-	d43ef14e-	窗	单扇平开	BYC3800x3	F0(0.000)	15.25	0.30	(364.04941	(363.22920	(363.63930
41873	LXD_1B_A	2367340	454f8155-	f8f2ce55-	楼板	楼板	建筑空调	F0(0.000)	10.85	0.54	(529.33812	(456.30662	(492.82237
41874	LXD_1B_A	2367604	454f8155-	9cbd7cc6-	窗	单扇百叶	BYC4000x3	F0(0.000)	17.09	0.34	(450.17145	(449.35124	(449.76135
41875	LXD_1B_A	2367824	454f8155-	1d2a4f50-	窗	单扇百叶	BYC7600x1	F0(0.000)	17.35	0.36	(477.73051	(476.91030	(477.32040
41876	LXD_1B_A	2367982	454f8155-	67db5c60-	楼板	楼板	建筑空调	F0(0.000)	18.21	0.91	(474.28563	(366.73970	(420.51266
41877	LXD_1B_A	2368072	454f8155-	10f12b8e-	门	电梯门-斜	DTM1324	F0(0.000)	2.28	0.15	(417.71928	(416.05072	(416.88500
41878	LXD_1B_A	2368245	1c80e393-	bef13cc6-	门	双扇平开	M1524	F0(0.000)	4.91	0.12	(536.78563	(531.86437	(534.32500

图 2-18 所获取商业综合体的关键属性和中心点坐标信息

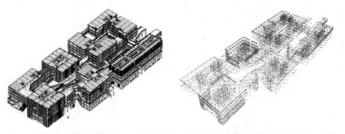

图 2-19 商业综合体 BIM 模型最小参数化后所形成构件的中心点阵

2.2.2 轻量化示例二（C# 语言）

案例二同样使用 C# 语言获取 Revit 场景中模型构件中心点坐标、ID 及其他参数信息，具体步骤与案例一类似。本案例中对中心点坐标的获取方式与案例一中采用包围盒的方式不同，本案例采用 Revit API 提供的 ComputeCentroid() 方法来获取质心坐标，该质心坐标即可作为构件的中心点坐标使用。下面仅对与案例一中主要的不同之处进行描述。本案例使用一座人行天桥的 Revit 模型为例,获取中心点坐标等信息并输出,如图 2-20 所示。在项目 GetRevitCenterCoordInfos 中新建类 ExportCenterCoordInfos_FootBridg.cs,关键实现如代码 2-13 所示。

图 2-20　案例模型二:人行天桥 Revit 模型

代码 2-13:使用 ComputeCentroid( )方法获取中心坐标信息

```
// 单个实体中的信息
List<string> unionSolidInfo = new List<string>();
// 实体信息集合
var unionSolidInfoList = new List<List<string>>();
XYZ xyzCentroid;

foreach (var solid in singleElementUnionSolids)
{
    xyzCentroid = new XYZ();
    try {
        // 质心 / 中心点位置
        xyzCentroid = solid.ComputeCentroid();
    }
    catch { }
    // 合并后实体的质心坐标信息
    unionSolidInfo = new List<string> { xyzCentroid.ToString() };
    unionSolidInfoList.Add(unionSolidInfo);
}

// 获取的信息集合
var infoListResult = new List<string>();
// 元素信息集合
var infoList = new List<List<string>>();
// 合并 List
for (int i = 0; i < elementInfoList.Count; i++) {
    infoListResult = elementInfoList[i].Concat(unionSolidInfoList[i]).ToList<string>();
    // 对象信息列表
    infoList.Add(infoListResult);
}
```

通过 C# 程序实现自定义导出插件完成数据输出后,本案例中 BIM 模型数据输出结果如图 2-21 所示。图 2-22 所示为将该人行天桥 BIM 模型最小参数化后所形成构件的中心点阵。

序号	文档名称	元素ID	UniqueID	GUID编码	族类别名称	族名	族类型名称	标高	面积	体积	质心位置
1	002_○○_栈道_施工图_人行天桥_V1.0	359278	2991242a-48ef-426e-ac72-e2925ac5ae44-00057b6e	ad3ff19b-180f-41ef-9d60-1b928c842b7e	常规模型	墩柱	墩柱	零点标高	27.75	1.40	(403768.312500000, 64144.013671875, 0.738188982)
2	002_○○_栈道_施工图_人行天桥_V1.0	359283	2991242a-48ef-426e-ac72-e2925ac5ae44-00057b73	68932b93-ca4f-4520-9c4e-b252ac1aa316	常规模型	墩柱	墩柱	零点标高	27.75	1.40	(403695.671618519, 64233.793582556, 0.738188982)
3	002_○○_栈道_施工图_人行天桥_V1.0	359288	2991242a-48ef-426e-ac72-e2925ac5ae44-00057b78	9675f98a-04fe-4b89-8f65-c177f2f1dc73	常规模型	墩柱	墩柱	零点标高	27.75	1.40	(403616.437500000, 64331.744140625, 0.738188982)
4	002_○○_栈道_施工图_人行天桥_V1.0	360853	2991242a-48ef-426e-ac72-e2925ac5ae44-00058195	fe7ac87d-31c5-4d9f-a126-f681f41c38f9	常规模型	梯道墩柱	梯道墩柱	零点标高	10.49	1.16	(403723.222100635, 64107.536317504, 1.103252499)
5	002_○○_栈道_施工图_人行天桥_V1.0	360860	2991242a-48ef-426e-ac72-e2925ac5ae44-0005819c	ba8fd49b-a819-4060-85a8-af3150596ba7	常规模型	梯道墩柱	梯道墩柱	零点标高	13.28	1.19	(403743.624639309, 64124.047186958, 1.103223383)
6	002_○○_栈道_施工图_人行天桥_V1.0	360867	2991242a-48ef-426e-ac72-e2925ac5ae44-000581a3	c733c155-2967-491d-9126-af458789d2c0	常规模型	梯道墩柱	梯道墩柱	零点标高	10.49	1.16	(403571.346387537, 64295.265492701, 1.103256672)
7	002_○○_栈道_施工图_人行天桥_V1.0	360874	2991242a-48ef-426e-ac72-e2925ac5ae44-000581aa	1fd597d7-1666-4a95-aec4-b575335df135	常规模型	梯道墩柱	梯道墩柱	零点标高	13.28	1.19	(403591.752502576, 64311.776348680, 1.103257384)
8	002_○○_栈道_施工图_人行天桥_V1.0	361916	a41c3529-ddbb-474e-b24f-aca222a86d14-000585bc	cb64e794-c6e3-4016-903b-ddb65afd5c9d	常规模型	梯道台座	梯道台座	零点标高	37.84	16.91	(403703.328783246, 64091.442823309, -1.040333591)
9	002_○○_栈道_施工图_人行天桥_V1.0	361915	a41c3529-ddbb-474e-b24f-aca222a86d14-000585bf	baa9f0d3-e0e2-4772-9260-fe29ebb9bd9e	常规模型	梯道台座	梯道台座	零点标高	37.84	16.91	(403552.113291452, 64279.705957124, -1.040060450)
10	002_○○_栈道_施工图_人行天桥_V1.0	365021	a41c3529-ddbb-474e-b24f-aca222a86d14-000591dd	0160fe9c-e074-4eb5-a7f7-3d59fe22a45f	楼梯	组合楼梯	楼梯				(403747.127408653, 64120.698841147, 14.934383392)
11	002_○○_栈道_施工图_人行天桥_V1.0	365599	a41c3529-ddbb-474e-b24f-aca222a86d14-0005941f	a71d7b7c-ed29-49b4-b4bc-a1ba6ed82c50	栏杆扶手	栏杆扶手	1100 mm				(403736.475491594, 64112.141092725, 16.179891806)
12	002_○○_栈道_施工图_人行天桥_V1.0	365603	a41c3529-ddbb-474e-b24f-aca222a86d14-00059423	6b5a06e8-9653-4564-b732-8e8741bbb3e5	栏杆扶手	栏杆扶手	1100 mm				(403730.717542097, 64119.920517947, 16.607569357)
13	002_○○_栈道_施工图_人行天桥_V1.0	366601	a41c3529-ddbb-474e-b24f-aca222a86d14-00059809	09c1f50c-4e35-485d-8831-49e3a5a34cb5	楼梯	组合楼梯	楼梯				(403595.650748884, 64306.395564092, 14.938190038)
14	002_○○_栈道_施工图_人行天桥_SJ_V1.0	376274	475f7944-13d9-40c4-b01a-53fe856de378-0005bdd2	32257ed3-3cd9-4c72-957d-32b0cf4e11b2	结构柱	圆钢柱	圆形-200	零点标高		0.13	(403587.222220194, 64314.254357909, 21.422462104)
15	002_○○_栈道_施工图_人行天桥_SJ_V1.0	376276	475f7944-13d9-40c4-b01a-53fe856de378-0005bdd4	79f32547-47a6-427f-8862-7c7261cca962	结构柱	圆钢柱	圆形-200	零点标高		0.13	(403593.246727469, 64306.804258324, 21.426166449)

图 2-21 所获人行天桥模型的属性和中心点坐标信息

图 2-22 人行天桥 BIM 模型最小参数化后所形成构件的中心点阵

在通过二次开发完成插件功能的实现后,为方便调用插件,还可以针对 Revit 的软件界面进行开发。以按钮、面板或下拉组合框等 Ribbon 形式的 UI 控件将插件功能封装融合到 Revit 软件界面上。界面开发的主要步骤包括①编写继承外部命令接口的插件功能程序,即继承 IExteralCommand 接口的命令文件;②编写继承外部应用接口的界面开发程序,即继承 IExternalApplication 接口的文件;③对 .Addin 文件进行编辑,实现 Revit 关闭和开启时识别并加载外部插件。步骤①中的命令文件在上述示例一、示例二中已实现,步骤②的程序实现如代码 2-14 所示,完成程序编码及调试后,在 VS 中编译并生成 DLL 文件。

代码 2-14:继承外部应用接口开发 Ribbon 按钮

```
class GetInfoRibbon : IExternalApplication
{
```

```csharp
public Result OnStartup(UIControlledApplication application)
{
        // 设置 RibbonTab、RibbonPanel 名称
        var ribbonTab = " 信息导出工具 ";
        application.CreateRibbonTab(ribbonTab);
        var ribbonPanel = application.CreateRibbonPanel(ribbonTab, " 导出中心点及参数信息 ");
        // 获取程序集
        var assemblyType = new ExportCenterCoordInfos().GetType();
        SetUIRibbon(assemblyType, ribbonPanel, "tools_BoundingBox", " 包围盒中心点 ", @"\UI\ 包围盒 UI.png");
        // 添加分隔符
        ribbonPanel.AddSeparator();
        // 获取程序集
        var assemblyType_FootBridge = new ExportCenterCoordInfos_FootBridge().GetType();
        SetUIRibbon(assemblyType_FootBridge, ribbonPanel, "tools_Centroid", " 质心 ", @"\UI\ 质心点 UI.png");
        return Result.Succeeded;
}

public Result OnShutdown(UIControlledApplication application)
{
        return Result.Succeeded;
}

    /// 设置 Ribbon
    /// <param name="assemblyType">程序集 </param>
    /// <param name="ribbonPanel">面板 </param>
    /// <param name="pushButtonName">命令按钮名称 </param>
    /// <param name="pushButtonShowName">命令按钮显示名称 </param>
    /// <param name="uiPath">UI 图标的路径 </param>
public void SetUIRibbon(Type assemblyType, RibbonPanel ribbonPanel, string pushButtonName, string pushButtonShowName, string uiPath)
{
        // 获取文件路径
        var location = assemblyType.Assembly.Location;
        // 获取类名
        var className = assemblyType.FullName;
        // 设置 PushButton
        var pushButtomData = new PushButtonData(pushButtonName, pushButtonShowName, location, className);
        // 获取 UI 图标的路径
        var imageSource = Path.GetDirectoryName(Assembly.GetExecutingAssembly().Location) + uiPath;
        // 添加 UI LOGO
        pushButtomData.LargeImage = new BitmapImage(new Uri(imageSource));
        // 将按钮添加到面板中
        var pushButton = ribbonPanel.AddItem(pushButtomData) as PushButton;
    }
}
```

完成对插件程序功能及界面的开发后,打开"附加模块"→ Add-In Manager,在插件管理器下的 Load App 面板,加载步骤②中编译的 DLL 文件,如图 2-23 所示。加载完成后保存为 .addin 文件,如图 2-24 所示,选择 Save 选项,文件将保存在对应的 Revit 外部插件安装目录下,如本书使用的是 Revit 2022,则此时 .addin 文件保存在 C:\ProgramData\

Autodesk\Revit\Addins\2022 目录下，名字自动命名为 ExternalTool.addin。

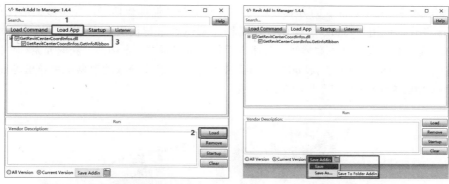

图 2-23　加载并运行 DLL 文件　　　　图 2-24　保存为 .addin 文件

需注意的是，使用 1.4.4 版本的插件管理器保存的 .addin 文件路径已经是绝对路径，无须重新设置，如图 2-25 所示。该文件保存到对应位置后，Revit 将自动加载和识别，选择"总是载入"后，每次启动 Revit 软件时自定义开发的这个插件都将被自动加载和运行，如图 2-26 所示。完成插件的载入后，Ribbon 按钮将显示在菜单栏中，如图 2-27 所示。

```
<?xml version="1.0" encoding="utf-8"?>
<RevitAddIns>
    <AddIn Type="Application">
        <Name>External Tool</Name>
        <Assembly>D:\Projects\GetRevitCenterCoordInfos\bin\Release\GetRevitCenterCoordInfos.dll</Assembly>
        <ClientId>aa623b0d-9f4f-4e8e-9042-27d1eadfab61</ClientId>
        <FullClassName>GetRevitCenterCoordInfos.GetInfoRibbon</FullClassName>
        <VendorId>ADSK</VendorId>
        <VendorDescription>Autodesk, www.autodesk.com</VendorDescription>
    </AddIn>
</RevitAddIns>
```

图 2-25　.addin 文件路径

图 2-26　"总是载入"附加模块

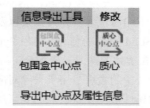

图 2-27　导出包围盒中心点坐标和导出质心坐标插件的 Ribbon 按钮

2.2.3 轻量化示例三（Dynamo）

本案例将通过 Dynamo 的方式获取中心点坐标及其他参数信息，并将数据信息保存为 .xlsx 格式。使用 Dynamo 可视化开发流程的总体思路与使用 C# 语言在 VS 中手动编写 .NET 程序的开发思路基本类似。总体流程包括获取所需元素构件、获取元素构件的实体、以质心或包围盒的方法获取中心点坐标等信息，以及将获取的数据信息导出等过程。本案例使用的 Revit 案例模型如图 2-28 所示。

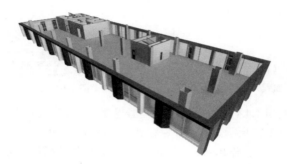

图 2-28　案例模型三：办公层 Revit 模型

案例三中 Dynamo 的具体可视化节点连接步骤如下。

步骤 1，使用 Select Model Elements 节点在 Revit 中框选所需图元元素，如图 2-29 所示。

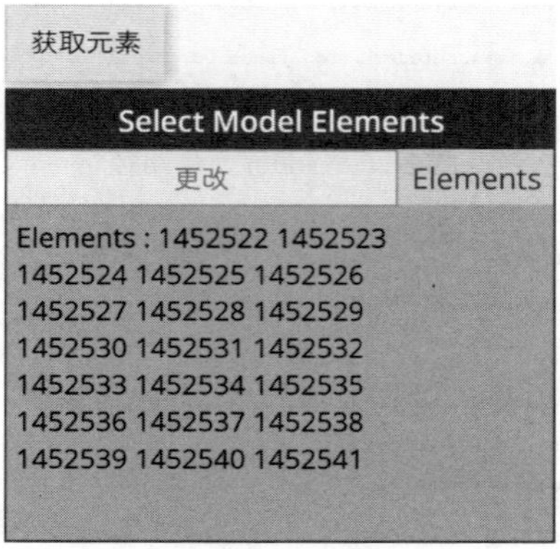

图 2-29　选择图元

步骤 2，获取元素后，接着利用 Element.Solids 节点获取实体集合。因框选的元素集合中部分元素不包含实体，所以需要去除为 Empty List 和"空"的值，这里使用 Python Script 节点编写 Python 脚本，用于输出包含实体的元素以及不包含实体的元素对应的索引号，Python 节点命名为"去除 Solid 为空的值"，其中 Python 脚本如代码 2-15 所示。在 Python 脚本中输出的 result 为包含实体的图元元素集合，removed_indexes 为无实体的图元元素对应索引的集合，该索引集合中的索引号用于去除对应索引号的框选图元集合中的元素，避免获取无实体元素对应的属性值，使得获取的元素属性与之后步骤中计算获得的中心点坐标信息相匹配。获取实体与索引号的具体节点连接流程如图 2-30 所示。

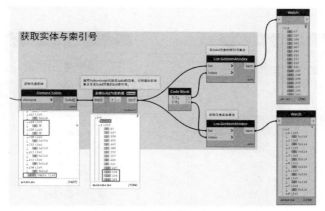

图 2-30　获取实体与索引号

代码 2-15：去除 Solid 为空的对象

```python
# 加载 Python Standard 和 DesignScript 库
import sys
import clr
clr.AddReference('ProtoGeometry')
from Autodesk.DesignScript.Geometry import *
# 该节点的输入内容将存储为 IN 变量中的一个列表。
dataEnteringNode = IN
# 将代码放在该行下面
removed_indexes = []
result = []
for i, item in enumerate(IN[0]):
    filtered_item = [j for j in item if j is not None]
    if not filtered_item:
        removed_indexes.append(i)
    else:
        result.append(filtered_item)
# 将输出内容指定给 OUT 变量。
OUT = result,removed_indexes
```

步骤 3，在步骤 2 中通过 List.GetItemAtIndex 节点获取了 Python 脚本中输出的无实体对应元素的索引号，接着利用 List.RemoveItemAtIndex 节点依据索引号去除框选的对应元素，此时输出的元素列表则为包含实体的元素集合。根据实际需要输出的属性项，查看属性项在 Revit 中定义的字段名称，依据属性名称进一步获取对应数据信息。在软件中查看参数信息有多种方式，以查看 ID 为 1452522 的元素为例，有三种方式。方式一：通过 Dynamo 的 Element.Parameters 节点查看所有该类别元素属性定义的参数名称及对应的数值内容，节点连接及获取的数据内容如图 2-31 所示。方式二：通过 RDBE 查看参数信息，在"附加模块"中打开 Revit DB Explorer 工具，在 Query Revit database 栏中搜索 ID 为 1452522 的元素，即可查看元素的参数信息，再选择 Element → Parameters 选项可查看具体的参数信息，如图 2-32 和图 2-33 所示。方式三：使用 RevitLookup 工具查看参数信息，选择要查看的元素单击"附加模块"中安装的 Revit Lookup 工具，选择 Snoop Selection 选项即可查看选择对象的参数信息，再选择 ParameterSet 选项可查看具体的参数信息，如

图 2-34 和图 2-35 所示。

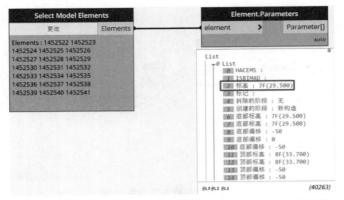

图 2-31　Element.Parameters 节点查看 ID 为 1452522 的元素信息

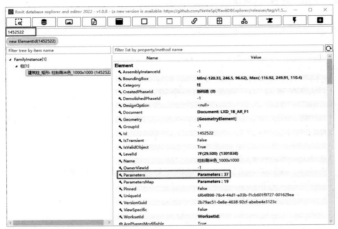

图 2-32　RDBE 工具查看 ID 为 1452522 的元素信息

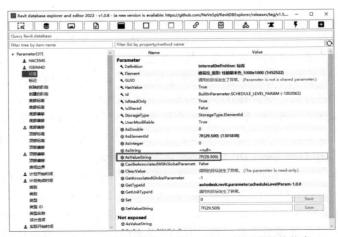

图 2-33　RDBE 工具查看 ID 为 1452522 的元素具体信息

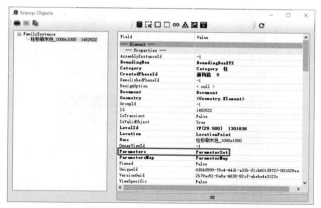

图 2-34　RevitLookup 工具查看 ID 为 1452522 的元素信息

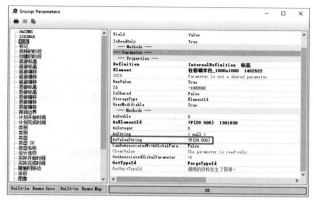

图 2-35　RevitLookup 工具查看 ID 为 1452522 的元素具体信息

本案例以获取"ID 值""UniqueId 值""元素名称""类别""族""标高""面积""体积"8 个参数为例，分别以 Element.Id 等节点和多个 Element.GetParameterValueByName 节点根据元素参数的名称来过滤信息，并使用 List Create 节点将所有数据信息合并到一个集合中。获取参数信息的节点连接流程如图 2-36 所示。

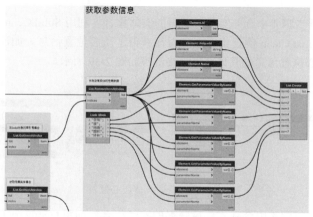

图 2-36　获取参数信息

步骤4，在步骤2中通过List.GetItemAtIndex节点获取了Python脚本中输出的包含实体的元素集合。由于一个元素中包含一个或多个实体，本案例中使用Solid.ByUnion节点，将同一个元素中的一个或多个实体合并为一个大的实体，如图2-37所示。

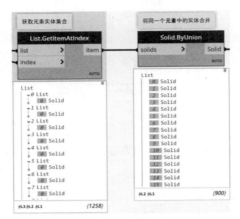

图 2-37　合并实体

步骤5，依据步骤4中合并实体后获得的实体集合，使用Sequence节点创建数字序列，为生成的每条参数数据信息添加序号。具体节点连接流程如图2-38所示。

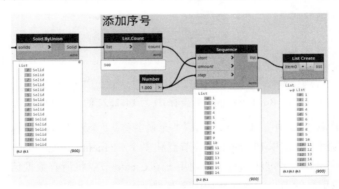

图 2-38　添加序号

步骤6，依据步骤4中合并实体后获得的实体集合，利用Solid.Centroid节点获取质心位置，同时采用List.Clean检查集合中是否都获得了质心位置信息，如没有质心位置信息则清除。获取质心位置信息的具体节点连接流程如图2-39所示。

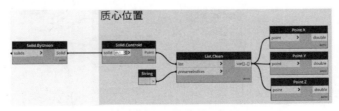

图 2-39　获取实体质心位置

步骤7，依据步骤4中合并实体后获得的实体集合，利用Geometry.BoundingBox节点获取实体的包围盒,并分别使用 BoundingBox.MinPoint 节点和 BoundingBox.MaxPoint 节点获取包围盒位于左下角的包围盒最小坐标值和位于右上角地包围盒最大坐标值,将最小坐标值和最大坐标值做矢量求和再平均,可近似地取得该元素的中心点坐标信息。获取包围盒中心位置信息的具体节点连接流程如图 2-40 所示。

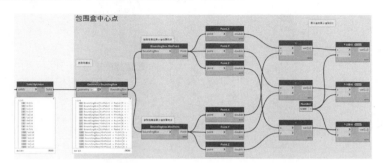

图 2-40　获取包围盒中心位置信息

步骤 8,为能够查看中心点具体位置,本案例以包围盒中心点为球体球心坐标,生成红色球体模型。具体连接步骤如图 2-41 所示。

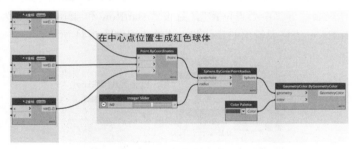

图 2-41　在中心点位置生成红色球体

步骤 9,将步骤 3、步骤 5、步骤 6、步骤 7 中计算获取的属性信息、列表序号、质心位置、包围盒中心点位置等信息通过 List Create 和 List.Join 合并到一个列表集合。为将元素信息按逐行形式写入 Excel,使用 List.Transpose 节点互换行与列,将数据列表置换为以图元为分组的子列表结构。具体节点连接流程如图 2-42 所示。

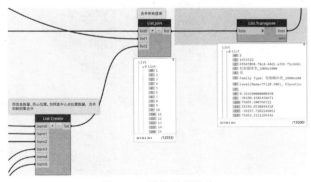

图 2-42　转换数据结构

步骤10，使用 List.AddItemToFront 节点将属性名称加入列表开头，作为 Excel 表格的表头。设置表头的具体节点连接流程如图 2-43 所示。

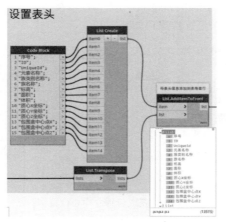

图 2-43　设置表头

步骤11，使用 Data.ExportExcel 节点将数据列表写入 File Path 节点中设置的 Excel 表格，并设置工作表名称为"中心点位置"，且设置 startRow 和 startCol 的值为 0，表示第 0 行第 0 列。设置 Excel 表格及输出的具体节点连接流程如图 2-44 所示。

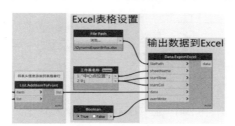

图 2-44　设置 Excel 表格并保存 SLSX 数据

本案例完整的 Dynamo 节点开发流程及在中心点位置生成红色球体的可视化效果如图 2-45 所示。

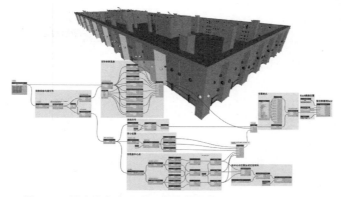

图 2-45　导出信息为 XLSX 格式的完整 Dynamo 节点流程图

导出的 Excel 部分数据示例如图 2-46 所示，包含 BIM 构件 ID、中心点三维坐标等属性。图 2-47 所示为将该办公层 BIM 模型最小参数化后所形成构件的中心点阵。

序号	ID	UniqueId	元素名称	族类别名称	族名称	标高	面积	体积	质心X坐标	质心Y坐标	质心Z坐标	包围盒中心点X	包围盒中心点Y	包围盒中心点Z
238	1452879	-a33b-f1c	_银色铝合金	幕墙竖梃	矩形竖梃	9.500)，E	0.59125	0.02325	17404.761	75028.2111	32725	17404.76079	75028.21113	32725
239	1452880	-a33b-f1c	_银色铝合金	幕墙竖梃	矩形竖梃	9.500)，E	0.19125	0.00725	18979.761	75028.2111	32725	18979.76079	75028.21113	32725
240	1452883	-a33b-f1c	_银色铝合金	幕墙竖梃	矩形竖梃	9.500)，E	0.285	0.011	15654.761	75028.2111	29500	18567.26079	75028.21113	30050
241	1452886	-a33b-f1c	_银色铝合金	幕墙竖梃	矩形竖梃	9.500)，E	0.285	0.011	18979.761	75028.2111	29500	19342.26079	75028.21113	30050
242	1452887	-a33b-f1c	_银色铝合金	幕墙竖梃	矩形竖梃	9.500)，E	0.27875	0.01075	18979.761	75028.2111	28975	15654.76079	75028.21113	29500
243	1452888	-a33b-f1c	_银色铝合金	幕墙竖梃	矩形竖梃	9.500)，E	0.19125	0.00725	15654.761	75028.2111	28975	18979.76079	75028.21113	29500
244	1452889	-a33b-f1c	_银色铝合金	幕墙竖梃	矩形竖梃	9.500)，E	0.19125	0.00725	-34745.24	75028.2111	29237.5	18979.76079	75028.21113	28975
245	1452890	-a33b-f1c	_银色铝合金	幕墙竖梃	矩形竖梃	9.500)，E	0.27875	0.01075	-34745.24	75028.2111	30050	15654.76079	75028.21113	28975
246	1452892	-a33b-f1c	玻璃	幕墙嵌板	系统嵌板	9.500)，E	0.510625	0.012766	-32945.24	75028.2111	32725	-34745.23921	75028.21113	29237.5
247	1452894	-a33b-f1c	墙窗_双扇平	窗	双扇平开窗	9.500)，E	1.12875	0.019862	1.85E-15	-2.50E-14	9.77E-24	-34745.23921	75028.21113	30050
248	1452895	-a33b-f1c	_银色铝合金	幕墙竖梃	矩形竖梃	9.500)，E	0.61625	0.02425	-34745.24	75028.2111	28975	-32945.23921	75028.21113	32725
249	1452897	-a33b-f1c	_银色铝合金	幕墙竖梃	矩形竖梃	9.500)，E	0.285	0.011	-26345.24	75028.2111	29237.5	-31732.73921	75028.21113	30050
250	1452900	-a33b-f1c	_银色铝合金	幕墙竖梃	矩形竖梃	9.500)，E	0.27875	0.01075	-26345.24	75028.2111	30050	-34745.23921	75028.21113	28975
251	1452902	-a33b-f1c	玻璃	幕墙嵌板	系统嵌板	9.500)，E	0.510625	0.012766	-24545.24	75028.2111	32725	-26345.23921	75028.21113	29237.5
252	1452904	-a33b-f1c	墙窗_双扇平	窗	双扇平开窗	9.500)，E	1.12875	0.019862	-26345.24	75028.2111	29500	-26345.23921	75028.21113	30050
253	1452905	-a33b-f1c	_银色铝合金	幕墙竖梃	矩形竖梃	9.500)，E	0.61625	0.02425	-1.39E-15	-1.39E-14	1.12E-42	-24545.23921	75028.21113	32725
254	1452906	-a33b-f1c	_银色铝合金	幕墙竖梃	矩形竖梃	9.500)，E	0.27875	0.01075	-26345.24	75028.2111	28975	-26345.23921	75028.21113	29500
255	1452908	-a33b-f1c	_银色铝合金	幕墙竖梃	矩形竖梃	9.500)，E	0.285	0.011	7254.7608	94728.2111	29237.5	-23332.73921	75028.21113	30050
256	1452911	-a33b-f1c	_银色铝合金	幕墙竖梃	矩形竖梃	9.500)，E	0.27875	0.01075	7254.7608	94728.2111	30050	-26345.23921	75028.21113	28975
257	1452913	-a33b-f1c	玻璃	幕墙嵌板	系统嵌板	9.500)，E	0.510625	0.012766	9054.7608	94728.2111	32725	7254.760785	94728.21113	29237.5
258	1452915	-a33b-f1c	墙窗_双扇平	窗	双扇平开窗	9.500)，E	1.12875	0.019862	7254.7608	94728.2111	29500	7254.760785	94728.21113	30050
259	1452916	-a33b-f1c	_银色铝合金	幕墙竖梃	矩形竖梃	9.500)，E	0.61625	0.02425	7254.7608	94728.2111	28975	9054.760785	94728.21113	32725
260	1452917	-a33b-f1c	_银色铝合金	幕墙竖梃	矩形竖梃	9.500)，E	0.27875	0.01075	-9545.239	94728.2111	29237.5	7254.760785	94728.21113	29500
261	1452919	-a33b-f1c	_银色铝合金	幕墙竖梃	矩形竖梃	9.500)，E	0.285	0.011	-9545.239	94728.2111	30050	10267.26079	94728.21113	30050
262	1452922	-a33b-f1c	_银色铝合金	幕墙竖梃	矩形竖梃	9.500)，E	0.27875	0.01075	-7745.239	94728.2111	32725	7254.760785	94728.21113	28975
263	1452924	-a33b-f1c	玻璃	幕墙嵌板	系统嵌板	9.500)，E	0.510625	0.012766	-9545.239	94728.2111	29500	-9545.239215	94728.21113	29237.5
264	1452926	-a33b-f1c	墙窗_双扇平	窗	双扇平开窗	9.500)，E	1.12875	0.019862	1.06E-14	4.58E-14	3.55E-13	-9545.239215	94728.21113	30050

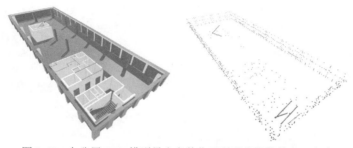

图 2-46　导出信息到 Excel 表格

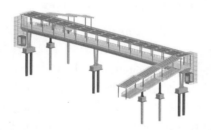

图 2-47　办公层 BIM 模型最小参数化后所形成构件的中心点阵

2.2.4　轻量化示例四（Dynamo）

本案例同案例三，采用 Dynamo 的方式获取中心点坐标及其他参数信息，并将数据信息保存为 JSON 格式。本案例中使用 Dynamo 可视化开发流程的总体思路与案例三中的开发思路基本是类似的，不同之处在于采用了不同的 Dynamo 节点、不同的节点连接方式，但能够获得相同的结果。本案例使用的 Revit 案例模型如图 2-48 所示。

图 2-48　案例模型四：人行天桥 Revit 模型

案例四中 Dynamo 的具体可视化节点连接步骤如下。

步骤 1 和步骤 2 同案例三：使用 Select Model Elements 节点获取图元元素，并编写

Python 脚本分别获取实体与索引号的列表集合，如图 2-49 所示。

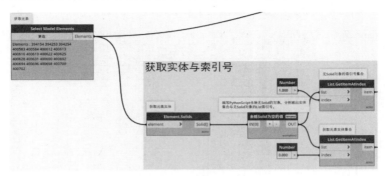

图 2-49　选择图元并获取实体与索引号

步骤 3，获取参数信息的过程主体思路同案例三中的步骤 3，但本案例将所需获取的参数名称赋值给一个 List 集合，实现只使用一个 Element.GetParameterValueByName 节点的情况下获取多个参数信息，需注意使用级别的选择，并使用 List.Combine 节点将 Element.Id、Element.Name 以及 Element.UniqueId 节点获取的信息合并到一个列表集合中。获取参数信息并合并到一个集合中的节点连接流程如图 2-50 所示。

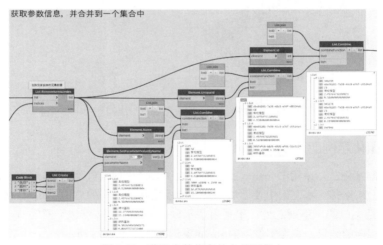

图 2-50　获取参数信息并合并到集合

步骤 4，在步骤 2 中通过 List.GetItemAtIndex 节点获取 Python 脚本中输出的包含实体的元素集合，每个元素包含一个或多个实体，将实体列表输入到 Geometry.BoundingBox 节点获取实体的包围盒，并使用 BoundingBox.ToCuboid 节点构建包围盒实体，通过 Solid.Volume 获取每个元素中单个实体的体积，并使用 Math.Sum 节点计算每个元素中的一个或多个实体的体积和，根据每个元素体积除以元素中所有实体的体积总和计算得出权重。通过 BoundingBox.MinPoint 和 BoundingBox.MaxPoint 节点计算获得的中心点坐标，再依据上述计算得到的权重重新计算（X、Y、Z）的坐标值，得到通过包围盒的方式获得中心点坐标信息的 Dynamo 节点连接方法。本案例中获取包围盒中心位置信息的具体节点连接流程如图 2-51 所示。

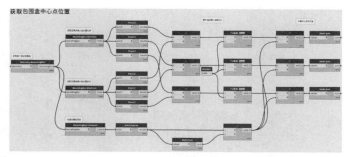

图 2-51　获取包围盒中心位置信息

步骤 5，依据步骤 2 中获得的实体集合，利用 Solid.Centroid 节点获取质心位置，同时使用步骤 4 中计算权重的方式计算质心坐标。本案例中获取实体质心位置信息的具体节点连接流程如图 2-52 所示。

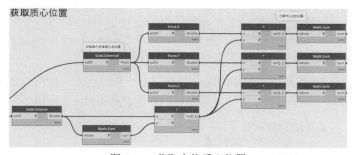

图 2-52　获取实体质心位置

本案例中的步骤 6 和步骤 7 与案例三中的对应步骤相同：使用 Point.ByCoordinates 节点将上一步中获得的（X，Y，Z）值输出形成一个元素构件中心点的点坐标集合，利用 List.Count 节点获取集合数量，再利用 Sequence 添加序号；在中心点位置创建球体时，以上述获得的中心点坐标集合中的点坐标为球心，使用 Sphere.ByCenterPointRadius 节点生成球体，以便观察中心点的具体位置。具体节点连接流程如图 2-53 所示。

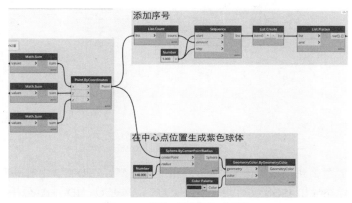

图 2-53　添加序号和生成球体

步骤 8，使用 List Create、List.Combine 节点合并所有参数信息到一个集合中。具体节点连接流程如图 2-54 所示。

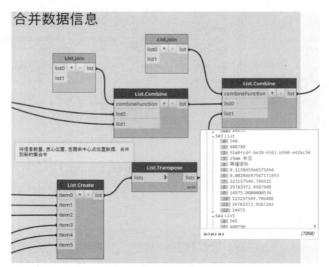

图 2-54　合并数据信息

步骤 9，使用 Dictionary.ByKeysValues 节点将上一步中合并获得的 List 集合数据添加到字典中，并为每一个字段属性值添加 Key 值。具体节点连接流程如图 2-55 所示。

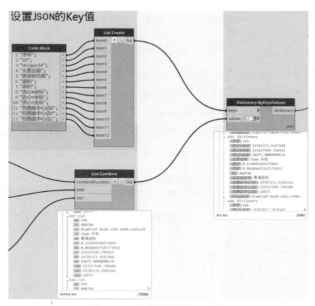

图 2-55　为字段添加 Key 值

步骤 10，如图 2-56 所示对比"数据 1"和"数据 2"，在数据 2 中实现了以 ID 作为对象的名称，这样在导出 JSON 文件后，各个 JSON 对象是以"ID：+ID 号"命名的，而不是默认的无意义的数字。

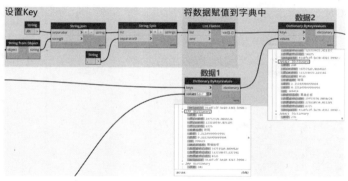

图 2-56　以 ID 命名 JSON 对象

步骤 11，添加 Data.StringifyJSON 节点将获取的数据转换生成为 JSON 字符串列表，添加 File Path 节点用于储存输出的 JSON 数据，添加 FileSystem.WriteText 节点用于将数据写入到 JSON 文本中。将数据导出为 JSON 文件的具体节点连接流程如图 2-57 所示。

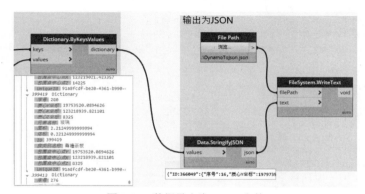

图 2-57　数据导出为 JSON 文件

本案例完整的 Dynamo 节点开发流程及在中心点位置生成紫色球体的可视化效果如图 2-58 所示。

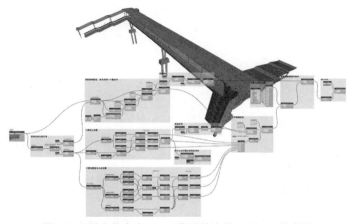

图 2-58　导出信息为 JSON 格式的完整 Dynamo 节点图

导出的 JSON 部分数据示例如代码 2-16 所示。图 2-59 所示为将该人行天桥 BIM 模型最小参数化后所形成构件的中心点阵。

代码 2-16：Dynamo 导出的 JSON 部分数据示例

```
{
"ID:400765": {
        "序号": 528,
        "质心 Y 坐标": 19784262.681920741,
        "质心 X 坐标": 123156353.53193142,
        "质心 Z 坐标": 12724.999999999993,
        "元素名称": "玻璃",
        "面积": 2.2124999999999413,
        "体积": 0.22124999999999392,
        "ID": 400765,
        "族类别名称": {
            "Name": "幕墙嵌板",
            "Id": -2000170
        },
        "包围盒中心点 Y": 19784262.68192073,
        "包围盒中心点 X": 123156353.53193143,
        "包围盒中心点 Z": 12724.999999999995,
        "UniqueId": "91a8fcdf-be20-4361-b990-e42bc34c8abb-00061d7d"
},
    "ID:400767": {
        "序号": 530,
        "质心 Y 坐标": 19782908.629984718,
        "质心 X 坐标": 123158455.08929552,
        "质心 Z 坐标": 12724.999999999993,
        "元素名称": "玻璃",
        "面积": 0.78749999999968923,
        "体积": 0.07874999999996557,
        "ID": 400767,
        "族类别名称": {
            "Name": "幕墙嵌板",
            "Id": -2000170
        },
        "包围盒中心点 Y": 19782908.629984714,
        "包围盒中心点 X": 123158455.08929554,
        "包围盒中心点 Z": 12724.999999999995,
        "UniqueId": "91a8fcdf-be20-4361-b990-e42bc34c8abb-00061d7f"
},
}
```

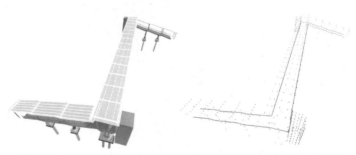

图 2-59　人行天桥 BIM 模型最小参数化后所形成构件的中心点阵

第 3 章
视频轻量化与三维视频地图

一方面，当前城市视频监控数据量大、淘汰率高，由于缺乏高效管理模式与全局处理能力，资源难以充分利用，多以事后取证等人工操作为主，尚无有效方法开展城市级视频智能化管理。视频数据分散于城市各监控系统，无语义、属性信息无法通过数据库检索查询；容量限制，存储过期后将被删除，关键信息难以保存；视频缺乏空间坐标，无法结合电子地图开展应用，无法实现特定视频内容的快速搜索与准确定位。

另外，虽然地图自二维图形图像模式发展到当今三维多源大数据模式，包含矢量、栅格、网络、点云、街景等多种数据结构，但是仍停留在静态抽象阶段，尚不足以完美映射现实流变世界，原因在于缺乏动态实时数据更新手段与快速处理能力。近距遥感、北斗/GPS、数字测绘等制图方式均存在不同程度瓶颈因素，而随着嵌入技术、边缘计算、视频标定、视频分析能力日益提高，以遍布城市摄像机为数据采集更新工具的新型"三维视频地图"已蓄势待发。

本书以视频 GIS 摘要化为基本思路，结合视频分析、空间标定、人工智能、视频交互等技术成果，开展相关研发工作，研究成果体现为三维视频地图产品及其专利组。具体而言，通过在视频流与地理位置之间建立映射关系，使视频数据坐标化，与 3D GIS 相结合，建立三维视频地图，既能实现对视频目标空间分析、管理和检索，又能提高地图真实感可视化效果，拓展空间表达方法。具体方案如下：利用无人机搭载视频传感器和定位系统，实时获取带地理信息的视频序列，实现视频帧定位分析和快速检索；对全景视频中静态与动态对象添加热点标注，实现虚拟场景下视频交互；根据视频像素坐标和三维地理坐标对应关系，计算显示人、车等关键点在视频中位置，绘制其行为轨迹等。

3.1 基于 3D GIS 监控视频集成管理与目标搜索关键技术

将 GIS 应用到城市视频监控领域，以摄像机为控制点开展视频空间测绘。通过坐标化、摘要化、语义化、矢量化处理，使原始视频转化为四维摘要大数据集，并通过三维地图进行集成管理。在此基础上开展海量视频动态目标条件查询、定位搜索与关联分析。

3.1.1 引言

视频地理信息系统（Video-GIS）作为视频信息与地理信息的集成应用，通过建立空间位置与视频帧像的关联，支持地图与视频内容互操作，在视频分解、图像处理基础上，进行空间测量、目标搜索和综合分析，为城市海量视频优化管理提供了可行思路。

针对 Video-GIS 的研究，国际上，Michael G 通过视频添加地理元数据，在地名与视频间建立双向联系，根据空间信息快速检索视频；Xiaotao Liu 实现了基于多传感器的视频标注与检索；A、Sakire 设计了可视区域模型用以索引与查询视频；Antonio Navarrete 设计了基于语义的地理超视频序列索引与检索方法；Joo 使用视频元数据描述地理位置，支持 GIS 与视频互操作；MyungHee 获取视频像素地理坐标，根据外观形状进行建筑标识，采用三维视差与语义标签，进行移动对象监测追踪。

国内方面，孔云峰通过空间、语义参照将视频数据与地理数据相集成，实现地理视频的查询、检索和地图跟踪；赵祥模实现了基于里程和道路的视频影像搜索，根据电子地图快速定位到视频帧；丰江帆将视频影像、位置、方向等集成在统一容器中，以时间轴同步，在电子地图中建立视频语义自动提取模型，实现视频交互检索；邹永贵设计了基于多模态元数据的 Video-GIS 方案，讨论了定位视频集成、融合、索引问题；韩志刚在全面总结国内外视频 GIS 发展基础上，深入探讨了地理超媒体数据模型及 Web 服务。

上述研究，集中于视频地图化、视频与空间数据互操作、视频矢量化、语义化等个体、微观环节，多为理论性、实验性探索。本书在充分借鉴集成各自成果基础上，以城市管理服务为导向，面对海量监控视频优化管理，综合摄像测绘、视频标定、视频分析、云GIS 等关键技术，开展集成创新与管理创新，形成一套完整可行的解决方案，重点突破视频数据的四维分解、存储架构、云化管理、高效检索等难题。

3.1.2 研究方法

本书将 GIS 管理模式拓展至视频监控领域，通过建立城市三维视频地图，使动态目标被准确定位于现实空间，研究内容包括海量视频 GIS 管理模式、视频内容空间定位与属性提取、视频目标快速搜索定位。研究架构及技术流程如图 3-1 所示。

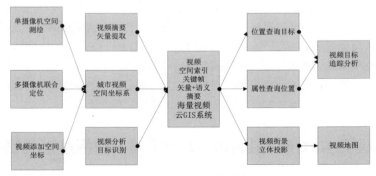

图 3-1　研究架构及技术流程

1. 建立基于统一坐标及空间索引的城市海量视频GIS管理体系

受管理模式、数据类型、分布存储、处理能力等制约，目前尚未形成城市海量视频统一管理机制，无法实现对视频内容互联网引擎式的智能搜索。解决上述问题需建立基于空间逻辑的视频数据及摘要库，使对海量分布式视频文件的人工搜索转化为 GIS 对视频摘要的条件查询。本书通过对摄像机及其摄像范围进行空间测绘建立视频空间坐标系及 Video-GIS 数据库，使对于视频目标的全局搜索可按照特定空间规则进行预处理（范围提取），以有效减少查询摄像机数量，压缩数据运算，提高命中率。

2. 通过视频分析，进行摘要化、语义化、矢量化处理

通过视频摘要与视频分析，实现对视频内容的属性识别、目标检索与行为分析。以视频摘要对视频数据进行永久保留，避免周期性删除导致的证据缺失；语义摘要包括颜色、纹理、形状、速度以及实体、概念、人物、事件等；视频矢量化则通过逐帧提取视频目标的边缘轮廓特征点像素坐标及其空间位置，逐帧叠加，以矢量轨迹取代视频流。

3. 建立城市 Video-GIS 数据库，实现基于"位置-属性"的条件查询

根据视频目标的空间位置及特征形态，定义不同检索类别，判断其与环境的关系，检索相应视频片段或视频帧，查询符合特定逻辑的视频对象。空间检索通过位置、区域以及点、线、面等特征进行视频对象与环境间双向检索；语义检索则通过匹配视频对象的语义标注与空间属性实现视频与地图的交互查询。

3.1.3　技术路线

本书按照"视频测绘→坐标添加→语义生成→矢量处理→逻辑搜索"技术流程，建立基于 Video-GIS 的城市视频监控集成管理体系，实现基于位置、图像、矢量、属性四维特征的视频大数据高效存储及定位搜索。在下文 1～7 实验环节中，4～7 具有独创性，1～3 基本原理在参考文献中部分有所体现，但因研究目标、侧重点以及数据等级等差异，本书在其各自基础上进行了不同程度的调整、优化、扩展。其中单摄像机空间测绘定位如图 3-2 所示。

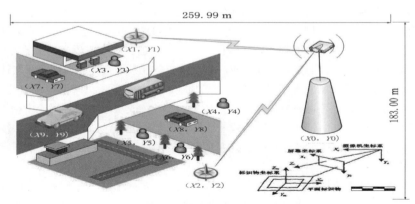

图 3-2　单摄像机空间测绘定位

1. 通过空间测绘进行视频定位

以摄像机为中心建立视频空间坐标系，通过在关键位置进行实地测量，获得控制点坐标并对应成像矩阵像素，进行投影变换，实现整个成像区的地理坐标化。当目标出现在监控范围内时，根据其矩阵成像点位置及与周边关系，计算在每帧图像中地理坐标值，逐帧记录其运动轨迹。如图 3-2 所示，摄像机地理坐标（$X0$，$Y0$）及其俯角，以及控制点坐标（$X1$，$Y1$）、（$X2$，$Y2$）通过实测获取，以此为基础建立视频坐标系，使得监控矩阵内各像素值可通过坐标变换实现空间定位，并进一步换算为监控目标的位置。

2. 多摄像机关联定位与集成追踪

对城市摄像机群进行集成测绘，构成连续视频空间坐标系，使被监控对象的活动范围从单摄像机扩展到多摄像机，通过不间断追踪与关联搜索，获取其位置及轨迹。如图 3-3 所示，将空间临近的摄像机群定位标注于 3D 地图，如 X0-6、Y0-6 等，进行"视频 + 地理"一体化管理，有效获取视频监控目标的实际位置、环境关系及时空轨迹。

图 3-3　基于视频地图的多摄像机群的集成追踪

3. 在视频文件中添加地理位置信息

将摄像机空间位置同步记录于该视频文件的扩展字段内，用于建立 Video-GIS 数据库。以 AVI 格式为例，将空间位置信息（经纬度）加入文件头部以 Junk 开头预留字段。在文件头第 73～88 字节（MainAVIHeader），有 16 字节保留字段（原值为 0），用于存储该视频拍摄点坐标、控制点坐标以及成像矩阵转换参数。通过上述信息及转换公式，可推算每帧图像上任意像素点的空间位置。

4. 摄像机端视频压缩同步内容识别并生成语义索引

在摄像机端集成了规则库及视频特征识别算法的 DSP 芯片；建立基于特定规则（如人流、车流、固定目标）的视频特征（颜色、形状、纹理、速度）语义库（关键词），离线环境下采用神经网络和机器学习等方法，对大量实际视频进行样本训练，获取训练参数集，将训练集参数等信息配置于摄像机安装端相关模块；从摄像机端采集获取监控视频，并采用编解码芯片或处理器进行压缩，压缩过程中输出 (或从压缩视频码流中提取) 视频对象信息，包括运动矢量与分布、变换残差系数分布等，进行包括形状、纹理、运动速度等对象信息的结构化描述，过程包括根据视频压缩流中标记提取关键帧，或以固定时间间隔提取关键帧。

在已压缩视频中或视频压缩过程中，直接获取压缩视频流中（或视频压缩过程中编码器生成）的每个编码单元（如宏块或 4×4 块）运动矢量。对运动矢量进行预处理，主要包括区域性平滑等。从运动矢量中提取运动矢量的强度分量（即幅度 I）和角度分量（即角度 θ）。采用已公知的聚类等算法，根据幅度、角度以及空间相关性、时间相关性特性提取区域运动对象。采用阈值分割方法分割运动特性分布图，提取运动对象，分割对象后处理，通过区域生长和纹理信息，优化对象边缘。

以压缩视频流或者编码过程中的编码器提取每个编码单元块变换系数的直流系数和交

流系数,即 DC 和 AC 系数,分别形成直流和交流系数的分布图。对直流和交流系数的分布图进行预处理。统计直流和交流分布图的直方图,采用聚类算法划分区域。二值化将直流和交流系数较大的区域划分为纹理对象区域,否则为背景区域。后处理优化对象轮廓,并可结合图像内容进一步优化。对压缩域提取纹理和运动对象,可结合重建图像信息,进行模式识别与分类,提取语义对象。

针对视频对象的结构化描述,结合离线训练参数集和相似度匹配信息,输入模式识别模块,识别视频对象的具体特性并分类描述,如车辆类别分类、行人汽车分类、对象运动速度等,将识别的图像信息与已提取语义对象库进行匹配,获得视频语义描述,存入视频文件或单独文本书件中。识别过程中,为了进一步提高对象匹配和语义提取精度,可按照计算能力结合图像域识别信息,包括 HSV、RGB 等颜色空间信息,以及直方图信息、纹理与尺度变换信息等,进一步细化语义描述,并存入视频文件或单独文本书件。

5. 基于视频动态目标矢量化的GIS视频摘要

GIS 数据包括矢量、图像、三维等格式。视频作为最海量、常规数据类型,发生于现实地理场景,具有强空间性,但目前 GIS 系统无法直接从视频中获取目标位置及其移动轨迹,无法对视频内容进行空间管理与分析。通过视频定位,使每帧中的目标像素都具有地理坐标,通过图像边缘检测,提取出其基本轮廓,按顺序记录其边缘像素坐标,构成矢量坐标串。通过逐帧处理,形成基于"像素值 + 经纬度"的时空坐标序列,形成对于该视频对象的矢量化、动态化摘要,将上述数据存入 GIS 之中,在此基础上实现查询、分析、显示等功能。

通过逐帧对视频目标进行边缘检测,获取其边缘特征点的像素坐标值(边缘检测是图像处理的通用技术,包括 Sobel、Canny、Roberts、Prewitt、Kirsch、Laplace、高斯 - 拉普拉斯 LOG 以及基于生物视觉的 LOG 算子等);将上述目标像素坐标串,按顺时针(或逆时针)方向进行顺序记录到文本书件或数据表中,同时记录其地理坐标、拍摄时间以及帧号等,通过逐帧叠加,构成一组随时间变化的矢量流数据表,存入 GIS 中,形成对目标对象的连续视频摘要,将视频转化为"像素值 + 经纬度 + 时间点"矢量化、动态化坐标值集合,如表 3-1 所示。

表3-1 视频目标及轨迹的矢量化方案

目标	起点	坐标	坐标	坐标	终点	经度	纬度	时间	帧号
Object1	$X11, Y11$	$X12, Y12$	$X13, Y13$	——	$X1n, Y1n$	Latitude1	Longitude1	Time1	Frame1
Object2	$X21, Y21$	$X22, Y22$	$X23, Y23$	——	$X2n, Y2n$	Latitude2	Longitude2	Time2	Frame2
Object3	$X31, Y31$	$X32, Y32$	$X33, Y33$	——	$X3n, Y3n$	Latitude3	Longitude3	Time3	Frame3

6. 建立云GIS城市海量视频管理系统

城市视频的集成管理与分析应用依赖于云存储、云计算技术,本书将超级计算机的并行存储及计算能力与 Linux 虚拟机管理、ArcGIS 云平台相结合,有效提升对海量视频数据的存储处理效率，实现视频内容分析及搜索。如图 3-4 所示，将各监控摄像机（camera）的海量视频进行专业分解，形成四维大数据集：坐标（coordinate）+ 摘要（frame）+ 矢量（vector）+ 语义（semantics），以 ArcGIS 为云管理平台，通过数据"镜像（image）+ 虚拟机（VM）"方式分布存储于各云节点站点（site）。

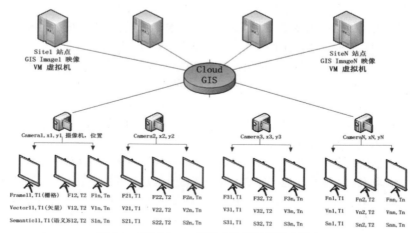

图 3-4　基于云 GIS 的城市海量视频管理模式

7. 开发基于环绕投影的立体视频街景

本书参考图像街景原理，将监控视频逐帧投射到电子地图相应位置的三维球形坐标上，实现单帧图像旋转展示，再将多帧图像按时序叠加、连续播放。鼠标移动时，计算其方向、速度，在不同帧间选择相关内容，形成视频流播放空间。如图 3-5 所示，将不同位置视频（video）以地理坐标（X,Y）为控制点投影到三维地图相关位置，按街景原理二次开发、定位播放，形成 360°动态视频实时播放效果。

图 3-5　三维视频街景地图

当前街景是将全景照片投影到以其拍摄地点为中心的球形坐标系上（水平 360°×垂直 180°），随鼠标移动，对图片进行旋转展示；按照相同原理，将全景视频（水平 360°×垂直 180°）分解为街景图像（24 帧/s），投影到球形坐标系上，可实现对于单帧图像的鼠标旋转展示；将多帧图像叠加，进行连续播放。鼠标移动选择时，按照其方向、速度，在不同帧图像之间选择其相应范围内容，在多帧之间建立一条基于鼠标轨迹的视频流通道；在球

形坐标系上,实时播放上述运动轨迹的视频内容。具体方案如下:

对全景视频流解码重建一帧全景视频图像 $I_P(t)$,其中 t 表示时间;接收鼠标、键盘等输入设备输入 t 时刻所需观看全景视频的位置矢量 $L(t)$(包括 X, Y, Z 坐标)、视角矢量 $\theta(t)$(包括水平视角 θ_H、垂直视角 θ_V)等信息;另获取显示设备信息 D;根据输入所需观看的位置 $L(t)$、视角 $\theta(t)$ 等信息,对 360° 全景图像截取对应区域 $I_{part}(t) \in I_P(t)$,并做转换坐标得到观看视角的平面图像 $I_{view}(t)$,可以表示为 $I_{view}(t)=f(I_P(t),L(t),\theta(t),D)$,$f()$ 为坐标变换函数,该函数将根据全景视图采集设备、标定等信息的不同对 $I_{view}(t)$ 进行图像增强、缩放等处理,提高可视图像质量与效果,之后存入客户端显示设备显存,用于图像显示或后续处理,如视频分析与识别。

3.1.4 案例实验

以某科研院区为实验环境,对其人员活动进行基于视频监控的空间定位与数据采集,采样点包括室内、室外摄像机各 5 台,通过对其位置、视角进行空间测绘,开展控制点视频标定、投影变换,对监控区内各像素点赋空间坐标值,使监控视频对象位置、轨迹可被准确定位于三维地图中。如图 3-6 所示,两台主摄像机设于楼顶,两组实验人员各自进入监控范围,在"前期摄像机+控制点测绘+视频标度+视频识别"基础上,实时获取被监控人员动态位置及轨迹。

图 3-6 基于摄像机位置及控制点的监控范围空间标定

上述过程以实验人员手机 GPS 定位为校验手段,共进行 10 人 ×3 组 ×10 次规模的数据采样及处理分析(分为红、黄、绿三组),将视频数据分别以关键帧、关键词、点线矢量等格式存入 ArcGIS Video-GIS 云数据库并绘制三维视频地图。如图 3-7 所示,左上为大楼入口处人流监控局部实景,右上为 3D 地图中根据该视频数据多维分解所形成的点状位置与线状轨迹,左下、右下为 3D 地图中多摄像机合成的监控范围内人流分布及轨迹。

图 3-7 某时空范围内人流及其三维矢量化效果

开展基于视频特征的搜索定位与行为分析，一方面，根据脸谱、服装及运动特征查询视频对象位置与轨迹，另一方面，通过空间逻辑搜索视频对象确定某时段出现在某摄像机群监控范围内的特定目标等。如图 3-8 所示，左图根据人群外貌及行为特征划分红、黄、绿组，进行视频特征目标识别与跨摄像机定位追踪，右图为上述分析结果的 3D 地图展现。

图 3-8 基于视频特征与空间逻辑的双向查询

3.1.5 总结展望

从本书研究到产业化应用之间尚存在差距，在视频定位精度、摄像机前端分析及网络化、视频大数据并发处理等环节及管理机制上有待取得进一步突破。例如，在摄像定位精准度方面，倾斜、遮挡、变形、能见度、分辨率等因素都可造成定位误差，因此将采用双头摄像机、立体摄像机以及多摄像机网络混合定位。

另一挑战来自视频分析的实用性，包括机端摘要化、语义化处理效率与成本、脸谱分析与行为分析的准确率等。在当前状况下，单一技术均存在不同程度的结构性瓶颈，多技术交叉集成成为必然选择，如视频识别与手机、WiFi 交叉识别等。

随着高清摄像机覆盖地球每个角落，以视频监控网为载体的室内外一体化新型全球空间定位体系将有效拓展当前卫星、基站、WiFi 等定位方式的不足，具备空间定位与身份鉴别等多重功能，必然成为未来城市管理发展方向。

3.2 基于 3D GIS 监控视频动态目标空间标定关键技术

3D GIS 提供了一个对现实世界地理空间的真实三维交互式模拟环境，将城市智能监控视频（IVS）动态目标信息实时标定在 3D GIS 中，使监控视频中的动态目标轨迹被准确地绘制到三维地理空间，并对城市监控视频中的关键目标路径信息、属性信息、特征信息进行语义化，转化为标准的轻量化地理信息数据，可使数据得到长期有效的存储，实现对监控视频目标进行快速定位、检索。研究内容包括城市监控视频的 3D GIS 管理模式、监控视频属性内容的提取与存储、摄像机视频图像平面坐标到三维地理空间坐标的投影变换、城市监控视频动态目标的快速检索与定位。

3.2.1 引言

常见监控视频智能分析主要是逐帧对视频图像执行分析，需要分析的视频数据量大、淘汰率高，常规监控视频在存储一定周期后被删除。分析后的结果只作直观呈现，大多数未对分析结果语义化、标准化，更无法达到长期有效的存储。整个环节缺乏优化管理模式与全局处理能力，资源难以充分利用，关键信息没有得到妥善保存，后续更无法有效地开展海量视频语义、摘要及属性信息的检索；监控视频本身和分析目标也没有给定空间坐标，无法结合 GIS 系统开展应用。

经过多年的发展，智能视频分析已经成熟并广泛应用于城市安防领域，成为下一代监控视频的方向。在海量城市监控视频探头的管理上，基于 3D GIS 平台集成管理的方式，可以完美契合分布集中式的设计，各片区、各单位、各主体的监控视频系统既能够独立管理、自成系统，又可以在 3D GIS 平台上相互联动，综合开展管理应用，以发挥整个城市监控视频系统的总体优势和应用潜力。

城市监控视频动态目标位置及运动轨迹在 GIS 中的空间标定，可以解决监控视频关键信息的长效应用问题，用地理信息的管理理念，以位置信息为锚，把视频关键目标信息在 GIS 中直观地展示并存储管理起来，在视频智能分析、视频语义化、关键信息位置化的基础上，进行空间量测、目标分析及信息检索，为城市海量监控视频的监控目标数据组织管理提供了有效方法。

综合国内外的相关研究，大多集中在视频信息空间化的理论性研究，或者着重于其中某一环节的技术探索，并未将城市监控视频动态目标从海量视频管理、投影变换、视频属性内容的语义化提取到视频关键信息检索的全流程集成起来，因而无法将城市监控视频海量数据、语义信息形成统一的 Video-3D GIS 管理，也无法真正地实现城市监控视频关键信息超长周期存储、快速检索定位的目的。本书在充分借鉴以往研究成果的基础上，以服务城市管理为宗旨，以形成一套可行的完整解决方案为导向，综合视频智能分析、测绘、地理信息等关键技术，对城市监控视频动态目标分析、空间标定、语义化存储、快速检索等城市监控视频全流程开展集成创新与优化管理，为城市监控视频的有效、长效、高效管理提供技术方案参考。

3.2.2 研究方法

在 IVS、三维地理信息平台（以 Skyline 为底层引擎的 3D GIS）的基础上，通过对视频动态目标关键信息的识别提取，使用测绘手段将提取出的位置信息实时映射到三维地理信息平台中去，并实现监控目标同步标定、移动轨迹绘制、点击查询、调取关键视频帧等功能，把视频语义化、摘要化之后的相关信息存储到 3D GIS 云数据库中，最终实现对视频信息的快速检索定位的架构流程图如图 3-9 所示。

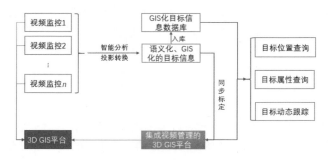

图 3-9 架构流程图

1. 在3D GIS平台上管理城市监控视频

随着 3D GIS 技术的发展，在城市监控视频系统中得到了广泛应用，3D GIS 技术与城市监控视频技术互相集成、互相依存，融合形成了三维监控视频模式。在该模式下，城市监控视频点的空间坐标位置被直观地呈现在三维地理空间模拟系统中，如图 3-10 所示，在 3D GIS 系统中能够实时显示其地理位置信息及属性信息，方便将视频图像信息、视频前端属性、视频区域信息、城市交通、车载、手持 GIS 系统、消防安全信息等集成在一起同步显示，可以有效地建立城市应急联动系统，同时也能够成为智慧城市的信息基础设施。在布设城市监控视频设备时测量其三维空间位置信息，并将其坐标信息与属性信息并表或关联表导入三维空间地理数据库进行存储，建立集成视频管理的 3D GIS 平台，实现在 GIS 环境下执行全局分析、高效检索、快速调用。

图 3-10 基于 3D GIS 平台的视频集成管理平台

2. 城市监控视频通过智能分析对动态目标进行摘要化、语义化、矢量化处理

监控视频智能分析依据视频智能分析算法对视频内容进行分析，通过提取监控视频中的关键动态目标信息，在视频画面中进行标记和处理，并形成相应事件、告警、数据流，监控视频智能分析技术基于智能分析算法，借助强大的计算能力，对视频中的海量信息进行分析、筛选并语义化，提取出需要的格式化数据信息。

通过监控视频摘要与视频分析，实现对视频内容的属性识别、目标检索与行为分析。以视频摘要对视频数据进行永久保留，避免周期性删除导致的证据缺失，视频语义摘要信息包括颜色、纹理、形状、速度以及实体、概念、人物、事件等；视频矢量化则通过逐帧提取视频目标的边缘轮廓特征点像素坐标及其空间位置，逐帧叠加，以矢量轨迹取代视频流。

3. 监控视频动态目标矢量化数据到3D地理空间数据的投影变换

依据测绘学中的不同高斯投影平面之间变换方法，针对结构化的三维地理信息场景，通过平移、旋转、尺度等因子的映射计算平面位置，如图3-11所示。高程位置通过其平面位置所在三维地理信息场景中的对应点 DEM 高程抽取获得，将监控视频动态目标投影到3D 地理空间中。在三维地理信息场景中，有很多是非结构化的地理场景，难以抽象为一个或多个平面，通过单一监控视频无法获取三维信息，可以使用具有一定重叠度的两个及以上监控视频或配合 LiDAR 探测设备来获取三维信息。

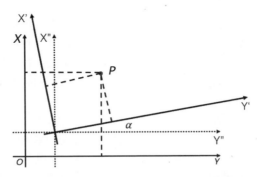

图 3-11　监控视频平面坐标到三维地理信息场景平面映射计算

4. 建立城市Video-3D GIS数据库，实现监控目标的快速检索定位

根据视频目标的空间位置及特征形态，定义不同检索类别，判断其与环境的关系，检索相应视频片段或视频帧，查询符合特定逻辑的视频对象。空间检索通过位置、区域以及点、线、面等特征进行视频对象与环境间双向检索；语义检索则通过匹配视频对象的语义标注与空间属性实现视频与地图的交互查询。通过建立城市 Video-3D GIS 数据库，解决传统海量废旧视频淘汰率高、存储困难、成本高昂的问题，也可以为视频提供一个高效的检索方式。

3.2.3　技术路线

从城市监控视频的 3D GIS 集成化管理着手，执行监控视频智能分析将视频信息中动态目标的摘要信息、语义信息、矢量信息提取出来，同时将提取出来的视频矢量信息进行映射转换处理，统一到 3D GIS 地理空间坐标系下，将处理后的信息整合存储到三维地理信息空间数据库中，实现监控视频动态目标在 3D GIS 中的动态标定、定位检索。在整个研究路线及后续的案例实验环节中，在 3D GIS 城市监控视频管理平台的建设、智能视频分析、监控视频动态目标到三维地理信息场景的映射、监控目标的快速检索定位方面，部分采用了现有的技术或科研成果，但在研究目标、侧重点及整体系统的设计构思上，本书在其各自的技术或科研成果基础上进行整合、优化、延伸。

1. 测量城市监控视频设备的位置并将其集成在3D GIS场景中

在建设城市监控视频系统时测量监控视频设备的三维地理位置坐标信息，包括平面位置信息和高程信息，并整合摄像机的属性信息（包含品牌、参数、负责人、联系方式、设备端口等），各自创建独立字段，组成一条关系数据记录，将所有的城市监控视频设备数据记录通过整理、入库、优化存储形成城市监控视频设备地理空间数据库，并发布为地理信息数据服务。使用 3D GIS 软件平台动态调用城市监控视频地理空间数据，每个摄像机探头以 Label 方式加载到三维地理信息场景中，实现动态加载、属性查询、点击查看实时监控视频、监控视频设备检索定位等功能。

2. 通过智能视频分析，矢量化监控视频中的动态目标信息

使用专业化的商业分析软件，在后端对前端传输来的监控视频执行智能分析，提取出监控视频画面中的关键信息，主要分析提取两大类信息，如图 3-12 所示。

（1）监控视频动态目标的移动轨迹信息。

对单一或群体性的动态目标（行人、车辆等）分析提取，将动态目标的移动轨迹矢量化，把矢量化后的轨迹线实时标绘至监控视频画面中；再把监控视频动态目标矢量化数据格式化为坐标信息字符串，将坐标信息字符串传递到服务端进行映射计算后存储到临时内存中，随后与视频动态目标的摘要信息合并存储至数据库，同时将映射计算后的移动轨迹标绘到三维地理信息平台中。

（2）视频动态目标的特征摘要信息。

分析提取监控视频画面中的动态目标，主要提取行人、车辆的特征信息。行人特征主要分为鞋帽、衣服颜色、体形；车辆特征主要分为车牌、车辆颜色、行驶速度测算等。将动态目标的摘要信息、采集时间、采集设备编号存储到以特征为依据的连续追踪数据库中，并以唯一或相似特征建立 ID 关联，以便后续的查询和检索操作。

图 3-12　三维视频地图中车辆行驶轨迹自动矢量化

3. 从城市监控视频到 3D GIS 系统的矢量化轨迹坐标映射转换

相机模型是对成像过程的建模，摄影测量学和计算机视觉分别构建了面向本领域的数学模型。前者模型参数明确，后者模型参数隐藏。因为城市监控视频摄像机的位置是通过测绘而来的，位置坐标是精确的，所以在 3D GIS 系统内部绘制的轨迹误差处于一个可控范围内。在实际应用中，并不要求 3D GIS 中的动态目标轨迹特别精确，基于以上所有因素，选择使用单一平面约束的映射方法来计算。

在单一平面约束映射计算中，把监控视频平面和地理空间平面作为两个不同的高斯投

影平面,通过测绘四参数转换方法求取坐标映射参数,并使用这些参数进行由视频轨迹坐标到 3D GIS 空间坐标的转换。

四参数模型

$$\begin{bmatrix} x_2 \\ y_2 \end{bmatrix} = \begin{bmatrix} \Delta_x \\ \Delta_y \end{bmatrix} + (1+m) \begin{bmatrix} \cos\alpha & -\sin\alpha \\ \sin\alpha & \cos\alpha \end{bmatrix} \begin{bmatrix} x_1 \\ y_1 \end{bmatrix} \quad (3\text{-}1)$$

其中 x_1、y_1 为转换前坐标,x_2、y_2 为转换后的坐标,Δ_x、Δ_y 为平移参数,m 为尺度变换因子,α 为旋转角度。当 α 很小时,有 $\cos\alpha=1$,$\sin\alpha=0$,则有

$$\begin{bmatrix} x_2 \\ y_2 \end{bmatrix} = \begin{bmatrix} x_1 \\ y_1 \end{bmatrix} + \begin{bmatrix} 1 & 0 & -y_1 & x_1 \\ 0 & 1 & x_1 & y_1 \end{bmatrix} \begin{bmatrix} \Delta x_0 \\ \Delta y_0 \\ 0 \\ m \end{bmatrix} \quad (3\text{-}2)$$

误差方程为:

$$\begin{bmatrix} V_{x_2} \\ V_{y_2} \end{bmatrix} = \begin{bmatrix} x_2 - x_1 \\ y_2 - y_1 \end{bmatrix} - \begin{bmatrix} 1 & 0 & -y_1 & x_1 \\ 0 & 1 & x_1 & y_1 \end{bmatrix} \begin{bmatrix} \Delta x_0 \\ \Delta y_0 \\ 0 \\ m \end{bmatrix} \quad (3\text{-}3)$$

进而由间接平差法可以计算出四参数的公式

$$X_0 = \left(B^{\mathrm{T}} P B\right)^{-1} B^{\mathrm{T}} P L \quad (3\text{-}4)$$

其中,$X_0 = \begin{bmatrix} \Delta x_0 \\ \Delta y_0 \\ 0 \\ m \end{bmatrix}$,$B = -\begin{bmatrix} 1 & 0 & -y_1 & x_1 \\ 0 & 1 & x_1 & y_1 \end{bmatrix}$,$L = \begin{bmatrix} x_2 - x_1 \\ y_2 - y_1 \end{bmatrix}$,$P$ 为单位阵。

利用平均分布的两个或两个以上公共点,采用最小二乘原理,根据式(3-3)、式(3-4)可求出转换参数。利用求取的四个转换参数信息:x 平移量、y 平移量、旋转角度、尺度,即可进行从监控视频平面坐标到 3D GIS 空间平面坐标的转换,监控视频动态目标的高程值以实时抽取 3D GIS 中的 DEM 值,从而得到监控视频动态目标的三维空间坐标 x,y,z 所有值,实现路径动态标绘。

通常,固定位置的摄像机监控场景比较小,将场景抽象为一个高斯平面,使用测量学四参数模型进行平面约束解算,精度上可以满足基本的应用需求为准。根据不同高斯平面坐标转换原理可知:摄像机架设的越高,拍摄方向与地平面之间的角度越小,监控画面视野越窄,监控画面形变越小,转换出的坐标精度会越高。

4. 基于Video-GIS的城市监控视频动态目标检索定位

城市视频的集成管理与分析应用依赖于云存储、云计算技术,本书将超级计算机的并行存储及计算能力与 Linux 虚拟机管理、以 Skyline 为基础三维引擎的 3D GIS 平台相结合,有效提升对海量视频数据 3D GIS 化管理的存储处理效率,实现对视频内容的分析及搜索。将城市智能监控摄像机的海量视频进行提取分析,形成大数据集:摘要(frame)+ 矢量(vector)+ 语义(semantics)+ 属性(attribute),以 3D GIS 为基础平台,通过数据

"镜像（image）+ 虚拟机（VM）"方式分布存储于各云节点。

针对云 GIS 城市海量视频，使用云一体机进行存储，集成云计算、云存储、云管理平台为一体，支持多地或单地数据中心模式部署，支持公有云、私有云或混合云模式，实现高效的实施部署、安全可靠的系统管理，大幅度降低 TCO 成本和提高用户体验。

该 3D GIS 监控视频云管理环境采用严格的安全控制：利用 VMware 云计算获得优于物理环境的 IT 基础架构安全性。在单一框架中管理安全性，同时减少端点、应用程序和边缘网络安全的复杂性。通过构建云 3D GIS 城市海量视频管理系统平台，可以加强对整个城市移动目标实现动态的调查、跟踪监测、事后举证，提供权威、客观、高效、准确的基于地理信息视频的监测途径。

3.2.4 案例实验

本书的案例选择一处交通繁忙的交叉路口为实验环境，在路口旁的写字楼上安装一台固定式摄像机，监控画面可以覆盖整个路口与路口一侧的小广场，如图 3-13 所示，使用 GIS 手持测绘仪等测绘仪器，分别测量本摄像机的三维空间坐标位置信息、拍摄角度，并将此摄像机以 Label 方式标定于 3D GIS 系统平台中，做到可以点击 Label 对监控视频画面及监控探头属性信息进行查询。

图 3-13 基于摄像机位置及控制点的监控范围空间标定

对于监控视频来说，内外参数是确定的。为了将视频图像坐标映射转换出的地理坐标更好地集成到 GIS 中，可以将摄影测量学的相机模型中的内外参数代入计算机视觉的相机模型，相关模型为

$$\lambda \begin{bmatrix} x \\ y \\ 1 \end{bmatrix} = \begin{bmatrix} f & & u_0 \\ & f & v_0 \\ & & 1 \end{bmatrix} \begin{bmatrix} a_1 & b_1 & c_1 \\ -a_2 & -b_2 & -c_2 \\ -a_3 & -b_3 & -c_3 \end{bmatrix} \begin{bmatrix} 1 & 0 & 0 & -X_s \\ 0 & 1 & 0 & -Y_s \\ 0 & 0 & 1 & -Z_s \end{bmatrix} \begin{bmatrix} X \\ Y \\ Z \\ 1 \end{bmatrix} \quad (3-5)$$

式中，f，$u_0 = x_{0ph}$；$v_0 = H_{pic} - y_{0ph}$；x_{0ph} 为摄影测量像主点横坐标，y_{0ph} 为摄影测量像主点纵坐标，H_{pic} 为图像高度，都以像素为单位。

在本实验案例中,将摄像机视频视野画面看作为一个高斯平面,在摄像机视频视野范围内均匀选取 3 个以上公共点,如图 3-14 所示使用手持 GIS 测绘仪分别测得各公共点的空间坐标信息,通过视频画面取得各公共点的像素坐标信息,参见表 3-2,使用测绘四参数模型转换方法,求取监控视频画面到实际地理平面(3D GIS 平台 2D 平面)的四个参数信息,参见表 3-3。

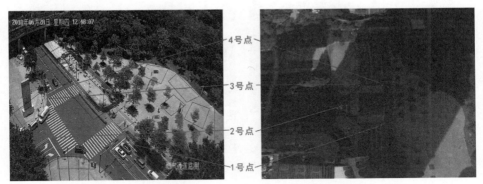

图 3-14　监控视频画面与 3D GIS 二维平面的公共点选取分布图

表3-2　公共点数据

点号	纬度 B	经度 L	视频坐标 X	视频坐标 Y
1	22.5396022	114.056113	1006	824
2	22.5393942	114.055943	349	792
3	22.5394656	114.055788	339	550
4	22.539615	114.055792	571	466

表3-3　通过表1计算出的四参数信息

Δx_0	Δy_0	α	b
22.539512	114.05547	0.693104064	0.000000506258

使用上述求取的四参数信息,将监控视频系统传递的动态目标移动轨迹坐标进行映射转换,从而得出动态目标在地理空间平面内的经纬度坐标信息,根据平面经纬度信息,执行定点 DEM 查询获取当前点位的高程信息,得到动态目标信息的三维地理空间坐标信息,将动态目标信息在 3D GIS 平台中实时标定出来,并对每个标定点进行实时动态连线,标绘形成独立的动态轨迹信息。上述过程以实验人员手机 GPS 定位为校验手段,共进行 3 人 × 3 组 ×10 次规模的数据采样及处理分析(分为红、橙、黄三组),将视频数据分别以关键帧、目标特征数据、点线矢量等格式存入 Video-GIS 云数据库并最终绘制成三维视频地图。如图 3-15 所示,左上为路口处人流监控局部实景,右上为 3D 地图中根据该视频数据多维分解所形成的点状位置与线状轨迹,左下、右下为 3D 地图中多摄像机合成的监控范围内人流分布及轨迹。

图 3-15 某时空范围内人流及其三维矢量化效果

开展基于视频特征的搜索定位与行为分析，一方面，根据脸谱、服装及运动特征，查询视频对象位置与轨迹，另一方面，通过空间逻辑搜索视频对象，确定某时段出现在某摄像机群监控范围内的特定目标等。如图 3-16 所示，左图根据人群外貌及行为特征，划分红、黄、蓝组，进行视频特征目标查询、识别与跨摄像机定位追踪，右图为上述分析结果的 3D 地图展现。

图 3-16 基于视频特征与空间逻辑的双向查询

3.3 基于城市天际线的遥感视频生产与交通信息提取

传统交通信息获取方法较难获取大范围、全覆盖的实时动态交通流信息，因此不再采用传统方法，而是利用城市天际线作为观测平台的城市遥感视频生产与交通信息提取方法。首先，在超高层建筑物拍摄对地观测数据；然后，对原始倾斜视频观测数据进行正射校正，与卫星影像融合生成大范围城市遥感视频数据；最后，训练深度学习模型进行车辆分类识别，基于识别结果计算区域车辆数目及密度。本书方法可生产低成本、长时间、大范围、高质量的城市遥感视频，基于该遥感视频开展的车辆检测误识别率和漏识别率低，车辆计数准确率高，可对区域交通流量进行有效监控，准确实时地获取城市内部区域交通情况。

3.3.1 引言

随着城市化率和机动车率日益攀升，城市交通拥堵问题逐渐显著。城市智能交通系统可有效减少道路堵塞，提高运输效率，增强交通系统安全性。城市区域交通流信息的实时获取是发展城市智能交通系统的关键。传统的交通信息获取方法，如感应线圈、地磁设备、超声波传感器和路测摄像头等，目前在城市交通领域得到广泛应用。但这些方法均具有监测范围小且机动性差的特点，难以直接提供大范围内连续的交通流信息。

遥感影像具有监测范围广、可远距离观测、获取信息丰富等优势，在城市大范围监测中发挥着重要作用。但常用的卫星遥感手段只能获取静态图像，不能对交通进行动态监测。近年来，遥感视频的应用逐渐广泛，成为遥感技术的一个新的发展方向，目前在车辆目标监测领域也有一定研究成果。如 George K 使用背景差分法对 skySat-1 卫星视频进行车辆检测和交通密度监测；Yang T 利用 Skybox 卫星视频数据集序列检测城市区域内的小型移动车辆；袁益琴使用一种背景差分与帧间差分相融合的方法，对遥感卫星视频中的运动车辆进行目标检测；康金忠提出一种感兴趣区域自动约束的遥感卫星视频运动车辆快速检测方法等。未来，遥感视频还可能在自然灾害应急快速响应、重大工程监控和军事安全等领域发挥重要作用。

视频卫星的出现为车辆动态监测提供了新的机会，但受卫星在轨运动固有特征影响，视频卫星获取单次视频时长非常有限。另外，卫星平台还存在成本高、重访周期长、受云层影响大等限制，不能满足区域交通监控对数据时效性和开放性的要求。小型无人机平台灵活性较强，但其所观察范围通常为一段高速公路或一个交叉口，数据获取过程中易受到天气、光线、周边环境的影响以及本身振动状态的干扰，同时受到城市航线管制、成本约束和设备重量的限制。近年来，随着智能手机的普及及其拍照性能的提升，从消费级成像硬件获取的众源影像将成为专业遥感影像数据的重要补充。

随着城市化发展，不断增多的超高层建筑物使得城市天际线成为对地观测的有利平台。通过在城市天际线上的超高层建筑物架设传感器设备，经处理后可获取包含地理信息的正射遥感观测视频数据。传感器设备经固定后可持续稳定地采集不同时刻下的地面视频，从处理后生成的遥感视频中提取交通流信息，可用于对大范围区域内的交通流量进行有效统计与监测。与传统方法及无人机观测相比，该方法采集范围更广，时间更长，实时性更强，平台状态更稳定，且在管制与成本方面受限制小，是一种非常有潜力的动态对地遥感观测方式。

基于视频影像的交通信息提取已经存在大量的研究工作，但是这些工作使用的视频主要为道路监控视频和无人机视频。天际线对地观测视频数据与这些数据相比有自身的特点，例如，视角范围大，平台稳定，存在倾斜视角变形等，在数据处理上不能完全借鉴以前工作的处理流程。本书将研究以城市天际线为观测平台的遥感视频生产与交通信息提取方法，探索和验证天际线对地观测视频数据的应用价值，为城市内部交通全覆盖、高精度监测提供参考。

3.3.2 研究方法

基于天际线遥感动态观测数据特点，本书提出一种天际线遥感视频生产与交通信息提取方法，流程如下：首先，在天际线平台采集视频数据，将视频分割为图像帧后进行批量几何校正；然后，通过绘制感兴趣区域的掩模对道路进行裁剪，并与谷歌卫星影像镶嵌，得到反映道路实况的遥感视频图像；接下来，通过深度学习对遥感视频图像中的车辆进行识别，并对识别结果进行优化处理；最终，将识别结果可视化，呈现研究区域内某一时间段的车辆动态分布情况，同时根据所设计方法，统计车辆数目并计算车辆密度，用于评估道路状况。完整方法处理流程如图3-17所示。下面对主要部分进行详细说明。

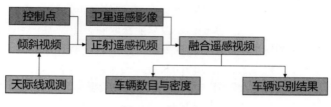

图3-17 技术流程

1. 遥感视频生产

1）几何校正

天际线观测数据为倾斜视频数据，需要校正到地理坐标系形成正射视频数据。本书方法以谷歌地球高清卫星影像为基准图像，选择同名点以配准待校正的视频图像帧。操作过程中需选择至少4个地面控制点（ground control points，GCP），依据透视变换原则求解几何校正变换参数。计算公式如下：

$$\begin{cases} X' = \dfrac{a_{11}x + a_{12}y + a_{13}}{a_{31}x + a_{32}y + a_{33}} \\ Y' = \dfrac{a_{21}x + a_{22}y + a_{23}}{a_{31}x + a_{32}y + a_{33}} \\ Z' = 1 \end{cases} \quad (3-6)$$

式中，X'、Y'、Z'为选取的GCP在待校正视频图像帧上的坐标；x、y为相应GCP在基准影像上的横坐标、纵坐标；a_{11}、a_{21}、a_{31}、a_{13}、a_{23}、a_{33}、a_{12}、a_{32}和a_{22}为未知变换参数。所选GCP多于4个时，可用于对变换参数进行平差处理。确定所有变换参数后，可得出基准影像和待校正视频图像帧的逐个像素点间的对应位置关系，从而预测得到更多GCP。通过计算GCP坐标的均方根误差以及人工观察，对部分GCP进行剔除或重新定位，以降低GCP的平均误差。之后利用双线性内插法进行视频图像帧重采样以提高精度，最终得到校正影像。

本实验中的几何校正过程统一在红波段上进行。由于所得数据倾斜度较高，进行自动几何校正时扭曲严重。因此以高精度正射的谷歌地图影像数据为基准，根据连接点选取原则进行多次人工选点实验。利用校正结果最优组的连接点文件，建立适用于当前研究区域的校正模型，用于对同一片研究区域其他时间点的视频图像帧进行批量几何校正。

2）融合遥感视频

天际线观测存在建筑物遮挡，部分地面不可视。且城市地物高程变化剧烈，正射校正存在一定误差。如果将校正后的正射视频中的动态区域与静态卫星遥感图像融合，可生成更大范围、高质量且美观的融合遥感视频。根据图像无缝拼接要求，镶嵌过程中先将卫星底图转为 RGB 三波段，使波段数量与视频匹配。之后，针对天际线观测结果远近分辨率不一致和建筑物遮挡问题，对几何校正结果进行再处理：首先，划定有效影像边界，剔除视频中的天空和不感兴趣地物；然后，根据图像分辨率和道路走向，选择合适的感兴趣区进行小范围内更准确的视频裁剪，以获取数据存储量低、数据利用率高的目标影像；最后，设置卫星底图为参考图像，动态区域视频图像帧为调整图像，进行整合镶嵌，将时间序列的校正后图像帧叠加，得到研究区域内大范围的实时道路遥感视频。

由于参考图像与待融合视频之间的重叠度为 100%（>10%），基于重叠区域统计的直方图匹配优于基于整个场景统计的直方图匹配，因此，基于二者的重叠区域计算统计信息，用于颜色校正。校正过程具体采用的直方图匹配法：利用式（3-7）对输入图像进行直方图均衡化；再根据式（3-8）、式（3-9），利用概率密度函数（probability density function, PDF）求得变换函数并做逆运算，即对均衡化后的图像中具有 s 值的每个像素进行反映射，得到输出图像中的相应像素。所有像素处理完毕后，最终得到一幅灰度级具有指定 PDF 的图像。

$$s = (L-1)\int_0^r p_r(w)\mathrm{d}w \tag{3-7}$$

$$G(z) = (L-1)\int_0^z p_z(t)\mathrm{d}t = s \tag{3-8}$$

$$z = G^{-1}(s) \tag{3-9}$$

其中 r 和 z 分别为输入图像和输出图像的灰度级，s 为输入图像均衡化后的像素值，L 为灰度级总数，$p_r(r)$ 和 $p_z(z)$ 分别为输入图像与输出图像的 PDF，w 和 t 为积分假变量。

生成待融合视频与卫星遥感地图镶嵌线时，利用基于顾及重叠的 Voronoi 图的接缝线网络生成方法。该方法基于影像之间的几何位置关系，首先，计算相邻影像有效范围重叠区域的四边形，得到每两张重叠影像间的分割线；然后，依次计算每张影像与其重叠影像间的分割线，并用分割线裁剪图像有效范围，生成 Voronoi 多边形；接下来，求得各相邻 Voronoi 多边形之间的公共边，即接缝线；最后，将各段接缝线相连，构成接缝线网络。在大范围的影像镶嵌中，该方法能够有效提升影像处理效率和灵活性，减小累积误差。

上述步骤完成后，设置羽化距离，即待融合视频与底图接合线处的像素数，从而在相邻场景之间形成平滑过渡，得到更高质量融合遥感观测视频。

2. 交通信息提取

1）车辆识别

车辆识别过程中分别试用了帧差法、背景差分法和深度学习法。经对比，深度学习法的识别准确率高，对小型车和大型车进行多要素识别后所得的结果可满足计算车辆数目的需求。因此，选择采用多要素深度学习法，通过面状车辆样本数据和验证图像训练初始化模型，并对训练模型进行迭代计算，生成参数不同的模型结果；精度评定后选取分类结果精度最高的模型结果，用于批量处理图像。

深度学习可以在没有外部指导或干预的情况下，自身不断改进预测，从而自动识别数据中的目标地物，如行人、车辆、道路、公用设施等。本书中的深度学习使用了基于卷积神经网络（convolutional neural networks, CNN）的 TensorFlow 技术，在图像像素中寻找与提供的训练数据匹配的空间和光谱模式。具体流程如图 3-18 所示。

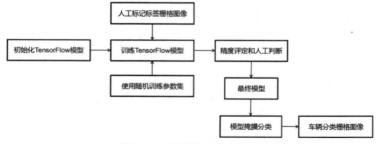

图 3-18　深度学习技术流程

首先初始化 TensorFlow 模型，本书中所使用的模型基于 Ronneberger、Fischer 和 Brox 开发的 U-Net 架构，可以对图像中的每个像素进行分类。之后采取人工标记的方法，制作若干张车辆标签栅格图像，并将其分成两组，分别用于 TensorFlow 模型的训练和验证。在此过程中，使用了不同的标签栅格图像进行训练和验证，以提高模型的分类准确性。

由于特征目标小型车和大型车的最佳训练参数值未知，所以采用随机训练参数集对模型进行迭代训练。模型训练过程中，先根据标记好车辆信息的标签栅格图像中的光谱、空间信息生成随机类激活栅格图像。之后每次迭代中选取 300 个 464×464、三波段的窗口，将区域内的类激活栅格图像与标签栅格图像的掩膜进行比较，通过损失函数计算损失值，得到预测错误的区域，再调整模型内部参数或权重，重新生成栅格图像进行对比。直至损失值小于预设值或迭代次数大于 25 次，训练结束，得到最佳收敛模型。

为提高模型训练结果的准确性，本书中还设置了实体距离、模糊距离和损失权值。实体距离将样本周围一定距离内的像素指定为目标特征的一部分。模糊距离用于帮助模型逐渐集中在目标特征上，提高对车辆等特征掩膜的尖锐边缘的识别处理效果。在训练开始时，特征从特征边缘以梯度衰减到最大模糊距离；随着训练的进行，模糊距离逐渐减小到最小值。损失权值用于区分损失函数对特征像素和背景像素的识别倾向。

由于输出的最佳收敛模型只是具有最低验证损失值的模型，对于车辆识别等具体应用场景不一定能达到最佳效果，因此本书最终选用的模型结合了精度评定及人工判断结果。使用最终模型对其他具有相似空间和光谱属性的不同图像进行车辆识别，可得到关于车辆的分类栅格图像。本书所需提取的大型车和小型车两个特征，最终输出结果为背景、小型车、大型车的像素值分别为 0，1，2 的分类栅格图像。

2）车辆数量计算

对等间隔抽取的 10 帧图像中的车辆数量进行人工计数，所得结果作为每帧图像中大型车和小型车数目的真实值。抽取其中任意 5 帧图像作为样本图像，将样本图像的车辆数目真实值与最终检测结果中对应类别的车辆面积相结合，求得单辆大型车和小型车的平均面积，用于计算每帧图像中大型车和小型车数量。具体公式如下：

$$N = \frac{\Sigma(A_1)}{\overline{a_1}} + \frac{\Sigma(A_2)}{\overline{a_2}} \qquad (3-10)$$

式中，N 为任一帧图像中的车辆数目，A_1 为深度学习所得的小型车面积，$\overline{a_1}$ 为由样本图像计算所得的小型车平均面积，A_2 为深度学习所得的大型车面积，$\overline{a_2}$ 为由样本图像计算所得的大型车平均面积。

选取 5 条道路，获取指定道路长度及车辆数目，人工记录指定道路车道数，利用式（3-10）求得的车辆数目，即可计算道路密度。具体公式为

$$\rho = \frac{N_1}{l \times n} \quad (3\text{-}11)$$

式（3-11）中，ρ 为某一时刻所选路段的车辆密度，N_1 为所选路段车辆数目计算值，l 为所选路段长度（单位为 km），n 为所选路段车道数。

3.3.3 试验分析

1. 试验区域与数据采集

深圳市现有 18 座 300 m 以上超高层建筑物，分散在福田区、罗湖区、南山区等地的各中心区域。平安国际金融大厦是深圳市目前最高的建筑物，高 592 m，顶层设有供游客观光的平台，在天际线观测平台当中较具代表性，且周边交通发达，路网密集。基于对可达性和保障性的综合考虑，本书以平安国际金融大厦的顶层观光层为传感器架设平台，选取以平安国际金融大厦为中心、半径约 1 km 的范围为试验区域，如图 3-19 所示。

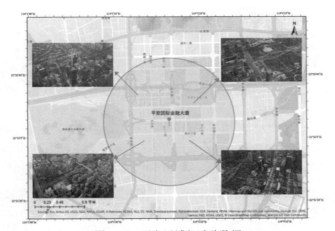

图 3-19 研究区域与试验数据

采用天际线平台上拍摄的原始视频和谷歌地球高清卫星影像。拍摄时，在平安国际金融大厦观光层布设四台不同朝向的摄像机，在同一时刻开始拍摄地面视频。拍摄结束后进行数据检查，保留研究要素齐全、视频画面无大幅度抖动的地面视频。本书对四段视频各截取相同时间节点的 30 s 视频作为试验数据，随后下载高精度正射谷歌地球高清卫星影像数据，作为几何校正的基准和镶嵌的背景影像。试验采集的视频数据的真实空间分辨率大约在 0.1 ～ 0.5 m，使用的高清卫星影像空间分辨率为 0.54 m。

2. 试验结果与分析

1）几何校正结果

对同一影像进行多次连接点选取操作，人工判别其最佳结果，得到区域最优连接点文

件，基于该文件生成几何校正模型，对视频图像帧进行批量处理，最终得到可直接用于车辆识别的正射视频。以其中一帧为例，显示原始图像与几何校正处理结果对比如图3-20所示。

(a) (b)

图3-20 几何校正

(a) 校正前影像；(b) 校正后影像

2）融合遥感视频及成图精度验证

由于天际线观测存在较大范围的建筑物遮挡，仅使用天际线观测视频难以获得大范围连续覆盖的呈现效果。卫星遥感影像可以获得大范围连续覆盖影像，但是影像为静态图像。由于观测地面大部分区域其实为静态不变区域，将包含动态目标的天际线遥感视频与静态的卫星底图进行镶嵌，则可同时保留动态信息和静态背景，达到更好的可视化展现效果。

该过程中首先对几何校正所得正射影像进行裁剪，提取动态区域，得到多段道路影像；再以谷歌地球高清卫星影像为底图，进行匀色镶嵌融合，最终得到色彩均匀、自然和谐的遥感影像（如图3-21所示）；最后，将每帧融合影像组合生成遥感视频。

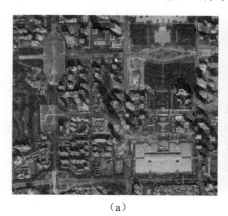
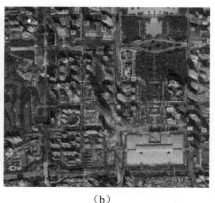

(a) (b)

图3-21 匀色镶嵌融合

(a) 融合前影像；(b) 融合后影像

选取 204 个均匀分布的连接点，对融合后的图像结果进行精度验证。采用均方根几何误差（RMSE）作为评价指标衡量处理结果精度。通过计算可得均方根误差为 12.9759 个像素。考虑图像空间分辨率为 0.54 m，该精度对应大概 6.5 m 的定位误差。这一误差范围可以满足一定的应用需求，比如路段的流量统计、拥堵位置识别等。由于本书在几何校正中未利用高程信息进行正射校正，仅通过经验模型与遥感影像进行配准，配准点的选择使用人工判别的方式，数量也较为有限，因此不可避免存在一定误差。在需要更精细定位精度的场景应用中，未来可以考虑从两方面进行优化。一是进一步融合地面真实 DSM 数据，做到更高精度的校正；二是用计算机视觉的方法自动获得更多更高精度的同名控制点，进一步优化配准效果。

3）深度学习结果及精度验证

加载训练模型，对道路影像进行车辆检测。在 Jupyter Notebook 环境下通过 Python 语言编写程序，实现对深度学习所得车辆识别结果的可视化处理。以其中一帧为例查看可视化结果。由图 3-22 可知，本书所用方法不仅用不同颜色框分别标明了不同类型车辆的位置，同时在左上角对当前时刻研究区域内车辆数目进行了直观呈现。为提高识别结果可信度，利用混淆矩阵对多要素深度学习结果进行准确率计算，所得多要素深度学习中大型车和小型车的识别准确率分别为 96.32% 和 96.27%，显示出较好的车辆数目检测效果。

城市道路车辆平均运行速度为 30 km/h，对应车辆 1 s 移动 0.83 m 左右。融合后天际线遥感视频分辨率约为 0.54 m，则车辆 1 s 移动 1～2 个像素。一般视频 1 s 拍摄帧数为 24 帧，每帧目标变化 0.05 个像素。因此，在实际应用中没必要逐帧进行车辆目标检测。综合权衡检测效果和实际交通监测需求，目标检测的频次可设置为 0.5～1 帧/s，则能满足一般路段或交叉口监测的需要。

在本书方法中，检测过程基于融合后影像开展的，分辨率较原始分辨率有所降低，如果直接在原始影像检测，有可能取得更高的准确率。另外，针对更大的场景，本书的处理模式可能会存在远处车辆侧面图像较多，因正射角度下车辆检测识别较为困难。在将来的处理模式中，可以考虑先在原始视频中进行检测，然后将检测信息地理编码到遥感影像上，以提高交通信息提取的准确性。

4）Haar 特征级联分类器检测结果

为进行比较，本书同时还采用了基于设计特征的机器学习方法进行车辆检测，具体使用的算法为车辆 Haar 特征级联分类器。其主要原理为使用 Haar-like 特征进行目标检测，利用积分图方法对 Haar-like 特征值求解进行加速，再使用 AdaBoost 算法训练出强分类器，最后把强分类器级联到一起，提高分类器的分类精度。

在分类器训练时，预计算值缓冲区和预计算索引缓冲区都设置为 2048，线程数设置为 8，Haar 特征的类型选择 BASIC，Boost 的类型设置为 Gentle AdaBoost。分类器的每一级希望得到的最小检测率设置为 0.995，最大误检率设置为 0.5，弱分类器树最大的深度为 1，每一级中的弱分类器的最大个数为 100。最后，得到车辆检测的准确率为 92.5%，较深度学习方法有所下降。如图 3-23 所示，部分与道路背景较难区分的黑色车辆在该方法中较难被准确识别。

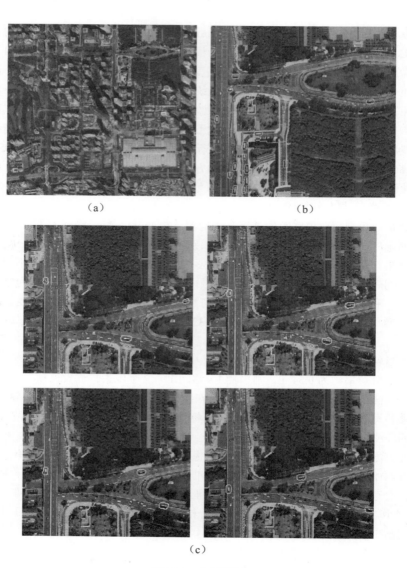

图 3-22 车辆识别

（a）整体可视化结果；（b）局部可视化结果；（c）连续图像帧

图 3-23 基于 Haar 特征级联分类器的车辆识别

5）计算结果及精度验证

以等间隔的 10 个时刻的影像为例，通过上述车辆方法计算区域内全局的车辆总数，并且分别计算不同道路的局部车辆总数和密度，分析道路状况。

本书用车辆计数准确率对车辆数目计算结果进行精度评定，具体计算公式为

$$P = (1 - \frac{|t-c|}{t}) \times 100\% \tag{3-12}$$

式中，P 为车辆计数准确率，t 为车辆数目真实值，c 为车辆数目计算值。其中车辆数目真实值通过人工计数获得。

全局车辆计数准确率平均值为 92.51%，最小值为 80.64%，标准差为 5.36%，说明该统计方法较准确，且准确率离散程度小，稳定性较高。

确定局部道路区域，抽取低密度和高密度车流中的一定量样本，分别计算车辆分布稀疏和车辆分布密集情况下的局部车辆数目，如图 3-24 所示。其中车辆稀疏时计数平均准确率为 91.53%，最低准确率为 86.36%，最高准确率为 100%；车辆密集时计数平均准确率为 83.81%，最低准确率为 80%，最高准确率为 87.76%。总体而言，局部车辆计数结果具有较高准确性，其中车辆分布密度低时计数准确度更高。

（a） （b）

图 3-24 局部道路
（a）低密度车流；（b）高密度车流

综上可知，本书方法能够识别出大多数车辆，车辆计数准确率较高。但实验过程中仍存在少数车辆错认和漏认情况，如被建筑或植物部分遮挡的车辆、颜色与背景道路相似的车辆以及建筑某些点状部分，会被错误识别为车辆。

3.3.4 结果讨论

利用城市天际线对地观测方法获取的原始视频，经过处理获得带地理信息的正射遥感观测视频数据，并针对道路车辆分布情况进行分析研究。此外，基于天际线对地动态观测技术长时间、高精度、全覆盖、强实时性的特点，这一观测方法还可应用于多个研究方向。

在城市灾害应急响应过程中，城市天际线可以提供高精度、大范围、高实时地对地监测，在灾前孕育期、灾中救灾期、灾后重建期为预报预警、应急现场处理、灾后重建工程监测等工作提供全方位、多层次的数据支持。针对泥石流、山体滑坡、地面塌陷等城市地质灾害，防灾部门可以构建智能分析平台，对天际线对地观测数据进行分析，从而准确预

测、快速识别城市地质灾害,并及时向公众发出预报预警信息;针对城市自然灾害,如洪涝、台风、沙尘暴等,对灾害的发展方向进行预测,并通过动态监测数据对防灾救援工作部署进行实时调整。天际线对地观测平台还可搭载不同的传感器,其中高分辨率热红外摄像机可快速识别火灾,辅助相关部门快速准确地判断火灾现场状况、预测发展趋势、制订救援方案。

在群体活动监控中,天际线对地动态观测技术可以有效获取人员流动情况,实现对群体活动全方位、实时、持续的监控以及对群体异常活动的快速识别,同时对地面视频监控等传统群体活动监测方法进行补充和验证,有效管理群体活动和应对突发事件。

在重大工程监控中,由于传统视频遥感卫星受重返周期影响,重大工程无法实现实时观测,同时气象因素、环境因素对遥感卫星有效成像时间影响较大,导致重大工程的遥感监测数据量少、成本高、质量不稳定。天际线对地观测可以实现固定角度、固定范围、长时间动态观测,可以及时全面了解工程的现状和动态变化趋势、工程周围环境的变化,为工程管理部门预测工程发展情况以及作出相关决策提供数据支持。

该方法当前阶段仍然存在一定挑战。一方面,天际线对地观测对相机的布设有较高的要求,需要获得场地布设许可;另一方面,观测时存在大量建筑物和较高地物遮挡地面道路的情况,会有部分数据缺失。关于布设场地,高层楼顶布设是最佳的场所,但是考虑安全及场地许可因素,布设点存在不可抵达问题,这种情况下在实际操作中也可以将观测点放在建筑物内,如高层观光层或者办公层,这样将有大量的可布设场地选择,而且室内环境更加友好,维护和布设难度也有所降低。对于遮挡问题,可以考虑增加多个天际线对地观测站联合观测,或者通过可视范围内的交通信息对遮挡区域进行推算,与道路视频监控相比,高层观测覆盖范围有显著提升,而且对交通应急响应(交通事故、车辆追捕)将更有时效性和全局性。未来,如何设计合适便捷的相机布设方案,以及如何快速准确地融合多站点地面道路信息并达到实时输出,是仍需进一步研究的问题。此外,如何将天际线对地观测数据与地面监控数据、个人数据等多源数据融合,以实现更为有效的对地检测结果,仍需做进一步研究。

3.4 基于视频深度学习的密集人群安全监测

高密度人群聚集活动经常因为缺乏及时有效的管理而导致安全事故频频发生,人群活动的应急管理、风险评估、隐患识别越来越得到重视。由于系留无人机的自由灵活性可以实现长时间全方位监测密集人群的作用,将监测数据传入深度学习的卷积模型中,计算人群密度等指标,并验证实验结果的可行性,将预警信息、风险点数据推送给相关管理单位,形成监测信息、预警信息、对应措施信息化安全管理系统,希望对安全管理部门有帮助。

3.4.1 引言

人群计数传统研究方法:第一种基于检测,使用滑动窗口检测器来检测场景中的人群,并统计对应人数;第二种基于回归,通过提取一些低级的特征学习一个人群计数的回归模型,但是都难以处理人群之间严重遮挡的问题。随着深度学习视觉技术发展,卷积模型效果显著，被应用于人群计数的研究中。人群计数深度学习方法一般是通过预测人群密度图计算人群数量，卷积神经网络具有特征学习能力，可以解决遮挡、视角等问题，从而得到更好的效果。

3.4.2 系留无人机监测

系留无人机近年来已经被广泛应用在应急抢险工作中，国内外很多公司对系留无人机的相关设备进行了成熟研究和不断完善，在起飞、悬停高度、载荷等方面也进行了不断的探索。系留无人机通过系留电缆连接系留控制箱，系留控制箱与地面电源连接，具有续航时间长、稳定性高、精度高、成本低、拍摄范围大、实时监测等特点。系留无人机可以搭载高清广角相机、红外相机、雷达传感器等各类监测工具，采集的高质量视频图像通过 HDMI 接口传入电脑，视频数据经过计算处理得出监控场景中的人群数量等指标，传输到指挥中心进行判断，对人群疏导、安全事故、风险评估起到预测作用，从而节约人力，提高效率，系留无人机监测平台方案示意如图 3-25 所示。

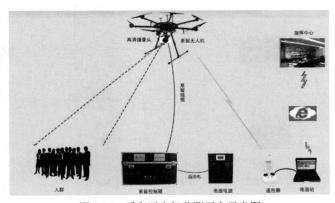

图 3-25　系留无人机监测平台示意图

3.4.3 基于深度学习的监测数据处理

深度学习的基本工作原理流程如图 3-26 所示，图像输入设计的卷积神经网络提取特征通过权重值输出预测值，一一对应的预测值与真实值利用损失函数判断之间的差异，作为反馈信号权重进行微调，调节的过程中使用优化器来完成，最终经过数次迭代使模型达到最小的损失值，训练结束，保存权重。

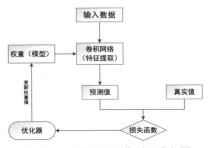

图 3-26　深度学习工作原理流程图

数据源于公开的 Shanghai Tech 数据集 1100 张和自己拍摄的大型活动场景图像 900 张,所有图片数据经过标准化处理,共计 2000 张图片。将高密度人群图像和稀疏人群图像整合在一起,训练一个适用于普遍场景下的人群计数模型。数据标记过程为把每一幅图像中的头部标注成稀疏矩阵,再通过高斯滤波转换成 2D 密度图,密度图中所有单元格的总和为图像中的实际人数,经过数据预处理后就生成一一对应的数据标签图像。其中 1400 幅为训练图像,600 张为测试和验证图像。

1. **网络结构**

通过两类 CNN 模型计算人群指标并验证深度学习的准确率。

一类是基于卷积 - 空洞卷积的 CNN 模型,该模型前端利用预训练的 VGG16 网络前面的十层卷积层和三层池化层,每次卷积采用补 0 操作,保持输出的图像大小不变,池化采用最大池化步幅 2,图像输入网络中,经过四次卷积和三次池化后,输出图像尺寸变为原来的 1/8,图像变小,生成密度图比较难,所以后端加上六层空洞卷积(dilated convolution),设置膨胀率为 2,网络结构如图 3-27 所示。

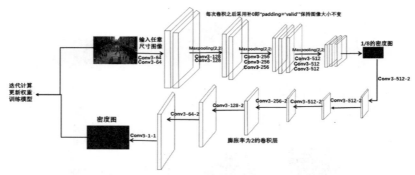

图 3-27　基于卷积 - 空洞卷积的 CNN 结构图

另一类是基于多尺度编码 - 解码(encoder-decoder)的网络结构,网络的编码部分使用多尺度的卷积结构,通过不同大小的卷积核可以很好地学习到不同尺度的人群特征,使模型的泛化能力更强,本次研究设计了四种不同尺度的卷积核。每个卷积层后归一化层为了防止梯度消失,进行串联输出,将四种特征图结合在一起,池化采用最大池化,每次池化图像变为原来的一半。网络的解码部分使用卷积和三层转置卷积来实现,得到最终的人群密度图,网络结构如图 3-28 所示。

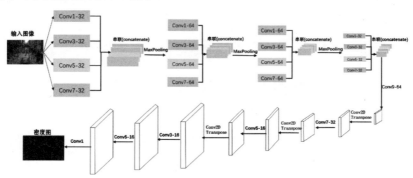

图 3-28　基于多尺度编码 - 解码的 CNN 结构图

2. 损失函数

（1）基于 CSRNet 的损失函数，采用欧氏距离来计算标签图像的真值和预测密度图之间的差异，计算过程如式（3-13）所示。

$$L(\theta) = \frac{1}{2N}\sum_{i=1}^{N}\|Z(X_i;\theta) - Z_i^{GT}\|_2^2 \tag{3-13}$$

式中 N 为训练样本的数量，$Z(X_i;\theta)$ 为输入第 i 个样本的预测密度，Z_i^{GT} 为第 i 个样本的真实密度，$L(\theta)$ 代表密度损失。

（2）基于 SANet 的损失函数采用 SSIM 和欧氏距离的结合来计算密度图与真实值之间的相似性，计算过程如式（3-14）、式（3-15）、式（3-16）所示。

$$\text{SSIM} = \frac{(2\mu_F\mu_Y + C_1)(2\sigma_{FY} + C_2)}{(\mu_F^2 + \mu_Y^2 + C_1)(\sigma_F^2 + \sigma_Y^2 + C_2)} \tag{3-14}$$

$$L_C = 1 - \frac{1}{N}\sum_x \text{SSIM}(x) \tag{3-15}$$

$$\text{LOSS} = L_\theta + \alpha_c L_c (\alpha_c = 0.001) \tag{3-16}$$

式中 N 代表样本的数量，C_1 和 C_2 代表常数，μ_F 样本 F 的均值，μ_Y 样本 Y 的均值，σ_F 样本 F 的方差，σ_Y 样本 Y 的方差，σ_{FY} 样本 Y、F 的协方差。SSIM 代表衡量真实值与密度图之间的一致性，L_C 代表图片的一致性损失，L_θ 代表欧式距离的密度损失，LOSS 代表总的密度损失。

3. 评估标准

采用平均均方根误差 MSE 和平均绝对误差 MAE 两个指标评价模型的性能，MSE 评价模型的准确率，MAE 评价模型的鲁棒性，定义公式如式（3-17）、式（3-18）所示。

$$\text{MAE} = \frac{1}{N}\sum_{i=1}^{N}|G(i) - P(i)| \tag{3-17}$$

$$\text{MSE} = \sqrt{\frac{1}{N}\sum_{i=1}^{N}(G(i) - P(i))^2} \tag{3-18}$$

式中 N 是测试集的图像数量，$G(i)$ 和 $P(i)$ 分别表示第 i 张测试图像的真实值和预测值。

4. 实验过程

采用 Ubantu18.04 系统，内存 16GB，GPU 为 GTX 1060，后端为 TensorFlow 的 Keras 深度学习框架，实验过程中为了防止出现过拟合和通过少量的样本训练泛化能力强的新模型，使用训练数据增强生成器，通过旋转、平移、缩放、翻转等随机变化来增加样本数量。数据输入采用小批次训练，每次输入 8 个样本，训练过程的参数设置如表 3-4、表 3-5 所示。

表3-4　多尺度编码-解码训练参数

基于 SANet 训练参数（training parameters）	数值
学习率（learning rate）	0.0001
优化器（optimizer）	Adam
循环次数（epoch）	250
每批样本数（batch size）	8
迭代次数（iteration）	35000

表3-5　卷积-空洞卷积训练参数

CSRNet 训练参数（training parameters）	数值
学习率（learning rate）	0.0001
优化器（optimizer）	SGD
动量系数（momentum）	0.95
循环次数（epoch）	250
每批样本数（batch size）	8
迭代次数（iteration）	35000

5. 实验结果分析

如表 3-6 所示，MSE 和 MAE 指标都在误差范围内，验证了本计数网络结构方案的有效性。

表3-6　结果分析比较

方法	MSE	MAE
基于 CSRNet 的网络结构	58.9	41.5
基于 SANet 的网络结构	42.7	32.7

在基于卷积 - 空洞卷积和多尺度编码 - 解码的两种网络中，结合三个图像数据进行测试，结果如图 3-29、图 3-30 所示。

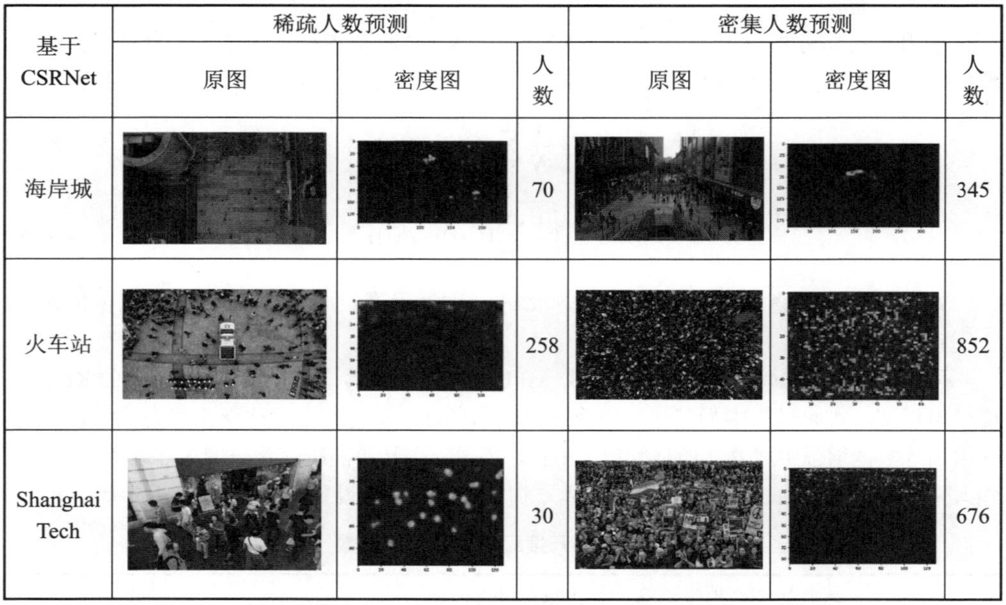

基于 CSRNet	稀疏人数预测			密集人数预测		
	原图	密度图	人数	原图	密度图	人数
海岸城			70			345
火车站			258			852
Shanghai Tech			30			676

图 3-29　测试图像在基于卷积 - 空洞卷积网络结构的密度图和计数结果

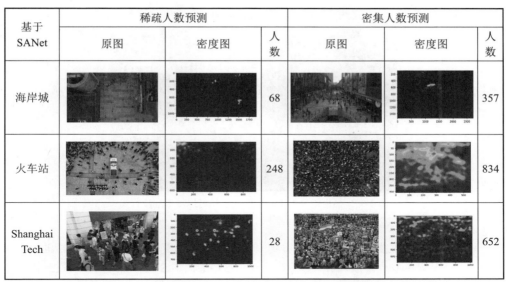

图 3-30　测试图像在基于多尺度编码 - 解码网络结构的密度图和计数结果

实验结果与监测平台系统分析流程如图 3-31 所示。

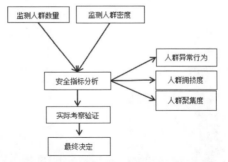

图 3-31　实验结果与监测平台系统分析流程

3.4.4　案例应用

1. 海岸城购物中心

选取靠近后海地铁站 D、E 出口近 150 m 的步行街为研究对象，此步行街在地上二层，两侧排满商铺，采集数据的时间为每个周末的下午 5 点左右人流量比较多的时候，采集次数为 5 次。具体场景如图 3-32 所示。

1）评价监控场景中人群舒适度与行人心理情绪的关系

研究区段长近 50 m，宽近 10 m，研究的面积约为 500 m^2，通过人群计数实验得出无人机特定视角的监测范围内人数在 400～450，行人密度在 0.8 人 /m^2～0.9 人 /m^2，在通常的情况下，行人密度小于 1 人 /m^2，人群活动比较自由；行人密度小于 0.5 人 /m^2，人群活动比较舒适。研究路段基本满足行人自由活动的需求，但是人群行走舒适度不高，有行走限制，行走舒适度不高的情况下会影响行人购物的心理情绪，出现焦虑、烦躁的心理状态，在排队购物时、行人突然奔跑时、小孩随意走动时值得引起注意。

图 3-32　后海地铁站 D、E 地铁口和海岸城二层步行街

2）人群聚集度与危险等级的关系

通过计算人群的数量，不但可以得到人群聚集程度，还可以得到步行街的几个热点商铺，因为排队购物会造成人群聚集度高，对于这样的商铺应该重点关注，采用控制人流量，设置栏杆合理疏导等措施。购物中心管理人员根据聚集程度，合理设置商铺的功能，靠近地铁口的研究路段尽量不要安排热销购物品牌商铺，以便造成交通堵塞，疏散困难；靠近电梯口的地方也尽量不要设置商铺，以防拥挤造成事故的发生。

2. 广州市火车站

广州火车站的设计规模已经不能满足现在的客流量需求，面对如此巨大密集的客流量，人工安全管理工作很难实施到每一个角度，所以采用无人机监测火车站的安全是必要的。广州火车站的具体场景如图 3-33 所示。

图 3-33　进站大厅场景图

1）人群密度与疏散时间的关系

候车广场如果发生意外，需要进行人群的紧急疏散，以系留无人机的灵活稳定性，可以拍摄到各个位置的人数，无人机视频图像再经过模型计算得出各个位置的实时人群数量，根据人群数量合理规划各个通道的疏散时间，根据人群密度判断行走速度合理规划出走电梯、扶梯、楼梯等时间，进行合理的引导确保安全的疏散，以免造成恐慌和踩踏事故的发生，还可以根据计算得到的人群总数采用不同等级的紧急预案，节约做决策的时间。

2）人群数量与交通引导的关系

对于进站人群，通过无人机的航拍得知拥堵人群的位置和数量，告知进站人员选择合理的进站口，错开拥堵的进站口，这样可以减少工作人员的工作量，节省人力。广州火车站附近有地铁 2 号线、地铁 5 号线和广州火车站东侧的配备 30 多条公交线路的公交总站，对于出站人员，通过计算人群数量、人群聚集度等指标引导出站人员选择正确的通道出站，节约时间。

3.4.5 研究总结

以人群密集活动为研究对象，以系留无人机监测平台拍摄的场景视频经过深度学习卷积模型计算得出人群密度图和人群数量，得出以下结论：

（1）实验通过对深度学习的两种模型进行测试，证明基于深度学习的人群计数是可行的，并且误差较小，符合密集或者稀疏场景的需求；

（2）系留无人机监测平台可以对密集活动进行现场的安全保护，可以实时地给管理人员提供人员聚集程度、人员分布情况等信息，可以拍摄广泛或者特定位置信息；

（3）通过两个案例的简单分析可以说明基于系留无人机监测平台的安全应用可以节约人力，提高效率，提供安全风险的等级，预防安全事故的发生；

（4）未来的研究工作还有人群异常行为的检测和人群数量的预测，然后结合已有人群计数、人群聚集度等指标减少安全事故的发生，为大型人群活动提供有效的保护措施。

3.5 城市全景视频热点标签交互技术

全景视频区别于普通视频的特点是将全景视频数据与空间位置进行配准，不仅视频的每帧图像都具有空间化特征，而且视频内容随着时间和位置不断变化，针对视频内容的管理和交互难于实现。本书研究在全景视频场景中添加热点并实现交互的技术，能够解决全景视频技术中对视频内容精细化管理问题。全景视频热点交互的关键技术是全景视频拼接、漫游和动态热点选取。本书首先介绍了全景视频的相关研究内容和全景视频技术在城市场景应用中存在的问题，然后研究实现全景视频拼接和漫游的方法以及设计场景中交互热点的选取方法，最后根据公共安全领域城市管理的需求特点，利用 WebGL 三维建模接口建立城市全景视频热点交互系统。全景视频热点交互技术拓展了全景视频的应用范围，将使视频内容得到更为精细化的管理。

3.5.1 引言

随着视频应用技术与城市公共安全监管系统的逐步推进，目前各大城市的视频监管点的数量都已达到一定的数量级。全景视频技术和全景摄像机也已经在城市管理中应用，与传统视频不同，全景视频打破了传统视频视场角的限制，可以完全沉浸在视频所展现的环境当中。自主交互性是全景视频区别于传统视频的最显著特征，使用者可以任意地变换视角，任意地缩放，现有的全景视频交互过程主要是依靠鼠标、键盘。但是，在实践过程中发现，全景视频交互严重依赖其所连接的播放设备，而交互内容单一，主要是鼠标旋转和场景切换；对于视频内容和要素无法进行属性的动态查询和点选交互，无法满足城市公共安全管理中对风险评估、监测预警等具体业务功能的需求。研究面向公共安全的城市全景视频热点交互技术，在全景视频交互中通过热点实现视频内容的精细化交互，重点实现人、车、建筑物的位置、速度等特性的热点管理。

3.5.2 相关工作

针对全景视频的研究主要集中在发布和拼接技术领域，提出了利用特征线和投影纠正方法实现多相机视频流的拼接算法。在基于全景图像拼接算法的基础上，提出了利用加速稳健特征（speeded up robust feature，SURF）和 Optical Flow 技术的视频流拼接算法，该算法在一定程度上解决了视频流的拼接问题，但在与用户交互方面尚存在一些不足。全景视频流地图的关键技术是全景视频三维模型和交互式操作。本书介绍了全景视频流地图的定义和系统设计，然后通过实验将视频流投影到以视点为中心的球体，利用 Flex 三维建模接口建立球型全景视频三维模型。通过将多部相机摆放在推车上一同拍摄一段场景然后拼接得到一个大于人眼普通视角的全景视频，并用多张屏幕拼接成一个环形，让人处于环形屏幕前观看拍摄的全景视频，这样使人有一种很好的沉浸感，并随着当时推车的拍摄方向进行漫游。在应用方面，三星推出的 Gear360，或者用多个 GoPro（运动相机）按照特定位置组合排列通过后期拼接得到全景视频的方式，基本能满足日常消费者全景图像以及视频的拍摄。

综上所述，目前国内外对全景技术的研究和应用主要集中在静态实景、全景视频漫游和全景视频拼接方面，针对城市公共安全应用的全景视频内容的精细化管理和交互技术尚没有相关研究内容，因此全景视频热点交互技术应用将是全景视频内容精细化管理的重要实践。

3.5.3 全景视频热点交互关键技术

1. 全景视频拼接方法

视频拼接是全景视频流地图的关键，拼接精度直接影响最终的用户体验。目前，主要的拼接方法包括 R 度不变特征变换 (scale invariant feature transform，SIFT) 算法和 SURF 算法等。拼接过程如下：首先在视频流图像帧中进行特征提取和优化，然后通过最小二乘法或随机抽样一致（random sample consensus，RANSAC）算法减少异常值影响并建立配准模型，最后通过配准模型对多个视频流数据进行批量拼接。

本书使用了具有很强的容错能力的 RANSAC 算法来对可能造成错误匹配的匹配点对进行剔除，实现对图像进行配准和融合，全景视频拼接流程如图 3-34 所示。

图 3-34　全景视频拼接流程

RANSAC 算法需要在一定的置信概率 P 下使用，P 一般设置为 0.99，且进行 N 组抽样中至少有一组数据全是内点，N 的计算公式如下。

$$N = \frac{\log(1-p)}{\log(1-(1-\mu)^m)} \quad (3\text{-}19)$$

式中，μ 为外点所占的比例，m 为计算模型参数所需最小数据量。

RANSAC 算法具体步骤如下：

（1）计算当前的参数模型，去适应假设的局内点，模型中的所有未知参数能够通过输入样本计算得到，并且初始化参数；

（2）对由特征匹配得到的假定对应点，计算其对称变换误差，统计误差的内点的个数；

（3）如果有足够多的点被归类为假设的局内点，那么估计的模型就足够合理；

（4）利用式（3-19）计算循环次数 N，循环执行步骤（1）～（3）。

当循环结束时，用最大内点集再进行一次参数模型的计算，得到的变换矩阵 H 即为最优的模型矩阵。

2. 球面投影全景视频漫游算法

当前已经得到了全景视频，并且解决了在漫游中实现普通的 2D 全景视频转换成具有立体效果的全景视频。使用球面全景图的重投影算法可以模拟相机的旋转运动，通过改变相机的视域，可以模拟相机的变焦运动。通过重投影球面全景图的可视部分到视平面上，可以生成虚拟场景在不同视线方向上的透视视图。根据观察者的视点情况将相应场景展现出来。球面投影的原理如图 3-35 所示，其中，XYZ 是世界空间坐标系，xyz 是摄像机坐标系，假定二者之间可以通过旋转角度 α 相互得到。设图像平面上任意一个点 P 的坐标为 $P(x,y)$，在投影球面上的坐标为 $P'(\varphi,\lambda)$，λ 是图像与坐标系间的水平旋转角，φ 是俯仰角，H 是图像的像素高度，W 是像素宽度。

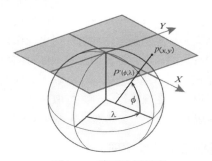

图 3-35 球面坐标投影

由以上关系可得点 $P(x,y)$ 在摄像机坐标系下的坐标 $(x-W/2, y-H/2)$，点 $P(x,y)$ 在世界坐标系 XYZ 下的坐标 (u,v,w) 为

$$\begin{bmatrix} u \\ v \\ w \end{bmatrix} = \begin{bmatrix} 1 & 0 & 0 \\ 0 & \cos\alpha & -\sin\alpha \\ 0 & \sin\alpha & \cos\alpha \end{bmatrix} \begin{bmatrix} x-W/2 \\ y-H/2 \\ -r \end{bmatrix} \quad (3\text{-}20)$$

虚拟相机在三维空间中具有 3 个旋转自由度：绕 X 轴的旋转，旋转角度为 pitch；绕 Y 轴的旋转，旋转角度为 yaw；绕 Z 轴的旋转，旋转角度为 roll。

相机绕 X 轴的旋转矩阵 $\boldsymbol{R}_x$ 为

$$\boldsymbol{R}_x = \begin{bmatrix} 1.0 & 0.0 & 0.0 \\ 0.0 & \cos(\text{pitch}) & \sin(\text{pitch}) \\ 0.0 & -\sin(\text{pitch}) & \cos(\text{pitch}) \end{bmatrix} \qquad (3\text{-}21)$$

相机绕 Y 轴地点旋转举证 $\boldsymbol{R}_y$ 为

$$\boldsymbol{R}_y = \begin{bmatrix} \cos(\text{yaw}) & 0.0 & -\sin(\text{yaw}) \\ 0.0 & 1.0 & 0.0 \\ \sin(\text{yaw}) & 0.0 & \cos(\text{yaw}) \end{bmatrix} \qquad (3\text{-}22)$$

当相机同时绕 X 轴和 Y 轴旋转时，旋转的复合旋转矩阵 $\boldsymbol{R} = \boldsymbol{R}_x \cdot \boldsymbol{R}_y$。

3. 交互热点设计和选取方法

全景视频漫游过程中，在浏览某个物体对象时，需要通过鼠标或头戴式显示器（HMD）与之交互，并展现或管理物体的属性信息。为了实现交互的目的，需要预先定义交互区域，该区域一般根据分布在交互物体之上的简化热点来表示。目前交互热点主要通过手工选取，针对全景视频中的物体逐个点选获取像素位置，添加交互热点。但是，这种方式需要在应用开发之前选取添加，灵活性较差，工作效率低，而且全景视频内容时间和空间维度不断变化，这种方式无法实现动态场景热点添加。

根据城市全景视频场景不同物体特点和公共安全管理的基本需求，分别设计建筑热点、车辆热点和人员热点。其中建筑物热点为静态热点，其位置在视频场景中和建筑物相对静止；车辆热点和人员热点随着车辆和人员的位置移动不断变化。首先通过数据库技术建立热点信息存储表，存储建筑物、车辆和行人的基本属性信息；然后，对于建筑物热点，点选视频中建筑物所在的位置，将该像素位置转换为球面坐标点，将球面坐标作为添加热点图标的位置存储到数据库中；最后添加建筑物详细属性包括名称、地址、安全等级等。

对于车辆和行人热点，选取视频首次出现该对象的图像帧，点选视频中对象所在的位置，将该像素位置转换为球面坐标点初始点，并将球面坐标作为添加热点图标的位置存储到数据库中，并添加车辆和行人的属性数据，图像素坐标对应全景漫游时该点在球面坐标关系和建筑物热点转换方法相同。将选取点上、下、左、右四个方向放大 X 个像素，X 为大于 20 小于 50 的整数，对该区域图像进行分割并提取特征，经过 T 时间间隔后，在全景视频图像帧中查找该特征区域并作为下一个热点，并不断重复以上过程计算出所有热点。

3.5.4　基于 WebGL 视频热点交互实现

开发场景漫游和视频内容热点交互功能，开发工具是 VS 和 FFMpeg 包。FFmpeg 是一套可以用来记录、转换数字音频、视频，并能将其转化为流的开源计算机程序库，它由一系列 C 函数和 C++ 类所组成。为使全景视频应用系统在发布和使用上具有便捷性，系统采用 WebGL 技术进行场景绘制和渲染，使它能够在浏览器中使用。

基于 WebGL 视频热点交互系统包括以下模块：全景视频显示模块互动界面、全景视频及交互模型的加载与显示，以及全景立体显示的实现。全景漫游自动化搭建模块用于整体自动生成全景图，以及局部自主修改，如添加和调整热点位置、替换视频资源等。互动展览模块则负责热点交互、弹框交互等互动操作，控制交互方式、交互结果等。后台内容管理模块用于管理用户列表、操作权限、物体信息、热点信息，切换视频信息等数据库存储内容。主程序类负责场景初始化、销毁、运行，并负责前三个模块的统一配置及衔接调用。如图 3-36 所示为全景视频热点交互系统中建筑物热点、车辆热点和行人热点的交互方式。

(a)

(b)

(c)

图 3-36　全景视频与热点交互效果
(a) 建筑物热点交互；(b) 车辆动态热点；(c) 行人动态热点

3.5.5　研究总结

本书实现了全景视频漫游中的动态和静态热点的交互，解决了实现城市全景视频内容的精细化管理中的热点交互问题。全景视频交互的研究还处于初始阶段，其关键技术研究主要集中在全景视频流拼接和交互式可视化方面。随着视频的拼接效率、拼接精度进一步提高和网络基础设施的进一步完善，可以预见，交互式全景视频流地图在城市管理、公共安全等方面将会发挥重要作用。后续将研究把全景视频交互和三维地理信息相结合，进而实现城市公共安全全方位、精细化管理应用。

3.6　三维视频地图专利组

3.6.1　技术原理

本专利组将视频监控网络作为地图网络与定位网络，其核心思想是实现监控视频GIS化高效管理，即通过四个步骤使海量视频可通过GIS进行有效管理与高效查询以进一步开展增值应用：①监控摄像机空间测绘与标定；②在视频数据中添加定位信息，在视频文件、视频内容与现实环境之间建立映射关系，实现视频空间化；③以此为基础，开展视频分析，查找动态目标，提取关键信息；④建立城市级监控视频目录索引。

GIS具有矢量、栅格、属性数据综合处理能力，可对视频（帧）进行数据库式高效管理。本组发明在坐标化、摘要化、语义化、矢量化的基础上，将视频拆分为帧数据（静态图像），将视频关键帧、时空位置、语义属性、矢量特征四维数据存储于GIS系统中，形成集成管理、条件查询、关联分析能力。

1. 视频监控数据的GIS化

在视频文件中添加地理位置信息并建立索引的方法，申请号：201310443078.6。

本发明提出一种在视频文件中添加地理位置信息并建立索引的方法，包括以下步骤：获取视频文件采集地的地理位置信息数据；将所述地理位置信息数据插入所述视频文件的文件头保留字段中；以所述地理位置信息数据为索引，建立基于空间位置查询、聚类以及关联分析的视频文件数据库。本发明提出的在视频文件中添加地理位置信息并建立索引的方法将经纬度信息同步记录到视频文件头文件的保留字段中，并建立基于空间位置的视频文件数据库，可以提高视频数据的存储、检索效率，从而开展基于地理位置信息的视频内容关联分析。

基于视频监控网络的定位与追踪方法，申请号：201310675740.0。

本发明提供一种基于视频监控网络定位与追踪方法，包括以下步骤：获取各视频监控设备地理坐标；以各视频监控设备为中心，根据监控范围，建立视频监控网络的空间坐标系；选择特征点进行测绘，获取特征点的地理坐标，并对应特征点在视频监控设备的成像矩阵中的像素值；以上述特征点为控制点，进行投影变换与坐标转换，使成像矩阵中的其他地面像素点具有相应地理坐标值；当目标出现在监控范围时，通过获取目标所在像素点坐标，并结合环境周边关系，换算出目标的地理坐标；通过调取目标在视频监控网络中不同帧的地理坐标，形成目标的移动轨迹。本发明可以快速地定位与追踪目标的移动轨迹，有效地利用了城市的已有资源，输出更加准确的目标行动路线。

2. 将视频监控数据进行浓缩处理，抽取关键帧信息

关键帧提取技术是视频分析和基于内容的视频检索的基础。关键帧为视频摘要和检索提供了一个组织框架。提取关键帧应能反映视频特征和内容，方法包括基于镜头边界提取关键帧、基于运动分析提取关键帧、基于视频聚类提取关键帧等，已成为较为成熟通用的视频分析处理手段。

3. 在GIS中管理视频关键帧

栅格数据处理是GIS主要功能，栅格图像由像素组成，每个像素都用二进制表示。GIS将栅格图像进行分块、分级处理，存入数据库，物理存储采用"金字塔层—波段—数据块"多级索引机制进行组织，主流 GIS 软件都具有针对栅格数据的解决方案。

4. 将视频监控数据进行语义提取，作为GIS属性数据进行管理

视频语义检索与压缩同步的摄像系统与方法，申请号：201410115063.1。

本发明提供一种视频语义检索与压缩同步的摄像方法，包括个性化设置与应用两个阶段，所述个性化设置包括选择特定目标的集合；建立各特定目标的视频特征语义库；在离线环境下对样本视频进行样本训练，用以获取训练参数集；将训练参数配置于分类器中。所述应用包括获取视频，开始压缩；在压缩域中提取关键帧；在所述关键帧提取运动对象；在关键帧或运动对象中提取语义特征；读取分类器中的训练参数集；将提取的语义特征与训练参数集进行匹配，获得视频语义的索引。本发明可将压缩与索引同步形成，充分发挥各摄像头的分布式处理能力，减少计算量，为城市视频数据的大规模识别、高效内容检索提供基础。

5. 将视频监控数据进行矢量化提取，作为GIS矢量数据进行管理

基于 GIS 的视频摘要生成方法，申请号：201310695141.5。

本发明提供一种基于 GIS 的视频摘要生成方法，包括步骤：获取监控视频中目标的地理坐标；将监控视频任意帧中目标的像素坐标与地理坐标一一对应；通过逐帧对监控视频中的目标进行边缘检测，获取其边缘特征点的像素坐标；将所述目标的像素坐标、地理坐标、拍摄时间和帧号记录到数据表中；通过逐帧叠加，构成一组随时间变化的矢量流数据表，将原监控视频转化为"像素坐标+经纬度+拍摄时间"的坐标值集合，存入 GIS 中，从而形成对目标对象的连续视频摘要。本发明的视频摘要生成方法，有效降低了数据量，提高了处理效率，有效扩展 GIS 数据来源，推动 GIS 的动态化、实时化。

6. 以GIS逐帧管理视频数据

进行基于多维信息（矢量、语义、栅格）的条件查询与搜索定位。在 GIS 系统中进一步开发视频分析功能，实现对关键帧数据的图像匹配、语义识别、矢量叠加等操作。

3.6.2 相关申报专利

- 在视频文件中添加地理位置信息并建立索引的方法，申请号：201310443078.6。
- 视频语义检索与压缩同步的摄像系统与方法，申请号：201410115063.1。
- 动态定位视频电子地图投影系统和方法，申请号：201310676340.1。
- 基于视频监控网络的定位与追踪方法，申请号：201310675740.0。
- 基于电子地图的视频漫游系统及其生成方法，申请号：201310694606.5。
- 利用手机与视频监控设备进行定位的方法，申请号：201310684826.X。
- 基于车载摄像与移动定位的交通信息共享方法及系统，申请号：201310469613.5。
- 基于多源大数据GIS的重点人群实时监控系统，申请号：201410596407.5。
- 基于复合大数据GIS的异常行为分析及报警系统，申请号：201410593671.3。
- 基于视频地图的灾难救生模拟训练方法及系统，申请号：201410795291.8。

3.6.3 授权代表专利

1. 基于空间信息的多视频关联监控定位装置与方法，申请号：201310105427.3

本发明提出一种基于空间信息的多视频关联监控定位方法，包括以下步骤：（1）获取摄像装置拍摄视频及其位置信息；（2）将所述位置信息附加到所述视频数据中；（3）建立基于位置信息的视频数据库；（4）获取包含所述视频目标的视频数据中附加位置信息，将以该位置为中心、指定距离为半径范围内的摄像机设置为监控状态；（5）分离视频数据中的前景与背景，所述前景包含所述视频目标，提取所述背景的特征信息，判别背景场所类型，将位于该场所类型的摄像机设置为监控状态。

本发明对一定范围内的摄像装置进行有效集成，将视频数据进行统一管理，可基于位置信息对目标进行关联监控。专利技术路线如图 3-37 所示。

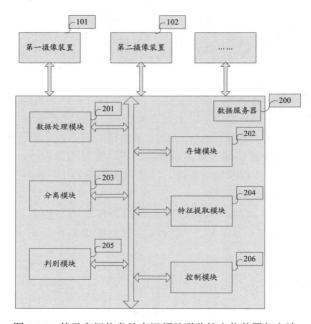

图 3-37 基于空间信息的多视频关联监控定位装置与方法

本发明中的多视频关联监控定位装置包括若干摄像装置及数据服务器，数据服务器包括数据处理模块、存储模块、分离模块、特征提取模块、判别模块及控制模块。

其中，摄像装置与数据服务器相连接，包括若干移动摄像装置及固定摄像装置；移动摄像装置获取视频拍摄时的位置信息，并将该位置信息附加到其拍摄的视频数据中，存储模块存储包含该位置信息的视频数据；存储模块还存储固定摄像装置的位置信息，数据处理模块将该位置信息附加到固定摄像装置拍摄的视频数据中，存储模块存储监控半径 R，数据处理模块获取包含目标的视频数据所附加的位置信息，控制模块将以该位置为中心、R 为半径范围内的摄像装置设置为监控状态；分离模块将视频数据中的前景与背景分离，前景包含目标，特征提取模块提取背景的特征信息，判别模块根据该特征信息判别背景的场所类型，控制模块将位于该场所类型的摄像装置设置为监控状态。

2. 基于GIS的视频摘要生成方法，申请号：201310695141.5

视频作为大量、常用数据类型，发生于现实地理场景，具有强空间性。但视频数据目前尚不能作为 GIS 的有效数据源，原因在于 GIS 系统无法直接从视频中获取目标位置及其移动轨迹，无法对视频内容进行空间分析及预测。从视频中快速获取的地理对象连续运动及其环境变化特征，动态存储在 GIS 数据库中，并高效进行查询、处理、分析，这将有效扩展 GIS 数据来源，推动 GIS 的动态化、实时化。

本发明以视频空间定位与边缘识别为基础，从视频中逐帧提取目标的边缘轮廓特征点像素坐标及其实际空间位置信息，逐帧叠加，形成该目标矢量轨迹流，从而建立动态 GIS 视频摘要系统。通过视频定位，使每帧中的目标像素都具有地理坐标，通过图像边缘检测，提取出其基本轮廓，按顺序记录其边缘像素坐标，构成矢量坐标串。通过逐帧处理，形成基于"像素值＋经纬度"的时空坐标序列，形成对于该视频对象的矢量化、动态化摘要，将上述数据存入 GIS 之中，在此基础上建立存储、查询、分析、显示等功能，其技术路线如图 3-38 所示。

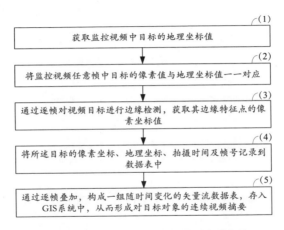

图 3-38　基于 GIS 的视频摘要生成方法

基于 GIS 的视频摘要生成方法用于通过对监控视频中的目标进行定位，以获取所述目标的矢量轨迹流，包括如下步骤：

（1）获取监控视频中目标的地理坐标；
（2）将监控视频任意帧中目标的像素坐标与地理坐标一一对应；
（3）通过逐帧对监控视频中的目标进行边缘检测，获取其边缘特征点的像素坐标；
（4）将所述目标的像素坐标、地理坐标、拍摄时间及帧号记录到数据表中；
（5）通过逐帧叠加，构成一组随时间变化的矢量流数据表，将原监控视频转化为"像素坐标＋经纬度＋拍摄时间"的矢量化坐标值集合，存入 GIS 系统中，从而形成对目标对象的连续视频摘要。

步骤（1）包括两种情形：
①监控视频中不包括位置信息时，建立以视频监控设备为中心的定位体系，获得其监控范围内所述目标的地理坐标数据；
②监控视频中包括位置信息时，直接获取所述目标的地理坐标。

步骤（3）中的边缘检测采用图像处理的通用技术，包括 Sobel、Canny、Roberts、Prewitt、Kirsch、Laplace、高斯 - 拉普拉斯（LOG），以及基于生物视觉的 LOG 算子中的一种或多种的组合。

步骤（4）中的像素坐标按时顺时针或逆时针顺序进行记录。

3. 基于 GIS 网络分析与缓冲区分析的视频追踪方法，申请号：201310683549.0

网络分析与缓冲分析是 GIS 常用功能，本发明将其应用到城市视频监控网络中动态目标搜索与追踪。将视频监控网络作为地图网络，通过网络溯源、分配、最优路径等分析，高效寻找视频目标可能出现的摄像机点位与路线，通过点、线缓冲区分析，将视频搜索范围进行相关性拓展，有效缩小搜索范围，通过上述方法，以系统分析替代人工查找，极大提升视频搜索效率。本发明通过建立基于地理信息的视频监控网络，使各类城市视频资源在统一坐标系内得到有效的空间管理。基于此方法，在 GIS 数据库中形成视频监控网络的拓扑关系，并进一步采用 GIS 空间网络关联分析、空间缓冲区分析功能，按照目标视频监视点所在的空间位置及路径，进行多个多类视频监视点的连续空间搜索，以追踪嫌疑人位置及轨迹，并实现空间位置不间断的连续追踪，技术流程如图 3-39 所示。

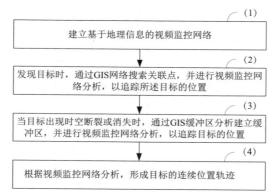

图 3-39　基于 GIS 网络分析与缓冲区分析的视频追踪方法

本发明的技术方案为一种基于 GIS 网络分析与缓冲区分析的视频追踪方法，包括以下步骤：

（1）在 GIS 数据库中建立视频监控网络的拓扑结构；

（2）当在视频监控网络中的视频监控点发现目标时，通过 GIS 网络搜索视频监控点的关联点，并对关联点进行视频监控网络分析，以追踪所述目标的位置；

（3）当目标在视频监控网络关联分析中出现时空断裂或消失时，通过 GIS 缓冲区分析，建立缓冲区，并对缓冲区内的视频监控点进行视频监控网络分析，以追踪目标的位置；

（4）根据步骤（2）和步骤（3）所述视频监控网络分析，形成目标的连续位置轨迹。

步骤（1）包括根据区域内视频监控点的关联信息，在 GIS 数据库中建立视频监控网络的拓扑结构。关联信息可以包括空间位置、逻辑关系、应用类别等。视频监控网络中的视频监控点具有统一的坐标系。在 GIS 数据库中对视频监控网络中的视频监控点进行空间定位，并在视频监控点的视频数据中附加各自视频监控点的位置信息。视频监控点的位置信息通过实地测绘获得。

步骤（2）中所述 GIS 网络搜索包括使用最佳路径算法、临近设施算法、服务区算法、可通达性算法，搜索所述视频监控点的关联点。

步骤（3）中所述 GSI 缓冲区分析包括以步骤（2）中的所述视频监控点和 / 或其关联点形成的点、线或区域为中心，建立缓冲区。目标的位置信息通过投影变换、坐标变换计算获得。

本发明的视频追踪方法通过建立基于地理信息的视频监控网络拓扑关系，利用 GIS 空间网络关联分析与空间缓冲功能，按照视频监控点所在空间位置及路径，进行多个多类视频监控点的连续空间搜索，以追踪目标的位置及轨迹。

4. 基于 GIS 的城市海量监控视频管理方法及系统，申请号：201410795276.3

传统视频数据采用文件模式进行管理，难以逐帧进行数据处理并将结果进行汇总、整体表达，而且视频数据缺少空间坐标与属性信息，无法通过数据库系统进行有效管理。在当前数据获取能力远远大于存储处理能力的前提下，需要将海量、无标度视频信息进行分解处理，有效降低数量，提高信息附加值。GIS 具有矢量、栅格、属性数据的综合管理能力，可对视频进行逐帧管理，是海量视频优化管理的理想平台。本发明在坐标化、摘要化、语义化、矢量化的基础上，将视频拆分为帧数据（静态图像），将视频关键帧、时空位置、语义属性、矢量特征四种数据统一存储于 GIS 系统中，从而形成集成管理、条件查询、关联分析能力，技术流程如图 3-40 所示。

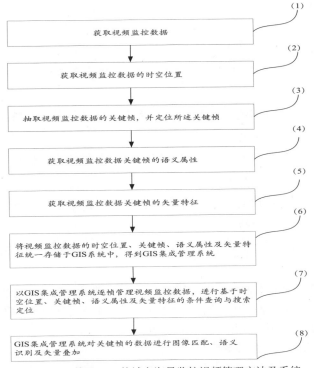

图 3-40　基于 GIS 的城市海量监控视频管理方法及系统

本发明提供一种基于 GIS 的城市海量监控视频管理方法，通过对城市视频监控数据进行坐标化、语义化、摘要化、矢量化处理，将视频信息转化为其关键帧及其相关坐标、目标、矢量、属性数据的集合，统一存储于 GIS 系统中。

基于 GIS 的城市海量监控视频管理方法包括下述步骤：
（1）获取视频监控数据；
（2）获取视频监控数据的时空位置；
（3）抽取视频监控数据的关键帧，并定位关键帧；
（4）获取视频监控数据关键帧的语义属性；
（5）获取视频监控数据关键帧的矢量特征；
（6）将视频监控数据的时空位置、关键帧、语义属性及矢量特征统一存储于 GIS 系统中，得到 GIS 集成管理系统；
（7）以 GIS 集成管理系统逐帧管理视频监控数据，进行基于时空位置、关键帧、语义属性及矢量特征的条件查询与搜索定位；
（8）GIS 集成管理系统对关键帧数据进行图像匹配、语义识别及矢量叠加。

步骤（2）获取所述监控数据的时空位置，包括下述步骤：
① 在视频监控数据中添加地理位置信息并建立索引；
● 获取视频监控数据采集点的地理位置信息数据；
● 将地理位置信息数据插入所述视频监控数据的文件头保留字段中；
● 以地理位置信息数据为索引，建立基于空间位置查询、聚类以及关联分析的视频文件数据库。
② 对视频监控数据进行定位与追踪。
● 获取视频监控数据的监控设备的地理坐标；
● 以各视频监控设备为中心，根据监控范围，建立视频监控网络的空间坐标系；
● 选择特征点进行测绘，获取特征点的地理坐标，并对应特征点在视频监控设备的成像矩阵中的像素值；
● 以上述特征点为控制点，进行投影变换与坐标转换，使成像矩阵中的其他地面像素点具有相应地理坐标值；
● 当目标出现在监控范围时，通过获取目标所在像素点坐标，结合环境周边关系，换算出目标的地理坐标；
● 通过调取目标在视频监控网络中不同帧的地理坐标，形成目标的移动轨迹。

步骤（3）抽取所述视频监控数据的关键帧，并定位所述关键帧，包括下述步骤：
①通过基于镜头边界提取视频监控数据的关键帧或基于运动分析提取视频监控数据的关键帧或基于视频聚类提取视频监控数据的关键帧；
②通过栅格数据管理定位关键帧。
在抽取视频监控数据的关键帧之前还包括将视频监控数据进行浓缩处理的步骤。
步骤（4）获取所述视频监控数据的语义属性，包括个性化设置与应用两个阶段。
①个性化设置包括选择特定目标的集合；建立所述视频监控数据的视频特征语义库；在离线环境下对样本视频进行样本训练，用以获取训练参数集；将训练参数配置于分类器中；

②应用包括获取视频，开始压缩；在压缩域中提取关键帧；在所述关键帧提取运动对象；在关键帧或运动对象中提取语义特征；读取分类器中的训练参数集；将提取的语义特征与训练参数集进行匹配，获得视频语义的索引。

步骤（5）获取视频监控数据的矢量特征，包括下述步骤：

①获取视频监控数据中目标的地理坐标；

②将视频监控数据关键帧中目标的像素坐标与地理坐标——对应；

③通过逐帧对视频监控目标进行边缘检测，获取其边缘特征点的像素坐标；

④将目标的像素坐标、地理坐标、拍摄时间及帧号记录到数据表中；

⑤通过逐帧叠加，构成一组随时间变化的矢量流数据表，将原视频监控数据转化为"像素坐标＋经纬度＋拍摄时间"的坐标值集合，存入 GIS 中。

另外，本发明还提供了一种基于 GIS 的城市海量监控视频管理系统，包括以下内容：

（1）数据采集模块，用于获取视频监控数据；

（2）位置获取模块，用于获取视频监控数据的时空位置；

（3）关键帧定位模块，用于抽取视频监控数据的关键帧，并定位所述关键帧；

（4）语义获取模块，用于获取视频监控数据的语义属性；

（5）矢量获取模块，用于获取视频监控数据的矢量特征；

（6）数据存储模块，用于将视频监控数据的时空位置、关键帧、语义属性及矢量特征统一存储 GIS 系统中，得到 GIS 集成管理系统，GIS 集成管理系统逐帧管理视频监控数据，进行基于时空位置、关键帧、语义属性及矢量特征的条件查询与搜索定位。

本发明提供的基于 GIS 的城市海量监控视频管理方法和系统，通过获取视频监控数据的时空位置、语义属性、矢量特征及关键帧，并将时空位置、关键帧、语义属性及矢量特征统一存储于 GIS 系统中，以 GIS 集成管理系统逐帧管理视频监控数据，进行基于时空位置、关键帧、语义属性及矢量特征的条件查询与搜索定位，从而将海量视频数据管理转化为基于定位关键帧图像、语义、矢量化的 GIS 集成管理，最大程度降低了数据量，提高了管理能力与效率。

5. 基于海量数据的视频交互查询方法及系统，申请号：201410186144.0

本发明提供的基于海量数据的视频交互查询方法，其海量数据来源于由多个监控摄像头组成的视频数据采集端，所述交互查询方法包括如下步骤：基于视频分析的空间定位方法，建立单个监控摄像头为中心的视频对象空间定位坐标系；基于空间定位坐标系，建立多个监控摄像头之间视频数据的关联；在监控摄像头所拍摄的视频数据中增加空间坐标；将视频数据进行实时压缩；在压缩过程中进行视频语义特征的提取，并生成语义索引，包括低级语义特征和高级语义特征，前者包括图像颜色、纹理、形状、速度，后者包括视频中实体、概念、人物、事件信息；按照统一的坐标系、统一的视频格式进行存储，以形成海量数据的视频库，所述统一的视频格式至少包括拍摄时间、空间坐标、语义索引；输入语义或/和空间坐标作为关键词进行查询；在海量数据的视频库中查找与关键词相关联的视频数据，并输出查询结果，其技术流程如图 3-41 所示。

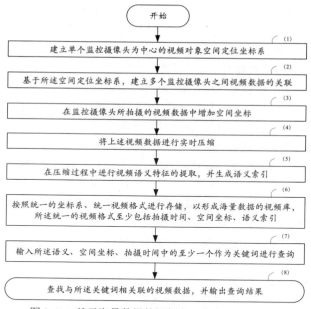

图 3-41　基于海量数据的视频交互查询方法及系统

优选部分如下。

（1）所述监控摄像头在安装时将其地理位置、监控范围一并存入服务器进行统一管理。

（2）所述的视频格式中包括分辨率。

（3）在进行所述存储时，判断是否有重复的视频，如果有，则删除分辨率较差的视频数据或按照分辨率的大小进行优先级的排序。

（4）所述空间坐标包括经纬度、相对位置或标志建筑物中的一项。

（5）所述查询结果是多个独立的视频片段，或自动衔接播放的视频集合。

（6）所述视频数据采集端还用于提供视频数据的分辨率。

（7）所述视频数据库还用于在进行所述关联时，判断是否有内容相同的视频数据，如果有，则删除分辨率较差的视频数据。

本发明提供的基于海量数据的视频交互查询系统，应用于城市安防领域中，其海量数据来源于由多个监控摄像头组成的视频数据采集端，所述交互查询系统包括监控摄像头，用于提供视频数据的内容、拍摄时间、拍摄地点；服务器，用于对视频数据进行统一管理，包括索引生成模块，用于设置索引规则，并提取视频语义特征进行离线数据的检验，视频语义特征包括低级语义特征和高级语义特征，低级语义特征包括图像颜色、纹理、形状、速度，高级语义特征包括视频中实体、概念、人物、事件信息；压缩模块，用于将所述视频数据进行实时压缩，根据索引规则进行视频语义特征的提取，并生成语义索引；视频数据库，用于为采集的视频数据建立统一的坐标系、以及统一的视频格式，并根据视频格式中的部分内容进行关联，所述统一的视频格式至少包括拍摄时间、空间坐标、语义索引；查询终端，用于输入语义、拍摄时间、空间坐标中的至少一项进行查询，并输出查询结果。

本发明通过在采集时对视频数据附加拍摄时间、空间坐标等信息，增加视频之间的关联性并在压缩时产生内容索引，而且将 3W1H 或 5W1H 的分析方法引入海量数据的分析中，有效地提高了视频数据交互查询的有效性。

第 4 章
互联网空间定位与三维赛博地图

网络虚拟空间已成为当今城市重要组成部分,伴随孪生城市、元宇宙技术应用不断深化,网络犯罪高速增长,互联网资源及用户数量急剧膨胀,"虚拟 - 现实"一体化互联网新应用不断涌现,针对网络行为不确定性、超时空性及与地理环境间的复杂相关性的科学研究,均需开发新型空间定位技术,将网络对象快速准确锁定于现实空间。

本书以 IP 全局测绘与 GIS 虚拟扩展为手段,探索建立基于互联网的新型复合空间定位方法,内容包括①扩展 IP,开展 IP 测绘,建立互联网空间数据库,使之成为新型空间定位网;②扩展 GIS 数据结构,增加网络维度及虚拟属性,将 IP 作为第三维加入现有空间坐标中,实现网络空间与现实空间的动态连接,开发三维赛博地图,将地图应用从传统现实空间向网络虚拟空间延伸。

4.1 基于 IP 测绘与 GIS 拓展的互联网空间定位系统

在传统 GIS 数据中增加网络维度与虚拟属性,通过建立网络用户、资源、行为、关系 IP 空间数据库,将现实维度(x,y)、网络维度(IP)及虚拟属性(网名、ID、Mail、QQ、WeChat)置于统一空间管理体系内,开展"网上 + 网下"多重条件查询定位,分层分区投射到三维地图中,将网络对象精确锁定于现实空间,针对典型网络行为进行模型分析,寻找复合空间活动规律,服务于互联网管理及安全需求。

4.1.1 引言

网络犯罪急剧上升,给国家安全、社会稳定、人民利益造成重大危害。与传统犯罪相比,网络犯罪具有广泛性、智能性、超时空、低成本、高危害等特点,给打击防范工作带来严峻挑战,导致高发案率、低侦破率困难局面。要从根本上遏制网络犯罪复杂多变的蔓延态势,必须加强技术研发,提高警方工作效率与办案能力,在有效监管、准确打击的同时,积极预防犯罪发生。随着互联网资源及用户数量的高速膨胀,亟须实施"虚拟 - 现实"复合空间一体化管理,以提升网络性能、效率,优化网络结构、管理,促进可持续发展。

不断涌现的网络新功能，如基于位置的电子商务、电子政务、社交网络等，需要准确掌握网络对象与行为的空间位置并分析利用。

互联网的高覆盖率与智能性，使之可以成为新型全球空间定位工具，尤其针对"虚拟-现实"复合空间定位问题，将一切网络对象与行为锁定于现实环境。在卫星定位、手机基站定位之外，增加新型空间定位模式及应用。

综上所述，建立互联网空间定位系统，用于保卫公共安全、优化网络管理、推动新型应用服务，具有重大的现实需求与广泛的应用前景。

互联网带来传统空间的变革，对社会管理手段也产生了前所未有的挑战。由于上网者拥有双重身份，同时存在于虚拟与现实空间之中，因此需要探索复合空间特征规律。传统地理信息系统用于管理现实世界的有形实体，面对"虚拟-现实"结合的灰度空间，如何进行有效的数据描述与计算，如何建立与之相适应的坐标体系、空间拓扑与操作机制，成为地理信息科学亟待解决的难题。目前地理学对互联网探讨多集中于网络实体及网络行为的现实影响，而复杂网络、网络拓扑等理论方法往往忽略网络节点的现实位置，造成"虚拟-现实"空间研究各行其道、相互脱节的局面。本书通过在现有 GIS 数据结构中增加网络维度，将 IP 作为第三维加入现有坐标系，解决网络对象与现实空间的互连接与互操作难题，在此基础上建立"虚拟-现实"混合空间数据库，将各网络对象及行为精确、实时映射于现实空间，从而使地理学、网络学具有集成研究的可能。

4.1.2 研究现状

国际上有关互联网空间定位研究的涉及以下方面：打击网络犯罪的空间技术研究，赛博空间认知研究，针对"虚拟-现实"空间对象及其行为的时间地理学研究，赛博空间制图及互联网拓扑关系研究等。

1. 打击网络犯罪的空间技术

如 Martin 进行的基于互联网 IP 地址的空间地理学研究，绘制英国互联网址拥有者地图，其中伦敦 IP 密度可精确到街区，包括重点域名所有者的分布状况。美国劳伦斯伯克利国家实验室通过 Traceroute 软件对互联网犯罪数据流动的路径进行监测，通过输出路由清单，有效追踪上网者真实位置并进行相关统计。Hirschfield 在北英格兰开发犯罪空间分析及制图系统，针对犯罪高发区进行环境因素相关分析。在应用层面，通过 GIS 对网络犯罪进行监控分析、追踪定位、地图制作等应用已有成功先例。IP 空间数据库在美英等国已进入实用阶段，如 Visualware 公司推出 CallerIP，直接显示与系统相连的 IP 地址，将其所处的城市、街区、网络节点及注册信息等全部反馈出来，并在地图上准确标注位置。

2. 赛博空间认知

对于赛博空间的研究，可归纳为网络空间地理内涵、虚拟社区、虚拟化身、网络空间制图等领域，如 Batty 的虚拟地理研究揭示了网络空间的地理属性，Bakis 指出地理空间和网络空间交织融合，称为地理网络空间（geocyberspace）。虚拟化身理论认为网络空间人体重量消失，由无比例化身所取代，可自由选择被呈现方式，个体是混合多元角色。伦敦大学空间中心进行赛博地理学计划（www.cybergeography.org），在线提供相关数据、互联网地图、Web 工具。哈佛设计学院开发网络 3D 可视化系统，对网民在线行为进行模拟研究。

3. 基于时间地理学的网络空间分析

Shaw 等提出了关于网络个体"虚拟-现实"交互行为的时空 GIS 框架，增加了虚拟维度，描述虚拟空间位置、坐标、互动关系等。开发时间 GIS 软件，进行"时-空-网"复合分析，将网络交互频率、交互时间与现实距离、时间轴线有效集成，进行相关、聚类分析，用于社交网络分析、网络行为与地理行为的关系研究。

4. 赛博空间制图

网络空间制图提供了理解网络空间及其与社会相互作用的途径。传统地图是表达地理知识和空间分析的最好工具，而网络地图呈现出互联网建构出来的新空间疆域。Dodge 认为理解网络空间地理的关键在于通过制图使其可视化。Cai 尝试通过电信网络分析展现网络空间图像。Jiang 探讨形象化、模型化扩展虚拟世界的方法。Batten 提出了网络空间景观制图的若干法则。贝尔实验室及卡耐基梅隆大学联合主持的互联网制图项目，通过网络蜘蛛对网站链接进行动态搜索，结合 Visual Web、Site Analyst 等工具绘制网站结构及拓扑。DIMES（www.netdimes.org）是特拉维夫大学的分布式网络空间分析及地图制作项目，通过建立分布于世界各地的志愿者社区，进行基于网络通达性及数据流量的分析测试，以 IP 地址与自治域（autonmous system，AS）为单位，形成基于点、线的互联网拓扑结构关系图，在此基础上进行网络地图制作以及可视化分析。

5. 互联网拓扑分析

该领域具有代表性互联网组织 CAIDA（Center for Applied Internet Data Analysis，www.caida.org），其目标是建造保持一个可扩展的全球互联网结构分析工具，CAIDA 通过和商业、教育、研究、政府合作，获取各类型互联网数据，然后通过分析、可视化来理解互联网拓扑、路由、安全、负载、性能及经济学行为。CAIDA 的互联网拓扑研究包括拓扑测量、对被观测互联网服务提供商（internet service provider，ISP）的 AS 层次拓扑分析，以及针对路由研究的拓扑建模及可视化等。

4.1.3 当前问题与发展机遇

针对网络犯罪、互联网资源管理、互联网新型应用等，地理学研究者在理论架构与研究方法上进行了积极探索，但面临缺乏应用支持困境并存在技术制约，数据难获得，传统处理方法不适应，新研究思维及创新方法开拓不足，均影响相关研究的顺利开展。研究地理空间与网络空间的互动机制，关键是找到具有网络空间特征的现实对象，进而通过揭示这些对象所蕴含的地理内涵，归纳其空间逻辑。目前理论研究与现实需求间存在脱节，一方面网络犯罪泛滥，但网络管理、网络追踪与监控仍采用人工手段；另一方面，GIS 无法有效获得、管理虚拟空间对象及其行为数据。本书认为问题在于以下两点。

1. 研究视角与思路

网络对象与网络行为的空间性研究目前仍属于边缘方向，地理学在赛博空间领域的兴趣点主要包括网民出行、电子商务、社交网络及网站信息流等，缺乏直接针对网络对象及行为的现实空间定位与分析，缺乏针对"虚拟-现实"空间的一体化研究。

2. 技术创新与集成

一方面，网络对象与行为的现实定位与追踪是制约当前网络安全的重大难题；另一方面，基于路由器、服务器的网络管理与地理位置无关，互联网缺乏现实空间定位能力。在

GIS领域，目前没有专门针对网络空间及虚拟对象的专用技术，无法将网络对象、行为及其现实位置进行有效集成与动态管理。

针对网络空间定位及其与现实互动关系的研究，目前尚未引起学术界足够重视。由于专业分工（计算机、网络与地理学）、研究视角（现实空间与虚拟空间）、技术瓶颈（IP定位、GIS虚拟化）等因素制约，使该领域研究面临巨大挑战，但同时也存在重大突破的可能。

4.1.4 研究内容

本书研究内容包括两个方面，如图4-1所示。

在理论层面，为"虚拟-现实"空间搭建桥梁，将网络对象、虚拟行为准确定位于现实环境，使之被有效纳入地理学研究范畴；在复杂网络、网络拓扑研究中增加地理位置信息；设计CyberGIS虚拟数据结构，对"虚拟-现实"空间进行复合管理，促进GIS的"虚拟化"发展。

在技术层面，探索建立互联网新型空间定位系统。通过IP测绘实现互联网资源的现实定位，通过GIS扩展，实现"虚拟-现实"空间数据的一体化管理，在此基础上，建立互联网新型复合定位体系。

图4-1 研究内容及技术路线

1. 互联网资源的空间测绘——室内外一体化定位方法

发明一种互联网资源的室内外一体化间接定位法。通过室外GPS获得准确位置信息，以之为基点，然后通过激光测距、测角，获得与室内目标间距离与方位，再通过坐标转换，获得被测量点位置。

2. 互联网资源的空间测绘——计算机位置信息及网络属性的自动采集

发明互联网资源（计算机、存储器、路由器、交换机等）的地理坐标及虚拟属性集成采集工具。采用室内增强式手机基站定位方法（Assisted Global Positioning System，A—GPS），实地测量网络节点的空间坐标。开发嵌入式程序，通过操作系统接口获取并绑定该设备网络标识（主板、网卡、CPU及IP地址），将上述信息存储于采集工具，并进一步汇集于网络服务器，以实现网络资源的统一定位管理。

3. 基于扩展IP的互联网空间定位方法

扩充IP以支持互联网资源及对象的空间定位。在IP数据报头选项字段里，增加网络通信的源头、目标及中转各设备的实际地理位置信息（通过实测获得的经纬度坐标），同时建立地址服务系统，用于解析地名位置，从而形成一套以IP坐标为基础的互联网地理定位体系。

4. 基于IP扩展第三维数据结构的CyberGIS

以二进制变换后的 IP 地址作为第三维，扩展 GIS 数据结构，实现网络空间与现实空间的动态连接，将地理维和赛博维作为复合维统一管理，将网络对象坐标嵌入现有 GIS 系统中。

5. 基于"虚拟-现实"复合空间的互联网新型定位系统

针对现有定位技术的不足，在 GPS，LBS 之外，探索建立以互联网为平台的新型 IP 定位系统，用于网络对象及事件的现实定位以及互联网资源的有效管理，其本质是互联网整体（资源、用户、行为）的地理坐标化，从而将上网者及其行为锁定于现实位置，如图 4-2 所示。

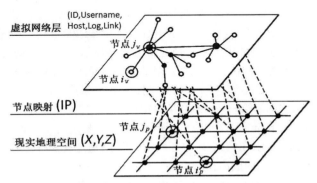

图 4-2　以 IP 为纽带实现"虚拟 - 现实"复合定位原理

4.1.5　技术路线

1. 互联网资源的空间测绘——室内外一体化定位

互联网资源空间定位是一个难题，红外、超声波、蓝牙、WiFi、RFID、ZigBee、蓝牙和超宽带等，在定位原理与准确性上均存在难以克服的局限性。本书改变传统思路，将 GPS 室外定位与光学测距、测角有机结合，以室外定位为参考点，通过测量目标点与其之间的相对距离与方位，间接确定目标点的室内精确位置。定位装置由室内节点与室外节点共同组成。首先获得室外节点 GPS 绝对值，然后通过激光测距、电子测角，确定室内待测点与室外参考点间的距离与角度，通过换算得出待测点准确位置。

定位装置包括室外测量点（A）、室内测量点（B）、机械臂及软件系统组成，如图 4-3 所示。其中，室外测量点具有 GPS 定位功能与激光测距功能，室内测量点具有电子全站仪功能，激光测距仪在工作时向目标射出一束很细的激光，由光电元件接收目标反射的激光束，计时器测定激光束从发射到接收的时间，计算出从观测者到目标的距离与方位。A 点、B 点之间具有无线通信能力，可以传递数据。

机械臂一端固定在室内，另一端将 A 点平稳送出室外，保持位置不发生变化。室外 A 点：GPS 接收，激光发射，与 B 点数据交换。上述功能，通过目前已有市场产品的组合实现。室内 B 点：激光接收，测距，测方位，自动获得 A 点 GPS 数值，通过软件系统，换算成自身坐标，完成间接定位。软件系统，读入激光测距仪、角度测量仪的测量数值，通过简单换算，获得实测点的位置坐标。

图 4-3　互联网资源室内外一体化测绘工具

激光测距仪，是利用激光对目标的距离进行准确测定的仪器。激光测距仪在工作时向目标射出激光，由光电元件接收目标反射的激光束，计时器测定激光束从发射到接收的时间，计算出从观测者到目标的距离。手持激光测距仪测量距离在 200 m 内，精度在 2 mm 左右。

电子经纬仪是利用光电技术测角，带有角度数字显示和进行数据自动归算及存储装置。带有激光指向装置的经纬仪将激光器发射的激光束导入经纬仪的望远镜筒内，使其沿视准轴方向射出，以此为准进行定线、定位和测设角度、坡度等。

2. 互联网资源的空间测绘——信息自动采集仪

目前互联网资源空间定位（IP、AS、域名等），主要采用注册表地址映射方式。如 GeoIP、IP Locating 等可通过 IP 数据表将互联网上的 IP 地址及其所处国家、城市、注册信息等内容动态反馈，并在地图上进行标注。

一方面，基站室内定位已成为室内有效定位的通用技术，其定位精度取决于室内手机信号强度及附近基站密度等要素。通过部署室内信号增强设备，可以获得较为可靠的定位效果。移动电话测量不同基站的下行导频信号，得到不同基站下行导频的到达时刻（time of arrival，TOA）或到达时间差（time difference of arrivalm，TDOA），根据该测量结果并结合基站的坐标，采用三角公式估计算法，计算出移动装置位置。

另一方面，通过网络设备通用端口（USB、串口等）与软件系统，获取计算机、服务器、交换机与路由器等的物理标识（如主板、网卡、CPU、硬盘序列号等）及 IP 地址等，是容易实现的技术过程。只需以系统管理员的身份登录，并通过开发程序或通用软件读取相应系统函数即可。

本书将上述两种功能相结合，实现手机定位模块与设备信息读取模块的一体化，再通过编写程序实现数据的获取与存储，如图 4-4 所示。手机室内定位目前是成熟产品，为增加定位效果，将进一步配置室内信号增强器。

网络资源标识信息读取设备，通过串 / 并口、USB、红外等多种方式进行连接。针对不同操作系统编写通用程序（如 JAVA），读取计算机、路由器、交换机、存储器等标识，包括网卡、主板、CUP、硬盘号、IP 地址等。

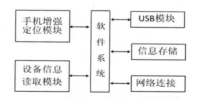

图 4-4　互联网资源空间 - 属性测绘仪结构

3. 基于扩展IP的互联网空间定位方法与系统

互联网位置服务目前尚属空白，网络数据传输一般不含位置信息，目前网络定位技术主要包括基于 IP 注册表的文字描述性间接定位法，其精度、广度、效率均难以达到要求。目前的 IP，不包含源头、目标及中转节点的空间位置信息，本书在不改变 IP 传输原理及效率的前提下，通过对 IP 扩展项的自定义修改，使之支持空间信息，具备网络定位功能。

将 IP 报头中可选项，用于存储源头、目标及中转各点的地理位置信息（经纬度或坐标）。作为 IP 首部的可变部分，选项字段用来支持排错、测量以及安全等措施。此字段长度可变，从 1～40 字节不等，取决于所选择的项目。某些选项项目只需要 1 字节，它只包括 1 字节的选项代码。但还有些选项需要多个字节，这些选项一个个拼接起来，中间不需要有分隔符，最后用全 0 的填充字段补齐成为 4 字节的整数倍。增加首部的可变部分是为了增加 IP 数据报的功能，但这同时也使得 IP 数据报的首部长度成为可变的。这就增加了每一个路由器处理数据报的开销。

本书将采取以下措施实现 IP 及地址的空间化。

将空间信息（经纬度 LAT，LON 或 X 坐标值，Y 坐标值）加入 IP 报头中。对整个 TCP/IP 栈的改动最小，IP 报头包含在互联网所有数据报中，因而具有极强的普遍性与强制性，从而使得一切 IP 数据传输都带有了位置信息，如表 4-1 所示。

表4-1　IP报头位置信息扩展示意

MAC	IP		TCP/UDP	HTTP/FTP/SMTP	DATA
MAC	IP	longitude　latitude	TCP/UDP	HTTP/FTP/SMTP	DATA

在网络设备网卡 IP 驱动程序中，增加该节点的经纬度字段，用于存储该点地理位置，并接受上级服务器的动态扫描与核实，如图 4-5 所示。

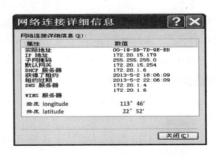

图 4-5　增加了地理坐标的网卡属性

扩充 IP 报头可选项（40 字节）以存储空间信息。通过修改 IP 选项的方式增加对空间数据的支持，作为 IP 空间化最经济可行的方案，因充分利用了 IP 协议的扩展功能与保留字段，不会对现行数据传输结构与效率造成大的改动，具体如表 4-2 所示。

可选项（options）是一个可变长字段。该字段属于可选项，主要用于测试，由起源设备根据需要改写。原始可选项包含以下内容。

松散源路由：给出一连串路由器接口的 IP 地址。

严格源路由：给出一连串路由器接口的 IP 地址。

路由记录：当 IP 包离开每个路由器的时候记录路由器的出站接口的 IP 地址。通过对上述可选项的内容进行修改，在原始项替换为源 IP 空间位置信息（经纬度或 X, Y 坐标）、目的 IP 空间位置信息（经纬度或 X, Y 坐标）。

路由地址记录：所经过中间路由节点的空间位置信息（经纬度与 X, Y 坐标）。

通过对互联网设备进行全局测量定位，获得各 IP 地址的空间位置信息。对于静态网络设备及系统（服务器、PC、磁盘阵列、路由器、交换机等），可采用室内外一体化定位手段（GPS 及辅助方法）进行直接与间接测量，对于手机及移动计算终端，则可通过 LBS+GPS 等动态获取其空间位置。

表4-2　IP报头地理扩展技术方案

版本	头长度	服务类型	数据报长度	
数据报 ID			分段标识	偏移值
生存期		协议	校验和	
源 IP 地址				
目的 IP 地址				
IP 选项：1 源 IP 地理坐标 2 目的 IP 地理坐标 3 路由各 IP 位置坐标				
数据部分				
净荷				

对于各种网络设备驱动程序的进行相关扩展，将空间位置信息写入其中。扩展网络设备的网卡、端口的驱动程序，增加经纬度、空间坐标填写项，其数值接受网管系统的审核检测，定期扫描匹配，保证该地址的准确、真实、可用。以现有域名解析系统为基础，建立互联网的地址解析体系，用于"IP-坐标-域名-地名"的分布式管理、动态转换与层次查找。在原有"域名-IP"数据库相应扩展，增加地名、经纬度字段。在路由器软件方面进行扩展，支持上述协议的改动。在计算优化 IP 路由的同时，有效存储并记录各节点位置信息，并可实现基于位置的双向查询与历史回溯。

4. 基于IP地址扩展三维数据结构的CyberGIS

传统 GIS 数据结构源于真实空间与有形实体，虽然有结合复杂地理事物类型加以扩充，但针对虚拟空间对象的定位及度量，仍停留在探索阶段。面对互联网"虚拟-现实"空间相互交织结合的态势，应在传统 GIS 数据功能之上进行相关扩展，其中关键是解决网络行为在现实空间的映射。IP 是一切网络对象存在的基本维度（网络空间坐标），将 IP 地址准确记录在现实空间，等于在虚拟空间与现实空间建立了相互对应的桥梁。本书在 GIS 传统二维结构（X,Y）基础上，增加了空间对象的网络维度（IP 地址），建立其"虚拟"维度，实现传统空间与网络空间的动态连接，如图 4-6 所示。

本书增加空间对象的 IP 地址及网络属性，提供"虚拟-现实"空间的数据管理与模型分析，通过完整记录网络事件的虚拟坐标、现实轨迹，进行复合查询、变化跟踪及发展预测。

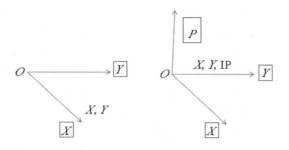

图 4-6　基于 IP 扩展的三维 CyberGIS

"虚似 - 现实"集成的数据模型把现实空间（X, Y）、网络空间（IP）及其属性数据置于统一管理框架内，实现网络空间对象及其行为的完整表达。本书对现有十进制 IP 地址，按"逢缺补零、去除点位"的原则，转换为唯一整数值，并实现两者间的任意转换。通过上述变换，将 IP 地址转化为唯一整数值，有效纳入 GIS 三维坐标系中（X, Y, P），$P=f$(IP) 同时保证某 IP 地址空间坐标值的唯一性，如表 4-3 所示，从而获得表 4-4 所示的新型混合空间 GIS 数据结构。

表4-3　IP地址二进制向十进制转换模式

1	1	1	1
100	100	100	100

1.1.1.1---10010010001000

1	11	111	111
100	110	111	111

1.11.111.111---100110111111

255	255	0	0
255	255	000	000

255.255.0.0---255255000000

表4-4　新型CyberGIS数据结构

X	Y	IP	ID	ATTRIBUTE
1	1	1.1.1.1	***	***
1	1	100100100100	***	***

5. 互联网"虚拟-现实"复合空间的新型定位系统

互联网已成为覆盖全球的智能基础设施，网络对象、行为具有"虚拟 - 现实"双重空间性。网络对象的匿名性、网络行为的超时空性使得网络对象的现实定位成为难题，如各类网络犯罪等，因而开发一种基于互联网的新型"虚拟 - 现实"混合定位系统势在必行。

当前的 GPS、LBS、WiFi 及传感网定位等，只针对于现实实体，无法实现网络虚拟对象、虚拟行为的现实空间定位。同时，需要对网络设施、网络资源（计算机、存储器、网络设备等）进行基于空间位置的动态管理，开发一种基于互联网新型空间定位体系势在必行。目前基于 IP 地址表的互联网定位系统，只能定位到区域级（如城市、社区等），尚无法定位于微观现实条件下的网络资源实体，更无法获得 IP 节点的精确空间坐标。

实现方式：首先，通过 GPS 辅助室内定位仪采集计算机及网络端口空间位置；其次，在路由器、交换机乃至服务器中安装空间定位模块，用于存储本机及子节点的空间位置信息；最后，将资源节点的位置数据纳入 IP 中，从而可根据 IP 地址快速确定源头、目标的空间位置，或者根据临近原则，确定下属、临近点的空间范围。通过以上步骤，使整个互联网上资源都具备被空间定位的能力。

技术方案：互联网整体资源的地理坐标化。对于网络资源设备（网络主干到分支再到用户节点），通过定位模块及实际测量，获得其准确地理坐标，将包括服务器、存储器、交换机、路由器、计算机等进行定位，以此为基础坐标系，建立一张新型定位网络。

安装互联网中心设备的定位模块。在中心网络设备（如地址服务器、路由器与交换机）系统内增加空间定位模块，用于针对其子网节点地理位置的存储与解析，包括各计算机的绝对位置、相对位置、物理标识（主板、网卡、CPU）以及 IP 地址等，将自身地理位置信息与下属节点信息统一存入位置记忆芯片或数据文件中，用于网络度量与计算。

移动互联网设备空间定位。移动设备以动态获取 IP 地址方式上网，其空间定位分为两种情况：一种是采用有线网络，其上网位置对应路由器与交换机端口，故空间坐标可通过预先室内测量而获得，并与 IP 地址绑定。另一种是采用无线网（WiFi）或手机网络，该情况下，其空间位置可通过 WiFi 及 LBS 方式确定。

扩展 TCP/IP，增加位置字段，用于存储源头、中转、目的的位置信息。将位置字段加入到 TCP/IP 应用层协议之中，使数据传播带有源头、中转及目标等坐标信息，通过 IP 地址，将网络资源精确或相对精确（移动目标）地定位于现实空间。

建立互联网地理空间解析服务器，用于管理网络节点的空间位置及相关关系。

4.1.6 研究总结

目前全球空间定位系统采取卫星定位为主、辅助基站定位模式，其针对户外、实体目标有效，但对于室内、网络对象及虚拟行为则无能为力。当今互联网已覆盖全球主要城市并具备智能特征，可被用于空间定位，成为新型地面定位及"虚拟 - 现实"复合定位系统。

本书首次提出通过互联网进行全球定位的概念，并设计了一整套相关方法，从而使互联网上的一切虚拟对象及行为能够被有效定位于现实空间，在此基础上，进一步实现互联网资源及用户的优化管理及基于位置的新型应用服务。

4.2 "虚拟 - 现实"一体化 3D CyberGIS

针对当前网络空间与现实空间研究分离的不足，通过 IP 定位及相关网络属性采集，建立互联网资源及用户空间数据库，分层分区投影到三维数字地球复合坐标系中，实现三维 CyberGIS "虚拟 - 现实"一体化定位、查询、分析功能，有效拓展了 GIS 对虚拟空间要素的集成管理能力。

4.2.1 引言

当前有关互联网对象现实空间及虚拟空间的研究，分别在 GIS 与 SNS 两领域内开展。

其中，GIS 侧重分析网络资源的时空分布、网民行为空间规律及与环境相关性等，不涉及网络对象及行为的虚拟空间结构与关系；SNS 不考虑网络要素现实空间位置、距离和方向等，专门研究网络节点间拓扑关系，探讨网络结构统计规律与几何学特征等，包括中心 — 边缘、幂律、介数、集聚度和连通度等。

两者间存在形式上的结合——网络拓扑地图，如图 4-7 所示。图左侧为网络对象的拓扑关系图，通过地理属性字段，将目标动态投影到右侧二维地图上。由于互联网虚拟要素与其现实空间范围并非建立在统一坐标系及数据库之上（分别存在于 IP 地址库与拓扑关系表中），故现有"TOPO ＋ Map"图只是一个双方关系的简单映射与象征性组合。

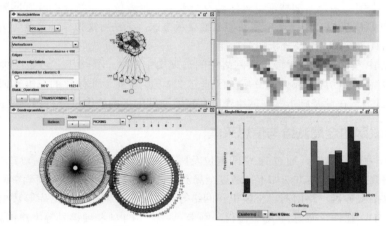

图 4-7 GIS 与 SNS 的联合显示

图 4-8 是另一种"虚拟 - 现实"空间性的集成显示。通过对互联网对象及行为的拓扑测量与聚类分析，将形成的节点（簇）投影到地球表面。由于节点缺乏空间坐标，其空间位置难以精确定位，仅具有示意性。

上述两方案部分解决了"虚拟 - 现实"空间互动关系，但存在以下问题：首先，无法实现双重空间的一体化表达，未能将双方要素及关系置于同一坐标系内，缺少空间结构真实感，无法显示其相关性及复杂性；其次，缺少互联网对象的现实空间坐标，无法实现精确定位；最后，二维地图显示效果不佳，相互遮挡，信息量有限。

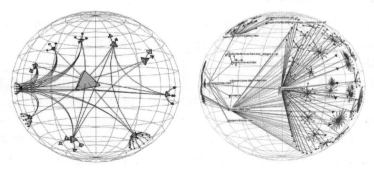

图 4-8 互联网资源的拓扑研究

对于互联网拓扑研究而言，由于拓扑表缺乏准确空间位置、网络资源和网络用户的属性信息，因而无法进行复杂条件查询，其结构分析也无法与现实空间相对应。互联网资源的空间定位，主要采用 IP 注册表地址映射方式，如 GeoIP，IP Locating 等，实现 IP 地址及其所处国家、城市、注册地等信息的动态反馈，在地图上可进行近似标注，但无法获得 IP 节点的精确空间坐标。

传统 GIS 对网络资源、用户和事件等进行基于 IP 地址表的间接、近似定位及二维显示，用于揭示其现实空间分布及变化趋势，制作网络资源图、网民分布图和社交关系图等。同时，探索地理要素对互联网分布的影响，如网络设施地理相关性、网民现实空间活动规律及影响因子，研究手段多为统计分析而非实时在线监控。上述研究，多关注互联网要素的某一类别、某一局部特征，无法涉及全要素、全方位、系统化的互联网整体。同时由于缺乏 IP 精确坐标、网络虚拟属性和三维显示方法，无法对虚拟空间对象行为进行动态管理，难以具备复杂查询及分析预测功能。

本书以 IP 空间定位为手段，将网络空间与现实空间统一集成于三维数字地球坐标系中，增加网络对象的虚拟属性，分层分区建立"虚拟 - 现实"一体化的三维赛博地图系统（3D CyberGIS），在此基础上实现网络空间与现实空间的双向查询、分析预测及可视化。

4.2.2　互联网的全局测绘与信息采集

以 IP 作为网络维度，通过 IP 空间定位及网络属性采集，建立互联网对象的"虚拟 - 现实"空间数据库。具体方法如下：通过全局测绘，获得互联网 IP 节点精确空间坐标与虚拟属性（包括服务器、路由器、交换机和网络等硬件设备，网站、数据库等数据资源，以及用户名、ID、邮件、微博、QQ、微信、网卡、主板、CPU 和硬盘号等用户信息），从而将"虚拟 - 现实"空间的各类对象置入 GIS 进行统一管理。

对互联网静态要素进行以 IP 为标识的全局测绘，具有超前性、必要性及可操作性。一旦从网络基础设施到网络资源和从网络用户到网络行为均被准确、实时锁定于现实空间，不仅会带来网络安全质变，同时可以大幅提升网络管理效率，成为打击防范网络犯罪的根本解决之道。鉴于目前各种互联网通信及空间定位工具的普及性，采用统一标准进行的互联网要素空间测绘工程成本低廉（与运营商网络用户注册申报检查等工作捆绑进行）、时机成熟。

4.2.3　互联网对象关系 GIS 化

传统 GIS 数据结构源于真实空间与有形实体，虽结合复杂地理事物类型加以扩充，但针对网络空间及对象缺乏有效管理机制，无法实现网络事件的现实定位、基于"虚拟 - 现实"属性的条件查询及分析预测。

面对互联网"虚拟 - 现实"空间相互交织结合的态势，需要对传统 GIS 数据功能进行虚拟化扩展，解决网络对象及行为在现实空间的映射。IP 是一切网络对象与行为的基本维度（网络坐标），将 IP 地址准确记录于现实空间，从而在虚拟空间与现实空间建立相互对应的桥梁。本书在 GIS 传统数据结构上进行扩展，将现实空间（X，Y）、网络空间（IP）及其虚拟属性置于统一管理框架内，实现网络空间对象及现实位置的完整表达。在此基础上，对互联网要素进行逻辑特征分类来作为高程（Z 值），然后根据其 IP 的经纬度，垂直投影到三维地球表面，形成三维"虚拟 - 现实"空间坐标系。

1. 互联网要素属性分层

首先，根据属性特征对互联网对象进行分类，一级类别包括物理层（Z_1）、网站层（Z_2）及用户层（Z_3）等，然后再细分为二级、三级等类别，分别进行编码（Z_1-Z_{11}-Z_{111}---；Z_2-Z_{22}-Z_{222}---），以此作为其逻辑高程。其次，在三维数字地球坐标系中，以互联网对象的 IP 经纬度为坐标，垂直投影到地球表面，以其网络类别（Z）为高程值，确定网络对象的地理空间位置。再根据网络对象类别确定其图标，根据 IP 地址逻辑关系确定 IP 节点间连接结构。最后，将上述网络对象及其结构，按照其"经度＋纬度＋逻辑高程"三维坐标及类别图标，显示在三维 GIS 系统中，如图 4-9 所示。

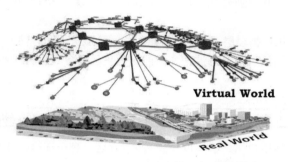

图 4-9 虚拟 - 现实一体化的 CyberGIS 空间逻辑

2. 虚拟空间对象数据模型

本书对现实世界和网络空间进行面向对象的建模与数据管理，针对其几何、语义、拓扑及属性等数据的统一管理。如图 4-10 所示，该 CyberGIS 数据库由多个工程组成，每个工程根据范围划分为多个分区，每个分区由多个数据集组成，包括地形数据集、三维空间数据集、语义拓扑数据集和虚拟要素数据集等。

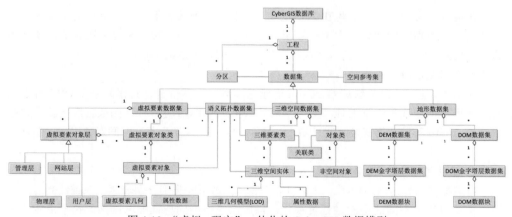

图 4-10 "虚拟 - 现实"一体化的 CyberGIS 数据模型

对于虚拟要素对象数据集的管理，建立"要素对象层→对象类→对象基本数据＋属性数据＋拓扑关系"的数据表结构。其中，虚拟对象层可以划分为管理层、物理层、网站层和用户层等，由多个虚拟要素对象类聚合而成。虚拟要素对象包括虚拟要素几何数据、属性数据和语义拓扑数据，这些数据通过虚拟网络空间对象的 IP 进行关联。虚拟对象数据表中记录其 IP、经纬度、高程和形状等信息；虚拟属性表记录每个虚拟要素对象的属性数据；虚拟对象语义拓扑关系表则记录同一层次要素对象的拓扑关系，包括关联关系、连接关系等。

3. 复合空间数据表设计

在"虚拟-现实"一体化数据模型基础上，结合对象关系特性进行数据逻辑结构的设计。CyberGIS 数据库包括现实要素类和虚拟要素类，以"几何＋语义＋拓扑＋属性"的结构，实现复合空间的数据组织。

复合空间 CyberGIS 数据结构，包括"（X,Y）+IP+ 现实属性 + 虚拟属性 + 虚拟高程"，以 IP 为标识。

其中网络对象包括物理层（设备、网络、终端、服务器和存储）、管理层、用户及网站应用层。其中，网站层再分为通信、新闻、社交、商务、政务、通信、发布和娱乐等子层。

网络对象属性表结构：

Latitude,longitude	IP	现实拓扑	现实属性	网络拓扑	网络属性

用户属性表包括用户名、经纬度（静态）、姓名、身份证号、住址、电话、机器名、网卡号、E-mail、QQ、微信、微博和网名等。

设备属性表包括名称、型号、出厂号、CPU 号、主板号、网卡号、所有人、地址、身份证、电话、放置地和经纬度等。

网站属性表包括单位、地址、注册号、身份证、上级单位及投资者名、网站、IP、域名、负责人、电话、E-mail、栏目、编号、名称、首页和域名等。

4.2.4 复合空间三维可视化

在进行分类分层后，以其 IP 对应的空间坐标进行垂直投影，将网络资源、关系、行为和用户等虚拟空间要素全方位扩展至三维地球坐标系中，对空间复杂拓扑关系统一表达，在数据库中统一管理，完成"虚拟-现实"空间的一体化存储与显示。

1. 三维复合数字地球

采用 3D 地理信息系统库 OsgEarth 搭建三维数字地球平台，其作为基于 OSG 开发的实时地形模型加载和渲染工具，支持 WMS、WCS 和 TMS 等多种地图数据服务器，包括 shp、jpg 和 tif 等数据格式等。通过 OsgEarth 对"虚拟-现实"复合空间对象进行多层次三维可视化开发。

2. 虚拟空间对象多层次分类表达

将虚拟空间分为网络资源、对象和用户等，针对不同类别分别表达；三维绘制时，不同类别对象通过不同的层次进行可视化，每层次采用不同特征加以区别，包括形状、大小、材质和颜色等。

3. 虚拟网络空间对象三维动态绘制

首先确定网络对象的经纬度坐标信息，定义唯一 64 位 ID。为区分不同层次类型，分别采用不同形状、颜色和大小的三维立方体、球体、椎体等形状表达。通过不同高度级别绘制不同层次的虚拟空间对象，如离地表最近距离为网络用户表达层，中间为服务器硬件设备层，最上层为互联网网站层。每层可再分为若干亚层，对应一定高度空间，采用透明平面分隔，以增加层次显示的清晰性。

虚拟空间对象绘制时，将每个对象都作为一个节点，采用 OsgEarth 的 objectPlacer 方法，先定义 ObjectLocatorNode 节点对象，设置经纬度坐标及位置、方位等参数信息，并设置到偏移矩阵对象 MatrixTransform 中，根据所属层次确定该对象绘制的高度。采用 LOD 技术建立多细节层次，设置不同 LOD 节点的可见距离，进行网络对象的动态加载与多细节层次可视化，以此提高网络对象在三维数字地球上的可视化效率。

根据网络拓扑关系，将虚拟对象采用三维线段加以连接，不同关系类型及关系强弱等采用不同的线型、粗细和颜色等区分表达。

4. 采用OpenSceneGraph开源图形库绘制"虚拟-现实"三维空间步骤

（1）建立正方体、正四棱锥、正八面体和球体，作为虚拟空间节点的三维元模型，分别采用 OpenSceneGraph 的相关库函数绘制：

```
osg::Box(const osg::Vec3& center,float width);// 绘制正方体函数
osg::Pyramid (const osg::Vec3& center,float height) ;// 绘制正四棱锥体函数
osg::Octahedron(const osg::Vec3& center,float height) ;// 绘制正方体函数
osg::Sphere(const osg::Vec3& center,float radius);// 绘制球体函数
```

空间逻辑关系采用圆柱体作为三维元模型，通过函数：

```
osg::Cylinder(const osg::Vec3& center,float radius,float height) 绘制。
```

（2）为各类三维元模型添加材质，三维场景灯光默认为白色：

```
osg::ref_ptr<osg::Material> material=new osg::Material;
material->setDiffuse(osg::Material::FRONT,osg::Vec4f(0.0,1.0,0.0,1.0));//
设置材质颜色
node->getOrCreateStateSet()->setAttributeAndModes(material,osg::StateAtt
ribute::Protected)
```

（3）根据虚拟节点和结构在现实环境的位置，利用三维元模型绘制其空间逻辑。根据相邻节点位置计算平移、旋转矩阵，对原始位置的逻辑关系模型（圆柱）进行旋转和平移变换，实现逻辑关系的绘制；根据节点的类型和空间位置计算平移矩阵，对原始位置节点模型进行旋转和平移变换；逻辑关系三维模型变换代码如下：

```
rotation_matrix.makeRotate(osg::Vec3(0,0,1),end-start);// 计算旋转矩阵
translate_matrix.makeTranslate(osg::Vec3f((end.x()+start.x())/2.0,(end.
y()+start.y())/2.0,(end.z()+start.z())/2.0));// 计算平移矩阵
mt->setMatrix(rotation_matrix*translate_matrix);// 实现三维模型变换
```

根据数字高程模型数据、文件对象模型和三维建筑物模型数据，建立三维虚拟地理环境，将所述三维空间逻辑模型加载到三维虚拟地理环境中，实现虚拟和现实对应，在现实三维地球坐标系上，按照 IP 所在位置、区域，垂直分布各类网络虚拟要素，分为网络层、网站层及用户层（按形状、大小、拓扑关系）加以区分显示，以颜色及标号对其属性加以

细分，从而形成"虚拟-现实"一体化的 3D CyberGIS，如图 4-11 所示。图 4-12 是该系统微观区域示意，将网络设备、网站内容、网络用户等要素通过相应形状、颜色、拓扑关系绘制于其所在的三维地理空间之上。

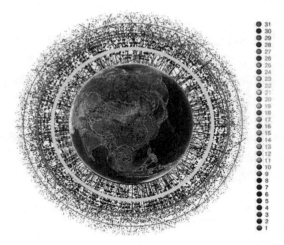

图 4-11　基于逻辑分层的互联网"虚拟-现实"一体化三维可视化（1）

图 4-12　基于逻辑分层的互联网"虚拟-现实"一体化三维可视化（2）

4.3　互联网新型全球空间定位系统专利组

本组发明的核心目标，在于探索建立一套基于互联网、"虚拟-现实"相结合的新型全球定位系统。当今互联网作为信息基础设施，已覆盖全球各个角落。在移动定位、众包定位等技术推动下，基于 IP 定位的互联网资源、用户（行为）管理已成为可能，将互联网建设成为继卫星定位、基站定位后第三个全球空间定位系统，该系统除"现实空间＋物理实体"定位功能外，还具备虚拟空间目标（网络对象、网络行为）定位功能。此外，在室内及地下空间定位、物联网定位管理、视频监控定位、社交舆情定位等方面也具有重要价值。

4.3.1 技术原理

本组发明在于实现互联网资源、对象及行为的地理坐标化管理，从而优化网络管理、提升网络效率并开展新型服务。

1. 本组发明实现方式

（1）通过移动定位、众包定位、IP测绘等方式，采集互联网资源设备空间坐标；

（2）在路由器、交换机及解析服务器中安装空间定位功能模块，用于存储各节点空间位置信息及拓扑关系；

（3）将互联网位置数据纳入IP中，实现根据IP地址快速确定源头、目标空间位置及拓扑关系，使互联网上资源具备被空间定位能力。

2. 本组发明技术方案

（1）互联网资源地理坐标化。对网络资源设备，从网络主干到分支再到用户节点，通过安装定位模块及实际测量，获得其准确地理坐标，将包括服务器、存储器、交换机、路由器、计算机等进行定位，以此为基础坐标系，建立一张新型定位网络。

（2）安装互联网中心设备定位模块。中心网络设备，如服务器、路由器与交换机，在其系统内增加空间定位模块，用于针对其子网节点地理位置的存储与解析，包括各计算机绝对位置、物理标识（主板、网卡、CPU）及IP地址等，将自身位置信息与下属节点信息统一存储，用于网络度量计算。

（3）扩展TCP/IP，增加位置字段，用于存储源头、中转、目的地位置信息。将位置字段加入到TCP/IP应用层协议之中，使数据传播带有源头、中转及目标等坐标信息，通过IP地址，将网络资源及对象定位于现实空间。

（4）建立互联网定位解析服务器，用于管理网络节点的空间位置及相关关系。

4.3.2 相关申报专利

- 基于扩展IP协议的互联网空间定位方法和系统，申请号：201310105075.1。
- 基于室内定位技术的网络设备定位及管理系统，申请号：201310071336.2。
- 基于IP地址扩展GIS数据结构的方法和系统，申请号：201310105090.6。
- 基于GPS与测距测角技术的定位系统，申请号：201310071879.4。
- 域名解析系统及域名解析方法，申请号：201310429955.4。
- 路由器及地理空间的路由方法，申请号：201310464086.9。
- 基于互联网的虚拟-现实混合空间定位系统，申请号：201310071800.8。
- 虚拟-现实一体化三维显示方法及系统，申请号：201410299650.0。
- 基于GIS的网络对象与事件一体化监控方法，申请号：201310105514.9。
- 网络聊天定位系统及其定位方法，申请号：201310507193.5。
- 定位电子邮件处理方法和系统，申请号：201310507217.7。
- 基于增强现实IP地图的导航方法，申请号：201410794679.6。
- 基于增强现实的互联网三维IP地图系统及方法，申请号：201410794968.6。

- 基于增强现实IP地图的网络对象定位追踪方法,申请号:201410794948.9。
- 基于增强现实IP地图的互联网自主广告方法,申请号:201410790829.6。

4.3.3 授权代表专利

1. 基于扩展IP协议的互联网空间定位方法和系统,申请号:201310105075.1

本发明的目的在于扩充 IP 协议以支持互联网资源的空间定位。具体方法是在 IP 数据报头的选项字段里,增加网络通信的源头、目标及中转各设备的实际地理位置信息(通过实际测量方式获得的经纬度或坐标),同时建立相关地址服务器,用于解析域名、地名及其位置,从而形成一套以 IP 坐标系为基础的互联网地理定位系统,如图 4-13 所示。

图 4-13　赛博地图中网络设备属性查询定位

(1)一种基于扩展 IP 协议的互联网空间定位方法,其特征在于,包括以下步骤。

A:在 IP 数据报头的可选项字段中,增加网络通信的源头、目标及中转的各设备的空间位置信息。

a:将所述空间位置信息加入所述 IP 数据报头中,所述空间位置信息包括经纬度 LAT,LON 和 / 或 X,Y 坐标值。

b:扩充所述 IP 数据报头的可选项字段,用以存储所述空间位置信息。

b1:修改所述 IP 协议数据报头的可选项的内容,将原始项替换为以下内容:源 IP 空间位置信息、目的 IP 空间位置信息和路由地址记录,其中,所述路由地址记录,是指所经过中间路由节点的空间位置信息。

c:通过对互联网设备进行全局测量定位,获得各 IP 地址所述空间位置信息。

c1:对于静态网络设备,采用室内外一体化定位手段进行直接和间接测量以获取其空间位置信息,其中,所述静态网络设备包括服务器、PC、磁盘阵列、路由器和交换机中的一种或多种,所述室内外一体化定位手段包括 GPS 及辅助定位方法。

c2:对于动态网络设备,通过 LBS 和 / 或 GPS 动态获取其空间位置信息,其中,所述动态网络设备包括手机和移动计算终端中的一种或多种。

d:对网络设备驱动程序进行扩展,将所述空间位置信息写入其中。

d1:扩展所述网络设备的网卡、端口驱动程序,增加经纬度 LAT,LON 和 / 或 X,Y 坐标值填写项。

B：建立相关地址服务器，解析域名、地名及其位置。

e：建立互联网的地址解析体系，用于"IP-坐标-域名-地名"之间的分布式管理、动态转换和层次查找。

e1：对原有的"域名-IP"数据库进行相应扩展，增加经纬度和 X，Y 坐标值字段。

f：对路由器软件进行扩展，支持所述 IP 协议的改动。

f1：在计算优化 IP 路由的同时，有效存储并记录各节点空间位置信息，以实现基于所述空间位置信息的双向查询与历史回溯。

（2）基于扩展 IP 协议的互联网空间定位系统，包括信息处理装置，用于在 IP 数据报头的可选项字段中，增加网络通信的源头、目标及中转的各设备的空间位置信息；服务器，用于解析域名、地名及其位置。

2. 基于室内定位技术的网络设备定位及管理系统，申请号：201310071336.2

本发明提出一种基于室内定位技术的网络设备定位及管理系统，旨在解决现有室内定位技术中存在的定位不精确、容易被篡改等技术问题。本发明提出的基于室内定位技术的网络设备定位及管理系统借助室内定位技术获取网络设备的精确地址，并获取所述网络设备的物理标识、系统及用户信息，同时将上述精确地址信息及物理标识、系统和用户信息存储于中心管理设备中，达到了便于对网络中各个设备节点管理的目的。

本发明采用如下技术方案，如图 4-14 所示。

基于室内定位技术的网络设备定位及管理系统，包括定位模块、信息读取模块、存储模块以及数据交互模块，其中：

（1）定位模块用于获取所述网络设备的地理位置信息；

（2）读取模块用于获取所述网络设备的物理标识信息、系统信息及用户信息；

（3）存储模块用于存储所述地理位置信息、物理标识信息、系统信息及用户信息，并将所述地理位置信息与所述物理标识信息、系统信息及用户信息绑定；

（4）数据交互模块用于向所述网络设备所属的中心管理设备上传绑定的地理位置信息、物理标识信息、系统信息及用户信息。

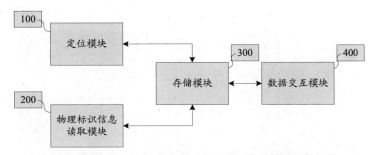

图 4-14 基于室内定位技术的网络设备定位及管理系统架构

优选部分如下。

（1）优选网络设备为计算机、服务器、交换机、路由器或集群存储器。

（2）优选定位模块为手机基站定位模块。

（3）优选定位模块为辅助增强 GPS 定位模块。

（4）优选物理标识信息包括网络设备的主板序列号、网卡序列号、CPU 序列号及硬盘序列号，所述系统信息包括网络设备的操作系统属性信息，所述用户信息包括网络设备的用户名以及用户网络账号信息。

（5）优选中心管理设备为网管服务器、交换机及路由器中的一种。

（6）优选数据交互模块直接与所述中心管理设备相连接或通过网络与中心管理设备相连接，向中心管理设备上传地理位置信息、物理标识信息、系统信息以及用户信息。

本发明提出的基于室内定位技术的网络设备定位及管理系统借助室内定位技术获取网络设备的精确地址，并获取所述网络设备的物理标识信息、系统信息以及用户信息，同时将上述精确地址信息、物理标识信息、系统信息以及用户信息存储于中心管理设备中，达到了便于对网络中各个设备节点管理的目的。

3. 基于IP地址扩展GIS数据结构的方法和系统，申请号：201310105090.6

传统 GIS 数据结构及算法源于真实空间与有形实体，虽然有结合复杂地理事物类型扩充，但针对虚拟空间对象的定位及度量，仍停留在探索阶段。面对互联网"虚拟-现实"空间相互交织结合的态势，应在传统 GIS 数据功能之上进行相关扩展，其中关键是解决网络行为在现实空间的映射。IP 是一切网络对象存在的基本维度（网络空间坐标），将 IP 地址准确记录在现实空间，等于在虚拟与现实空间建立了相互对应的桥梁。本发明在 GIS 传统二维结构（X, Y）基础上，增加了空间对象的网络维度（IP 地址），建立其"虚拟"维度，实现传统空间与网络空间的动态连接。

本发明增加空间对象的 IP 地址及网络属性，提供"虚似-现实"空间的数据管理与模型分析，通过完整记录网络事件的虚拟坐标、现实轨迹，进行复合查询、变化跟踪及发展预测。"虚似-现实"集成的数据模型把现实空间（X, Y）、网络空间（IP）及其属性数据置于统一管理框架内，实现网络空间对象及其行为的完整表达，如图 4-15 所示。

本发明以变换后的 IP 地址作为第三维，扩展传统 GIS 二维数据结构，增加"网络维度"，实现网络空间与现实空间的动态连接，将"空间维"和"赛博维"作为"复合维"进行统一管理，使网络坐标（IP 值）被有效嵌入现有 GIS 系统中。本发明实施例提供一种基于 IP 地址扩展 GIS 数据结构的方法和系统，旨在解决传统 GIS 数据结构及算法，针对虚拟空间对象的定位及度量手段不足，无法实现网络空间与现实空间的动态连接的问题。

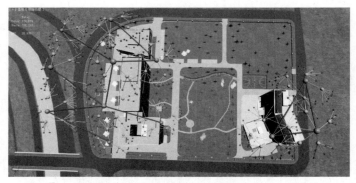

图 4-15　赛博地图中网络资源"虚拟-现实"空间一体化显示

本发明实施例提供了如下技术方案：

一种基于 IP 地址扩展 GIS 数据结构的方法，包括以下步骤：

（1）在 GIS 中，增加空间对象的 IP 地址；

（2）将所述空间对象的 IP 地址，转换为唯一整数值 P；

（3）将所述唯一整数值 P 纳入 GIS 三维坐标系（X，Y，P）中，$P=f(IP)$，生成新的 GIS 数据结构。

具体的，还包括以下步骤：

将十进制的所述 IP 地址，按照每段 3 个数字的标准，对差位补零，去掉段与段之间的分隔符后，转换为所述唯一整数值 P，并实现所述 IP 地址和所述唯一整数值 P 之间的任意转换。具体的，还包括以下步骤。

（1）在 GIS 中，增加空间对象的网络属性，将空间对象的现实属性信息扩展为包括虚拟属性信息和现实属性信息的属性信息；其中，所述虚拟属性信息为所述空间对象的网络属性信息，且所述虚拟属性信息和现实属性信息一一对应。所述现实属性信息为所述空间对象所处的现实空间属性，包括区域属性信息、街道属性信息，以及所处的建筑属性信息。

（2）所述网络属性信息包括所述网络对象的身份、用户名、账号、IP 地址、网卡号和主板号。本发明实施例还提供了一种基于 IP 地址扩展 GIS 数据结构的系统，包括如下内容：

①地址增添模块，用于在 GIS 中，增加空间对象的 IP 地址；

②地址转换模块，用于将所述空间对象的 IP 地址，转换为唯一整数值 P；

③数据生成模块，用于将所述唯一整数值 P 纳入 GIS 三维坐标系（X，Y，P）中，$P=f(IP)$，生成新的 GIS 数据结构。

所述地址转换模块，用于将十进制的所述 IP 地址，按照每段 3 个数字的标准，对差位补零，去掉段与段之间的分隔符后，转换为所述唯一整数值 P，并实现所述 IP 地址和所述唯一整数值 P 之间的任意转换。

优选的，还包括以下部分：

网络属性添加模块，用于在 GIS 中，增加空间对象的网络属性，将空间对象的现实属性信息扩展为包括虚拟属性信息和现实属性信息的属性信息；其中，所述虚拟属性信息为所述空间对象的网络属性信息，且所述虚拟属性信息和现实属性信息一一对应。

与现有技术相比，本发明的实施例具有如下优点：

本发明通过在 GIS 传统二维结构（X，Y）基础上，增加空间对象的 IP 地址，将空间对象的 IP 地址，转换为唯一整数值 P，并将唯一整数值 P 纳入 GIS 三维坐标系（X，Y，P）中，$P=f(IP)$，生成新的三维 GIS 数据结构，从而增加网络维度，实现了网络空间与现实空间的动态连接。

4. 基于GPS/北斗与测距测角技术的室内定位系统，申请号：201310071879.4

本发明提供了一种基于 GPS/ 北斗与测距测角技术的间接室内定位系统，旨在解决现有的室内目标精确定位难问题。本发明将室外定位装置进行 GPS/ 北斗定位，进一步计算其与室内定位装置的距离及方位差，从而间接确定室内定位装置的绝对位置。

本发明采用技术方案，如图 4-16 所示。

基于 GPS 与测距测角技术的定位系统用于对室内目标定位，包括如下：

（1）室外定位装置，用于获取自身位置信息并发送给室内定位装置；

（2）测距测角装置，用于获取所述室外定位装置与室内定位装置之间的距离以及方位差，并发送给室内定位装置；以及室内定位装置，用于根据室外定位装置的位置信息、室外定位装置与室内定位装置之间的距离以及方位差，换算成室内定位装置的绝对位置信息。

所述室外定位装置优选：① GPS 定位模块，用于获取所述室外定位装置的位置信息；②室外通信模块，用于将所述室外定位装置的位置信息发送给室内定位装置。

所述室内定位装置优选：①室内通信模块，用于获取所述室外定位装置的位置信息；②数据处理模块，用于根据所述室外定位装置的位置信息、室外定位装置与室内定位装置之间的距离以及方位差，换算成室内定位装置的绝对位置信息。

所述测距测角装置优选：

（1）测距测角装置与所述室内定位装置通过有线或无线的方式通信。

（2）测距测角装置安装于所述室内定位装置上，测距测角装置将其获取的距离以及方位差通过室内通信模块发送给数据处理模块，所述数据处理模块根据其获取的室外定位装置的位置信息、室外定位装置与室内定位装置之间的距离以及方位差，换算成室内定位装置的绝对位置信息。

（3）测距测角装置为激光测距测角仪、红外测距测角仪、机械测距测角仪中的一种。

所述定位系统优选：

（1）定位系统还包括机械臂，所述机械臂用于支撑所述室外定位装置，并将所述室外定位装置置于室外。

（2）机械臂一端与所述室外定位装置连接，机械臂为可伸缩转向式。

（3）定位系统还包括一支架，所述室内定位装置安装于所述支架上。

（4）室内定位装置还包括一显示模块，所述显示模块用于显示所述室内定位装置的绝对位置信息。

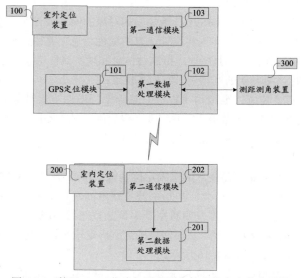

图 4-16　基于 GPS/ 北斗与测距测角技术的室内定位系统

第 5 章
CIM 搜索引擎开发

GIS、BIM 与 IoT 数据融合与应用集成，使城市时空治理发生了全局化、精细化、动态化质的飞跃，从以传统静态、宏观、地表为特色的 GIS 功能领域，向地下、室内、微观 BIM，以及动态、实时、现实 IoT 功能领域拓展，与此同时也带来了数据类别、数量以及复杂度的几何级增长，海量 BIM、视频等非结构化数据，难以被 GIS 有效管理，无法实现快速检索与时空定位等基本功能，导致其无法开展大规模、高效率、低门槛应用，来服务于城市管理、企业经营与民众需要。

CIM 城市级目录索引与搜索引擎，成为 CIM 走向真正实用的关键技术与必要条件。在当前信息技术能力条件下，可行性方案就是对 BIM、IoT、3D GIS 大数据进行结构化、摘要化、轻量化处理，建立起高效、迅捷、门户式城市 CIM 目录索引，使得全市时空大数据整体可管、快速可查、方便可用。借鉴手机地图开发思路，建立城市级 CIM 搜索引擎，使 CIM 构件可被查询定位到相关对象群体，以此为前提，进一步开展专业化分析与深层次利用。

在第 2 章、第 3 章对 BIM、视频等 CIM 大数据进行参数化、语义化处理后，使之全部转化矢量点、线空间索引与简单属性之轻量化数据集，从而可被 GIS 高效管理。本书以 Cesium 为三维可视化平台，以 VUE3+TypeScript+Vite 为前端、Java+Node.js 为后端开发工具，使用事件驱动、非阻塞 I/O 模型，同步处理大量检索并发请求；使用 PostgreSQL 作为结构化要素、目录索引库，使用 VS Code 为开发编程环境，引入 Element-plus/icons-VUE 等 UI 插件，通过 GeoServer 发布空间数据，实现基于关键字的 CIM 构件快速检索与精确定位功能。

5.1 总体设计

CIM 搜索引擎基本原理为基于 Cesium+PostgreSQL 管理大规模、轻量化的 CIM 点位索引数据，实现基于关键词的查询与显示。CIM 搜索引擎开发框架如图 5-1 所示。

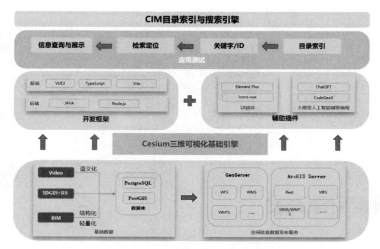

图 5-1 CIM 搜索引擎开发框架

1. **系统设计**

前端：负责与用户交互，展示 3D 地图和搜索结果。使用 Cesium 进行 3D 地图渲染。

后端：提供 API 接口，处理搜索请求，从 PostgreSQL 数据库中检索数据并返回给前端。

数据库：使用 PostgreSQL 存储空间三维矢量点位数据及其属性。

前端：Cesium、JavaScript、HTML、CSS。

后端：Python(Flask/Django)、Node.js(Express) 或其他后端语言/框架。

数据库：PostgreSQL with PostGIS。

2. **系统功能**

关键词搜索：用户输入关键词（如 CIM 构件名称、ID、权属人等）进行搜索。

3D 地图展示：在地图上展示搜索结果，使用 Cesium 进行 3D 渲染。

属性展示与筛选：展示点位的详细信息，并提供基于属性的筛选功能。

空间定位与导航：允许用户定位到特定点位，并提供导航功能。

3. **开发流程**

数据库设计：设计数据库表结构，导入空间三维矢量点位数据。

后端开发：实现 API 接口，处理搜索请求和数据库交互。

前端开发：使用 Cesium 进行 3D 地图渲染，实现用户交互界面。

4. **数据管理**

对于空间数据查询，使用 PostGIS 提供的空间函数和操作符。

后端 API 接口接收前端请求，转换为 SQL 查询，返回查询结果给前端。

在 PostgreSQL 中创建一个数据库，用于存储 CIM 点位数据和搜索索引。

将 CIM 点位数据导入 PostgreSQL 数据库中，调用百度地图 API 进行背景显示。

5. **程序实现**

空间索引：创建 R-tree 索引，提高查询效率。

前后端通信：使用 RESTful API 或 GraphQL 实现前后端数据交互。

关键词搜索：使用 PostgreSQL 的文本搜索功能或第三方搜索引擎（如 Elasticsearch）来创建索引，快速进行关键字查询。使用全文搜索或 LIKE 查询实现关键词搜索功能。在后端创建 API，接收用户的查询请求。在 API 中编写查询逻辑，根据用户输入的关键字在数据库中进行搜索，并返回匹配的 CIM 数据。

实现定位功能：使用 Cesium 的 API 进行地图定位和跟踪。输入关键字并触发搜索时，将搜索结果中的地理位置信息传递给 Cesium 的前端代码，将地图中心定位到用户查询的地理位置上，展示相应 CIM 数据。

3D 渲染交互：使用 Cesium 的 API 进行 3D 地图渲染和用户交互实现。将搜索结果转换为 Cesium 可识别的格式（如 GeoJSON 或 Cesium 的 Entity API），在前端进行可视化展示。

6. 界面定制

使用 HTML、CSS 进行界面布局和样式设计。

结合 Cesium 的 API 实现 3D 地图的交互功能，如缩放、旋转、定位等。

提供搜索框和筛选选项，方便用户进行关键词搜索和属性筛选。

7. 开发重点

空间数据转换：使用 PostGIS 提供的函数将 SHP 文件转换为 Cesium 格式。将几何数据从 WKT 或 GEOMETRY 类型转换为 Cesium 格式。

SQL 查询优化：编写高效 SQL 查询语句，利用 PostgreSQL 和 PostGIS 的功能，对大规模矢量点位数据进行快速检索和筛选。通过索引、查询优化器和适当的查询策略来提高查询性能。

前后端通信：使用 JavaScript 和 HTTP 请求方法（如 fetch API 或 XMLHttpRequest）向前端发送请求，并接收后端返回的 JSON 响应数据。将这些数据解析为 Cesium 可理解的格式，并在地图上呈现给用户。

地图交互：利用 CesiumJS API 实现地图交互功能，如缩放、平移、旋转和点击事件等。利用 CesiumJS 提供的可视化效果和标记工具，将地理空间数据以直观的方式呈现在地图上。

5.2 关键技术与功能模块

5.2.1 开发组件

（1）Cesium Core：Cesium 基础组件，提供了 3D 地图渲染功能。

（2）Entity API：用于创建和管理地图上的实体（如标记、线条、区域等）。

（3）数据源插件：Cesium 的 TMS 图层插件，用于加载 TMSCIM 数据。

（4）地理定位插件：用于实现地图的地理位置定位和跟踪功能。

（5）PostgreSQL 数据库：用于存储 CIM 数据和搜索索引。

（6）PostGIS 扩展：提供了对空间数据的支持，包括空间索引和查询功能。

（7）pg_search 或 Freesia 等全文搜索插件：用于实现基于关键字的快速查询功能。

（8）PL/pgSQL 存储过程和函数：用于编写复杂的查询逻辑和数据处理。

所用程序语言：Cesium 使用 JavaScript，前端开发可使用 JavaScript 或 TypeScript。后端开发可使用 Python（Flask 或 Django 框架）、Java（Spring 框架）、Node.js（Express 框架）。

5.2.2 Cesium

Cesium 提供了强大可视化功能，以 3D 形式展示地球、地图和地理数据。Cesium 支持多种 CIM 数据源和数据格式，如 Bing Maps、OpenStreetMap、GeoJSON 和 Shapefile 等，允许用户根据自身需求进行定制化开发，添加自定义地图标记、线条和区域等，实现自定义的地理数据处理和分析逻辑。Cesium 可在多种浏览器和移动设备上运行，具有跨平台兼容性。

支持 WebGL：通过 WebGL，Cesium 在无须插件情况下，利用 GPU 加速图形渲染，提供高性能的 3D 渲染效果。Cesium 对 WebGL 进行了优化和扩展，提供了更多功能和更高性能，Cesium 支持绘制大范围的折线、多边形、广告牌、标签、挤压及走廊等。

数据驱动的时间动态场景：Cesium 支持创建数据驱动的时间动态场景，可以使用 CZML（CesiumJSON）格式创建和编辑数据，实时更新 3D 地球模型，展示动态变化的地理数据，如飞行路径、气象数据等。

高分辨率世界地形可视化：Cesium 支持高分辨率的世界地形可视化，可以通过 WMS、TMS、OpenStreetMaps、Bind 及 ESRI 的标准绘制影像图层，提供精细的地形细节。

三维模型绘制：Cesium 支持 Collada 和 GlTF 格式，可将 3D 模型导入渲染和制作动画。

摄像头控制和飞行路径：Cesium 提供了控制摄像头和创建飞行路径的功能。通过鼠标或触摸屏来控制摄像头的位置和方向，创建预设的飞行路径，让摄像头按照预设路径进行移动。

API 和插件系统：Cesium 提供了丰富 API，允许开发者自定义和扩展其功能。Cesium 支持插件系统，如添加新的 CIM 数据源、创建自定义的 3D 模型等。

开源和跨平台：Cesium 是一个开源项目，允许开发者自由使用、修改和分发其代码。可以在各种设备和平台上运行，包括桌面电脑、移动设备及虚拟现实设备等。

5.2.3 PostgreSQL

PostgreSQL 是开源关系型数据库管理系统，具有强大事务处理能力、数据完整性和并发控制功能。PostgreSQL 具有良好扩展性，支持丰富数据类型、函数和操作符，方便开发者进行复杂的数据处理和分析，可帮助实现高性能和可扩展性的 CIM 搜索引擎。PostgreSQL 支持丰富的数据类型和索引类型，如文本、数值、几何数据类型等，以及 B-tree、GiST 等索引类型。这些数据类型和索引类型可以针对不同类型的数据进行优化查询性能。

对于空间数据，PostgreSQL 的 PostGIS 扩展提供了专门的空间数据类型和索引类型，如几何数据（geometry）、地理数据（geography）GiST、SP-GiST 等空间索引，能够大大提高空间查询的性能。GiST 索引是一种基于树形结构的数据结构，能够提供对空间数据的快速检索。

PostgreSQL 支持事务处理和并发控制，能够保证数据的一致性和完整性。多个用户可能同时进行查询和更新操作。通过合理使用事务和并发控制机制，可以避免数据冲突和数据不一致的问题，提高系统的可靠性和稳定性。

1. PostgreSQL 性能优化技术

查询优化：通过优化查询语句，避免全表扫描和不必要的 JOIN 操作，可以提高查询性能。可以使用 EXPLAIN 等工具分析和优化查询计划。

缓存技术：使用缓存技术可以减少对数据库的访问次数，提高系统的响应速度。可以将常用的查询结果缓存到内存中，减少重复查询的开销。

分区分表：对于大型数据库，使用分区技术将表分成较小部分，提高查询和管理效率。

数据库集群和负载均衡：通过数据库集群和负载均衡技术，可将数据库负载分散到多节点上，提高系统的可扩展性和可靠性。

2. PostgreSQL 空间索引技术

在使用 PostGIS 进行空间索引和查询时，首先需要将空间数据导入到 PostgreSQL 数据库中。这可以通过使用 PostGIS 提供的函数和工具来完成，ST_GeomFromText 函数可以将文本格式的地理数据转换为几何数据，ST_GeomFromGML 函数可以将地理标记语言格式的地理数据转换为几何数据等。接下来使用 PostGIS 提供的函数和命令来创建空间索引。这可以通过使用 CREATE INDEX 命令来完成，CREATE INDEX idx_spj4 ON spj4 USING GIST(shape)。这将创建一个 GiST 索引，用于加速对 spj4 表中 shape 字段的查询。一旦空间索引创建成功，就可以使用 PostGIS 提供的查询函数来执行空间查询了，例如，可以使用 ST_Contains 函数来查询包含某个几何数据的所有记录，可以使用 ST_Distance 函数来查询两个几何数据之间的距离等。这些查询函数可以帮助用户快速获取到所需的空间数据。

3. PostgreSQL 全文搜索功能

PostgreSQL 通过使用全文搜索（full-text search），在数据库中创建全文索引，并对文本数据进行高效搜索。全文索引支持多种操作符和查询语言，如 CONTAINS，RANK 等，并提供了一些扩展功能，如同义词替换、自然语言查询等。除了 PostgreSQL 的全文搜索功能外，还可以使用 Elasticsearch 搜索引擎，使用 RESTful API 索引技术进行文本搜索，并支持模糊查询、短语查询、范围查询等。

5.2.4　系统功能模块

1. 用户界面

负责呈现地图和搜索结果给用户，提供交互功能，如搜索框、按钮等。使用 HTML、CSS 和 JavaScript（配合前端框架如 React、Vue 等）来创建用户界面。

（1）主要组件如下。

搜索框：允许用户输入关键词或查询条件，如地点名称、地址等。

地图显示区域：用于显示地图和搜索结果，通常占据界面的主要部分。

控制按钮：如缩放按钮、方向按钮等，用于控制地图的显示和操作。

结果列表：展示与搜索查询相关的 CIM 数据列表，通常包括名称、简短描述和位置信息。

过滤选项：允许用户根据特定条件（如类型、距离等）过滤搜索结果。

（2）技术实现如下。

HTML/CSS：构建界面结构和样式。HTML 定义页面元素，而 CSS 负责元素的布局和外观。

JavaScript：负责界面交互，如响应用户点击、输入等事件。操作 DOM，动态更新页面内容。

前端框架（如 React、Vue）：提供了高级功能和组件，加速开发过程并提高代码的可维护性。React 的虚拟 DOM 和组件化开发方式可以提高页面的渲染性能和代码重用率。

（3）交互设计如下。

搜索交互：用户输入关键词后，界面应显示相关搜索结果并在地图上高亮显示。

地图交互：允许用户通过拖拽、缩放等方式操作地图，提供地点标记、路线规划等附加功能。

结果筛选排序：提供多种筛选选项和排序方式，以便用户更精确地找到所需信息。

详细信息展示：当用户选择某个搜索结果时，展示该地点的详细信息，如照片、评论等。

2. 搜索模块

接收用户输入的关键词，进行解析和处理，并调用地图服务或数据库进行搜索。包含搜索框、搜索按钮和结果列表。搜索逻辑使用后端语言（如 Python、Java 等）编写，调用地图 PostGIS API 对数据库查询。使用 JavaScript 实现搜索模块功能，以下是关键步骤：

1）前端界面交互

使用 HTML 和 CSS 构建用户界面，包括搜索框、按钮和结果列表。可以使用前端框架（如 React 或 Vue）来提高开发效率和组件复用。

2）用户输入获取

通过监听用户在搜索框中的输入事件，获取用户输入的关键词或查询条件。

3）解析与处理

对用户输入进行解析，包括关键词提取、拼写检查、自动完成等。这可以通过正则表达式、自然语言处理技术或第三方库来实现。

4）AJAX 请求

使用 AJAX（Asynchronous JavaScript and XML）技术发送异步请求到后端服务器，将处理后的用户输入传递给搜索模块。

5）后端逻辑处理

在后端服务器上，使用如 Node.js、Python、Java 等后端语言处理搜索逻辑。调用地图服务 API（如 Google Maps API、Mapbox API 等）或访问数据库进行查询。

6）地图服务 API 调用

使用地图服务 API 提供的 JavaScript 库或 SDK，在前端进行地图绘制和操作。API 通常提供丰富的功能，如地理编码、反向地理编码、路径规划等。

7）数据格式转换与返回

将搜索结果从后端传递回前端，并转换为前端可识别的格式（如 JSON）。确保数据格式与前端组件兼容，以便在界面上正确显示。

8）渲染结果列表

在前端界面上动态渲染搜索结果列表。可以使用模板引擎（如 Handlebars、Mustache）或虚拟 DOM 库（如 React）来高效更新 DOM。

9）高亮显示与交互反馈

根据用户输入的关键词，高亮显示匹配的地图区域或地点。提供交互反馈，如动画效果、提示信息等，增强用户体验。

示例程序：

```html
html
<!DOCTYPE html>
<html>
<head>
  <title>CIM 搜索引擎示例 </title>
  <style>
    /* 样式定义 */
  </style>
</head>
<body>
  <div id="search-container">
    <input type="text" id="search-input" placeholder=" 输入地点或关键词 ">
    <button id="search-button"> 搜索 </button>
  </div>
  <div id="map-container"></div>
  <div id="result-list"></div>
  <script>
    // 步骤 1：获取搜索框、按钮和结果列表的元素引用
    const searchInput = document.getElementById('search-input');
    const searchButton = document.getElementById('search-button');
    const resultList = document.getElementById('result-list');

    // 步骤 2：监听搜索按钮的点击事件
    searchButton.addEventListener('click', performSearch);

    // 步骤 3：执行搜索的函数
    function performSearch() {
      const keyword = searchInput.value; // 获取用户输入的关键词
      if (keyword.trim() === '') {
        return; // 如果关键词为空，则不执行搜索
      }
      // 发送 AJAX 请求到后端服务器进行搜索逻辑处理（步骤 4 和 5）
      // 这里使用 fetch API 发送 GET 请求，并将关键词作为查询参数传递给后端服务器
      fetch('/api/search?keyword=${encodeURIComponent(keyword)}')
        .then(response => response.json()) // 解析返回的 JSON 数据（步骤 7）
        .then(data => {
          // 步骤 8：渲染搜索结果列表
          resultList.innerHTML = ''; // 清空结果列表
          data.forEach(item => {
            const listItem = document.createElement('div');
            listItem.textContent = item.name; // 显示地点名称
            resultList.appendChild(listItem); // 将结果添加到列表中
          });
          // 可以在这里添加高亮显示和交互反馈的代码（步骤 9）
        })
        .catch(error => {
          console.error(' 搜索失败：', error); // 错误处理（步骤 10）
        });
    }
  </script>
```

3. 地图模块

提供地图绘制、查询和操作功能。使用地图服务商（如百度、高德、天地图等）或自建地图服务。集成地图的绘制、缩放、平移等功能。

1）地图查询功能

地理坐标查询：支持根据地理坐标查询相关地点或设施信息。

地点名称查询：支持根据地点名称查询其地理位置和相关信息。

范围查询：支持根据给定范围查询相关地点或设施信息。

2）地图操作功能

缩放与平移：支持地图的缩放和平移操作，方便用户浏览和查看不同区域。

路线规划与导航：支持路径规划和导航功能，为用户提供出行路线建议。

空间分析工具：提供距离测量、面积体积计算等，满足用户对地理信息的分析需求。

以下示例程序，通过使用百度地图 JavaScript API，实现地图绘制，查询等功能：

示例程序：地图绘制与查询

```html
html
<!DOCTYPE html>
<html>
<head>
  <title>百度地图示例</title>
  <meta charset="utf-8">
  <meta name="viewport" content="initial-scale=1.0, user-scalable=no">
  <style>
    /* 样式定义 */
  </style>
</head>
<body>
  <div id="map-container"></div>

  <script>
    // 步骤1：引入百度地图 JavaScript API
    var script = document.createElement('script');
    script.src = 'https://api.map.baidu.com/api?type=webgl&v=1.0&ak=用户的API密钥';
    document.body.appendChild(script);

    // 步骤2：初始化地图并设置中心点坐标和缩放级别
    window.onload = function() {
      var map = new BMap.Map('map-container'); // 创建地图实例
      map.centerAndZoom(new BMap.Point(经度,纬度), 10); // 设置中心坐标和缩放级别
    };

    // 步骤3：添加地图标注点
    function addMarker(point) {
      var marker = new BMap.Marker(point); // 创建标注点对象
      map.addOverlay(marker); // 将标注点添加到地图上
    }

    // 步骤4：查询地点信息
    function searchLocation(keyword) {
      var geocoder = new BMap.Geocoder(); // 创建地理编码器对象
```

```
      geocoder.getPoint(keyword, function(point) {
        if (point) {
          addMarker(point); // 添加标注点
          map.setCenter(point); // 将地图中心点设置到查询地点坐标上
        } else {
          alert('未找到指定地点'); // 查询失败提示
        }
      });
    }
  </script>
</body>
</html>
```

4. 数据库模块

通过 PostgreSQL 来存储 CIM 数据，并设计数据索引与缓存，以支持高效查询。

CIM 数据表：用于存储 CIM 矢量数据，包括点、线、多边形等基本图形元素，该表应包含坐标信息、属性信息等字段。

地点信息表：用于存储 CIM 构件的详细信息，如名称、地址、权属人等，与 CIM 数据表通过相关字段进行关联。

搜索结果表：用于存储每次搜索查询结果，包括查询条件、匹配的 CIM 数据和地点信息等。

创建数据库表：在 PostgreSQL 中创建一个新数据库，命名为 map_search。

在该数据库中创建一个表，用于存储地图上的点或对象：

示例程序：

```sql
CREATE TABLE map_objects (
  id SERIAL PRIMARY KEY,
  name VARCHAR(255),
  location POINT
);
```

插入一些测试数据到 map_objects 表中：
```
sql'INSERT INTO map_objects (name, location) VALUES
    ('Point A', POINT(10 20)),
    ('Point B', POINT(30 40)),
    ('Point C', POINT(50 60));
```
设置后端 API：

使用后端语言（如 Python 的 Flask 或 Django、Node.js 的 Express 等）创建一个 API，用于与前端交互。该 API 将处理来自前端的请求，查询数据库，并将结果返回给前端。一个简单的 Python Flask API 如下：

```
    python'from flask import Flask, jsonify
    from flask_sqlalchemy import SQLAlchemy
    app = Flask(__name__)
    app.config['SQLALCHEMY_DATABASE_URI']='postgresql:/user:password@localhost/map_search'  # 请替换为用户的数据库 URI
    db = SQLAlchemy(app)'
```

开发搜索功能：

在 API 中添加一个端点，该端点接收一个地理坐标（经纬度）作为输入，返回在给定半径内的所有地图对象。

```
    python'@app.route('/search', methods=['GET'])
    def search():
      lat = float(request.args.get('lat'))
```

```
        lon = float(request.args.get('lon'))
        radius = int(request.args.get('radius', default=1000, type=int))
// 搜索半径为 1000 米
        results = db.session.query(MapObject).filter(MapObject.location.distance(Point(lon, lat)) < radius).all()
        return jsonify([result.to_dict() for result in results])'

        //Node.js 开发示例,用于调用 PostgreSQL 进行关键词搜索:
        javascript
        const express = require('express');
        const bodyParser = require('body-parser');
        const { Pool } = require('pg');
        const app = express();
        app.use(bodyParser.json());
// PostgreSQL 数据库连接配置
const pool = new Pool({
  user: 'your_username',
  host: 'your_host',
  database: 'your_database',
  password: 'your_password',
  port: 5432,
});

// 定义关键词地图搜索的路由处理函数
app.post('/search', async (req, res) => {
  try {
    // 获取关键词参数
    const keyword = req.body.keyword;

    // 构建 SQL 查询语句
    const sql = 'SELECT * FROM your_table WHERE your_column LIKE '%${keyword}%'';

    // 执行查询并获取结果
    const results = await pool.query(sql);

    // 将查询结果转换为 JSON 格式并返回给客户端
    res.json(results.rows);
  } catch (error) {
    console.error('Error executing search query:', error);
    res.status(500).json({ error: 'An error occurred while executing the search query.' });
  } finally {
    // 关闭数据库连接池
    pool.end();
  }
});
```

5. 索引模块

使用空间索引(如 R-tree、Quadtree 等)来加速查询。在地图搜索中,R-tree, Quadtree 用于加速对 CIM 数据范围查询、点查询和交查询等。使用 PostGIS 中 R-tree 等索引,可显著提高查询性能。

在 PostGIS 中,使用 CREATE INDEX 语句来创建空间索引,对于 CIM 数据表,创建一个 R-tree 索引: CREATE INDEX map_index ON map_table USING GIST(geometry_column)。

针对包含地理空间数据的表，使用 CREATE INDEX 语句创建 R-tree 索引：

CREATE INDEX idx_map_geometry ON map_table USING GIST(geometry_column);

map_table 是包含地理空间数据的表名，geometry_column 是存储地理空间数据的列名。

当执行空间查询时，PostgreSQL 会自动使用创建的 R-tree 索引（如果适用）来加速查询。执行一个范围查询：SELECT * FROM map_table WHERE ST_Intersects(geometry_column, ST_MakeEnvelope(x1, y1, x2, y2));其中 ST_Intersects 是一个空间函数，用于检查地理空间对象是否相交。ST_MakeEnvelope 用于创建一个矩形范围。

PostGIS 默认使用 R-tree 索引，因此创建 Quadtree 索引可能需要额外的步骤或自定义实现。一旦创建了 Quadtree 索引，使用类似于 R-tree 索引的查询语句来执行空间查询：

SELECT * FROM map_table WHERE quadtree_column == some_quadtree_value;

quadtree_column 是存储 Quadtree 坐标的列名，some_quadtree_value 是要查询的 Quadtree 值。

6. 缓存模块

通过选择缓存系统、制定缓存策略、数据结构与存储方式，建立数据同步更新机制，处理缓存失效、监控调优，减少对数据库访问，提高响应速度，提供更好的搜索体验。

PostgreSQL 本身具有查询缓存功能，可以缓存 SELECT 查询的结果。

Redis：开源的内存数据结构存储系统，用作数据库、缓存和消息代理。它支持多种数据结构，如字符串、哈希表、列表、集合和有序集合。

Memcached：分布式内存对象缓存系统，用于动态 Web 应用程序以减轻数据库负载。它通过在内存中缓存数据来减少对数据库的查询次数。

5.3 基础平台搭建集成

5.3.1 核心软件安装配置

1. Cesium 安装配置

从 Cesium 官网下载最新版本，将解压后文件放到项目文件夹中，并在 HTML 文件中引入 CesiumJS 文件。可在 Cesium 的官网找到最新的 JS 文件链接。在 HTML 文件中添加一个 div 元素作为 3D 地球容器，设置其 id 属性为 cesiumContainer，并设置其宽度和高度：

```
<div id="cesiumContainer" style="width: 100%; height: 100%;"></div>
```

在 JavaScript 代码中创建 Cesium Viewer 实例，加载 CIM 数据，并在地图上添加标记点。根据需要可添加更多的 CIM 数据和功能。运行上述 HTML 文件，并在浏览器中查看 3D 地球，在指定位置上显示所添加的标记点。

示例程序：CIM 数据加载

```
var viewer = new Cesium.Viewer('cesiumContainer');

viewer.scene.primitives.add(new Cesium.Entity({
    position : Cesium.Cartesian3.fromDegrees(-75.59777, 40.03883),
```

```
        point : {
            pixelSize : 10,
            outlineColor : Cesium.Color.WHITE,
            outlineWidth : 2,
            style : Cesium.LabelStyle.FILL_AND_OUTLINE,
            text : 'Hello, CIM Search!'
        }
}));
```

2. PostgreSQL与PostGIS安装配置

从 PostgreSQL 官方网站下载最新版安装包，选择 Windows 系统。

解压安装包：将下载的安装包解压到合适的位置。

打开安装程序：双击解压后的文件夹中的 setup.exe 文件，开始安装过程。

设置数据目录：在安装过程中，需要为 PostgreSQL 设置一个数据目录，这是存储数据库文件的地方。默认 PostgreSQL 会在安装目录下的 data 文件夹中创建一个新的数据目录。

配置环境变量：为了方便使用 PostgreSQL 命令行工具和其他应用程序，需要将 PostgreSQL 的 bin 目录添加到系统的 PATH 环境变量中。

启动服务：安装完成后，需要启动 PostgreSQL 服务。可以通过在命令提示符中运行以下命令来完成。

```shell
shell net start postgresql-service
```

验证安装：打开命令提示符并输入以下命令来连接到默认数据库，将看到 PostgreSQL 的命令行界面。

```Shell
Shell psql -U postgres
```

PostgreSQL 提供了许多扩展和工具，pgAdmin（一个图形化管理工具）和 PL/pgSQL（一种用于编写存储过程的编程语言）。可以根据需要安装这些扩展和工具。如图 5-2 所示为 PostgreSQL 安装配置流程。

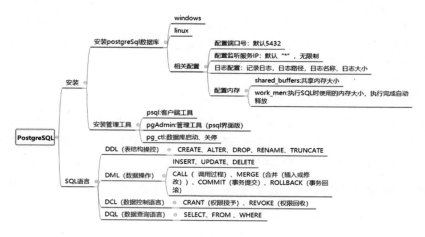

图 5-2　PostgreSQL 安装配置流程

安装 PostGIS：双击下载的 .exe 文件开始安装，按照屏幕上的指示进行操作，通常包括接受许可协议、选择安装目录、配置 PostgreSQL 连接等。

选择组件与语言：在安装过程中，选择所需的组件和语言，确保勾选了 PostGIS 选项，以便将 PostGIS 扩展安装到 PostgreSQL 数据库中。

配置数据库连接：输入 PostgreSQL 数据库的凭据（主机名、端口、用户名和密码），以便将 PostGIS 连接到数据库实例。

安装驱动程序：根据屏幕指示，安装必要的驱动程序，用于空间数据处理的驱动程序。

验证安装：打开命令提示符或终端窗口，并输入以下命令来连接到数据库并验证 PostGIS 是否成功安装。

```shell
shell psql -U [username] -d [database_name] -c "SELECT PostGIS_version();"
```

配置 PostGIS：安装完成后，需要对 PostGIS 进行配置。首先，打开 pgAdmin4（PostgreSQL 的管理工具），连接到刚才安装的 PostgreSQL 数据库；然后，在 pgAdmin4 中创建一个新的数据库，用于存储空间数据；接着，打开 PostGIS 的配置文件（通常是 postgis.conf），根据需要进行相关配置，如设置坐标参考系等。

验证安装：完成安装和配置后，可以通过运行一些简单的 SQL 查询来验证 PostgreSQL 和 PostGIS 是否正确安装和配置，在 pgAdmin4 中执行以下 SQL 查询来检查 PostGIS 的版本。

sql SELECT postgis_version();如果返回了 PostGIS 的版本信息，则说明安装和配置成功。

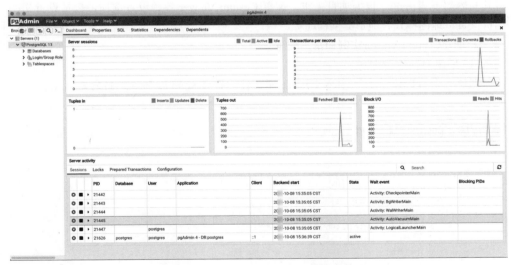

图 5-3　pgAdmin-PostgreSQL 管理工具

3. Node.js 安装配置

从 Node.js 官方网站下载最新版本或特定版本。运行安装程序并按照屏幕上的指示进行操作。在安装过程中，可以选择将 Node.js 安装在默认位置或自定义位置。

安装完成后，打开命令提示符或终端窗口，并输入以下命令来验证 Node.js 是否正确安装：css node -v。如果安装成功，将显示已安装的 Node.js 版本号。

为了方便使用 Node.js 和 npm（Node.js 包管理器），可能需要将 Node.js 和 npm 添加到系统的环境变量中。具体配置方法因操作系统而异。以下是在 Windows 系统上进行配置：

1. 打开"系统属性"对话框；
2. 单击"高级"选项卡；
3. 单击"环境变量"按钮；
4. 在"系统变量"部分，找到名为 Path 或"Path 变量"，然后单击"编辑"；
5. 在值的末尾添加 Node.js 和 npm 的安装路径，使用分号分隔。例如，'C：\Program Files\nodejs'（Node.js 安装路径）和 'C：\Users\YourUsername\AppData\Roaming\npm'（npm 安装路径）。

验证 Node.js 和 npm 是否正确配置，可以在终端中运行以下命令：

```
cssnode -e "console.log('Hello, World!')"npm -v
```

完成上述步骤后，应该已经成功安装和配置了 Node.js。可以使用 Node.js 运行 JavaScript 代码，并使用 npm 安装和管理 Node.js 包和依赖项。

5.3.2 Cesium 与 PostgreSQL 系统集成

1. 创建配置Cesium Viewer实例

在用户的 HTML 文件中，引入 Cesium 的库文件和相关依赖项。创建一个包含 Cesium Viewer 的容器元素（一个 div 元素）。在 JavaScript 代码中，初始化 Cesium Viewer 实例，将其与容器元素关联。根据项目需求，配置 Cesium Viewer 各种设置选项，包括设置初始相机位置、地图样式、地形提供程序等。

2. 创建Cesium Viewer实例和基本配置

（1）创建 HTML 文件

创建一个 HTML 文件，引入 Cesium 库文件。将 Cesium 库解压到名为 cesium 的文件夹中。

示例程序：创建 HTML 文件

```html
html
<!DOCTYPE html><html lang="en"><head>
    <meta charset="UTF-8">
    <title>Cesium Example</title>
    <style>
        html, body, #cesiumContainer {
            width: 100%;
            height: 100%;
            margin: 0;
            padding: 0;
            overflow: hidden; }
    </style></head><body>
    <div id="cesiumContainer"></div>
    <script src="cesium/Cesium.js"></script>
    <script> // Cesium Viewer 的初始化和配置代码将放在这里
</script></body>
</html>
```

（2）初始化 Cesium Viewer 实例

在 HTML 文件的 '<script>' 标签中，添加以下 JavaScript 代码来初始化 Cesium Viewer 实例：

示例程序：初始化 Cesium Viewer 实例

```javascript
// 创建 Cesium Viewer 实例
var viewer = new Cesium.Viewer('cesiumContainer', {
    // 设置初始相机位置（经度、纬度、高度）
    camera : {
        position : new Cesium.Cartesian3(-77.0, 38.0, 1000.0),
        // 初始方向（偏航、俯仰、滚动）
        orientation : {
            heading : Cesium.Math.toRadians(0.0), // 偏航角度（以弧度为单位）
            pitch : Cesium.Math.toRadians(-15.0), // 俯仰角度（以弧度为单位）
            roll : 0.0 // 滚动角度（以弧度为单位）
// 其他选项，如地形提供程序、地图样式等，可以根据需要进行配置
});
```

（3）配置 Cesium Viewer 选项

可以根据项目需求进一步配置 Cesium Viewer 的其他选项。以下是一些示例配置。

示例配置：

* 设置地形提供程序：
```javascript
viewer.terrainProvider = new Cesium.CesiumTerrainProvider({
    url : 'https://assets.agi.com/stk-terrain/v1/tilesets/world/tiles', // 地形数据的 URL
    requestVertexNormals : true // 请求顶点法线数据，用于光照效果等 });
```

* 设置地图样式：
```javascript
viewer.scene.globe.material = new Cesium.Material({
    fabric : {
        type : 'Grid', // 使用网格样式
        uniforms : {
            color : new Cesium.Color(0.5, 0.5, 1.0, 0.3), // 设置网格颜色和透明度
            cellAlpha : 0.3 // 设置网格单元格的透明度
});
```

3. 集成PostGIS数据

在 PostgreSQL 中创建一个新数据库，用于存储地理空间数据。使用 psql 命令行工具或其他图形界面工具连接到数据库，并执行以下命令来创建空间表：

```
CREATE TABLE my_locations (id SERIAL PRIMARY KEY, name VARCHAR(255), geom GEOMETRY(Point, 4326));
```

将地理空间数据导入到表中。使用 shp2pgsql 工具完成这一步。确保数据的坐标系与在创建表时指定的坐标系相匹配。

4. 配置Cesium以连接PostGIS数据库

在 Cesium 的 JavaScript 代码中，设置一个自定义的 GeoJsonDataSource，从 PostGIS

数据库中加载地理空间数据。创建 DataSource 类,连接到数据库、查询数据并转化为 Cesium 格式。

为实现 Cesium 与 PostGIS 的集成,编写自定义的 JavaScript 代码来创建一个 DataSource 类,用于从 PostGIS 数据库中加载地理空间数据。

示例程序:加载地理空间数据

```javascript
// 引入 Cesium 的依赖项
const { Cartesian3, Ellipsoid, GeographicTilingScheme,
ImageryLayer, ImageryLayerCollection, ImageryLayerStyle, Material,
PointPrimitiveCollection, PrimitiveCollection, TileProviderBase } = Cesium;
// 创建一个自定义的 TileProvider 类,用于从 PostGIS 数据库加载数据
class PostgisTileProvider extends TileProviderBase {
  constructor(options) {
    super(options);
    this.tileUrl = options.tileUrl; // 数据库中的地理空间数据的 URL 或查询参数
    this.postgisOptions = options.postgisOptions; // 传递给 PostGIS 查询的选项
  }
  // 覆盖父类的 createTile 方法,用于从 PostGIS 数据库加载数据
  createTile(x, y, level, request) {
    const context = request.context;
    const rect = this.tilingScheme.tileXYToRectangle(x, y, level);
    const query = {
      table: 'my_locations', // 数据库中的表名
      geomColumn: 'geom', // 地理空间数据的列名
      idColumn: 'id', // 主键列名
      rectangle: rect.west + ',' + rect.south + ',' + rect.east + ',' + rect.north, // 定义查询的矩形区域
      // 其他查询选项 ...
    };
    // 在这里,使用任何适合的库或工具来执行 SQL 查询,并获取结果。
    // 这里只是一个示例,可能需要根据用户的具体情况进行调整。
    return fetch(`${this.tileUrl}?${query}`)
      .then(response => response.json())
      .then(data => {
        const points = data.map(point => {
          const position = this.geodeticToCartesian(point.longitude, point.latitude);
          return new PointPrimitive({ position, material: new Material({ color: new Color(0, 0, 255) }) });
        });
        return new PrimitiveCollection({ primitives: points });
      });
  }
}

// 在 Cesium 中创建 PostGIS 数据源并添加到地图中
Cesium.buildModuleUrl.setBaseUrl('./cesium/'); // 设置 Cesium 文件的路径
const viewer = new Cesium.Viewer('cesiumContainer'); // 创建 Cesium Viewer 实例
const postgisTileProvider = new PostgisTileProvider({
  tileUrl: 'your_postgis_tile_url', // 设置 PostGIS 数据源的 URL 或查询参数
  postgisOptions: { /* 其他查询选项 */ }, // 设置其他查询选项
});
viewer.scene.primitives.add(postgisTileProvider); // 将数据源添加到场景中
```

5. 使用PostGIS进行空间索引和查询

在 PostgreSQL 中创建一个新表，并使用 GEOMETRY 或 GEOMETRYCOLLECTION 数据类型来存储空间数据。使用 CREATE INDEX 语句为该表创建一个空间索引：

```sql
sql'CREATE TABLE spatial_data (
  id SERIAL PRIMARY KEY,
  name VARCHAR(100),
  geom GEOMETRY(Point, 4326)  =);
CREATE INDEX idx_spatial_data_geom ON spatial_data USING GIST(geom);
```

插入空间数据：使用 ST_GeomFromText 或相关函数将空间数据插入表中。

```sql
sql'INSERT INTO spatial_data (name, geom) VALUES ('Point A', ST_GeomFromText('POINT(1 2)', 4326));
```

执行空间查询：使用 PostGIS 提供的函数和操作符来执行空间查询。要查找与给定点距离在一定范围内的所有点，可以使用 ST_DWithin() 函数。

```sql
SELECT * FROM spatial_data WHERE ST_DWithin(geom, ST_GeomFromText('POINT(1 2)', 4326), 10);
```

查看和修改空间数据：使用 PostGIS 提供的函数，如 ST_AsText 或 ST_Transform，可以查看或修改存储在数据库中的空间数据。

更新删除空间数据：使用标准的 SQL UPDATE 和 DELETE 语句来更新或删除表中的记录。

6. 在PostGIS中进行关键词检索并将结果显示于Cesium

1）在 PostGIS 中执行属性检索

假设有一个包含地理数据的表，如 locations，其中包含 name、id 和 owner 字段。

使用标准的 SQL SELECT 语句，结合 LIKE 操作符进行模糊查询。要查找名称中包含 test 的所有地点，可以使用：

```sql
SELECT * FROM locations WHERE name LIKE '%test%';
```

2）获取结果

从 PostGIS 检索的结果可以以各种方式提供，例如，以 CSV 文件的形式。但要将其集成到 Cesium 中，需要确保这些结果以正确的格式提供，例如，点或线的 GeoJSON 格式。

3）在 Cesium 中显示结果

Cesium 支持直接加载 GeoJSON 数据。可以将上述查询的结果保存为 GeoJSON 文件。

在 Cesium 的代码中，使用 Cesium.GeoJsonDataSource 加载此 GeoJSON 文件，并将其显示在地图上。

```javascript
javascript'var viewer = new Cesium.Viewer('cesiumContainer');
var dataSource = new Cesium.GeoJsonDataSource('path/to/your/geojsonfile.geojson');
viewer.dataSources.add(dataSource);
viewer.zoomTo(dataSource);
```

4）定位到查询结果

如果想将视图自动定位到查询结果的某个特定部分，需使用 Cesium 相机控制功能：

```
viewer.camera.setView({ destination: Cesium.Cartesian3.fromDegrees(-75.59777, 40.03883)})
```

5.4 主体功能开发

5.4.1 项目创建与 CesiumJS 引入

本系统使用 Vue3+TypeScript 作为前端，包管理器默认使用 pnpm；构建工具使用 Vite4，使用原生 CesiumJS 做应用开发。

在联网状态下，创建 Vite 前端工具链，命令如下：

```
pnpm create vite
```

对于 Vue，TypeScript 的模板可以手动选择，然后即可安装 CesiumJS，因为不进行严格的版本管理，所以固定了版本号，CesiumJS 安装命令如下：

```
pnpm add cesium@1.104
```

移除 src/assests 及 src/components 文件夹，删除全部 src/style.css 样式表编码，改写 main.ts、App.vue、style.css 文件。其中，在 main.ts 中声明 Cesium_BASE_URL 变量的类型为 string，其将在 App.Vue 中可以用到，改写的 main.ts 文件编码如下。

示例程序：改写 main.ts

```
import { createApp } from 'vue'
import App from './App.vue'
import './style.css'
declare global {
  interface Window {
    Cesium_BASE_URL: string
  }
}
createApp(App).mount('#app')
```

Viewer 作为三维地球的载体，可以在 App.vue 组件中创建。向 Viewer 构造参数传递 div#cesium-viewer 元素 ref 值 as HTMLElement；动态引入 CesiumJS CSS，供 Viewer 各内置界面组件（时间轴等）提供 CSS 样式；为 Viewer 创建一个 CesiumJS 自带离线 TMS 瓦片服务；最后，设定 Cesium_BASE_URL 的路径值。App.vue 改写后的代码如下。

示例程序：改写 App.vue

```
<script setup lang="ts">
import { onMounted, ref } from 'vue'
import { TileMapServiceImageryProvider, Viewer, buildModuleUrl } from 'cesium'
import 'cesium/Build/CesiumUnminified/Widgets/widgets.css'
const viewerDivRef = ref<HTMLDivElement>()
```

```
window.Cesium_BASE_URL = 'node_modules/cesium/Build/CesiumUnminified/'

onMounted(() => {
  new Viewer(viewerDivRef.value as HTMLElement, {
    imageryProvider: new TileMapServiceImageryProvider({
        url: 'node_modules/cesium/Build/CesiumUnminified/Assets/Textures/NaturalEarthII',
    })
  })
})
</script>
<template>
  <div id="cesium-viewer" ref="viewerDivRef"></div>
</template>
<style scoped>
#cesium-viewer {
  width: 100%;
  height: 100%;
}
</style>
```
尝试在 style.css 文件中写入自己的样式,如下:
```
html, body {
  padding: 0;
  margin: 0;
}
#app {
  height: 100vh;
  width: 100vw;
}
```

命令行执行 npm run dev,复制 Local 本地服务地址到浏览器进行访问,即可启动 Cesium 三维地球。

5.4.2 模块信息创建配置

在项目根目录下,创建一个 .json 文件,命名为 package.json,定义项目所需要的各种模块,以及配置信息(比如名称、版本、许可、贡献等元数据)。在 VS Code 的终端命令窗口中输入 npm install 命令就可以根据这个配置文件,自动下载所需模块,也就是配置项目所需的运行和开发环境。配置信息如下。

配置信息:

```
{
 "name": "CIMSearch-cesium-2023",
 "private": true,
 "version": "0.0.0",
 "type": "module",
 "scripts": {
"dev": "vite",
"build": "vue-tsc && vite build",
"preview": "vite preview"
 },
 "dependencies": {
"@element-plus/icons-vue": "^2.1.0",
"cesium": "1.99",
```

```
  "element-plus": "^2.3.8",
  "vue": "^3.2.47"
},
"devDependencies": {
  "@vitejs/plugin-vue": "^4.1.0",
  "sass": "^1.64.2",
  "typescript": "^4.9.3",
  "unplugin-auto-import": "^0.16.6",
  "unplugin-icons": "^0.16.5",
  "unplugin-vue-components": "^0.25.1",
  "vite": "^4.2.0",
  "vite-plugin-compression": "^0.5.1",
  "vite-plugin-externals": "^0.6.2",
  "vite-plugin-insert-html": "^1.0.1",
  "vite-plugin-static-copy": "^0.13.1",
  "vue-tsc": "^1.2.0"
}
```

vite、typescript、dependencies 等属性用以管理安装的 npm 包，定义所需各类模块，方便一键构建。

5.4.3 系统基础浏览功能

CIM 搜索引擎建立在地理信息平台上，实现三维地球可视化浏览能力。导入相关组件、包、样式等资源，管理 Cesium 的各项地图控件，并实现底图图层的管理与切换。

1. 导入Cesium资源

在当前开发环境下，使用 import 方式导入各项资源，主要包括 Cesium 各类组件、样式文件和其他页面：

```
import { onMounted, ref } from 'vue'
import { TileMapServiceImageryProvider, Viewer, buildModuleUrl, GeoJsonDataSource, Color } from 'cesium'
import * as Cesium from 'cesium'
import 'cesium/Build/CesiumUnminified/Widgets/widgets.css'
import Cesium3DTile from 'cesium/Source/Scene/Cesium3DTile';
```

其中，CIM 搜索引擎显示管理如图 5-4 所示。

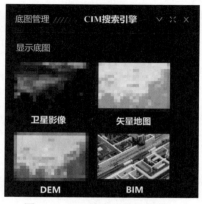

图 5-4　CIM 搜索引擎显示管理

2. 三维地图控件管理

Cesium 本身有丰富的地图控件，如时间轴、动画控制器、Home 按钮、投影方式控制器、图层选择控制器、全屏按钮等。本项目 Cesium 控件配置具体代码如下。

示例程序：Cesium 控件配置

```
onMounted(() => {
  viewer = new Viewer(viewerDivRef.value as HTMLElement, {
    imageryProvider: new TileMapServiceImageryProvider({
      // 对于 Cesium_BASE_URL 下的静态资源，推荐用 buildModuleUrl 获取
      url: buildModuleUrl('Assets/Textures/NaturalEarthII'),
    }),
    timeline: false, // 是否显示时间线控件
    navigationHelpButton: false,   // 是否显示帮助信息控件
    animation: false, // 左下角的动画控件的显示
    homeButton: true,              // 是否显示 Home 按钮
    geocoder: true,                // 是否显示地名查找控件
    selectionIndicator: true, // 鼠标选择指示器
    sceneModePicker: true, // 是否显示场景按钮
    infoBox: true, // 信息提示框
  });
  //viewerDivRef.Ion.
  //Cesium.GeoJsonDataSource.
  //console.log(viewer);
});
```

3. 底图管理与切换

Cesium 可以直接通过配置来设置地图的底图，也可以动态加载新的底图图层。以添加天地图为例，核心代码如下。

示例程序：底图管理与切换

```
const tMapImagery = new Cesium.WebMapTileServiceImageryProvider({
    url: 'http://t0.tianditu.gov.cn/${layer}_w/wmts?tk=用户的tk',
    layer,
    style: "default",
    tileMatrixSetID: "w",
    format: "tiles",
    maximumLevel: 18
})
viewer.imageryLayers.addImageryProvider(tMapImagery)
```

上述代码利用 Cesium 的 "WebMapTileServiceImageryProvider" 来加载天地图。同时依次打开 "node_modules"、"Cesium"、"Build"、"CesiumUnminified" 下的 Cesium.js 文件，通过修改 "BaseLayerPicker"（第 209458 行）函数来修改内置控件，其代码如下所示：

```
// Source/Widgets/BaseLayerPicker/BaseLayerPicker.js
function BaseLayerPicker(container, options) {
    if (!defined_default(container)) {
      throw new DeveloperError_default("container is required.");
    }
    container = getElement_default(container);
    const viewModel = new BaseLayerPickerViewModel_default(options);
    const element = document.createElement("button");
    element.type = "button";
    element.className = "cesium-button cesium-toolbar-button";
    element.setAttribute(
```

```javascript
    "data-bind",
    "attr: { title: buttonTooltip }, click: toggleDropDown"
  );
  container.appendChild(element);
  const imgElement = document.createElement("img");
  imgElement.setAttribute("draggable", "false");
  imgElement.className = "cesium-baseLayerPicker-selected";
  imgElement.setAttribute(
    "data-bind",
    "attr: { src: buttonImageUrl }, visible: !!buttonImageUrl"
  );
  element.appendChild(imgElement);
  const dropPanel = document.createElement("div");
  dropPanel.className = "cesium-baseLayerPicker-dropDown";
  dropPanel.setAttribute(
    "data-bind",
    'css: { "cesium-baseLayerPicker-dropDown-visible" : dropDownVisible }'
  );
  container.appendChild(dropPanel);
  const imageryTitle = document.createElement("div");
  imageryTitle.className = "cesium-baseLayerPicker-sectionTitle";
  imageryTitle.setAttribute(
    "data-bind",
    "visible: imageryProviderViewModels.length > 0"
  );
  imageryTitle.innerHTML = " 影像图层 ";
  dropPanel.appendChild(imageryTitle);
  const imagerySection = document.createElement("div");
  imagerySection.className = "cesium-baseLayerPicker-section";
  imagerySection.setAttribute("data-bind", "foreach: _imageryProviders");
  dropPanel.appendChild(imagerySection);
  const imageryCategories = document.createElement("div");
  imageryCategories.className = "cesium-baseLayerPicker-category";
  imagerySection.appendChild(imageryCategories);
  const categoryTitle = document.createElement("div");
  categoryTitle.className = "cesium-baseLayerPicker-categoryTitle";
  categoryTitle.setAttribute("data-bind", "text: name");
  imageryCategories.appendChild(categoryTitle);
  const imageryChoices = document.createElement("div");
  imageryChoices.className = "cesium-baseLayerPicker-choices";
  imageryChoices.setAttribute("data-bind", "foreach: providers");
  imageryCategories.appendChild(imageryChoices);
  const imageryProvider = document.createElement("div");
  imageryProvider.className = "cesium-baseLayerPicker-item";
  imageryProvider.setAttribute(
    "data-bind",
    'css: { "cesium-baseLayerPicker-selectedItem" : $data === $parents[1].selectedImagery }, attr: { title: tooltip }, visible: creationCommand.canExecute, click: function($data) { $parents[1].selectedImagery = $data; }'
  );
  imageryChoices.appendChild(imageryProvider);
  const providerIcon = document.createElement("img");
  providerIcon.className = "cesium-baseLayerPicker-itemIcon";
  providerIcon.setAttribute("data-bind", "attr: { src: iconUrl }");
  providerIcon.setAttribute("draggable", "false");
  imageryProvider.appendChild(providerIcon);
  const providerLabel = document.createElement("div");
  providerLabel.className = "cesium-baseLayerPicker-itemLabel";
```

```
      providerLabel.setAttribute("data-bind", "text: name");
      imageryProvider.appendChild(providerLabel);
      const terrainTitle = document.createElement("div");
      terrainTitle.className = "cesium-baseLayerPicker-sectionTitle";
      terrainTitle.setAttribute(
        "data-bind",
        "visible: terrainProviderViewModels.length > 0"   );
      terrainTitle.innerHTML = " 地形图层 ";
      dropPanel.appendChild(terrainTitle);
      const terrainSection = document.createElement("div");
      terrainSection.className = "cesium-baseLayerPicker-section";
      terrainSection.setAttribute("data-bind", "foreach: _terrainProviders");
      dropPanel.appendChild(terrainSection);
      const terrainCategories = document.createElement("div");
      terrainCategories.className = "cesium-baseLayerPicker-category";
      terrainSection.appendChild(terrainCategories);
      const terrainCategoryTitle = document.createElement("div");
      terrainCategoryTitle.className = "cesium-baseLayerPicker-categoryTitle";
      terrainCategoryTitle.setAttribute("data-bind", "text: name");
      terrainCategories.appendChild(terrainCategoryTitle);
      const terrainChoices = document.createElement("div");
      terrainChoices.className = "cesium-baseLayerPicker-choices";
      terrainChoices.setAttribute("data-bind", "foreach: providers");
      terrainCategories.appendChild(terrainChoices);
      const terrainProvider = document.createElement("div");
      terrainProvider.className = "cesium-baseLayerPicker-item";
      terrainProvider.setAttribute(
        "data-bind",
       'css: { "cesium-baseLayerPicker-selectedItem" : $data === $parents[1].
selectedTerrain }, attr: { title: tooltip }, visible: creationCommand.
canExecute,click: function($data) { $parents[1].selectedTerrain = $data; }'
      );
      terrainChoices.appendChild(terrainProvider);
      const terrainProviderIcon = document.createElement("img");
      terrainProviderIcon.className = "cesium-baseLayerPicker-itemIcon";
      terrainProviderIcon.setAttribute("data-bind","attr: { src: iconUrl }");
      terrainProviderIcon.setAttribute("draggable", "false");
      terrainProvider.appendChild(terrainProviderIcon);
      const terrainProviderLabel = document.createElement("div");
      terrainProviderLabel.className = "cesium-baseLayerPicker-itemLabel";
      terrainProviderLabel.setAttribute("data-bind", "text: name");
      terrainProvider.appendChild(terrainProviderLabel);
      knockout_default.applyBindings(viewModel, element);
      knockout_default.applyBindings(viewModel, dropPanel);
      this._viewModel = viewModel;
      this._container = container;
      this._element = element;
      this._dropPanel = dropPanel;
      this._closeDropDown = function(e) {
        if (!(element.contains(e.target) || dropPanel.contains(e.target))) {
          viewModel.dropDownVisible = false;
        }
      };
      if (FeatureDetection_default.supportsPointerEvents()) {
        document.addEventListener("pointerdown", this._closeDropDown, true);
      } else {
        document.addEventListener("mousedown", this._closeDropDown, true);
        document.addEventListener("touchstart", this._closeDropDown, true);
```

    }
  }

5.4.4　CIM 数据可视化加载

CIM 搜索引擎的数据包含基础地理数据、地质环境数据、地下管线数据等，引擎数据目录如图 5-5 所示。

1. 矢量图层数据加载

CesiumJS 可以加载各种常见的矢量数据格式，可以通过直接加载 SHP 格式方式，也可以通过 WMS、WFS 标准服务的方式进行加载。此外，将矢量数据转换为 JSON 格式执行加载，或调用 PostgreSQL 数据库中的矢量数据表记录加载。

1）直接加载 SHP 格式数据

在应用开发过程中，通常是通过加载 WFS、WMS 服务的方式来加载矢量数据。直接加载 SHP 文件的方式比较容易，但数据量较大时加载效率和浏览效果不够好。

以下是直接加载 SHP 格式矢量文件的核心方法。

示例程序：加载 SHP 格式矢量文件

图 5-5　CIM 搜索引擎数据源

```
var line_szregion= new VectorTileImageryProvider({
  source: "/static/data/json/chinaregion.shp",
  defaultStyle: {
    outlineColor: "rgb(255, 0, 0)",
    lineWidth: 5,
    // fill: true,
    // tileCacheSize: 200,
    // showMaker: true,
    // showCenterLabel: true,
    // fontColor: "rgba(255, 255, 0, 1)",
    // labelOffsetX: -10,
    // labelOffsetY: -5,
    // fontSize: 30,
    // fontFamily: " 黑体 ",
    // centerLabelPropertyName: "name"
  },
  // maximumLevel: 20,
  // minimumLevel: 1,
  // simplify: false
  });
line_szregion.readyPromise.then(function () {
viewer.imageryLayers.addImageryProvider(line_gaosuDL);
    });
```
"defaultStyle" 为矢量数据的定义格式，包含线条颜色、宽度、文字标记等。

2）加载 GeoJSON 格式数据

GeoJSON 是一种对地理数据结构进行编码的格式。GeoJSON 对象可以表示几何信息、要素或要素集合。geometries 中的 type 成员的值是下面字符串之一：Point，MultiPoint，LineString，MultiLineString，Polygon，MultiPolygon，或者 GeometryCollection，每一几何

对象均有一个 coordinates 成员，其由一个 position（这儿是几何点）、position 数组（线或几何多点）、position 数组的数组（面、多线）或者 position 的多维数组（多面）组成。

CesiumJS 可使用 GeoJsonDataSource 加载 GeoJSON 格式数据，GeoJSON 数据可以由 SHP 等各矢量格式数据转换得到，常用转换工具有 ArcGIS、PGIS 等，此外，也可以通过互联网上提供的一些公开免费工具或自行开发工具按其数据结构来转换。加载 GeoJSON 数据的核心代码如下。

首先，在 globe.ts 中定义 GeoJSON 的存储路径。

示例程序：定义 GeoJSON 的存储路径

```
var JsonDataUrl = {
    szregion: '/static/data/json/szbigregion.json'}
```
其次，使用 "GeoJsonDataSource" 的 "load" 方法来动态加载 GeoJSON 数据，"dataUrl" 为上述定义的数据路径，代码如下：
```
const AddGeoData = (dataUrl: any) => {
  // 加载 geojson 数据
let dataGeo = GeoJsonDataSource.load(
    dataUrl,
    // 设置样式
    {
        stroke: Color.RED,
        fill: Color.SKYBLUE.withAlpha(0.1),
        strokeWidth: 10,
 if (null != viewer) {
    viewer.dataSources.add(dataGeo);
 }
```
"stroke"、"fill"、"strokeWidth" 为设置其线条颜色、填充颜色、线条宽度等样式。

3）加载 WFS 服务矢量数据

WFS 是网络要素服务，在 CesiumJS 加载 WFS 之前，需将矢量数据发布为 WFS 服务，目前 WFS 服务发布工具很多，本书中的 WFS 服务均采用开源 GeoServer 来发布。发布完成后，在 GeoServer 中查询 WFS 地址，通过 GeoJsonDataSource 来动态加载 WFS 服务，其核心代码如下。

示例程序：加载 WFS 服务矢量数据

```
var WFSUrl = 'http://localhost:8080/geoserver/CesiumTest_WFS';// 发布在 GeoServer 的服务地址
// 定义各参数
var param = {
    service: 'WFS',
    version: '1.0.0',
    request: 'GetFeature',
    typeName: 'WFS',
    outputFormat: 'application/json'
};
$.ajax({
    url: WFSUrl + "/ows" + getParamString(param, geoserverUrl),
    cache: false,
    async: true,
    success: function (data) {
```

```
            var dataPromise = Cesium.GeoJsonDataSource.load(data);
            dataPromise.then(function (dataSource) {
                viewer.dataSources.add(dataSource);// 加载服务数据
                viewer.flyTo(dataSource);
            })
        },
        error: function (data) {
            console.log("error");
})
```

2. 影像图层数据加载

CesiumJS 的 Viewer 构造参数中，imageryProvider 参数用来设置地球上面将要覆盖的图层，baseLayerPicker 默认值为 true，此时 Viewer 会显示基本图层指示器，创建默认的图层集合 imageryLayers，选择第一个图层来覆盖地球表面。当 baseLayerPicker 为 false 时，Viewer 不创建基本的图层指示器，然后清空图层集合，并将 imageryProvider 所指的图层对象加入 imageryLayers 图层集合，当页面需要渲染时，Viewer 会使用这个图层作为地球表面的覆盖图层。

自定义添加第三方或自行发布的影像服务时，通常以 WMS、WMTS 数据服务方式来加载影像图层数据。

1）WMS 影像图层数据加载

先通过 GeoServer 等符合 OGC 标准的服务工具发布影像图层，获取其 WMTS 服务地址 url，通过 WebMapTileServiceImageryProvider 定义 WMTS 加载各项参数，通过 addImageryProvider 方法加载 WMS 服务，核心代码如下。

示例程序：加载 SHP 格式矢量文件

```
function wmtsService(url, layer){
  let wmts=new Cesium.WebMapTileServiceImageryProvider({
    url : url, // 如 'http://106.12.253.xxx/geoserver/xxx/service/wmts'
    layer : layer, //' 数据源：图层名 '
    style : '',
    format : 'image/png',
    tileMatrixSetID : 'EPSG: 4326', // 坐标系
    tileMatrixLabels : ['EPSG: 4326: 0', 'EPSG: 4326: 1', 'EPSG: 4326: 2',
      'EPSG: 4326: 3', 'EPSG: 4326: 4', 'EPSG: 4326: 5',
      'EPSG: 4326: 6', 'EPSG: 4326: 7', 'EPSG: 4326: 8', 'EPSG: 4326: 9',
      'EPSG: 4326: 10', 'EPSG: 4326: 11', 'EPSG: 4326: 12', 'EPSG: 4326: 13',
      'EPSG: 4326: 14', 'EPSG: 4326: 15', 'EPSG: 4326: 16', 'EPSG: 4326: 17',
      'EPSG: 4326: 18', 'EPSG: 4326: 19', 'EPSG: 4326: 20', 'EPSG: 4326: 21', ],
// 查看 geoserver，看共有几层切片
    maximumLevel: 18, // 设置最高显示层级
    tilingScheme: new Cesium.GeographicTilingScheme(), // 必要的方法
  });
return wmts;
}
// 最终调用方法
let wmtsservice= _this.viewer.imageryLayers.addImageryProvider(wmtsService(url, layer))
```

3. 倾斜摄影数据加载

倾斜摄影数据以 3DTiles 数据格式执行加载，3D Tiles 用于大场景的三维模型，其拥有

一个开放的规范，用于传输海量的三维异构地理空间数据集。类似于 terrain 和 imagery 的瓦片流技术，3D Tiles 使得建筑物数据集、BIM 模型、点云和摄影测量模型等大模型比较流畅的在 Web 端进行浏览展示。使用 Cesium Ion、Cesiumlab 等工具制作或转换 3DTiles 格式三维倾斜摄影数据。首先定义倾斜摄影数据的 3DTiles 路径及其参数，代码如下。

示例程序：定义数据加载路径

```
var SZ3DtilesData = {
    futian3Dtiles:{
    // 全区 3DTiles 倾斜
    url: 'http://localhost/gw/TILE_3D_MODEL/sz/futian2021/tileset.json',
    key: 'JGKV10a+88Bq+HPlII3SdaRI9WIScmOoiXLPHAN4/9qkwIg75+bXXXXXXXX',
    params:'',
    },
    sz3dtiles:{
    // 全市 3DTiles 倾斜
    url: 'http://localhost/gw/TILE_3D_MODEL/sz/shenzhen2021/tileset.json',
    key: 'JGKV10a+88Bq+HPlII3SdaRI9WIScmOoiXLPHAN4/9qkwIg75+bXXXXXXXX',
    params:'',
    }
}
```

使用 Cesium3DTileset 方法加载倾斜摄影数据，加载完成后可使用 viewer.flyto 定位至当前倾斜摄影数据区域。加载 3DTiles 倾斜摄影数据的核心代码如下：

示例程序：加载 3DTiles 倾斜摄影数据

```
// 加载 3Dtiles 数据
const AddSZ3DtilesData = (urlKey: any) => {
  var tileset = new Cesium.Cesium3DTileset({
url: new Cesium.Resource({
url: urlKey.url,
headers: {
'szvsud-license-key': urlKey.key
}
})
})
if (null != viewer){
  viewer.scene.primitives.add(tileset)
  if ("" != urlKey.params)
  {
    tileset.readyPromise.then(function(tileset) {
      update3dtilesMaxtrix(tileset, urlKey.params);
    });
  }
  //show true false 可以控制显示
  viewer.flyTo(tileset)
}
}
"urlKey.url" 即 3DTiles 数据的服务地址，"urlKey.key" 即数据地址的密钥，无密钥可为空。
```

倾斜摄影数据加载如图 5-6 所示。

图 5-6　CIM 搜索引擎加载倾斜数据

4　BIM 模型数据加载

以 Cesiumlab 为例，把 BIM 模型导出至 fbx，再转换为 3DTiles 格式数据。Revit、3DMax 等软件都有 fbx 格式文件的直接导出选项。打开 CesiumLab 并登录，在左侧工具栏选择"通用模型切片"，进入"切片生成"页面。在"输入文件"对话框选择"+FBX"，选择本地的 FBX 模型文件。再单击"设置"按钮则弹出"设置"页面；"设置"页面主要包括空间参考、零点坐标、属性文件、透明模式、强制双面、无光照等相关设置项，其中，空间参考、属性文件较为重要，需逐一设置，如图 5-7 所示。

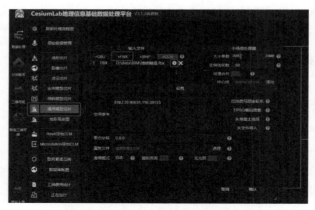

图 5-7　CesiumLab 通用模型切片设置

转换为 FBX 格式的模型默认属性只有 id，而在实际应用中如果将其他属性也附加到模型上，需要按照 CesiumLab 的相关说明编写 utf8 编码的 CSV 属性文件，按下图设置，其中第一列必须是唯一名称，且第一列的值与模型场景里的名称需互相关联匹配，如图 5-8 所示。

图 5-8　FBX 模型文件属性文件配置

在使用 3DMAX 或 Revit 建模时,使用的是自由坐标系,场景内的各构件位置为相对关系,则需在将 FBX 模型文件转换为 3DTiles 模型时,选择参考点来做模型转换。对模型的坐标精度要求较低的,选择模型与场景中的一个关键重合点做参考点,作为位置的简单偏移转换。如作精密转换,则需要选择两至三个公共点。

首先打开 3DMAX 找到某一个明显参考点的模型场景内的坐标,记住这个参考点的 XYZ 值,比如:22、11、0;再选择"从地图上选择"打开地图上选点界面,找到这个参考点的实际对应经纬度坐标 23.091314,114.545088;最终将获取到的 2 个参数分别填写到 CesiumLab 的转换参数中,其中 3DMAX 中的坐标改为反向的值,比如加负号:-22,-11,0。设置如图 5-9 所示。

在数据存储环节,存储类型选择"散列"选项,然后,再选择保存 3DTiles 文件转换后的存储路径,单击"提交处理"按钮,即可进入处理页面,如图 5-10 所示。

图 5-9　空间参考与零点坐标配置

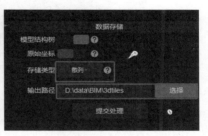
图 5-10　数据存储设置并提交处理

导出成功后的 3DTiles 数据如下图,包含 b3dm 格式和 json 格式两种文件组合,3DTiles 数据量很大,需要以 HTTP 方式发布 3DTiles 数据后,即可在 Cesium 中动态加载使用。3DTiles 数据如图 5-11 所示。

图 5-11　通过 BIM 轻量化生成的 3DTiles 数据

首先在 global.ts 中定义 BIM 数据的 3DTiles 路径及其参数,本系统所有的数据地址或目录均通过 global.ts 的 SZ3DtilesData 全局常量进行定义,代码如下。

示例程序:定义 BIM 数据的 3DTiles 路径及其参数

```
var SZ3DtilesData = {
    nanshaRoadtiles:{
```

```
        url: '/static/data/3dtiles/bim/gznansharaod/tileset.json',
        key: '',
        params: {tx: 113.50925, ty: 22.78605, tz: -30, rx: 0, ry: 0, rz: 0},
}
```

BIM数据加载方法和加载倾斜摄影一样，都是加载3DTiles文件，使用Cesium3DTileset方法加载BIM数据，加载完成后可使用viewer.flyto定位至当前BIM数据场景区域。加载的BIM模型效果如图5-12所示。

图5-12　CIM搜索引擎加载BIM模型

5. BIM轻量化数据加载

BIM物理模型数据通过轻量化转化为三维点状矢量集合，可在GIS软件中实现海量存储、动态浏览、直观展示与快速查询。通过动态访问PostgreSQL数据库，获取BIM轻量化点状数据，并实现动态加载、浏览、点击查询与关键词检索。

BIM格式数据经过轻量化处理后，得到相应shp文件，包含BIM构件轻量化点状信息与属性信息，由PostgreSQL存储，通过PostGIS将shp点数据导入数据库。在Windows10/11系统中打开"开始-PostGIS"，选择添加本地需导入shp文件，登录PostgreSQL查看数据库、表信息，查询BIM轻量化点位数据。

通过CesiumJS加载PostgreSQL中的BIM轻量化数据，需先通过后台Java程序建立与数据库的连接，并操作读取数据库表的信息。具体步骤如下。

访问PostgreSQL官网下载JDBC驱动，并以import方式导入驱动。代码如下所示：

```
// 导入PostgreSQL JDBC驱动程序

    import org.postgresql.Driver;
```

在后台程序中，使用java.sql.Connection接口来表示与数据库的连接。可以使用DriverManager类的getConnection方法来创建数据库连接。需要提供数据库的链接地址、用户名和密码。代码如下：

```
// 数据库连接信息
String url = "jdbc:postgresql://localhost:5433/PostgreSQL10";
String username = "admin";
String password = "password";
// 创建数据库连接
Connection connection = DriverManager.getConnection(url, username, password);
```

在上述代码中，连接的是本地 localhost 服务器上的数据库，其中 5433 是数据库的端口，PostgreSQL10 是数据库名称，admin 是数据库用户名，mypassword 是数据库密码。连接上数据库后，即可进行查询、更新等相关操作，在此使用了 java.sql.Statement 接口的实例来执行 SQL 语句。数据库操作代码如下：

```
// 创建 Statement 对象
Statement statement = connection.createStatement();
// 执行 SQL 查询
ResultSet resultSet = statement.executeQuery("SELECT * FROM BIMData");
// 处理查询结果
while (resultSet.next()) {
// 从结果集中获取数据
String column1 = resultSet.getString("column1");
int column2 = resultSet.getInt("column2"); }
// 关闭结果集和 Statement 对象
resultSet.close(); statement.close();// 关闭数据库连接
connection.close();
```

在上述代码中用 createStatement 方法创建了一个 Statement 对象，然后使用 executeQuery 方法执行了一个查询语句，并将结果存储在一个 ResultSet 对象中。然后使用 next 方法遍历结果集，并使用 getString 和 getInt 等方法获取每一行的数据。

在程序前端获取 BIM 轻量化数据并将其转换为 GeoJSON 数据结构，可使用遍历方式使表数据 GeoJSON 结构化。即可在 CIM 场景中加载该数据，具体加载过程可参看前节加载矢量 GeoJSON 数据，数据加载效果如图 5.13 所示。

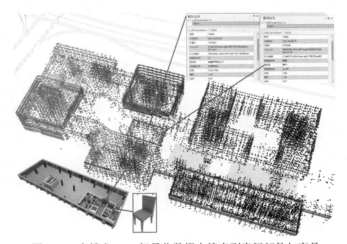

图 5-13　在楼宇 BIM 轻量化数据中搜索到房间部件与家具

5.4.5　系统索引与缓存设置

本系统对 BIM 轻量化海量数据的检索，主要通过 BIM 构件的 ID 值或名称关键字进行，ID 值检索使用线性检索算法实现，通过遍历对应数据库 ID 值查找 BIM 构件。同时保留检索内容形成缓存，以便在下次检索时调用。首先定义缓存的状态管理器文件，代码如下：

* 路由缓存模型
```
interface RouterStoreModel{
    /*** 需要缓存的路由 */
    keepAliveViews: Array<any>;
    /*** 不需要缓存的路由 */
    noKeepAliveViews: Array<any>;
/*** 路由缓存 */
export const RouterStore=defineStore({
    id:'RouterStore',
    state: ():RouterStoreModel=>({
        keepAliveViews: [],
        noKeepAliveViews: [],
    })
})
```

其次,将缓存数据存入路由管理文件,代码如下:

```
// 记录需缓存的路由/组件
let keepAliveViews: Array<any>=[];
let notAliveViews: Array<any>=[];
router.getRoutes().forEach((routeItem) => {
    if (routeItem?.meta?.keepAlive) {
        // 组件 name 和路由 name 保持一致,所以可以直接使用 routeItem.name
        // 也可以在 meta 中添加属性 compName 来用,或其他方案
        keepAliveViews.push(routeItem.name);
    }else{
        notAliveViews.push(routeItem.name);
    }
});
let routerState=RouterStore(store);
routerState.keepAliveViews=keepAliveViews;
routerState.noKeepAliveViews=notAliveViews;
```

再将路由视图页面数据定义为路由视图文件,代码如下:

```
/*** 缓存响应式数据
const alive = reactive({
  keepAliveViews: routerState.keepAliveViews,
  notAliveViews: routerState.noKeepAliveViews, })
/*** 监听路由缓存变化,重新赋值给缓存响应式数据
watch(()=>routerState.keepAliveViews, ()=>{
  alive.keepAliveViews=routerState.keepAliveViews;
  alive.notAliveViews=routerState.noKeepAliveViews;
})
```

路由视图代码的示例代码如下:

```
<template>  <router-view #default="{ Component }">
     <keep-alive :include="alive.keepAliveViews" :exclude="alive.notAliveViews">
        <component :is="Component" :key="route.meta.name" />
    </keep-alive>  </router-view></template>
```

定义修改路由缓存方法,路由表文件或者其他页面均可,示例代码如下:

/*** 修改需要缓存的路由数据

```
 * @param alive 匹配的缓存 key
 * @param deleteInfo 需要删除的元素
 * @param addInfo 需要增加的元素
const changeAliveViews=(alive: string, deleteInfo?: Array<any>, addInfo?:
Array<any>)=>{
    /*** 获取当前缓存路由数据
    let info=routerState[alive];
    let result; /*** 最终结果
    if(deleteInfo){
        result = info.filter(el => !deleteInfo.includes(el)); }
     if(addInfo){
        result=[...new Set(result.concat(addInfo))]}
    routerState[alive]=result;
```

最后即可调用路由表文件，具体代码如下：

```
{
path: '/userList',
    name: 'userList',
    component: () => import('@/views/building/userList.vue'),
    meta: {
        title: '楼层用户',
        keepAlive: true,
        beforeEnter: ()=>{
            changeAliveViews("keepAliveViews",["userDetail"],["userList"]);
```

输入框缓存信息可以在检索数据时自动弹出提示，以供选择，点击实现快速输出并执行检索任务，如图 5-14 所示。

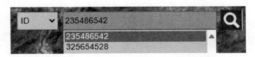

图 5-14 搜索输入框信息缓存

5.4.6 系统关键词搜索

在 JavaScript 中，使用 fetch API 从后端获取数据，然后使用 filter 和 includes 方法在前端进行关键词搜索。对于 CIM 轻量化后三维矢量点位数据，每个对象包含"构件""名称""ID"和"权属人"等属性。

```javascript
// 假设用户的数据结构如下：
let data = [
    { id: 1, 构件: 'A', 名称：'建筑 1', 权属人:'企业 1' },
    { id: 2, 构件: 'B', 名称：'建筑 2', 权属人:'企业 2' },
    // ...其他数据  ];

// 搜索函数
function search(keyword, data) {
    return data.filter(item => {
        return (
            item.构件.toLowerCase().includes(keyword) ||
            item.名称.toLowerCase().includes(keyword) ||
```

```
            item.权属人.toLowerCase().includes(keyword) ||
            item.id.toString().includes(keyword) ); }); }
// 使用示例：搜索关键词为 " 构件 " 的结果
let searchResult = search(' 构件 ', data);
console.log(searchResult);   // 输出所有符合条件的项
```

1. 输入界面开发

（1）使用 HTML 和 CSS 创建一个简单的输入界面，包括一个搜索框和一个按钮。

（2）当用户在搜索框中输入时，使用 JavaScript 监听输入事件，并显示下拉提示。

2. 自动下拉提示条开发

当用户在搜索框中输入时，使用 JavaScript 获取输入值。调用搜索函数（如上面的 search 函数），并显示搜索结果作为下拉提示。使用模态框或自动下拉菜单来实现这一功能。

3. 自动定位并中心点显示

（1）当用户选择一个搜索结果时，使用 JavaScript 获取该结果的数据。

（2）使用 Cesium 的 API 进行地理定位，将地图中心点移动到该位置。

（3）如果数据包含高度信息，还可以在 3D 地图上显示该点位。

需要使用 GIS 工具或库（如 GDAL/OGR）来读取 SHP 文件。将 SHP 文件中的数据导入 PostgreSQL 数据库中，并使用 PostGIS 扩展进行空间索引和查询。在 JavaScript 中，可以通过后端 API 调用这些空间查询来获取数据。一个简单的 HTML 输入界面和下拉提示的实现示例如下：

```html
<!DOCTYPE html> <html> <head>    <title>Search Interface</title>
  <style>   /* 样式可以根据需要进行调整 */
  </style>  </head>   <body>
  <input type="text" id="searchInput" placeholder="Search...">
  <div id="searchResults"></div>
  <script src="search.js"></script>
</body>  </html>
```

在 search.js 中：

```javascript
document.addEventListener('DOMContentLoaded', function() {
  const searchInput = document.getElementById('searchInput');
  const searchResults = document.getElementById('searchResults');
  let data = [/* 用户的数据 */];   // 从后端获取数据
  function renderSearchResults(results) {
     searchResults.innerHTML = '';   // 清空之前的提示
     results.forEach(result => {
        const option = document.createElement('div');
         option.textContent = result.构件 + ', ' + result.名称 + ', ID: ' + result.id + ', 权属人：' + result.权属人;
        option.addEventListener('click', () => {
           // 当用户点击某个结果时，显示定位和 3D 渲染等操作   });
        searchResults.appendChild(option);   }); }

  searchInput.addEventListener('input', function() {
     const keyword = this.value.toLowerCase();    // 获取输入值并转为小写
```

```
        const results = search(keyword, data);    // 调用搜索函数获取结果
renderSearchResults(results);    // 渲染搜索结果
});
});
```

由于 BIM 构件 ID 值具有唯一性，以其为检索条件，在 BIM 数据库中查询与其完全匹配的构件。其核心代码如下所示：

```
// 搜索
const refreshList = () => {
    console.log(searchParam);// 搜索数据的对象
    console.log(arr.value);// 表中的数据
    let obj = {}
    obj = {
        BIM_ID: searchParam.bim_id, }
    // 排除空
    for (let key in obj) {
        if (obj[key] == '' || obj[key] == null) {
            delete obj[key]}}
    // @param condition 过滤条件
    // @param data 需要过滤的数据
    let filter = (condition, data) => {
        return data.filter(item => {
            return Object.keys(condition).every(key => {
                return String(item[key]).toLowerCase().includes(
                    String(condition[key]).trim().toLowerCase()) })})}
    let data = filter(obj, arr.value);
    console.log(data);
    if (data != '') {
        arr.value = data
    } else {
        ElMessage({
            type: 'error',
            message: ' 没有相关信息 ', });
        data = [];
        arr.value = data;
    }
}
```

在检索界面下，单击搜索输入框左侧的下位选择列表，选择"ID"选项，单击输入框右侧搜索图标，即可执行搜索并弹出精确搜索内容，搜索内容为单个 BIM 构件的属性数据，以 JSON 格式保存至系统内存中，供后续定位和点击查询时调用，其 ID 以下拉列表框方式呈现。双击搜索结果项，即可在地图中跳到相应的 BIM 点位，并同步放大地图显示范围。

5.4.7 模糊检索与词云推荐

模糊搜索主要是通过 BIM 构件的名称等关键字进行检索时使用。当搜索意图不明确时，搜索算法将查询 BIM 构件名称、用途等关键字与待检索的内容进行模糊匹配，找出与查询相关的内容。使用模糊搜索无法精确查找到所需要的内容，返回的结果中可能包括了一大批并不想要的信息。

检索视图页面通过代码绘制 form 标签，标签内分别添加输入框、检索类型下拉框和检索执行按钮，代码如下。

```
<div class="content"> <div class="right">
 <select name="BIMContent" width='100' v-model="formBIMData.bim">
  <option value="" selected>请选择</option>
  <option value="1">ID</option>    <option value="2">名称</option>
  <option value="3">类别</option>   </select>
  <input type="text" v-model="formBIMData.bim" placeholder="名称（精准搜索）">

  <button class="cearchbtn" @click="search(formData)">提交数据</button>
 </div> <div class="left"> <ul>
  <li v-for="(item, index) in realList" :key="index">
    {{item.name}}
</li>  </ul>
</div> </div>
```

在检索界面下，单击搜索输入框左侧的下位选择列表，选择"名称"选项，执行模糊检索。

单击输入框右侧的搜索图标，即可执行搜索并弹出相关性较强的模糊搜索内容，搜索内容为单个 BIM 构件的属性数据，以 JSON 格式保存至系统内存中，可以供后续定位和点击查询时调用，其名称以下拉列表框方式呈现，拖动滚动条可以调整内容显示范围。

搜索结果项，即可在地图跳到相应的 BIM 轻量化点位，同步放大地图显示范围，如图 5-15 所示。

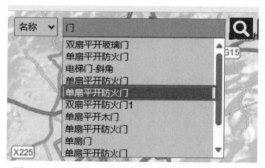

图 5-15　在模糊查询列表中进一步确定搜索结果

在模糊检索的基础上，根据检索词在后台进行分析，按单词的检索量排序生成检索词云，单击词云中的关键词即可快速完成检索。

5.4.8　查询定位与信息显示

通过上述精确检索与模糊检索，在弹出的列表框中呈现出检索结果，通过对检索结果的交互操作，实现查询结果的定位与信息点击查看。

在检索列表框中双击搜索结果，系统前端 JavaScript 代码根据该 BIM 名称所挂载的唯一 ID 值从内存中找出该 BIM 构件的属性 JSON 列表信息，根据 JSON 列表信息中的"三维位置"字段项，在 CIM 基础平台上绘制该 BIM 构件的矢量信息点，如图 5-16 所示。

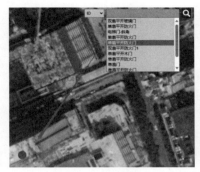

图 5-16　根据 BIM 构件轻量化数据、绘制点位并显示其信息

在 CIM 基础地图中点击 BIM 构件三维点位，即弹出该 BIM 构件的详细属性信息，将该属性信息的 JSON 结构转换至 HTML 的 el-table 标签中，以"项目""内容"将其属性信息展示出来，其中 BIM 构件表与属性表映射关系如图 5-17 所示。BIM 构件 JSON 结构数据转换为 HTML 的 el-table 标签数据结构，核心代码如下。

```
export default {
    data() {
        return {
            dialogFormVisible: false,
            jsonData: null // 返回参数
        };
    },
    methods: {
        open() {
            this.dialogFormVisible = true;
        },
        close() {
            this.dialogFormVisible = false;
            this.jsonData = null;
        },
        // 提交
        JsonToTable() {
            if (!this.jsonData) return this.$message.error('JSON 数据不能为空 ');
            let flag = this.checkJson(this.jsonData);
            if (flag) {
                this.dialogFormVisible = false;
                this.$emit('getJson', this.jsonData);
            } else {
                return this.$message.error('JSON 数据格式不正确 ');
            }
        },
        // 判断是否是 JSON 格式
        checkJson(str) {
            if (typeof str === 'string') {
                try {
                    let obj = JSON.parse(str);
                    if (typeof obj === 'object' && obj !== null) {
                        return true;
                    } else {
                        return false;
                    }
```

```
                } catch (e) {
                    console.error('error:', str, '!!!', e);
                    return false;
                }
        } else {
            console.error('It is not a string!');
            return false;
        }
    }
}
};
```

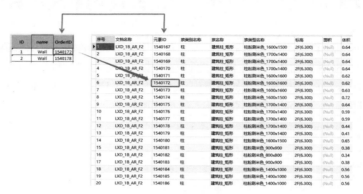

图 5-17　BIM 构件表与属性表映射关系

实现搜索结果中心放大和红色闪烁功能，操作如下。

（1）获取搜索结果点：从 PostGIS 数据库中检索搜索结果点。这可以通过执行 SQL 查询并从结果中提取经纬度坐标来完成。

（2）创建点实体：使用 Cesium 的 Entity API 创建点实体，并将检索到的坐标分配给每个点的位置属性。

（3）放大到点：使用 zoomTo 或 camera.lookAt 方法将相机聚焦于搜索结果点。

（4）实现红色闪烁效果。

①创建一个定时器，使用 JavaScript 的 setInterval 函数。

②在定时器的回调函数中，循环遍历点实体数组。

③为每个点实体设置其视觉样式属性（如 material），使用 Cesium 的 Color 对象创建红色材质，然后将其分配给点的材质属性。

④清除定时器以停止闪烁效果。

（5）调整样式和动画：根据需要调整点的样式和动画效果，设置点的尺寸、颜色等。

（6）添加交互功能：如果需要，可以添加交互功能，当用户点击某个点时，显示详细信息或执行其他操作。

（7）测试和调试：在浏览器中打开 Cesium Viewer，并测试实现的功能是否按预期工作。如果有任何问题，请检查代码并进行必要的调整。

示例代码如下：

```
// 创建点实体  var entities = [];
```

```
    searchResults.forEach(function (result) {
        entities.push({
            positionCesium.Cartesian3.fromDegrees(result.longitude, result.latitude),
            point : {    pixelSize : 10,
                outlineColor : Cesium.Color.WHITE,
                outlineWidth : 2,
                color : Cesium.Color.WHITE,
                outlineWeight : 2   }        });    });
// 将点实体添加到 Cesium Viewer 的场景中
viewer.entities.addMany(entities);
// 放大到点中心
viewer.zoomTo(entities);
// 实现红色闪烁效果
var redMaterial = Cesium.Color.RED;
var blinkInterval = setInterval(function () {
    entities.forEach(function (entity) {
        entity.point.color = redMaterial; // 设置点颜色为红色      });  }, 1000);
        // 每秒更新一次颜色
        // 在适当的时候清除定时器以停止闪烁效果当用户关闭搜索结果面板时
        clearInterval(blinkInterval);
```

5.4.9 系统界面设计与实现

搜索框：界面顶部中心位置设有一个搜索框，在此输入关键词进行搜索。

选择器：在搜索框下方，设计一个选择器，选择搜索范围，如全国、城市或特定区域。

筛选器：在选择器的右侧，设置一些筛选条件，方便用户过滤搜索结果。

搜索按钮：在筛选器下方，设有一个"搜索"按钮。用户点击该按钮后，系统会根据输入的关键词、选择的范围和筛选条件进行搜索。

地图展示区：在界面中心位置，展示一个三维地球模型。当用户进行搜索时，相关地点会在地图上高亮显示，并给出详细信息。

结果列表：在地图下方，设计一个列表展示搜索结果。列表中应包括地点名称、地址、距离、评分等信息，并根据用户的筛选条件进行排序。

（1）界面 1（搜索框）：

```
Html <input type="text" id="searchInput" placeholder="输入关键词">
```

（2）界面 2（选择器）：

```
Html <select id="searchRange">
    <option value="national">全国</option>
    <option value="city">城市</option>
    <option value="specificArea">特定区域</option> </select>
```

（3）界面 3（筛选器）：

```
Html <label>地点类型：<select id="locationType">
        <option value="">全部</option>
        <option value="restaurant">餐厅</option>
        <option value="attraction">景点</option>
        <!-- 其他地点类型选项 -->
    </select> </label><br><label>价格范围：
```

```html
<input type="range" id="priceRange" min="0" max="100"> </label>
```

（4）界面 4（搜索按钮）：

```html
Html <button onclick="search()">搜索</button>
```

（5）界面 5（地图展示区）：

在 HTML 中添加一个 div 元素作为地图容器：
```html
Html <div id="cesiumContainer"></div>
```
在 JavaScript 中，使用 CesiumJS 库来加载和渲染地图：
```javascript
// 引入 CesiumJS 库
var Cesium = require('cesium/Cesium');
// 创建地图容器元素的大小和位置等样式信息，可以在 CSS 中定义或直接在 JavaScript 中设置样式属性。
document.getElementById('cesiumContainer').style.width = '100%';
document.getElementById('cesiumContainer').style.height = '600px';
// 创建地图视图对象，传入地图容器元素的 ID 和其他参数。此处仅为示例，具体参数根据实际情况进行设置。
var viewer = new Cesium.Viewer('cesiumContainer');
```

（6）界面 6（结果列表）：

在 HTML 中添加一个 ul 元素作为结果列表容器：
```html
Html <ul id="resultList"></ul>
```
在 JavaScript 中，根据搜索结果动态生成列表项：
```javascript
function displaySearchResults(results) {
  var resultList = document.getElementById('resultList');
  resultList.innerHTML = ''; // 清空列表项内容
  results.forEach(function(result) {
    var listItem = document.createElement('li'); // 创建列表项元素
    listItem.textContent = result.name + ' - ' + result.address + ' - ' + result.distance + 'km'; // 设置列表项内容，可以根据实际情况进行自定义展示。
    resultList.appendChild(listItem); // 将列表项添加到结果列表容器中。
```

搭建的 CIM 搜索引擎界面如图 5-18 所示。

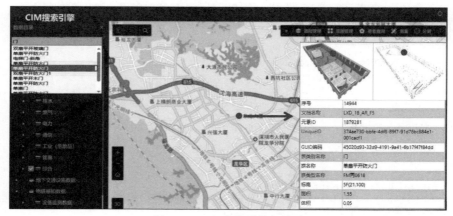

图 5-18 CIM 搜索引擎主界面

第 6 章
CIM 数字孪生开发

以 Unity、Siemens、Ansys 等作为集成、开发与可视化平台，构建了孪生楼宇三维应用场景，实现了水流、人流、车流及电梯四个实时监测系统。关键技术点包括 CAD 翻模与 SLAM 扫描相结合的 BIM 模型制作与接入；多种类 IoT 数据的实时接入；IoT 与 BIM 数据相融合的实时动态效果制作等。在具体开发内容上，可分为 BIM，GIS，IoT 三部分。其中，BIM 数据集成，包括模型获取与制作，以及接入 Unity 场景的过程，建筑、设备与管网 BIM 模型数据，采用 SLAM 扫描、CAD 翻模，以及从主流设备制造商的专业模型库查找等方式获取，结合 Unity Reflect 或 Blender，Substance Painter 等软件的优化处理后，在 Unity 中实现模型数据集成；GIS 部分则采用 Cesium For Unity 插件实现影像数据与三维模型数据的集成；在 IoT 数据集成方面，涉及多类物联网设备及数据类型的接入，包括"摄像机+监控视频"的接入，人、车、电梯等识别对象的数据接入，以及水流传感器、水压传感器、地磁传感器等多类感知设备的数据接入过程。其中，对于 IoT 数据的接入可采用三种方式实现，一是从物联网云平台中直接获取数据；二是采用 Unity Manufacturing Toolkit 等官方数字孪生工具获取数据；三是采用 Uduino 等第三方数字孪生工具获取数据。另外在可视化方面，以通用渲染管线（universal render pipeline，URP）渲染三维场景，以着色器编辑工具 ShaderGraph 制作材质效果，如管网模型的水流速度、方向控制效果等；以开源图表插件 XCharts 接入车流统计、电梯承载等图表数据；以动画插件 DoTween 及 Animation 制作动态效果，如电梯上下行、停止及梯门开合效果等。上述开发及应用架构流程，如图 6-1 所示。

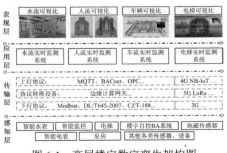

图 6-1 高层楼宇数字孪生架构图

6.1 孪生城市 IoT 设备

传感器设备是物联网设备中重要的组成部分，传感器是一种元器件或装置，用于检测和测量环境中的物理量或现象，并按照一定的规律将其转换为可读取的电信号、数字信号或其他形式的输出信息。通过传感器收集环境数据并将其传输给其他设备或系统，实现实时监测、控制和数据分析。对于传感器和被测量对象之间，由于基于相同原理的传感器可测量多种类型对象的数据，而同一种被测量对象又可被不同类型的传感器测量，因此传感器不仅种类多样，而且有多种分类方法，如可按传感器检测感知对象的输入量分类或按传感器工作原理、功能用途、应用领域、制作工艺、制作材料、传感器构成、能量转换原理及视听触嗅等感官类型进行分类。以传感器检测感知对象的输入量类型进行分类为例，首先按传感器大类进行分类可包括但不限于物理输入量传感器、化学输入量传感器及生物输入量传感器 3 个一级大类传感器类型，在 3 个大类中又分别可分为：力学量传感器、声学量传感器、光学量传感器、磁学量传感器、电学量传感器、热学量传感器，气体传感器、湿度传感器、离子传感器，以及生化量传感器和生理传感器等 11 个二级中类传感器类型；在中类传感器类型中同样可再细分三级小类，甚至四级次生类等更为具体的传感器类别。如图 6-2 为按传感器的检测对象输入量进行分类的传感器类型分类，图 6-3 为按传感器工作原理分类的传感器类型分类。

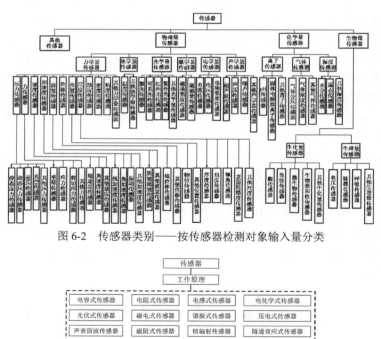

图 6-2 传感器类别——按传感器检测对象输入量分类

图 6-3 传感器类别——按传感器工作原理分类

6.2 主流孪生方案及其 IoT 工具

数字孪生解决方案通过整合几何模型、机理模型和数据驱动模型，可以帮助用户创建、模拟和监测物理系统，实现对现实环境中物理系统的全面实时监测、预测分析和辅助决策等功能。当前，主流的数字孪生解决方案厂商及其对应的工具平台主要包括 Ansys 的 Twin Builder 平台；Altair 的 Altair Activate 平台；Siemens 的 Xcelerator 平台；PTC 的 ThingWorx Vuforia 平台；Microsoft 的 Azure IoT, Azure DigitalTwins 平台；NVIDIA 的 Omniverse 平台；Dassault Systemes 的 3DEXPERIENCE 平台；ESI Group 的 Hybrid Twin 平台；GE Digital 的 GE Proficy 平台；Rockwelld Automation 的 Emulate3D 平台以及 Unity 的 PRespective,Unity InterAct,Unity MARS, Unity Manufacturing Toolkit, PiXYZ 和 Unity Reflect 等平台和工具。以下列举了部分主流数字孪生解决方案及其 IoT 工具。

6.2.1 Ansys Twin Builder

Ansys Twin Builder 是 ANSYS 公司开发的一款数字孪生工具，提供了一个从构建、验证到部署的开放式混合型全面数字孪生解决方案。它结合了物理建模、经验公式、仿真分析和数据驱动建模的功能，能够创建高度精确的虚拟模型，并与物理世界对应实体传感器数据进行通信与交互，可用于模拟、分析和优化物理系统的行为和性能，实现物理世界与虚拟世界的数字映射。ANSYS 公司同时也是数值模拟与仿真领域的主流企业之一，ANSYS 系列工具具备强大的建模、求解和分析能力。整合了各类技术的 Twin Builder 数字孪生软件提供了多种功能用于构建数字孪生解决方案，如工业物联网（IIoT）连接与孪生校核和验证（V&V）功能，该功能可将各种物联网数据接入到数字孪生系统，实现数据的实时访问与测试。Twin Builder 的内置 API 提供与 Microsoft® Azure® IoT，Microsoft Azure Digital Twins，PTC ThingWorx®，GE Predix，SAP Leonardo 及其他自主开发平台在内的各类软件平台或物联网云平台的无缝连接。另外在机理仿真模型的构建上，涉及的主要关键技术为模型降阶和仿真机理，Twin Builder 通过与 Ansys 基于物理的仿真技术相结合，将降阶模型（ROM）等 3D 仿真细节引入系统环境中，构建精确仿真模型的同时，降低了仿真计算复杂度，提升了数字孪生计算速度。Twin Builder 同时支持集成第三方数值模拟仿真工具，也包括功能模型接口（functional mock-up interface，FMI 标准），一个不依赖于工具的标准，即 Twin Builder 可以与所有支持 FMI 标准的第三方仿真工具协同仿真。Twin Builder 还支持多域系统建模器、广泛的 0D 专用库、系统优化、多域系统求解器、HMI 原型快速制作、XIL 合成、嵌入式软件集成、Twin Deployer 部署及混合建模等功能。其解决方案架构如图 6-4 所示。

图 6-4 Ansys 数字孪生解决方案架构

6.2.2 Altair Activate

Altair 提供了一体化的数字孪生解决方案 Altair Activate，通过集成仿真、高性能计算（HPC）、人工智能（AI）、数据分析和物联网（IoT）功能，用户可以在设计、构建、测试、优化的过程中进行模拟和评估，无须依赖实际的物理原型。此外，Altair 的灵活性和智能产品开发解决方案还能够促进跨职能系统的全面评估，在消除信息孤岛和沟通障碍的同时，实现物理孪生体和数据孪生体的集成融合。Altair 数字孪生平台具备多物理场、多学科的融合仿真能力，通过多物理场求解平台，Altair 能够提供多种交互物理模型。结合多物理场与 SmartWorks 等物联网工具，可实现虚拟设备与实体设备的相互映射，达到物理孪生体与虚拟孪生体数据互通与相互协同控制的目的，并在仿真模拟验证与实体设备之间形成相互验证与不断优化的过程。Altair 数字孪生平台同样提供模型降阶、FMI 标准的联合仿真及物联网数据接口等技术功能。其中 Altair SmartWorks IoT 平台包含了物联网解决方案，可为开发人员提供一站式的开发流程及快速开发物联网应用程序所需的全部工具。该平台提供的功能模块包括建模、可视化与控制多样化的物联网资源，高效存储和查询整个设备群的数据，构建强大的自动化和业务逻辑，编排边缘人工智能和边缘自动化，支持大量用户的接入与访问权限管理，并支持实时的数据可视化等功能。其解决方案架构如图 6-5 所示。

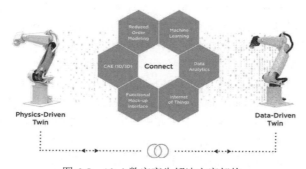

图 6-5 Altair数字孪生解决方案架构

6.2.3 PTC ThingWorx

PTC 的数字孪生解决方案是基于 PTC 的数字主线和数字孪生平台，由工业物联网平台 ThingWorx、AR 增强现实平台 Vuforia、数字主线平台 Windchill PLM、数字设计平台 Creo CAD、服务生命周期管理平台 Servigistics SLM、软件生命周期管理平台 Integrity ALM 等数字技术产品组合而成。PTC 公司基于"数物融合"的概念，ThingWorx 工业物联网平台提供了全面的物联网功能，包括设备连接、数据采集、实时监控和远程控制等。ThingWorx 平台可灵活适配不同行业和应用场景，帮助企业构建智能化的物联网生态系统，实现设备和生产过程的数字化连接，从而提高生产效率、降低维护成本，并增强企业的决策能力。PTC 的数字孪生解决方案的一个突出特点是与 AR（增强现实）技术相结合，让数字孪生体更具有真实感。Vuforia 平台利用增强现实技术将数字信息与现实世界融合，为企业提供了丰富的 AR 应用场景，包括设备维护、培训和操作指导等。通过 Vuforia 平台，企业可以将数字孪生模型的数据可视化展现在现实场景中，实现对设备和流程的实时监测和指导，提升操作效率和质量，并优化生产过程。ThingWorx 架构采用模块化设计，简化了开发流程，并提供了预构建的应用程序，根据应用场景预构建的组合模块快速、简便地实现 IoT 解决方案，适用于多种行业的常见应用场景。PTC 的 ThingWorx 物联网解决方案在数字化转型的过程中提供了连接、构建、分析、体验与管理五个方面的完整功能，分别表现为：可连接不同设备和应用程序，具备同时访问多个数据来源的能力；能够快速、轻松地构建完整的 IoT 解决方案和增强现实体验；可以自动化的方式分析复杂的工业物联网数据，获取实时建议、预测和解决方案；能够管理优化所连接设备、流程和系统的性能；可以更加情境化、可操作的方式部署、体验和接触物理对象及工作的情景环境。其解决方案架构如图 6-6 所示。

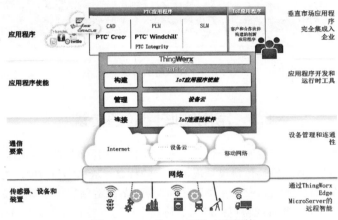

图 6-6　PTC 的 IoT 解决方案架构

6.2.4　Siemens Xcelerator

Xcelerator 是由西门子公司于 2022 年推出的一个全新开放式数字商业平台。该平台集成了物联网硬件与软件组合、一个交易平台（marketplace）及一个完善的合作伙伴生态体系，可为企业的数字化转型和智能化生产提供支持。该平台集成了多种先进技术，包括物联网、大数据、机器学习和高性能计算等，在工业、楼宇、食品饮料、电网、交通、制药与生命科学等各个领域都能够提供全面的数字化解决方案。Xcelerator 平台拥有闭环的数字孪生特性，实现了现实世界与数字模型的同步，通过物联网设备和传感器，实时监控和采集物理对象的数据，并映射到数字孪生模型中。通过物联网技术，可以实时获取设备的运行状态和性能数据，从而进行设备的预测性维护和优化。Xcelerator 平台还支持个性化配置，其每个单独的产品都是模块化的，配合使用低代码环境 Mendix 可轻松进行个性化处理，实现灵活的定制化开发，满足不同行业和企业的特定要求。平台也具有强大的开放性，可基于标准化的应用编程接口提供与其他系统进行数据集成的能力，实现数据的共享和协同工作，也有利于数据挖掘与数据分析。Xcelerator 平台提供 SaaS 模式的即服务功能，可在任意时间地点提供基于订阅的最新技术，可以极大地降低数字化转型过程中的消耗和运营费用。平台兼容许多标准化的仿真程序，如 Matlab Simulink、Ansys TwinBuilder、ISG

Virtuos、Simcenter Amesim，SIMIT 等。西门子公司提出了"综合数字孪生体"的概念，其中包含产品（product）数字孪生体、生产（production）数字孪生体和运维（performance）数字孪生体间的精准连续与映射递进关系，具体包含虚拟产品、虚拟生产、实际生产、实际产品、工业物联网、持续改进和工业安全七个主要步骤。其解决方案架构如图 6-7 所示。

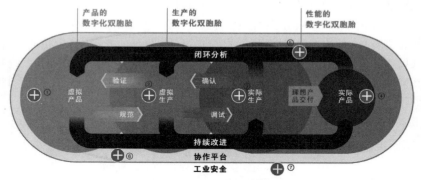

图 6-7　西门子数字化双胞胎解决方案架构[169]

6.3　常用物联网通信协议

由于物联网应用的广泛性和复杂性，不同的设备、应用和行业对通信需求和技术标准有不同要求。因此，物联网通信协议呈现多样化的特点。从功能的角度，物联网协议可分为物理层/数据链路层协议和应用层协议：物理层/数据链路层协议负责设备间的组网和通信，如各种无线协议和有线协议；应用层协议主要运行在传统互联网 TCP/IP 之上，支持设备与云端平台之间的数据交换和通信。从应用的角度，物联网协议可分为云端协议和网关协议：云端协议建立在 TCP/IP 上，实现设备与云端的集成和数据传输；网关协议适用于短距离通信，需要通过网关进行转换后才能与云端进行通信。以下简述部分常用物联网通信协议。

6.3.1　Modbus 协议

Modbus 协议是应用于电子控制器上的一种通用语言。通过此协议控制器经由网络和其他设备之间实现通信。不同厂商生产的控制设备可以通过它连成工业网络，进行集中监控。Modbus 协议支持传统的 RS-232、RS-422、RS-485 和以太网设备。许多工业设备，包括 PLC（program logic control，可编程逻辑控制器）、DCS（distributed control system，集散控制系统）、智能仪表等都在使用 Modbus 协议作为通信标准。Modbus 允许多个（大约 240 个）设备连接在同一个网络上进行通信，在数据采集与监视控制系统（SCADA）中，Modbus 通常用来连接监控计算机和远程终端控制系统（RTU）。该协议目前存在用于串口、以太网及其他支持互联网协议的多个网络版本，即有三种通信方式：以太网的 Modbus TCP/IP 通信模式、异步串行传输的 Modbus RTU 或 Modbus ASCII 通信模式，以及通过高速令牌传递网络进行通信的 Modbus PLUS 通信模式。大多数 Modbus 设备通信通过串口 EIA-485 物理层进行。其中 Modbus RTU 是二进制表示方式，Modbus ASCII 是可读表示方式,两者都使用串行通信。RTU 格式后续的命令/数据带有循环冗余校验的校验和,而 ASCII 格式采用纵向冗余校验的校验和。以 Modbus 协议进行传输和处理的数据分为 1 位寄存器和 16 位寄存器的数据存储类型,其中寄存器的数据类型又可细分为四个寄存器块:输出线圈 Coils,数据类型为可读可写的 Boolean 类型,可适用于 LED 显示、电磁阀输出等情形;输入离散量 Discrete Inputs,数据类型为只读 Boolean 类型,可适用于拨码开关、接近开关等情形;输入寄存器 Input Registers,数据类型为只读 16 位 Unsigned Word 类型,可适用于模拟量的输入;保持寄存器 Holding Registers,数据类型为可读可写 16 位 Unsigned Word 类型,可适用于变量阀输出大小、传感器报警上限下限等情形。Modbus 协议以消息帧作为最基本的通信单元,称为应用数据单元(ADU),ADU 中又包含了协议数据单元(PDU)用于传真正需要传输的数据,以及串行链路、TCP/IP 网络等特定总线或网络,如图 6-8 所示。

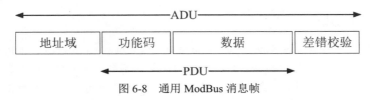

图 6-8　通用 ModBus 消息帧

6.3.2　BACnet 协议

BACnet(building automation and control networks,楼宇自动化与控制网络)是用于建筑自动化和控制网络的全球数据通信协议标准,由国际标准化组织(ISO)、美国国家标准协会(ANSI)及美国采暖、制冷与空调工程师学会(ASHRAE)定义。BACnet 是 ISO 标准(EN ISO 16484-5),也是欧洲标准和许多国家的国家标准,BACnet 提供了一个独立于供应商的网络解决方案,实现设备和控制设备在各种建筑自动化应用中的互操作性。它专门设计用于满足建筑自动化和控制系统的通信需求,包括对建筑自动化应用的特定支持,如供暖、通风、空调、照明控制、电梯监控、门禁、安全和火警系统监控和集成、能源管理和能源服务,并采用通用的数据操作格式 XML。BACnet 通过定义通信消息、格式和规则来交换数据、命令和状态信息,实现了这些系统之间的互操作性。BACnet 为智能建筑提供了数据通信基础设施,是智能城市的关键组成部分,具有以下关键优势:为建筑自动化提供全球统一的数据通信标准,独立于特定技术和供应商,提供全面的建筑控制和自动化网络解决方案,与 IT 基础设施兼容并具有高度可扩展性,经过独立测试实验室验证和产品认证,可持续进行维护和升级。BACnet 通信协议也定义了许多种类的物件,在每个物件中都有许多属性,可以透过服务来存取物件中的属性。BACnet 通信中的设备就是由许多物件组成,其中包括一个"设备物件",是每个设备都必需的,其中记录设备相关的资料,其他物件包括模拟输入、模拟输出、模拟值、数字输入、数字输出及数字值等有关资料的物件。BACnet 通信协议中定义了几种不同的数据链接层/物理层,包括 ARCNET、以太网、BACnet/IP、RS-232 上的点对点通信、RS-485 上的主站—从站/令牌传递通信及 LonTalk。BACnet 体系结构简化层次如图 6-9 所示。

	BACnet 的协议层次				OSI 层次
BACnet 应用层					应用层
BACnet 网络层					网络层
ISO 8802-2 (IEEE 802.2)类型 1	MS/TP (主从/令牌传递)	PTP (点到点协议)	LonTalk		数据链路层
Is0 8802-3 (IEEE 802.3)	ARCNET	EIA-485 (RS485)	EIA-232 (RS232)		物理层

图 6-9　BACnet 体系结构简化层次图

6.3.3　MQTT 协议

消息队列遥测传输协议（message queue telemetry transport，MQTT）是物联网中最常用的消息传输协议。该协议是一组规则，定义了物联网设备如何通过互联网发布和订阅数据。MQTT 用于物联网和工业物联网（industrial internet of things，IIoT）设备之间的消息传递和数据交换，采用二进制的数据编码方式，如嵌入式设备、传感器、工业 PLC 等。该协议是事件驱动的，使用发布/订阅（publish/subscribe）模式连接设备，发送方（发布者）和接收方（订阅者）通过主题进行通信，并且彼此解耦，它们之间的连接由 MQTT 代理（broker）处理，过滤所有传入的消息，并将它们正确分发给订阅者。MQTT 通信协议具有轻量高效、双向通信、可靠的消息传输能力，可对不可靠的蜂窝网络提供通信支持，满足低性能硬件和低宽带条件下的实时通信，可扩展连接百万级别数量的物联网设备，并具有消息加密等特性。MQTT 传输的消息分为主题（topic）和负载（payload）两部分，前者主题可作为消息的类型，当订阅者订阅（subscribe）后，传入该主题的消息内容负载；后者负载为消息的内容，为订阅者具体要使用的内容。MQTT 协议传输的数据包结构由固定头（fixed header）、可变头（variable header）、消息体（payload）三部分构成：固定头存在于所有 MQTT 数据包中，表示数据包类型及数据包的分组类标识；可变头存在于部分 MQTT 数据包中，数据包类型决定了可变头是否存在及其具体内容；消息体存在于部分 MQTT 数据包中，表示客户端收到的具体内容。MQTT 协议架构如图 6-10 所示。

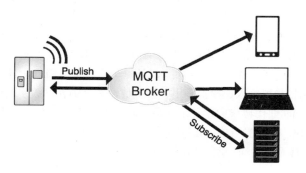

图 6-10　MQTT 协议发布/订阅架构

6.3.4 CoAP 协议

CoAP（Constrained Application Protocol，受限制的应用协议）是一种专用的 Web 传输软件协议，用于物联网中的受约束节点和受约束的网络，可使硬件结构简单的电子设备能够在互联网上进行交互式通信。该协议专为机器对机器（M2M）应用而设计，如智能能源和楼宇自动化。CoAP 被设计用于同一受限网络，如低功耗、容易丢包的网络设备之间、设备和因特网上的一般节点之间及由因特网连接的不同受限网络上的设备之间，该协议由 Zach Shelby，Klaus Hartke，Carsten Bormann 在 RFC 7252 中定义。该协议的特性包括以 UDP 作为主要的网络传输层基础；CoAP 采用二进制格式，相比于文本格式的 HTTP，CoAP 更轻量、更适合物联网；CoAP 是一种轻量化协议，最小长度为 4 个字节，而 HTTP 的头部长度通常为数十个字节；CoAP 支持可靠传输，包括数据重传和块传输；支持同时向多个设备发送请求的 IP 多播功能；另外，CoAP 适用于低速率、低功耗的物联网场景，且不需要长时间保持连接。CoAP 基于 REST 架构，服务器资源的地址和访问方式类似于 URI 和 HTTP，但相对于 HTTP，CoAP 的实现更加简化，代码更小，封包更小。REST（Representational State Transfer，表现层状态转换）架构是一种设计风格，它以资源在网络中的某种表现形式进行状态转移，分为资源，即数据；某种数据表现形式，如 JSON、XML 等；状态转换，以 POST、GET、PUT、DELETE 等方式实现。总的来说 CoAP 协议支持二进制、文本、XML、JSON 及 CBOR 等数据格式的传输。CoAP 协议架构如图 6-11 所示。

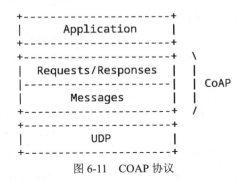

图 6-11　COAP 协议

6.3.5 AMQP 协议

AMQP（Advanced Message Queuing Protocol，高级消息队列协议）是一个网络协议，它支持符合要求的客户端应用（application）和消息中间件代理（messaging middleware broker）之间进行通信。该协议是一个可编程协议，协议通过 AMQP 实体之一的交换机发送消息，该交换机包含直连交换机、扇型交换机、主题交换机及头交换机四种交换机类型；以及两个交换机状态，分别为：持久和暂存，持久化的交换机会在消息代理重启后依旧存在；相对地，暂存的交换机则不会。AMQP 模型中的消息对象是带有属性的，包括内容类型、内容编码、路由键、投递模式（持久化或非持久化）、消息优先级、消息发布的时间戳、消息有效期、发布应用的 ID。AMQP 的消息除属性外，也含有一个有效载荷，即负载（消息实际携带的数据），它被 AMQP 代理当作不透明的字节数组来对待。消息代理不会检查或者修改有效载荷。消息可以只包含属性而不携带有效载荷，它通常会使用类似 JSON 这种序列化的格式数据，为了节省，协议缓冲器和 MessagePack 将结构化数据序列化，以便以消息的有效载荷的形式发布。其中 AMQP 的基本工作流程为：消息被发布者发送给交换机，交换机常常被比喻成邮局或邮箱；然后交换机将收到的消息根据路由规则分发给绑定的队列；最后 AMQP 代理会将消息投递给订阅了此队列的消费者，或消费者按照需求自行获取，如图 6-12 所示。

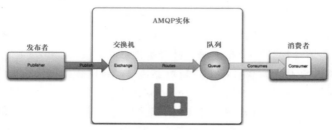

图 6-12　AMQP 模型工作流程

6.4　Unity 与 IoT 连接方式

本数字孪生解决方案主要以 Unity 为基础，实现 IoT 数据的连接与获取。其中 IoT 连接方式可分为三种：方式一，通过将 PLC（Programmable Logic Controller，可编程逻辑控制器）数据、传感器数据上传到物联网云服务器，再与 Unity 通信，从而实现 Unity 与 IoT 硬件数据连接；方式二，通过 Unity 官方插件直接接入被监测对象的 PLC、传感器数据；方式三，通过第三方工具实现 Unity 与 PLC、传感器的连接通信。

6.4.1　物联网云平台

以 Unity 为基础开发平台接入物联网数据的主要流程如下：将感知设备（如传感器）的数据以统一的 JSON 或 XML 等格式发送至物联网云平台，使用 MQTT 或 OPC UA 等协议与云平台进行数据通信和存储；然后，通过 Photon 或 Socket 等通信方式，Unity 可以与云平台实时交互，实现物联网动态数据的可视化展示和 Unity 与硬件设备的双向控制等操作。在这个过程中，将硬件设备接入物联网云平台是数字孪生应用中的重要步骤。物联网云平台可提供强大的计算和存储能力，能够处理和存储大规模物联网设备所产生的海量数据。通过将数据上传至物联网云平台，可以实现数据集中管理和统一存储，为后续的数据分析、挖掘和实时监控等应用提供基础。云平台具备高度可扩展性，能够根据应用需求灵活调整计算和存储资源，满足不同量级的设备连接和数据处理要求，确保应用的稳定性和性能。此外，云平台提供了安全的数据传输和存储机制，采用加密、身份验证和权限管理等措施，保护物联网应用中的敏感数据不受未授权访问和攻击。同时，云平台还提供了各种服务和工具，如设备管理、数据分析、应用开发平台等，极大地简化了物联网应用的开发、部署和运维过程。通过借助云平台的丰富功能和生态系统，物联网开发人员可以专注于边缘计算、应用逻辑和业务创新，降低开发门槛和成本，并提高开发效率和灵活性。

1. 阿里云物联网平台

阿里云物联网平台是阿里云提供的一体化物联网解决方案，集成了设备管理、数据安全通信、消息订阅和数据服务等多种功能。该平台具备连接海量设备的能力，能够完成设备的数据采集并上传至云端。同时，阿里云物联网平台还提供云端 API，使服务端能够通过调用这些 API 将指令发送至设备端，实现对设备的远程控制。阿里云物联网平台具有低成本、高可靠、高性能和高安全性的优势，无须自建物联网基础设施即可接入各种主流协议的设备，并管理大规模设备并发，该平台提供存储、备份和处理分析海量设备数据的能力。通过阿里云物联网平台，可以实现设备数据和应用数据的融合，推动设备智能化升级。此外，阿里云物联网平台提供了针对物联网场景优化的表格存储服务，满足海量结构化数据的存储、查询和分析需求。如图 6-13 所示为阿里云物联网平台与设备、服务端、客户端的消息通信工作原理流程图。

图 6-13　阿里云物联网平台工作原理流程图

在物联网消息通信方面，不同类型设备接入物联网平台时支持的接入协议、SDK 有所不同，如直连设备支持的接入协议为 MQTT、CoAP、HTTPS；网关设备（直连方式）、非直连子设备和 LoRa 设备支持的接入协议为 MQTT；中国移动和中国联通的 NB-IoT 类型设备则支持 MQTT、CoAP 协议；云网关设备支持的接入协议为 MQTT、JT/T 808、GB/T 32960、中国电信 NB-IoT；对于无法使用物联网平台支持的协议直接接入的设备，则需采用云云对接支持的私有协议。在物联网数据格式方面，物联网平台的云产品流转和服务端订阅，是基于主题（消息发布者和订阅者之间的传输中介）中的数据格式来处理和传递数据，分为基础通信主题、物模型主题和自定义主题。其中基础通信主题和物模型通信主题数据经规则引擎流转后即可将设备上报的原始数据做符合 Alink 协议的格式转换；自定义主题数据经规则引擎流转后则不会做格式转化，而是保持与用户自定义格式相同。设备数据主要以 JSON 格式上报。

2. 华为云物联网平台

华为云物联网平台（IoT 设备接入云服务）提供海量设备的接入和管理能力，使得物理设备能够与云端进行连接，实现设备数据采集和远程控制。使用华为云物联网平台构建一个完整的物联网解决方案主要包括 3 部分：物联网平台、业务应用和设备。物联网平台作为连接业务应用和设备的中间层，屏蔽了各种复杂的设备接口，实现了设备的快速接入；同时提供强大的开放能力，支撑行业用户构建各种物联网解决方案。设备可以通过固网、2G、3G、4G、5G、NB-IoT、WiFi 等多种网络接入物联网平台，并使用 LWM2M/CoAP，MQTT，HTTPS 协议将业务数据上报至平台，平台也可以将控制命令下发给设备。业务应用则通过调用物联网平台提供的 API，实现设备数据采集、命令下发、设备管理等业务场景。在物联网消息通信方面，华为云物联网平台中的产品模型是用来描述设备能力的文件，采用 JSON 格式定义设备的基本属性、上报数据和下发命令的消息格式。平台支持消息的双向透传、物模型 Topic 通信、自定义 Topic 通信、命令下发与数据解析转换等功能。其中，数据解析转换功能是指华为云平台提供的在线自定义开发编解码插件实现对设备数据进行数据解析和格式转换的能力，并提供图形化开发、离线开发和脚本化开发三种开发形式。在物联网平台中编解码插件可完成二进制格式与 JSON 格式或 JSON 与 JSON 格式之间的相互转换。平台和设备之间的通信协议采用 JSON 格式或二进制码流，如采用二进制码流需在控制台开发该编解码插件，设备上报的二进制码流数据转换为 JSON 格式；平台下发的 JSON 格式数据则解析为二进制码流格式，设备采用对应数据格式才能与平台进行通信。在通信协议方面，华为云物联网平台支持 MQTT，LwM2M/CoAP，Modbus，OPC-UA，OPC-DA 等协议类型。其中，使用 MQTT 协议接入平台的设备，数据格式可以是二进制也可以是 JSON 格式，采用二进制时需部署编解码插件；使用在资源受限（包括存储、功耗等）的 NBIoT 设备时可使用 LwM2M/CoAP 协议，数据格式为二进制，需要部署编解码插件才能与物联网平台交互；平台也支持使用 Modbus 协议的设备，该类设备接入 IoT 边缘节点的方式为非直连；HTTP/HTTP2（TLS 加密）、OPC-UA、OPC-DA 或其他类型的协议则可通过边缘接入。其数据通信流程如图 6-14 所示。

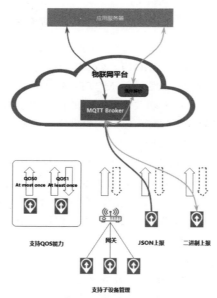

图 6-14 华为云物联网平台数据通信流程

3. 腾讯云物联网开发平台

腾讯云物联网开发平台（IoT Explorer）是腾讯为基于物联网的各行业设备制造商、方案商及应用开发商提供的一站式设备智能化服务 PaaS 平台。在应用和开发过程中将设备、网关、子设备等硬件设备类型接入到平台的开发流程，主要包括产品定义、物模型管理、设备开发、设备调试四部分。可结合腾讯连连官方小程序或 OEM 小程序、App 的交互开发功能定义专属的配网交互、告警规则、设备操控面板，以快速完成应用侧开发，可适用于智慧生活领域的应用。平台为用户提供了多语言设备 SDK、模组固件能力，可快速实现设备 SDK 集成和接入腾讯云，如 C SDK、Android SDK、Java SDK、FreeRtos SDK、Tencent Tiny OS、RT-Thread OS，蓝牙类设备的 LLSync SDK 以及多款 WiFi 模组、蜂窝模组固件，便于设备通过 AT 指令协议接入云端。在消息通信方面，支持 MQTT、CoAP、HTTPS 及私有协议的接入，可选择 WiFi、移动蜂窝（2G/3G/4G）、5G、LoRaWan、BLE 等各类通信方式。平台默认采用物模型的数据协议，也可自定义协议进行透传。物模型通过将物理实体设备进行数字化描述，以构建其数字模型，即定义产品功能的过程。产品功能类型包括标准功能和自定义功能，可分为属性、事件和行为三个元素，其中属性包含 6 种基本数据类型，分别为布尔型、整数型、字符型、浮点型、枚举型及 String 类型的时间型数据类型；事件用于描述设备运行时的事件，包括告警、信息和故障三种事件类型；行为用于实现更复杂的业务逻辑，可添加多个调用参数和返回参数，参数类型可以是上述 6 种基本数据类型。物模型的数据模板为一个 JSON 格式的文件，在完成功能定义后，平台将自动生成该产品的物模型。基于主题进行通信时，可使用规则引擎对主题中的数据进行处理和转发，进而实现"采集 + 计算 + 存储"等全栈式的服务。其产品架构如图 6-15 所示。

图 6-15　腾讯云物联网平台产品架构

4. 中国移动 OneNET 物联网开放平台

中移 OneNET 物联网开放平台是中国移动推出的一体化 PaaS 物联网解决方案。该平台提供丰富的功能和服务，包括设备接入和管理、标准协议与泛协议适配、数据存储和分析、消息推送和设备控制等。OneNET 支持多种通信协议，包括 LwM2M/CoAP 协议可适用于水电气暖等智能表、智能井盖等市政设施行业；MQTT 协议可适用于共享经济、物流运输、智能硬件、机器对机器的 M2M 等多种场景；Modbus 协议可适用于使用 Modbus+DTU 进行数据采集的行业；另外也可使用 HTTP 协议用于只上报传感器数据到平台而无须下行控制指令到设备的简单数据上报的场景。除支持这些主流标准协议外同时也支持私有协议的接入。在通信模组接入方面，支持 2G、4G、NB-IoT、Wi-Fi、蓝牙、Thread 等多种基于模组的设备端 SDK 接入能力。在数据处理方面，提供实时消息云服务、规则引擎、场景联动等能力，开发者可自定义设备数据的解析过滤规则、存储、输出等，能够有效降低用户数据处理成本。OneNET 平台中物模型是一种对物理实体进行数字化语义描述的方法，将实体设备抽象为云端的数字模型。除物模型的称呼外，行业内还存在信息模型物联模型数据 profile 数据 schema 设备模板等类似叫法，OneNET 平台中则称为"IoT 物模型"。IoT 物模型属于应用协议之上的语法语义层，如图 6-16 所示，其中语法层定义了 IoT 物模型描述语言的种类，如 XML、JSON 等。在 OneNET 平台中，针对物联网开发领域定义了一种数据交换规范，即 OneJSON 协议，其数据格式为 JSON，用于设备端和物联网平台的双向通信，能够便捷地实现和规范设备端和物联网平台之间的业务数据交互。IoT 物模型可实现对终端设备业务数据的标准格式定义，并在 OneNET Studio 上完成部署。其中，IoT 物模型的数据类型包括无符号整型（uint8、uint16、uint32、uint64）、整型（int8、int16、int32、int64）、数组（array，需要指定元素个数和类型，如果元素类型为 struct，指定 json 类型构造体）、字符串（string）、位图（bitmap）、结构体（struct）等 11 种数据格式。IoT 物模型的要素关键字包括 tmThings、tmInfo、tmProperty、tmAction、tmEvent、tmData 等 6 类关键字数据类型，例如，tmData 关键字中的枚举数据的数据类型为 JSON，可用于定义枚举数据键值对；位图数据的数据类型为 JSON，可用于定义位图数据键值对等。

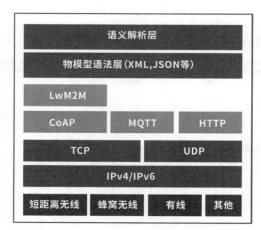

图 6-16　OneNET 平台中 IoT 物模型在物联网连接框架中的位置

5. Microsoft Azure IoT平台

Azure 物联网（IoT）是 Microsoft 托管的云服务、边缘组件和 SDK 的集合，支持大规模连接、监视和控制 IoT 设备，即 Azure IoT 解决方案由与云服务通信的物联网设备组成。Microsoft IoT 解决方案可由平台服务或托管应用平台生成，其中，Azure IoT 平台服务包括 Azure IoT 中心、设备预配服务和 Azure 数字孪生等。IoT 设备由不同制造商提供，通常是具备传感器的电路板，具有 WiFi 连接互联网的功能，例如，远程油泵上的压力传感器、空调设备中的温度和湿度传感器、电梯中的加速计、房间中的感测器等。在数据通信方面，IoT 设备通过 WiFi 将其传感器遥测数据发送到云服务中，同时可将云服务数据发送到 IoT 设备中。可采用 Microsoft 提供的开源 IoT 中心设备 SDK、IoT 中心服务 SDK 和 IoT 中心管理 SDK 将应用构建在设备中。IoT 设备 SDK 和 IoT 中心支持 MQTT、基于 WebSocket 的 MQTT、AMQP、基于 WebSocket 的 AMQP 及 HTTPS 等通信协议。为了支持跨协议的无缝互操作性，IoT 中心定义了一组通用的消息传送功能，IoT 中心信息使用流式消息传递模式实现设备到云的消息传递，由系统属性、应用程序属性以及可以是任何数据类型的消息正文组成，可由 JSON 格式编码数据信息。其解决方案流程如图 6-17 所示。

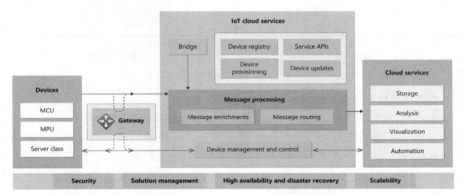

图 6-17 Azure IoT 解决方案

6.4.2 官方数字孪生工具

Unity 官方物联网插件主要有 PREspective 和 Unity Manufacturing Toolkit。前者偏向于在硬件环境建造之前做工艺流程上的孪生验证；后者偏向于对传统已有设备环境的数字化升级和智能制造。

1. PREspective

PREspective 用于创建数字孪生的虚拟原型，并提供了一个交互式虚拟测试环境，因此可在部署之前对硬件设备系统做测试和验证；在部署完成后，也可通过该系统进行预测性维护或培训。PREspective 不仅可以实现可视化模拟，还可以连接到机械层面、逻辑控制软件、人机界面，实现全方位的模拟测试与系统功能性能的验证操作，以快速构建 Unity 数字孪生应用。在获取物联网信号时，可通过该工具的逻辑模拟器，连接到各种 PLC 外部逻辑控制器，同时也可以通过专有控制软件实现数据连接。该模拟器是一个容器，可用于配置管理与适配器和逻辑组件集合间的连接，配置结果可保存为 XML 文件，以方便交换和适配。PREspective 兼容 Beckhoff、OPC UA 和西门子等行业标准，同时支持 MQTT、ActiveMQ、AMQP 和 WebSocket 等通信协议。目前 PREspective 支持多种适配器和数据类型，包括通用数据类型 BOOL、BYTE、INT32、REAL64、STRING、STRUCT 等。PREspective 避免了中间服务器以及与多种通信协议之间的适配内容，除了提供多种通信协议接口，还提供了物理碰撞、机械仿真、网格合并、物体单选等功能，同时在数据分析时可使用 PREspective 接入仿真模型文件，如 Matlab、Anasys、FMI 等。REspective 的技术路线如图 6-18 所示。

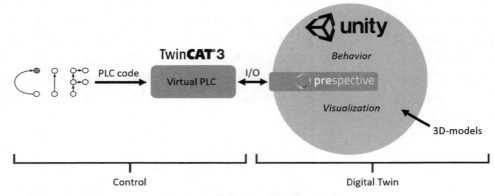

图 6-18　采用 PREspective 技术路线

2. 智能制造数字孪生工具包

　　智能制造数字孪生工具包（Unity Manufacturing Toolkit，UMT）是 Unity 工业解决方案团队为快速搭建第五代智能柔性数字孪生系统提供的最新解决方案，其中包含 Solidworks、PiXYZ（可选）、UMT Unity 工具包等多个工业插件，具有易上手、易操作、低代码和高质量等特点。使用 UMT 开发数字孪生应用无须 U3D 开发基础，开箱即用，可快速构建数字孪生场景；物联网数据信号的接入无须复杂代码，全流程支持可视化编程，仅需对参数进行调整，无须手写代码，即可实现虚实同步；具有更好的 UI 和交互逻辑，操作逻辑更加简洁；内置常用 HDRP 高清渲染管线模型与材质库，能够提供更加真实的虚拟场景内容。通过该工具构建数字孪生应用的解决方案可分为五个主要步骤，分别为模型优化、场景搭建、信号集成、功能聚合、多平台发布。其中，信号集成是基于丰富工业通信接口和内置可视化编程工具 System Graph，可快速实现信号与模型的绑定，使其运动行为与现实世界保持高度一致，实时连接物理和数字世界，具有耦合同步、运行检测、干涉预测、远程运维等功能；可快速整合异构信号并转化为统一格式，为边缘计算、移动平台扩展提供支持；信号收集和回放工具则可进行远程离线调试，进一步提高数字孪生系统开发、调试效率。UMT 工具的功能特性包括虚拟制造（耦合同步的虚实同步功能）、运行监测（及时干预的实时监控功能）、虚拟调试（仿真验证的仿真模式功能）、实时干涉（协同设计的逆向控制功能）、聚合数据（数据可视化功能）、数字分析（智能制造的大屏数显功能）、人机协同（远程运维的移动端操作功能）、以及混合现实（体验 XR 互动模式）等功能，另外 UMT 支持扩展自定义功能，如以实时获取的物联网数据为训练数据，通过人工智能机器学习的方式，实现预测分析与辅助决策。UMT 内置的 Solidworks 原生集成插件，支持将 CAD 模型一键传输至云端并导出运动约束和位置；支持使用 PiXYZ 工具为模型数据做优化和导入，PiXYZ 是 Unity 数字孪生产品生态系统的重要组成部分，可帮助 UMT 完成模型自动优化，以大幅提升模型精确度。UMT 支持的物联网信号类型包括 Boolean、Byte、Float、Double、Int32、String、DataTime、StringArray 等 28 种数据类型。图 6-19 所示为使用 UMT 工具完成数字孪生系统整体搭建流程图。

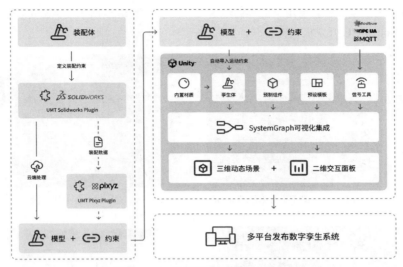

图 6-19 UMT 数字孪生系统整体搭建流程

6.4.3 第三方数字孪生工具

在 Unity 中实现物联网数据通信也有着较为丰富的第三方工具，如 Unity Asset Store 中的 Uduino，Uduino Plugin WiFi for esp8266 and esp32，Serial Port Utility Pro，SmoothMQTT，Ardity 以及 realvirtual.io Digital Twin Professional 和 OPCUA4Unity 等插件。以 Uduino 系列插件为例，该类数字孪生工具的基本实现流程是首先需配置软件运行环境，如 Arduino IDE 集成开发环境、物联网开发板对应 SDK、及开发板对应驱动等；并准备好接入物联网数据时所需的硬件设备，如物联网开发板及传感器等感知设备；完成软硬件的准备后，在 Arduino IDE 中编写获取水流量、水压、速度、重量等传感器数据的程序，并添加与 Uduino 等第三方工具通信的代码，将代码正确编译上传至开发板；然后将第三方工具包导入 Unity 工程中，并配置环境，编写从开发板获取传感器数据的程序；最后将接收的数据在 Unity 场景中显示出来，同时也可以通过 Unity 反向控制传感器状态。

在物联网应用开发中，通常需有一块物联网开发板，通过开发板作为集成的中间控制单元，控制和传递物联网软件系统与传感器等硬件感知设备的状态和信息，在此基础之上再进行进一步的拓展开发。物联网开发过程包括两个方面，一是在 Unity 端软件系统层面上的设计与开发；二是在物联网开发板端硬件系统上的设计与开发。物联网开发板是一种专门用于物联网应用开发的硬件平台，它集成了 CPU、存储器、通信接口、输入输出接口、传感器等多种组件，能够为开发者提供便捷的开发环境，以构建物联网设备通信、传输的应用程序和硬件连接条件。物联网开发板种类较多，包括 Arduino、ESP8266-NodeMCU、ESP32、树莓派、小熊派等。其中 Arduino 是由意大利一所设计学校开发的开源硬件项目，是最为流行的开发板之一，包含一系列开源物联网硬件开发板，包括 Arduino Nano、Arduino UNO R3、Arduino Mega 2560 三种主要型号。且该开源项目提供 Arduino IDE 软件，可用于硬件系统控制程序的开发，国内也有许多以 Arduino 开源项目为基础的国产 Arduino 的开发板。另外，与 Arduino 相对应的，ESP8266-NodeMCU 开发板是完全由国内乐鑫公司开发的一款易用、可靠的纯国产开发板。图 6-20 所示为 Arduino UNO R3 和 ESP8266-NodeMCU 开发板实例。

（a）Arduino UNO R3 官方版 - 正面　　（b）Arduino UNO R3 官方版 - 反面

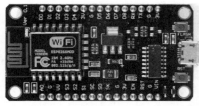 

（c）ESP8266-NodeMCU WiFi 版 - 正面　（d）ESP8266-NodeMCU WiFi 版 - 反面

图 6-20　Arduino、ESP8266 开发板

1. Uduino

Uduino 是由 Marc Teyssier 制作的一款用于简化 Arduino 与 Unity 之间通信的 Unity 插件，该工具能够实现 Unity 与开发板和传感器的实时直接通信，使用简单、快速且通信稳定。Uduino 针对 Unity 端和 Arduino 端分别做了程序封装，提供了简单易用的 API，开发人员能够轻松地实现对 Arduino 的控制。该插件具有简单易用，可扩展，可自定义调试的特点，如 Uduino 具有跨平台的能力，适用于 PC，Mac，Linux 的主要桌面操作系统，且使用方式相同；Uduino 具有良好的可扩展性，适用范围更广，可以与其他 Arduino 库兼容，支持不同品牌、不同系列的开发板，但需配套使用 Uduino WiFi 插件；Uduino 提供了一个自定义的调试面板和代码优化功能，可以直接在编辑器中控制 Arduino，极大地方便了调试过程。通过 Uduino 结合 Arduino 与 Unity 以实现交互式的物联网应用。另外，在 Unity 端的程序开发方面，也可选择节点式的可视化开发方案，即采用 PlayMaker for Arduino - Uduino Plugin 插件。其中 Playmaker 是 Unity 中一个使用有限状态机进行可视化编程的插件，结合 Arduino 后可实现非手写编程的方式实现物联网应用开发。Uduino 插件和 PlayMaker for Arduino 插件如图 6-21 所示。

Uduino 系列工具中还包括 Uduino Plugin: WiFi for esp8266 and esp32 插件（以下简称 Uduino WiFi），该插件也是由 Marc Teyssier 制作，为上述 Uduino 插件的配套物联网通信类工具。该插件扩展了 Uduino 的功能，实现了 ESP8266，ESP32 等开发板和 Unity 之间进行无线通信的功能。但需注意的是在使用该插件之前，需确保已经在 Unity 中下载并导入了 Uduino 插件，使用 Uduino 开发的代码可与该插件完全兼容，而无须额外配置。目前该插件兼容的开发板包括 ESP8266-01、Node MCU 0.9、Node MCU 1.0、WeMos D1、R1、

R2、ESP-12、ESP32、ESPectro Core、SparkFun ESP8266 Thing 以及 Node MCU 32S。

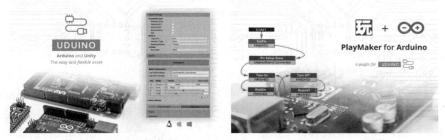

图 6-21　Uduino 插件和 PlayMaker for Arduino - Uduino Plugin 插件

2. SmoothMQTT

SmoothMQTT 插件由 Simon Schliesky Softwarelösungen 制作，该插件提供了一种一站式、无须编码的物联网通信解决方案，可以将物联网或其他支持 MQTT 通信协议的设备集成到应用程序之中，如图 6-22 所示。通过该插件，在连接外部硬件设备时即可将传感器等感知设备的信息传递到 Unity，实现与 Unity 应用程序最直接的通信方式，而无须程序编码。该插件以 MQTT 作为消息传输协议，基于客户端－服务器的消息发布与订阅模式，并设计了一个 MQTT 为基础的组件架构，架构中所有组件的使用都与 Unity 中普通的通用组件类似。其中核心组件包括 Queue 组件、Setting 组件、Publisher 组件、Broker 组件、Credentials 组件及 Subscriber Component 组件。其功能特点包括采用给场景对象添加已有组件的方式，可零代码获取传感器信息；具有跨平台能力，支持 Windows、OS X、Linux 和 Android 等平台；支持信息的发布与订阅功能；具有更大的数据使用范围，支持 int、float、bool、string 等多种原始数据类型以及 Unity 中的 Vector3，Quaternion，Color 等类型的信息；支持条件订阅，包括字符串和浮点类型，例如，将消息与字符串进行条件比较并执行 A 或 B 操作；支持 JSON Payload 的数据传输方式；支持自动重新连接功能以及场景切换时的数据保持功能等。需注意的是 SmoothMQTT 插件不支持 WebSocket 通信协议，以及 iOS、WebGL、UWP 等平台，且安卓系统需在 Android 10.0 API Level 29 以上。

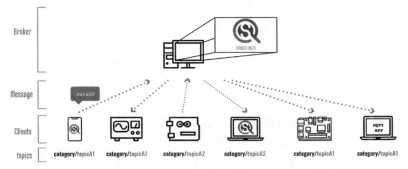

图 6-22　SmoothMQTT 插件直连各类物联网硬件设备

3. Serial Port Utility Pro

Serial Port Utility Pro 插件由 WIZAPPLY Co., Ltd. 制作，该插件是一款 Unity 串口工具，

可作为计算机通信解决方案,让开发人员能够在 Unity 中进行串口通信。制作该插件不是在 C# .NET 层面上实现的,而是基于操作系统级别上实现的串口通信功能,因此性能更加可靠。通过使用该插件,与设备之间的连接方式更加简单直接,可适用于 M2M、IoT、PLC、Amusement Control、FA、Hobby Device、Deep learning、FPGA UART 等各个领域。其功能特点包括支持在 Unity 中实现计算机与计算机之间的通信,以及计算机与微控制器(如 Arduino、Ftdi、Microchip、ESP32、mbed 等)之间的通信;具备稳定的系统开发能力,可指定设备的唯一 ID 并实现稳定的数据传输;具备跨平台能力,可适用于 Android、Linux、Mac OS 和 Windows 等操作系统;具有高效的异步执行能力,并针对 Unity 进行了优化集成;插件做了简化设计,支持事件驱动的数据接收功能;支持将 JSON 类型直接放入类的变量中,方便数据获取与处理;可对物理设备的断开与连接状态做自动检测,有效提高系统可靠性;可自动解析字符信息,并转换为 List 类或 Dictionary 类;支持使用本地代码实现 I/O 输入输出,无须进行消耗较大的 .NET - System.IO.Ports 操作;支持多种物理接口,包括 USB、PCI、EmbeddedUART 等;还支持蓝牙 SPP(虚拟 COM 口)、TCP 串口模拟器和工业 Modbus 协议;同时,该插件还能与 VR HMD(如 Meta Quest)进行集成,扩展应用领域。总的来说 Serial Port Utility Pro 插件具备丰富的功能,能够有效提升工作效率和系统可靠性。

图 6-23　Serial Port Utility Pro 插件实现通信

4. Ardity

Ardity 插件是由 Daniel Wilches 制作的一款可通过 COM 端口进行传感器数据双向通信的开源工具。插件提供了简单易用的方法来配置与 Arduino 连接的 COM 端口,可实现 Arduino 与 Unity 应用程序的连接,并提供自动处理线程管理、队列同步和异常处理等功能。Ardity 支持两种从 Arduino 获取数据的方式:一是创建一个消息监听器,每当从 Arduino 接收到消息时,Ardity 会调用其 OnMessageArrived 方法;二是将 Arduino 接收到的每个消息放入消息队列中,通过调用 SerialController.ReadSerialMessage() 方法从队列中检索下一个消息。

6.5　孪生楼宇实施案例

针对高层建筑及周边环境构建对应的数字孪生体场景模型,功能上聚焦建筑内水务管网传输、楼体中人流移动、地下停车场车流及电梯的实时运行状态等。通过采用数字孪生与模拟仿真的方式构建 1∶1 的动态孪生体、特征映射、时空关联、数据交换的数字化转义虚拟世界,提高高层建筑的应急响应效率和综合管理成效,结合对视频监控、各类传感器、控制器等物联网信号的分析,管理人员可以实时了解楼宇运行状态,包括人流车流拥挤区域、电梯安全管理、水务系统监测水平等信息,掌握楼宇生命体征。当发生应急事件时,可快速定位事件发生位置,进而采取动态规划和引导疏散路径等相关措施,逐步提高高层楼宇管理的响应速度、准确性和精细化水平。

在具体实现方面，本节案例将重点介绍以 Unity 为基础的集成开发环境，描述在 CIM 情景下的数字孪生城市中高层楼宇应用开发技术流程，涉及 BIM、GIS 和 IoT 等各类异构数据在同一个 Unity 场景下的多源数据集成方式。其中将应用到的 BIM 几何模型及构件属性参数做轻量化处理，在 Unity 中整合几何模型及其对应的属性信息，实现数模分离。GIS 用来连接每个 BIM 及其他类型的模型单体，作为整合和管理几何模型建筑群并提供二维和三维一体化的基础底图和统一坐标系统的基础工具。IoT 数据来源、格式和传输方式则非常多，例如，涉及各种视频监控摄像头、水泵轴承箱的压力传感器及振动加速计、水位传感器、烟雾传感器、火焰传感器、温湿度传感器、光电传感器、空气质量检测传感器、光敏传感器、道路交通流量检测传感器、超声波传感器、射频识别 RFID 等种类繁多的感知设备数据来源。且物联网与实时数据、大数据、历史分析通常是联系在一起的，这对数据的处理计算、传输通信和存储的要求都较高。物联网数据来源、数据解析、数据传输、数据通信、数据安全以及数据存储格式复杂多样，互相之间都存在差异，如传感器数据可以是二进制流、十六进制流、JSON 格式、XML 格式等；数据组网传输协议有蓝牙、WiFi、ZigBee、3G、4G、5G、NB-IoT、LoRa、NFC 等；网络通信协议包括 MQTT、OPCDA、OPCUA、BACNET、TCP、UDP、Modbus、HTTP、COAP、FTP 等，因此需要确定传感器的传输协议和数据格式，整合各类数据来源，传输到同一个应用平台中综合处理、可视化与模拟分析。

综上，在较完整的孪生场景中需集成大量多源数据，CIM 场景范围通常较大、模型等资源数量多、需实时计算和传输的对象数量大，并随着对系统三维场景画面美化效果需求的逐步提高，都对系统运算性能提出了更高的要求。因此在整合 BIM、GIS 及 IoT 等大量模型和属性数据时，需对孪生城市场景的可视化渲染和实时运行性能做 CPU、GPU、内存等层面上的数据轻量化及计算方式的多领域、多方式的优化处理。优化过程中，可结合应用 DOTS/ECS（data-oriented technology stack，高性能多线程式数据导向型技术堆栈；entity component system，实体组件系统）技术，将未被充分利用的 CPU 多核运算能力充分利用，即将更多的工作线程调用起来，能够成倍增加系统运算性能和帧率；再结合遮罩剔除、八叉树等多种场景管理技术，优化摄像机视野中的画面渲染，可较大程度地减少渲染对象数量及 Draw Call 调用次数；在模型网格布线及 UV 制作方面也需遵循一定的优化规则，如避免冗余点线面、避免多边形及凹四边形等；并结合 GPU 图形图像处理的相关技术，将场景中大量相同或只有细微区别的类似对象做批量化并行处理，充分利用 GPU 的高速计算性能，可大幅提高系统性能。另外，采用云渲染的方式，也是解决终端设备渲染算力不足的有效解决方案。

6.5.1 高层楼宇数字场景构建

Unity 官方为数字孪生开发提供了完整的开发工具套件，开发者可以充分利用相关的资源和工具，简化开发过程、提高开发效率，使用数字孪生系列套件能够更容易地构建出高质量的应用程序。从底层数据的角度，数字孪生开发流程可分为三个主要的阶段，分别为数据获取阶段、数据分析阶段和数据可视化阶段。其中数据获取阶段分为模型数据获取与硬件物联网信号数据获取两部分。在数据获取阶段模型数据获取部分，Unity

提供了 PiXYZ 和 Unity Reflect 等工具用于模型接入、处理和优化。在数据获取阶段硬件物联网信号数据获取部分，Unity 提供了 Unity Manufacturing Toolkit，PREspective 工具，通过这些插件可以实现与传感器、控制器等物联网硬件设备的通信，进而直接获取物联网信号数据。使用 PREspective 或 UMT 工具能够整合适配不同通信协议，避免了中间的物联网服务器以及在物联网信号接入时需要大量适配不同通信协议的工作。在数据分析阶段，构建高层楼宇火灾情景构建与仿真模拟的机理仿真模型。在数据可视化阶段，Unity 提供通用渲染管线（universal render pipeline，URP）和高清渲染管线（high definition render pipeline，HDRP）两种可编程渲染管线（scriptable render pipeline，SRP），可编程渲染管线的渲染效果更符合真实物理环境。同时 Unity 提供了如 Unity MARS、Unity InterAct 等工具，可用于在 AR，VR 等平台上的快速制作和发布。在孪生场景构建过程中主要涉及 BIM 数据、GIS 数据和 IoT 数据三大类数据，以及一些纹理贴图、视频、音频等类型的数据。案例中将结合各类工具实现虚拟模型与实际物理设备的数据对接、孪生场景可视化等功能效果。

1. BIM数据集成

在 Unity 场景中构建的几何模型采用 SLAM 扫描、CAD 翻模等方式组合实现。对于结构复杂的区域采用 SLAM 技术扫描点云后可进一步重建 BIM 模型数据。同时，案例楼宇部分区域存在一些 CAD 图纸，且楼体各层之间存在结构类似的区域，可通过 CAD 翻模的方式构建一个典型楼层模型后再复用到其他位置上。在逐步完成 BIM 模型的构建后，将模型数据导入 Unity 三维场景中，这个过程可通过 Unity 官网提供的 Unity Reflect、PiXYZ 等工具直接将 BIM 模型导入 Unity 引擎中，同时也可通过 3ds Max，Blender 或其他插件将 BIM 模型转换为 FBX、OBJ 或 GLTF 等中间格式的模型文件，再导入 Unity 引擎中。最终整合各类型资源进一步完成高层楼宇数字孪生三维场景的搭建。图 6-24 所示为模型数据导入 Unity 引擎的 4 类主要流程和工具插件。

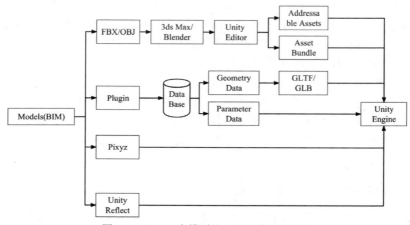

图 6-24　Unity 中模型导入主要流程和工具

1）模型构建

（1）基于 SLAM 技术的高精度三维重建。

SLAM 技术获取的三维信息是基于三维实景影像与点云数据的融合原理制作出高精度

室内三维实景地图，具有高保真度，能显示多细节信息。支持大范围室内空间扫描，大幅提高采集效率，可快速查看测量结果。HERON 背包 SLAM 系统是一款高精激光测量系统，可实现厘米级测量，同时建立 2D/3D 地图，覆盖大场景建模、量测、成图、分析等功能，是室内外一体化三维扫描与测量手段。JRC 3D Reconstructor 系统可将移动三维扫描与机载三维扫描数据整合到一个工程文件管理。可以利用导入的所有常用点云数据格式与影像数据，生成含有纹理的三维模型。

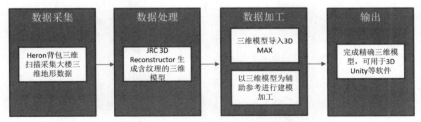

图 6-25 室内环境 SLAM 建模技术流程

建模过程中，对重点楼层采用了 SLAM 采集三维点云数据，采用 CGCS2000 坐标系，最终生产出整层 SLAM 点云数据及三维精细建模数据。图 6-26、图 6-27 所示为使用 SLAM 设备扫描现实环境合成的场景效果。

图 6-26 基于 SLAM 设备扫描场景

图 6-27 SLAM 构建三维模型

（2）基于 CAD 图纸的 BIM 翻模。

① 基于 CAD 图纸的建筑与结构翻模。

将案例中已有的 CAD 图纸，如 11 楼办公层、9 楼避难层及 B1 停车场层的二维图纸导入 Revit 软件中进行翻模，以进一步完善整栋建筑各层内外的建筑及结构建模。在 Revit 中基于 CAD 图纸的 BIM 模型翻模方式可分为三种：一是使用 Revit 软件自带功能翻模，即通过"插入"—"链接 CAD"或"导入 CAD"的方式将 CAD 图纸加载到 Revit 中，再以 CAD 图纸为基础进行逐步精确建模；二是使用第三方插件翻模，市面上已有许多款成熟的翻模工具，如橄榄山快模 GKM、BIMMAKE、BIM 建模助手、品茗 HIBIM、RightwayBim 等；三是可采用二次开发的方式进行翻模，其中二次开发的方式也包含两种，其一是通过 Revit API 手动编写 C# 代码，自定义一个翻模程序插件来实现翻模功能；另一种方式是采用 Dynamo 可视化开发的方式实现 CAD 翻模。以办公层 CAD 图纸为例，使用第三方翻模插件 RightwayBim 实现建筑翻模，其中部分 CAD 图纸如图 6-28 所示。

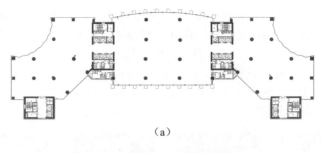
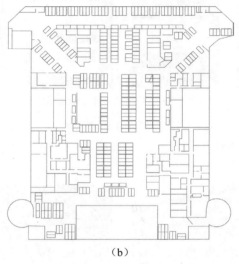

图 6-28　部分 CAD 建筑结构图纸

（a）9 楼避难层 CAD 图纸；（b）B1 层地下停车场 CAD 图纸

RightwayBim 插件是基于 Revit 软件开发的翻模插件、正向设计插件，支持 Revit 2016 至 Revit 2023 的各个版本，该插件使用便捷，可一键式完成对 CAD 图纸的翻模，实现 CAD-BIM 的无缝过渡。使用 RightwayBim 实现建筑结构翻模的基本流程如图 6-29 所示。

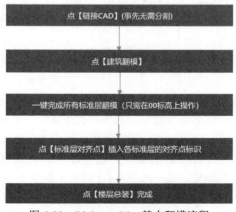

图 6-29　RightwayBim 基本翻模流程

RightwayBim 插件安装包可在官网直接下载，该安装包是一个 Windows Installer 包，后缀为 .msi，直接点击按提示步骤即可快速完成插件安装。完成安装后，插件将显示在 Revit 的"附加模块"，即"RightwayBim 精灵"，如图 6-30 所示。需注意的是，使用该插件前需以管理员身份运行 Revit。

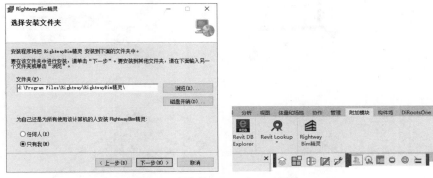

图 6-30　安装 RightwayBim 插件

选择"链接 CAD"选项将 DWG 格式的 CAD 文件加载到 Revit 中，选择"建筑翻模"选项单击"整体翻模"或"局部翻模"按钮，在弹出的参数设置页面设置翻模参数，最后单击 OK 按钮即可自动化完成对 CAD 的翻模，建筑翻模基本操作步骤如图 6-31 所示。翻模效果如图 6-32 所示。另外，若有建筑的完整图纸，则可通过"标准层对齐点"和"楼层总装"功能完成整栋建筑的自动化翻模。

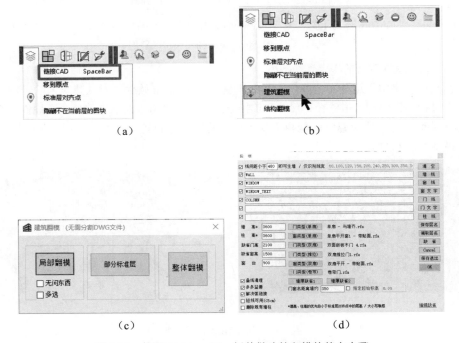

图 6-31　使用 RightwayBim 插件做建筑翻模的基本步骤
（a）加载 CAD 图纸；（b）进行建筑翻模；（c）选择翻模方式；（d）设置翻模参数

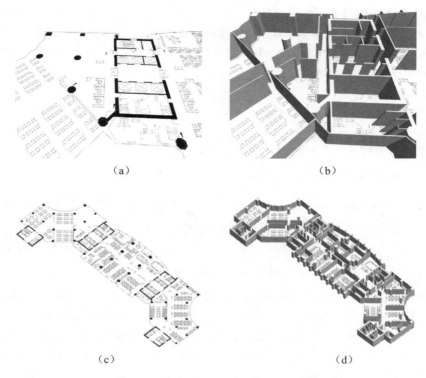

图 6-32 基于 RightwayBim 的 CAD 翻模

（a）11 楼办公层 CAD 图纸（局部）；（b）RightwayBim 翻模模型（局部）；（c）11 楼办公层 CAD 图纸（整层）；（d）RightwayBim 翻模模型（整层）

② 基于 CAD 图纸的楼宇管网翻模。

在高层楼宇中管道分布范围广，且结构复杂，在 Revit 软件中对该建筑内的管网进行建模的过程中需确定管道路径、尺寸和连接方式，确保管道系统的完整性和合规性。在构建管网模型时与上述对建筑的翻模方法类似，管网模型也可采用 CAD 翻模的方式制作。管网模型如图 6-33 所示。

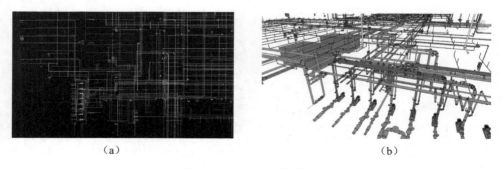

图 6-33 部分 BIM 管网模型

（a）管网图纸；（b）管网 BIM 模型

（3）基于可视化搜索引擎 3Dfindit 获取 3D CAD，CAE 和 BIM 模型。

CADENAS 公司更新了名为 3Dfindit 的三维 CAD，CAE 和 BIM 模型的可视化搜索引擎。这一搜索引擎的前身是 PARTserver，随后发展为 PARTcommunity，而 3Dfindit 则是全新一代的三维数据视觉搜索引擎。作为一个新维度的可视化搜索引擎，3Dfindit 中包含 5600 余家制造商的各类模型，含机械工程、电气工程、建筑等多个行业，提供了数十亿个 CAD，CAE 和 BIM 模型的搜索能力。该平台支持 134 种不同的模型文件格式，所有模型都经过了制造商的验证，并可免费下载，同时支持下载智能元数据。3Dfindit 的三维 CAD 模型库如图 6-34 所示。3Dfindit 模型搜索引擎具有多种智能搜索功能，如基于 3D 形状、二维草图、颜色、制造商目录、过滤条件、模型部件功能，以及模型参数文本、值、名称等的搜索。另外，3Dfindit 还提供了将多个模型进行参数与三维模型同步比较的功能。它为免费查找、配置和下载经制造商认证的规划和工程设计数据提供了一种快速简单的途径。以二维草图搜索为例，用户可以通过上传类似模型的图片或者在立方体上绘制类似模型的形状示意草图，单击"接收和搜索"按钮，即可在模型库中显示与草图外观类似的三维模型，再结合使用 3Dfindit 的多种其他智能搜索功能，可实现更加精确的模型检索。如图 6-35 所示，为结合二维草图搜索与文本搜索，获取水泵模型的流程。此外，3Dfindit 提供 CAD 集成插件，可在 Solidworks，Freecad，Aveva 等软件中直接查看并调用 3Dfindit 中的模型。

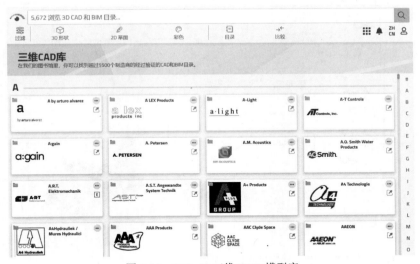

图 6-34　3Dfindit 三维 CAD 模型库

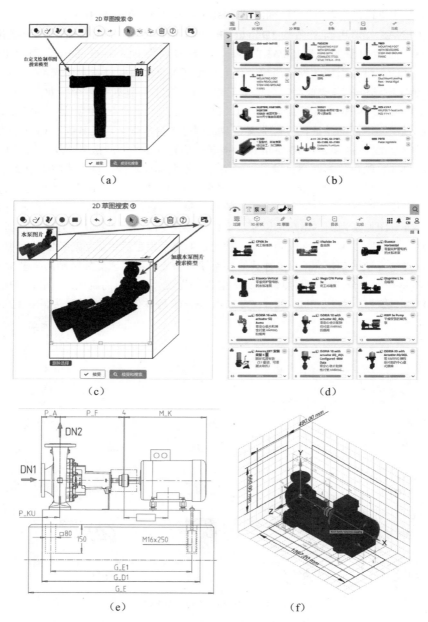

图 6-35 结合二维草图搜索与文本搜索方式查找模型

(a)绘制二维草图搜索模型;(b)绘制二维草图搜索得到类似模型;(c)加载水泵设备图片识别二维形状;(d)加载水泵设备图片识别二维形状后,搜索得到的类似模型;(e)搜索得到的标准水泵二维图纸;(f)标准水泵二维图纸对应的三维模型

2)BIM 模型接入 Unity

(1)Unity Reflect。

BIM 模型构造设计的完整生命周期常常伴随着反复的设计调整和重构,而设计、业主、

施工等各相关方的紧密合作和高效沟通在这个过程中就显得尤为重要。随着游戏引擎等实时 3D 开发引擎的发展，可以逐步实现从初期设想到工程建造结束的整个设计流程，将客户带入到每一个细节流程中，使客户能够近距离感受真实环境与 3D 虚拟设计，带给客户实时的参与感。Unity 引擎提供了 Unity Reflect，可以在一个沉浸式协作型实时平台中将 BIM 数据与建筑施工全生命周期的各个阶段连接起来。Unity Reflect 是一款 BIM 模型导入工具，同样支持与原始 BIM 模型的实时互联操作，通过在 Revit 中安装 Unity Reflect 附加插件实现将 Revit 中的 BIM 模型一键导入 Unity 场景中。Unity Reflect 产品套件包括 Unity Reflect Review 和 Unity Reflect Develop，前者能够将 Autodesk Revit，BIM 360，Navisworks，SketchUp 和 Rhino 模型导入到 AR 和 VR 中；后者可以构建自定义应用程序，可在多个项目中复用 Reflect 中的功能，避免重复从底层逻辑开始造轮子。同时 Unity Reflect 支持 URP 和 HDRP 两种渲染管线，并可配合云渲染（Unity render streaming）技术实现自定义的高质量图像保真度和渲染效果，最终实现与 BIM 模型实时互联、实时协作。工作流程如图 6-36 所示。

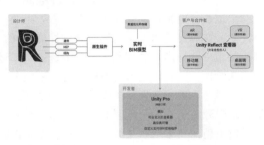

图 6-36　Unity Reflect 工作流程

以 BIM 管网模型为例，在 Revit 中构建完成管网模型后，通过 Revit 中安装的 Unity Reflect 插件，单击 Export 图标即可将场景模型导入 Unity 工程中，再打开安装的 Unity Reflect Review 软件，即可查看管网 BIM 模型，如图 6-37 所示。

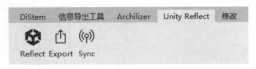

Revit 中安装的"Unity Reflect"

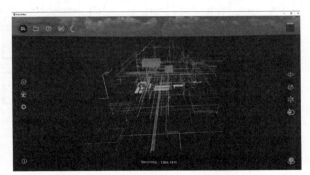

图 6-37　Unity Reflect Review

（2）PiXYZ。

PiXYZ 可将大型精确 CAD 模型数据自动转换为三角网格形式的三维网格模型，且提供了网格编辑功能，可自动实现轻量化减面功能，也能够对模型做 UV 拓扑、坐标轴变换，以及网格模型合并等模型数据量及模型结构布线方面的优化操作。PiXYZ 支持实时与源数据进行联动操作，在 Unity 编辑器中更改数据即可同步更改原始文件，能够更加方便地处理模型数据，同时也支持点云和网格模型数据的直接导入与优化。PiXYZ 同时包含 PiXYZ Plugin、PiXYZ Studio、PiXYZ Review、PiXYZ Scenario Processor 以及 PiXYZ Loader 系列工具。PiXYZ 支持数据的导入与导出操作，其中支持导入四十余种不同行业的文件格式，包括 DWG、DXF、3DS、FBX、3DXML、RVT、RFA、JT、STEP、U3D、OBJ、IFC、USD 和 GLTF 等；支持导出十余种不同的文件格式，包括 FBX、3DXML、DAE、GLTF、GLB、OBJ 等；对于 Unity 中最常使用的 FBX 格式还可导出为二进制文件或 ASCII 的文件。

3) Unity 场景环境编辑与搭建

完成几何模型的构建后，导入 Unity 工程中，再在 Unity 中对场景模型进行编辑摆放，逐步搭建三维场景。其中，可将相同的模型制作成预制体 Prefab，以尽量重复使用模型文件。构建三维虚拟场景在呈现数据可视化的同时需要在画面效果的美观度和程序运行的实时性上达到一个平衡点，才能在满足美术效果的同时兼顾性能消耗。因此在项目开发的前期需要对美术资源的制作制定一些标准化的规则。对美术资源制作过程进行标准化能很大程度上方便项目管理和团队协作；在制定美术资源标准时参考策划和程序对美术资源的需求会更加便于使用，但也需要考虑美术效果和工作量，尽量平衡三者的需求；美术资源在性能方面的消耗是评价美术资源质量另一个重要的指标，如不重视可能在项目后期带来越来越严重的性能问题，导致出现需要重新返工的情形。在模型制作的过程中需遵循一定的规则设定，如统一模型单位、设置模型坐标轴方向为左手坐标系方向、控制模型的顶点数和面数、制作合理的模型拓扑结构、删除看不见的模型点面并为模型做合理的 UV 展开等。另外纹理也是构成虚拟环境常用的一类资源类型，如金属或油漆质感的 PBR 材质、火焰粒子系统使用的序列图纹理等。在 Unity 中构建三维虚拟场景的流程如图 6-38 所示。

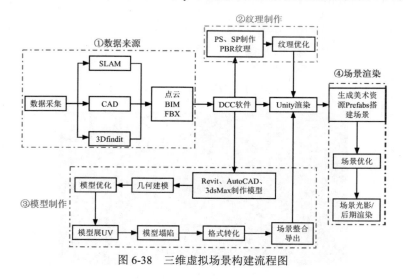

图 6-38 三维虚拟场景构建流程图

2. GIS数据集成

GIS 数据包含地图数据、影像遥感数据、地形数据、属性数据及地理坐标数据等多种数据种类。在 Unity 引擎中集成这些 GIS 数据也有多种方式，包括各大主流 GIS 厂商制作的 SDK，Unity 社区开发者提供的 GIS 插件，以及开发者自定义的 GIS 集成工具等方式。在 Unity 的 GIS 集成能力方面，各大主要的 GIS 服务提供商都已逐步开始为 Unity 开发针对性的 GIS 插件，这使得在 Unity 中导入和集成 GIS 数据变得更加容易和便捷。这些插件提供了接入 GIS 服务平台的 API 接口，可实现接入不同 GIS 服务商的地图数据，使开发者能够直接从这些服务商获取地理数据，并在 Unity 项目中进行可视化、交互与分析。GIS 数据集成方式的多样性，为 Unity 开发者提供了更多的选择和灵活性。如国外厂商提供了 Cesium for Unity，ArcGIS Maps SDK for Unity，MapBox SDK for Unity，Bing Maps SDK for Unity 等软件开发工具包；国内有超图的 SuperMap Scene SDKs 10i(2021) SP1 for game engines Unity、腾讯的 Unity 地图 SDK、高德地图也提供了针对 Unity 优化的旗舰版地图 SDK，另外百度地图也可以集成到 Unity 场景中。除各大厂商提供的 SDK 工具外，在 Unity Asset Store 有各种成熟的 GIS 插件，如 Infinity Code 制作的 Online Maps v3，Real World Terrain 等。同时开发者也可自定义开发一些接入动态 GIS 数据的功能，或者可根据项目需求通过 Blender 软件的 BlenderGIS 插件获取 GIS 数据，并以静态数据的方式导入 Unity 中应用。在本案例中的 GIS 数据集成展示部分，将采用 Cesium for Unity SDK 演示将 GIS 数据接入 Unity 场景中的操作流程。

1）Cesium for Unity SDK 简介

Cesium 是一个开源的地理信息系统平台，它提供了丰富的功能和工具，用于可视化和分析地理空间数据。Cesium 官方针对 Unity 开发了 Cesium for Unity SDK，可轻松实现在 Unity 中加载 GIS 矢量数据和栅格数据。Cesium for Unity 也是一个免费开源的 Unity GIS 类插件，于 2022 年 12 月份发布第一个版本，其 GIS 数据基于 WGS84 大地坐标系，采用 3D Tiles 技术，可在 Unity 中实现全球范围的地图可视化展示，可以高分辨率在全球范围内展示真实世界的 3D 地理空间内容。SDK 支持在 Windows，macOS，Android 以及 VR 等多个平台上的发布，让开发者能够在不同设备上灵活应用和展示地理空间数据，为用户带来沉浸式的地理空间体验。

2）基于 Cesium for Unity SDK 接入数据

（1）软件版本等前提准备条件。

在 Unity 中使用该 SDK 的主要准备工作包含三个方面的内容：第一，使用 Cesium for Unity 插件需使用 Unity 2021.3.2f1 LTS 或之后的新版本，在 Unity 的版本选择上建议选择最新的版本，在本案例中使用的 Unity 版本为 2022.3.0f1c1 的 LTS 长期支持版本；第二，如若需要使用到 Cesium 官方的在线地图及其他地形或建筑等数据，则需注册登录一个 Cesium ion 的账号；第三，在 Unity 渲染管线的选择上需选择可编程渲染管线，即 URP 或 HDRP 渲染管线，默认不支持内置渲染管线（built-in render pipeline）。

（2）Unity 中的 Cesium 插件安装及数据接入流程。

步骤 1：创建新项目。

登录注册 Unity 账号获取许可后，使用 Unity Hub 安装 2022.3.0f1c1 LTS 版本 Unity 软件；单击"新项目"，在项目创建面板上选择编辑器版本为 2022.3.0f1c1 LTS，选择核心模板的 3D（URP）模板，设置项目位置和项目名称为 CesiumGCIGDT 后，即可创建新项目。

步骤 2：配置 Cesium 插件。

完成项目创建后，在 Edit → Project Settings → Package Manager 面板设置 Cesium 插件的安装注册信息，分别配置为 Name：Cesium；URL：https://unity.pkg.cesium.com；Scope(s)：com.cesium.unity，单击 Save 按钮保存，如图 6-39 所示。

在 Windows → Package Manager 面板选择 My Registries，显示 Cesium for Unity 工具包，单击 Install 按钮即可安装，如图 6-40 所示。

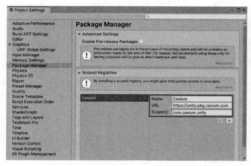

图 6-39　配置 Cesium Scoped Registries　　图 6-40　安装 Cesium for Unity 工具包

需注意的是：如若在 Package Manager 中安装该插件时出现网络问题，插件不能正常安装时，可尝试直接在 GitHub 上下载 Cesium for Unity v1.3.1（或当前最新版本）版本到本地，再在 Package Manager 面板上选择 Add package from disk 选项，使用从本地硬盘添加工具包的方式加载该工具包。如图 6-41 所示从本地加载工具包时需选择 package.json 文件，单击"打开"按钮即可添加 Cesium 本地工具包。正确从本地硬盘安装完成后，在 Package Manager 面板将以 Local 标识，并在 Project 面板下的 Packages 中显示，如图 6-42 所示。

图 6-41　本地硬盘加载 Cesium for Unity　　图 6-42　从本地硬盘安装工具包

步骤 3：登录 Cesium ion 账号。

正确完成 Cesium for Unity 插件的安装后，菜单栏中将显示 Cesium 工具，此时只能添加本地的 3D Tiles 数据。如需添加在线数据时，需注册登录 Cesium ion，当有 Cesium 账号后，单击 Connect to Cesium ion 按钮允许 Cesium ion 权限后即可登录。登录 Cesium 如图 6-43 所示。

使用 Cesium 在线数据需创建用户身份验证令牌 Token，单击 Cesium 面板中的 Token

可选中 Create a new token 复选框创建一个默认的 Token，也可在 Cesium ion 网页端创建新的 Token，如图 6-44 所示。其中在 Cesium ion 网页端可在 Asset Depot 及 My Assets 中添加删除在线数据，将同步在 Cesium for Unity 插件的面板中显示这些在线数据。

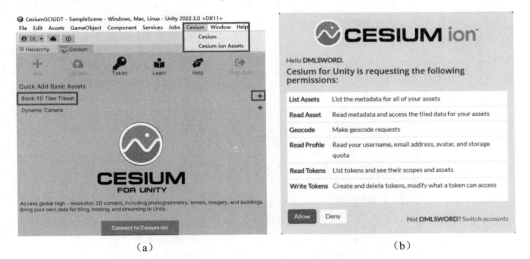

(a)   (b)

图 6-43 登录 Cesium ion

（a）Unity 中 Cesium 面板；（b）授权登录 Cesium ion 账号

(a)   (b)

图 6-44 创建 Token

（a）Unity 中创建默认 Token；（b）Cesium 网页创建 Token

步骤 4：加载 Cesium 在线 GIS 数据。

以添加卫星影像数据、地形数据等栅格数据为例，单击 Cesium World Terrain + Bing Maps Aerial imagery、Dynamic Camera 后的"+"即可添加在线数据和动态摄像机，并隐藏或删除默认的 Main Camera，避免与动态摄像机冲突。加载的在线地图效果如图 6-45 所示。

 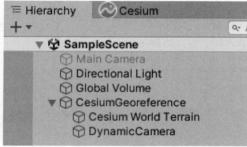

图 6-45　加载 Cesium 在线 GIS 数据及运行效果

步骤 5：加载某高层楼宇模型。

将某高层楼宇模型添加至 CesiumGeoreference 对象下，作为子对象，将模型放置在对应地图的位置上，运行时添加的模型将会随着摄像机移动，要解决这个问题有两种方式。

方式一，当所需添加的模型数量少时，只需要给对应模型添加 CesiumGlobeAnchor.cs 脚本组件，就能使模型被锚定在 Cesium 的全局坐标系下，此时再运行系统，模型就能够固定在设定的位置上保持不动，该组件如图 6-46 所示。

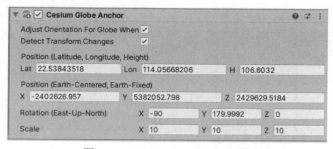

图 6-46　CesiumGlobeAnchor 组件

方式二，当模型数量较多时，每个模型都添加该脚本组件做实时坐标转换计算则会非常消耗性能，在 Cesium for Unity 插件中提供了 Georeferenced Sub-scenes 参考子场景功能，它能够创建一个球形范围，将模型放置于该子场景球形范围内，当摄像机进入该球形范围时，模型显示，并且模型同时被锚定在设定的位置上，不会随着摄像机而移动，此时无须添加 CesiumGlobeAnchor.cs 脚本组件也能够实现锚定模型的效果；当摄像机移动出该球形范围时，在子场景球形范围内的模型则会被隐藏显示。Sub-scenes 的方式能够减少实时坐标转换计算的同时也能够达到类似 LOD 的能够，因此在有大量模型的场景中可以显著地减少模型渲染数量，提高渲染效率。

创建 Sub-scenes 参考子场景可在 CesiumGeoreference 对象上，设置子场景创建时的原点位置，再单击 Create Sub-Scene Here 按钮即可在该原点位置创建一个子场景。需注意的是，需放入子场景球形范围内的模型需放置在子场景对象下，作为子场景的子对象。Sub-scenes 在场景中的效果如图 6-47 所示。

图 6-47　Sub-scenes 参考子场景

步骤 6：加载本地 GIS 数据。

通常在线的遥感影响数据在精度或效果上存在不足，因此需要使用到用户自己的本地 GIS 数据或国内的地图资源，如加载本地遥感影像的栅格数据时，需对遥感影像数据做预处理。因为在 Unity 中要加载影像数据需要将该数据转换为瓦片的形式，因此需要将遥感影像等 GIS 数据进行切片处理，并发布成 tms 等投影影像服务。这个过程可采用 QGIS 或 CesiumLab 完成。以 CesiumLab 的处理过程为例，将本地影像数据做切片处理，再在 Unity 中加载的操作流程如下。

① 登录 CesiumLab 地理信息基础数据处理平台，在"数据处理"→"影像切片"模块下，进行影像处理。将准备好的 tif 格式的卫星遥感数据添加到"输入文件"模块，在"处理参数"模块将"投影参数"设置为"墨卡托"类型，在"输出文件"模块将"储存类型"设置为"散列"的存储形式，并设置输出路径。单击"提交处理"按钮即可在"正在运行"面板中查看处理进度。在 CesiumLab 平台中做影像切片处理流程如图 6-48 所示。

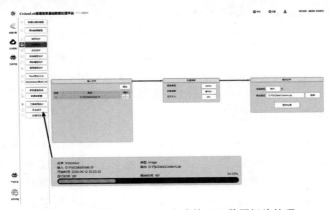

图 6-48　采用 CesiumLab 方式的 GIS 数据切片处理

② 在 CesiumLab 平台的"分发服务"→"常规影像"模块下，获取经切片处理的影像数据。如图 6-49 所示，单击"路径"栏的"切换 wmts 投影"切换为"tms 投影"，其中路径：http://localhost:9003/image/tms/rKFKycxo/tilemapresource.xml，即为处理后的影像数据位置。

图 6-49　CesiumLab"分发服务"的 GIS 数据信息及路径

③ 在 Unity 中选择 CesiumGeoreference 下的一个子对象，添加脚本组件 CesiumTileMapServiceRasterOverlay.cs，并将上述路径添加到 URL 栏中，如图 6-50 所示。添加路径地址后，该本地遥感数据将被加载到 Unity 场景中，如图 6-51 所示，红框内的影像数据为加载的本地遥感数据。

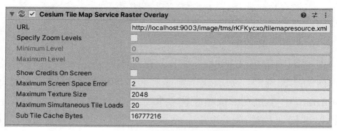

图 6-50　添加本地遥感影像数据路径

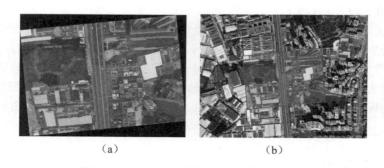

（a）　　　　　　　　　　（b）

图 6-51　在 Unity 加载本地遥感影像数据效果

（a）tif 格式影像原图；（b）加载本地影像图到场景中（红框部分）

6.5.2　楼宇水流系统实时监测

在 Unity 中构建供水系统及管网模型场景，包括生活给水供水机组变频给水设备、各类供水管网、固定自耦式潜污泵、真空压力表、智能水表、自动记录流量计、信号阀、水箱、Y 型过滤器、管道截止阀、管道蝶阀，以及使用 IS 单级单吸卧式离心泵的大空间自动灭火系统水泵、室内消火栓泵、室外消火栓泵、自动喷淋泵等各类供水系统组件的孪生体。在构建数字孪生时，除了上述几何模型数据的获取外，还包括硬件物联网信号数据的获取，案例中可采用智能制造数字孪生工具包 UMT 的信号工具模块来接入物联网信号。在 Unity 中构建楼宇水流系统物联感知网，首先需构建物联网感知终端的数据采集系统，实现实时的数据采集功能，其中也包含人工填报的数据、已有业务系统的数据及共享扩展的数据接口；然后在 Unity 中完成统一的数据集成，构建物联网数据综合感知模块，其中包括各类感知数据接入、监控视频接入与智能识别、数据处理与分析等；并留有可扩展接入新增或更换的其他供水系统设备或传感器的数据接入接口，达到系统可扩展、可维护、可更新的目的。采用 UMT 工具将智能水表、流量传感器等设备的物联网信号依据对应设备支持的通信协议，完成虚拟孪生体与硬件设备工业信号的绑定，实现将信号接入到 Unity 集成环境中，且采用不同通信协议接入的信号可转发为自定义的数据格式，以供 Unity 中调用。在 UMT 工具中的信号录制/回放功能可以实时录制多种协议的信号，并支持离线模拟回放。既能够在不连接硬件设备的条件下，也能够先在虚拟环境中测试开发，极大地方便了调试过程，提高了开发效率。

1. 安装UMT数字孪生解决方案系列工具

UMT 基于 Unity 编辑器，对于 Unity 的安装版本可选择长期支持版（long term support，LTS）。UMT 解决方案中，在使用 UMT 工具前还需安装 Solidworks 软件，以及在 Solidworks 软件中使用的 UMT 插件；另外，根据需要可选择性安装 PiXYZ 工具，以及在该工具中使用到的对应 UMTPlugin 插件；完成上述软件插件的安装后，即可采用 Template 或 Tarball 的方式安装在 Unity 中使用的 UMT 工具。除此之外，也可通过 Unity 云桌面直接使用浏览器地址试用 UMT，而无须安装任何额外的软件。需要注意的是：使用 UMT 需要获得 Unity 官方授权或者申请为期一个月的试用授权。获得授权后，需在 Unity "账号设置"→"使用产品代码"中输入授权的激活码，以完成 UMT 工具的授权与激活。在 Unity 中安装 UMT 工具有两种主要方式：

（1）当在新建的 Unity 工程项目中安装 UMT 时，使用 Template 方式安装 UMT。

通过在 Unity Hub 中添加示例模板的方式添加 UMT，当选择 UMT 模板新建 Unity 工程时，即可完成 UMT 和项目工程的同步创建与安装。在 Unity Hub 的版本安装界面，选择对应版本的"在资源管理器中显示"选项，打开该版本所在安装目录，依次进入 \Data\Resources\PackageManager\ProjectTemplates 文件夹，将下载的 UMT 压缩包文件中的 UMT Template 模板文件放入该文件夹中，再次重启 Unity Hub 后即可在新建项目时选择新增的 Unity Manufacturing Toolkit 核心模板，如图 6-52 所示。同时建议使用该方式安装 UMT，以达到开箱即用的目的。

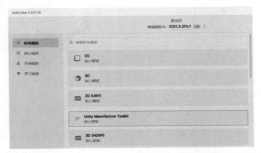

图 6-52　使用 UMT Template 新建项目并安装 UMT 工具

（2）当在已有的 Unity 工程项目中安装 UMT 时，使用 Tarball 方式安装 UMT。

在 Unity 中通过压缩包的方式安装插件时，可通过 Package Manager 进行安装。在 Window → Package Manager 窗口下选择 Add package from tarball 选项，选择对应下载的 UMT 文件即可完成本地安装，如图 6-53 所示。

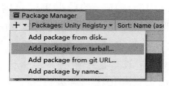

图 6-53　Package Manager 中安装 UMT 工具

2. 管网设备渲染效果

在 Revit 中导入管网的 CAD 图纸，通过 CAD 翻模的方式制作管网相关设备模型，将模型转换为 FBX 格式再导入 Unity 中搭建管网场景。为使孪生环境更具真实感，本案例采用 PBR 的方式渲染场景，即需要按照 PBR 的制作规则来制作纹理贴图与材质着色器。PBR 工作流分为 Metalness workflow 和 Specular workflow，这里采用 Metalness workflow 金属工作流的规则来制作 PBR 材质所需的系列纹理。在纹理性能优化方面可根据需求进行一些规则设定，如纹理的 Read/Write、多级渐进纹理 MinMaps、纹理尺寸符合 2 的幂次方、设定最大纹理尺寸、根据是否带 Alpha 通道设置合适的贴图格式、选择合适的纹理压缩格式等。在以上美术资源基本制作规则的基础上，在 Unity 中进行管网场景的重构，部分管网设备效果如图 6-54 所示。

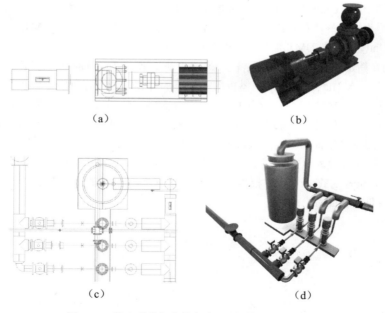

图 6-54　供水系统部分设备在 Unity 中的显示效果

（a）水泵图纸；（b）蓝色油漆材质的水泵效果及可曲挠，橡胶接头的黑色橡胶效果；（c）变频给水设备图纸；（d）金属外观的变频给水设备、管道效果及红色油漆材质的管道效果

3. 水流流动示例效果

案例中管道水流流动速度及方向效果以"箭头"纹理动态播放 UV 动画的方式表现，具体水流速度及方向依据传感器传输数据而定。该效果涉及图形着色器 Shader 的制作，在 Unity 中制作着色器有三种主要方式：一是可使用 HLSL 或 Unity ShaderLab 等着色器编程语言手动编写着色器程序来实现图形效果；二是采用第三方着色器编辑工具实现，如 Amplify Shader Editor、ShaderForge 等着色插件；三是若场景使用的渲染管线为可编程渲染管线，则可采用 Unity 官方提供的 ShaderGraph 可视化插件通过多个功能节点以拖拽连接的方式实现特定材质的着色效果。由于本案例的 Unity 工程文件采用的是 URP 通用渲染管线，因此可直接使用 ShaderGraph 工具制作该水流模拟效果。在 Unity 中创建 ShaderGraph 文件，添加 Sample Texture 2D 节点，用于设置箭头纹理及其 UV 参数；在 UV(2) 节点上连接 Tiling And Offset 节点，用于设置纹理的缩放和偏移，该节点可控制纹理的大小、重复次数和位置偏移等纹理 UV 显示状态；要使纹理沿某个方向按一定速度呈动态移动效果，可通过 Time 节点与添加的自定义 Int 类型属性节点 Speed 相乘，获得一个随着时间变化的值，并添加到一个二维向量 Vector 2 中，再将这个二维向量连接到 Tiling And Offset 节点的 Offset 偏移量，即可得到一个动态播放箭头纹理沿 UV 方向移动且可通过 Speed 节点控制流动速度的动态效果；其中通过控制"Tiling"XY 值的正负值即可控制纹理的移动方向；由于水管水流材质效果设置为透明状态，此时，可根据箭头纹理的颜色状态通过 One Minus 节点翻转黑白颜色，再连接到片段着色器 Fragment 的 Alpha Clip Threshold(1) 节点，即可控制材质的透明显示（黑色部分不透明显示，白色部分透明显示）；最后根据画面效果需求，可自定义 Color 类型属性节点 Emission 连接到片段着色器 Fragment 的 Emission(3)，实现 HDR 模式的自发光颜色，同时配合使用屏幕后处理 Post Processing 可实现 Bloom 泛光等视觉效果。着色器节点具体连接方式如图 6-55 所示。

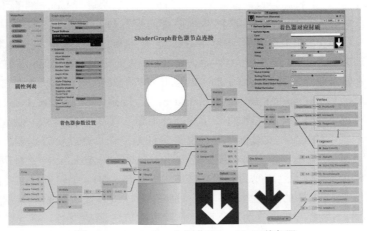

图 6-55　ShaderGraph 制作 WaterFlow 着色器

4. 使用UMT接入IoT数据

在逐步完成孪生体模型的场景搭建后，需对模型与物联网信号进行绑定设置。在 UMT Menu 界面单击 Signal → Signal Manager，打开 IOX Manager 信号管理窗口，可采用 Modbus 协议完成对智能水表等硬件设备信号的监听、订阅与连接。水流系统界面如

图 6-56 所示，在案例中接入了供水系统实时流量、累计流量、水压、水位、流速、水质等信息。

图 6-56 水流系统界面

5. 使用 Uduino 系列工具接入 IoT 数据

对于水流系统的 IoT 数据接入部分，本案例介绍第二种方式：即采用 Unity 第三方数字孪生工具来实现与感知硬件的直接通信。以 Uduino 系列工具接入物联网数据为例，其物联网开发环境的硬件部分可选择 Arduino UNO R3 或 ESP8266-NodeMCU 开发板；软件部分则在集成开发环境 Arduino IDE 或 VS 中进行代码的开发工作。在本案例中选择 ESP8266-NodeMCU 开发板搭配 Arduino IDE 为例，简述物联网开发的基础流程。

1）物联网开发基础环境配置

使用 Uduino WiFi 插件的流程可分为两个主要步骤：一是在 Unity 端的插件导入与配置安装。在该步骤中，首先安装 Uduino 插件，再在 Unity Package Manager 面板中找到 Uduino WiFi 插件下载并导入，按照编辑器面板上的说明进行 Unity 端的环境配置操作即可。二是在 Arduino IDE 端的物联网基础环境的配置与安装。在该步骤中，首先安装 Arduino IDE，因 Arduino IDE 默认环境下并不支持 ESP8266 开发板，因此需在 Arduino IDE 中添加 ESP8266 SDK 开发包后才可正常连接该开发板，在 Arduino IDE 界面"文件"→"首选项"→"设置"页面中的"其他开发板管理器地址"处添加在线下载开发包地址，即输入 http://arduino.esp8266.com/stable/package_esp8266com_index.json，完成添加后可在 Arduino IDE 软件左侧的"开发板管理器"模块下找到 ESP8266 开发包，单击"安装"后即可完成在线安装操作。但需注意的是，在"开发板管理器"中在线下载该开发包会存在网络问题，很容易在线下载失败。为此，在 Arduino 中文社区中提供了离线的 ESP8266 SDK，可通过离线的方式直接加载安装该 SKD。接着依据准备的 ESP8266-NodeMCU 开发板所支持的驱动型号，安装对应驱动，该开发板的驱动类型包括 CH340 和 CP2102 两种，因此在安装驱动前需确定开发板对应的驱动型号。查看开发板驱动类型的方式主要有两种：一是在该开发板反面通常有对应支持的驱动型号标识；二是可通过 USB 数据连接线将开发板连接电脑的 USB 接口，再在电脑的"设备管理器"→"其他设备"下可以看到其支持的驱动类型。依据开发板支持的驱动类型需在 Silicon Labs 官网对应下载"CP210xUSB 至 UART 桥 VCP 驱动器"，完成驱动下载安装后，再在"设备管理器"→"端口"下查看是否成功安装，如显示 silicon Labs CP210x USB to UART Bridge

（COM3）即表示驱动程序安装成功。其中，这里显示的 COM3 即为在 Arduino IDE 中开发板所需要使用到的端口。最后完成上述 ESP8266 SDK 安装、硬件连接及驱动配置后，在 Arduino IDE 中即可选择对应的 ESP8266 开发板和端口进行物联网程序设计和端口通信、编译与上传等操作。如图 6-57 所示，选择 NodeMCU 1.0（ESP-12E Module）开发板和与 ESP8266-NodeMCU 开发板硬件连接时显示的"COM3"端口后，即完成了物联网开发基础环境配置，接下来就可以进行物联网程序方面的设计开发工作。

图 6-57　在 Arduino IDE 中配置开发板和端口

2）以获取水的流速、流量及压力数据为例

（1）水流量传感器及连接方式简介。

水流传感器种类丰富，在案例中使用基于霍尔元件的 YF-S201 型水流量传感器结合 ESP8266-NodeMCU 开发板设计一个基本的物联网水流量计。YF-S201 水流量传感器主要由阀体、霍尔传感器、磁铁、水流转子组件以及输入输出等接口构成。该传感器是一种依据霍尔效应的磁场传感器，当导电材料中有电荷运动时，垂直于电流方向和磁场方向将产生电势差，磁性霍尔效应传感器每旋转一圈都会产生一个脉冲信号，水流量可以通过计算传感器输出的脉冲数量来计算。每个脉冲大约相当于 2.25ml 的水流量，依据脉冲信号实现对管道中水流量的检测。该水流传感器通过红色、黄色和黑色三根连接线与开发板接口连接，其中红线接入正极、黄线为信号输出线用于输出电脉冲、黑线接负极，YF-S201 传感器结构及接口连接方式如表 6-1 和图 6-58 所示。

表6-1　YF-S201传感器与开发板对应引脚的连接

YF-S201	ESP8266-NodeMCU（引脚）
VCC（红线）	正极 3.3V
OUT（黄线）	D2
GND（黑线）	GND 负极

（a）

（b）

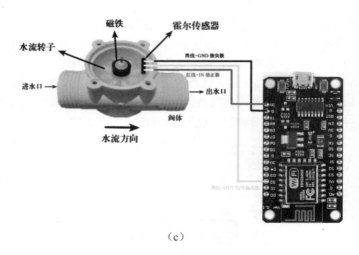

（c）

图 6-58 帝江牌 YF-S201 系列水流量传感器与 ESP8266-NodeMCU 连接图

（a）YF-S201 传感器；（b）YF-S201 传感器内部；（c）YF-S201 结构与开发板连接简图

（2）水压传感器及连接方式简介。

水压传感器可以将水的压力转换为电信号或其他可被测量的输出形式，方便进行水压监测、控制及数据采集。水压传感器的工作原理通常基于压阻式传感器或压电式传感器，压阻式传感器通过测量管网中介质对内部膜片或细丝等感应元件受介质影响产生的形变或压缩值，这些变化的值将导致传感器内部电阻值发生变化，这个变化可以被连接到电路中的测量电阻等元件上，并可转换为电压信号或电流信号；压电式传感器则利用压电材料的特性，当受到压力时产生电荷或电压变化，这些变化值是可被测量的，并可作为传感器的输出信号。如模拟水压传感器，该传感器通过红色、黄色和黑色三根连接线与开发板接口连接，其中红线接入正极、黄线为模拟信号输出线用于输出信号、黑线接负极，该款水压传感器结构及接口连接方式如表 6-2 和图 6-59 所示。

表 6-2 模拟水压传感器与开发板对应引脚的连接

水压传感器	ESP8266-NodeMCU（引脚）
VCC（红线）	正极 3.3V
OUT（黄线）	模拟信号输出端
GND（黑线）	GND 负极

（a）

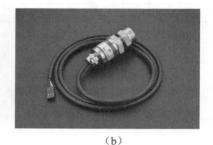

（b）

图 6-59 模拟水压传感器与 ESP8266-NodeMCU 连接图

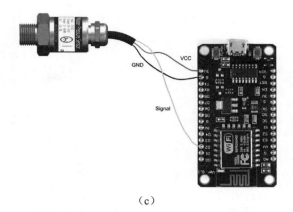

(c)

图 6-59　模拟水压传感器与 ESP8266-NodeMCU 连接图（续）

（a）模拟水压传感器 1；（b）模拟水压传感器 2；（c）水压传感器连接开发板简图

（3）程序功能实现。

在 Arduino IDE 中添加获取水的流速、流量与水压的程序，部分关键程序如代码 6-1 所示。选择开发板和正确端口后，单击"上传"按钮编译并上传程序至 ESP8266-NodeMCU 开发板，即可在 Arduino IDE 中输出相关信息，数据输出如图 6-60 所示。

代码 6-1：获取水的流速、流量与水压

```
// 引入 ESP8266WiFi 库
#include <ESP8266WiFi.h>
//Variable
const float OffSet = 0.483;
float V, P;
……
void IRAM_ATTR pulseCounter() { // 脉冲计数函数
  pulseCounts++;
}

// 初始化
void setup() {
  Serial.begin(115200);              // 初始化串口通信 设置波特率为 115200
  pinMode(SENSOR, INPUT_PULLUP);     // 设置传感器引脚为输入并开启上拉电阻
  pulseCounts = 0;                   // 初始化脉冲计数
  flowRate = 0.0;                    // 初始化流速
  flowMilliLitres = 0;               // 初始化当前流量（毫升）
  totalMilliLitres = 0;              // 初始化总流量（毫升）
  preMillis = 0;                     // 初始化上一次的毫秒数
// 中断配置，当传感器触发时调用脉冲计数函数
  attachInterrupt(digitalPinToInterrupt(SENSOR), pulseCounter, FALLING);
}

// 循环
void loop() {
  curMillis = millis();    // 获取当前毫秒数
  // 每间隔 1000 毫秒计算输出一次流速流量
  if (curMillis - preMillis > interval) {
    pulse1Sec = pulseCounts;    // 获取每秒的脉冲计数
```

```
    pulseCounts = 0;                    // 重置脉冲计数
    // 计算流速
    flowRate = ((1000.0 / (millis() - preMillis)) * pulse1Sec) / calibrationFactor;
    preMillis = millis();                            // 更新上一次的毫秒数
    flowMilliLitres = (flowRate / 60) * 1000;        // 计算流量（毫升）
totalMilliLitres += flowMilliLitres;                 // 更新总流量（毫升）

    Serial.print(" 流速：");
    Serial.print(int(flowRate));
    Serial.print("L/M");
    Serial.print("\t");
    Serial.print(" 流量：");
    Serial.print(totalMilliLitres);
    Serial.print("mL / ");
    Serial.print(totalMilliLitres / 1000);
    Serial.println("L");
  }

  V = analogRead(0) * 5.00 / 1024;      // 计算电压
  P = (V - OffSet) * 250;                // 计算水压
  Serial.print(" 电压:");
  Serial.print(V, 3);
  Serial.print("V");
  Serial.print("\t");
  Serial.print(" 水压:");
  Serial.print(P, 1);
  Serial.println(" KPa");
  delay(1000);
}
```

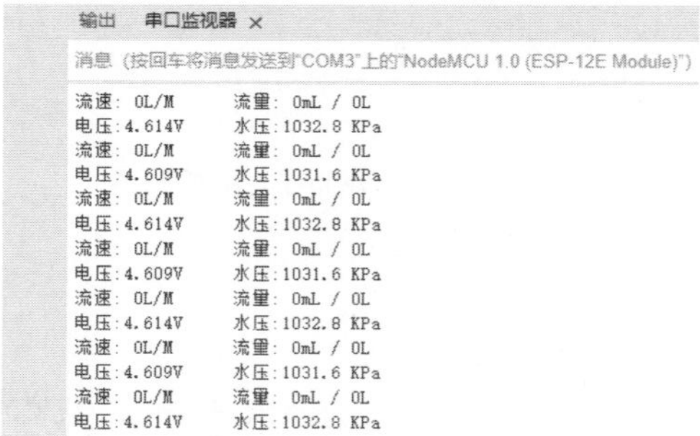

图 6-60 Arduino IDE 中输出信息

图 6-61 水流系统部分界面——流量的三维动态显示

图 6-62 水流系统部分界面——水压的三维动态显示

6.5.3 楼宇人流系统实时监测

在高层建筑中，人员流动是主要的动态因素之一，也是掌握楼宇运行状态并进行监控预警的重要依据。本节将探讨两个方面：高层楼宇各楼层中监控摄像头对人物对象的空间位置识别，以及依据所识别的人物空间位置，在孪生场景中进行虚拟人物的可视化映射。为获取人流信息，依靠监控视频作为主要的数据源，与摄像头设备联动，实时调阅各个位置的监控视频，通过识别检测监控视频中人员的分布范围、数量和走向，进而获取人员在楼宇内的实时大致位置。随后在孪生场景中，结合楼宇内各摄像头在 BIM 模型中的位置坐标，将这些人员位置数据动态映射到 Unity 三维场景环境中，从而对楼宇内人员的信息进行统计分析和展示，实现物理世界中人员移动状态与 Unity 中虚拟孪生体人物的一一对应。

为实现实时的人流可视化监测，在案例中探索两种方式：一是在 Unity 中接入监控摄像头的原始视频数据，通过 Unity 的神经网络推理库 Barracuda 识别人物对象，再结合每个摄像机在孪生楼宇模型中的空间位置坐标，计算该摄像机视野范围内的人物位置坐标，并在该位置处生成一个虚拟孪生体人物模型，达到现实环境中的人物在孪生场景中同步映射的效果；二是采用海康威视等智能网络摄像机（如多维客流摄像机、垂直客流摄像机等）的人物识别功能，经服务终端海康超脑处理分析后，可得到识别的人物对象、位置和走向等信息，再在 Unity 中获取这些位置信息后，同样结合该摄像机在孪生楼宇模型中的空间位置坐标同步映射孪生体人物模型。

通过将监控视频中人物位置坐标映射到 Unity 三维场景中，实现实时地动态地获取建筑内人流的分布和流向信息，使整栋建筑中的主要动态因素以更直观的方式在虚拟三维场景中得以展示。这为突发事故的应急处置、楼宇物业的动态管理提供了可视化的数据支持，能够在人员密度分布和拥堵方面进行及时预警，制定更合理的疏导方案，从而为楼宇人流管理提供更立体、更高效的管理方式。

1. 人物目标识别方式一：采用 Barracuda 识别人物对象

（1）基于 Barracuda 的视频图像人物目标检测

在使用 Unity 引擎的基础上，针对视频图像中人物的检测方式可采用 Unity Inference Engine 推理机，即采用 Barracuda 开发包实现。Barracuda 是 Unity 的一个轻量级跨平台神经网络推理库，可实现在 Unity 中运行预训练的神经网络模型，同时支持在 GPU 和 CPU 上运行神经网络。Barracuda 神经网络模型基于开放神经网络交换（open neural network exchange, ONNX）格式的训练模型，支持从各种外部框架中引入神经网络模型，包括 Pytorch、TensorFlow 和 Keras 框架。针对人物识别的目标检测类需求，可结合使用目前流行的 YOLO 算法，其全称为 You Only Look Once，是指只需要一次识别就能获得影像中物体的类别和位置等信息，其是基于单个神经网络的一种目标检测开源算法和框架，在目标检测、实例分割、图像分类等方面都有较好的准确性和性能。

在 Unity 中通过 Barracuda 工具使用 ONNX 模型非常简单易用，但使用的前提是需将预训练好的 YOLO 等神经网络模型导出为 .onnx 格式，并导入 Unity 编辑器中备用。通过训练完成的神经网络模型与 Unity Barracuda 结合，可以实现面部识别、眼球追踪、手势识别、背景剔除，以及人体检测、车辆识别等各类对象的目标检测与识别功能。

（2）基于 Barracuda 的目标检测实现流程

步骤 1：安装 Barracuda 工具包。

在 Package Manager 窗口中搜索 Barracuda 工具包，直接单击 Install 按钮安装，或者通过 Add Package from git URL 输入安装地址的方式进行安装，如输入 Barracuda 的包名 com.unity.barracuda 进行安装，如图 6-63 所示。

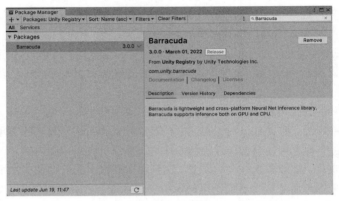

图 6-63　Package Manager 安装 Barracuda 工具包

步骤 2：.onnx 格式神经网络模型。

.onnx 为开放式的文件格式，具有平台、环境及模型训练框架无关性，兼容 TensorFlow、Pytorch、飞桨、Caffe2、CNTK、OneFlow 等主流人工智能框架。各类框架大都支持将训练好的模型导出为 .onnx 格式，因此使用该格式具有较好的通用性。在本案例中使用到的 .onnx 格式 YOLO 预训练模型为 GitHub 上的开源模型 tinyyolov2-8.onnx，开发者也可以根据具体需要自定义训练 YOLO 目标检测模型。.onnx 格式文件可使用 Netron 软件进行查看，其中 Netron 是一个神经网络、深度学习和机器学习模型的查看器。安装好 Netron 查看器后，可直接在 Unity 中查看该文件，选择 tinyyolov2-8.onnx 文件，并单击 Open imported NN model as temp file，即可查看预训练模型文件。如图 6-64 所示，左侧图为使用 Netron 直接打开 .onnx 格式文件时显示的效果，中间图为 Unity 直接打开 .onnx 格式文件的显示效果，右侧图为该文件的节点属性。

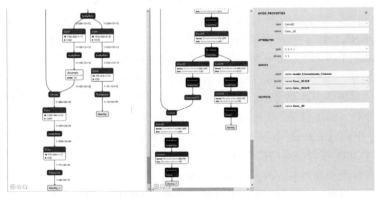

图 6-64　查看 .onnx 格式文件

步骤 3：Unity 中接入监控视频。

以接入海康摄像机的原始监控视频为例，实现在 Unity 中获取海康摄像机的 RTSP 视频流通常有两种方式：一种方式是直接使用 Unity 的一个多媒体播放工具 UMP（universal media player）来实现，在 UMP 组件中输入摄像机的网络视频流地址，即可直接接入并播放监控视频，这种方式的优点是操作简单方便，但监控视频有一定的延时性；另一种方式是使用海康威视原生的 SDK 拉取 RTSP 视频流，这种方式的优点是实时性较好，视频拉取速度快，相对地，视频流的拉取过程相对复杂一些。UMP 插件不仅支持视频、音频、图像等多种媒体形式的播放，还支持网络流媒体，支持的流媒体协议包括 HTTPS、HTTP、HLS、RTSP、RTMP 等，同时提供了播放、暂停、缓冲、播放速率、断点续传等功能。

以 UMP 插件接入海康摄像机监控视频为例。首先需配置激活摄像机，网络摄像机可通过 SADP 软件、客户端软件和浏览器三种方式激活，在摄像机与计算机处于同一网段的前提下，使用 Microsoft Edge 浏览器的 IE 浏览器模式，输入摄像机的 IP 和端口信息（如网络摄像机初始 IP 地址为 192.168.1.64，HTTP 端口号为 80，同时设置摄像机的用户名和密码；接着将 UMP 插件的桌面版导入 Unity 工程中，将预制体 UniversalMediaPlayer 拖到 Hierarchy 项目层级中，选择该预制体对象下的 Universal Media Player 组件，在 Path to video file: 栏下输入正确拼接的网络视频流地址，此时即可在 Unity 场景中看到拉取的监控视频。UMP 插件的 Universal Media Player 组件如图 6-65 所示。

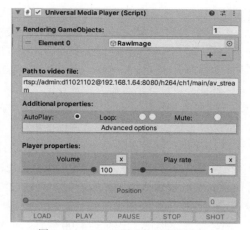

图 6-65　UMP 配置网络视频流地址

步骤 4：编辑代码加载、执行 ONNX 模型文件，并输出检测结果。

将 .onnx 格式的神经网络模型导入 Unity，新建 C# 脚本，创建 NNModel 类型变量 modelAsset 用于获取 tinyyolov2-8.onnx 模型文件，使用 ModelLoader.Load（modelAsset）方法用于加载该模型，并创建 Model 类型变量 m_RuntimeModel 存储该模型；创建 Inference Engine 推理机，需使用 WorkerFactory.CreateWorker(_runtimeModel,WorkerFactory.Device.GPU) 方法创建，并创建 IWorker 类型变量 _workerEngine 用于存储该推理机，其中执行后端包括 CPU、GPU 和 Auto 三种模式。可分别使用执行函数 Execute() 和输出函数 PeekOutput() 运行 YOLO 目标检测模型文件，并输出标记结果。Barracuda 结合 YOLO 的 ONNX 模型对人物的实时检测效果如图 6-66 所示。

（a） （b）

图 6-66 Barracuda 结合 YOLO ONNX 格式文件的目标检测效果

（a）人物识别 1；（b）人物识别 2

2. 人物目标识别方式二：采用智能网络摄像机识别人物对象

1）基于海康威视设备的人物目标检测

选用海康智能网络摄像机并融合智能超脑（后端边缘类融合智能硬盘录像机设备），可组合实现：区域人数统计、倾斜客流统计、人员密度监控等人数统计功能；区域入侵、越界侦测、进入区域侦测、离开区域侦测等周界防范功能；电瓶车进电梯等楼道检测功能；车牌识别、车辆属性识别、车位状态识别等车辆识别功能；以及支持定时抓图分析等各种视频流分析算法。使用海康智能超脑能够兼容各种类型的摄像头，可接驳符合 ONVIF，RTSP 标准及众多主流厂商的其他网络摄像机。其中，海康智能网络摄像机设备中包含一种双目垂直客流摄像机，其采用双目立体视觉技术，通过模仿人类双眼观察物体的方式来获取三维场景信息，基于双镜头的立体摄像，将捕捉到的图像经过深度计算，利用视角差异计算出物体的距离信息，实现对人体深度的感知，进而获取目标的高度信息。结合图像处理算法，识别和跟踪人体特征，可计算出客流人数及行走方向，支持分类统计人员进入和离开被监测区域的次数。同时支持数据实时上传、周期上传，通过收集和分析客流数据，后台系统可收集并生成统计报告。除双目垂直客流摄像机外，客流统计类摄像机还有多维客流摄像机、倾斜客流摄像机、客流人脸摄像机、客流量统计摄像机及人员密度相机等适应多样场景的摄像机类型。综合使用各类型摄像机以获得更准确、更完整的人员数量、流向及分布范围等信息。获取摄像机识别的数据时，可通过海康萤石开放平台进行 SDK 二次开发的方式获得相关数据，如利用多维客流等相机设备，可获得客流的智能计数、预警及分类等信息。另外，海康提供了 iVMS-4200 软件，可从该软件的客户端将各监控摄像头对应位置上的目标识别数据以 CSV 格式文件导出报表数据到本地。

（a） （b）

图 6-67 海康摄像机

（a）双目垂直客流摄像机；（b）半球型人脸摄像机

2）海康设备的目标检测配置流程与调试

步骤1：场景检测配置。

为确保客流摄像机在特定监测区域内能够高效而准确地识别人员，应根据场所大小、人流密度和监测范围的不同，选择适合的摄像机型号。通过海康 iVMS-4200 客户端，可用于配置和调整摄像机，并可对摄像机数据进行综合管理、分析和统计应用，它是一款与网络监控设备配套使用的综合应用软件，具有监控视频主预览、远程回放、数据检索、数据统计、智能应用以及一些人员访问控制及事件管理、拓扑管理等公共应用类功能。另外 iVMS-4200 的服务端为其客户端提供了数据存储、管理与计算的数据支撑功能。在摄像机使用前需做场景配置，摄像机通常支持远程调焦功能，在 iVMS-4200 的"主预览"→"资源"→"云台控制"面板上，可通过 PTZ 控制云台在水平、垂直等方向转动，用于调整摄像机镜头的角度；再通过"焦距变大+""焦距变小-""焦点前调+""焦点后调-""光圈扩大+""光圈缩小-"，以及"3D定位""辅助聚焦"等功能按钮进行场景调整，以获得画面效果更好的监控影像，确保视频图像中的人脸像素密度等人体特征符合人物目标检测的识别要求。同时，可对摄像机的视野范围做适当调整，确保其稍大于整体出入口或通道场景，从而能够更完整地捕捉人员进出的路径。在场景画面调整过程中，需要不断进行画面调试，以确保出现在监测区域内各个位置处的人员特征都能够被清晰聚焦，以精准统计监测区域内的人员信息。摄像机场景配置如图 6-68 所示。

图 6-68 摄像机场景配置

步骤2：统计规则配置。

识别人员是否进入了场景范围，需要进行识别区域的规则配置，以客流人脸摄像机为例。在配置过程中，有两种可选的识别模式：检测线模式和 AB 区域模式。当使用检测线模式配置人员检测规则，红框标示了检测区域，中间黄线表示客流检测线，黄色箭头则表示进出方向。规则区域的范围可设置在摄像机视野范围的中心，同时尽可能覆盖整个出入口或通道场景。检测线绘制在规则区域的中间偏下的区域，可使进入人员减少被前后遮挡的风险。另外，检测线的位置应设在进入该区域则必须经过的位置上，确保所有进出人员都会经过检测线。检测线的方向根据实际进出方向进行选择，默认设置为向下，通常此时人脸是面向摄像机的，因此能够更方便地捕捉进入该区域的人脸特征。摄像机的客流统计功能，原则上仅统计那些从规则区域的上半部分出现，穿越检测线并从规则区域的下半部分离开的人员。使用 AB 区域模式配置人员检测规则，通常适用于现场场景中可能存在人员进门后转弯或横向移动,从而导致传统的横线检测线可能出现漏检或误检的情况。为了应对这些复杂场景,可以采用绘制多边形 AB 区域的配置方式,实现更精确的折线包裹或分区域判断,从而提高检测的准确性和适应性。AB 区域模式是指将监测区域分为两个部分,分别标记为 A 区域和 B 区域,通过识别人员在这两个区域之间的进出实现人员计数。配置时选择绘制区域 A、B,将检测区域分隔为 A 区域和 B 区域。当人员从 A 区域进入 B 区域时,系统会进行一次计数;当人员从 B 区域进入 A 区域时,系统会进行另一次计数。通过不断监测人员在两个区域之间的进出行为,系统可以准确统计人员的流动情况,实现客流量的实时监测和统计。使用 AB 区域模式能够有效地避免人员在同一区域内的来回走动对统计结果的影响,一定程度避免人员重复计数的情况。检测线模式和 AB 区域模式配置的检测规则示意如图 6-69 所示。

(a)　　　　　　　　　　　　　　(b)

图 6-69　摄像机规则配置

(a)检测线模式;(b)AB 区域模式

步骤 3:获取统计信息。

在将摄像机设备、智能分析服务器成功添加至客户端,并且完成统计规则的配置后,可在 iVMS-4200 客户端的"数据统计"→"客流量统计"→"编码设备"或"智能分析服务器"页面中,根据特定需求,选择合适的筛选和统计方式来导出统计信息。可在客户端中选择"设备分组统计"获取所有监控点的客流总量,或者按"区域"选择设备标识的区域作为数据源,从而统计该区域内的人流情况。此外,还可以分别统计不同方向上的人流量,包括进入方向和离开方向。单击"导出"按钮后,可将统计数据以 CSV 格式导出到本地硬盘。这种将统计信息导出 CSV 文件,再在 Unity 中加载读取的方式在数据实时更新上有一定的延后性,若对实时性需求较高,可采用海康萤石开放平台实时获取识别数据,可实现更好的效果。摄像机识别人物目标的视野范围示意如图 6-70 所示。

图 6-70　摄像机识别人物目标的视野范围示意

3）监控视频下人物空间位置在虚拟场景中的动态映射

将建筑 BIM 模型导入 Unity 场景中，并在孪生模型的对应位置上标记现实环境中各个监控摄像头。通过上述 Barracuda 或智能网络摄像机识别人物对象的方式，实现对监控视频中人物目标的识别，然后将识别数据与孪生场景模型中标记的虚拟摄像头进行绑定。当实际监控视频中识别到人物对象时，则在对应虚拟摄像头视野范围内生成孪生人物模型。如图 6-71 所示，为在虚拟楼宇场景中，匹配现实环境中每路监控摄像头的位置，并对空间位置及照射范围进行标注的人员点位、流向分布。

图 6-71　人流位置映射图

6.5.4　楼宇车流系统实时监测

高层楼宇地下停车场的车流系统通过数字孪生的可视化技术将停车场中的每个停车位实时可视化，并与车辆联通，使用户和管理者能够直观地了解车位的使用情况，便于管理和指引驾驶员寻找车位。车流系统模块可通过监控摄像机和地磁传感器等设备，结合 UMT 等工具，将停车场车位是否停车等信息同步映射到 Unity 虚拟停车场中，进而可视化整个停车场车位的分布情况，包括已使用和未使用车位。其中，未使用的车位使用"可停车"的 3D 标签标识，以快速了解停车场的可用车位信息。随着车辆进出楼宇，系统能够即时提供车位的实时信息，根据停车场中车辆停放密度，可为停车流量调度提供数据支撑，进而优化停车场的管理，提供更便捷的停车服务，提高停车场的车位利用率和管理效能。

对于车辆的识别与上述对人物目标的识别过程类似，主要通过停车场视频监控系统作为数据源，采用 Unity Barracuda 或智能网络摄像机的方式识别车辆信息。将识别的车辆数据添加到驶入驶出车流统计图表、摄像头及车位统计面板中，统计图表采用 Unity 数据可视化图表插件 XCharts 结合 UGUI 实现。

1. 车辆目标识别方式一：采用Barracuda识别车辆对象

使用 Unity Barracuda 动态识别移动或静态的车辆信息，识别过程与上一小节类似，这里不再赘述，车辆对象识别效果如图 6-72 所示。其中，对车位的识别感应还可结合使用无线双模地磁泊位检测器等地磁传感器类设备，该设备可通过"地磁＋微波雷达"的双模检测技术，实现将停车数据安全准确地发送到物联网应用平台。停车场中使用的泊位检测器类设备可采用 NB-IoT 无线通信接口，具有检测精准、无线通信、超长使用寿命、IP68 级防水、防干扰、超强结构、便捷安装等功能特点。通过该类设备可将车位编号、设备 ID、设备车检状态（有车或无车判断）、设备电量值等感应数据上传至物联网服务器。结合 UMT 工具接入该服务器中，可将车位相关数据与地下停车场孪生场景中的车位映射，进而达到与现实环境中车位的联动与动态可视化的效果。

图 6-72　Barracuda 识别车辆

2. 车辆目标识别方式二：采用车位相机等设备识别车辆对象

同样以海康相关产品为例，其提供了多种车辆识别和管理的解决方案。通过在停车场建设停车类智能化产品以及停车数据平台，不仅能够为构建虚实结合的可视化停车系统提供数据支持，同时也能够建立起有效的分析模型，从而逐步适应孪生楼宇信息化和智能化的要求。在停车场中的智能化设备包括出入口抓拍管控类设备和停车诱导类设备两个主要类型，如图 6-73 所示。在停车场出入口位置采用防砸雷达、出入口抓拍机等前端采集系统获取车辆基础信息，再通过出入口控制终端接入出入口抓拍机、出入口控制机等设备，实现停车场出入口对过车信息的存储、转发、查询、统计、分析和视频预览，利用网络将车辆信息数据发送至后端停车管理中心，通过获取后端数据即可准确得到停车场中的车辆总数。对于停车场中停放在各个车位上的车辆，可通过在停车位上前方安装双目深度学习车位诱导相机，实现对车位的实时管理与车位状态检测，车主可通过停车场出入口信息引导屏和室内诱导屏快速找到空车位。可通过车位查询机搜索车牌定位车辆位置，使用智能手机/终端查询机获取车主位置，从而规划寻车途径，实现寻车指引，帮助车主快速反向查询车辆停放泊位。如图 6-74 所示，为海康威视停车诱导与反向寻车应用方案架构图。

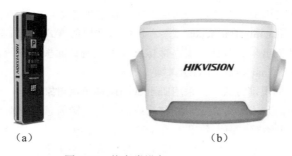

（a）　　　　　　　　　（b）

图 6-73　停车类设备

（a）出入口抓拍显示一体机；（b）深度学习车位诱导相机（双目）

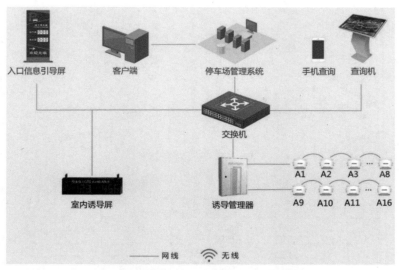

图 6-74 停车诱导与反向寻车应用方案架构图

3. 基于XCharts实现车流数据可视化

XCharts 是一款 Unity 的开源图表插件,是能够快速定制各类图表样式的图表库。支持折线图、柱状图、饼图、雷达图、散点图、热力图、环形图、K 线图、极坐标、平行坐标等 10 多种常见的内置图表类型,支持 UIStatistic 统计数值、UITable 表格等多种扩展 UI 组件,并能够实现 Bar3DChart 3D 柱图、FunnelChart 漏斗图、PyramidChart 金字塔图、GanttChart 甘特图、GaugeChart 仪表盘、PictorialBarChart 象形柱图、LiquidChart 水位图、TreemapChart 矩形树图、Pie3DChart 3D 饼图等多种扩展图表。XCharts 支持采样绘制,以及万级大数据量的绘制。图表采用 TexMeshPro 作为显示 UI,输入系统采用新版的 Input System 实现控制操作。XCharts 的图表风格借鉴了在网页前端应用十分广泛的 ECharts。ECharts 是一个基于 JavaScript 的开源数据可视化图表库。在 XCharts 中,各类图表的概念、命名与 API 等各个方面的设计都与 ECharts 类似。因此 XCharts 与 ECharts 在概念和使用方法等多个方面都是相通的,可在一定程度上减少开发人员的学习和使用成本。如 XCharts 图表中的折线图,可通过 LineChart 组件配置 Base(基础配置)、Theme(主题设置)、Setting(材质平滑度等模块设置)、Grid Coord(图表网格设置)、Title(一级二级标题设置)、Legend(图例设置)和 Tooltip(提示框设置)等 7 个通用属性进行图表基础配置。另外,该组件中的 X Axis、Y Axis 可设置图表 X 轴与 Y 轴的显示信息;Serie 则可设置数据、数据样式和数据类型。其中,通过 Add Serie、Add Main Component 等功能按钮还可添加不同的图表类型和不同的图表组件功能模块,以丰富图表显示效果。Unity 中 LineChart 组件如图 6-75 所示。

XCharts 图表插件制作组为开发者提供了丰富的图表示例,且发布为 Unity WebGL,可在线查看图表示例,如图 6-76 所示。

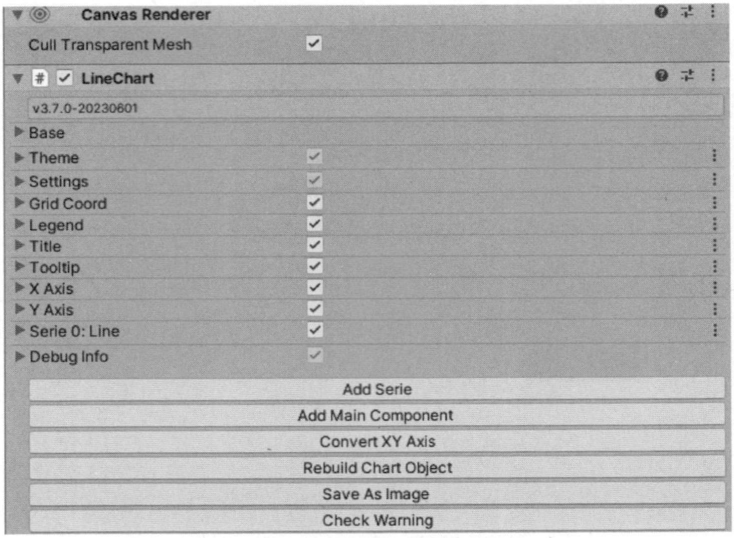

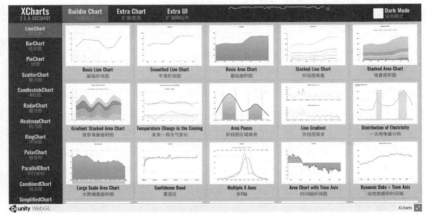

图 6-75　XCharts 中折线图 LineChart 组件

图 6-76　发布为 Unity WebGL 的 XCharts 在线示例

在车流系统模块中使用 XCharts 折线图表现车流量信息，可在 Unity Hierarchy 层级中右击 XCharts → LineChart 创建一个默认折线图，在 LineChart 组件设置图表主题、标题、图例、X 轴、Y 轴等配置项。在同一个折线图中可添加多个 Serie，每添加一个 Serie 即可叠加一条折线，也就是说在一个折线图中可显示多条数据信息，如在该模块的"车流统计"图表中，同时加载了"驶入车辆数量"和"驶出车辆数量"两条数据信息。XCharts 的各类图表配置项和 Serie 数据都具有对应的 API，可动态新建或修改配置项及数据参数。在"车流统计"图表 Serie 组件中添加车流数据，其数据来源于获取的各时段车辆进出数据，经整合计算后，通过 XCharts API 即可动态地将获取的数据添加到图表中。在车流系统界面中，单击停车场车辆上方标记的半球型摄像机图标，可显示摄像机的视野检测范围，即图中半球型摄像机图标下蓝色椎体远裁剪平面的覆盖范围。同时单击该摄像机图标也可显示该摄像机的监控视频画面。车流系统模块如图 6-77 所示。

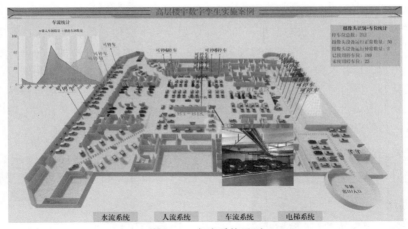

图 6-77　车流系统界面

6.5.5　楼宇电梯系统实时监测

电梯为特种设备，当需要接入电梯数据时，若电梯本身装备有电梯物联网设备及相应的电梯物联网平台，就可以直接从物联网平台获取各类电梯数据。但对于一些老旧电梯，通常默认不具备完整的物联网设备，此时就需外装第三方独立传感器以获得额外的电梯数据。其中，电梯物联网设备依赖于协议转换装置、通信感知设备等监测终端，通过约定协议将电梯、感知设备和平台连接起来，实现电梯监测、分析和识别等管理与应用服务；电梯物联网平台则是用于接收监测终端的运行状态、故障、事件或报警等信息，对电梯数据信息进行统计、查询和分析处理，并对监测终端进行控制和管理的应用平台。在电梯系统模块中，物联网数据涉及电梯实时运行的参数信息、设备统计信息等，包括电梯井号、电梯运行状态（含门系统、曳引系统、控制驱动系统、安全保护装置等各类电梯故障类型），分为 0 正常和 1 故障两种状态；当前负载状态，为电梯载重百分比信息；轿厢运行方向，分为 0 无方向、1 上行、2 下行、3 故障四种状态；轿厢开关门状态，分为 0 开启和 1 关闭两种状态；电梯轿厢是否超载，分为 0 超载和 1 未超载两种状态；电梯中是否人，分为 0 无人和 1 有人两种状态；电梯中人数；电梯轿厢当前所在楼层；电梯轿厢运行速度以及电梯轿厢实时加速度等各类信息。在 Unity 中结合 UMT 工具接入电梯物联网平台中的数据信息，通过计算整合将数据显示到 XCharts 图表中。

1. 接入电梯数据

在电梯可视化系统中，对于人物的识别与上述人流系统模块类似，同样采用 Unity Barracuda 或海康威视智能网络摄像机的方式识别电梯中的人员信息。如图 6-78 所示，为通过 Barracuda 方式识别视频图像中的人物对象，这里不再赘述。对于使用海康智能摄像机识别人物对象的方式，可采用海康提供的一整套电梯智能运维解决方案获取信息。如图 6-79 所示，为海康提供的智能电梯运维解决方案架构图。对于电梯的运行数据可通过各类传感器获取，其中电梯健康监测摄像机内置多种传感器，可精确采集电梯运行数据，通过该摄像机可获取电梯运行方向、乘梯人数、运行速度、开关门状态等信息。获取的信息再通过网桥→交换机→公网的方式与第三方物联网业务平台对接，实现电梯物联网数据的传输与存储。对于一些老旧电梯，也可通过电梯物联网网关外接多种传感器的方式，经综合判断后获取电梯的运行状态信息，如加装 U 型光电平层传感器，可用来检测电梯的运行状态，包括上行、下行、停止及电梯所在楼层，同时可监测电梯冲顶、坠落、非平层停梯、运行里程、运行次数、运行时长、停梯时长等信息；梯门传感器，可用来检测轿厢梯门的开关状态，同时可监测挡门、开关门异常事件；人体感应传感器，通过热释人体感应开关感应轿厢内是否有人，有人体活动则输出有人活动信号，当人体离开后，输出无人体活动信号；另外根据需要还可加装速度传感器、温度传感器、电流传感器等。

图 6-78　电梯中人物识别

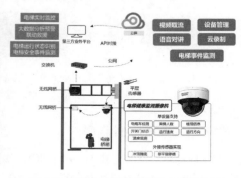

图 6-79　海康电梯智能运维方案架构图

2. 电梯数据

接入电梯物联网平台中的数据信息时，可将平台推送的 JSON 格式电梯物联数据直接接入，如代码 6-2 所示，JSON 数据中包含唯一码、井号、电梯运行状态、数据接收时间等信息。其中，电梯运行状态、轿厢运行方向、电梯是否超载、开关门状态及电梯中是否有人等字段中包含多个状态的属性信息，以设定的 0，1，2，3 等编号表示，具体描述可查看以下注释。

代码 6-2：获取电梯运行数据

```
{ "Elevator info": {
        "data": [
            {
// 采用设备端可读取的唯一标识作为 cid 如 SN 号、MAC 地址、IMEI 号等
            "cid": "102410****",// 电梯设备 ID
            "elev_id": "14",        // 电梯井号
            "run_trend": "0",       // 电梯运行状态 0 正常和 1 故障
            "recv_time": "2023 年 8 月 1 日 18:14:55",   // 数据接收时间
            "elev_speed": " 1 (m/s)",   // 电梯速度
            "elev_movingdirc": "2",     // 轿厢运行方向 0 无方向、1 上行、2
                                          下行、3 故障
            "curr_floor": "40",         // 当前楼层
            "elev_overload": "0",       // 电梯轿厢是否超载 0 超载和 1 未超载
            "door_state": "0",          // 开关门状态 0 开启和 1 关闭
            "have_People": "1",         // 电梯中是否有人 0 无人、1 有人
            "have_Count": "2",          // 电梯中的人数 2 人
            "elev_accelerated": "0.5 (m/s$^2$)"    // 电梯实时加速度
        },
        {
// 采用设备端可读取的唯一标识作为 cid 如 SN 号、MAC 地址、IMEI 号等
```

```
            "cid": "102411****",// 电梯设备ID
            "elev_id": "16",         // 电梯井号
            "run_trend": "0",        // 电梯运行状态 0正常和1故障
            "recv_time": "2023年8月1日 18:14:59",    // 数据接收时间
            "elev_speed": "0 (m/s)",         // 电梯速度
            "elev_movingdirc": "0",          // 轿厢运行方向  0无方向、1上行、
                                                2下行、3故障
            "curr_floor": "9",               // 当前楼层
            "elev_overload": "0",            // 电梯轿厢是否超载 0超载和1未超载
            "door_state": "0",               // 开关门状态 0开启和1关闭
            "have_People": "0",              // 电梯中是否有人 0无人、1有人
            "have_Count": "0",               // 电梯中的人数  0人
            "elev_accelerated": "0 (m/s²)"   // 电梯实时加速度
        },
        {…}
    ]
}
```

3. 孪生电梯动态效果

电梯的驱动形式主要有曳引式和液压式两种，其中曳引驱动方式更为广泛。曳引式电梯由曳引机、曳引绳、绳轮、轿厢、对重组成，其基本运行原理为：曳引机作为驱动电机，曳引绳一端悬吊轿厢，另一端悬吊对重装置，曳引机转动时，由曳引绳与绳轮之间的摩擦力产生曳引力来驱使轿厢与对重之间的上下相对运动。曳引式电梯运行原理及运行状态如图6-80、图6-81、图6-82所示。根据曳引式电梯的运行原理，在案例的电梯孪生场景中模拟动态效果。电梯的动态效果主要表现在电梯门的开合、电梯门前层门的开合、轿厢的垂直升降，以及与轿厢移动方向相反但移动速度相同的对重升降四个方面。

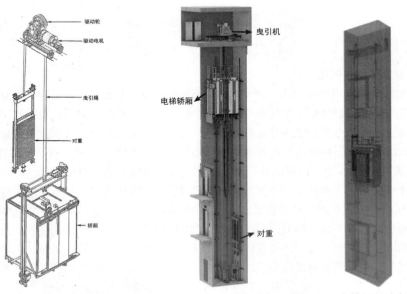

图6-80　曳引式原理图1　　图6-81　曳引式原理图2　　图6-82　电梯运行动态

电梯的动态显示效果是依据获得的电梯物联网数据来控制的。对于电梯门和层门的开合效果，可通过梯门传感器得到电梯的开关门状态后，结合国家标准《电梯技术条

件》客梯开关门时间不超过 3.2 s 的规定，在 Unity 中可使用 Animation Clip 等动画组件或 DOTween 等动画插件播放 2 s 的孪生电梯门开合动画即可实现。对于轿厢的升降效果，首先根据获得的物联网数据"轿厢运行方向"确定此时孪生电梯的运行方向，在电梯正常运行无故障的前提下，电梯运行方向有停止、上行、下行三种状态，分别以 0，1，2 标识，即当字段"轿厢运行方向"的传值为 0 时，不播放轿厢垂直移动动画，传值为 1 时，播放上行移动动画，传值为 2 时，反向播放上行移动动画。轿厢的实时移动效果，可依据获取的加速度以及电梯起点楼层与终点楼层之间的距离计算得到电梯的移动时间，从而通过 Animation Clip 组件或 DOTween 插件制作并播放轿厢垂直运动效果。另外，对于对重的动态移动效果，可基于轿厢的移动状态，保持与轿厢的相对运动即可。以电梯门的动画效果为例，制作电梯门开合动画效果，如图 6-83 所示。

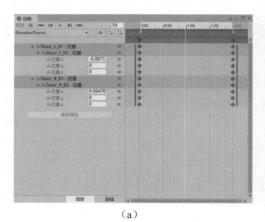 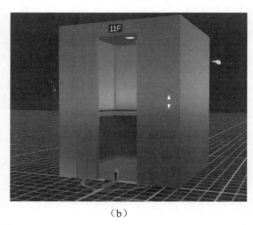

（a） （b）

图 6-83　电梯门 Animation Clip 动画及效果

（a）电梯门开合动画帧；（b）电梯门开合动画效果

4. 电梯系统可视化

在电梯系统模块的可视化过程中，将 Unity 虚拟场景中的高层楼宇建筑模型设置为半透明，以虚拟线将楼体中电梯位置与电梯文字标识动态连接的方式，直观地显示了各个电梯轿厢当前所在的位置及上下行运行的状态。为了更加系统地呈现电梯数据信息，同样采用 XCharts 进行数据可视化。将获取的电梯数据经整合计算后，通过 XCharts API 添加到 Serie 属性下的 Data 中，即可在各类图表中动态显示电梯数据。例如，该模块中添加了电梯乘客承载量图表、电梯运行速度图表、电梯垂直加速度图表，以及电梯轿厢内监控视频等多个视窗，电梯系统的可视化界面效果如图 6-84 所示。再单击楼宇中的电梯模型，可弹出该电梯实时运行状态的 UI 面板，如当前电梯的运行状态、当前所在楼层、运行方向、乘梯人数等。单击该面板下"查看详情"按钮，可打开"电梯详情"页面，在该页面下可查看电梯的三维模型及电梯门的动态开合动画。此外，该页面还提供了电梯设备的具体信息和维护记录，为用户提供了更全面的信息展示，电梯详情页面如图 6-85 所示。

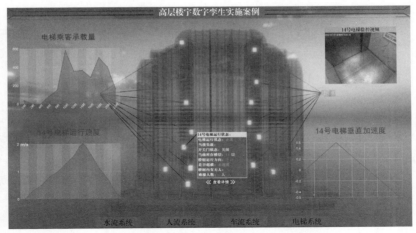

图 6-84　电梯系统界面

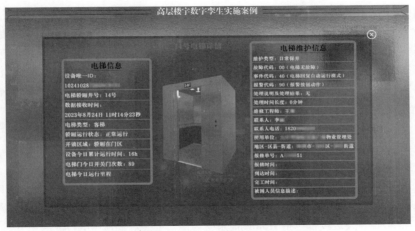

图 6-85　查看电梯详情界面

第 7 章
基于 CIM 的 AR/MR 开发应用

本书是应用主流的 LBS AR 引擎，研发基于 CIM 的 AR 解决方案，内容如下。

（1）新型 AR 室内逃生指引系统：针对当前大型室内、地下空间、复杂建筑安全指引环节薄弱、标识简单低效等问题，以 Unity 为平台，开发了以大屏幕、灯光秀、虚拟指引路径为形式，以图形、文字、声音、光色、符号等为内容，以发光二维码、SLAM 为定位导航工具的 AR 指引系统。关键技术包括基于"SLAM+二维码"的室内导航系统、大屏幕与灯光秀虚拟效果制作，以及 AR 疏散指引相关的开发。

（2）基于 BIM+AR 的占道开挖辅助施工系统：针对城市道路开挖工程中普遍存在的拉链路问题，以 AR 方式提供直观、立体的现场辅助解决方案。关键技术包括虚拟管网设施的定位与可视化、施工数据实时记录与动态调整、管网运维的安全检查。

（3）基于 MR 的三维电子沙盘系统：采用 Hololens 等 MR 设备，结合 MRTK3 软件包开发城市、社区、楼宇、房间等多级协同投影式电子沙盘，实现交互式显示、漫游、量测、查询等功能。关键技术包括 Hololens 系统与门户配置、新版 MRTK3 应用开发、UWP 应用发布等。上述各类 AR 系统架构与功能的实现，如图 7-1 所示。

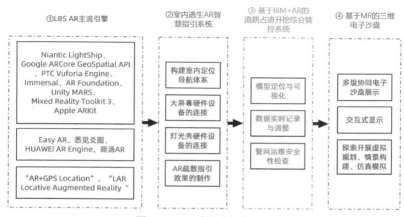

图 7-1　AR 系统功能实现图

7.1 基于 SLAM+ 定位二维码的室内逃生指引系统

7.1.1 基于 SLAM 的室内精确定位导航

1. 技术路线

基于 SLAM 技术对室内空间进行全方位扫描，采集构建详细的三维空间数据，赋予物体准确的三维信息。通过在室内关键位置张贴具备发光特性（电源＋荧光）的定位二维码，用户扫描该二维码时，可快速获得当前位置的坐标信息，通过调用 App 或后台系统，进行实时位置解析，计算出到达目的地或逃生通道的最优路径并提供导航服务。同时，可以通过系统反向实现对室内人员的快速定位检索，技术路线如图 7-2 所示。

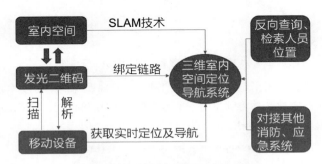

图 7-2　室内空间定位导航技术架构流程图

2. 基于SLAM的室内高精度三维模型重建

通过 SLAM 扫描获取三维信息（包括实景影像和点云数据），制作出高精度的室内三维实景地图。SLAM 一体化数据处理过程可明显提升工作效率、减少人工误差，使得地图精度更高，目前 SLAM 扫描设备品种丰富，有手持、背包、推车等各种类型。

3. 二维码的三维空间位置实时解析

常规室内定位技术存在较大误差，需要布设各种设施，投入较高，难以大范围有效推广。使用定位二维码则具有简捷、廉价、精确、一次测绘，终生有效、无须额外投入等特点，且操作习惯易被民众所接受。在室内关键位置张贴定位二维码，其具有识别唯一性，二维码上具有所在位置的坐标信息，可通过扫描二维码获取，同时在手机 App 及后台系统中，赋予二维码对应的唯一标识，用户通过扫描二维码，获取当前精确位置，将自身定位于室内地图系统中。

4. 室内空间位置的查询与导航

通过 SLAM 对室内空间进行扫描并三维重建后，建立三维室内空间导航系统，用户扫描其身边的定位二维码，获取当前的空间位置信息，通过网络与导航系统交互，分析当前位置到最近疏散出口的最优路径，推送给移动端，实现室内导航及快速疏散。

5. 室内人员快速检索与定位

在室内应急救援中，摸清人员信息非常重要，包括其数量及位置信息，目前主要使用视频监控信息、被困者求助信息来确定。在人员通过移动终端扫描定位二维码后，其相关信息会传递至后台系统中，三维地图实现人员同步标识，快速获取人员定位信息，反向实现人员信息快速检索与历史轨迹搜寻。

7.1.2　基于 SLAM+ 定位二维码的室内导航实验

选择某业态复杂综合体为实验环境,使用手持式 SLAM 测绘仪器对整层建筑进行扫描,同时采集拍摄 720°全景照片,分别生成 6 张天空盒照片,后期处理时完成拼接,结合室内三维模型数据使用,提供一个更直观、更逼真的显示环境。扫描过程中激光数据被连续记录,生成三维点云数据,如图 7-3 所示。

图 7-3　基于 SLAM 设备扫描的激光点云数据

原始点云预处理,是对所记录的数据集启动动态对象删除的处理过程。基于点云数据对室内三维空间进行重建,并将制作的三维地理数据等比例配准至 CGCS2000 坐标系,建立三维室内精确模型,如图 7-4 所示。

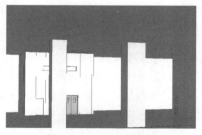

图 7-4　三维室内模型

原 SLAM 点云作为独立坐标系,但是在制作三维室内地图时,需要把室内三维模型匹配至 CGCS2000 等投影坐标系上。在室内模型与 CGCS2000 底图上寻找若干对公共点,使用公共点匹配相对位置,如图 7-5 所示。

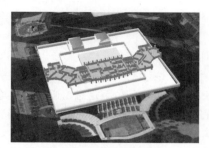

图 7-5　与 CGCS2000 底图匹配的室内三维地图

在三维室内空间关键位置张贴二维码,如图 7-6 所示,为每一个二维码赋 ID 值及其坐标数据,二维码通过数据链路指向后端服务系统,根据链路参数绑定二维码,使用移动端扫描二维码，获取所在位置坐标信息，同时访问后台定位导航系统，实现对二维码张贴处的三维空间位置的实时解析，并导航至最近的疏散出口。

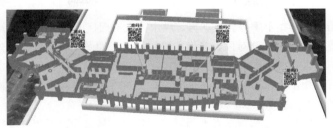

图 7-6　在室内通道关键位置张贴定位二维码

在实际实验中，设定被困人员位于 O 处，同时有 A，B，C，D 四个疏散出口，被困人员使用手机扫描二维码后，获取当前定位，通过后台三维室内空间定位导航系统的交互、计算，得到最近的疏散出口，并将位置信息及疏散导航线路推送至被困人员移动端，如图 7-7 所示。

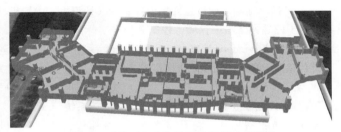

图 7-7　系统后台获取位置并计算疏散路径

通过三维室内导航系统，对室内被困人员位置信息进行反向查询及检索，但系统中获取的仅为被困人员扫描二维码时所处的位置，后续可以结合移动设备惯性导航，获取被困人员的实时位置，为室内空间的快速应急救援提供支撑，如图 7-8 所示。

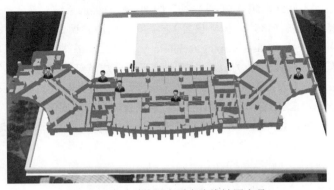

图 7-8　通过系统后台反向查询被困人员

7.1.3　基于智能显示屏与灯光秀的室内逃生指引系统

现有的室内逃生指引系统主要包括安全出口指示灯、疏散指示灯和各类逃生指引标识、应急指示牌等。在灾害事故中传统的逃生指引系统具有局限性：

（1）指示灯和指示牌为静态标志，形态单一、窄小、不明显、无动态性，因此提醒能力弱；

（2）地面指示灯和指示牌等会被烟雾、洪水、人员拥挤所遮挡，无法辨识；

（3）无法提供高层次、针对性、多媒体逃生指引，如图文、视频、音效、动画等，无法提供系统性、预案式指引；

（4）指示灯和指示牌未与灾害真实场景、灾情及时关联，当逃生通道被烟火覆盖的时候，容易造成错误方向指引，加剧人员伤亡。

针对传统的逃生指示灯和指示牌不明显、非智能、易遮蔽、无疏散规则等弊端，充分利用当前大型室内空间广告机、广告牌、闭路电视等设备，借鉴城市灯光秀模式，研发基于智能显示和灯光控制的室内灾害逃生指引系统，服务于交通枢纽与商业空间应急管理。

系统使用多网合一、并发控制架构，集成多种电子显示资源，当灾害发生时，将警报和逃生信息通过多媒体方式通知相关人员，提升其表现力、有效性与智能化水平。系统打通互联网、工控、物联网、移动通信之互用障碍，可对接多种多媒体信息机：广告机、广告牌、有线电视、广告灯、指示灯等，通过建立集成控制台（计算机、中控机、网络设备、软件开发），实现多套电子应急预案集中存储、控制并根据实际需求统一播放。其通信路径有4G/5G、WiFi、光纤等，支持 Windows、Linux 及 Android 等系统；支持主机同步映射＋主控卡＋DVI 显卡＋光纤传输或 RJ45+DVI/HDMI 接口等传输方式，兼容各种 LED 广告灯，采用灯光秀工控系统，屏幕显示系统开展内容＋功能集成，实现基于信号切换的同步控制。

1. 开发基于广告牌、广告机、闭路电视的网络应急播放系统

通过 4G/5G、WiFi、光纤等方式，整合连接各类多媒体信息机（广告机、广告牌、闭路电视），通过标准网络协议，开发视频控制台程序，与内容主机形成同步映射，以主控卡＋DVI 显卡＋光纤或 RJ45+DVI/HDMI 等接口连接各显示终端，实现对播放预案内容的有效控制。通过音频调节程序，控制音源与音量。播放 AVI、MP4、MPEG-2 或 WMV 等影视频文件，并植入图形、文字与声音提示。

2. 开发基于"不间断电源+LED 灯光秀"的网络应急播放系统

安装互动感应设备（雷达、体感仪等）、不间断电源、调试电脑软件与分控解码器。应用激光投影显示技术（Laser display technology，LDT），在物体上展现出文字和画面；在逃生出口及其周边安装 LED 灯，编程控制点光源、线条灯的发光特性，生成各节点的发光内容，以帮助逃生人员识别出口位置、获取逃生信息，并与音响设备联动。

3. 开发多媒体应急预案与逃生指引功能，实现智能化、集成化播放

开发火灾、水灾、爆炸、气体泄漏、恐怖袭击等不同类别应急疏散与逃生指引多媒体预案，按照系统各自的特征，以图文、视频、灯光、音效等形式，相互配合，集成播放，提示逃生注意事项与最佳疏散路线。

7.1.4　智能显示和智能灯光系统虚拟效果

1. 智能显示系统

火灾情况下中控室通过控制智能显示系统，用视频和声音的形式为楼内人员播放逃生指示方向、预案、注意事项等内容。

1）LED 广告机

LED 广告机的创建步骤包括制作模型、给模型展 UV、制作 UV 移动和闪动的 Shader、制作背景贴图和字幕箭头等贴图素材，以实现贴图的移动和闪烁的视觉效果，如图 7-9 所示。

图 7-9　LED 广告机模型渲染效果

2）LED 广告牌

LED 广告牌的创建步骤包括制作模型、给模型展 UV、制作贴图、使用 TextMesh Pro 实现清晰字幕和字体动画、使用 DOTween 制作字幕的闪动和重复移动的动画效果等过程，如图 7-10 所示。

图 7-10　LED 广告牌模型渲染效果

2. 智能灯光系统

火灾情况下中控室通过远程控制灯光系统为楼内人员提供逃生指引。

1）光束灯

光束灯效果的创建步骤包括制作 Projector Shader、制作投影贴 Cookie、勾选投影贴图属性中的 Alpha from Grayscale、勾选投影贴图属性中的 Borded Mip Maps、投影贴图的 Wrap mode 选择 Clamp、制作光束模型、光束模型展 UV、使用 Particles Shader 和衰减贴图制作光束效果、使用 DOTween 制作移动、旋转动画等过程，如图 7-11 所示。

图 7-11　光束灯渲染效果

2）霓虹灯

商业区带有指示标识的霓虹灯在火灾情况下也能为逃生人员提供逃生方向指引。

霓虹灯效果创建步骤包括制作霓虹灯模型、将霓虹灯模型的各个元素的面单独设置UV、将每个单独模型UV缩放重叠至最小、制作移动UV贴图Shader、制作色彩采样贴图等步骤，如图7-12所示。

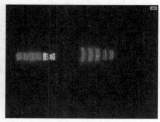

图7-12 霓虹灯模型渲染效果

7.1.5 基于Vuforia Engine的AR疏散指引

基于位置服务的增强现实（location based service augmented reality，LBS AR）是指通过定位技术精确定位移动设备或用户当前所在的地理位置，并提供与该位置相关的服务，同时融合AR技术，实现将真实世界的地理坐标与虚拟信息有机结合的技术。国内外已有多款包含地理空间计算的AR引擎，如国外的Niantic LightShip、Google ARCore GeoSpatial API（Geospatial Creator）、PTC Vuforia Engine、Immersal、AR Foundation、Unity MARS、Mixed Reality Toolkit 3、Apple ARKit等，国内的Easy AR、悉见交图、HUAWEI AR Engine、商汤AR等，以及Unity应用商店中的AR+GPS Location，LAR Locative Augmented Reality、COALA等与地理位置相关的AR插件。

Vuforia Engine是PTC推出的系列企业级AR产品之一，可适用于支持ARCore的安卓设备、支持ARKit的iOS设备及HoloLens（UWP平台）、Magic Leap头戴式设备。开发者可在现实世界中创建大型区域范围内的目标对象，以供增强现实应用程序进行跟踪和识别。该工具开发步骤如下：创建一个Vuforia开发者账户并下载对应设备的Vuforia Engine开发包；在新建项目中，将Area Targets组件添加到项目中；使用Vuforia的Area Target Generator工具来扫描生成大型区域目标的数据集，通过Vuforia Engine集成并加载Area Target数据集；最后编写应用程序代码实现AR跟踪和识别大型区域目标的功能。

使用Vuforia Engine的Area Target功能时，可通过iOS设备的LiDAR传感器、Matterport™、NavVis或Leica等多种扫描仪结合Vuforia Creator应用和Area Target Capture API来高效采集周围环境数据。这种方式能够实时获取、生成.unitypackage格式的Area Targets数据集，可直接将数据集导入Unity编辑器中与AR应用程序集成，以提供对特定区域或空间内物体的空间计算能力，实现在该区域内进行高精度虚拟对象定位和跟踪的能力，从而实现虚拟内容与现实环境的交互。实现过程如下所示：

1. 构建Unity Vuforia Engine开发环境

在Vuforia Engine Developer Portal的Downloads页面下载Vuforia Engine开发包，如

vuforia-package-10-18-3.unitypackage，使用 Unity Hub 选择"AR 核心模板"新建 Unity 工程，即可自动完成发布 AR 应用程序所需的相关配置。在 Unity AR 工程中导入 Vuforia Engine 开发包后，创建 ARCamera 对象，在其 Vuforia Behaviour 组件下单击 Open Vuforia Engine configuration 按钮，以配置 App License Key。License Key 需在 Vuforia Engine Developer Portal 官网中申请创建，单击 My Account 链接，再单击 Licenses 标签，在页面中单击 Get Basic 按钮，输入 License 名称完成创建，如图 7-13、图 7-14 所示，将创建的 License Key 复制到 Unity 中即可完成 Vuforia Engine 在 Unity 中开发环境的配置。

图 7-13　创建 License Key

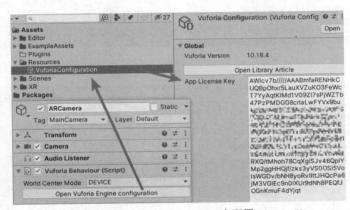

图 7-14　Unity VuforiaConfiguration 中配置 License Key

2. Vuforia Engine Area Target 采集环境数据

采用具有 LiDAR 扫描功能的 iPad 对周围现实环境进行扫描，需在 Vuforia Engine Developer Portal 官网中的 Downloads → Tool 页面下单击 Download Area Target Generator 按钮下载 3D 扫描 App，或在 iPad 应用商店中直接搜索 Vuforia Creator 应用进行安装。安装完成后，需在 Account 页面登录 Vuforia 账号，如图 7-15 所示。

在 My Assets 页面中单击 Capture Area 按钮即可打开摄像头开始扫描周围环境。扫描过程中需注意缓慢移动镜头，不断生成扫描网格。默认设置下，实时生成的扫描网格为随着镜头移动不断实时生成的绿色网格，当绿色网格逐步覆盖整个要扫描的空间环境后，单击右下角停止按钮，选择 Save as Area Target 选项即可将扫描数据保存为 Area Target 数据集，扫描过程如图 7-16 所示。

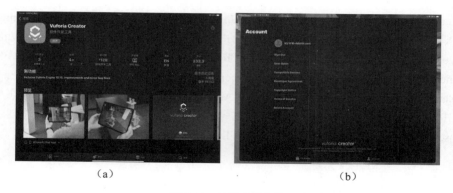

图 7-15　扫描应用安装

（a）下载并安装 Vuforia Creator；（b）登录 Vuforia 账号

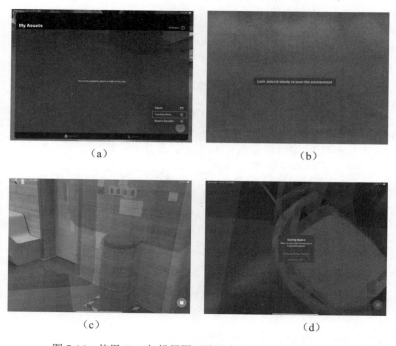

图 7-16　使用 iPad 扫描周围环境并生成 Area Target 数据集

（a）使用 Capture Area 开启扫描；（b）缓慢移动镜头开始扫描周围环境；（c）实时扫描绿色网格覆盖扫描空间环境；（d）将扫描数据保存为 Area Target 数据集

　　完成扫描后将生成的 .unitypackage 数据包导入到上述创建的 Unity Vuforia Engine 开发环境中，在该 Unity 开发工程中新建 Scene 场景，删除 Main Camera，添加 Vuforia 的 ARCamera 对象，并添加 AreaTarget 对象。此时，在 AreaTarget 对象的 Area Target Behaviour 组件下的 Database，Area Target 属性中即可识别到导入的空间环境扫描数据集。导入并配置 Area Target 数据集如图 7-17 所示，在 Unity 中显示的扫描效果如图 7-18 所示。

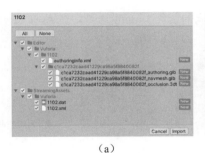
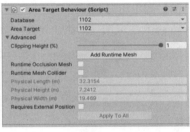

(a) (b)

图 7-17　导入并配置 Area Target

(a) 导入 Area Target 数据包；(b) 创建 Area Target 对象并配置数据集

图 7-18　采集的 Area Target 环境数据

完成扫描后，可在 Vuforia Creator 应用的 My Assets 页面中选择该数据场景查看环境扫描识别效果，如图 7-19 所示，显示的橙色线即表示已识别到的 Area Target 环境数据对应的现场场景。

图 7-19 彩图

图 7-19　查看环境扫描识别效果

3. 基于Area Target实现室内导航

完成数据采集后，利用 Unity 的 AI Navigation System 导航系统实现疏散指引。由于 Unity 导航系统默认会计算两点之间的最短路径，在有拐角的区域生成的导航路径会趋向于靠近拐角的边缘位置。为避免该问题，可在拐角区域设置不同类型的导航区域和更高的导航成本 Cost，以帮助改进路径，使生成的导航路径更加真实自然。如图 7-20 所示，蓝色区域为正常行走的区域 Walkable，导航成本为 1 单位，而拐角处紫色区域设置为导航成本更高的区域 Turning，导航成本设置为 3 单位。使用 Unity AI Navigation 为 Area Target 空间环境模型烘焙的导航网格（navigation mesh，NavMesh）效果如图 7-21（a）所示，在生成导航路径的过程中将避免经过导航成本更高的紫色 Turning 区域。在 Area Target 模型中生成的 NavMesh 和生成的导航路径效果如图 7-21（b）所示。

图 7-20　配置 Navigation 导航系统 Areas 类型及导航成本 Cost

图 7-21　使用 Unity AI Navigation 烘焙 Area Target NavMesh
（a）烘焙 Area Target 环境数据的 NavMesh；（b）通过 NavMesh 构建疏散指引路径

使用 Vuforia Engine 的 Area Target Capture 功能，开发者可以在 AR 开发过程中进行方便的测试，尤其适用于在开发环境和实际物理环境不在同一位置、不方便进行现场测试的情况。利用 Vuforia Creator 应用的 Record Session 功能，可以拍摄记录采用 Capture Area 功能扫描的现实环境区域，并生成一个 .mp4 格式的视频数据。结合该视频数据和 Area Target Capture 功能，开发者能够在应用程序运行时捕获现实环境并将其转化为可用于跟踪的 AR 目标。这使得开发者可以不在目标所在现实环境中进行测试，即可创造出符合需求的定制增强现实体验。例如，在上述创建的 Unity 工程项目中，选择 Project 页面的 Resources 文件夹，并选择 VuforiaConfiguration 配置文件，将 PlayMode Type 设置为 RECORDING 模式，并将生成的 .mp4 视频文件路径加载到 Recording Path 中，配置如图 7-22 所示，单击 Play 按钮即可进行 AR 开发测试，AR 疏散指引效果如图 7-23 所示。

图 7-22　配置 VuforiaConfiguration 播放模式

图 7-23　AR 疏散指引效果

7.2　基于 BIM+AR 的占道开挖辅助施工系统

长期以来，道路建设和维护中频繁出现占道开挖，形成拉链路问题，导致协同施工难、现场管理不畅、施工工期长、交通堵塞、资源浪费等严重问题。通过 BIM+AR 的集成应用，为道路开挖提供了一套全新的管理模式，实现从前期规划到施工过程中实时调整再到工程验收与后期运维的全流程数字化支撑。通过 BIM 技术，对路上路下设施进行全三维建模，减少施工冲突的可能性。引入 AR 技术，施工现场具备设施模型和信息的实时显示功能，有助于提高工作效率与安全水平。

本节通过 Revit 二次开发的方式获取 BIM 的属性信息，并导出为 JSON 格式，用于在 AR 系统中查看模型构件的属性信息。采用 iPad 的 3d Scanner App 应用可扫描现场环境，获得三维激光扫描模型，可用于在 AR 系统中查看不同时期的现场环境。具体功能开发上结合 Vuforia Engine 实现。

7.2.1　系统架构

系统整合了 BIM 三维模型，AR 实时展示与定位功能，以及 GIS 空间数据管理优势，形成全方位的综合管控框架。BIM 作为数据底座，提供了对道路和地下管线等设施的全面建模与分析功能，AR 技术则为实际施工提供了虚拟模型实时展示，帮助施工人员准确把握施工场景，提高作业精度，降低施工风险，GIS 技术在数据管理和空间分析方面也发挥着关键作用。AR 与 BIM 整合，施工人员可以通过 AR 设备直观地看到虚拟模型与实际场景的叠加，更好地指导施工过程。施工数据在 AR 与 BIM 之间双向流动，实现数据的实时反馈，如北斗/GPS 信息、摄像实景、施工参数等。系统通过用户的反馈，不断优化数据流程与交互方式，提高系统的实用性和用户体验。这种全面的数据流与信息交互的机制确保了系统各部分协同工作，为道路占道开挖提供了更为智能和高效的综合管控解决方案。

7.2.2　系统环境构建

1. BIM 建模

为实现道路占道开挖的全面管控，采用 Revit，AutoCAD 等专业 BIM 软件进行建模。这一步骤涵盖了市政道路与管道设施的三维建模过程，通过这些软件，可以快速、准确地构建城市基础设施的数字化模型。建模对象从道路的地面结构到地下的管线网络，包括几何形状和管线的材质、直径、连接方式等。在建立了三维模型的基础上，对模型中的关键信息进行参数化处理，包括但不限于设置结构参数、材料属性、管道规格等。这一过程使得模型不仅是一个呈现可视化效果的几何载体，更是一个包含了大量实用信息的数字化集合工具。

2. Revit二次开发

在Revit中完成几何模型建模和属性信息设置后，可导出为Unity支持的FBX格式，并通过Revit二次开发的方式实现将模型属性信息导出为JSON格式数据，实现数模分离。在Unity等其他开发平台应用时，即可将可视化的几何模型载体与数据的精准管理相结合，为后续BIM+AR的道路开挖系统提供数据基础。以一段包含电力排管、通信管网、给排水管，以及各类连接设施的BIM管道模型为例，如图7-24所示。

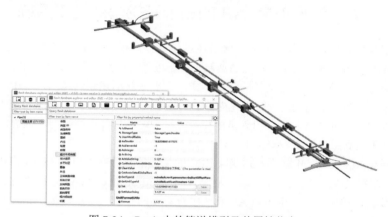

图7-24　Revit中的管道模型及其属性信息

在Revit中导出的每一个模型构件属性，都需要有一个唯一的ID标识，用来与其对应的几何模型一一匹配，代码7-1～代码7-4为将模型属性导出为JSON格式的二次开发部分的主要代码。

代码7-1：导出模型属性

```
public static void exportPropertices(Document document, string savePath) {
    FilteredElementCollector instanceCollector = new FilteredElementCollector(document);
    FilteredElementCollector hostCollector = new FilteredElementCollector(document);
    instanceCollector.OfClass(typeof(FamilyInstance));
    hostCollector.OfClass(typeof(HostObject));
    // 存储属性已被提取过的族类型ID
    List<string> typeList = new List<string>();
    Dictionary<string, Dictionary<string, string>> instanceID = new Dictionary<string, Dictionary<string, string>>();
    Dictionary<string, Dictionary<string, string>> typeID = new Dictionary<string, Dictionary<string, string>>();
```

```
    // FamilyInstance 自建族，详见代码 7-2
    foreach (Element familyInstance in instanceCollector) { }
    // HostObject 系统族，详见代码 7-3
    foreach (Element sysFamilyInstance in hostCollector) { }

    Dictionary<string, object> propertices = new Dictionary<string, object>()
{ { "FamilyInstancePropertices", instanceID }, { "FamilyTypePropertices",
typeID } };
    string responseJson = JsonConvert.SerializeObject(propertices);
    File.WriteAllText(savePath, responseJson);
}
```

代码 7-2：获取 FamilyInstance 自建族属性

```
foreach (Element familyInstance in instanceCollector) {
    // 族实例属性
Dictionary<string, string> instancePropertices = new Dictionary<string,
string>();

    instancePropertices.Add("mapTypeID", familyInstance.GetTypeId().
ToString());
    instancePropertices.Add("INS_Name", familyInstance.Name.ToString());
    instancePropertices.Add("INS_UniqueID", familyInstance.UniqueId.
ToString());

    IList<Parameter> familyInstancePropertices = familyInstance.GetOrderedParameters();
    foreach (Parameter para in familyInstancePropertices) {
        if (!instancePropertices.ContainsKey("INS_" + para.Definition.
Name.ToString())) {
            if (para.Definition.ParameterType == ParameterType.Text ||
para.Definition.ParameterType == ParameterType.URL) {
                if (para.AsString() != null && para.AsString() != "") {
                    instancePropertices.Add("INS_" + para.Definition.Name.
ToString(), para.AsString());
                }
            } else {
                if (para.AsValueString() != null && para.AsValueString()
!= "") {
                    instancePropertices.Add("INS_" + para.Definition.Name.
ToString(), para.AsValueString());
                }
            }
        }
    }

    // 获取该族实例对应的族类型对象
    FamilyInstance _familyInstance = familyInstance as FamilyInstance;
    FamilySymbol familySymbol = _familyInstance.Symbol;
    Family family = familySymbol.Family;
    instanceID.Add(family.Name + ' ' + familySymbol.Name + ' ' + '[' +
familyInstance.Id.ToString() + ']', instancePropertices);

    // 判断该族类型属性是否已经提取
    if (!typeList.Contains(familySymbol.Id.ToString())) {
        typeList.Add(familySymbol.Id.ToString());
        // 提取族类型属性
```

```
                Dictionary<string, string> typePropertices = new Dictionary <string,
string>();
                typePropertices.Add("TYPE_Name", familySymbol.Name);
                typePropertices.Add("TYPE_UniqueType", familySymbol.UniqueId);
                IList<Parameter> familySymbolPropertices = familySymbol.
GetOrderedParameters();

                if (familySymbolPropertices.Count != 0) {
                    foreach (Parameter para in familySymbolPropertices) {
                        if (!typePropertices.ContainsKey("TYPE_" + para.Definition.
Name)) {
                            if (para.Definition.ParameterType == ParameterType.
Text || para.Definition.ParameterType == ParameterType.URL) {
                                if (para.AsString() != null && para.AsString() != "") {
                                    typePropertices.Add("TYPE_" + para.Definition.
Name.ToString(), para.AsString());
                                }
                            } else {
                                if (para.AsValueString() != null && para.AsValueString
() != "") {
                                    typePropertices.Add("TYPE_" + para.Definition.
Name.ToString(), para.AsValueString());
                                }
                            }
                        }
                    }
                }
                typeID.Add(familySymbol.Id.ToString(), typePropertices);
            }
        }
```

代码 7-3：获取 HostObject 系统族属性

```
foreach (Element sysFamilyInstance in hostCollector) {
    //// 系统族实例属性
    Dictionary<string, string> instancePropertices = new Dictionary<string,
string>();
    instancePropertices.Add("mapTypeID", sysFamilyInstance.GetTypeId().
ToString());
    instancePropertices.Add("INS_Name", sysFamilyInstance.Name.ToString());
    instancePropertices.Add("INS_UniqueID", sysFamilyInstance.UniqueId.
ToString());

    IList<Parameter> familyInstancePropertices = sysFamilyInstance.
GetOrderedParameters();
    foreach (Parameter para in familyInstancePropertices) {
        if (!instancePropertices.ContainsKey("INS_" + para.Definition.
Name.ToString())) {
            if (para.Definition.ParameterType == ParameterType.Text ||
para.Definition.ParameterType == ParameterType.URL) {
                if (para.AsString() != null && para.AsString() != "") {
                    instancePropertices.Add("INS_" + para.Definition.Name.
ToString(), para.AsString());
                }
            }
            else {
                if (para.AsValueString() != null && para.AsValueString()
!= "") {
```

```
                        instancePropertices.Add("INS_" + para.Definition.Name.
ToString(), para.AsValueString());
                    }
                }
            }
        }

        if (sysFamilyInstance.GetTypeId().ToString() != "-1") {
            Element _sysFamilyType = document.GetElement(sysFamilyInstance.
GetTypeId());
            ElementType eleType = _sysFamilyType as ElementType;
            instanceID.Add(eleType.FamilyName + ' ' + _sysFamilyType.Name +
' ' + '[' + sysFamilyInstance.Id.ToString() + ']', instancePropertices);
        }
        // 系统族类型属性
        if (!(typeList.Contains(sysFamilyInstance.GetTypeId().ToString()))
&& (sysFamilyInstance.GetTypeId().ToString() != "-1")) {
            typeList.Add(sysFamilyInstance.GetTypeId().ToString());
            // Console.WriteLine(sysFamilyInstance.GetTypeId());
            Element _sysFamilyType = document.GetElement(sysFamilyInstance.
GetTypeId());
            ElementType eleType = _sysFamilyType as ElementType;
            // 提取族类型属性
            Dictionary<string, string> typePropertices = new Dictionary <string,
string>();
            typePropertices.Add("TYPE_Name", _sysFamilyType.Name);
            typePropertices.Add("TYPE_UniqueType", _sysFamilyType.UniqueId);

            IList<Parameter> sysFamilyType = _sysFamilyType.GetOrderedParameters();
            if (sysFamilyType.Count != 0) {
                foreach (Parameter para in sysFamilyType) {
                    if (!typePropertices.ContainsKey("TYPE_" + para.Definition.
Name.ToString())) {
                        if (para.Definition.ParameterType == ParameterType.
Text || para.Definition.ParameterType == ParameterType.URL) {
                            if (para.AsString() != null && para.AsString()
!= "") {
                                typePropertices.Add("TYPE_" + para.Definition.
Name.ToString(), para.AsString());
                            }
                        } else {
                            if (para.AsValueString() != null && para.AsValueString
() != "") {
                                typePropertices.Add("TYPE_" + para.Definition.
Name.ToString(), para.AsValueString());
                            }
                        }
                    }
                }
            }

            typeID.Add(sysFamilyInstance.GetTypeId().ToString(), typePropertices);
        }
    }
}
```

代码 7-4：将模型属性以 JSON 格式导出

```
public Result Execute(ExternalCommandData commandData, ref string
```

```
message, ElementSet elements) {
    Document document = commandData.Application.ActiveUIDocument.Document;
    string savepath = document.PathName.Replace(".rvt", ".json");
    exportPropertices(document, savepath);
    TaskDialog.Show("INFO", "Successful");
    return Result.Succeeded;
}
```

导出的 JSON 格式属性将用于后续 AR 系统中显示 BIM 属性信息时使用，属性信息导出示例如代码 7-5 所示。

代码 7-5：导出的 JSON 属性示例

```
"FamilyInstancePropertices": {
        "现有圆井 YS 井 [343300]": {
                "mapTypeID": "340991",
                "INS_Name": "YS 井",
                "INS_UniqueID": "2e9db8c7-6aed-41d0-b6b5-aa40b501b09c-00053d04",
                "INS_ 标高 ": " 标高 1",
                "INS_ 相对标高的偏移 ": "7.370 m",
                "INS_ 主体 ": " 标高 : 标高 1",
                "INS_ 相对主体的偏移 ": "7.370 m",
                "INS_ 与邻近图元一同移动 ": " 否 ",
                "INS_ 创建的阶段 ": " 新构造 ",
                "INS_ 拆除的阶段 ": " 无 ",
                "INS_ 井深 ": "3.500 m",
                "INS_ 井直径 ": "2.000 m",
                "INS_ 体积 ": "11.00",
                "INS_ 图像 ": "< 无 >",
                "INS_ 标记 ": "ZSL+000～ZSL+020"
        },
        {…}
}

"FamilyTypePropertices": {
        "340991": {
                "TYPE_Name": "YS 井 ",
                "TYPE_UniqueType": "2e9db8c7-6aed-41d0-b6b5-aa40b501b09c-000533ff",
                "TYPE_ 默认高程 ": "0.000 m",
                "TYPE_ 类型图像 ": "< 无 >",
                "TYPE_ 成本 ": "0.00"
        },
        {…}
}
```

3. 施工现场激光扫描

在占道施工前、中、后的不同阶段分别进行施工环境的现场激光扫描，采集不同时期及各个施工环节的三维激光扫描模型，可用于查看不同时期的管网施工效果，为后期维护提供三维数据支撑。现场激光数据采集可采用 3d Scanner App 进行扫描，该应用可在 Apple App Store 中下载。应用中包含 LiDAR，LiDAR Advanced，Point Cloud，TrueDepth，RoomPlan 等不同扫描模式，并支持导出 FBX，OBJ，GLTF，GLB，KMZ，STL，DAE 及 PCD，PLY，XYZ 等点云的不同格式类型模型。现场扫描示例效果如图 7-25 所示。

图 7-25 使用 3d Scanner App 采集环境数据

7.2.3 AR 功能在占道施工中应用

1. AR 功能开发

示例采用 Unity 引擎结合 Vuforia Engine SDK 等工具开发 AR 功能，总体功能包括项目前期现场定位与可视化、施工数据记录与实时调整，以及管网开挖和运维过程中的 AR 安全性检查等功能。具体功能如下。

（1）空间定位与可视化：通过 AR 技术实现 BIM 的精准空间定位，使得用户能够在实际施工现场准确还原虚拟管线及其附属设施模型，利用预埋管线 BIM 的排布位置和走向，指导施工现场管槽的开挖与管线等设施的安装，这一功能可以使施工人员能够直观地预览道路占道开挖效果，有助于优化施工计划。

（2）透明度突出显示：利用 AR 技术，使得管线模型在实际场景中呈现透明效果，使施工人员能够清晰地看到地下管线的布局情况，为开挖施工提供精准的引导。

（3）属性数据展示：AR 应用将在实景中展示关键的管线属性数据，并对部分属性提供编辑修改功能，如埋深、位置、管径、材质、连接方式等，使得施工人员能够随时获取实用信息，便于实际施工操作。

（4）管线设施模型的剖面展示：在实际施工过程中需要查看管线剖面信息，通过 AR 技术可以直观查看任意位置的剖面效果。

（5）图层分类开关：实现对 BIM 中不同层次信息的分类展示，用户可以根据需要开启或关闭特定图层，从而更清晰地查看与管理各类设施信息。

（6）数字沙盘展示：将道路占道开挖的虚拟模型以数字沙盘的形式呈现在实际场景中，为施工人员提供更为直观的工程概览，有助于协调和决策。

（7）管线安全范围查询与评估：依据市政管道设计规范标准等文件，可查看不同类型管线的安全铺设范围，并对超出范围的管线设施做安全评估。

（8）管网自动碰撞检测：能够对现有及新建管网提供碰撞检测功能，避免管网设施发生碰撞冲突问题。

（9）管网病害监测与信息报送：在管网施工或运维阶段通过 IoT 等监测手段实时监测官网的各类病害信息，达到病害问题的快速发现与修复。

2. 项目前期现场定位与可视化

在道路占道开挖项目的前期，项目现场定位是确保后续施工顺利进行的关键步骤。首先，AR 应用依托 GPS、Vuforia 现场扫描等定位方式，对施工场地进行场地标定与坐标匹配，通过移动设备摄像头扫描现场环境和放置虚拟标记点的方式，AR 系统能够识别现场环境并与 BIM 位置进行匹配，确保虚拟模型放置在现实场地的正确位置上，实现 1∶1 还原，以确保施工前期的场景感知准确可靠。其次，利用 AR 技术，施工人员可以通过移动设备在实际场地中观察道路开槽效果的虚拟预览，帮助施工人员提前了解开槽后的场景，识别潜在问题并及时调整方案，以确保施工计划的高效实施。实现过程同 7.1 节中的"基于 Vuforia Engine 构建的 AR 疏散指引"。使用 Vuforia Creator 应用扫描管线所在区域，Area Target 模型数据如图 7-26 所示，并设置各类管线模型，如图 7-27 所示。

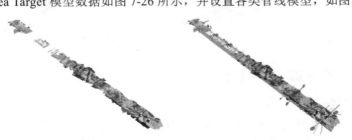

图 7-26　管线所在区域 Area Target 数据　　　图 7-27　设置管线 BIM

完成扫描后，可在 My Assets 页面中选择该数据场景查看环境扫描识别效果，如图 7-28 所示，显示的蓝色线即表示已识别到的 Area Target 环境数据对应的现场场景。

图 7-28　查看环境扫描识别效果

采用 Vuforia Engine 的 Area Target 功能实现现场定位与管线设施模型、三维激光扫描模型显示效果，如图 7-29 所示。

（a）　　　　　　　　　　　　　　　　（b）

图 7-29　基于 Vuforia Engine Area Target 功能实现管网现场定位效果
（a）显示管网模型；（b）显示激光扫描模型

3. 施工数据记录与实时调整

在道路占道开挖的施工阶段，借助现场 AR 定位进行现场数据采集，施工人员可以通过移动设备进行实时数据采集，包括记录现场特征、环境条件及其他相关信息，为后续施工提供详尽的实时数据支持，实现对施工数据的实时记录和调整。通过移动设备，施工人员可以在施工现场实时记录开挖管槽的实际深度、长度、面积等测量数据，这些数据可与 BIM 关联，实现对施工区域的实时监测与数据更新。基于开挖管槽深度等信息的实时记录，AR 系统可提供开挖计划的调整建议。例如，若发现某个区域的管槽深度偏离计划，系统将提供相应的调整建议，以确保施工计划的准确性和一致性，帮助施工人员灵活应对实际情况。在系统中，还可以将多种因素综合考虑，包括水质、地下水情况、地质情况、管体结构等。通过施工人员及系统对这些因素的实时采集数据或内置数据的分析，为施工人员提供更全面的综合考量，为其实时决策提供额外支撑，以更好地确保施工过程的安全性和高效性。AR 系统将实时采集到的施工数据与 BIM 进行比对，在管线安装后覆土回填前也可以通过 BIM 校核现场安装与设计的一致性，以检测潜在的问题点。在发现问题时，系统将提供实时的解决方案建议，包括调整施工计划、修改开挖深度、应对特殊地质条件等建议，以最大程度地保障项目的顺利推进。通过施工数据记录与实时调整的 AR 功能，项目管理人员和施工人员能够更主动地应对施工现场的变化，实现对施工过程的全面管理和实时调整，从而提升项目管理的灵活性和应变能力。

如图 7-30 所示，点击虚拟管道模型，将以绿色描边高亮显示所选管道模型，并显示地下水情况、水质情况及岩土体类型等不同类型信息。

图 7-30 点击管网显示区域内水质等信息

其中，选择对应管网模型时，模型的描边效果采用 ShaderGraph 实现。在 Unity 工程中安装了 URP 渲染管线的前提下，创建一个 Unlit Shader Graph 文件。其实现基本原理是将模型顶点位置沿法线方向外扩，以达到模型描边的效果。在 Shader Graph 编辑器中，创建 Normal Vector 节点获取模型的法线位置并采用 Normalize 节点将法线向量归一化；添加一个 Float 类型的 Width 属性用于控制描边宽度；添加 Position 组件获取模型顶点位置，将坐标空间调整为 Object，并将顶点位置修改过后的信息添加到顶点着色器（Vertex Shader）的 Position 选项中；在片段着色器（Fragment Shader）中通过 Is Front Face 节点判断模型当前朝向并剔除模型背面，另外，添加 Color 属性用于更改描边颜色，具体节点连接方式如图 7-31 所示。

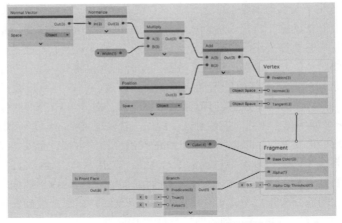

图 7-31 使用 Shader Graph 制作描边效果

选择管网模型,显示绿色描边效果,并显示该管网的基本属性,包含 ID、名称、直径、材质、高程、长度及铺设坡度等信息。根据实际施工情况,可编辑更新部分属性信息。系统界面效果如图 7-32 所示。

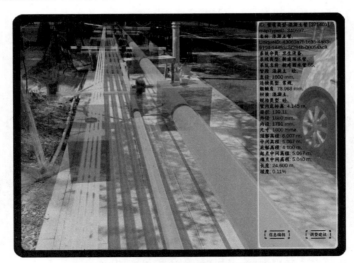

图 7-32 选择管网模型显示管网信息

以获取管网模型构件的属性信息为例,根据 Revit 二次开发导出的 JSON 格式数据构建属性信息,在 Unity 中采用 Newtonsoft Json 解析 JSON 数据,部分程序实现如代码 7-6 所示。

代码 7-6:解析 JSON 属性数据

```
// 用于存储解析后的数据
public JsonData jsonData;
// 解析 JSON 数据
jsonData = JsonConvert.DeserializeObject<JsonData>(jsonText);
if (Physics.Raycast(ray, out hit)) {
```

```
// 访问FamilyInstanceProperties
if (hit.collider.gameObject.layer == LayerMask.NameToLayer("TaiKeRoad_
Concrete")) {
        string instanceID = hit.collider.gameObject.name;
        if (jsonData.FamilyInstancePropertices.ContainsKey(instanceID) {
            FamilyInstanceProperties instanceProperties = jsonData.Famil
yInstancePropertices[instanceID];
            string infos = $"ID: {instanceID},\nmapTypeID: {instanceProperties.
mapTypeID},\n名称：{instanceProperties.INS_Name},\nUniqueID：
{instanceProperties.INS_UniqueID}," +
                $"\n 系统分类：{instanceProperties.INS_系统分类},\n 系统类型：
{instanceProperties.INS_系统类型},\n 系统名称：{instanceProperties.INS_系
统名称},\n 管段：{instanceProperties.INS_管段}" +
                $",\n 直径：{instanceProperties.INS_直径},\n 连接类型：
{instanceProperties.INS_连接类型},\n 粗糙度：{instanceProperties.INS_粗糙
度},\n 材质：{instanceProperties.INS_材质},\n 规格类型：{instanceProperties.
INS_规格类型}" +
                $",\n 管内底标高：{instanceProperties.INS_管内底标高},\n 面积：
{instanceProperties.INS_面积},\n 外径：{instanceProperties.INS_外径},\n
内径：{instanceProperties.INS_内径},\n 尺寸：{instanceProperties.INS_尺
寸}" +
                $",\n 顶部高程：{instanceProperties.INS_顶部高程},\n 中间高程：
{instanceProperties.INS_中间高程},\n 底部高程：{instanceProperties.INS_底
部高程},\n 起点中间高程：{instanceProperties.INS_起点中间高程},\n 端点中间高
程：{instanceProperties.INS_端点中间高程}" +
                $",\n 长度：{instanceProperties.INS_长度},\n 坡度：
{instanceProperties.INS_坡度}";
            text.text = infos;
        }
    }
}
```

4. 管网开挖和运维过程中的AR安全性检查

在市政管网运维阶段，通过 AR 技术应用于安全性检查，为施工人员提供生动、可见、可比的安全风险提示与预警功能。利用移动设备，施工人员能够实时观察管道铺设的各个细节，包括病害类型、风险等级、病害描述、管道埋深、施工质量、修复建议和各类管线铺设的安全范围等，以提高安全性检查的效率和准确性。通过 AR 数字沙盘的方式展示管道模型及周边环境，以更好地理解管道布局和周围的地形，为施工人员提供了更全面、立体的视觉信息，有助于发现和解决潜在问题。系统支持通过手势或界面 UI 按钮的方式调整管道的移动、旋转、缩放等现场布局，施工人员可以实时测试不同的管道铺设方案，调整最优化的布局，确保管道系统的稳定性和可靠性。运维阶段通过 IoT 对管道运行的实时数据进行监测，一旦发现问题系统将立即发出警告，并提供解决方案建议，有助于快速发现并修复潜在风险，提高整个管网的安全性。通过管网铺设的 AR 安全性检查，施工人员能够在实际施工过程中或运维阶段实时获得有关管网系统的安全规范性信息和病害信息，从而提高施工的效率和安全性，为道路占道开挖项目提供了全方位的技术支持。示例效果如图 7-33 所示。

图 7-33　管道运维的 AR 安全性检查

7.3　基于 HoloLens MR 的三维电子沙盘

　　混合现实（mixed reality，MR）是一种综合了现实世界和虚拟元素的交互体验，通过融合虚拟和真实的环境，使用户能够使现实世界中的物体和虚拟对象进行实时互动。与 AR 相比，MR 技术更强调虚拟和现实元素的融合度，实现更为无缝和真实的互动体验。与 VR 相比，MR 保持用户对真实世界的感知，同时在其上叠加虚拟内容。通过感知和交互的融合，创造出一种新的综合性体验。MR 依赖于先进传感器、计算机视觉、实时定位与地图构建（SLAM）、头戴式显示器等关键技术。传感器可以捕捉用户在现实环境中的动作和位置，计算机视觉用于实时分析和理解环境，SLAM 用于定位用户在三维空间中的位置，头戴式显示器则以高分辨率将虚拟元素叠加在用户的视野中，实现真实和虚拟的融合。

　　HoloLens 是由 Microsoft 推出的 MR 头戴式显示器，采用先进的光学系统和传感技术，能够在真实环境中叠加高分辨率虚拟图像，实现更为沉浸和逼真的 MR 体验。HL2 是独立全息设备，摆脱了线缆束缚，具有精准、高效、解放双手的特点。在工程与施工方面，可加快施工速度，并在施工早期规避风险；在应急逃生演练方面，HL2 可为用户提供直观的体验，通过虚拟元素叠加在真实环境中，模拟逃生流程，使参与者能够在安全的虚拟场景中进行实践，从而提高应急逃生的实际应对能力，能够改进演练效果，更有效地进行培训，提高应急响应的准确性和速度。

7.3.1　HL2 MRTK3 开发配置

1. MRTK3开发环境配置

　　（1）安装集成开发环境 VS 2022，用来编写代码、调试、测试和部署应用到 HL2 中。在 VS 2022 中需确保安装了 ".NET 桌面开发""使用 C++ 的桌面开发""使用 Unity 的游戏开发"及 UWP 等工作负载，可使用 Visual Studio Installer 进行安装。安装 UWP 时需勾选 Windows 10 SDK 版本 10.0.19041.0 或 10.0.18362.0 或 Windows 11 SDK 复选框；勾选"USB 设备连接性"复选框，用于通过 USB 进行 HoloLens 部署和调试；同时勾选 Unity 所需的"C++(v143) 通用 Windows 平台工具"复选框等。使用 Visual Studio Installer 的安装界面如图 7-34 所示。

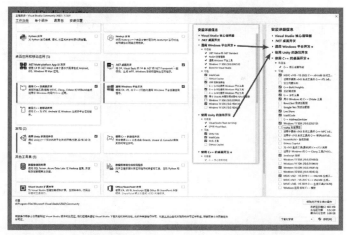

图 7-34　VS 2022 中配置 MRTK3 开发环境所需的工作负载和组件

（2）在 Unity Hub 中安装 Unity 2021.3 LTS 及以上版本，并添加通用 Windows 平台（Universal Windows Platform Build Support）和 Windows Build Support(IL2CPP) 模块，如图 7-35 所示。

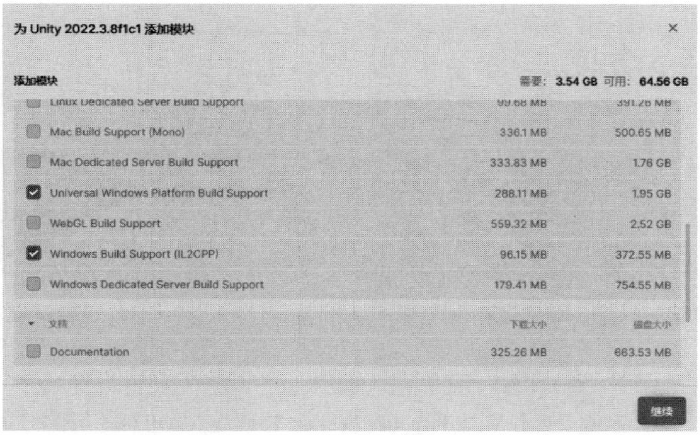

图 7-35　添加 Universal Windows Platform Build Support 等模块

（3）下载 MR 工具集 Mixed Reality Feature Tool，直接打开 Mixed Reality FeatureTool.exe。初始化后，单击 Start 按钮，选择新建项目的 Unity 工程路径，单击 Discover Features 按钮选择所需组件，即可在 Unity 中导入 MRTK3 包，以及所需的依赖项、扩展项或示例工程等。如图 7-36 所示，勾选 Mixed Reality OpenXR Plugin、Microsoft Spatializer、MRTK Input、MRTK UX Components 及 MRTK UX Components（Non-Canvas）等各类功能组件复选框，将自动导入所需依赖项，单击 Import 按钮，即可在该 Unity 项目工程目录下的 manifest.json 文件中写入所需配置安装的功能组件包名。此时退出该工具集，并进入 Unity 项目的编辑器界面，即可在 Unity 中自动加载安装上述勾选的各类 MRTK 功能组件。

图 7-36　使用 Mixed Reality Feature Tool 载入 MRTK3 组件

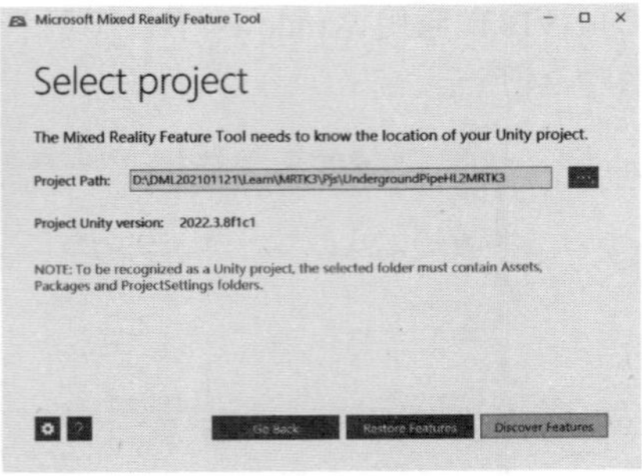

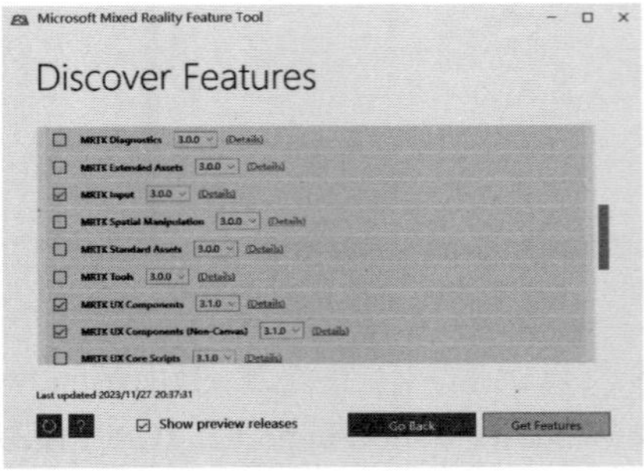

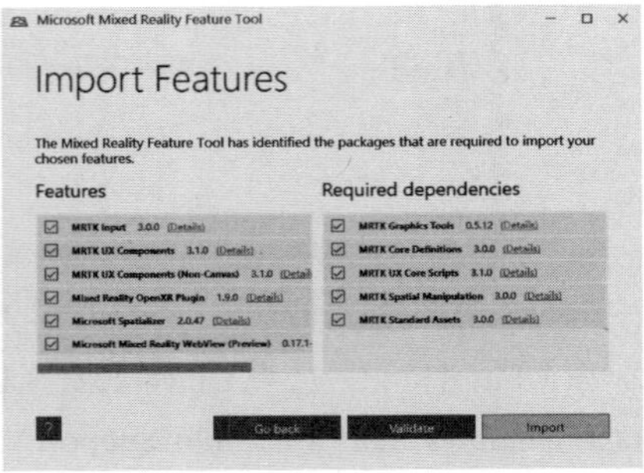

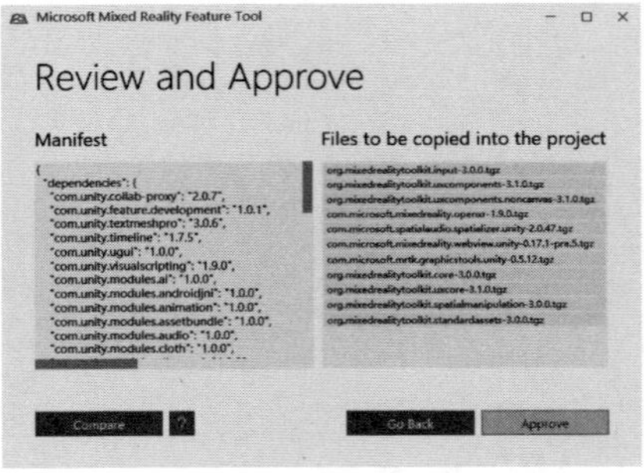

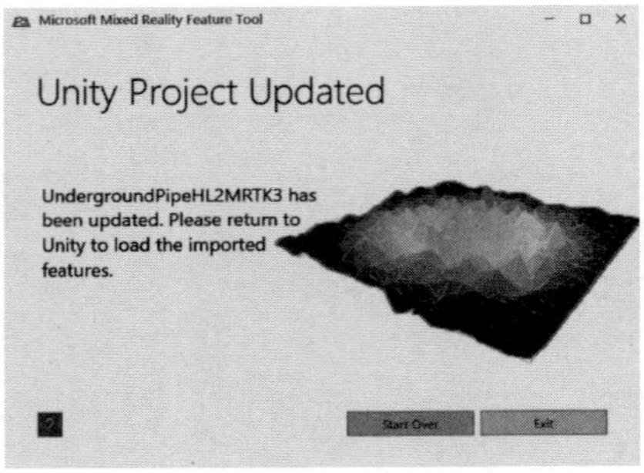

(a) MixedRealityFeature.exe；(b) 设置 Unity 项目路径；(c) 自定义配置功能；(d) 导入工具集及其依赖项；(e) manifest.json；(f) 退出 Mixed Reality Feature Tool

（4）将 MRTK3 的各个功能组件导入 Unity 后，在 Unity 中需对 MRTK3 进行配置，在 Project 页面右击选择 MRTK 创建 MRTKprofile，打开 Project Setting 页面选择 MRTK3 在 Profile 中添加创建的 MRTKprofile 配置文件。在 Project Setting 页面中选择 XR Plugin Management 标签，为 Windows 平台和 UWP 平台添加 OpenXR 组件，并勾选 Windows Mixed Reality feature group 复选框。勾选 OpenXR 复选框，在 Interaction Profiles 选项卡中分别添加，Eye Gaze Interaction Profile，Microsoft Hand Interaction Profile，Microsoft Motion

Controller Profile。并单击 Project Validation 标签,按提示配置其他选项,当所有配置项都显示为绿色时表明配置验证完成,如图 7-37 所示。

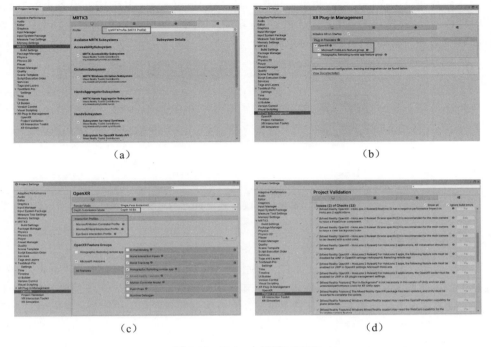

图 7-37　Unity 中配置 MRTK3

(a)配置 MRTKprofile;(b)配置 OpenXR;(c)配置 Interaction Profiles;(d)Project Validation

2. 配置HL2设备门户

配置 HL2 设备门户,可将 HL2 的实时运行画面投射到电脑显示器上,以方便开发调试和以第三方视角的方式查看运行效果。

(1)在"更新和安全"→"开发者选项"中开启开发者模式,同时在 HoloLens 2 设备中的 Settings → For developers 标签中连接 WiFi,并打开开发者模式,如图 7-38 所示。

图 7-38　开启电脑及 HL2 设备的开发者模式

(2)在 Microsoft Store 中搜索并安装 HoloLens,通过该软件可与 HL2 进行配对,实现将 HL2 设备的视野画面通过视频流的方式实时传输到电脑显示器上，使得未佩戴 HL2 设备的人员也能够通过电脑显示器查看 HL2 的操作视野。使用 HoloLens 工具可截取 MR 实时操作照片和录制操作视频，也可通过该工具实现 HoloLens 应用在 HL2 设备上的安装，同时具备远程启动和停止 HL2 中应用程序等功能。如图 7-39 所示，正确连接 HoloLens 工具和 HL2 设备时将显示设备名称及 IP 地址。

图 7-39　安装 HoloLens 连接 HL2 与电脑

7.3.2　HL2 全息三维电子沙盘

通过 Unity 3D 引擎构建 HoloLens 2 设备上的 MR 应用，借助 MRTK3 等工具来快速配置 HoloLens 2 的 MR 开发环境，构建一个三维电子沙盘的简易案例。新版 MRTK3 相较于之前的版本结合了全新的 MR 设计语言规范，具有更好的开发和用户体验。案例中包含区域范围从大到小四个层级的全息显示三维电子沙盘场景，分别为全市区划范围～某区域范围～某小区范围～某房间范围。

1. 第一层级（全市区划范围）

新建 Unity 场景，删除 Main Camera（默认摄像机），添加 MRTK XR Rig 组件，用于提供 MR 的手势控制、视觉控制、语音控制等 MR 功能；添加 MRTKInputSimulator 组件，可在 Unity 编辑器的开发环境下模拟在 HL2 设备上的 MR 操作效果。

该层级场景显示全市区划范围的模型，区划模型可使用包含全市各区区划边界的 Shapefile 文件，通过 BlenderGIS 工具生成三维区划模型，如图 7-40 所示导入 SHP 格式的区划文件，勾选 Extrusion from field，选择 SHP 文件的 height 字段属性作为生成三维模型沿 Z 轴挤出的高度，勾选 Separate objects 复选框将生成的模型按 SHP 文件的划分将全市各个区的模型分离，而不是生成一个整体的模型，勾选 Object name from field 复选框并选择 name 字段属性作为各个区的三维模型名称，生成的全市区划模型如图 7-41 所示。

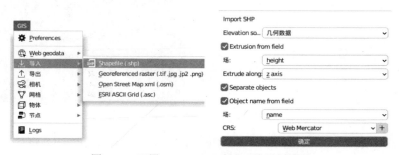

图 7-40　配置 BlenderGIS 生成三维区划模型

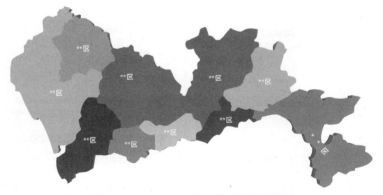

图 7-41　BlenderGIS 生成的三维区划模型

在案例中为各个沙盘模型添加边界控制的功能，使用新版的 BoundsControl 组件在设置和自定义方面都变得更加简便，为模型添加该功能时，可直接添加 BoundsControl 组件，并为 Bounds Visuals Prefab 属性添加边界框预制体（如 BoundingBoxWithHandles.prefab），再添加 ObjectManipulator 组件、BoxCollider 组件，并搭配 MinMaxScaleConstraint 组件，可避免用户在进行模型边界缩放操作时缩放过大或过小的问题。

在该层级场景中添加 EyeTrackingTarget 及 SpeechinputHandler 等组件可提供眼球追踪和语音识别效果，功能表现为眼球视线看向某个区级的区划模型，即显示该区的相关信息；或通过语音说出某个区级的区划模型名称，也可以显示该区的相关信息。如图 7-42 所示，通过视觉控制或语音控制显示各区的桥梁养护相关信息。

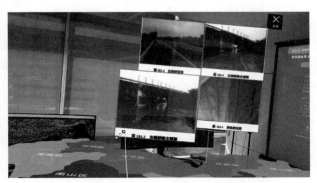

图 7-42　全息显示全市各区桥梁相关养护信息

2. 第二层级（某区域范围）

该层级的某区域范围模型同样采用 BlenderGIS 工具生成某区域范围模型。如图 7-43 所示，通过 Web geodata 的 Basemap 和 Get elevation (SRTM) 功能，可分别获取所需区域的卫星影像地图及地形海拔地图。在 Blender 中按 G 键可打开搜索界面，输入地理名称，并设置 Zoom level（缩放比例），可查找所需的地理位置。选取地形范围后，按 E 键截取该区域的地图数据信息，结合 Blender 建模功能制作并导出三维地形模型及其对应的地图表面纹理。

图 7-43　配置 BlenderGIS 生成带地形的区域三维模型

依据 FLO-2D 等数值模拟计算工具模拟生成的不同级别滑坡范围，制作对应的三维模型。该层级场景的全息显示效果如图 7-44 所示。

图 7-44　全息显示某区域范围的滑坡模拟场景

3. 第三层级（某小区范围）

该层级的 FBX 格式三维模型由 OSGB 格式的倾斜摄影数据通过 FME Desktop 软件批量转换而来。在 FME Workbench 中通过"读模块"添加 OSGB 格式文件，在主界面中添加 StringSearcher 转换器，采用正则表达式的方式输入 ^(.*[\\\\\V]) 截取数据文件路径；再添加 AttributeCreator 转换器，填入 @ReplaceString(@Value(_first_match),OSGB,FBX) 将截取后的路径转换为新路径；再通过"写模块"，选择 Autodesk FBX 格式，将添加的倾斜摄影数据自动批量化转换为 FBX 格式数据。如图 7-45 所示，为 FME 中的节点连接。如图 7-46 所示，为将 OSGB 文件转换的对应的 FBX 文件。在 HL2 中，该层级场景倾斜摄影模型的全息显示效果如图 7-47 所示。

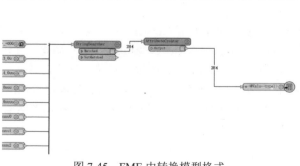

图 7-45　FME 中转换模型格式

Tile_132233323202132220.osgb	OSGB 文件	Tile_132233323202132220.fbx	
Tile_132233323202132220_L14_0.osgb	OSGB 文件	Tile_132233323202132220_L14_0.fbx	
Tile_132233323202132220_L15_00.osgb	OSGB 文件	Tile_132233323202132220_L15_00.fbx	
Tile_132233323202132220_L16_000.osgb	OSGB 文件	Tile_132233323202132220_L16_000.fbx	
Tile_132233323202132220_L17_0000.osgb	OSGB 文件	Tile_132233323202132220_L17_0000.fbx	
Tile_132233323202132220_L18_00000t3.osgb	OSGB 文件	Tile_132233323202132220_L18_00000t3.fbx	
Tile_132233323202132220_L19_000000t3.osgb	OSGB 文件	Tile_132233323202132220_L19_000000t3.fbx	
Tile_132233323202132220_L19_000010t3.osgb	OSGB 文件	Tile_132233323202132220_L19_000010t3.fbx	
Tile_132233323202132220_L19_000020t7.osgb	OSGB 文件	Tile_132233323202132220_L19_000020t7.fbx	
Tile_132233323202132220_L19_000030t6.osgb	OSGB 文件	Tile_132233323202132220_L19_000030t6.fbx	
Tile_132233323202132220_L20_0000000t3.osgb	OSGB 文件	Tile_132233323202132220_L20_0000000t3.fbx	
Tile_132233323202132220_L20_0000010t3.osgb	OSGB 文件	Tile_132233323202132220_L20_0000010t3.fbx	
Tile_132233323202132220_L20_0000020t7.osgb	OSGB 文件	Tile_132233323202132220_L20_0000020t7.fbx	
Tile_132233323202132220_L20_0000030t6.osgb	OSGB 文件	Tile_132233323202132220_L20_0000030t6.fbx	
Tile_132233323202132220_L20_0000100t3.osgb	OSGB 文件	Tile_132233323202132220_L20_0000100t3.fbx	
Tile_132233323202132220_L20_0000110t6.osgb	OSGB 文件	Tile_132233323202132220_L20_0000110t6.fbx	
Tile_132233323202132220_L20_0000120t7.osgb	OSGB 文件	Tile_132233323202132220_L20_0000120t7.fbx	
Tile_132233323202132220_L20_0000130t6.osgb	OSGB 文件	Tile_132233323202132220_L20_0000130t6.fbx	
Tile_132233323202132220_L20_0000200t6.osgb	OSGB 文件	Tile_132233323202132220_L20_0000200t6.fbx	

图 7-46 将 OSGB 倾斜摄影转换的 FBX 格式

图 7-47 全息显示某小区局部范围的倾斜摄影场景

4. 第四层级（某房间范围）

在该层级中，通过 HL2 设备可支持扫描一般房间大小的现实空间。在 OpenXR 的基础上，通过添加 ARSessionOrigin、ARAnchorManager 组件，实现本地化的现实空间锚点标定，达到将虚拟对象与物理环境对齐的效果。如图 7-48 所示，在某房间中添加各类物体对象的名称标定，以及在电脑屏幕上播放视频的全息显示效果。

图 7-48 全息显示某房间范围的空间锚点标定对象

5. 应用发布

在 Unity 3D 中的 Build Settings 页面中单击 Add Open Scenes（添加已打开场景）加载当前场景，选择 Universal Windows Platform 标签，并设置"Build Type（生成类型）"为 D3D Project、"Target SDK Version（目标 SDK 版本）"为 Latest installed（已安装的最新

版本),"Minimum Platform Version(最低平台版本)"为 10.0.10240.0 版本,Visual Studio Version 为 Latest installed(已安装的最新版本),最后单击生成(Build)按钮构建 UWP 应用,如图 7-49 所示。在生成的 UWP 应用文件中,使用 VS 2022 打开对应工程的 .sln 文件,选择后缀为 Universal Windows 文件,并设为启动项,如图 7-50 所示。此时配置解决方案为 Release,解决方案平台为 ARM64,并使用 USB 数据线连接 HL2 设备,选择并单击"设备"按钮,将该 UWP 应用部署安装到 HL2 中,如图 7-51 所示。

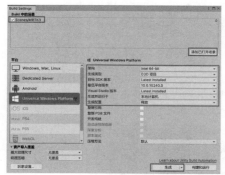

图 7-49 构建设置

图 7-50 VS 2022 中设置启动项

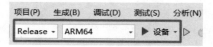

图 7-51 VS 2022 中配置并部署 UWP 应用

第 8 章
城市安全大数据综合治理综述

8.1 建立大数据联席会议机制,推进城市安全综合治理

8.1.1 我国城市公共安全面临挑战

(1)政府安全管理有限的人力与城市无限的风险结构性矛盾突出,安全驱动力更多源于高层领导、事故灾害冲击而非各层面相关人员的自觉意识,且执行力层层衰减,难以落实到位;

(2)城市安全管理条块分割难题没有有效解决,重大安全问题难以跨部门、跨区域协同治理,未建立统一的智能化安全监管体系,各部门信息化水平参差不齐,信息系统间安全信息无法充分共享;

(3)安全评估与安全治理没有有效衔接,安全专项行动缺乏量化管理及反馈机制,难以真正实现源头治理、系统治理与综合治理;

(4)城市主体安全、本质安全没有有效形成,企业、居民安全意识薄弱,安全能力低下,面对紧急事件,等、靠、要态度占据主导,难以开展主动防范及处置自救。

针对上述问题,有必要学习借鉴其他国际化大都市的安全管理经验,结合城市现实情况,进行深入思考与探索实践。

8.1.2 Compstat- 美国城市安全管理模式借鉴

Compstat(computer statistics)是纽约警察局率先采用的以数据驱动业务、主动预防型警务综合管理模式并在费城、奥尔良和洛杉矶等多地取得成功应用,获得美国政府创新奖。纽约曾是世界犯罪之都,为有效提升治安能力,纽约警察局采用 Compstat 警务管理模式,通过定期召开犯罪信息化管理联席会议,使决策者和执行者面对面工作,以电子地图与统计报告为量化管理手段,讨论重大事件,评估执行者行为、方法及结果,落实相关责任,保证沟通渠道畅通,消除大型官僚组织固有的信息障碍,通过上述措施,有效预防、打击犯罪，提升警察工作效率，城市安全状况大为改善，Compstat模式也不断被其他城市借鉴模仿。Compstat核心理念是认为优化管理能有效降低案发率，而不是犯罪发生后被动应对。通过定期收集业务数据，进行统计分析，把结果映射到地图，以此为依据召开联席办公会，分析数据，发现问题，明确职责，采取措施。其核心要素为部门上报业务数据、CompStat小组统计分析、信息化会议室与电子地图、联席会议与跨部门协作、信息公开与问责制。

1. CompStat数据型工作报告

统计报告由各警区总结前期工作形成相关数据，通过信息系统汇总而成，包括各区报警电话、逮捕传唤、犯罪模式及警局管理统计、工作效率等。上述数据交由专业部门核实汇总，导入数据库进行大数据分析，在此基础上形成定期统计报告与可视化地图。数据汇总周期分为周、月和年，并开展纵向比较。

2. 授权问责制与指挥官简报

授权问责制是Compstat的效率保证。指挥官在授权后开展工作，作报告时，各级领导和同事要对其工作成果进行提问，并对存在的问题及不利的结果进行问责。指挥官简报内容包括其最近评估等级及所属部门事故数量、缺勤率、市民投诉情况等，还包括社区统计、发案率、死亡率等。通过定量化指挥官简报，上级领导可以清楚了解辖区犯罪状况、重点案件掌控能力、是否有效使用警力资源等情况，从而按照一系列衡量标准评估指挥官的工作绩效。简报也作为激发其工作积极性的工具，使每个指挥官意识到自己在接受同一客观标准评估，同其他辖区简报进行比照，相互借鉴，取长补短。

3. Compstat会议与地图量化管理

CompStat有专门的会议室，装备电子地图、大型投影仪和服务器，通过网络平台可快速分享信息。Compstat会议每周举行一次，参加者除市局局长、辖区指挥官、警察专员及调查部门外，还会邀请其他城市管理部门负责人甚至市长参与，通过灵活配置与会人员，催生解决问题团队，在同一场所，共同面对问题，使各方人士拉近距离，产生共事感，保证各部门协同作战，使以往困难问题获得综合性解决。通过Compstat会议，各参与方可了解城市当前犯罪热点、频度和倾向；评估各辖区治安状况；发现犯罪团伙活动规律；分析区域资源投入产出效果；探讨优化部署警力、有效弥补短板并分享成功经验。

8.1.3 新形势下城市公共安全治理新模式探索

根据党中央、国务院战略指导思想与实施意见，结合城市安全综合治理成果与存在的问题，提出了"借鉴美国CompStat安全管理模式，建立大数据联席会议机制，推进城市公共安全综合治理"：

1. **推广大数据风险管控新手段，提高城市公共安全信息化管理水平**

目前城市安全动态风险评估机制尚未真正建立，大数据风险一张图应用未有效覆盖。建议大力推动风险评估＋治理信息系统在安委办成员单位广泛深入应用（市、区、街道、社区、企业），以一张图为手段，实现风险量化、闭环、综合治理。

2. **借鉴美国CompStat模式，建立城市公共安全综合治理信息化联席会议机制**

由安委会各成员单位按标准格式，上报各自的安全业务数据；由市安全专业研究机构开展统计分析并制作大数据风险治理一张图；市主管领导定期主持召开"公共安全综合治理信息化联席会议"，召集安委会成员单位负责人，以风险一张图为指挥平台，针对重大风险点、危险源，开展面对面办公、跨部门协作、闭环管理，按量化考核实施问责制，实现城市安全综合治理、源头治理与系统治理。

3. 安委会成员单位联合共建公共安全大数据中心

针对目前城市安全管理部门之间无数据共享机制与功能调用平台的状况，建议在市政府主导下，由安委会各成员单位联合共建公共安全大数据中心，接入、集成、融合各成员单位安全数据与应用，通过动态评估、综合分析与三维可视化，为市领导、各单位提供高端增值服务。

4. 以"大数据、互联网+"为手段，建立全民参与、群防群治公共安全治理体系

加大对12345人力财力的投入，配套推广社会公众安全隐患举报微信公众号、社会公众安全教育微信公众号，以公民（企业）诚信系统为依托，奖优罚劣，调动社会各群体的主观能动性，落实企业主体责任，提升民众安全意识与能力，建立城市大安全群防群治体系，构筑城市公共安全人联网。

8.2 以大数据CIM一张图为核心，建立公共安全综合治理新模式

8.2.1 公共安全大数据综合治理模式

习近平总书记指出：维护公共安全，必须从建立健全长效机制入手，推进思路理念、方法手段、体制机制创新，加快健全公共安全体系。要坚持标本兼治，坚持关口前移，加强日常防范，加强源头治理、前端处理，建立健全公共安全形势分析制度，及时清除公共安全隐患。要坚持群众观点和群众路线，拓展人民群众参与公共安全治理的有效途径，动员全社会的力量来维护公共安全。

运用大数据提升国家治理现代化水平。建立健全大数据社会治理机制，推进政府管理和社会治理模式创新，实现政府决策科学化、社会治理精准化、公共服务高效化。以推行电子政务、建设智慧城市为抓手，以数据集中共享为途径，推动技术融合、业务融合、数据融合，打通信息壁垒，形成数据共享大平台，构建全国信息资源共享体系，实现跨层级、跨地域、跨系统、跨部门、跨业务的协同管理和服务。要充分利用大数据平台，综合分析风险因素，提高对风险因素的感知、预测、防范能力。如图8-1展示了一张图的多源多维数据。

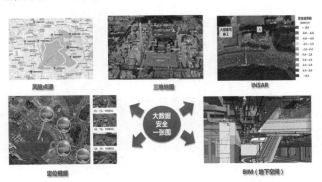

图8-1 公共安全一张图-多源多维大数据

中共中央办公厅、国务院办公厅印发了《关于推进城市安全发展的意见》，明确要求如下。

强化安全风险管控。对城市安全风险进行全面辨识评估，建立城市安全风险信息管理平台，绘制红、橙、黄、蓝四色等级安全风险空间分布图。明确风险管控的责任部门和单位，完善重大安全风险联防联控机制。

深化隐患排查治理。制定城市安全排查治理规范，健全排查治理体系。完善城市重大危险源辨识、申报、登记、监管制度，建立动态管理数据库，加快提升在线安全监控能力。

提升应急管理和救援能力。健全城市安全生产应急救援管理体系，加快推进建立城市应急救援信息共享机制，健全多部门协同预警发布和响应处置机制，提升防灾救灾能力，提高城市生产安全事故处置水平。

加强城市安全监管信息化建设。建立完善安全生产监管与市场监管、应急保障、环境保护、治安防控、消防安全、道路交通、信用管理等部门公共数据资源开放共享机制，加快实现城市安全管理的系统化、智能化。积极研发和推广应用先进的风险防控、灾害防治、预测预警、监测监控、个体防护、应急处置、工程抗震等安全技术和产品。

综上所述，以党中央"公共安全综合治理""大数据模式创新"思想为指导，以建立健全城市公共安全体系为主线，采用大数据、云计算、"互联网+"、物联网、空间感知、人工智能等技术，推动公共安全大数据库建设，以公共安全一张图为应用平台，在对城市各类风险源进行全方位感知、监测、分析、评估的基础上，开展预测预警、模拟仿真、应急指挥并促使公众参与、群防群治，实现公共安全综合治理。

8.2.2 公共安全大数据 CIM 一张图及其应用创新

公共安全大数据一张图将城市风险点位及其业务、人员分级分类，与三维地理信息、建筑智能模型、卫星雷达影像、定位视频监控、无人机倾斜摄影、室内激光扫描、手机信号、社交舆情、物联网与传感器等多源、多维、动态大数据融合集成，对城市全口径危险源、相关业务及其环境要素，以真实感、立体化、多维度的方式加以展现，实现查询检索与统计分析。在此基础上，针对安委会成员单位实际业务需求，动态接入市及区局委办的安全监控业务数据，发挥其安全管理职能，开展灾害预测预警、仿真模拟、应急指挥、辅助决策，建立地上地下一体化、室内室外一体化、静态动态一体化的城市安全信息化监管治理平台。体系架构如图 8-2 所示。

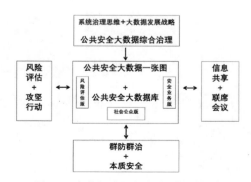

图 8-2 大数据公共安全治理体系架构

以大数据公共安全一张图为核心技术平台，建立安全大数据汇集、分析、推送机制，打破条块分割与信息壁垒，使安全信息在政府、企业、市民间充分流转循环、深层互动，形成政府主导、公众参与、多元协同的安全治理新格局。开展应用创新，将微信、微博、短信等嵌入政府公共安全监测管理、企业隐患自查、社区安全服务、居民危险举报等环节，向全社会提供精准、实时、定制的安全服务，建立企业、设施及公民安全档案，纳入诚信管理体系，以奖优罚劣为手段，督促政府与企业、公民承担安全主体责任、履行法律义务，实现政府治理和企业调节、居民自治良性互动。如图 8-3 所示展示了城市危险隐患的三维空间查询。

图 8-3　城市危险隐患三维空间查询

目前城市安全动态风险评估尚未实现，大数据风险一张图等应用未完全覆盖。建议大力推动大数据风险治理系统在安委办成员单位各层面广泛深入应用，建立安全风险量化闭环管理模式，真正实现重大风险实时监控与动态评估。风险一张图领导手机版效果如图 8-4 所示。

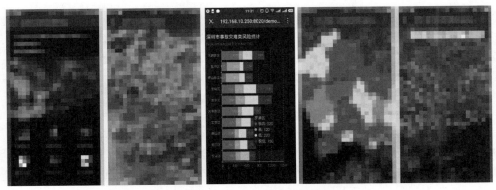

图 8-4　风险一张图领导手机版

以城市公共安全大数据一张图及其前期应用成果为基础，选择代表性行业、行政区、街道、社区、企业，建立安全大数据治理示范应用体系，针对性开展物联网、无人机、企业端新数据的采集处理，定制地下、室内及人员密集动态监控新服务，拓展个性化、移动端、群防群治新应用，优化安全统计分析功能，提升情景构建、应急模拟模块的实用性与界面的友好度，形成公共安全大数据一张图行业版、区级版、街道版、社区版、企业版等应用推广模式并制定相关标准规范。如图 8-5 为风险一张图社会公众版的隐患举报微信号。

图 8-5　风险一张图社会公众版－隐患举报微信号

8.3　建立闭环，提升质量，推动城市风险评估治理一体化

8.3.1　风险评估理论探讨

1. 开展风险评估与建立双重预防机制的重要意义

习近平总书记在 127 次中央政治局常委会上指出："对易发重特大事故行业领域采取风险分级管控、隐患排查治理双重预防性工作机制，推动安全生产关口前移。"中共中央、国务院印发《关于推进城市安全发展的意见》要求："对城市安全风险进行全面辨识评估，建立城市安全风险信息管理平台，绘制红、橙、黄、蓝四色等级安全风险空间分布图。深化隐患排查治理。制定城市安全隐患排查治理规范，健全隐患排查治理体系。完善城市重大危险源辨识、申报、登记、监管制度，建立动态管理数据库，加快提升在线安全监控能力。"

建立双重预防机制，把风险控制在隐患形成之前、把隐患消灭在事故发生之前，就是构筑城市风险的两道防火墙。第一道管风险：以风险辨识和管控为基础，从源头辨识风险、分级管控，努力把各类风险控制在可接受范围内，杜绝和减少事故隐患；第二道治隐患：以隐患排查治理为手段，发现风险管控过程中出现的缺失、漏洞和失效环节，从而把隐患消灭在事故发生之前。

2. 对双重预防机制的深入理解与贯彻实施

但在实际工作中，往往存在风险管控与隐患排查定位不清、相互混淆的现象，或将两者混为一谈，或各行其是，使关口前移、双重预防无法真正落实到位。造成上述问题的主要原因是，对风险与隐患的概念及其逻辑关系缺乏深入透彻的理解。如图 8-6 所示为风险管控与隐患排查的逻辑关系与实施步骤。

在逻辑关系上：危险源是可能导致人员伤亡或财产损失的危险有害因素，风险是危险源、事故发生的可能性和后果的严重性的组合，而隐患是风险管控失效后形成的缺陷或漏洞。风险具有客观存在性和主观认知性，强调固有风险，要采取管控措施降低乃至消除风险；隐患主要源于风险管控的薄弱环节，强调过程管理，要通过全面排查发现隐患，通过及时治理消除隐患。隐患来源于风险的管控失效或弱化，风险得到有效管控就不会出现或少出现隐患。

在工作方法上：风险分级管控是隐患排查治理的前提和基础，根据风险分级管控要求，组织实施危险源辨识、风险分析评价、风险分级与管控措施。按照风险的不同级别、所需管控的资源、能力、措施的复杂难易程度等确定不同管控层级的管控方式。通过强化安全风险分级管控，从源头上消除、降低或控制风险，降低灾害发生的可能性和严重性。隐患排查治理是安全风险管控的强化、深入与检查、督促，通过隐患排查治理，进一步落实风险分级管控措施，查找风险管控中的、缺陷或不足，发现违法违规及不作为行为，通过行政处罚与法律制裁等强制整改措施，减少或杜绝事故发生。

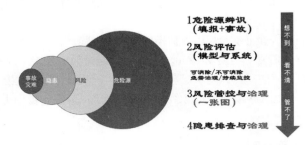

图 8-6　风险管控与隐患排查逻辑关系与实施步骤

8.3.2　风险评估存在的问题

1. 风险评估与管控未有效结合，闭环监督考核机制尚未形成，评估结果缺乏实践检验

近年来，风险评估工作在各地逐步开展，受制于资金、规模、人员、能力、经验等多方面条件，距离精准治理的要求尚有差距。面对城市上百类、成千上万个风险点开展动态评估，在专业能力、人力成本及时间周期方面均存在巨大挑战，风险评估模型、标准、信息系统开发应用皆有待于进一步调整优化。另一方面，在风险评估顶层设计方面，缺乏应用强制要求及其保障机制，无后续监督落实措施，评估结果无法有效落地并指导治理，造成风险评估报告难以发挥作用，甚至束之高阁。由此造成风险评估与专项治理各行其是、难以结合，风险评估缺乏实践检验，评估质量难以提升，风险治理没有评估作指引，仍延续专项治理、运动治理的模式。

2. 风险评估与隐患排查混为一谈或各行其道，未有效实现关口前移

由于前述多种原因限制（风险评估工作量大、实用性差，与隐患排查缺少程序衔接，部门间联动性弱等），当前风险评估尚未能充分发挥其管控能力与作用，城市安全监督管理更多依赖于传统隐患排查，双重预防机制建立、灾害治理关口前移效果不明显。

3. 跨部门、行业与系统治理、综合治理难以开展，公众风险举报与监督未有效纳入

缺乏强有力协调机制与量化闭环落实措施（如市信息化联席会议），各行业、领域风险评估与管控工作仍局限于各部门内部，仍不同程度地存在条块分割与行业壁垒，突出表现在各部门风险数据无法共享、信息系统难以集成、重大风险缺乏综合治理等方面。在社会共治方面，依靠传统信访、热线电话等小众、低效的模式，无法动员公众广泛参与风险监控及举报，社会化风险意识与行为能力严重不足。

4. 风险评估标准有待统一，评估方法有待完善，评估质量有待提升

城市风险无所不在、种类多、分布广、识别难度大、情况复杂多变，由于国家尚无统一的风险评估标准，各地具体实践中普遍存在标准多变、因人而异的问题，造成风险数量、类别、等级的数据冲突，年度间缺乏可比性，严重影响评估质量与实用性。

目前主流的风险评估方法，多用风险矩阵与 LEC 评价，突出问题是打分具有较大的主观随意性，缺乏精确、有力的依据，造成评价结果失真、混乱，与管控原则背道而驰。在评估手段上，信息化系统功能不完善，在线填报缺乏规范性，专家打分无标准、无证据、无监督。

当前城市风险评估摊子大、任务重、时间紧、人员少，评估工作多由专业机构以项目外包形式为主导，政府部门管理人员缺位明显，上述问题均对风险评估质量及结果的实用性造成影响。

5. 缺乏区域、行业、企业综合风险评估指标以指导实践

风险评估以区域、行业、企业为单元，点状评估结果如何反映上述单元综合风险情况？对决策者而言，需了解总体风险状况，掌握多维风险规律，以制定宏观对策，开展系统治理与综合治理。因此在风险点分类分级评估的基础上，应进一步分析、归纳风险规律与综合指标。

8.3.3　风险评估实用原则

1. 风险评估结果强制应用

将风险评估作为工作起点，纳入风险治理整体范畴，制定各配套政策，确定相关人员责权利，建立闭环管理体系。而通过评用结合、强制使用，在实践中对风险评估结果进行检查检验，形成倒逼机制，进一步提高评估能力与水平。各下属单位以风险"评估＋治理"一张图为应用平台，按风险特征逐级逐点进行管控，将相关结果统计反馈于图上，向上级领导汇报，通过上述信息化监督与考核机制，将风险评估与治理紧密结合。

2. 风险评估须以实用为导向

风险评估规划设计，以后期管控、治理的可操作性、易操作性为出发点，服务于管理部门的实际需求，因此需要突出重点，降低分类的复杂性，与部门职能相匹配、与其工作特点相适应，以使评估结果快速有效地加以落实。为实现此目标，政府管理人员在评估之始就应参与到相关工作中，建立联合项目组，与专业人士紧密配合、交叉评估、应用验收。

8.3.4　风险评估方法改进

1. 面向风险治理开展风险评估

通过危险源辨识，按灾害后果（不含风险概率）划分危险量级，对应市、行业、区、街道、企业等行政管理层级，建立金字塔形风险管控体系，明确各层级风险管控对象，使危害等级、管理责任与管理能力相互匹配，避免因风险错位而导致管理失衡。

风险分类应与部门设置及管理职责相匹配，以有利于后期执行管控措施，最大限度地消除边界模糊与多头管理。对重大风险评估，要从源头治理、综合治理的角度，明确上下游责任方。

鉴于风险本身具有连续、动态、相关等特征，以往事故案例统计、社会公众举报、安全执法记录等客观数据须作为重要参考项，充分体现在风险评估的打分依据中。

为提升风险评估的质量与可用性，政府相关部门领导与一线工作人员应通过信息化的方式参与评估全流程，打通评估、治理之间的断点与障碍。

2. 风险评估模型改进方案

为进一步提高风险评估的规范性与精准性，对于各种打分项，应制定打分依据，注明打分理由，上述工作通过信息系统中的"菜单式选择＋特殊性备注"来实现，使风险评估有理可循、有据可查。在专家打分项后，增加"管理人员意见项"，通过交叉碰撞，改进评估质量，以利于后期风险管控与治理。

进行风险辨识与打分时，应通过信息系统的地图功能，对风险点所在地的人口热力、灾害区划、事故分布等进行叠加，对灾害发生的可能性及后果进行多维度、大数据的评估。

城市级风险评估多采用 LEC 模型，其中对"风险概率 L"项争议较大，如无客观、必要的证据支撑，仅凭主观经验判断，易造成评估结果的偏差与混乱。风险概率管控措施及其执行情况与工作人员的素质密切相关，对上述因素进行评价打分时，需提供统一量化的参照表以确定各自的权重值，上述参照样本（含要素、权重、分值）由专家–官员会议确定，如图 8-7、图 8-8 所示。

控制措施	取值
从业人员素质	1
现场安全组织机构	0.5
工艺自身特点及安全措施	2.5
规章制度	0.5
安全教育	0.5

图 8-7　因素确定取值

控制措施	打分分值			
	4	3	2	1
现场安全组织机构	健全	较健全	不很健全	不健全
从业人员素质	高	较高	一般	低
工艺特点及安全措施	十分先进	先进	比较先进	比较落后
安全教育	开展效果好	开展效果一般	偶尔开展	不开展
规章制度	十分健全	比较健全	不太健全	无制度

图 8-8　控制措施打分表

通过上述步骤，消除个人评估的盲目性与随意性，将主观判断限制在合理范围内，相对于以往的优、良、中、差等粗糙打分法，使"风险概率 L"的取值有了显著改进。系统架构如图 8-9 所示。

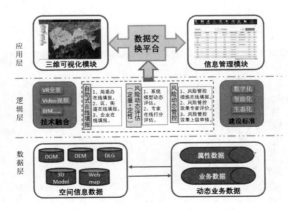

图 8-9　风险动态评估信息系统架构

3. 升级风险"评估+治理"信息系统，优化风险"评估+治理"一张图

在原有静态评估功能的基础上，系统升级、数据对接、开发 App 与公众号，实现风险在线填报、专家打分及远程勘测，实现风险的动态评估。在线评估系统包括自助式在线填报系统（电脑与移动端），模型自动评估系统（定性定量相结合），专家与领导在线打分系统。风险管控系统包括管控措施在线填报、管控效果专家评价、管控效果领导审核等功能。拓展风险"评估+治理"一张图，加入治理反馈及其可视化表达；制定风险治理评价标准，按有效、一般、无效、无治理划分为蓝、黄、橙、红四色等级，结合时间标签及属性，量化风险治理过程及结果。协同相关部门，针对重点风险进行管控前后对比，开展治理数据上图辅助决策。如图 8-10 是基于风险"评估+治理"一张图的年度效果对比分析。

图 8-10　基于风险"评估+治理"一张图的年度效果对比分析

4. 建立综合风险指数，开展风险规律研究

在风险点微观评估的基础上，进行统计归纳与相关分析，寻找风险特征与规律，进一步与人口经济、社会意识、灾害事故、安全机制、管控措置等相结合，针对区域、行业、企业的总体安全状况，建立综合风险评价模型，计算风险指数，用于制定总体风险政策。该指数应具备以下功能：反映辖区、行业、企业内的风险总量、结构、空间分布、时间变化等规律；与事故灾害数据相结合，反映风险管理水平，寻找管控薄弱环节；通过对风险（事故）的时间纵向比较及单位横向比较，结合社会满意度，反映风险治理整体效果。如图 8-11 为区域风险综合指数系统效果。

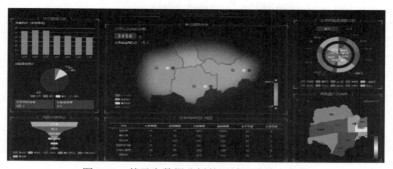

图 8-11　基于大数据分析的区域风险综合指数

8.4 升级大数据呼叫中心，推动城市安全群防群治

城市本质安全依赖于全体居民的安全意识与安全能力，党中央明确指出"坚持群众观点和群众路线，动员全社会力量来维护公共安全"。因此，必须采取有效手段，让人民群众最大程度地参与到城市安全治理的过程中，从以往的被管理对象，迅速成为管理主体。采用大数据、移联网新技术，加大对 12345 热线人力财力的投入，进行升级改造并赋予更多权能，配套推广城市安全隐患举报微信号、城市安全公众教育 App 等，以个人诚信系统为依托，引导居民开展风险隐患排查和治理，筑牢防灾减灾救灾人民防线。

8.4.1 当前安全形势与中央战略指引

当前城市安全综合治理体系各地均在探索的过程中，核心问题在于：人民群众尚未成为安全治理的主体，安全工作严重依赖于政府自上而下的督促，有限的人力与无限的隐患之间结构矛盾突出，现实压力、阻力巨大，群防群治缺乏有效管道与抓手。以深圳 1220 事件为例，该渣土场在当地居民多次举报无效的前提下发生滑坡，专案组总结事故教训及整改措置包括漠视隐患举报查处，整改情况弄虚作假。加强事故隐患排查治理和举报查处工作，切实做到全过程闭环管理。

习近平总书记在十九届政治局第十九次集体学习讲话中指出："坚持群众观点和群众路线，坚持社会共治，支持引导居民开展风险隐患排查和治理，筑牢防灾减灾救灾人民防线。"

中共中央关于坚持和完善中国特色社会主义制度、推进国家治理体系和治理能力现代化若干重大问题的决定提出："坚持群众观点和群众路线，拓展人民群众参与公共安全治理的有效途径，动员全社会的力量来维护公共安全。"

综上所述，以 12345 热线为基础，加大投入，升级换代，建设新一代城市安全大数据呼叫运维中心，综合担负起风险隐患监测发现、分析预警、多部协同及公众安全能力培养等多项职能，使之成为群防群治的核心平台，促进城市安全综合治理水平的提升。

8.4.2 先进城市呼叫中心建设成功经验

北京综合打造"网上 12345"，除拨打 12345 或 @ 北京 12345 微博外，进一步开通以"北京 12345"微信号、小程序及"北京通"App 为支撑的网上受理平台，方便市民通过互联网渠道反映诉求、提出意见建议并可查询办理情况。在此基础上开展大数据分析，动态显示日诉求明细、周诉求变化曲线、归属地诉求汇总和包片案件汇总排名，通过归纳案件高频区域和热点，为城市决策提供参考。"北京 12345"公众号"民意直通"设置"咨询""投诉""建议""表扬"等功能。"工作矩阵"整合了全市各区、街道乡镇、委办局官方微信。"个人中心"可查询反映问题的办理进度、诉求结果等，同时对问题的解决情况进行满意度评价。

作为上海政务服务总客服，12345 市民服务热线不断转型升级，除传统电话热线外，还开通了传真、网站、信箱、App 及微信、微博等受理渠道，使市民热线、政务平台和城市大脑互相支撑，为城市精细化管理提供合力。针对不同的城市主体和需求开展分类处置，提供精准政务服务；实现全市政务热线数据全量归集和深度分析；与"一网通办"知

识库实现共享互补，对接城市运行"一网统管"，向基层干部和群众开放，助力社会治理，如图8-12所示。

图8-12　上海12345政务服务总客服

广州市人民政府借助专业团队，将3000多万条市民诉求信息提炼转化为数据成果，深度分析水电气网、五险一金、消费纠纷、交通出行、城市管理等问题，建立了城市治理投诉大数据研判与共享平台，探索出一套包括193项数据规范的热线服务标准体系。2019年向28个单位提供共计47.26万条市民投诉、咨询、求助数据，做到了精准发现问题、分析投诉原因、靶向治理城市难题，市、区、街镇三级热线服务的效能得到显著提升。如图8-13所示。

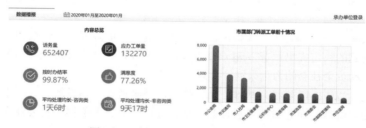

图8-13　广州12345业务数据分类统计

8.4.3　城市大数据呼叫中心技术升级与管理改进

一方面，社会公众的准确及时举报能全方位反映安全隐患，有效避免事故发生，减轻一线人员监督调查的工作量；另一方面，政府部门担心社会举报功能大面积推广后，海量举报与有限的人力、资源之间的矛盾被引爆，尤其是大量无用举报、错误举报甚至虚假举报，浪费时间、难以应对，而一旦举报案件无法被及时处理，会导致更严肃的追责。对于上述担忧，完全可以通过大数据综合分析、人工智能等技术及管理优化策略加以解决，如通过实名制举报、标准化输入、"聚类+分类分析"等方式，初期在不增加政府人员实际工作量的前提下，提高管理的准确性，及时发现问题，中期实现工作效率与工作能力双提升，最终达到公共安全群防群治的目的。

1. 网站、微信、微博、App、人工语音联动，开展AI大数据分析

逐步增大信息化类举报（12345网站、微信、微博及App）的比重，从以电话接听为主逐步走向网页标准化和提示性填报为主、人工应答为辅的呼叫模式，大力应用AI交流、

数据融合、相关分析等先进功能。上述系统，在互联网电商、电信运营商、金融与交通等行业均有成功应用，可移植其平台产品，进行定制开发，或直接采用项目人员整体外包的形式，建立新一代城市大数据呼叫中心。如图8-14所示。

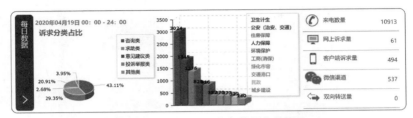

图8-14 上海12345业务数据分类统计

2. 以实名制、证据化举报，消除虚假举报、随意举报

本着举报主体对举报信息充分负责的原则，在城市安全举报中应统一采用实名制信息，充分告知举报人的权益与义务。通过身份验证、自动定位、照片拍摄等方式进行取证、留存，进一步提高举报信息的准确率及后续数据分析、业务派遣等相关工作的便利性。

3. 按照风险分类处理原则，以极高、较高、一般危险度，划分举报事项等级

对城市安全风险进行分类分级并附加相关定义，使举报者在举报过程中可参考上述提示，自选类别及等级，由此客观地获得待办事项的优先级，结合专业模型进行分析（如多人举报、重复举报），确定举报信息的重要程度，进行自动排序处理。

4. 按标准化格式填报信息，确保数据的规范性与可分析性

信息只有经过标准化处理才能转化为有效数据，而只有在对举报数据进行自动分析的基础上，才能发挥规模效应、提高工作效率、开展全市范围群防群治。目前以人工对话、自然语言的模式处理投诉，由于缺乏规范性，事物描述受制于当事人的个性化理解与表达，投诉信息难以形成标准记录，后续开展数据分析的可能性小（如关于同一风险位置的语言描述，差异性显著，准确率低下，更无法进行相关分析，而采用地图点选、自动获取坐标的方式，可解决此难题）。通过开发12345网站、微信号及App，以标准化模式进行内容填写，以"可选项"自动匹配、自动定位等方法，可以有效地避免随意性输入产生无效字节，将定性描述转化为定量数据。

5. 开展系统外包，建立专业团队，升级软硬平台，开展数据分析

在技术升级、管理优化有效解决公众举报的准确率、工作量等结构矛盾的前提下，加大城市呼叫中心财力投入，招聘更多专业人员，升级办公场所与软硬件条件。对于城市监控管理这一重大命题而言，建立一个技术先进、人员专业、反应高效兼具智能分析功能的城市安全呼叫响应中心，已成为区域发展不可或缺的标准配置，其综合收益远超投入。通过共建大呼叫中心，整合当前散布各条块系统中的小呼叫中心，形成各部门驻点办公的模式，可降低重复投资，发挥协同作用与规模效应。

8.4.4 强化配套措施与奖惩机制，将举报结果纳入居民诚信

当前城市安全类热线监督举报，在数量与质量方面仍停留在较低水平，虽推出了相关奖励政策，但公众影响力、参与度不足，对保障城市安全未发挥主体作用。以往的各种公

共安全宣传教育方式，缺乏可操作性与亲身体验，为此应鼓励居民积极参与身边隐患辨识与举报，以身教替代言教，在广泛参与中实现实践中学，奖优罚劣推动良性循环，真正实现城市安全群防群治。如图 8-15 所示为新一代 12345 大数据呼叫分析平台系统架构图。

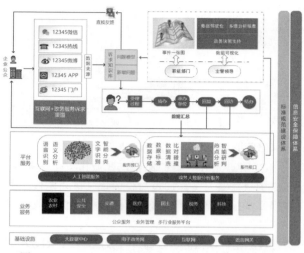

图 8-15　新一代 12345 大数据呼叫分析平台系统架构

8.5　宏观灾害大数据情景构建与应急优化

重大突发事件情景构建是预防与应对城市灾害最行之有效的手段之一。针对宏观尺度灾难复杂性、非线性等特点，打破传统应对模式，以大数据思维替代传统因果思维，提出以 3D GIS+RS 为核心进行情景构建的理论与方法，即以典型案例关键参数为指标，以最大危害与最小伤害为原则，以地理空间分析为主要手段，开展灾害模拟预测，基于灾害链思维，进行"原灾 + 治理"双重模拟，对结果进行有效性评价，从中选择最优化灾害应急治理策略。

8.5.1　宏观尺度情景构建理论探索

宏观尺度情景构建指的是：针对影响范围为千米级的重特大突发事件，将典型案例的关键参数进行凝练及抽象提取而成的虚拟事件移植到三维空间现实场景，结合现实场景地质状况、社会环境及空间上的耦合影响等风险组合可能产生的最大危害，进行灾害模拟的方法。

1. 大尺度、复杂性情景构建的难点

由于重大灾难的复杂性，在宏观尺度情景构建过程中存在以下问题及难点。

（1）具有广义性及复杂性，单一学科及模型难以支撑复合型灾害管控。

（2）具有程度深、后果重、空间规模大等特点，对数据采集技术要求高。

（3）面临非线性、复杂性挑战，无法用单一数学模型或模型集合精准模拟。

2. 以"关键指标+底线思维"为原则开展复杂灾害情景构建

重大灾害空间尺度大，涵盖所有微观层面的各种因素开展精确模拟是不现实的。跳出微观层面复杂条件的约束，对重大灾害进行抽象化处理，变成"虚拟事件"，利用相似性思维，将典型事故移植至现实场景进行灾害模拟。

宏观尺度情景构建基本思想，是假设灾难发生，通过相似性复制、移植，预估灾难危害，提升应对能力，并制定一系列防治措施。其基本理论如下。

1）情景构建的目的是提升巨灾预防与应急准备能力

非常规巨灾的发生是各类复杂因素共同作用的结果，难以被准确预测，借鉴美国《国家应急规划情景》经验，立足源头治理、综合治理的防灾减灾思路，将底线思维和风险管理摆在首位，从总体上提升重大突发事件的整体应对能力。

2）情景构建采用相关性思维而非因果思维

重大灾难的发生往往是人工+自然混合系统、多元非线性作用导致的，而非实验环境可推理，此时因果关系失效，需要使用相关思维进行合理解释。

3）情景构建是理性主义与经验主义相结合

宏观尺度突发灾害，程度深、后果重、规模大，无法通过数理模型实现精确预测，只有通过分析已发生的灾害，将其经验移植到本地，开展"合理"模拟，有效解决各种想不到的难题。

4）从相关案例中提取关键指标原则

巨灾模拟依据，源于已发生的重大灾害，但由于巨灾本身的严重性及复杂性，无法做到准确还原其过程及详细指标。在此应抓住本质、忽略枝节，以巨灾案例关键指标作为基本参数，开展情景构建。

5）情景构建灾害模拟采用最大危害、最小伤害原则

最大危害、最小伤害原则采用以人为本的思想，符合生命至上的原则，从人民群众的根本利益出发，进行应急对象疏散、应急能力提升与应急资源投入。

6）情景构建之灾害链二次模拟原则

大规模灾难的发生往往以灾害链的形式出现，要做到源头防控，则需要根据模拟仿真的结果，发现当前安全管理与应急工作中存在的缺失、短板与漏洞，从系统角度对应急处置方案进行再次模拟，进行断链治理，寻求最优方案。

8.5.2 宏观尺度灾害情景构建技术方法

针对宏观尺度情景构建的问题及难点，提出构建流程，如图 8-16 所示。

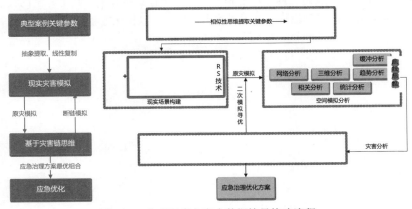

图 8-16　宏观尺度灾害大数据情景构建流程

1. 现实灾害模拟

（1）融合多遥感手段，准确获取大范围的时空信息，以 3D GIS+RS 为平台，快速建立大尺度灾害及环境数字模型。针对各类遥感技术的优势（见表 8-1）及场景特点，综合采用倾斜摄影、激光扫描、卫星雷达、定位制图、全景视频、无人机视频等技术，如图 8-17 所示。

表8-1　各类遥感技术及其特点

OPG	多角度摄影采集数据，能获取地表建筑景观的多视角纹理，可反映真实情况
LiDAR	利用激光扫描，快速获取大量密集的、高程坐标精确的三维点云数据
InSAR	根据卫星或飞机接收到回波的相位差来生成地表形变图
SLAM	基于激光雷达，可实现即时定位与建图，应用于室内，构建的地图精度高

图 8-17　各类遥感技术效果图

（2）基于 GIS 系统，以叠加、热点、缓冲、网络、三维及统计分析等空间分析为手段，开展巨灾模拟与预测。

2. 基于灾害链思维之综合治理方案优化

灾害发生及演化是由各关联灾害要素（即风险环境、风险因子及受灾主体）呈现链式有序结构的灾害传承效应共同作用的结果。因此基于灾害链思维，分析巨灾演变规律切实有效，通过对灾害内部状态、周围环境和外部关系进行断链分析，制定科学的灾害治理方案，并通过断链要素的不同组合，开展二次治理模拟，以优化方案。

第 9 章
城市风险治理 CIM 一张图

城市风险治理 CIM 一张图的迭代开发过程，与我国城市发展战略从管理走向治理的发展脉搏同步，与信息技术从小数据到大数据的进化路径相符。

其 1.0 版本采用 2D GIS 架构，融合遥感数据，播放监控视频的功能，有助于城市安全要素管理水平提升，在辖区与行业内部使用，停留在地面、室外、宏观、静态层面，管理动能来自政府行政力。

2.0 阶段，双重预防机制建立，城市安全管理思想提高，从隐患排查关口前移，走向了风险治理，其任务量、复杂度急剧增加，云计算与大数据大规模投入实用，城市风险评估与防治能力在数量质量上均获提升，3D GIS 与 BIM、定位视频、卫星雷达、近距遥感（倾斜摄影、激光点云）逐步融合集成，成为 CIM 一张图，从而开展室内外、地上下、动静态一体化的风险评估与可视化表达。

伴随着公共安全管理动态化发展，风险评估与隐患排查从专项行动进入常规治理，贯穿于政务工作全流程，在 3.0 版本中，打通了风险评估与管理部门业务系统，开发了安监员巡查执法、特殊车辆行驶轨迹监测、重大基建安全施工监测、热点区域无人机动态巡检等功能，以实时业务取代人工评估，提高了效率精度，实现了动态监测与预警，从风险评估 CIM 一张图发展成为风险评估、监测与管理 CIM 一张图。

由于安全管控数据量急剧增长，亟须进行统计分析，发现其中演化规律与关键指标，为此在 4.0 版本中，结合了分类、聚类、相关、预测等挖掘方法，采用叠加、缓冲、网络、热点等计算模型，在 3D GIS 上集成了多种数据图形化表达工具，探索事故灾害现象背后的深层问题，开发了城市台风损失评估、工伤事故统计分析、重点在建项目监测预警等功能，提升了 CIM 一张图的智能分析水平与辅助决策能力。

全生命周期管理与综合治理理念深入贯彻，一张图 5.0 通过分析对比历年来风险评估、专项治理结果，开展重点风险隐患全周期再评估，建立闭环机制，实施系统工程，找出难点痛点，进行源头治理，有效促进城市本质安全与可持续发展；与此同时，国家安全发展战略，从政府主管阶段，进入与企业、民众多元共治阶段，移动互联、社交舆情、大数据广泛应用为社会治理打开了大门。针对落实企业主体责任、发挥市民群防群治作用，一张图 5.0 进一步开发了"企业安全领导版 App+ 公众安全举报微信号"，针对城市民众开展了风险有奖举报、安全在线培训等活动。

情景构建是安全治理新思路、新手段，一张图 6.0 以相关思维取代因果思维，以经验复制弥补实验能力不足，以最大危害性为尺度，对可能发生的城市重大灾害进行相似性模拟与经验性预测，定性定量相结合，开展基于数据驱动的模型计算，借以发现防范缺陷、弥补系统短板、提升应急能力，开展"安全规划 + 灾害预防 + 源头治理"，一张图 6.0 开发了渣土场滑坡、城中村内涝、地铁站踩踏、高层楼火灾、加油站爆炸等情景构建与模拟仿真功能。

综上所述，以双重预防机制、安全综合治理等战略思想为指导，以信息技术最新成果为手段，风险治理 CIM 一张图从 2D GIS 版本发展到 3D GIS+BIM+IoT 版本，具备了 CIM 大数据多源融合与可视化决策能力，以此为基础，绑定政务系统，增加数据类别，扩大监测范围，提升人工智能、强化统计、分析与回溯功能，成为风险动态评估与区域综合治理的有力工具。

9.1 系统概述

城市风险治理 CIM 一张图将城市风险分级分类，以 3D GIS 为集成工具，建立包括建筑智能模型、卫星雷达影像、定位视频、倾斜摄影、激光点云、物联网 + 传感器、手机信号 + 社交舆情、虚拟现实 + 增强现实等多维多源大数据库，在三维全景可视化基础上，实现定位查询与统计分析，形成地上地下、室内室外、静态动态一体化的辅助决策平台；进一步实现应急、公安、规自、住建、交通、城管等部门职能需求，动态接入业务数据，开展灾害监测预警、仿真模拟、应急指挥；开发领导安全管理 App 与公众风险举报微信号，提升政府、企业、居民安全意识与安全能力，创新公共安全大数据综合治理体系。城市风险治理 CIM 一张图系统总体架构如图 9-1 所示。

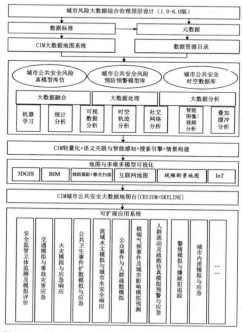

图 9-1　城市风险治理 CIM 一张图系统总体架构

9.1.1 系统架构

城市风险治理 CIM 一张图采用 PostgreSQL 与 PostGIS 数据库进行时空数据管理，使用 MySQL 数据库作为属性数据库，采用 Scheual 服务从 MySQL 数据库中同步数据；以 Skyline 进行三维可视化与模拟仿真、通过 ArcGIS 开展模型分析、以 GeoServer 发布地图服务、以 TerraGate 发布三维数据。系统基于 SOA 架构，划分为不同组件或应用服务，以 NGINX+Tomcat 解决负载均衡。一张图采用 B/S 应用模式，后台采用 .net、前台采用 Vue3+TS 框架，在全市三维基础地图上，集成风险点位、BIM，合成孔径雷达干涉测量（interfermetric synthetic aperture radar，InSAR），定位视频（locational monitoring video，LMV），倾斜摄影（oblique photography，OPG），激光雷达（LiDAR）等时空大数据，支持 OGC 标准的 WFS，WMS 服务，以及 JDBC，SOAP 及 HTTP 协议的数据接入。城市风险治理 CIM 一张图系统架构如图 9-2 所示。

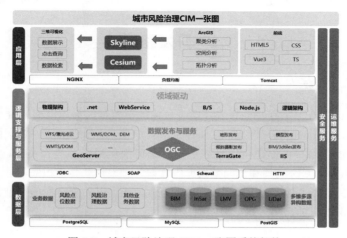

图 9-2　城市风险治理 CIM 一张图系统架构

9.1.2 关键技术

针对非结构化时空大数据的生产、发布与分析，采用 Skyline TerraGate 发布 DOM 叠加 DEM，MPT，3D Tiles 数据；使用 SFS Server 以流方式发布符合 OGC 规范的 WFS 和 WMS 服务，发布 3DML（含激光点云及倾斜摄影）及矢量数据，通过 SFS Server 建立静动态缓存；使用 ArcGIS，PostGIS 处理分析矢量数据，将结果制成 .img 格式栅格，通过 GeoServer 发布为 WMS 服务，提供数据访问接口，其中 TerraGate 利用 Tile 切片预缓存等技术，实现了遥感、业务、视频等多源多维数据的统一可视化渲染及高并发环境下的负载均衡。针对基础数据强时空属性，系统采用对象关系型开源数据库 PostgreSQL 并安装 PostGIS 插件。将灾害风险、重大事故、城市交通、建筑工地、风险治理等各类数据整理到位，建立元数据库。将 InSAR，LiDAR，OPG 等数据，通过 PostGIS Shapefile Import/Export Manager 插件导入。

一张图运行及可视化开发基于 Skyline 引擎，采用 JavaScript 调用 APT 实现数据库连接，遵循 OGC 标准规范，实现分布式管理与共享服务，采用 AJAX 获取相关 Web

Service。采用 NGINX+Tomcat 负载均衡,把用户访问量分发到不同服务器,避免因压力过大而宕机。

系统在结构化信息层面上,表现为数据字段级控制;在空间数据层面上,表现为区域、比例尺、掩模等多种方式的图层安全访问机制;在灵活控制用户权限的同时,采用 PKI/CA 等数据加密机制确保数据安全。

系统针对城市灾害多发态势,对灾害开展多维大数据融合处理与相关分析,建立灾害监测分析、模拟预警与应急救援技术体系,通过多学科交叉、多模式集成,改变以往单技术、被动型应对模式。以大数据相关思维替换传统因果思维,以非接触式监测取代接触式监测,实现:遥感数据(卫星雷达、倾斜摄影、激光扫描、飞行视频)+地理数据(政府业务巡检、重点工程监控)+社会数据(公众安全举报、人员车辆聚集)集成融合与相关分析,充分发挥不同技术优势,寻找灾害热点分布规律,通过时空耦合、加权评估、叠加分析等,从分类热力图派生复合热力图,建立"科研+政务+社会"群防群治灾害应对新模式。

9.2 开发路线

9.2.1 Skyline 系统

Skyline 快速融合多类别、分布式、实时传输的源数据,创建网络三维交互环境,通过 TerraBuilder,TerraExplorer 和 Globe Server 系列产品,实现真三维数据生产、可视化和网络发布功能,用户可创建自定义的虚拟三维可视化情景并进行浏览、查询和分析。TerraExplorer 从标准 GIS 文件和空间数据库中读取各种地形并叠加相关信息,如文本、标注、图素、二三维实体及动画、视频,创建交互式应用,并将整合后的三维数字情景发布到互联网上。Skyline 的产品体系结构如图 9-3 所示。

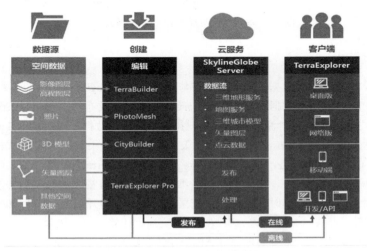

图 9-3　Skyline 产品体系结构

TerraExplorer 支持以影像数据构建数字化世界,实现对 TerraBuilder 创建的地理配准三维模型的编辑和注记,将地形地貌内容附加到模型中,创建交互式应用系统,展现区域特征、视域、地物关系等，通过建筑物属性信息，如外观、位置、高程、几何要素及对象平移、拉伸、锁定等进行设置。动态模型还可以指定其运动路线、高度、加速度、弯速度及是否沿指定路径循环运动，可变换角度观察对象，支持大型数据库和实时信息流。

TerraGate 是用来发布 MPT 地形文件的服务器。TerraGate 能够支持所有的客户端/服务器对 3D 技术的需求。TerraGate 将地形数据集以流方式传输给远程的 TerraExplorer，允许 B/S 端用户创建 3D 截图，为用户协同会话提供服务，提高网站整合性。Skyline 提供 OGC 标准的网络地图服务、瓦片地图服务、要素服务等，实现不同地理信息平台之间的数据共享。

1. 多源融合三维可视化

Skyline 平台能够实现将三维地形、要素图层、CAD、IoT、GPS/BDS 融合成多源精细三维模型，包括将手工建模、矢量建模、点云模型、BIM 模型、倾斜摄影等数据整合到三维可视化平台中，搭建全要素可视化三维场景，开展地上地下、室内室外、陆地海洋一体化管理，快速实现对三维场景内对象和动作的控制。

2. 支持BIM数据

Skyline 的 BIM 数据专属插件，可直接把 Revit 数据转换成 Skyline 格式。不仅保留原有模型结构及贴图信息，还完整保存了每个部件属性，实现了 BIM 数据与 GIS 平台的完全对接。通过 CityBuilder 和 TerraExplorer Pro 工具读取 BIM 模型，并将 BIM 数据转化为 3DML 格式，可以保存 BIM 模型的全部几何结构和属性信息。BIM 模型转换成 3DML 后，可以使用 TerraExplorer 在真实地理环境中对其进行查看和分析。

3. IoT信息接入

Skyline 支持通过各种传感设备，实时采集监控、连接、互动的物体或过程等信息，实现所有物品的网络连接，在三维场景中直观表现出来，以方便识别、管理和控制。Skyline 可接入温度、水位、压力等监测数据，根据传感器信息实现及时预警。

9.2.2　CIM 一张图开发路线

系统参照互联网地图服务模式，开发"电脑端+手机端"（App 与微信号）应用，以多维大数据的方式全面直观地展示全市风险源的空间分布、分类、特性等；对风险源现状及历史状态进行查询、分类统计；对风险源的影响范围及潜在后果进行辅助分析、预警和可视化展示。

在功能设计上，采用 3D GIS 与 BIM、视频、物联网等相结合，实现公共安全空间全三维精细化监控管理，从建筑物室外到室内，包括大型设施及地下空间，可定位到楼层乃至房间。通过倾斜摄影与激光点云、InSAR 等技术，快速获取并更新风险隐患及其环境相关信息。

系统分为八个模块，如图 9-4 所示。

（1）风险场景三维可视化：缩放、俯仰、旋转、透明、漫游等。

（2）风险点查询显示：风险点分类分级，空间查询、逻辑查询等。

（3）CIM 查询显示：包括 InSAR、BIM、手机信令、倾斜摄影、激光点云、互联网、物联网数据等。

（4）业务查询显示：包括安监员、特种车辆、监控视频、房屋隐患、重点工地、企业隐患数据等。

（5）灾害情景构建：包括高楼火灾、地铁踩踏、城中村内涝、渣土场滑坡灾害链模拟。

（6）三维视频地图：视频对象三维查询显示，视频定位分析，矢量化、语义化处理。

（7）领导手机版风险一张图：包括风险查询、实时统计、视频监控、事故分析、安全通报、安全指数等。

（8）公众风险征集微信号：面向社会公众，开展风险隐患位置、描述、等级、照片等信息上报，推动公共安全大数据群防群治。

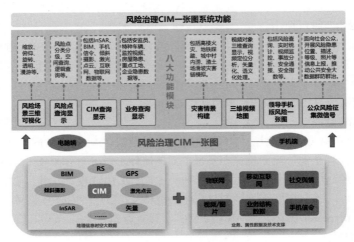

图 9-4　风险治理 CIM 一张图系统功能

9.3　程序实现

9.3.1　图层菜单开发

该功能用于控制各类数据图层的打开及关闭，采用 jsTree 第三方控件进行开发。

jsTree 是一个基于 jQuery 的交互式树结构 js 插件。它是完全免费的，开源并在 MIT 许可证下分发。jsTree 易于扩展、定制主题和配置，支持 HTML 和 JSON 数据源及 AJAX 加载。jsTree 在任意一种 boxmodel (content-box 或 border-box) 下都能正常运行，也可以作为 AMD 模块加载。它具备一个用于响应式设计的内置移动端主题，并易于定制。首先在图层控制子页面中动态引入 jsTree 核心文件，因为 jsTree 依赖于 jQuery，所以需先引入 jQuery 核心文件，引入代码如下：

```
<script src="../../assets/jquery/jquery-1.8.0.min.js"></script>
<script src="../../assets/jstree/jstree.min.js"></script>
```

引入 jsTree 后，即可在 HTML 页面中加载该控件，同时编写 JavaScript 代码，动态装载各菜单控制节点，通过勾选 jsTree 节点复选框的事件方法来控制各项菜单的状态，最终实现图层的打开和关闭，jsTree 的 js 控制核心代码如下：

```
function InitJStree() {
```

```javascript
$('#LayerTree').jstree({
    'plugins': ["checkbox", "themes", "types"],
    "types": {
        "default": {
            "icon": false  // 关闭默认图标
        'core': {
            'data': [
{ "id": "riskAssessment", "text": " 全市风险评估 ", "icon": imgUrl + "layer_b.png", "state": { "opened": true }, "children": [
 { "id": "NaturalDisaster", "text": " 自然灾害风险区划 ", "icon": imgUrl + "layer_b.png", "state": { "opened": false }, "children": [
{ "id": "CompreRist", "text": " 自然灾害综合风险 ", "icon": imgUrl + "icon/CompreRist.png", "state": { "selected": false } },
{ "id": "CollapseMap", "text": " 岩溶地面塌陷风险 ", "icon": imgUrl + "icon/CollapseMap.png", "state": { "selected": false } },
{ "id": "StormSurgeMap5", "text": " 风暴潮风险 ", "icon": imgUrl + "icon/StormSurgeMap.png", "state": { "selected": false } },
{ "id": "SlopeMap", "text": " 斜坡地质灾害风险 ", "icon": imgUrl + "icon/SlopeMap.png", "state": { "selected": false } },
{ "id": "WaterloggingMap50", "text": " 城市内涝风险 ", "icon": imgUrl + "icon/Waterlogging.png", "state": { "selected": false } },
{ "id": "ForestFireMap", "text": " 森林火灾风险 ", "icon": imgUrl + "icon/ForestFireMap.png", "state": { "selected": false } },
{ "id": "ThunderMap", "text": " 城市雷暴风险 ", "icon": imgUrl + "icon/ThunderMap.png", "state": { "selected": false } },
{ "id": "LandSubsidenceMap", "text": " 地面沉降风险 ", "icon": imgUrl + "icon/LandSubsidenceMap.png", "state": { "selected": false } },
{ "id": "TyphoonDangeMap", "text": " 台风等级风险 ", "icon": imgUrl + "icon/TyphoonDangeMap.png", "state": { "selected": false } }
    .on("changed.jstree", function (e, data) {
    .bind("activate_node.jstree", function (obj, e) {
        if (e.node.children.length > 0) {
            localStorage.setItem("G_CurrentSelectLayerID", "");
        } else {
            localStorage.setItem("G_CurrentSelectLayerID", e.node.id);
        searchNode(e.node);
    var ref = $('#LayerTree').jstree(true);
    var selected = ref.get_selected();
    // 加载默认选中的图层
    for (var i = 0; i < selected.length; i++) {
        LoadLayerByNodeID(selected[i]);
```

CIM 一张图的图层控制菜单如图 9-5 所示。

图 9-5　CIM 一张图的图层控制菜单

9.3.2 图层加载功能

1. 影像图层加载

Skyline 可以动态地加载图片影像或影像地图服务,在本系统开发过程中,主要加载 WMS 影像服务来实现影像的加载。通过 Creator.CreateImageryLayer() 方法来加载 WMS 影像服务,在该方法的参数中,需依次定义路径、范围等相关参数。具体代码如下:

```
* 加载 WMS 图层
// 创建一个函数 LoadWMSLayer(), 参数为 nodeID
function LoadWMSLayer(nodeID)
{
    // 定义 WMSUrl, 用于存储 WMS 服务地址
    var WMSUrl = "http://172.17.10.240:8080/geoserver/GHImgSpace/wms?";
    // 定义 wmsStr, 用于存储 WMS 服务参数
    var wmsStr = "[INFO]\rMPP=0.000017578125\rUrl=" + WMSUrl + "request=GetMap&Version=1.1.1&Service=WMS&SRS=EPSG:4326&BBOX=-180,-90,180,90&HEIGHT=1000&WIDTH=1900&Layers=" + nodeID + "&Format=image/png";
    // 调用 CreateTempGroup() 函数, 创建一个临时组
    var gid = CreateTempGroup(nodeID);
// 调用 SGWorld.Creator.CreateImageryLayer() 方法, 创建图像层, 参数为 wmsStr, gid, "ddd"
    var ImgLayer = SGWorld.Creator.CreateImageryLayer("wms", -180, 90, 180, -90, "<EXT><ExtInfo><![CDATA[" + wmsStr + "]]></ExtInfo><ExtType>wms</ExtType></EXT>", "gisplg.rct", gid, "ddd");
    // 判断 ImgLayer 是否存在
    if (ImgLayer) {
        // 设置 ImgLayer 的 UseNull 属性为 true
        ImgLayer.UseNull = true;
        // 设置 ImgLayer 的 NullValue 属性为 0xffffff
        ImgLayer.NullValue = 0xffffff;
        // 设置 ImgLayer 的 FillStyle.Color 属性, 透明度为 0.7
        ImgLayer.FillStyle.Color.SetAlpha(0.7);
        // 设置 ImgLayer 的 NullTolerance 属性为 80
        ImgLayer.NullTolerance = 80;
    }
}
```

2. 添加倾斜摄影

Skyline 可以动态加载倾斜摄影服务,倾斜摄影数据通过 TerraGate 进行发布,通过 Creator.CreateMeshLayerFromSFS() 方法来加载倾斜摄影数据服务,在该方法的参数中,需依次定义中心点坐标、高度、俯仰角、滚动角、偏航角及缩放比例等相关参数,在倾斜数据加载完成后可通过 FlyTo() 方法飞向已加载的倾斜摄影数据。具体代码如下:

```
// 添加倾斜摄影数据
// 创建一个函数 LoadMeshLayerData(), 用于加载网格层数据
 // 参数 nodeID: 节点 ID
 // 参数 x: x 坐标   // 参数 y: y 坐标   // 参数 alt: 高度   // 参数 scale: 缩放比例
function LoadMeshLayerData(nodeID, x, y, alt, scale)
    // 定义 SFS 的 URL
    var sfsUrl = "http://172.17.10.240/SFS/streamer.ashx";
    // 创建一个临时组
    var gid = CreateTempGroup(nodeID);
    // 从 SFS 中创建网格层
     var ObjMeshLayer = SGWorld.Creator.CreateMeshLayerFromSFS(sfsUrl, nodeID, gid);
```

```
    // 如果创建成功
    if (ObjMeshLayer){
        // 设置网格层的 X 坐标
        ObjMeshLayer.Position.X = x;
        // 设置网格层的 Y 坐标
        ObjMeshLayer.Position.Y = y;
        // 设置网格层的高度
        ObjMeshLayer.Position.Altitude = alt;
        // 设置网格层的俯仰角
        ObjMeshLayer.Position.Pitch = 0;
        // 设置网格层的滚动角
        ObjMeshLayer.Position.Roll = 0;
        // 设置网格层的偏航角
        ObjMeshLayer.Position.Yaw = 0;
        // 设置网格层的缩放比例
        ObjMeshLayer.ScaleX = scale;
        ObjMeshLayer.ScaleY = scale;
        ObjMeshLayer.ScaleZ = scale;
        // 导航到网格层
        SGWorld.Navigate.FlyTo(ObjMeshLayer);
    }
```

3. InSAR数据图层加载

InSAR 是一种利用雷达卫星测量值绘制地球表面毫米级位移的技术。在风险综合治理一张图中，InSAR 数据主要以矢量点位类型存在，记录着该点位的历史沉降数据。InSAR 数据通过 Skyline 加载，InSAR 数据加载完成后可以单击查询其属性信息及沉降曲线，核心代码如下：

```
var insarPopWin;
// 函数 insarDataWin()，用于显示数据窗口
function insarDataWin(obj) {
    try {
        // 判断 obj 的父组是否为组
        if (SGWorld.ProjectTree.IsGroup(obj.ParentGroupID)) {
            // 判断 obj 的类型是否为 33
            if (obj.ObjectType == 33) {
                // 定义 dd 变量，用于存储数据
                var dd = "[";
                // 循环 Months 数组，获取每个月份的值
                for (var i = 0; i < Months.length - 1; i++) {
                    // 判断是否为最后一个月份
                    if (i == Months.length - 2) {
                        // 将最后一个月份的值添加到 dd 变量中
                        dd += obj.FeatureAttributes.GetFeatureAttribute
(Months[i].toLowerCase()).Value + "]";
                    } else {
                        // 将其他月份的值添加到 dd 变量中
                        dd += obj.FeatureAttributes.GetFeatureAttribute
(Months[i].toLowerCase()).Value + ", ";
                    }
                }
                // 定义 url 变量，用于存储要显示的页面
                var url = hostPath + "/com/html/index.html?data=" + dd;
                // 判断 insarPopWin 是否存在
                if (insarPopWin) {
                    // 将 url 赋值给 insarPopWin 的 src 属性
```

```
                    insarPopWin.Src = url;
                    // 显示 insarPopWin
                    SGWorld.Window.ShowPopup(insarPopWin);
                }
                else {
                    // 创建 insarPopWin, 用于显示数据
                    insarPopWin = SGWorld.Creator.CreatePopupMessage
(obj.FeatureAttributes.
GetFeatureAttribute("code").Value, url);
                    // 设置 insarPopWin 的高度
                    insarPopWin.Height = 280;
                    // 获取屏幕高度
                    var winHeight = screen.availHeight;
                    // 设置 insarPopWin 的宽度
                    insarPopWin.Width = SGWorld.Window.Rect.Width - 300;
                    // 设置 insarPopWin 的 top 属性
                    insarPopWin.Top = SGWorld.Window.Rect.Height - 350;
                    // 设置 insarPopWin 的 left 属性
                    insarPopWin.Left = 295;
                    // 显示 insarPopWin
                    SGWorld.Window.ShowPopup(insarPopWin);
    catch (e) {
        // 判断是否为调试模式
        if (STI_Global.IsDebug){
alert(e.message); }
```

4. 添加视频数据

视频点位数据是通过 Skyline 的 Creator.CreateImageLabel() 接口创建图像标签，与创建 JSON 数据一致，在视频标签的关联信息窗口中配置该视频信息的相关参数，主要包含视频名称、地址等信息。核心代码如下：

```
function Draw_Video_Normal_Layer(nodeID) {
    $.ajax({
       type: "post", // 要用 post 方式
       url: hostPath + "/db/webservice/service_postgresql.aspx/GetVideoMap
_Data",
// 方法所在页面和方法名
        data: "{'nodeID':'" + nodeID + "'}",
        contentType: "application/json; charset=utf-8",
        dataType: "json",
        success: function (data) {
            var json = eval('(' + data.d + ')');
            var gid = CreateTempGroup(nodeID);
            for (var i = 0; i < json.length; i++) {
                FeatureData = json[i];
                var CursorPosition = SGWorld.Creator.CreatePosition(FeatureData.
lng, FeatureData.lat, 50, 2, 0, 0, 0, 0)
                var lableStyle = SGWorld.Creator.CreateLabelStyle(0);
                var imgSrc = imgUrl + "play.png";
                // 创建图片
                var imgLabel = SGWorld.Creator.CreateImageLabel(CursorPo
sition, imgSrc, lableStyle, gid, FeatureData.picid);
                imgLabel.Action.Code = 11;
                imgLabel.Style.Scale = 15000.0;
                imgLabel.Style.MaxImageSize = 20;
                imgLabel.Style.LineToGroundType = 1;
```

```
                imgLabel.Style.LineColor.FromHTMLColor("#FFFFFF");
                imgLabel.Tooltip.Text = FeatureData.address;
                // 添加消息
        var popup = SGWorld.Creator.CreatePopupMessage(FeatureData.
address, "", 0, 0);
                popup.Width = 805;
                popup.Height = 600;
                var ss = JSON.stringify(FeatureData)
                var url = "http://" + window.location.host + "/sys_safe_
map/html/videowin.html?ss=" + ss + "&id=" + FeatureData.videoid;
                popup.Src = url;
                popup.AllowDrag = true;
                popup.ShowCaption = true;
                imgLabel.Message.MessageID = popup.ID;
        error: function (err)
            alert("error");
```

各类图层加载功能如图 9-6 所示。

图 9-6 CIM 一张图中添加倾斜摄影与无人机视频

9.3.3 点选查询功能

各类数据要素均可以通过单击进行查询，当单击地图上的数据要素时，弹出属性窗口，显示该数据要素的详细属性信息，属性信息可以通过 HTML 动态排版方式进行自定义。核心代码如下所示：

```
// 单击时，获取鼠标位置的坐标信息，并将其转换为空间坐标信息
function onLButtonDown(Flags, X, Y) {
    // 获取鼠标位置的坐标信息，并将其转换为空间坐标信息
    var infoModel = SGWorld.Window.PixelToWorld(X, Y, 1);
    // 如果获取到 ObjectID，则获取 ObjectID 对应的 Object 信息
    if (infoModel.ObjectID) {
        infoModel.type
    }
    // 获取鼠标位置的坐标信息，并将其转换为空间坐标信息
    var info = SGWorld.Window.PixelToWorld(X, Y, -1);
    // 获取空间坐标信息对应的类型
    var infoType = info.type;
    // 如果获取到 ObjectID，则获取 ObjectID 对应的 Object 信息
    if (info.ObjectID != "") {
        var object = SGWorld.ProjectTree.GetObject(info.ObjectID);
        // 获取 Object 的 LayerID
```

```
            var objLayerId = object.LayerID;
            // 如果 LayerID 为指定值，则不执行任何操作
            if ("0_4783" == objLayerId || "0_1561" == objLayerId || "0_1012"
== objLayerId || "0_1023" == objLayerId || "0_1025" == objLayerId) {
                return;
            }
            if ("0_1031" == objLayerId || "0_8047" == objLayerId || "0_1017"
== objLayerId || "0_1019" == objLayerId || "0_1029" == objLayerId) {
                return;
            }
        }
        // 如果空间坐标信息对应的类型为1，则不执行任何操作
        if (infoType == 1) {   // WPT_MODEL = 1
            return;
        }
        // 如果空间坐标信息对应的类型为12288，则不执行任何操作
        if (infoType == 12288) {   // WPT_MODEL = 1
            return;
        }
        // 如果获取到 ObjectID，则获取 ObjectID 对应的 Object 信息
        if (info.ObjectID != "") {
            var obj = SGWorld.ProjectTree.GetObject(info.ObjectID);
            // 如果 Object 的 ObjectType 为 33，则获取 Object 的 Geometry 和 LayerID，
并获取 LayerID 对应的 Layer 信息
            if (obj.ObjectType == 33) {
                var gem = obj.Geometry
                var lid = obj.LayerID;
                var layerName = SGWorld.ProjectTree.GetItemName(lid);
                // 如果查询模式已经打开，则根据 LayerName 执行不同的操作
                if (isQueryModeOpen) {
                    switch (layerName) {
                     case "dzzh_shuiku_insar": { insarDataWin(obj); break; }// 水库 insar
                     case "dzzh_shuiku_polygon": { dataWin(info.ObjectID); break; }// 水
库面
                        default: {
                            dataWin(info.ObjectID);
                            break;
                        }
                    }
                }
            }
            // 如果 Object 的 ObjectType 为 24，则获取 Object 的 Message
            if (obj.ObjectType == 24) {
                var message = obj.Message;
                // 激活 Message
                message.Activate();
            }
        }
}
```

在地图视窗范围内，单击各项数据要素时，单击事件触发弹窗展示，弹窗内显示属性信息。代码如下：

```
var dataPopWin;
function dataWin(oid) {
    try {
        var obj = SGWorld.ProjectTree.GetObject(oid);
        if (SGWorld.ProjectTree.IsGroup(obj.ParentGroupID)) {
```

```
                if (obj.ObjectType == 33) {
                    var url = hostPath + "/com/html/dataWin.html?oid=" + oid;
                    if (dataPopWin) {
                        dataPopWin.Src = url;
                        SGWorld.Window.ShowPopup(dataPopWin);
                    }
                    else {
                        dataPopWin = SGWorld.Creator.CreatePopupMessage(" 属性数据 ", url);
                        dataPopWin.Height = 600;
                        dataPopWin.Width = 400;
                        dataPopWin.Top = 50;
                        dataPopWin.Left = 295;
                        SGWorld.Window.ShowPopup(dataPopWin);
                    }
        catch (e) {
            if (STI_Global.IsDebug) alert(e.message);
        }
```

关键词搜索与单击查询功能如图 9-7 所示。

图 9-7　CIM 一张图关键词搜索与单击查询功能

9.3.4　数据综合查询

以定义多类条件的方式，来针对系统各类数据进行综合性的查询，查询结果主要以 Skyline 的 CreatePopupMessage() 接口展示呈现。核心代码如下：

```
// 综合查询页面
var SearchWin;
var isSearchWin = 0;
// 创建搜索窗口
function CreateSearchWinPanel() {
    try {
        var SGWorld = STI_Global.CSGWorld();
        var searchContent = $('#searchInput').val();
        var subUrl = hostPath + "/com/html/search_win.aspx";
        if ("" != searchContent)
        {
            subUrl += "?seachContent=" + searchContent;
        }
        var sgHeight = SGWorld.Window.Rect.Height;
        SearchWin = SGWorld.Creator.CreatePopupMessage(" 综合查询 ", subUrl, 293, winHeight - 360, winWidth - 302, 298, -1);
        SearchWin.AllowDrag = false;
        SearchWin.ShowCaption = false;
        SearchWin.AllowResize = false;
        SGWorld.Window.ShowPopup(SearchWin);
        isSearchWin = 1;
    }
    catch (e) {
        if (STI_Global.IsDebug) alert(e.message);
    }
}
```

```
var bshowSearchWin = 0;
// 显示搜索窗口
function showSearchWinPanel() {
    if (bshowSearchWin == 0) {
        if (isSearchWin == 0) {
            CreateSearchWinPanel("综合查询");
        }
        else {
            showPanel("综合查询");
        }
        bshowSearchWin = 1;
    }
    else {
        hidePanel("综合查询");
        bshowSearchWin = 0;
    }
```

9.4 创新之处

9.4.1 理论创新

1. 大数据综合治理

以风险治理 CIM 一张图为平台，将大数据技术与政府职能转变、管理服务创新、诚信系统建设等相结合，建立大数据平台、汇集、分析、推送机制，改革管理体制，优化工作流程，打破条块分割与信息壁垒，使信息在政府、企业、市民间充分流转循环，深层次促进政民互动，形成政府主导、公众参与、多元协同的社会治理新格局。具体而言，以 CIM 大数据融合分析、移动互联网工作流推送及一站式服务为手段，集成全息人口库、多维网格管理、O2O 便民服务等，将微信、微博、短信、邮件、健康码等全面嵌入政府安全管理、企业隐患自查、社区安全服务、居民危险举报等环节，建立政企民安全档案，纳入诚信体系，奖优罚劣，督促各方承担其公共安全主体责任、履行法律义务，实现良性互动与综合治理。

2. 大数据相关分析

对于复杂多变的城市风险与灾害，以间接监测替代直接监测、以多元技术替代单一技术成为必然趋势，事实证明，大数据综合监测效果明显优于传统监测方案，如针对城市地质灾害，以相关思维替代因果思维，以 3D GIS 为平台，开展多遥感数据（InSAR、LiDAR 宏观监测、倾斜摄影、航空视频近距离动态识别）、政务数据（边坡巡查记录、重点工地现场监测等）、社会数据（风险微信举报、施工车辆轨迹）等多源大数据融合分析，充分发挥不同技术优势，开展灾害热点分析、聚类分析，通过评估权重、叠加耦合，以分类热力图派生复合热力图，开展重点防范、预测预警、辅助决策。

3. 大数据情景构建

面对众多安全挑战，需增强风险意识，加强源头管理，防止想不到、看不清、管不了的问题发生。情景构建正是针对想不到、规模大、程度重灾害问题，提出基于现实场景的模拟仿真，旨在发现最大灾害后果条件下，现有安全管理存在的短板及弊端。公共安全问题，本质上是人类理性与非理性博弈问题，要真正从源头上实现本质安全，必须依赖于每个社会主体的安全意识及安全能力。新一代情景构建实现了大数据驱动下现实场景还原，多学科交叉模拟，找出应急能力的局限性，有的放矢，对症下药，使重大风险想得到、认得清、管得了。

9.4.2 技术创新

1. 多源异构CIM大数据一体化定位与复合分析

CIM一张图实现了基于空间语义抽象化的多源大数据集成管理。通过坐标化、摘要化、矢量化、语义化操作，通过3D GIS集成BIM、LMV、IoT、InSAR、OPG、LiDAR、AR/VR、SNS等CIM大数据，搭建真三维场景，开展一体化管理，实现定位查询、相关分析、可视决策。通过分析多尺度、多类别感知手段特性，比较各技术优势劣势，建立互补优化模式，避免单一技术局限性。通过倾斜摄影与激光点云、卫星雷达等快速更新与复合验证，监控城市地面沉降、建筑形变、道路开裂等。针对城市风险分散多变特点，开发了隐患举报微信公众号，居民可通过文字、图片、视频、点云等实时举报身边风险，开展安全信息智能推送。

系统采用3D GIS+BIM+QRCord室内外一体化定位技术，开展高层楼宇及地下空间立体化管理，可准确定位到楼层乃至房间。

2. 率先开发三维视频地图

以空间化、摘要化、矢量化、语义化为手段，将城市监控视频分解成为图形、图像和属性，其中图形对象由点（摄像机）、线（运行轨迹）、面（监控区）构成，图像对象包括含监控目标的关键帧（集），属性表存储视频语义信息，三者以时空戳为标识相互关联，建立视频摘要空间大数据库，开展视频动态目标查询定位与关联分析，优化海量视频管理，使之具备可用性。基于3D GIS开发视频分析平台，功能包括视频结构化提取、全景视频地图显示、视频结构化信息查询等。

3. 率先开发三维赛博地图

针对网络空间与现实空间管理分离的不足，通过IP定位及网络属性采集，建立互联网资源及用户空间数据库，分层分区投影到三维地球上，实现CyberGIS虚拟－现实一体化定位、查询、分析功能，拓展了GIS对虚拟空间要素的集成管理能力。

9.4.3 系统性能

系统通过云计算管理PB级数据，支持1万个以上点、线、面类风险源动态评估，可接入100路以上高清监控视频、无人机视频与全景视频，全面支持BIM、InSAR、倾斜摄影、激光扫描、手机信号、社交舆情、物联网与传感器等多源多维大数据。

系统重点监控对象包括各种自然灾害与生产经营危险源与隐患点。风险属性包括类型、等级、危险性、责任人、事故灾情、历史治理等。

系统支持不少于1000个网络并发访问，全市范围内查询响应时间小于2 s；固定表格制表统计小于5 s，复杂统计汇集小于30 s；提供7×24 h不间断服务，实现多机热备。

9.5 风险治理 CIM 一张图版本迭代与功能实现

9.5.1 一张图 2.0：多源数据

风险治理 CIM 一张图 2.0 将城市风险点位及其业务、环境、人员分级分类，与多源多维大数据集成融合，实现 10 个行业、200 多类风险源精准上图与快速查询功能，以及台风、洪涝、地质、地震等 10 类自然灾害风险区划。风险治理 CIM 一张图 2.0 系统核心架构从 2D GIS 发展为 3D GIS，具备多源多维大数据集成管理能力，与 1.0 系统相比产生了质变（CIM 化），以真三维模式展示风险时空分布特性，开展查询、统计、可视化，对其演化规律、影响范围及潜在后果进行分析、预测、模拟，如图 9-8 所示。

图 9-8　城市风险治理 CIM 一张图 2.0：数据拓展与能力提升

CIM 一张图 2.0 新增数据功能如下。

（1）InSAR 通过卫星雷达对城市进行形变监测、风险预测，包括地面沉降、建筑倾斜、道路开裂、危险滑坡等；PSP-InSAR 是基于点对永久散射体合成孔径雷达干涉测量，其中 PS（永久散射体）指对雷达波的后向散射较强且在时序上较稳定的各种地物目标，如建筑物与构筑物的顶角、桥梁、栏杆、裸露的岩石等目标；InSAR 利用同一地区不同期次 SAR 数据中的相位信息进行干涉测量。InSAR 获取 DEM 的原理是通过雷达天线观测来获取同一地区具有一定视角差的两幅具有相干性的单视复数图像，并由其干涉相位信息获取地表的高程信息，从而重建地面的 DEM。

（2）边坡雷达（Slope Synthetic Aperture Radar，SSAR）采用地基重轨干涉 SAR 技术，实现高精度形变测量，通过高精度位移台带动雷达往复运动，实现合成孔径成像，对不同时间图像相位干涉处理，提取相位变化信息，实现边坡表面微小形变的高精度测量，可应用于滑坡、地面沉降等灾害监测，具有全天候、高精度和时空连续测量优势，最高精度可达到 0.1mm。

（3）BIM 包含建筑构件几何信息、专业属性及状态信息，还包含非构件对象（如空间、行为）的状态信息，有效提高建筑工程信息化程度，用于项目全生命周期中。BIM 在应用中更新，从建筑设计、施工到运行、管理，信息始终整合于一个三维模型数据库中，设计团队、施工单位、运营部门和业主等各方可以基于 BIM 进行协同工作，提高效率、节省资源、降低成本、实现可持续发展。通过 BIM 技术，城市可实现室内室外、地上地下一体化精细化监控管理，包括大型基础设施、综合体及地下空间，可精确定位到楼层、管道、房间乃至部件，用于风险监测、模拟演练与应急指挥等。

（4）OPG 通过机载摄影平台，从"一个垂直 + 四个倾斜"不同视角同步采集数据，获取地物高分辨率图像，高精度地获取地物纹理信息，通过定位、融合、建模等，生产出 DOM、DEM、DLG、DRG 产品，快速建立三维实景。

（5）LiDAR 集激光、全球定位和惯性导航技术于一身，用于获得 DEM。LiDAR 发射脉冲激光，引起地物散射，光波反射到雷达接收器，通过激光测距计算距离，不断扫描目标，得到全部目标点数据，进行成像处理后，得到精确三维立体图像，其测距精度可达厘米级，LiDAR 优势包括角分辨率和距离分辨率高、抗干扰能力强、能获得目标多种图像信息、能探测反射率信息、波长短、准直性高等。

（6）SLAM 通过记录被测物体表面大量密集点三维坐标、反射率和纹理等信息，快速复制出被测目标的三维模型及线、面、体等数据。通过对地物不同位置的剖面、断面及轮廓线等进行分析来反映各时段变化情况、得到形变信息，表面精度可达 2mm，最远监测距离可达上千米，满足形变监测的需要。

（7）LMV 将监控视频投影到其所发生位置，开展结构化处理与智能化管理，显示在三维地图中并开展视频分析，实现视频中动态目标位置及运动轨迹语义分析与空间标定，通过摘要化、矢量化解决了视频关键信息长效保存问题，以时空信息为锚定点，追踪视频目标运动轨迹，快速定位。

（8）赛博地图（CyberMAP），在 GIS 数据结构上进行扩展，将互联网要素（X，Y，IP）及其虚拟属性置于统一管理框架内。开展互联网全局测绘，将硬件设备、数据资源、用户及其行为等要素分层分类，以拓展、转换后 IP 地址为地理坐标，投影到三维数字地球，开展"虚实一体化"查询显示与统计分析，对赛博空间进行三维可视化管理。

功能效果如图 9-9～图 9-14 所示。

图 9-9　InSAR 应用：老旧房屋倾斜沉降监测

图 9-10　LiDAR 扫描监测数据

图 9-11　倾斜摄影应用：城中村地质灾害监测

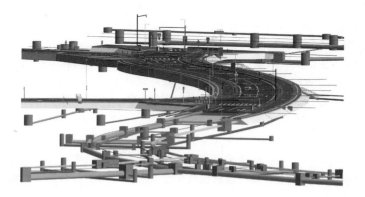

图 9-12　BIM 工程：道路与地下管网风险监测

图 9-13　视频地图：监控视频＋无人机视频＋全景视频

图 9-14　赛博地图：虚拟－现实空间一体化管理

9.5.2 一张图 3.0：动态业务

在多源大数据加载并集成管理基础上，风险治理 CIM 一张图 3.0 面向城市安监、规自、住建、交通、水务等安委会成员单位实际业务需求，动态接入各局委办实时业务数据，辅助实现其安全管理职能，开展灾害监测预警、应急指挥、辅助决策。3.0 版新功能如下。

（1）领导手机版安全一张图（App）；
（2）安全生产动态监控（企业隐患上报 + 安监员在线巡查 + 重大危险源视频监控）；
（3）建筑工地安全管理；
（4）重大风险点及其周边人员行为监测等。

企业安全员完成日常巡检，每天将风险隐患信息通过企业自查软件上传到应急局业务系统中，履行其安全主体责任；与此同时，应急局网格员对其所辖区域、企业进行常规或抽样检查，其巡查记录与行为轨迹，经由手机 App 自动同步到安监数据库中。该双重巡检机制，以数据比对与结果碰撞，形成过程监督与措施互补，有效提升总体管理效率，避免弄虚作假。风险治理 CIM 一张图 3.0 动态接入政府、企业双业务系统巡检数据，将风险、隐患准确定位在 3D GIS, RS, BIM 及企业监控视频中，通过信息填报、专家系统在线评估，实现监测预警，使风险评估工作由静态化、周期化进入动态化、常态化阶段，如图 9-15 所示。

图 9-15　CIM 一张图 3.0：建筑工地实时风险视频监控

通过对重点工程及人员行为实施在线监测（工地运输安全管理 + 现场实名制管理 + 危险行为视频识别），实现风险点位与危险行为双重预防与实时监控，将过程、结果实时显示于地图之上；通过对工程车辆进行 GPS/BDS + 视频双重监测，规范司机驾驶行为与行车路线；通过视频分析服务器，与前端智能摄像机配合，完成对各类监控视频在线分析、快速识别、自动报警，实现工地安全监管的动态化、智能化。

在对城市重大危险源进行视频、IoT 监控的同时，通过采集手机信号与社交舆情，同步获取其周边人员、车辆分布与活动情况，一旦危险情况发生，可为其开展紧急疏散提供决策依据，及时向特定区域人员，有针对性地发布预警指引信息，开展灾害救援。CIM 一张图 3.0 支持人员手机定位、车辆北斗定位动态接入，用以开展热点分析、围栏分析，如图 9-16 所示。

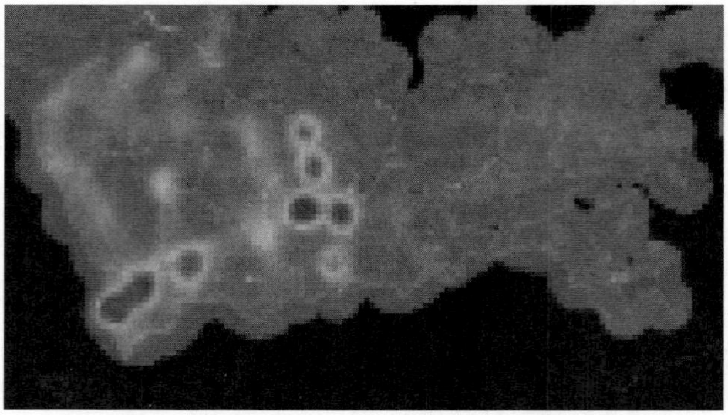

图 9-16　建筑运输车辆热点分布图

风险治理 CIM 一张图 3.0 以 App 移动办公方式，服务于各级领导履行本辖区安全管理职能，可通过图文推送、地图交互与视频监控等，第一时间获得风险点位及周边信息，进行定位查询，随时随地掌握安全大数据，如图 9-17 所示。功能如下。

（1）风险地图，动态显示辖区与企业风险点位及其发展变化情况；

（2）灾害统计，以图文报表形式对风险与事故进行实时统计；

（3）应急预案，随时调阅各种电子版应急预案，指导灾害事故应对；

（4）安全通报，接收城市、上级部门、行业相关安全指令，总结发布本辖区、企业安全态势；

（5）视频监控，直接调用摄像机，对重点风险源及环境进行实时监控；

（6）安全指数，发布辖区内各街道、企事业单位安全评价指标，及时发现问题、奖优罚劣、重点治理；

（7）通讯名录，辖区与企业安全负责人、重点风险安全员、安全智库与专家通讯名录；

（8）风险预报，对辖区与企业各种风险源进行在线评估，结合宏观环境灾害演化趋势，进行预报预警。

图 9-17　政府 + 企业风险治理手机 CIM 一张图

9.5.3　一张图 4.0：统计分析

城市风险治理 CIM 一张图在多源多维动态数据采集、融合与可视化的基础上，更进一步，探索大数据之间相关关系与演化特征，从现象到本质，发掘灾害事故内在规律与关键指标。CIM 一张图 4.0 针对重大安全命题，进行多时空数据相关、叠加、缓冲、网络、热点、预测等分析，实现风险大数据辅助决策。

针对重大台风所造成的严重社会经济损失，利用多感知技术，多渠道采集灾情数据，开展损害评估、救灾优化与防灾对策研究，包括企事业上报数据、无人机与遥感数据、居民举报数据、网络舆情数据、专家实地调研数据等，将上述数据快速汇聚、融合在CIM一张图上，进行标准化处理，提取灾害特征，估算破坏程度，划分灾情等级，制作灾害区划图与热点图，制定救灾方案，评价应急能力，实现高精度、全方位、真三维的可视化辅助决策。例如，选择重点目标，开展基于InSAR地物相干系数计算和变化检测，识别地表损坏等；开展大范围强降雨引起的潜在滑坡风险分析；开展微小形变检测，探测潜在风险，防范次生灾情等，如图9-18所示。

图9-18　CIM一张图4.0：重大台风灾情调查与统计分析

针对某盾构机穿越老城区的隧道建设重点项目，采用BIM建模、InSAR监测、AI视频监控、AR/VR辅助施工、3D场景模拟的一体化安全管控措施，提升科技建造安全与效率。其中采用InSAR技术对沿线1km范围进行毫米级沉降监测，获取5万多点数据，建立立体的、全天候的沉降监测网，通过风险分级管控提供辅助决策。通过BIM辅助实施设计方案比选，实现工程资料平台整合、云端存储、电子归档。对超大型设备模块化组装、道路交通疏解、场地布置等进行3D模拟仿真，实现了设计方案、三维选线、管线碰撞、施工交底、场地布置3D可视化决策。一张图风险管控平台实现了盾构机实时监测、隧道周边建筑物沉降监测分析、施工风险分级管控、施工现场实时监控、作业人员动态管理、违章作业智能识别抓拍等一体化整合，如图9-19所示。

图9-19　基于CIM一张图4.0重大建设工程安全监测分析

自然灾害与生产安全涉及不同领域、不同人员、不同方法，但在灾害发生演化中，两者密不可分乃至互为因果，CIM一张图4.0采用灾害链思想，通过开展安全生产风险热点分析与自然灾害风险区划的相关分析，进一步发现其叠加风险、预测次生灾害，使灾害防范救援提升到综合治理层级，推动安全生产和自然灾害同步整治，突出抓好危化、建筑、消防、生命线等隐患整治，全面排查台风、内涝、水务、地质等自然风险，找到风险叠加敏感带与高危区，作为治理的重中之重，有针对性地补齐防灾基础短板，加强抢险救援队伍建设和物资储备，提高应急处置能力和水平，防止重特大安全生产事故发生，同时把自然灾害的影响降到最低。如图 9-20 所示。

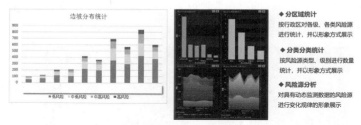

图 9-20　城市边坡地质灾害分区统计分析

9.5.4　一张图 5.0：情景构建

灾害情景构建（disaster scenario construction）是结合历史案例和风险模拟对突发事件进行的全景式描述，包括全过程的情景分析、全业务的任务梳理和能力评估。通过情景构建，凝聚城市整体力量对各类重大突发事件进行有效预防、准备、响应和恢复，有助于有准备地应对极端小概率或几乎从未出现过的突发事件，从而提高城市处理复杂、交叉重大突发事件的能力。重大突发事件情景可以代表性质基本相似的事件和风险，尤其是基于真实事件与预期风险而凝练、集合成的虚拟事件情景，就更能体现出各类事件的共性与规律，如图 9-21 为基于 CIM 大数据的城市灾害情景构建技术架构与流程。

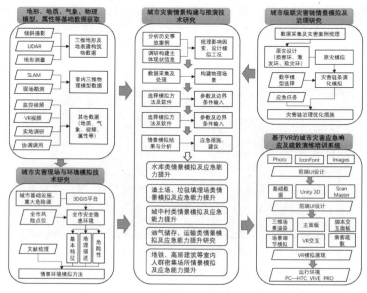

图 9-21　基于 CIM 大数据的城市灾害情景构建技术架构与流程

CIM 一张图 5.0 灾害情景构建，以 3D GIS 为平台，融合 AR/VR、全景视频、网络游戏等技术，对可能发生的重大灾害进行模拟仿真，开展规律分析、任务梳理、能力评估，据此进一步完善应急预案，加强防范演练，提高安全能力，防患于未然。

利用物理模拟、灾害链推演两种模拟方法，针对异常天气等事件对某垃圾填埋场的影响范围和影响程度、不同重要基础设施之间关联性影响、事件对城市运行与社会的影响进行分析。分析灾难可能导致的后果，模拟特定条件下灾害发展的路径与影响程度，提出针对性对策，采集数据包括倾斜摄影数据、DEM 数据、DOM 数据、图片视频等数据，分析软件包括 FLO-2D、ArcGIS、Skyline Pro 等。

基于大量真实案例数据，通过无人机视频、地面全景视频等技术，对某大型城中村开展火灾、内涝情景设计与仿真模拟，为应急预案制定和区域规划提供参考依据，采集数据包括 DEM 数据、DOM 数据、城中村房屋分布矢量数据、人口数据、图片视频等数据，分析软件包括 ArcGIS、Skyline Pro 等，如图 9-22 所示。

图 9-22　某城中村暴雨内涝情景构建（淹没过程模拟）

以某老旧水库及其周边区域为对象，通过对国内外水库溃坝相关事故案例的分析与实地调研，结合当地气象水文信息与多种社会因素，对溃坝事故发生发展进行模拟，分析应对任务并提出相关改进措施及治理建议，采集数据包括倾斜摄影数据、DEM 数据、DOM 数据、水库水位水文等技术属性数据、下游人口数据、图片视频等数据，分析软件包括 MIKE FLOOD、Skyline Pro 等。

以某渣土场及其周边区域为对象，对已有事故案例进行数据分析与实地调研，梳理应急任务、评估应急能力等，根据其周边气象信息、地质条件，结合人口、交通、经济发展等社会因素，推导并验证灾害控制措施与优化治理方案，采集数据包括倾斜摄影数据、用地红线、地表建筑物、地质及水文、人口、周边信息、视频照片等相关数据。分析软件包括 FLO-2D、ArcGIS 辅助软件等。

通过对国内外多起高楼火灾进行相关分析，构建某复杂结构大厦火灾事故多重情景，进行火灾蔓延与人员疏散量化分析与三维模拟，为大楼应急预案的制定与优化提供决策依据，采集数据包括 SLAM 点云数据、大厦人流办公数据、周边信息、照片视频等相关数据、分析软件包括 Pyrosim、PathFinder 等。

以某地铁中心站及其毗邻隧道为试点，选取客流高峰期时段，考虑不同排烟模式和人流管控方案等因素，开展大规模灾害处置与人员疏散情景构建，提出针对性防范应对措施，采集数据包括 SLAM 点云 / 模型数据、地铁站人流数据、周边信息、照片视频等相关数据、分析软件包括 Pyrosim、PathFinder、Unity 3D 等。

在上述情景构建过程中，获取受灾地周边相关社会数据（通过移动公司手机信令，获取各灾害情景区域人口分布与交通流量数据，共一个月时间、两百余万条数据，覆盖约千万人次）；对重点区域，开展实地考察并拍摄无人机视频与现场照片（采样点50处，数据量约10 GB）。

在技术开发方面，以GIS+RS为核心技术开展大尺度空间情景构建，以空间分析（叠加、缓冲、三维、热点、相关、分类、预测）为手段开展灾害模拟评估，结合FLACS、FLO-2D，MIKE11，Pathfinder等模拟软件，进行基于数据驱动及模型计算情景构建，通过GIS资源优化+最优路径+应急策略+可视化分析，提升应急反应能力，推动区域安全综合治理（安全规划+灾害预防+源头治理）。

例如，在渣土场滑坡情景构建中，所采用模型数据分为三类：三维地形，涵盖倾斜摄影，以DEM格式呈现；地表构筑物，含道路、建筑、涵洞等设施；沟渠入流线、植物、材质等其他数据。选择FLO-2D作为数值模拟计算工具，利用非牛顿流体力学与中央有限差分数值法，来求解泥石流流体的流速、流深、流域及冲击力。人员疏散数采用PathFinder作为疏散模拟软件，包括SFPE模式和Steering模式。渣土场暴雨滑坡模拟如图9-23所示。

图9-23 基于3D GIS+倾斜摄影的渣土场暴雨滑坡模拟

例如，通过SLAM、全景视频技术现场调研等方式采集数据，运用AutoCAD、SketchUp、3ds Max开展三维场景实体建模，通过Unity 3D情景演化及全景视频VR进行情景构建与动态模拟，通过Pathfinder进行全楼整体逃生策略优化，通过二维码进行室内导航指引，如图9-24所示。

图9-24 基于SLAM建模与视频VR互动的高层楼宇火灾应急疏散模拟

9.5.5 一张图 6.0：综合治理

在静态风险评估基础上，进行系统升级、数据融合，实现动态评估。拓展一张图功能，加入风险治理评级及其可视化效果；协同相关部门，针对重点风险源，开展治理过程与治理结果数据上图工作，前后对比，落实责任；通过上述措施，改变风险评估与风险治理相互脱节的不利局面，形成从评估到治理的完整闭环，有效提升城市风险治理水平能力。

（1）制定风险综合治理评价标准，按照有效治理（70%～100%）、一般治理（30%～70%）、无效治理（<30%）、无治理等划分蓝、黄、橙、红四色等级，结合时间戳及属性值，量化风险治理过程及结果，将风险评估一张图升级为风险治理一张图；

（2）对风险评估重点数据（红＋橙）进行精准比对，实地调研，查漏补缺，落实风险治理情况，将治理手段、治理效果真实体现；

（3）选择代表性重大风险，结合各专项治理行动，获取相关数据并开展可视化分析（安委会成员单位联席会议）；

（4）与应急局隐患管理系统对接，获取实时监控数据并开展动态评估。

1. 城市自然灾害综合评估

CIM 一张图以多维大数据为载体，全面直观地展示风险源分类分级及属性特性，对风险源现状及历史进行查询统计，对灾害区划、重大事故、风险分布等进行可视化分析。

1）自然灾害综合风险区划

系统采用叠加分析功能，以热力图展示的方式，将自然灾害综合风险、岩溶地面塌陷风险、风暴潮风险、斜坡地质灾害风险、城市内涝风险、森林火灾风险、地市雷暴风险、地面沉降风险及台风等级风险相关数据进行叠加集合计算，根据风险源位置和等级进行影响因子和影响范围估算，通过叠加计算区域风险源分布的密度和影响程度，使用 GeoServer 将栅格数据发布为 WMS 地图服务，并以热力图的方式在地图上绘制，可用于风险源分布集中区域的排查和治理；叠加的数据是图层对应的数据集，可以通过重新勾选或者调整风险源勾选数据来查看各类风险源热力图；以红、橙、黄、蓝四色等级动态展示热力信息。自然灾害风险区划叠加展示如图 9-25 所示。

图 9-25 自然灾害风险区划叠加展示

2）城市风暴潮风险分布

风暴潮是指由强烈的大气扰动，如台风、温带气旋和热带气旋引起的海面异常升高现象，它是造成沿海潮灾的最常见原因。风暴潮风险地图基于专门的内部模型，将模拟潮汐与全球海平面高度再分析的数据相结合，并利用全球浮标测量网络进行校准。以红、橙、黄、蓝四种颜色对风险等级进行区分。

3）城市内涝风险分布

根据城市内涝预警信息，结合城市水情、排水系统现状，以及实时监控视频信息等情况，采取针对性措施，做好城市内涝防范应对工作，提高暴雨公式精度，为本地排水防涝、暴雨内涝风险预警等提供技术支撑。科学确定城市暴雨导致内涝阈值，联合制作精细化城市内涝风险热力图，服务于防涝排水的标准定制。以红、橙、黄、蓝四种颜色对风险等级进行区分。

4）森林火灾风险

利用多源遥感数据，综合考虑气象条件、植被分布状况，综合分析森林火灾风险，将收集到的栅格数据使用 GeoServer 发布为 WMS 地图服务，使用 Arcgis 工具生成热力图，以红、橙、黄、蓝四种颜色为等级进行区分。

5）地面沉降风险

根据地面沉降现状及区域地质情况、水文条件等，分析城市地面沉降主要影响因素。选取累计地面沉降量、地面沉降速率、软土层厚度、开采层厚度、地下水开发度作为危险性指标，以人口密度比重、地面高程作为易损性指标，利用层次分析－综合指数法、ArcGIS 空间分析功能，绘制地面沉降风险热力图。

2. 工矿商贸风险评估

1）危化品风险

通过监测动态数据和企业静态安全数据，依托重大危险源模型及区域模型，实现危化品监测、评估与综合治理。结合企业周边人口密度、存储介质和存储量等固有风险，对危化品风险进行分析，对未来趋势进行研判。

2）建筑风险

随着高层建筑增高和荷载增加，建筑物会发生不均匀沉降，危害建筑安全。通过多种动态监测技术与设备，监测房屋沉降、倾斜、裂缝、振动等方面，将监测数据上传至数据库，使用 WebService 接口调用到页面展示，按风险等级评估以红、橙、黄、蓝四种颜色对风险等级进行区分。

3）工业危险源

城市工业危险源是指爆炸有毒物质扩散、泄漏、蒸发，根据城市工业危险源辨识，进行工业危险源普查及相关部门提供的工业危险源数据，从中辨识出城市中存在的工业危险源风险，将危险源信息以点位的方式展示在平台上，以红、橙、黄、蓝四种颜色依次表达危险源风险等级和可能造成的危害及危险特点。单击点位信息可查看城市工业危险源及生产事故灾难风险详细属性信息。

4）单位类风险

对全市单位进行监测分析，针对不同事故种类及特点，识别存在的危险有害因素，确定可能发生的事故类别，分析事故发生的可能性，以及可能产生的直接后果和次生、衍生后果，评估各种后果的危害程度和影响范围，提出防范和控制事故风险措施，定期排查评估重点部位、重点环节，依据风险评估准则分别确定事故风险红、橙、黄、蓝四个等级，分别对应重大、较大、一般和低风险，单击点位信息，查看单位类详细风险信息。

5）场所类风险

对公众聚集场所、餐饮酒店、商场超市、医院、学校、地铁公交站点、劳动密集型企业及大型活动的举办场所等，进行监测分析管控，根据不同的场所进行不同风险评估，风险等级划分，风险特征简述及管控措施治理，以红、橙、黄、蓝四个等级，对全市场所风险等级进行区分，单击点位信息，查看场所类详细风险信息。

3. 历年风险评估点对比

将多年风险评估数据叠加，进行加权平均，获取风险对比图。叠加分析是把参与叠加的各数据层经过算术的、逻辑的运算生成新的数据层，把不同的数据层同时显示到页面上，更直观地分析风险区域存在的问题。使用 ArcGIS 工具渲染出历年风险评估点热力图，以红、橙、黄、蓝四种颜色进行等级区分，颜色越深代表风险越严重。历年风险评估点对比热力图如图 9-26 所示。

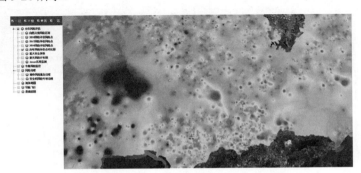

图 9-26　历年风险评估点对比热力图

4. 重大安全事故地图

为对历史重大安全事故做到有册可查，系统整合了多年事故重点企业、重大交通事故、重大工伤事故等数据信息，通过对事故类型、事故等级、事故地点、不安全行为、伤亡人数等数据进行详细梳理、分析统一入库，以点位方式展示在页面上，可查看查询详细事故信息。

5. 地面沉降监测

针对 InSAR 数据进行在线智能化处理，实现对城市目标形变（地面沉降、房屋位移、建筑倾斜、渣土场沉降）快速监控，并与三维地图场景无缝贴合，开展风险预测预警。本系统中采用的 InSAR 来源于自购卫星数据，数据覆盖全市范围，对数据进行处理后以点位数据信息存储至地理空间数据库。

1）全市沉降概览

将监测到的全市 InSAR 卫星数据入库，在 InSAR 数据成果的基础上，使用 ArcGIS 工具中的克里金法，以全市边坡、水库、渣土场沉降值为量级值进行统计分析，生成全市的沉降数据渲染图，以红、橙、黄、蓝四个等级进行区分展示。

2）渣土场 InSAR 沉降

使用 InSAR 监控渣土场沉降，动态加载渣土场周边 InSAR 点位数据，在系统中以点位方式进行展示，点位颜色越深代表沉降越严重，单击点位信息，可查看沉降详细信息；

方便相关单位及时了解沉降信息,便于及时采取应对措施。

3) 全市水库 InSAR 沉降

使用 InSAR 监测水库沉降信息,主要实现对水库形变进行实时监测,动态加载水库坝体周边 InSAR 点位数据,并绘制动态沉降曲线,以实现监测预警,使用 TerraGata SFS 对 InSAR 点位矢量数据进行发布,发布成 WFS 服务,发布后的点位数据可动态加载到一张图系统中,点位按红、橙、黄、蓝色带分组值绘制,分别代表当前监测位置的沉降程度,单击水库沉降点位信息可展示近几年水库沉降曲线图,如图 9-27 所示。

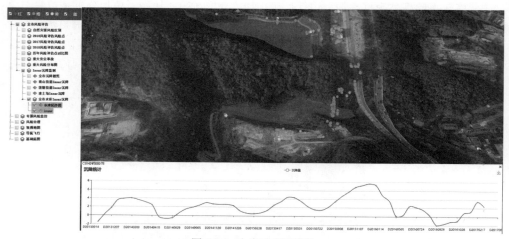

图 9-27　水库形变沉降值

6. 建设工程安全

1) 重点工地

城市重点工地数据主要由城市住建局对接收集而来,经过对数据标准化处理,赋予正确的地理位置信息,并入库集中管理,数据列表为详细地址、工程名称、行政区域、建设性质、主管单位、施工单位和监理单位等、在建工地属性信息,分别对应整理入库。

把城市重点工地数据标签化,对标签化的数据在系统中进行可视化表达,以全市重点工地的地理位置信息为基础划分区域,并用工地图标进行可视化表达,并可以同步单击展示在建工地详细的属性信息,系统图层数据之间可以叠加显示,为城市工地风险评估、监测提供数据相关性分析。

2) 渣土车

全市渣土运输车数据来源于城市住建局,由带 GPS 实时位置信息的实时数据和带位置信息的历史数据组成。数据字段中包含时间、作业场、车牌号、车主等关键信息。

数据通过接口传输至平台,可以实时加载到系统中进行浏览、查询操作,鼠标悬停可以显示当前车辆车牌信息,单击可以查询当前车辆详细信息,同时可以对查询车辆的轨迹信息和既往数据进行统计分析。

7. 城市交通安全

1) 全市交通事故

城市全市重点交通事故数据主要由城市交通局及其他相关单位对接收集而来,经过对数据标准化处理，赋予正确的地理位置信息，并入库集中管理，按交通事故等级依次分为红、橙、黄、蓝四类；全市交通事故数据列表详细记录了交通事故的类型、时间、原因、报送单位、车辆信息、受伤人数、死亡人数、不安全行为、现场道路及交通的基本情况等。以重点交通事故的地理位置信息为基础划分区域，并用交通图标进行可视化表达，单击点位信息，展示重点交通事故详细的属性信息。

2）重点路段实时监控分析

重点路段实时监控分析，主要是在监控图像中找出目标，并检测目标的运动特征属性，监管交通基础设施、监测环境异常状况、发现并定位交通事故、监测交通流量分布并进行预测，为指挥人员提供迅速直观的信息从而对交通事故和交通堵塞作出准确判断并及时响应，对监控范围内的突发性治安事件录像取证。

8. 城市风险综合治理

1）城市重大危险源专项治理

城市重大危险源指火灾、爆炸、毒物等，进行重大危险源普查，辨识出重大事故风险，分类分级定位显示于地图之上，进一步开展现场调查确认，作出相应管控措施，单击点位可查询重大危险源风险简述、管控措施及其他属性信息。

2）城市人工边坡风险专项治理

对全市渣土受纳场、垃圾填埋场等应用卫星雷达、倾斜摄影与激光扫描技术，进行实时动态监测，快速获取灾害、隐患及其环境特征值，以点位形式系统展示，单击可查看详细风险信息及治理过程，如图 9-28 所示。进一步融合遥感、地信、视频、社交等多源大数据，建立灾害实时感知与动态监控技术体系。通过天－地－车－人一体化地质灾害观测体系，迅速准确获取地质灾害相关信息，及时全面掌握地质灾害演变。形成点式和面式监测相结合、在线与非在线监测相结合、现场监测与数值模拟相结合的多监测手段。对于重点灾害区域，引进倾斜摄影、激光扫描、无人机视频等快速、精细、有针对性地获取局部地质灾害信息。利用网络视频资源，配合无人机，采集地质灾害重点区域内自然环境、工程活动数据，监控车流、人流及施工状态。开发微信公众号，实时采集灾害隐患信息，引导居民上传灾变数据，开展社会化监测预警，如图 9-29 所示。

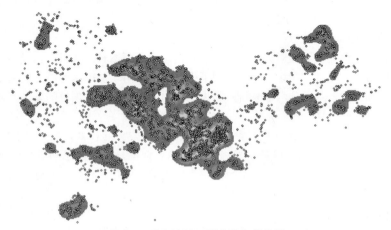

图 9-28　城市边坡风险点核密度分析

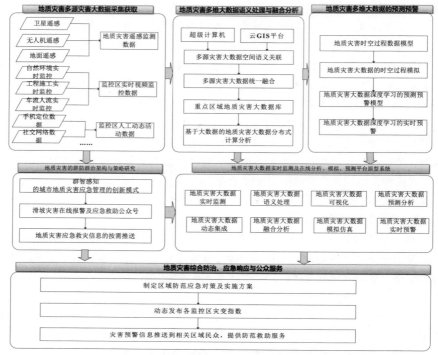

图 9-29　基于 CIM 一张图的城市人工边坡风险专项治理系统

9.6　城市风险隐患举报微信公众号

9.6.1　系统概述

开发城市风险隐患举报微信公众号，支持广大居民随时发现并快速上传灾害预警信息，广泛开展社会化监测。使用微信公众平台第三方开发机制和维护工具，保证应用系统的质量、效率、易用性与易维护性。

1. 基本功能

微信公众平台充分胜任对大量事务处理和信息量不断增长的要求。其以中心需求为目标，以方便用户为原则，在统一用户界面下提供各种实用功能，尽可能降低使用前的培训和使用中的维护投入。充分考虑系统及数据资源的容灾、备份、恢复的要求，为系统提供强大的数据库备份工具。

系统以二维空间地图为底图，参照腾讯地图的用户体验模式，实现社会大众使用的移动互联网模式，具有地图服务、隐患上报、隐患地图、用户信息和后台管理功能。在完成基本功能应用的基础上研究对上报的隐患数据进行处理、分析，并进行大数据可视化开发。

2. 系统特点

系统架构设计上解决高并发问题，通过云平台、负载均衡、数据库读写分离、资源缓存、消息队列技术的优化和使用，基于微信客户端，能同时支持百万人在线使用。

系统部署在云平台环境中，基于弹性云计算服务实现系统服务器资源的动态扩展。

提供电子地图的显示、多级漫游功能；通过移动终端的 GPS 模块定位接口获得用户当前的坐标位置并在地图上定位。

拍照举报，发现违法隐患，客户端自动获取位置信息，将违法隐患拍照上传。

系统采用 Struts2+Spring3+Hibernate3 技术架构，其中 AJAX 使用 jQuery 和 JSON 实现，采用 Java 技术开发，具有强大、稳定、安全、高效、跨平台等优点。

实现隐患照片客户端压缩上传功能，避免海量手机高清照片对系统资源的占用。

系统采用 Web 架构，无须安装，后台管理方便。

基于微信平台，方便公众使用手机随时随地使用，安全性高。

9.6.2 系统功能

功能包括隐患上报、隐患地图、征集管理等功能。用户可对地质灾害隐患进行实景拍照，将其通过微信平台进行上报。基于微信定位功能（可根据实际情况调整位置信息）选择照片和隐患类别，提供文字输入举报。将隐患类别信息预置在系统中并附上分类说明，用户可根据具体情况直接选择。将用户上报的灾害隐患信息统一整理以供审核确定，经审核通过的照片可显示在微信页面，未通过审核的数据，用户可以修改重新上报。隐患上报功能操作流程如图 9-30 所示。

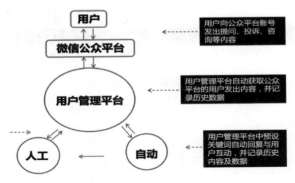

图 9-30　隐患上报功能操作流程

数据上报流程，包括隐患类型选择；定位隐患位置，提供自动定位、手动输入和地图选择三种方式，用户可以灵活选择定位位置，确保定位的准确性；上传实景照片数据，上传手机拍摄的隐患实景照片，用户可以拍摄多张照片上传；实名/匿名上报，用户根据实际需要选择实名或匿名上报类型；上报发布，用户完成提交发布隐患信息。

基于系统上报采集的安全隐患数据进行大数据分析和可视化处理，通过地图、图片、表、文字、视频等多种形式展示平台中的要素信息，对数据分析结果进行数据可视化。

本系统结合 ArcGIS 对数据进行分析，对 POI 数据在分析过程中选择核密度带宽，综合考虑分析目标和数据内容，设置像元大小尺寸，合理的像元大小，能够在保证分析结果图的显示效果较好的同时，把握分析效率。基于 ArcGIS、Skyline、Cesium 等软件对风险数据进行可视化，依据上报和采集的风险数据的时间和空间维度信息，结合 GIS 技术实现隐患数据的时空大数据可视化。

1. 隐患征集

单击"隐患征集"进入隐患征集上报页面。公众可根据流程提示填写相应隐患内容，如图 9-31、图 9-32 所示。选择隐患类型，根据实际隐患特点单击相应的隐患类型，实现隐患类型的选择，如单击"地质灾害等危险源"。

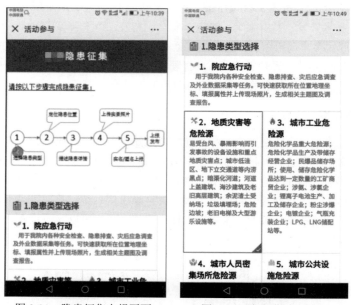

图 9-31　隐患征集上报页面　　图 9-32　隐患类型选择

定位隐患位置，提供自动定位、手动输入和地图选择三种方式，如图 9-33 所示。

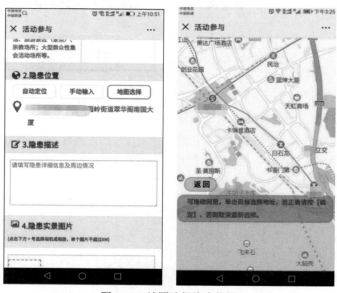

图 9-33　地图选择隐患位置

进入地图选择位置页面，用户可以通过拖拽浏览，单击目标选择地址，如果地址正确，点击"确定"按钮，如图 9-34 所示。此外，用户可以选择自动定位或手动输入设置隐患的位置信息，如图 9-35 所示。

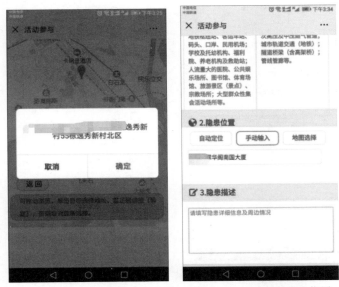

图 9-34　地图选择隐患点详细位置　　图 9-35　手动输入隐患位置

输入隐患描述信息，单击隐患实景图片的"+"标志，可以打开摄像机拍摄实景图片或者选择手机里的照片。可上传多张照片，单击已添加照片后面的"+"标志可以继续添加照片。如图 9-36 ～图 9-38 所示。

图 9-36　输入隐患描述　　图 9-37　隐患征集拍照上传　　图 9-38　继续添加照片

选择隐患上报方式,单击"上报发布"按钮,完成隐患上报提交功能。用户勾选"同意使用条款"复选框,并单击"上报发布"按钮,完成提交发布隐患信息,如图9-39所示。上报成功后,页面跳转到隐患征集列表,可查看最近提交的隐患信息,如图9-40所示。

图 9-39　选择隐患上报方式　　　　图 9-40　隐患列表上报结果

2. 隐患地图

单击"隐患地图",进入上报的隐患地图查看功能,用户可以在地图上查看上报的所有隐患点,如图9-41所示。单击隐患点,查看隐患基本信息弹出框,查看隐患的基本信息,包括隐患类型、位置、描述和一张缩略实景照片,如图9-42所示。

图 9-41　隐患地图主界面　　　　图 9-42　隐患信息弹出框

用户单击隐患信息弹出框中的"详细"链接,进入隐患上报的详细内容页面,查看隐患的详细信息及隐患的实景照片,如图 9-43 所示。

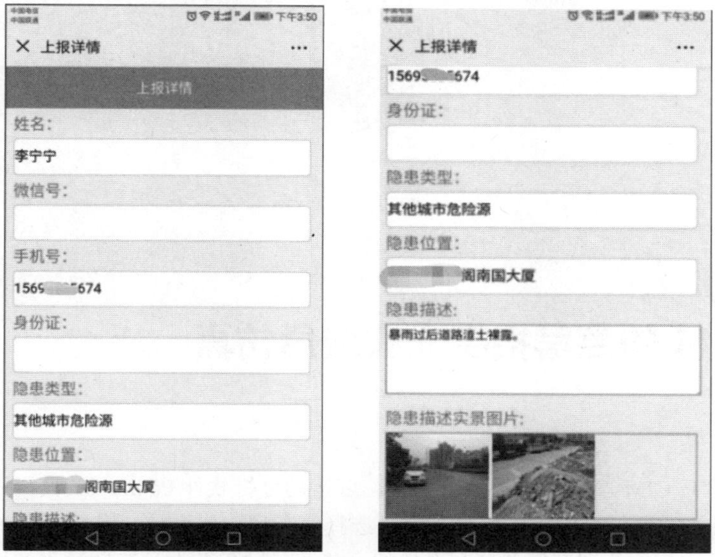

图 9-43　隐患详细信息和实景照片

第 10 章
基于 CIM 的高层楼宇火灾应急仿真

本书在建立 CIM 孪生楼宇的基础之上,以运动分析软件 Pathfinder 模拟火灾中人员疏散过程,以 Unity 为可视化集成仿真平台,选择停车场、电影院、办公区三个典型楼层构建不同的火灾情景,分别开展单层和全楼的火势蔓延过程及人员疏散过程的模拟,实现六种灾害情景构建,并在逃生路径关键位置处拍摄全景视频,添加疏散指引、文字提示,实现 VR 视角下的全景互动疏散功能。

关键技术如下。

(1) 行为模拟软件 Pathfinder 的分析应用;

(2) 设计制作了六种情景火势蔓延及其人员疏散过程,依据不同起火地点和避难位置,计算不同逃生策略与最优方案;

(3) 在 Unity 中可视化复现模拟过程;

(4) 全景视频的采集与拼接,并构造疏散路径、搭建 VR 互动指引场景。

开发工作如下。

(1) 基于 BIM 的高层楼宇场景搭建;

(2) 基于 LOD 和 XRay 着色器的人物角色显示效果设定;

(3) 基于 NavMesh 实现人员疏散算法;

(4) 采用粒子系统实现的火焰及烟雾效果;

(5) 在火灾模拟过程中标记各个关键点位处的动态 UI 标识及各楼层人员疏散方向、目的地的动态 UI 标识;

(6) 采用对话插件 Fungus 实现情景演化流程;

(7) 基于 Video Player 和全景视频构建 VR 疏散流程。开发架构与应用流程,如图 10-1 所示。

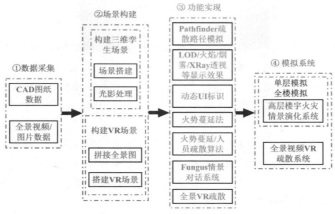

图 10-1　系统技术实现流程图

10.1　事故类型选定与模拟情景设计

10.1.1　起火原因设定

1. 停车场火灾

位于 B1 层停车场内充电桩处，一油电混合动力型汽车在充电时电池着火并引燃油箱。事发时间为上班高峰期，停车场内有 50 人，停车场面积为 4500 m^2，停放汽车 189 辆。

2. 电影院火灾

某歹徒携带汽油进入电影院纵火从而引发火灾，电影院内人数总计为 800 人，电影院面积为 3700 m^2。

3. 办公区火灾

31 层办公区施工，因切割作业操作不当，火星溅落，点燃可燃物酿成重大火灾。事发时间为上班时间，整个楼层有 186 名员工，31 层办公区面积为 2000 m^2。

10.1.2　火灾特征设定

在某高层楼宇的火灾情景设计中，根据火灾中的可燃物类型及火灾位置分析，从而确定各火灾楼层的火源位置及可燃物，同时火灾规模的设定可以通过《建筑防排烟技术规程》中的建议值来进行确定，如表 10-1 所示。

表10-1　《建筑防排烟技术规程》热释放建议值

建筑类别	热释放速率 Q / MW
设有喷淋的商场	2.5
无喷淋的其他公共场所	8.0

注：设有快速响应喷头的场所可按本表减小40%。

由于商业综合体业态种类较多，针对某高层楼宇的实际情况，在进行模拟时，本着最不利原则，忽略次要因素（主要是阴燃阶段），选取成长期和稳定期险段进行设计，对各个区域的火灾规模进行分析。

1. 停车场火灾

选择某高层楼宇 B1 层为本次停车场火灾模拟区域，停车场内的可燃物主要是汽车，包括汽车轮胎、内饰、座椅、坐垫等，且汽车拥有内存汽油这一特殊性，极易发生爆燃。火灾规模在消防灭火系统正常工作条件下火灾最大热释放速率按 4.0 MW 设计，在消防灭火系统失效条件下火灾最大热释放速率按 8.0 MW 设计，火灾发展模式为快速火灾。

2. 电影院火灾

本次火灾情景设计的电影院处于该高栋楼宇 4 楼的娱乐休闲层，电影院所有影厅均按照防火单元要求设计，安装了探测报警系统、灭火系统和排烟系统等相关消防设施。影院内的可燃物主要有幕布、观众座席等，在消防系统正常工作条件下，当电影院发生火灾时火灾烟气大部分可被控制在本电影院内。

本次火灾针对防火单元分隔物失效、烟气控制措施失效（防火单元内排烟风机失效）的情况设置了火灾场景，考察烟气蔓延至中庭内时对中庭内人员的威胁。火灾规模设计参考《建筑防排烟技术规程》，在消防灭火系统正常工作条件下火灾最大热释放速率为 2.5 MW，在消防灭火系统失效条件下火灾最大热释放速率为 8.0 MW，火灾发展模式为超快速火灾。

3. 办公区火灾

某高层楼宇北侧塔楼 10 楼以上全部为办公区域，各层办公区域均严格按照消防要求安装了各类消防设施。办公区域内主要的可燃物为办公桌椅、木制柜、木制门、木制隔墙、窗帘、沙发及各种办公纸品。本次办公区域火灾模拟针对防火单元失效、烟气控制措施失效（防火单元内排烟机失效）的情况设置了火灾情景，并考察烟气通过楼道、各式通道的蔓延情况，以及对办公区和相邻区域内人员的威胁。火灾规模设计参考《建筑防排烟技术规程》，在消防灭火系统正常工作条件下火灾最大热释放速率按 3.0 MW 设计，在消防灭火系统失效条件下火灾最大热释放速率按 8.0 MW 设计，火灾发展模式为快速火灾。

本次火灾针对地下停车场（B1 楼层）、电影院（4 楼层）、办公区（31 楼层）设置的火灾情况如表 10-2 所示。

表10-2 各火灾设定表

场景序号	火源位置（起火物）	增长速率	喷淋装置情况	排烟情况	场景描述
1	B1 停车场	快速	失效	排烟失效	自动喷水灭火系统均失效
2	4 层电影院	超快速	失效	排烟有效，排烟按72 m^2/h计算	自动喷水灭火系统均失效，排烟有效
3	31 层办公区	快速	失效	排烟失效	自动喷水灭火系统均失效

本次模拟的所有火灾场景设计均参照国内外研究人员通用的参数设定，按照火源 t2 快速增长方式发展，按照时间为 1200 s 的标准进行设定。

楼宇内部有多部电动扶梯、垂直电梯，在火灾警报后发生的疏散行为中是不允许使用的，同时根据情景构建的最不利原则，垂直电梯在本次情景模拟中不参与人群疏散，电动扶梯在疏散过程中充当步梯使用。情景设定如图 10-2 所示。

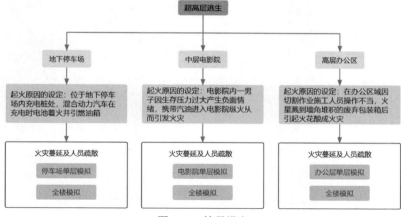

图 10-2 情景设定

10.2 模拟系统关键技术

10.2.1 XRay 透视着色

系统可视化模拟过程中，在虚拟人物代理（Agent）模型被其他场景模型遮挡的情况下，为了能更加清晰地观察到人流的疏散情况，采用类似 X 射线安检仪安检时屏幕显示的透视效果，这里的 XRay 透视着色器就是模拟的类似效果。在 Unity 中，如图 10-3 所示，循环重叠的半透明物体无法得到正确的半透明效果，一种解决方法是分割网格，将遮挡部分的模型分割出来，并将网格调整为凸网格，但这种方式工作量较大，且效果也一般。这里采用的方式是使用透明度混合并使用两个 Pass 来渲染模型：第一个 Pass 使用 Blend 命令开启混合模式，ZWrite off（关闭深度写入），设置 ZTest greater（深度测试为 greater），渲染物体被遮挡部分并呈现透明效果，同时通过 1-dot（normal, viewDir）计算实现菲涅尔效果，增强最终的透视效果；第二个 Pass 进行正常透明度混合，并使用半兰伯特光照模型进行光照计算，这个 Pass 渲染输出的是未被遮挡部分的不透明效果，如图 10-4 所示，为一个球体模型一半在平面模型上，一半在平面模型下的 XRay 透视效果。另外，为增强透视效果，将两个 Pass 的颜色设为互补色，如图 10-5 所示。在系统中的 XRay 透视效果如图 10-6 所示。XRay 着色器程序如代码 10-1 所示。

图 10-3 循环重叠的半透明物体

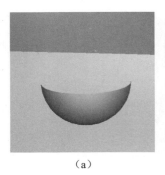  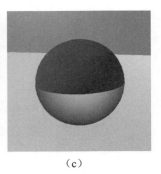

(a) （b） （c）

图 10-4　XRay 透视效果

（a）第一个 Pass；（b）第二个 Pass；（c）两个 Pass 的效果

图 10-5　设置两个 Pass 的颜色为互补色

图 10-6　在系统中的 XRay 透视效果

代码 10-1：XRay 着色器

```
Shader "DML/X-ray/Effect1"{
  Properties{
    _Color("Color",Color) = (1,1,1,1)
    _MainTex("MainTex",2D) = "white"{}
    _XRayColor("XRayColor", Color) = (1, 1, 1, 1)
    _XRayIntensity("XRayIntensity",Range(-1,1)) = 1
  }
  SubShader{
```

```
        Tags { "RenderType" = "Opaque" }
        // 渲染 X 光效果的 Pass
        Pass{
            Tags {"RenderType" = "Opaque" }
            Blend One One
            ZWrite off
            ZTest greater

            CGPROGRAM
            #pragma vertex vert
            #pragma fragment frag
            #include "UnityCG.cginc"
fixed4 _XRayColor;
            fixed _XRayIntensity;

            struct appdata{
              float4 vertex : POSITION;
              float3 normal : NORMAL;
            };
            struct v2f{
              float4 pos : SV_POSITION;
              float3 normal : TEXCOORD1;
              float3 viewDir : TEXCOORD2;
            };
            v2f vert(appdata v){
              v2f o;
              o.pos = UnityObjectToClipPos(v.vertex);
              o.viewDir = ObjSpaceViewDir(v.vertex);
              o.normal = v.normal;
              return o;
            }
            fixed4 frag(v2f i) : SV_Target{
              fixed3 normal = normalize(i.normal);
              fixed3 viewDir = normalize(i.viewDir);
              float rim = 1 - dot(normal, viewDir);
              return _XRayColor * rim * _XRayIntensity;
            }
            ENDCG
        }

        // 正常渲染的 Pass
        Pass{
            CGPROGRAM
            #pragma vertex vert
            #pragma fragment frag
            #include "UnityCG.cginc"
sampler2D _MainTex;
            float4 _MainTex_ST;
            fixed4 _Color;

            struct appdata{
              float4 vertex : POSITION;
              float2 uv : TEXCOORD0;
              float3 normal : NORMAL;
            };
            struct v2f{
              float2 uv : TEXCOORD0;
              float4 pos : SV_POSITION;
```

```
        float3 worldNormal : TEXCOORD1;
        float3 worldPos : TEXCOORD2;
    };
    v2f vert(appdata v){
        v2f o;
        o.pos = UnityObjectToClipPos(v.vertex);
        o.uv = TRANSFORM_TEX(v.uv, _MainTex);
        o.worldNormal = mul(v.normal, (float3x3)unity_WorldToObject);
        o.worldPos = mul(unity_ObjectToWorld, v.vertex);
        return o;
    }
    fixed4 frag(v2f i) : SV_Target{
        fixed3 worldNormal = normalize(i.worldNormal);
        fixed3 worldLightDir = normalize(UnityWorldSpaceLightDir(i.worldPos));
        fixed hLambert = saturate(dot(worldNormal, worldLightDir));
        hLambert = (hLambert * 0.5 + 0.5);
        fixed4 col = tex2D(_MainTex, i.uv)*_Color;
        col = col * hLambert;
        return col;
    }
    ENDCG
    }
}
    Fallback "Specular"
}
```

10.2.2 人流疏散效果实现

Unity 3D NavMesh 自动寻路 AI 系统，Navigation 是 3D 场景中用于实现动态物体自动寻路的一种算法。基于场景标记的导航区域包括可行走和不可行走区域等，将场景中复杂的结构组织关系简化为带有一定信息的众多不规则的三角形网格，在这些网格的基础上通过计算某两个点所在的三角形网格的距离，根据区域不同的 Cost，找到一条最短路径实现自动寻路。通过给 Agent 应用自动寻路功能，来最终模拟形成火灾发生时人流疏散的效果。

实现 NavMesh 自动寻路分为 4 个步骤：将场景中静态物体的标签标记为 Navigation Static；开发者在编辑器内完成 NavMesh 烘焙，得到 NavMesh.asset 导航数据；给 Agent 添加 Nav Mesh Agent 组件，设置移动速度等属性；编辑脚本设置 Agent 的目标点，在系统运行时根据烘焙的 NavMesh 数据，实现 Agent 的寻路功能。其中 Nav Mesh Agent 组件如图 10-7 所示。

系统根据火灾情景设计选定关键楼层 B1 层地下停车场、4 层电影院、31 层办公区为着火层模拟人流疏散，并且分别模拟单层人员疏散和全楼人员疏散，总共六种火灾模拟场景的可视化疏散效果展

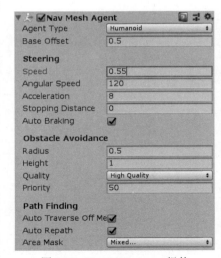

图 10-7 Nav Mesh Agent 组件

示。其中，单层人员疏散模拟路径如图10-8所示，全楼人员疏散模拟路径如图10-9所示。

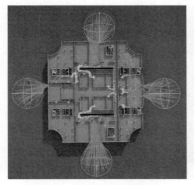

图 10-8　单层人员疏散路径　　　　图 10-9　全楼人员疏散路径

10.2.3　火灾烟雾粒子系统

Unity 内置了模块化的 Shuriken 粒子系统，配合使用粒子曲线编辑器来编辑制作火焰烟雾特效。使用粒子编辑器制作火焰特效主要使用以下 5 个模块：Shape Model 形状控制模块，该模块用来定义粒子发射器的形状，如长方体形、球形、半球形等，且可沿着该形状表面法线方向或随机方向提供初始力，进而控制粒子的发射位置及方向；Particle System Main 模块，其包含粒子系统的全局属性，如生命周期、开始速度、最大粒子数量等，其中大多数属性用于控制粒子的初始状态；Emission 模块用来影响粒子的发射速率及状态；Texture Sheet Animation 模块用来播放火焰序列图动画；在 Renderer 渲染模块，使用火焰效果的材质来渲染粒子效果。使用 Unity 制作的火焰模拟特效如图 10-10 所示。

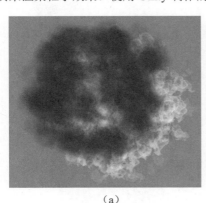
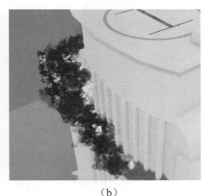

(a)　　　　　　　　　　　　　　(b)

图 10-10　火焰烟雾效果

(a) 内部火焰；(b) 楼外火焰

10.2.4　场景信息标识效果

制作始终面向摄像机方向的信息标识 UI 效果，使用不同颜色和高度的标识 UI 提供了火灾模拟过程中的着火点、逃生出口、拥挤点、人员伤亡踩踏点、烟熏火烧致死点、逃生路径终点等环境信息。提升用户、标识 UI 与虚拟环境之间的相互关系，能够更好地传达模拟环境所表述的信息，更清楚地描述火灾模拟的过程。信息标识 UI 效果如图 10-11 所示。

图 10-11　信息标识 UI 效果

10.2.5　多层次细节

本系统中为人物角色添加了 LOD 功能，即为模型添加 LOD Group 组件，显示效果如图 10-12 所示，当物体与摄像机距离近时显示角色模型，当物体与摄像机距离较远时显示低模圆柱体，当物体与摄像机足够远时不显示模型。应用到情景模拟中如图 10-13 所示，在 4 层电影院场景中，离摄像机更近的物体显示为人物模型，更远物体显示为圆柱体模型，减少了模型面数和动画数量。另外需注意的是，由于使用 LOD Group 需要使用多个模型，因此需要占用更多的内存，并且在调整 LOD 级别位置时如果没有调整好易造成模型突然切换等问题。

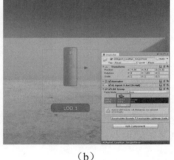

（a）　　　　　　　　　　　　（b）

图 10-12　LOD

（a）LOD 0 时显示角色模型；（b）LOD 1 时显示圆柱体模型

图 10-13　LOD 在 4 层电影院的效果展示

10.3 楼宇灾害情景演化

10.3.1 停车场（B1层）火灾

某高层楼宇地下停车场区域火灾情景以该楼宇B1楼停车场为构建主体，构建了火灾相关物理环境，对地下停车场火灾发生及人员疏散的全过程进行了模拟分析。

1. 火灾发生过程

8:50 混合动力型汽车充电时起火，在距离着火点五个车位处一名孕妇正在停车，闻到刺鼻气味感到不适，靠近查看后寻找物业。

8:51 火势扩大至车身，汽车本身既含有固体可燃物，如塑料部件、座椅等，又含有汽油这类液体可燃物，车辆迅速燃烧被火焰包围。着火点位于停车场入口通道处，停车场内人员随机分布，逃生出口、着火点等位置如图10-14所示。

图10-14 地下停车场着火点及疏散口

8:55 火势蔓延至相邻车辆，物业保安抵达着火点查看火情并及时拨打119报警。由于地下车库地处人群密度较高的繁华地段，车库停车率始终保持较高程度，车辆与邻车距离普遍低于0.5m，火焰热辐射作用使得火势蔓延至相邻车辆，扩大火灾规模。

离着火汽车较近的两个逃生出口很快被火焰和烟气吞噬，人群开始朝着火点反方向的逃生通道跑动。火势和烟气蔓延及人员逃生流向如图10-15所示。

图10-15 地下停车场火势和烟气蔓延及人员逃生流向

9:00 火势蔓延到停车场中部，停车场中接近南侧楼梯间的人员在发现烟雾的第一时间成功通过逃生楼梯进行疏散，北侧滞留人员因烟雾原因难以寻找逃生出口，部分车主因恐慌而仓皇乱跑。

停车场中部的两个逃生出口很快被火焰和烟气吞噬，人员逃生情况较为复杂，且位于南侧的逃生出口出现拥堵踩踏现象。现场火势和烟气及人员逃生情况如图 10-16 所示。

图 10-16　起火后期地下停车场火势烟气及人员逃生情况

9:03 区消防支队 4 辆消防车、20 名消防员抵达现场，但是由于着火点位于停车场进口不远处，且周围设有卷帘门控制装置，发生火灾时由于充电桩短路造成附近电气设备均发生短路，导致卷帘门关闭，消防员无法及时入内。

9:10 消防员进入车库，此时已有数名人员晕厥，其中包含孕妇及物业人员。其他人员由于对地形不熟，缺乏引导标识，没有专业指引，在车库内四处搜寻逃生通道。消防人员遂展开营救工作，将受伤人员送往医院并组织其他受困者有序逃离现场。

9:40 火势得到控制，火焰高度降至车身以下，为 50～70 cm 左右，且不再有扩散的趋势。

10:30 现场残火全部被扑灭，消防人员对车库进行降温排烟处理。

2. 全楼应急疏散过程

8:55 物业查明火情后打电话通知全楼各单位，全楼疏散开始。

地下停车场火灾整体疏散设计时间为 120 s，设计疏散过程分别为停车场、M 展会层、1 层大厅、2～7 层商业休闲层，根据既往案例分析，停车场火灾较难向上扩散，从高层人员的疏散方案、疏散的必要性及时效性方面考虑，9 层及以上办公层不进行疏散，全楼疏散过程如图 10-17 所示。

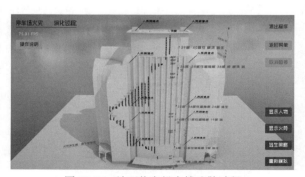

图 10-17　地下停车场全楼疏散过程

9:00 火灾进一步扩大，火势和烟气已经向相邻 M 层蔓延，人员在 1 层发生拥堵踩踏现象，降低了其他楼层的疏散效率。全楼疏散过程如图 10-18 所示。

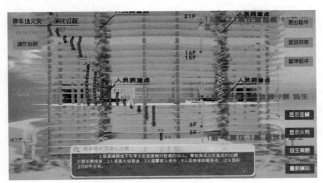

图 10-18　地下停车场全楼疏散过程

3. 事件后果

上班高峰期地下车库人员密度相对较高，火灾造成约 50 辆小型车辆报废，2 人受困火场昏迷，3 人烟雾吸入受伤，8 人因拥堵踩踏受伤，过火面积 2700 m^2。

10.3.2　商业区（4 层）电影院火灾

某高层楼宇商业区域火灾情景以该楼宇 4 楼电影院为构建主体，构建了火灾相关物理环境，对火灾发生的全过程进行了模拟分析。

1. 火灾发生过程

20:00 某男子在 4 楼电影院实施纵火犯罪。该男子携带汽油、打火机等作案工具进入电影院 1 号厅，趁电影播放，影院内光线昏暗时在大荧幕前方舞台泼浇汽油。

着火点位于电影院 1 号厅右侧，靠近逃生出口，着火点及人员分布情况如图 10-19 所示。

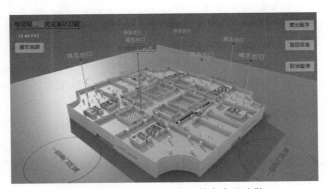

图 10-19　商业区电影院火灾着火点及疏散口

20:05 火势开始蔓延，人员开始仓皇逃离。电影院周围材质均为隔声聚氨酯泡沫，极易燃烧，且该放映台为木质结构，院内铺有化纤材料地毯。在此环境下点燃汽油，火焰会迅速蔓延开来。并且由于可燃材料众多，火势在 1 min 内迅速扩大，以至于放映厅入口无法通行。火势烟气蔓延情况和人员逃生情况如图 10-20 所示。

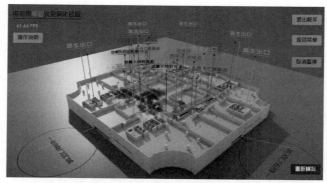

图 10-20　4 层电影院火势烟气蔓延情况和人员逃生情况

　　20:07 逃离火灾现场的影院员工拨打消防求救电话。

　　20:15 火势进一步蔓延，部分人员被大火困住吸入有毒气体，陷入昏迷无法逃离，人群在逃生出口处出现拥堵，电动扶梯紧急停止，出现人员拥挤踩踏及掉落情况。

　　影厅座椅、墙壁燃烧后产生大量有毒气体，影院内灯光昏暗，应急照明灯未及时启动，部分观众被推搡摔倒后未能逃出火场。逃出火场的人员惊慌失措，在逃生通道处出现严重拥挤踩踏情况，也有人员从电动扶梯掉落。火势烟气蔓延及人员逃生情况如图 10-21 所示。

图 10-21　起火后期 4 层电影院火势烟气蔓延及人员逃生情况

　　20:20 区消防支队 6 辆消防车、30 名消防员抵达现场，组织人员紧急疏散，并试图灭火，但是火势过大未能很快扑灭。

　　20:25 在消防员的有序指挥和帮助下，人员撤离完成，火势得到一定程度的控制。

　　20:50 火势得到控制，消防员进入火场进行搜救工作。

　　21:40 现场残火全部被扑灭，消防人员对 4 层电影院进行降温排烟处理。

2. 全楼应急疏散过程

　　20:07 物业查明火情后打电话通知全楼各单位，全楼疏散开始。

　　电影院火灾整体疏散设计时间为 120 s，设计疏散过程分别为 2～7 层商业休闲层、1 层大厅、M 展会层及停车场、9～40 层办公区，分别在 9 层、19 层、24 层、28 层应急避难层及 1 层、顶层设置疏散出口，考虑最优逃生路径和避难层大小，全楼疏散设置为：

1～5 层往 1 层疏散，6～15 层往 9 层屋顶花园疏散，16～21 层往 19 层疏散，22～31 层往 24 层疏散，32 层以上往 38 层和楼顶疏散。全楼疏散过程如图 10-22 所示。

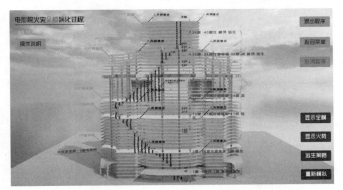

图 10-22　4 层电影院全楼疏散过程

20:15 火灾进一步扩大，火势和烟气已向 5 层蔓延，人员在各逃生避难层发生拥堵踩踏情况，降低了其他楼层的疏散效率。全楼疏散过程如图 10-23 所示。

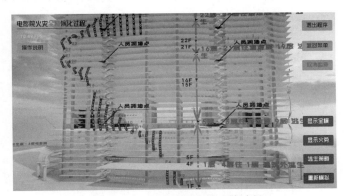

图 10-23　4 层电影院全楼疏散过程

3. 事件后果

电影院人员密度相对较高，火灾造成 27 人受困火场死亡，200 人受伤。受伤者主要为吸入有害烟尘和撤离时无序疏散造成推搡踩踏受伤的人员。影院大部分影厅被烧毁，周边餐饮、娱乐 KTV 场所也受到波及，过火面积约 3800 m^2。

10.3.3　办公区（31 层）火灾

某高层楼宇办公区域火灾情景以该楼宇 31 楼为构建主体，构建了火灾相关物理环境，设置了相应的模拟参数，对火灾发生的全过程进行了模拟分析。

1. 火灾发生过程

11:00 施工人员因操作不当，致使火星溅到墙角堆积的废弃包装箱后引起火灾。着火点及人员分布情况如图 10-24 所示。

11:05 在场人员试图灭火失败后知会大楼物业安保人员，安保人员到达现场后使用灭火设备无法将火扑灭，安保人员触发火灾警报。

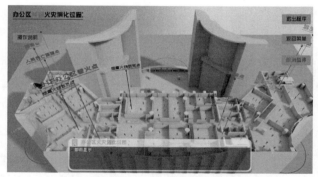

图 10-24　31 层办公区着火点及人员分布

11:06　由于塑料材质墙面极易燃，火势蔓延至大堂电梯井区域。火灾进入办公室后，烧穿入户门向走廊蔓延，并进一步通过走廊内的可燃物（地毯、吊顶等）和木质门在建筑内部横向蔓延。

11:07　楼内人员收到警报，由于大楼内人员意识较松散，在警报响起 2 min 后才开始意识到事件的严重性并寻找逃生路线，火势及烟气蔓延及人员逃生情况如图 10-25 所示。

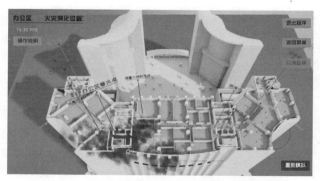

图 10-25　31 层办公区火势及烟气蔓延及人员逃生情况

11:11　火势进一步扩大，烟气蔓延到楼层 3/4 面积。部分人员吸入烟尘过多，行动迟缓，受困火场。由于逃生通道被烟气火焰吞噬，人员在逃生通道发生严重拥挤踩踏。火焰烟气蔓延情况及人员逃生情况如图 10-26 所示。

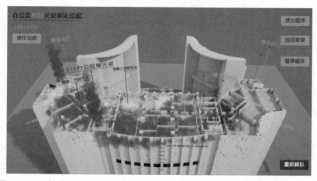

图 10-26　起火后期 31 层办公区火焰烟气蔓延情况及人员逃生情况

11:15 火势蔓延至32层，消防队在接到报警后赶到火场，但是由于部分楼层消防通道内摆放杂物众多，导致消防人员行进困难，人员疏散及扑救受阻。

11:25 消防增援力量陆续到场，排烟设备开始对火场内进行负压抽风排烟，同时组建三个搜救组，前往疏散楼内人员并对上下范围内各五个楼层进行搜救。

11:40 经消防员全力搜救，受伤人员及被困者均被送往附近医院救治查看。

12:30 现场火势基本得到控制。

12:40 明火全部被扑灭，搜救人员再次巡查办公区域是否还有伤亡人员。

12:50 确认无其他伤亡人员，搜救结束。

2. 全楼应急疏散过程

11:05 物业查明火情后打电话通知全楼各单位，全楼疏散开始。

该楼宇31楼办公区火灾整体疏散设计时间为120 s，设计疏散过程分别为9～40层办公区、2～7层商业休闲层、1层大厅、M展会层及停车场，分别在9层、19层、24层、28层应急避难层及1层、顶层设置疏散出口。

考虑最优逃生路径和避难层大小，全楼疏散设置为1～5层往1层疏散，6～15层往9层屋顶花园疏散，16～21层往19层疏散，22～31层往24层疏散，32层以上往38层和楼顶疏散。全楼疏散过程如图10-27所示。

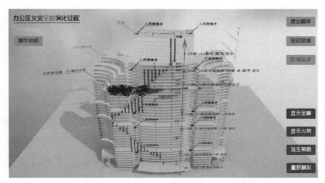

图10-27　31层办公区全楼疏散过程

11:11 火灾进一步扩大，火势和烟气已经向相邻层蔓延，人员在各逃生避难层发生拥堵踩踏，降低了其他楼层的疏散效率。全楼疏散过程如图10-28所示。

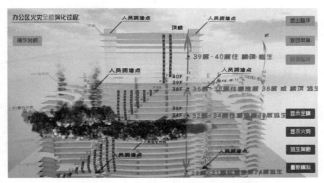

图10-28　31层办公区全楼疏散过程

3. 事件后果

办公场所人员密度中等，火灾过火面积约 1500 m^2，由于警报触发及时，员工多数经历过逃生疏散演练，能够有序寻找安全通道进行疏散，事故最终造成 3 人重伤，10 人轻伤，伤者多数为吸入烟尘导致。

10.4 全景视频 VR 逃生模拟

搭建三维孪生场景的过程包括模型制作、贴图绘制、烘焙渲染等步骤，构建过程通常周期较长。为解决该问题，可结合 360°全景摄像机与全景视频（图片）拼接技术快速搭建场景。在某高层楼宇中采用全景相机实地录制 360°环绕视频，以 Unity 为开发平台，进行地下车库、娱乐场所和办公场所三种场合下的火灾逃生路线构建。使用者戴上 VR 头盔后，可以以第一人称视角体验和熟悉逃生路线与流程，查看相关消防设备使用方法，了解逃生过程中可能出现的危险区域与注意点。VR 系统提供沉浸式体验，能高效率地展开安全演练，强化人员安全意识，进一步提升火灾预防水准。

10.4.1 以全景视频构建 VR 环境

1. 数据采集的便利性

若采取传统手段进行三维建模，相关人员的专业技术水平至关重要。对于应急演练应用平台而言，必须尽可能如实还原逃生场景中所存在的消防设施、楼层和通道结构、疏散路线上的遮挡物和障碍物等。也就是说，前期工作必须投入较高成本，制作人员需达到一定的门槛要求，才能确保后期平台上的环境搭建真实可靠。

若将 360°环绕视频直接作为素材搭建应用场景，则可以有效地避免上述问题。首先，数据采集门槛较低，仅需要一台全景摄像机即可进行拍摄采集，对于采集人员没有专业技术方面的要求。开发人员仅需在逃生路线上选择关键的点位，将摄像机高度调节至自然人身高的第一人称视角对应位置进行拍摄即可。目前全景摄像机技术较为成熟，摄像采集设备操作简单快捷。对于采集大场景数据而言，这种方法具有速度快、人力少、门槛低的优点，尤其适合工期时间有限制、对路线变更较少、空间面积较大的场所。

2. 模拟场景的真实性

项目需求高精度，高还原度的三维模型时，建模人员必须投入大量时间和精力，建模点线面数达到一定的数量才能较好地还原场景的真实情况。同时，为了创造良好的沉浸感，对场景内物理光照和贴图精细度均有较高要求。为了真实还原，建模人员需要将场景内的各类主要光源和投影效果的影响列入考虑范围内。同时，需要选择适合的纹理材质，以还原真实场景。最后，对整个场景的光影渲染也是构建高还原度三维场景至关重要的步骤。

然而，即使投入大量人力物力进行工程建模，渲染后的 3D 效果和实景始终存在一定的差异，最后所呈现的三维物理模型环境依然会让部分使用者难以产生代入感。尤其在应急逃生方面的应用，很可能造成使用者熟悉虚拟现实系统内的操作和场景，但转到实际场地时无法适应，依然选择错误的逃生路线等问题。

利用环绕视频的场景构建则有效地避开了这个问题，直接采取实景应用于逃生演练平台,达到了高度还原原始场景的目的。体验者戴上 VR 头盔,在第一人称视角中以环绕视频为背景进行操作与相关互动,极大地提升了体验时的沉浸感。同时,消防设备、安全通道等位置更加精准还原,能有效地避免采集遗漏所导致的场景建模误差。叠加在环绕视频上的火焰与烟尘特效,进一步加强场景的真实感。演练平台基于原始场景的全景视频,能更加有效地帮助使用者熟悉和记忆相关路线,强化逃生技能,提升安全防范意识。

10.4.2 VR 系统软硬设备

1. 全景视频数据采集:得图 F4 Plus 专业级全景相机

得图 F4 Plus 采用四个 200°视场角鱼眼镜头,最大限度地保证 360°全景画面的无缝拼接,可选择照片、视频、直播推流模式,摄录 8K 全景画质。

2. VR 体验设备:HTC VIVE

HTC VIVE 是由 HTC 与 Valve 联合开发的一款虚拟现实头戴式显示器。HTC VIVE 通过三类组件构建沉浸式体验:一个头戴式显示器、两个单手持控制器、两个能于空间内同时追踪显示器与控制器的定位系统。

10.4.3 VR 系统技术路线

全景视频搭建 VR 场景最大的问题在于每个视频显示的点位相对独立,在单一场景下可以增添热点与标注;但若要搭建完整的逃生演示系统,则需要将所有场景进行串联,确保使用者体验时能通过遥控手柄互动,选择逃生行进方向,从而实现场景漫游。技术路线与工作流程如图 10-29 所示。

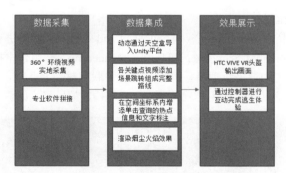

图 10-29 VR 全景视频环境构建的技术路线

10.4.4 VR 系统逃生演练

1. 全景视频实景采集

全景视频场景环境构建依托于 360°环绕实景视频,对逃生路线的所有关键点进行全景视频拍摄,这是本节系统主要的数据采集手段,通过全景摄像机对多个定点的环绕视频进行采集。在一条完整的逃生路线上选取多个关键点,在每个关键点上将相机高度调节为适合第一人称视角观看的高度后,使用 360°环绕视频相机进行录制。考虑到后期视频串联和特效添加的便利性,拍摄时应挑选移动人员或物体较少的场景,以免后期添加效果时造成移动物体与火焰烟雾特效重叠,减弱模拟场景的真实感。

此外，关键点要尽量选取相对开阔的，且有多个行进方向可选择的点位。全部点位串联之后，可以在视频集成平台中添加正确的方向提示，以帮助逃生人员在实际逃生体验中面对岔路时可以快速回忆正确路线。

2. 全景视频拼接

全景摄像机完成关键点位的拍摄之后，需要进行视频素材拼接。本系统使用得图 F4 Plus 相机进行拍摄，输出结果为四个鱼眼摄像头所捕获的单方向画面。拍摄素材的重合部分和畸变部分可根据对应的 DetuStitch 工具进行计算和校正。经拼接后，输出结果为 360°环绕全景视频。这一部分的工作成果将应用于后续的 VR 场景构建，全景视频拼接流程如图 10-30 所示，拼接全景视频如图 10-31 所示。

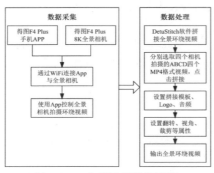

图 10-30　全景视频拼接流程

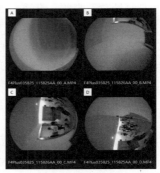

图 10-31　单方向鱼眼镜头拍摄内容组合拼接为完整全景视频

3. Unity 平台的全景视频集成

全景视频作为资源导入 Unity 工程，可通过 Video Player 组件进行播放。默认情况下，视频会按默认相机视图全屏播放，可以利用 Render Texture 组件来控制视频渲染方式。Video Player 组件绑定为渲染纹理后，再将此纹理关联到材质。此时，使用者位于场景中心，可以使用 VR 头盔进行第一人称视角移动，查看构建的场景，如图 10-32 所示。

图 10-32　拍摄全景视频（图片）构建 VR 实感环境

4. 逃生路线流程展现

3. 小节中所述仅实现了单个动态全景视频构建的场景，而逃生演示系统需要展现一条完整的撤离路线。添加带有场景切换功能的方向指示箭头至场景内，如图 10-33 所示。使用者通过控制手柄点击时，可启用场景切换，跳转到下一个关键点场景。多个关键点的跳转串联成一条完整路线，使用者可以通过方向指引图标及虚拟路径在路线中进行移动。为了增加逃生场景沉浸感，将火焰与烟雾特效资源导入 Unity 工程中，添加火焰及烟雾效果，如图 10-34 所示。

图 10-33　指示箭头提示当前该点位的逃生方向

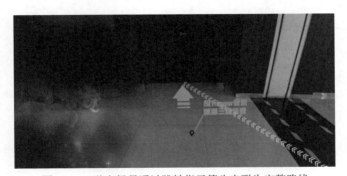

图 10-34　独立场景通过跳转指示箭头串联为完整路线

5. 增添热点信息和文字标注

全景环境搭建完成后，在空间坐标系内，可根据场景内实际消防设备和逃生设施的分布，添加相应热点，置于背景动态视频上。使用者可以通过控制手柄点击来激活热点文字框，可获取对应的消防逃生知识点和指示，以对消防设备的使用说明进行阅读和学习，如图 10-35 所示。情景构建重点标记了相关的消防设备、逃生门、错误的逃生设施警示及人群主要拥堵区域提示。

图 10-35　点击消防设备热点读取使用说明

在系统中添加小地图功能，并可显示当前位置、疏散路径及逃生通道位置，如图 10-36 所示，针对垂直电梯，设置红色提示区域，标注火灾时勿搭乘垂直电梯，并从楼梯逃生通道逃生，如图 10-37 所示。

图 10-36　通过热点查看场景定位地图

图 10-37　通过热点查看电梯逃生警示

在成本条件允许的情况下，也可考虑将传统三维建模与全景视频环境构建相结合，搭建一个更加完整、多功能、多元化的平台。使用者既可以通过三维场景进行漫游，也可以切换到全景场景进行真实环境体验。结合三维建模的全景环境构建能提供实时的定位窗口，便于逃生者了解自己当前所处位置与逃生方向，能够更好地优化使用者的安全演练体验。虚拟三维场景与现实全景显示场景可相互跳转，虚实结合将零散的独立场景进行串联，如图 10-38 所示。

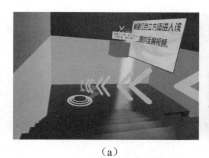
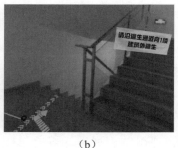

(a)　　　　　　　　　　　　(b)

图 10-38　通过热点跳转虚实场景串联完整路线

(a) 三维虚拟场景；(b) 全景场景

10.5 基于 Pathfinder 的高层楼宇疏散模拟

10.5.1 疏散模拟软件

火灾中人员个体和群体的疏散行为具有明显随机性，属于复杂系统，但目前人员疏散系统模拟中，通常指定人员行动参数为固定值，与真实火场情况差异很大。选择 Pathfinder 作为人员疏散模拟计算软件，较好解决了上述问题。该软件能满足大型复杂建筑的评估分析与区域分解，通过不同计算方法，同时看到各楼层人员的疏散过程及逃生路径。模型计算区域被网格化分解，计算速度快，能满足大型复杂建筑对人员疏散研究的评估分析。该软件对人员疏散参数考虑全面，可以自定义多类参数，能够更为准确地计算出特定建筑中特定情景的人员疏散情况，软件界面如图 10-39 所示。

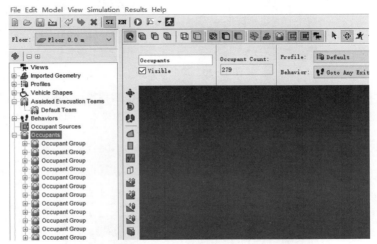

图 10-39　Pathfinder 软件界面

10.5.2 模拟参数设置

基于 Pathfinder 建立紧急情况下该办公楼的人员疏散模型，经查阅相关资料确定不同人群人流高峰期的人员特征值，如表 10-3 所示。

表10-3　不同人群人流高峰期特征值

特征值 \ 人群	青年男性	青年女性	中年男性	中年女性	老人
速度 /m·s^{-1}	1.55	1.5	1.52	1.4	1.1
肩宽 /m	0.4	0.37	0.41	0.38	0.4

疏散人员速度设置：根据表 10-3 设定不同人群人员参数。老人的疏散速度最慢，根据最不利原则增加老人的比例，设定青年男性、青年女性、中年男性、中年女性及老人的比例为 1∶1∶1∶1∶1。

疏散人员数量设置：根据实地调研数据，31层办公区域实际人员数量为186人，考虑到经常有流动性的来访人员，依据最不利原则，按照既往相关疏散研究的上浮系数，本次疏散按照实际人数的1.5倍，即279人执行疏散。

疏散出口设置：楼宇内部有多部电动扶梯、垂直电梯，在火灾警报后发生的疏散行为中是不允许使用的，同时根据情景构建的最不利原则，垂直电梯在本次情景模拟中不参与人群疏散，电动扶梯在疏散过程中充当步梯使用。根据火灾模拟结果，火灾的发生位置为中区东部疏散通道旁边的机房，所以本次疏散模拟关闭中区东部疏散通道，把中区西部和东区疏散通道设置为出口，如图10-40所示。

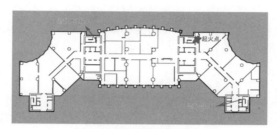

图10-40　疏散设置图

疏散时间设置：根据火灾模拟结果，计算出烟雾传感报警时间值T_1，按照建议参考值：设定待疏散人员在接到报警信号后有10s的反应时间，则设定总的延迟时间为（10＋T_1）s。

10.5.3　疏散模拟结果

利用东区疏散通道及中区西侧疏散通道，对279名人员进行疏散模拟，模拟结果如图10-41所示。

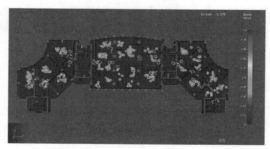

t=2 s

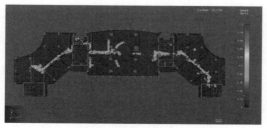

t=10 s

第 10 章　基于 CIM 的高层楼宇火灾应急仿真 | 325

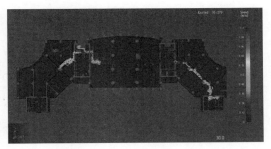

t=30 s

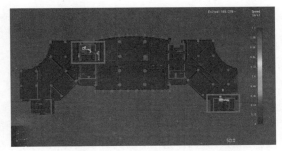

t=50 s（框选区域为 50 s 时人员疏散位置）

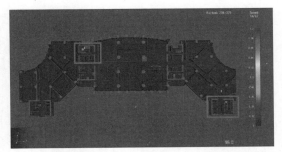

t=96 s（框选区域为 96 s 时人员疏散位置，基本完成疏散）

图 10-41　人员疏散模拟过程

图 10-42 为 31 层办公区域内人员疏散过程中，待疏散人数和已疏散人数随时间的变化曲线图。所有人员逃离 31 层办公区域所用的时间为 97 s，即中区西部和东区疏散通道可正常疏散，人员未发生踩踏的情况下，人员成功撤离危险区域所需疏散时间为 97 s。

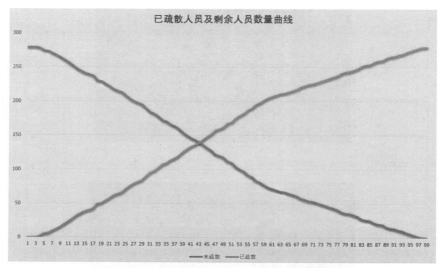

图 10-42　已疏散人员及剩余人员疏散数量折线图

图 10-43 为通过中区西部疏散通道及东区疏散通道的人流随时间变化的折线对比图。稳序疏散后，通过中区西部的人流每秒为 1～3 人，持续疏散时间为 61 s，通过东区疏散通道的人流每秒为 1～3 人，持续疏散时间约 95 s。

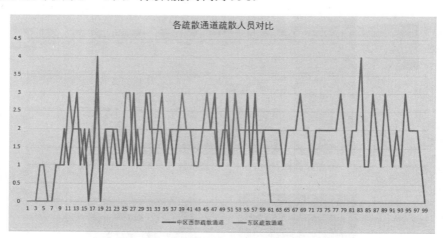

图 10-43　各疏散通道疏散人员对比折线图

10.5.4　模拟后果分析

1. 拥堵易踩踏点分析

通过对 31 层办公区域内人员的疏散模拟，发现在疏散的 5～10 s 内，有三个房间（如图 10-44～图 10-47 所示）门口发生拥堵易踩踏现象；10～20 s 内，有两个房间、西侧走廊及疏散出口处发生拥堵易踩踏现象；20～70 s 内，西侧走廊及疏散出口处发生拥堵易踩踏现象。

第 10 章 基于 CIM 的高层楼宇火灾应急仿真 | 327

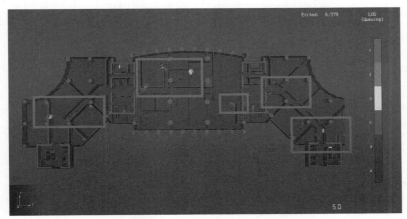

图 10-44　5 s 拥堵易踩踏点分析

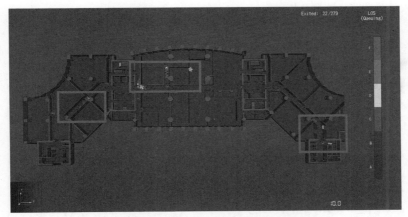

图 10-45　10 s 拥堵易踩踏点分析

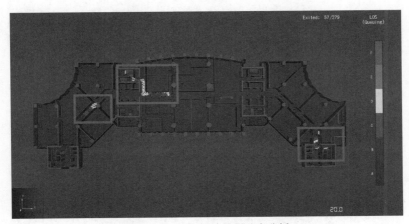

图 10-46　20 s 拥堵易踩踏点分析

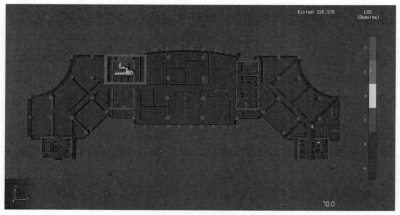

图 10-47 70 s 拥堵易踩踏点分析

2. 人员疏散路径选择分析

根据 31 层办公区域内人员的分布情况，对人员疏散时的路径选择进行模拟，发现疏散时人员多以楼层中部左侧楼梯及最右侧楼梯进行疏散，路径重合度较高，人员密集；选择中部右侧楼梯及最左侧楼梯的人员则相对较少，如图 10-48、图 10-49 所示。

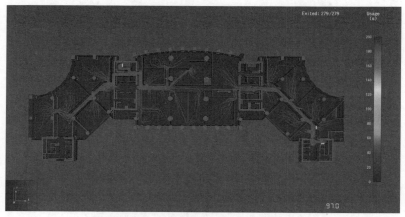

图 10-48 人员疏散路径选择分析 A

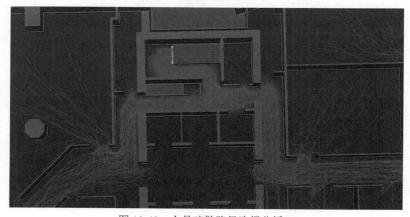

图 10-49 人员疏散路径选择分析 B

第 11 章
基于 CIM 的地铁人员模拟疏散

本书以 CIM 场景为数据底座，结合情景构建的理论方法，在事故发生前开展极端条件下的突发灾害情景构建与数值模拟，开发地铁突发情景下的 VR 模拟逃生系统。灾害情景设计为地铁列车行至区间隧道时，列车中部发生起火事故，在此情景下模拟列车在 1 号、4 号两条线路的区间隧道就地疏散或前往下一站台再疏散的多种疏散过程，系统对地铁突发灾害事件及发展过程进行全生命周期模拟。在情景模拟中，火势及高温烟气在车内迅速扩散，并向地铁站和区间隧道其他部位传播蔓延的过程，选用火灾动力学模拟软件（fire dynamics simulator，FDS）模拟车厢着火动态演化过程，选用 Pathfinder 数值模拟软件模拟乘客疏散过程，选用 Unity 依据数值模拟的过程及结果，设计制作地铁站重大突发事件 VR 情景模拟系统。系统实现了静态场景构建、过程数值模拟及人员疏散优化三部分功能：通过点云扫描、CAD 图纸、激光测距等数据在 Revit 和 Pyrosim 软件中构建地铁及站点静态模型，以 FDS、Pyrosim 软件来模拟火势、烟气蔓延过程，以运动分析软件 Pathfinder 模拟火灾中人员疏散过程，最终在 Unity 中构建了实景化三维场景，开发了爆炸蔓延、疏散模拟及 VR 交互处置等内容。关键技术点包括如下五点：一是基于 Revit 软件与 BIM，选用 3ds Max、Blender、Photoshop、Substance Painter 等数字内容创作（digital content creation，DCC）软件对模型网格布线、UV 分布及纹理贴图等美术资源进行优化，在满足模型精度的同时，美化场景效果，提升真实感；二是将虚拟角色的骨骼动作烘焙成一张 Animation Texture 贴图，基于贴图着色器、GPU Animation、GPU Instancing 渲染大规模人物动画；三是依据 Pathfinder 人流疏散模拟结果，基于 Unity Navigation System 构建 NavMesh 与人流疏散方案；四是基于 FDS 等火灾数值模拟结果，使用粒子系统在 VR 场景中实现爆炸及烟雾蔓延；五是使用 VRTK 插件，依据火灾情景链，实现 VR 交互操作的事故处置流程。上述开发及应用架构流程如图 11-1 所示。

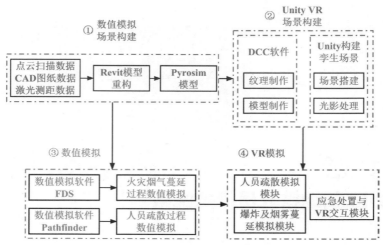

图 11-1 地铁 VR 疏散模拟流程图

11.1 系统功能设计

本案例依据 PBR 的渲染方式，通过一系列的 DCC 软件将数值模拟中构建的 Revit 精确模型优化为具有合理 UV 布线且符合 PBR 渲染计算规则的模型，并依据优化后的模型制作对应的纹理贴图，结合使用 Unity 3D 中渐进式光照贴图烘焙的方式，实现更加符合真实环境的光影效果和材质质感的 VR 事故场景环境。

在构建的 VR 事故场景中开发地铁灾害模拟疏散系统，以提高地铁相关人员的应急处理能力和疏散引导能力。通过与地铁集团进行沟通和需求收集，了解他们的培训需求、人员疏散流程及应急处置工作流程等方面的要求。研究有关应急预案、岗位职责、操作手册和应急处置卡等文件，设计疏散模拟系统中地铁工作人员的 VR 应急操作流程。使用 Unity 3D 引擎为主要开发平台，实现虚拟场景的建模、渲染、交互及模拟功能。系统开发的人员疏散模拟模块，包括乘客疏散路径规划、指引信息的展示和交互。爆炸及烟雾蔓延模拟模块，包括爆炸效果、火焰燃烧效果及烟雾在车厢、隧道、站台中的蔓延效果，实现地铁工作人员在应急处置流程中的相关功能，以语音播报、字幕显示等方式引导具体过程中的处置流程。开发 VR 的交互方式，以手柄的直线射线或曲线射线在场景中及 UI 界面上进行交互操作。系统功能设计技术路线如图 11-2 所示。

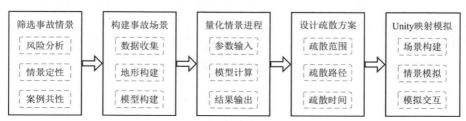

图 11-2 地铁人员疏散模拟技术路线

11.2 事故情景设定

早高峰期间，1号线（4号线）某列地铁正行至地铁隧道下行区间段，3号车厢内某乘客在车厢中部泼洒并点燃2L汽油，火势迅速扩大，产生大量黑烟，车厢内一片混乱，多名乘客被烧伤，行李被引燃。同一时刻，1号线、4号线上下行隧道共有4列载满乘客的列车驶向地铁站，地铁站的站厅层、1号线站台层和4号线站台层均有大量乘客滞留。考虑隧道疏散、站台疏散设定突发事件情景，演化进程分别如下。

1. 事故情景1：列车到站台疏散

（1）0s，某乘客泼洒汽油纵火；

（2）0～10s，其他乘客发现异常，通过车厢内通话装置联系司机；

（3）10～30s，列车距离地铁站较近，根据应急预案，司机决定继续行驶到前方地铁站疏散，同时联系地铁控制中心（operating control center, OCC），并通知地铁站工作人员做好应急处置和疏散准备工作；

（4）30s，列车到达地铁站，开启车门进行疏散，由于时间紧急，未能及时与其他3辆车进行有效沟通，1号线上行和4号线上下行地铁列车几乎同时到地铁站（最不利情况），并开启车门，乘客陆续下车，乘客开始疏散。

2. 事故情景2：列车在隧道就地疏散

（1）0s，某乘客泼洒汽油纵火；

（2）0～10s，其他乘客发现异常，通过车厢内通话装置联系司机；

（3）10～40s，司机收到报警后立刻联系地铁控制中心，由于火势较大，列车受损，行车受影响，司机请求启动区间隧道就地疏散方案，调度中心指示司机进行就地疏散；

（4）60s，列车紧急停车成功，司机打开地铁车门开始辅助排烟，同时告知乘客切勿从两侧车门下车（列车车厢踏面和隧道地面距离超过1.4m，且车厢外壁与隧道内壁间距狭小，仅允许儿童行走，无法完成疏散任务）；

（5）80s，司机成功开启位于首尾车厢的疏散通道，引导乘客向列车两头疏散。

11.3 静态事故场景构建

场景构建是一种利用专业建模软件将真实环境下的建构筑物、设施设备和平面布局等元素融合为数值模拟物理载体的过程。在事故场景模拟中，场景构建的真实性对情景模拟的可靠程度有着至关重要的影响。为确保场景构建的准确性，需要通过收集事故情景设定所需的数据资料，并利用包括ScanMaster，Revit，Pyrosim等软件工具，构建地铁站及其毗邻区间隧道的精确三维场景。这些工具提供了丰富的模型库和建模功能，能够制作出建筑结构、消防设施、人员分布等细节信息，为实现地铁人员疏散模拟提供了可靠的数据支持。通过场景构建，能够更加准确地模拟真实场景，为事故演化提供真实可靠的疏散模拟条件。数值模拟场景构建流程如图11-3所示。

图 11-3　数值模拟场景构建流程

11.3.1　场景构建方法工具

在情景模拟中，场景构建是一个至关重要的步骤，其准确性直接决定了模拟结果的可靠性。在构建的场景范围内，各类障碍物需要被考虑在内，其对情景模拟的结果也会产生影响。为了在数值计算过程中进行准确的模拟，需要将场景构建的所有障碍物抽象为规则几何体，并在划分网格时与之对应。构建几何模型的体积大小、形状和相对位置应与实际场景中的障碍物尺寸相同，以确保模拟结果的准确性。

构建场景模型，一般使用软件的前处理模块，例如，FLACS 软件的前处理程序 CASD，FDS 的前后处理软件 Pyrosim，LS-DYNA 的前后处理软件 LS-PrePost 等。对于复杂的建模场景，如导入地形数据、大尺度区域建模、复杂结构的建模，前处理工具精确建模的难度较大，可以通过数据格式转换技术，从其他建模软件平台导入。例如，借助三维城市建模和建筑信息化模型等技术，使用 ArcGIS、Sketchup、CityEngine、Revit、ScanMaster 等辅助软件。

本案例中，构建的是地铁站场景模型，包括地铁站站厅层、1 号线站台层、4 号线站台层、1 号线和 4 号线区间隧道，其中涉及的关键装置设施包括地铁车厢、车厢内靠椅和扶手栏杆、手扶电梯和楼梯、天花板、防排烟管道、扶手栏杆和闸机等。由于该场景模型的体量大、细节多且结构复杂，因此构建的难度较高。为了精确建模，采用了固定式三维点云扫描仪对地铁站及毗邻隧道进行空间结构扫描，借助徕卡手持激光测距仪对局部区域进行测量。通过 ScanMaster 软件对点云扫描数据进行拼接处理，并导入 Revit 建模软件中进行三维场景重构。最后，将模型导入火灾模拟软件 Pyrosim 中，进行火灾模拟参数设置。

在该场景模型构建过程中，由于空间信息数据庞大，使用 FDS 前处理软件 Pyrosim 对其精确建模的难度较高。因此，借助固定式三维点云扫描仪等现代化技术手段，可以有效地获取真实场景的三维信息，实现精准建模。同时，借助 Revit 等辅助软件，可以更加方便地对建模过程进行管理和处理，提高了建模效率和精度。

11.3.2　场景构建技术路径

数值模拟研究中，前置模型的建立主要依赖于前处理软件。对于尺度较小或结构简单的场景，手工建模可以满足要求。但对于尺度较大或结构复杂的研究目标，手工建模则存在一定的困难和局限性。点云技术作为一种高效的空间信息获取技术，利用激光或相机等设备对场景进行扫描获取离散点云数据，并用空间物体的离散点信息来表达一个物体的空间形态，再对这些数据进行封装、处理和重构，可以得到高精度、可编辑的三维场景模型。技术路径包括点云数据获取、数据处理和模型重构等多个步骤，技术路径如图 11-4 所示。

第 11 章 基于 CIM 的地铁人员模拟疏散 | 333

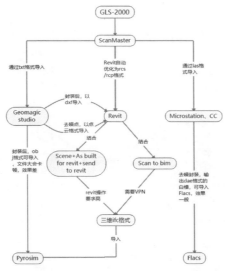

图 11-4 点云辅助建模技术路径

1）点云扫描与处理

使用三维点云扫描仪扫描地铁站，获得各个位置信息的空间点云数据，如图 11-5（a）所示，其为中控室外侧的单次扫描结果俯视图，包含超过 1000 万个位置信息；而后通过 ScanMaster 软件对扫描得到的每一组数据进行去噪、拼接，得到完整的站台层的三维点云扫描数据，图 11-5（b）为地铁站站厅层的点云俯视图。点云数据能够完整地显示地铁空间结构，便于快速精准地建模，如图 11-5（c）所示。

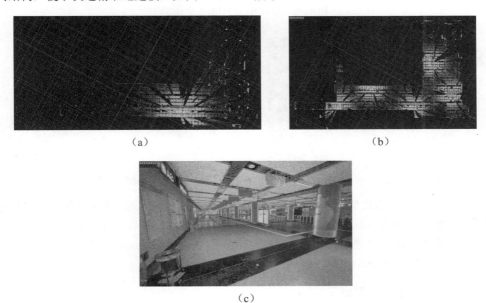

(a)　　　　　　　　　　　　　　(b)

(c)

图 11-5 站厅层三维点云图

(a) 单次扫描结果；(b) 地铁站站厅层扫描拼接结果；(c) 内部视图

2）点云模型导入 Revit

将处理后的地铁站点云数据导入 BIM 软件 Revit 中，如图 11-6 所示。从图中可以清晰地看到站厅层的空间结构和内部设施，如立柱、电梯、天花板、排气扇、地铁站进出闸机、扶手栏杆等。Revit 拥有强大的建筑构建和设备设施族系统，可以快速准确地将地铁站点云数据转换成实体三维模型，如图 11-7 和图 11-8 所示。

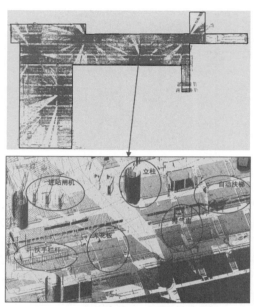

图 11-6　导入 Revit 中的点云模型

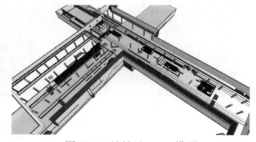

图 11-7　地铁站厅局部 Revit 模型　　　　图 11-8　地铁站 Revit 模型

Revit 模型默认格式是 .rvt，Pyrosim 软件无法直接处理该格式，更无法进行边界条件的设置和网格的划分。Revit 软件能够导出 IFC 格式的数据，这是一种标准的建筑数据格式，且该格式能够完美地导入 Pyrosim 软件中。将模型导入 Pyrosim 软件后，则可对三维模型进行网格划分和边界条件设置。

11.3.3　场景构建效果展示

通过点云扫描及 Revit 建模等技术手段，本案例构建了完整的地铁站、毗邻区间隧道及地铁列车的实景化三维模型，如图 11-9 所示。其中，区间隧道为地铁 1 号线到地铁站下行区间段,以及地铁 4 号线到地铁站下行区间段,图中标注了地铁站站厅层的 A,B,C,D,E 共 5 个出入口。

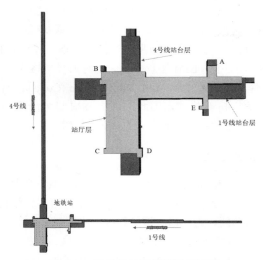

图 11-9　地铁站及区间隧道平面图

图 11-10 为地铁站站厅层的内部视图,图 11-11 和图 11-12 分别为 1 号线地铁和 4 号线地铁的站台层,场景模型中包括了地铁车厢、屏蔽门、立柱、进出站闸机、手扶电梯、楼梯、扶手栏杆、天花板和通风管道等装置设施,尽可能真实地还原了地铁站的实际结构、尺寸。

图 11-10　站厅层内部视图　　图 11-11　1 号线站台层内部视图　　图 11-12　4 号线站台层内部视图

由于起火位置均在列车车厢内部,因此也对地铁列车进行了精细建模,如图 11-13 所示是列车车厢的模型。地铁 1 号线和 4 号线是均采用 6 节编组的 A 型车,单节车厢长为 22.8 m,宽为 3 m,高为 3.8 m,车内高度为 2.2 m;除头尾车厢包含驾驶室的应急门以外,其余车厢两侧均有五扇完全相同的车门,门宽 1.35 m,门高 2 m;车内设施简化为 8 个长排座椅和中间的一排扶手栏杆,座椅对称布置。

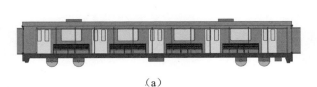 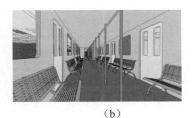

(a)　　　　　　　　　　　　　　　　　(b)

图 11-13　地铁车厢模型

(a) 单节车厢正视图;(b) 车厢内部视图

11.4 VR 事故场景构建

本案例中的 VR 事故场景模型数据来源于上述数值模拟过程中构建的场景模型。首先采用固定式三维点云扫描仪、徕卡手持激光测距仪对地铁站及毗邻隧道进行实地扫描和测量，通过 ScanMaster 软件对点云扫描数据进行拼接处理，并导入 Revit 建模软件中进行三维场景重构后得到精确尺寸的 BIM 场景模型。此时的模型格式为 Revit 的 .rvt 格式，在 Unity 中支持的标准文件格式包括 .fbx，.obj，.dxf 和 .dae (Collada)，同时 Revit 模型也可以导出为 .ifc，.gltf，.fbx 及 .obj 等格式，因此可以将 BIM 模型转换为 .fbx 格式，再导入其他 DCC 软件中进一步优化处理后，最终导入 Unity 中使用。

11.4.1 VR 场景构建方法工具

Unity 中进行 3D 场景构建需要借助多个软件包和工具，包括 3ds Max 等建模软件、Substance Painter 等纹理贴图绘制软件，以及 Unity 自身的可视化编辑器和插件库，整个过程需要对 3D 建模、材质贴图、着色器、渲染管线、光照烘焙、场景设置等方面进行综合考虑和操作。在使用 URP 的基础上，采用相应的 DCC 软件将模型网格布线、UV 及贴图等优化好的美术素材导入 Unity，在 Unity 可见即可得的可视化编辑界面中将各类场景素材资源生成为 Prefab 供场景搭建使用。搭建好场景并给不同模型设置好对应质感的材质、着色器及纹理贴图后，再对场景做进一步的光影烘焙和后期画面氛围效果处理，逐步构建形成一个外观、尺寸、材质质感、光影等属性与现实环境对应物体相匹配的三维场景环境。场景环境制作流程如图 11-14 所示。

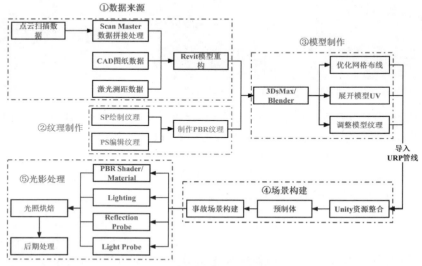

图 11-14 VR 场景环境制作流程图

11.4.2 VR 场景构建技术路径

1. 模型优化

将 BIM 转换为 .fbx 格式后导入 3ds Max 或 Blender 等建模软件，并对模型做进一步的优化处理。初始导入 3ds Max 中的 .fbx 模型包含了大量的冗余点线面信息，需对模型做抽壳优化处理，只需保留构成模型轮廓形状的点线面网格信息部分，完成几何压缩后可以得到精简优化后的网格模型。对模型的优化处理可以有效地减少模型数据量，提升画面渲染效率和运行帧率。以地铁站进出闸机为例，优化前后网格信息对比如图 11-15 所示。

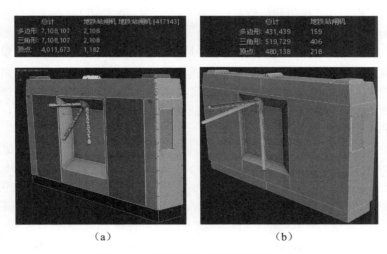

图 11-15　地铁站闸机模型优化前后对比

（a）优化前 2108 个面；（b）优化后 159 个面

2. 模型UV

优化后的模型具有更加简洁合理的网格拓扑结构，合理的网格布线更加有利于模型 UV 的制作。其中 UV 是计算机图形学中的概念，是一种以左下角为原点（0，0）的局部坐标系统，使用 U（1，0）和 V（0，1）表示二维纹理的两个轴向，用于将二维图像或纹理映射到三维模型表面，使模型的表面呈现出各种视觉效果，如图案、颜色、反射、光影等。UV 坐标对于在三维场景和虚拟现实应用中呈现具有真实感的材质质感有着重要的作用。如图 11-16 所示，为纹理 -UV- 三维模型之间的对应关系。

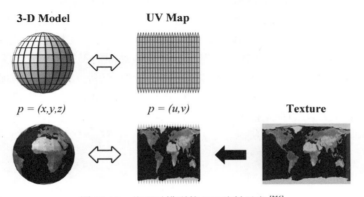

图 11-16　纹理对模型的 UV 映射示意[256]

3. 物理渲染

PBR 是通过使用物理原理和数学模型来模拟光线与材质之间的相互作用，以实现逼真的光照和材质效果的一种渲染技术。在 PBR 中，使用微平面理论来描述材质表面的微观细节，其中包括微平面的法线分布和粗糙度参数，通过合理设置这些参数，可以更好地模拟材质表面的光滑度或粗糙度。光线的交互过程也是 PBR 中的关键部分，光线与材质表面的相互作用包括散射、反射和折射等，如使用 Fresnel 方程来计算光线在材质表面的反射效果。在 PBR 中需使用一系列准确的物理参数来描述材质的属性特征。例如，反射率是指材质对入射光的反射强度；金属度表示材质是否表现出金属的特性，如高反射率和镜面反射；粗糙度则描述了材质表面的粗糙程度，即微表面结构的不规则程度。这些物理参数可以通过测量真实环境中对应物质的光学特性或根据既有物理属性数据资料进行设置。PBR 能够创建与真实世界相似的渲染结果，提供更高的视觉质量和真实感。

传统的渲染工作流程使用的着色和光照模型为近似的经验模型，如使用兰伯特（Lambert）、半兰伯特（ralf Lambert）、高光反射（specular）、布林冯（Blinn-Phong）等光照模型来近似模拟光线与物质表面的交互。这类经验模型的优点在于计算速度快，缺点则是并不能准确地描述物理现象，只是一些计算复杂度相对不高的经验模型。随着计算机算力的提升，现在可以更好地从物理角度模拟光照交互。相较于传统渲染工作流，PBR 不需要凭经验猜测物质表面的属性参数，如镜面反射、金属度、粗糙度等。PBR 的算法模型基于精确的物理公式，可直接应用来自现实世界已知的物质表面参数到常规材质上，使同一个模型的材质在不同的光照环境中仍能正确表现出光照效果。

生产 PBR 贴图常用的工作流有金属/粗糙度工作流（metal/roughness workflow）和镜面反射/光泽度工作流（specular/glossiness workflow）。如采用金属工作流，可使用 Substance Painter 软件制作 albedo（基础色贴图）、normal（法线贴图）、emissio（自发光贴图）、metallic（金属度贴图）、smoothness（光滑度贴图）、ambient occlusion（环境遮罩贴图）等贴图，各类贴图效果如图 11-17 所示。Substance Painter 软件（简称 SP）是一款 3D 纹理绘制软件，可创建高质量、逼真的纹理贴图，能够显著提高纹理制作流程的效率。SP 支持 PBR 工作流程，并集成在多个物理材质渲染引擎中，如 Unity，Unreal Engine 等，都可以通过相应引擎下的 SP 插件将 SP 中制作或修改的纹理实时地在 Unity 引擎中更新，实现 SP-纹理-Unity 之间的无缝集成。通常一张纹理贴图有 4 个通道，SP 可通过金属工作流自动将多张 PBR 贴图合并到同一张贴图的不同通道中，再在 PBR 着色器中分别取该贴图的不同通道作为金属度、粗糙度或环境遮罩等参数的输入值，达到同样物理效果的同时，大幅减少纹理数量。使用 SP 软件大幅提高模型纹理制作效率的同时，使得纹理贴图更加符合物理规则，从而提升了 3D 场景的表现力和拟真的视觉效果。以地铁站进出闸机为例，闸机模型、UV 与纹理贴图绘制效果如图 11-18 所示。

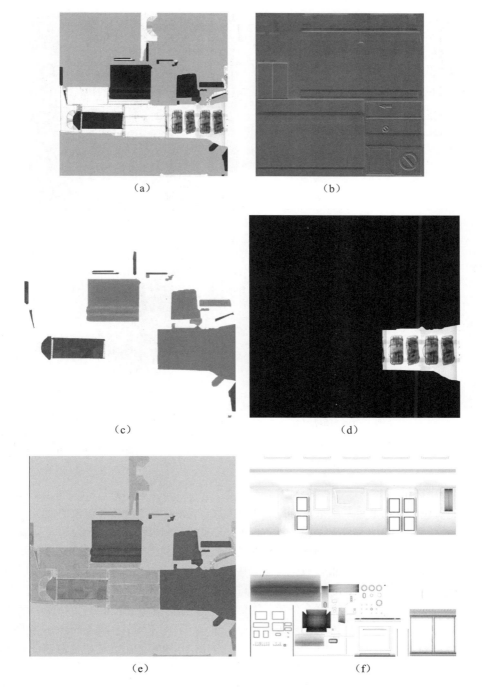

图 11-17 各类纹理贴图示例

(a) Albedo(基础色贴图);(b) Normal(法线贴图);(c) Metallic(金属度贴图);(d) Emissio(自发光贴图);(e) Smoothness(光滑度贴图);(f) Ambient Occlusion(环境遮罩贴图)

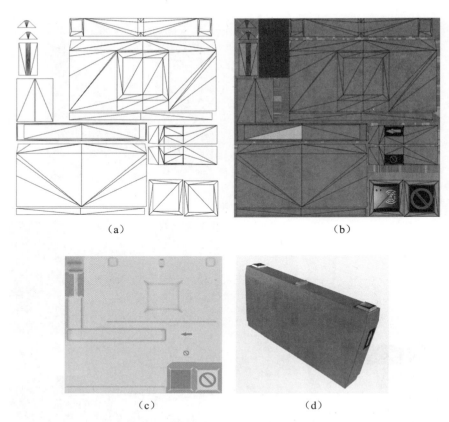

图 11-18　地铁站进出闸机 UV、模型及纹理贴图绘制效果

(a) 3ds Max 编辑闸机模型 UV；(b) SP 绘制闸机模型纹理；(c) 闸机模型纹理；(d) Unity 场景中闸机模型

4. 场景搭建

在 Unity 中使用 Prefab 来搭建场景是一种高效、灵活、易于维护和修改的方法，它可以大大提高场景搭建的效率和质量。Prefab 又称预设或预制模型，是一种在游戏引擎中常用的对象模板，可以用于快速创建具有相同或相似属性的模型对象或场景，同时也方便场景内容的维护和更新。Prefab 可以包含场景中的模型对象、组件、材质、纹理、脚本等，且可以被重复使用。制作 Prefab 的数据来源可以是任何一个已经存在的对象或组合，或者新建一个空的预制体再填充内容。例如，如果需要在场景中放置多个相同的物体，可以使用 Prefab 来实现，选择需要预制的对象或组合，然后将其拖入场景中的 Hierarchy 视图中，再拖回 Project 资源视图中，即可保存为 Prefab，如图 11-19 所示。当需要使用这个 Prefab 时，只需要将其拖入 Scene 场景视图中，再进行 3D 场景环境搭建即可。在搭建场景的过程中，将各类 Prefab 对象进行组合、调整、布置，最终形成一个完整的三维场景。同时，在场景的制作过程中还需要注意元素之间的协调和统一，以及场景的细节设计和效果展示等方面。

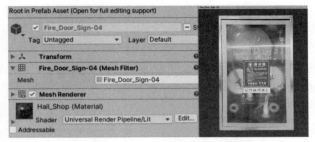

图 11-19　Prefab 模型

5. 光照烘焙

基于物理的渲染是一种模拟现实世界中光线与物质表面相互作用的过程，在真实环境中该过程非常复杂，需采用光线追踪技术才能更加贴近现实环境中的光照作用。通常这个渲染过程需要消耗大量计算资源，对硬件配置要求非常高，很难达到较高性能的系统运行帧率。且对于 VR 应用，为尽量避免引起晕眩感，需将程序的实时运行帧率保持在 90 fps 以上，这使得基于光线追踪的实时渲染方法很难在当前的 VR 硬件中应用。Unity 中的光照信息分为间接光照和直接光照，采用预计算光照信息方式，将光照和阴影等信息以光照贴图（light map）的形式存储，在系统运行时直接采用预计算烘焙好的光照贴图，而不用实时计算光照信息，可以有效减少实时计算的性能消耗。这些预计算光照贴图的过程在计算机图形学领域被称为光照烘焙，它是一种提高图像质量、优化性能消耗的渲染技术，具有画面写实且性能开销较低的特点。

渐进式光照贴图烘焙（progressive lightmapper），为 Unity 中的光照烘焙方案。与传统的光照烘焙方法相比，渐进式光照贴图烘焙采用了一种迭代的计算方式。它通过逐渐增加采样数量和迭代次数，逐步提高光照贴图的质量和精确度，直到达到满意的画面效果。渐进式光照贴图烘焙使用 Path Tracing 算法，基于真实光子弹射的方式计算全局光照（global illumination，GI），能够提供渐进式的画面预览效果，且能够预估烘焙所需的大致时间。这种渐进式的计算方式可以让制作人员在较短的时间内快速获得初步的光照效果，再逐步改进和细化最终的光照结果。

在 Unity 中，布置场景光源、反射探测器、光照探测器组能够为场景烘焙增添光影效果、材质反射效果及动态光照模拟效果，如给金属、玻璃等具有反射质感的物体通过反射探测器预添加反射、光晕、光斑等效果，提高场景整体氛围效果的同时，也可提高运行性能。其中，场景布光是指对场景中的灯光进行设置和调整，光源类型包括环境光、定向光、点光源、聚光灯、区域光等。对于一个场景而言，灯光的位置、强度、颜色、遮罩、阴影等属性的设置，对场景的最终渲染效果和后期处理效果都有着较大的影响。在设置灯光时，可以使用 Unity 中自带的灯光组件，也可以使用第三方插件批量处理光源。当调整好灯光后，可以通过场景的实时渲染来观察和优化光影效果。反射探测器（reflection probe）的布置可用于捕获场景中物体的反射情况，模拟物体对周围环境的反射效果，并将反射信息保存为 .exr 格式，提高场景的真实感。在 Unity 中，使用 Reflection Probe 组件来创建和布置反射探测器，需要考虑反射探测器的位置、范围、分辨率等因素，因预渲染了物体的反射效果，也可以优化运行性能，反射探测器效果如图 11-20 所示。布置光照探测器组（light probe）可模拟场景中物体的间接光照情况，用于捕获场景中物体的间接光照情况，并将光照信息保存下来。在 Unity 中，可以使用 Light Probe Group 组件来创建和布置光照探测器组，需要考虑光照探针的位置、范围等因素。通过光照探测器组能够使场景中的物体更加真实，具备对动态物体一定的动态光照效果，同时因预渲染了物体的动态光照，可优化运行性能，光照探测器组效果如图 11-21 所示。在 Unity 场景中布置灯光、反射探测器、光照探测器组等光照组件效果如图 11-22 所示。

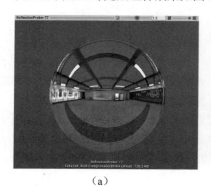
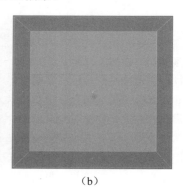

（a）　　　　　　　　　　　　　（b）

图 11-20　反射探测器（reflection probe）

（a）反射探测器；（b）反射探测器捕获范围

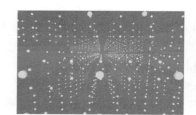

图 11-21　光照探测器组（light probe）　　图 11-22　在 Unity 场景中布置灯光、反射探测器、光照探测器组等

6. 后期处理

后期处理（post processing）栈 v2 是指对光照烘焙后的最终图像再次进行画面处理和效果增强的过程，其附带多个效果处理组件和图像滤镜，可将它们加载到摄像机上以改善场景的画面视觉效果。类似于将拍摄后直出的照片，再次做修饰和调整以进一步提升视觉效果的过程，或者类似于对一幅绘画作品的润色和修饰的过程，完成绘画构图后使用颜料、画笔和其他工具来调整颜色、对比度、明暗等细节，从而改善作品的整体效果。后期处理技术可以对三维场景或图像进行各种修改和效果添加，以达到更好的视觉呈现。

例如，bloom 效果是后期处理中常见且广泛使用的一种后期效果，用于模拟光线扩散和眩光效果。该效果通过捕捉并模拟高亮区域周围的光线散射效应，使其在屏幕上产生扩散和模糊的光晕，以增强场景的亮度和逼真感。color grading 则类似于电影中的调色过程，后期处理技术可以通过调整色调、对比度、饱和度等参数，为场景赋予特定的色彩风格和氛围。例如，通过增加蓝色色调和减少亮度，可以营造出冷色调的环境；而增加红色和黄色的饱和度，则可以营造出温暖和热情的暖色调氛围。在 Unity 通用渲染管线中已将 post processing 整合到系统中，其中提供的组件包括泛光（Bloom）、环境遮挡（Ambient Occlusion）、白平衡（White Balance）、自动曝光（Auto Exposure）、屏幕空间反射（Screen-space Reflection）、抗锯齿（Antialiasing）、景深（Depth of Field）和颜色滤镜（Color Grading）等。本系统中使用后期处理的效果如图 11-23 所示，效果表现为增强了画面亮度、添加了光晕效果、减少了锯齿和降低了曝光度等。

图 11-23　使用后期处理后的效果

场景布光、反射探测器、光照探测器组、光照烘焙及后期处理是制作高质量三维场景的重要步骤。在完成场景建模后，对光源进行合理布置，使用反射探测器和光照探测器组增强场景的真实感和细节感，进行光照烘焙减轻计算负担，最后进行后期处理以进一步提高场景的视觉效果。通常这些步骤都涉及非常多的参数设置，需要不断优化调整参数，通过 GPU 渐进式光照贴图烘焙能够较快获得初步渲染结果与优化运行性能。

7. 场景管理（遮罩剔除）

当虚拟场景中存在大量的模型及其他对象时，同时渲染所有模型对象可能会导致性能大幅下降。在 Unity 中，摄像机视野范围外或摄像机视野范围内完全被遮挡的对象即被认为是非必要渲染的对象。摄像机默认采用了视锥体剔除（frustum culling）技术，视锥体是一个锥形区域，代表摄像机在当前位置、朝向上的可见空间范围。摄像机只会渲染视锥体范围内的物体，而视锥体范围外的物体会被剔除，不进行渲染。这种剔除方式能够有效减少视锥体范围外不可见物体的渲染工作。然而，视锥体剔除也有不足之处，其只能剔除视野之外的物体，而视野内被其他物体遮挡而不可见的物体，仍然会被系统渲染，这会浪费渲染资源。这时可以应用遮罩剔除技术（occlusion culling），遮罩剔除技术是通过预先计算遮挡物体对其他物体的遮挡关系，识别哪些物体被完全遮挡，从而在渲染过程中将它们排除在外，进而减少不必要的渲染操作。这种方式可以进一步提高渲染性能，显著减少重复渲染和不可见物体的渲染，尤其对于复杂场景和大规模的场景有较大幅度的性能优化，整体提升系统运行的流畅度和响应速度。

在 Unity 中将不会移动的模型对象标记为遮挡静态（occluder static/occludee static）物体，在 Occlusion 模块设置 Smallest Occluder（最小遮挡物）、Smallest Hole（最小孔）及 Backface Threshold（背面阈值）的值，单击 Bake 按钮即可烘焙生成遮挡剔除单元格（cell）数据。遮挡剔除烘焙设置如图 11-24 所示，遮挡剔除效果如图 11-25 所示。

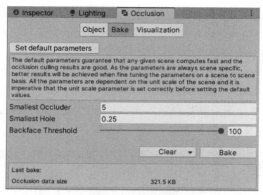

图 11-24　遮挡剔除烘焙设置

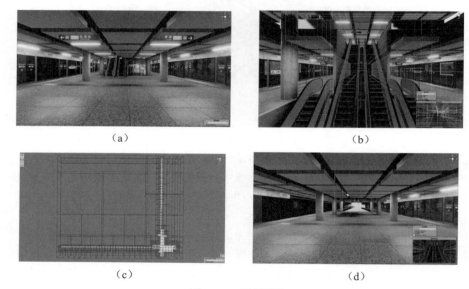

图 11-25　遮挡剔除

(a) 遮罩剔除前（扶梯后位置）；(b) 摄像机的当前位置视野（扶梯前）；(c) 单元格结构数据；
(d) 扶梯后物体被剔除

11.4.3　VR 场景构建效果展示

　　构成 VR 场景的主体模型框架来源于上述 Revit 模型，在模型结构、尺寸方面都与现实环境相匹配。同时为优化和丰富场景，将 Revit 网格模型点线面及 UV 做了优化更新，并添加了很多地铁中的相应模型，如地铁中的安检机、安检门、伸缩式护栏、日光灯、指示板、消防设施、客服中心、饮料售卖机、指示牌、广告牌、各类电梯、栏杆、楼梯、地铁列车轨道等模型，部分模型的效果如图 11-26 所示。将所有模型的 UV 坐标信息进行了优化编辑，将多个模型的 UV 调整到同一张 UV 贴图中，实现多个模型共用一张贴图一个材质球，大幅减少贴图和材质数量，共用 UV 合并后的部分贴图效果如图 11-27 所示。Unity 中构建的站厅层、1 号线站台层、4 号线站台层场景效果如图 11-28 所示，地铁车厢场景效果如图 11-29 所示。

第 11 章 基于 CIM 的地铁人员模拟疏散 | 345

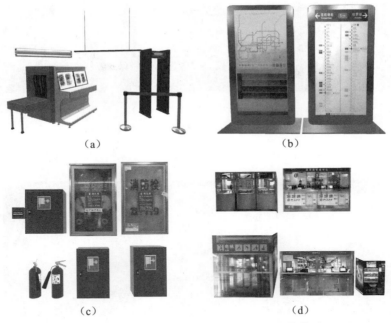

图 11-26 安检机、消防设施、灯、指示板等模型
(a) 安检机、安检门等；(b) 指示板；(c) 消防设施；(d) 客服中心、售卖机等

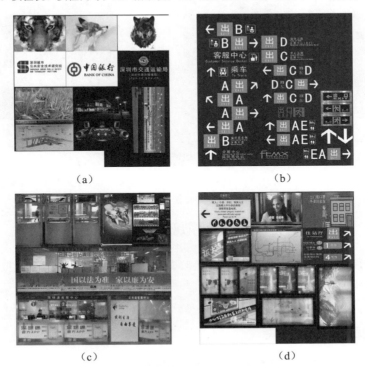

图 11-27 共用 UV 和贴图效果
(a) 装饰牌合并贴图；(b) 地铁指示牌合并贴图；(c) 客服中心等合并贴图；(d) 广告牌合并贴图

(a) (b) (c)

图 11-28 Unity 中地铁站场景烘焙效果

(a) 站厅层场景效果；(b) 1 号线站台层场景效果；(c) 4 号线站台层场景效果

(a)

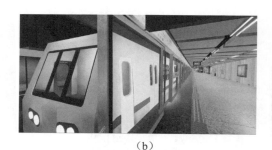 

(b) (c)

图 11-29 地铁车厢模型

(a) 地铁列车首尾车厢模型；(b) 地铁列车外部场景效果；(c) 地铁车厢内部场景效果

11.5 人员模拟疏散功能实现

本案例的系统功能部分主要介绍人员疏散模拟模块、爆炸及烟雾蔓延模拟模块、应急处置流程模拟的 VR 交互模块 3 部分相关的主要内容，分别从使用到的主要技术方法、具体实现操作及效果展示方面进行了相关描述。

11.5.1 人员疏散系统模块

1. GPU Animation/Instancing 大规模人物动画渲染

在情景构建过程中，通常会设定一个以最不利条件为特点、灾害程度最大化的灾害情景。本案例构建的情景中，灾害发生的同一时刻 1 号线、4 号线上下行隧道共有 4 列载满乘客的列车几乎在同一时间、各列列车距离地铁站类似距离位置上同时驶向地铁站。根据地铁设计规范（GB 50157—2013），A 型车每节车厢的标准定员为 310 人，而超员情况（AW3）下的最大载客量为 432 人。因此，由 6 节 A 型编组列车构成的地铁列车总定员为 1860 人，而超员人数可达 2592 人，4 列列车总定员则为 7440 人，超员时人数为 10 368 人，即做人员疏散模拟时需要模拟一个万人同屏渲染显示的画面效果。

Unity 使用 Animator 组件来管理角色动画，使用 Skinned Mesh Renderer 组件来渲染，且该组件是在 CPU 上处理计算骨骼动画的，即计算顶点的变换和蒙皮权重的插值。这些计算是在每帧渲染前进行的，以确保正确呈现人物模型的动画效果。在 CPU 上进行骨骼动画计算的优点是可灵活地、可控地让开发者自定义动画逻辑，编写脚本控制骨骼的变换和权重插值过程，以实现各种复杂的动画效果。然而，正因为 Skinned Mesh Renderer 的计算是在 CPU 上进行的，当场景中人物模型及骨骼数量达到一定程度时，就可能会消耗过多的 CPU 资源，主要表现在产生的 Draw Call 数量过多，导致 CPU 密集型性能瓶颈。为提高运算性能，采用 GPU Instancing 将大量计算需求转移到 GPU 上并行计算，以加速渲染过程。因为 Skinned Mesh Renderer 组件是在 CPU 上计算角色蒙皮的，所以该组件并不能应用在 GPU 上的 Instancing 技术，因此需要将角色使用的 Skinned Mesh Renderer 组件替换为渲染常规模型所使用的 Mesh Render 组件来渲染人物模型。

在图形图像渲染领域，Shader 着色器为计算机图形编程中用于定义图形渲染效果，并运行在 GPU 上的一种特殊类型的程序，用于描述光照、材质、纹理映射、阴影和其他图形效果的计算过程。因 GPU 的特性，Shader 也被设计为高度并行计算的程序，能够逐顶点、逐像素地处理模型网格和图像。着色器分顶点着色器（vertex shader）、片段着色器（fragment shader）、几何着色器（geometry shader）和计算着色器（compute shader）等。其中顶点着色器用于接收 Mesh Render 组件输入的顶点信息，并对顶点进行变换、光照计算、顶点动画等操作，即可在模型网格顶点级别上控制模型顶点坐标的变换，从而实现动画效果。

人物模型的骨骼动画通常较为复杂，很难通过简单顶点位置调整和简单函数实现原有的动画效果，此时一种解决方案是将角色的动画信息烘焙成一张 Animation Texture 贴图，称为 AnimMap。在角色骨骼动画的烘焙过程中，对骨骼动画数据进行采样，并记录每个采样点时刻，角色网格上各个顶点的位置信息。将这些位置信息编码到贴图的纹素颜色属性上，即使用贴图像素的 RGB 值来存储顶点位置坐标 *XYZ* 值。AnimMap 中将记录整个角色模型在一个动画时间内，网格顶点在各个取样点时刻的位置信息。在运行时，将这些位置信息作为顶点着色器的输入，通过顶点动画模拟人物动作，即可模拟实现原来的骨骼动画效果，AnimMap 贴图的结构如图 11-30 所示。生成 AnimMap 动画贴图的关键程序 AnimMapBaker.cs 如代码 11-1 所示，处理 AnimMap 贴图的顶点着色器 AnimMapGPUShader.shader 关键程序如代码 11-2 所示。

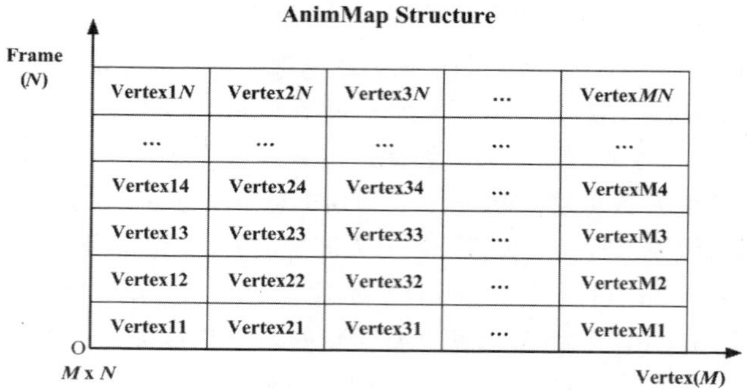

AnimMap Structure

Frame (N)					
Vertex1N	Vertex2N	Vertex3N	...	VertexMN
...	...	...	...	...
Vertex14	Vertex24	Vertex34	...	VertexM4
Vertex13	Vertex23	Vertex33	...	VertexM3
Vertex12	Vertex22	Vertex32	...	VertexM2
Vertex11	Vertex21	Vertex31	...	VertexM1

M x N → Vertex(M)

图 11-30　AnimMap 结构

代码 11-1：AnimMap 贴图生成关键代码

```
private void BakePerAnimClip(AnimationState curAnim) {
    var curClipFrame = 0;
    float sampleTime = 0;
    float perFrameTime = 0;
    curClipFrame = Mathf.ClosestPowerOfTwo((int)(curAnim.clip.frameRate * curAnim.length));
    perFrameTime = curAnim.length / curClipFrame; ;
    var animMap = new Texture2D(_animData.Value.MapWidth, curClipFrame, TextureFormat.RGBAHalf, true);
    animMap.name = string.Format($"{_animData.Value.Name}_{curAnim.name}.animMap");
    _animData.Value.AnimationPlay(curAnim.name);

    for (var i = 0; i < curClipFrame; i++) {
        curAnim.time = sampleTime;
        _animData.Value.SampleAnimAndBakeMesh(ref _bakedMesh);
        for (var j = 0; j < _bakedMesh.vertexCount; j++) {
            var vertex = _bakedMesh.vertices[j];
            animMap.SetPixel(j, i, new Color(vertex.x, vertex.y, vertex.z));
        }
        sampleTime += perFrameTime;
    }
    animMap.Apply();
    _bakedDataList.Add(new BakedData(animMap.name, curAnim.clip.length, animMap));
}
```

代码 11-2：AnimMapGPUShader 顶点着色器关键代码

```
v2f vert(appdata v, uint vid : SV_VertexID) {
    UNITY_SETUP_INSTANCE_ID(v);
    float f = _Time.y / _AnimLen;
    fmod(f, 1.0);
    float animMap_x = (vid + 0.5) * _AnimMap_TexelSize.x;
    float animMap_y = f;
    float4 pos = tex2Dlod(_AnimMap, float4(animMap_x, animMap_y, 0, 0));
    v2f o;
    o.uv = TRANSFORM_TEX(v.uv, _MainTex);
    o.vertex = UnityObjectToClipPos(pos);
```

```
    return o;
}
```

在 Unity 中生成的 AnimMap 动画贴图及应用该着色器的材质效果如图 11-31 所示，需注意勾选 GPU Instancing 复选框。人物动画效果如图 11-32 和图 11-33 所示。

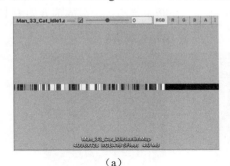
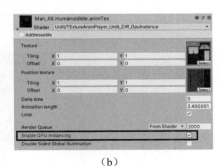

（a）　　　　　　　　　　　　　　　　（b）

图 11-31　AnimMap 结构

（a）AnimMap 贴图；（b）顶点着色器材质

图 11-32　在 GPU 上运行的人物动画效果　　图 11-33　在 GPU 上运行的人物动画效果

2. 人流疏散模拟算法

Unity 中自带角色导航寻路系统 Navigation System，用于在三维场景中实现角色的导航和路径规划，该寻路系统主要包含四部分：一是 NavMesh，该网格是一种数据结构，是一个由三角形及凸多边形组成的网格（三角形和凸多边形内部任意两点之间的连线不会与边线交叉），该网格覆盖的区域即为场景中可行走的区域，网格中存储了与导航相关的信息，如顶点位置、边界连接、相邻多边形和导航代价等；二是 NavMesh Agent（导航网格代理）组件，Agent 是实现人物角色在导航网格上自动寻路、自动避开障碍物及 Agent 互相之间相互避让的主要功能组件；三是 NavMesh Obstacle（导航网格障碍物）组件，该组件可动态地在导航网格上形成不可行走的区域，能够动态地让 Agent 重新规划路线，并避开这些不可行走的可移动障碍物；四是 Off-Mesh Link（网格外链接）组件，该组件可实现在不相连的导航网格之间移动，如需要跳过沟渠或者围栏的位置处。NavMesh 系统利用这些信息来计算路径、避免障碍物，并提供导航引导给系统中的角色。

实现人流疏散需要知道场景中的人物角色即 Agent 当前所在的起点位置及在安全区域中的终点位置，每个代理需要智能地在整个场景范围内依据 NavMesh 的凸多边形网格推断出到达目标位置的路径。过程中首先将起始位置和目标位置映射到距离各自最近的凸多边形导航网格上，再从起始位置开始搜索，访问所在位置上凸多边形的所有相邻凸多边形，直到形成到达目标位置所在凸多边形的导航网格，这个过程形成的路径即为疏散路径，这个过程具有全局性和静态性；同时代理需要知道如何移动到这个目标位置，这个过程需要依据推断出的路径方向向量来不断地向目标区域移动，并采用倒数速度障碍物（reciprocal velocity obstacles，RVO）算法预测和防止碰撞其他代理和障碍物，智能避免代理之间互相发生碰撞，代理移动的过程也具有局部性和动态性。寻路系统的各个组成部分如图11-34所示。

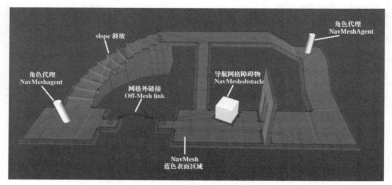

图 11-34 Unity navigation system

3. 人流疏散过程模拟实现

采用 Unity 的 Navigation System 构建寻路系统，首先需要生成 NavMesh，即 NavMesh Baking（导航网格烘焙）的过程。将参与导航的设施设备模型、建筑模型、地面、地形、障碍物等标记为 Navigation Static 静态，被标记的模型将参与 NavMesh Baking，在 Navigation 面板中依据现实比例，合理设置代理半径、代理高度、最大可行走坡度、步高等参数，单击 Bake 按钮以烘焙生成 NavMesh，如图 11-35 所示。

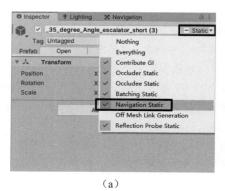
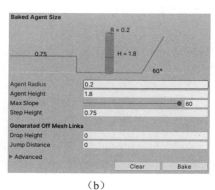

（a） （b）

图 11-35 NavMesh Baking 设置

（a）将参与导航的模型设置为静态；（b）设置 NavMesh 参数

NavMesh 完成烘焙后给 Agent 模型添加 NavMesh Agent 组件，并设置代理体的半径、高度、速度、移动加速度、距离目标点位置前的停止距离及代理与障碍物、代理与代理之间的障碍躲避等参数。同时因人流疏散模拟时 Agent 数量较多，这里同步给每个代理添加了 LOD Group 组件，即通过 LOD 技术将超出当前视野位置一定距离的人物模型替换为简模，以减少大场景下大规模人物模型渲染的计算量，如图 11-36 所示。

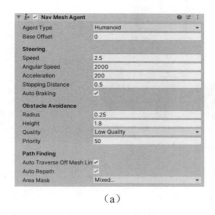
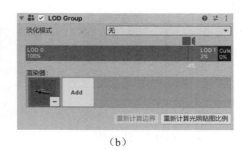

（a）　　　　　　　　　　　　　　　（b）

图 11-36　NavMesh Baking 设置

（a）NavMesh Agent 组件；（b）LOD Group 组件

在 NavMesh Baking 时可为不同的区域，如在平地、楼梯或扶梯等不同区域位置设置不同类型的 NavMesh 及不同的移动成本 Cost，可人为在具有不同坡度、地面属性等特性的区域上设置移动的难易程度。在 Navigation 面板上的 Areas 模块，设置成本的类型名称及 Cost 数值，并在 Navigation 面板上的 Object 模块，通过 Navigation Area 设置不同区域模型的成本类型名称。Navigation System 中两点之间移动的难易程度取决于行进距离及与所处凸多边形区域类型相关联的成本，即距离乘以成本。通过成本可以控制寻路器在寻路时优先选择成本更低更易通过的前进方向及区域。在计算寻路路径时会综合考虑不同区域的不同 Cost 成本，使得疏散模拟更加符合现实环境下的人流移动路径。烘焙不同 Cost 的 NavMesh 如图 11-37 所示。

图 11-37　不同 Cost 的 NavMesh

通过上述 GPU Animation 和 GPU Instancing 的方法为人物角色制作了多个可在 GPU 上计算的动画效果，包括 6 个站姿动画、2 个坐姿动画、1 个从坐姿到站姿的过渡动画、1 个行走动画和 1 个奔跑动画，AnimMap 人物骨骼动作顶点动画如图 11-38 所示。

图 11-38 AnimMap 人物骨骼动作顶点动画

完成人物动画、NavMesh Baking 及其他代理设置后,为每个代理添加 AgentAniInstancingByGPU.cs 脚本。该脚本中包含站台疏散、隧道疏散等不同工况下的寻路控制代码,以及通过 C# 代码更改人物顶点动画着色器 AnimMapGPUShader.shader 中的相关属性值,以更改控制人物不同动画效果的播放与切换,如使用 SetTexture() 方法设置着色器中的 _PosTex 属性,更改不同的 AnimMap 对应的顶点动画效果;使用 SetFloat() 方法设置着色器中的 _Length 属性,更改人物顶点动画的播放速度;使用 Toggle 标签启用关闭着色器中的 _Loop 属性,可设置每个顶点动画效果是否循环播放。寻路控制与动画播放控制部分关键程序如代码 11-3 所示。AnimMapGPUShader 着色器的 Properties 属性部分如代码 11-4 所示。

代码 11-3:AgentAniInstancingByGPU.cs 部分寻路关键代码

```
/// <summary>
/// 这里使用 GPU Animation/Animator Instancing,通过更换 AnimMap 来改变代理模型的动画动作
/// 针对坐着的乘客,先等待播放完起身的动画,再设置路径并播放奔跑的动画
/// </summary>
/// <returns></returns>
IEnumerator PlayStandUpAnimMapThenSetPath() {
    // 开始时代理是否是坐着的动画,如果是则需要播放起身动画,再播放奔跑动画
    if (isSitAgent) {
        m_Render.material.SetTexture("_PosTex", m_PosTex_StandUp);
        // 设置循环起身 Stand Up 动画为 0,即 false
        m_Render.material.SetFloat("_Loop", 0);
        //Stand Up 的动画默认播放速度为 4.833333s,该值绝对值越小动作越快,这里设置为 2.5s
        m_Render.material.SetFloat("_Length", 2.5f);
        // 随机等待一个时间,使得没那么一致,增加随机性
        yield return new WaitForSeconds(Random.Range(.8f, 3f));
    }

    yield return null;
    CalculateAgentRoute(evacuationTargetPos);
    m_Render.material.SetTexture("_PosTex", m_PosTex_HumanoidRun);
    m_Render.material.SetFloat("_Length", .75f); //奔跑的速度默认为 0.5933332
    yield return null;
```

```
}
// 计算代理疏散的路径
private void CalculateAgentRoute(Vector3 evacuationTargetPos) {
    bool isHasPath = NavMesh.CalculatePath(transform.position,
evacuationTargetPos, NavMesh.AllAreas, path);
    // 为每个 agent 设置预计算好的路径
    if (isHasPath)
        agent.SetPath(path);
}
```

代码 11-4：AnimMapGPUShader.shader 属性部分代码

```
Properties
{
    _MainTex("Texture", 2D) = "white" {}
    _PosTex("Position texture", 2D) = "black"{}
    _DeltaTime("Delta time", float) = 0
    _Length("Animation length", Float) = 1
    [Toggle(ANIM_LOOP)] _Loop("Loop", Float) = 1
}
```

在 VR 场景中人流疏散效果及数值模拟中的人流疏散效果如图 11-39 所示。

（a）

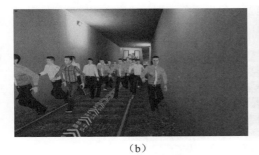

（b）

（c）

图 11-39 人流疏散

（a）VR 场景下站厅层疏散；（b）VR 场景下隧道疏散；（c）数值模拟 4 号线站台层疏散

11.5.2 爆炸及烟雾模拟模块

1. 数值模拟中的烟雾蔓延计算结果

当起火列车在站台疏散时,由于站台排烟能力较强,大部分烟气通过站台排烟、隧道排烟和轨顶排烟等风机排出,部分未被排出的烟气集中在车厢和站台隧道内,仅有少部分烟气蔓延到站台上,不会影响站厅层及另一站台层,如图 11-40 所示。同时,较大的排烟量也确保了各层的楼梯口有足够大的正压新风,保证乘客的安全撤离。由于站台层的层高较高,少部分蔓延到站台的烟气集中在顶棚位置,也不会对站台的人员造成较大影响,所以站台层的危险区域均在车厢内部。

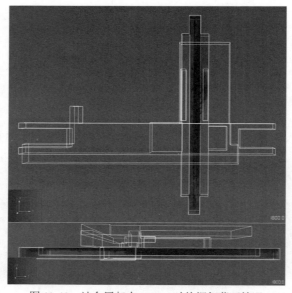

图 11-40 站台层起火 1800 s 时的烟气蔓延情况

当起火列车在区间隧道疏散时,火灾烟气会影响整个列车内部,在隧道其他区域,烟气影响较小;1 号线隧道和 4 号线隧道结构有差异,但火灾产生的烟气蔓延状态基本相同;开启隧道风机虽然加快了排烟侧的烟气蔓延速度,但也避免了烟气向送风侧蔓延,同时可以明显降低隧道其他区域的烟气浓度,如图 11-41 所示。

图 11-41 火灾烟气在隧道内的蔓延情况

2. 参照数值模拟结果实现VR场景下的爆炸及烟雾效果

以站台疏散时的烟雾蔓延模拟效果为例，以数值模拟中对烟雾蔓延的计算结果为参照，实现在 VR 场景中的烟雾蔓延分布过程及效果展示。

在 Unity 的三维场景中通过 Particle System（粒子系统）来模拟烟雾等效果。粒子系统是以大量小图像或小网格为基本粒子单元计算粒子位置、速度等；粒子可对基础物理系统的碰撞检测作出响应，如碰撞、吸收、反弹等；可受外部作用力影响，模拟风场、磁场等外部作用力下粒子的速度、加速度及受力等方面的影响；可通过粒子着色器、纹理及纹理采样更改粒子的外观效果，如添加火焰或烟雾的序列图纹理，使用相应着色器控制序列图纹理 UV 随时间的动态循环播放，即可模拟大多数的流体效果。粒子系统组件由 Main Module（主模块）、Emission Module（发射模块）、Collision Module（碰撞模块）、Custom Data Module（自定义数据模块）及 Renderer Module（渲染器模块）等 20 余个模块组成，其中 Particle Emitter（粒子发射器）和 Particle Renderer（粒子渲染器）为两个主要的模块组件，粒子发射器定义了粒子的发射方式、速度、生命周期等属性，而粒子渲染器则将粒子以可见的方式渲染到屏幕上。粒子系统可通过 API 使用 C# 脚本完成对粒子的读写操作，实现对粒子系统的自定义控制，如图 11-42 所示。

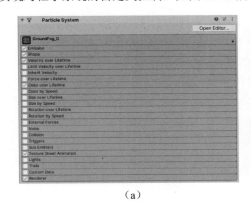
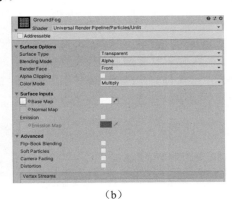

(a)   (b)

图 11-42　Particle System 组件

(a) 粒子系统模块；(b) 粒子 Shader 材质

将爆炸粒子特效、火焰燃烧粒子特效及烟雾粒子特效等视觉效果（visual effects，VFX）资源应用到模拟过程中，涉及资源加载与管理问题。在本案例中设计了资源管理类 ResMgr.cs 用来处理粒子特效等各种资源类的场景对象，关键程序如代码 11-5 所示，添加了同步资源加载和异步资源加载两种资源加载方式。

代码 11-5：资源加载模块

```
// 资源加载模块
public class ResMgr : BaseManager<ResMgr> {
// 同步加载资源
// 加泛型约束,这个泛型是一个Object,Unity中资源的基类都是Object
    public T Load<T>(string name) where T : Object {
        T res = Resources.Load<T>(name);
```

```csharp
        if (res is GameObject) return GameObject.Instantiate(res);
        else return res;
}

    // 异步加载资源
    // 异步加载的资源，不能立刻使用，加载出来真正对象需要等待N帧，通过回调函数的方式使用
    public void LoadAsync<T>(string name,UnityAction<T> callBack) where T : Object{
        // 开启异步加载的协程
        MonoMgr.GetInstance().StartCoroutine(ReallyLoadAsync(name, callBack));
    }

    // 协同程序函数，用于开启异步加载对应的资源
private IEnumerator ReallyLoadAsync<T>(string name,UnityAction<T> callBack) where T : Object{
    ResourceRequest r = Resources.LoadAsync<T>(name);
        yield return r;
    //r.asset 默认类型为基类Object。通过里氏转换原则用一个基类去存一个子类，必须要把基类转换成对应的子类，才能去使用
        if (r.asset is GameObject)
            callBack(GameObject.Instantiate(r.asset) as T);
        else
            callBack(r.asset as T);
    }
}
```

以站台疏散的烟雾蔓延过程为例，添加 SmokeSperad.cs 脚本，并使用资源管理类 ResMgr.cs 中的异步资源加载方式实现 1 号线和 4 号线站台疏散时烟雾蔓延过程中粒子资源特效的加载和设置，关键程序如代码 11-6 所示。

代码 11-6：SmokeSperad.cs 烟雾蔓延部分代码

```csharp
// 站台疏散时的烟雾蔓延
private void SpawnSmokesAndSpread() {
    for (int i = 0; i < smokeSperadPoints_Platform.Length; i++) {
        StartCoroutine(SpawnPartical(i));
    }
}

IEnumerator SpawnPartical(int i) {
    timer += Random.Range(3f, 10f);
    yield return new WaitForSeconds(timer);
     if (SetConditionParameter.Instance().conditionSetting.TRAIN_LINE_TYPE == TrainLineType.Line_1) {
            ResMgr.GetInstance().LoadAsync<GameObject>("VFX/" + "GroundFog_Platfrom_Line1", (patical) => {
                patical.transform.SetParent(smokeSperadPoints_Platform[i]);
                patical.transform.localPosition = Vector3.zero;
                patical.transform.localRotation = Quaternion.Euler(Vector3.zero);
            });
     }
        else if (SetConditionParameter.Instance().conditionSetting.TRAIN_LINE_TYPE == TrainLineType.Line_4) {
            ResMgr.GetInstance().LoadAsync<GameObject>("VFX/" + "GroundFog_Platfrom_Line4", (patical) => {
                patical.transform.SetParent(smokeSperadPoints_Platform[i]);
```

```
        patical.transform.localPosition = Vector3.zero;
        patical.transform.localRotation = Quaternion.Euler(Vector3.zero);
    }); }
}
```

VR 场景中站台疏散和隧道疏散过程中的烟雾蔓延效果如图 11-43 所示。图 11-44 分别显示了事故初期在车厢中点燃汽油、产生爆炸、燃烧及烟雾的粒子效果。

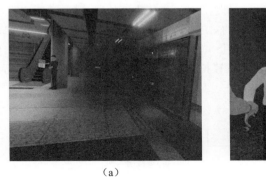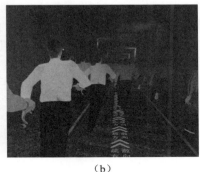

(a)　　　　　　　　　　　　　　(b)

图 11-43　站台、隧道烟雾蔓延

(a) 站台烟雾；(b) 隧道烟雾

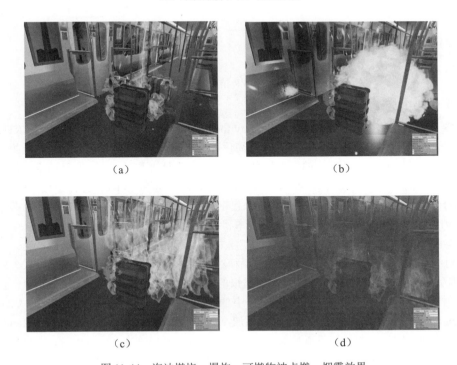

图 11-44　汽油燃烧、爆炸、可燃物被点燃、烟雾效果

(a) 泼洒汽油并点燃；(b) 爆炸；(c) 可燃物燃烧；(d) 产生烟雾

11.5.3 应急处置流程与 VR 交互模块

1. 应急处置流程及工况设置

在 Unity 中，VR 场景的情景模拟结合了有关的应急预案等文件，梳理了相关工作人员应对地铁突发事件时的处置程序，结合事故情景进程链，设计了应急处置流程的 VR 情景及操作脚本。这些模拟流程可以在虚拟环境中呈现，并通过 VR 交互操作来实现交互性。在 VR 情景模拟中，设计制作了两种操作角色，分别为值班站长和乘客。每个角色都有着不同的操作流程，用户能够体验不同角色的对应处置程序，能够更全面地了解不同角色在应急事件中的处置操作及协作方式。针对具体的地铁线路，分别设置了 1 号线和 4 号线及其对应的站台疏散和隧道疏散共 8 种工况的模拟体验流程，模拟工况如图 11-45 所示。

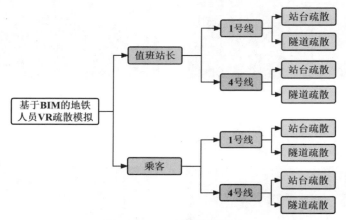

图 11-45　VR 情景模拟工况

2. VR 交互实现

本案例主要使用 VRTK（virtual reality toolkit）包实现 VR 的交互操作。VRTK 是 Unity 一个开源的 VR 交互开发插件，用于简化和加速 VR 应用程序的开发流程，其提供了一系列的脚本和组件及其对应的案例场景，可用于快速处理常见的 VR 交互需求，例如头部追踪、手柄交互、UI 交互、物体抓取、碰撞检测、移动等。VRTK 提供了统一的接口，具备跨平台能力，能够在不同的 VR 平台上开发应用程序，支持多种 VR 硬件设备，如 HTC VIVE、Oculus Rift 等。并可自定义脚本和组件，方便扩展 VR 交互功能。

案例中以 HTC VIVE Pro 设备为例，使用左右手两个 VR Trigger（手柄扳机键）触发直线射线、曲线射线，同时以 Trackpad（手柄触控板）添加圆盘状控制按钮的方式分别与 UI 和场景进行交互，并结合语音及字幕播报的方式实现 VR 模拟体验流程。其中，使用直线射线与 UI 进行交互，需添加 VRTK 中的 VRTK_Pointer、VRTK_UIPointer、VRTK_StraightPointerRenderer 等组件；曲线射线添加 VRTK_Pointer、VRTK_BezierPointerRenderer 等组件实现；圆盘控制按钮需添加 RadialMenuController 和 VRTK_RadialMenu 等组件，对应 VRTK 组件如图 11-46 所示。

第 11 章 基于 CIM 的地铁人员模拟疏散

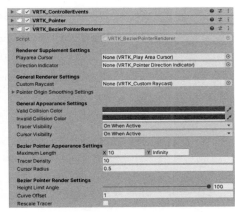

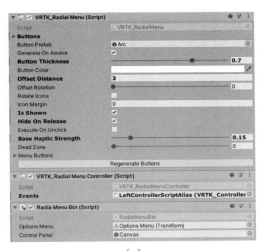

图 11-46　VRTK 交互组件

（a）直线射线组件；（b）曲线射线组件；（c）圆盘控制按钮组件

以圆盘控制按钮的应用为例，在触控板上添加了"确认""设置""返回菜单"和"退出程序"四个功能按钮，分别用于确认当前 VR 情景处置流程是否已结束；系统功能设置；返回主菜单，以选择其他操作角色或工况场景重新开始模拟体验；退出 VR 系统并结束模拟体验。圆盘控制按钮对应主要程序如代码 11-7 所示。图 11-47 为使用 VR 右手手柄触控板添加的圆盘控制按钮，以及使用左手手柄直线射线进行的 UI 交互和右手手柄曲线射线进行的场景移动交互的效果。

代码 11-7：RadiaMenuBtn.cs 圆盘控制按钮的部分代码

```
// 确认乘客已经疏散完毕
private void OnClick_Btn0() {
    if (isCanStartConfrimBtn) {
```

```
                MusicMgr.GetInstance().PlaySound("Button", false);
                this.CancelInvoke();            // 取消本脚本的所有回调方法
                if (isPrimaryProcedure)
                        EventCenter.GetInstance().EventTrigger("Verify_Confrim_Primary");
                if (isSecondaryProcedure)
                        EventCenter.GetInstance().EventTrigger("Verify_Confrim_Secondary");
                if (currentBroadcastAS)
                        MusicMgr.GetInstance().StopSound(currentBroadcastAS);
                isCanStartConfrimBtn = false;
        }
}
// 系统设置
private void OnClick_Btn3() {
        MusicMgr.GetInstance().PlaySound("Button", false);
        isState = !isState;
        Move();
        SetObjectVisibility();
        if (isState) {// 触发单击了手柄菜单按钮的事件，播放设置面板的 DoTween 动画
                EventCenter.GetInstance().EventTrigger("ClicedMenuBtn");
        } else {   // 再次单击按钮关闭设置面板
                EventCenter.GetInstance().EventTrigger("ClickMenuBtnToClose");
        }
}
// 退出程序
private void OnClick_Btn2() {
        MusicMgr.GetInstance().PlaySound("Button", false);
        Application.Quit();
}
// 返回 Title Scene 场景
private void OnClick_Btn4() {
        MusicMgr.GetInstance().PlaySound("Button", false);
        // 从其他场景切换回 Title Scene 后触发，不显示 Main Panel 面板
        EventCenter.GetInstance().EventTrigger<RadiaMenuBtn>("ChangeScene", this);
        isChangeScene = true;
        ScenesMgr.GetInstance().LoadSceneAsyn((int)SceneIndexes.TITLE_SCENE, () => {
                MusicMgr.GetInstance().PlaySound("Button", false);
        });
}
```

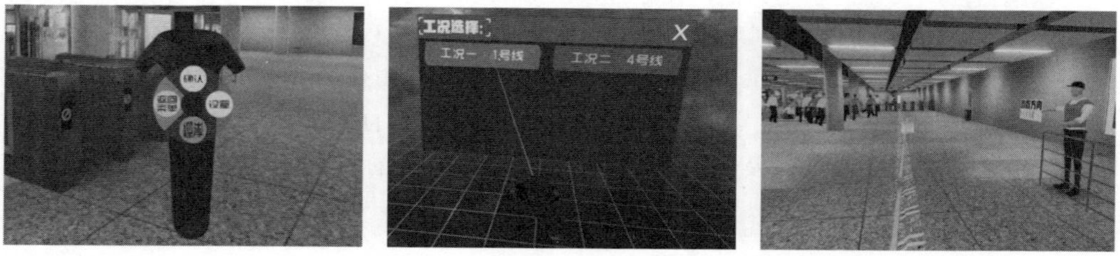

图 11-47　VR 操作方式

（a）触控板的圆盘控制按钮；（b）直线射线操作方式；（c）曲线射线操作方式

在 VR 体验中，用户将按照 UI 面板上的提示信息，包括字幕提示、语音播报和虚拟路径，逐步完成一系列模拟操作。其中 UI 面板、按钮等使用 DoTween（动画制作工具，可用于创建和管理各种类型的动画效果，具备各种插值功能、可自定义功能扩展、支持序列化和回调，且性能更优）添加了多种 UI 动画效果，如缩放、跳动，以及颜色变化等 UI 动画效果，增强了场景中对象和界面的交互性和视觉效果；字幕提示是依据处置流程将相应规则显示在 UI 面板上；语音播报为根据字幕提示语句，将字幕转换为语音同步进行播放，以更好地提示操作用户，部分程序如代码 11-8 所示，在 VR 场景中的实现效果如图 11-48 所示。

代码 11-8：动画、字幕、语音播放等部分代码（以值班站长第一阶段处置流程为例）

```
// 值班站长，第一阶段的 UI 语音
private void GuideAni() {
    //UI 动画开始前，先播放对讲机音效
    MusicMgr.GetInstance().PlaySound("InterPhone", false);
    quence = DOTween.Sequence();
    // 面板的动画
quence.Append(currentRectTran.DOScaleX(1f, .5f).SetEase(Ease.InOutBack));

    // 文字动画播报开始时 OnPlay，播报语音，就能与接下来的字幕动画衔接
    quence.Append(guideInfoTxt.DOText(GuideTextContent.dutyStation_1, 7.5f)).OnPlay(
        () => PlaySound("dutyStation_1"));

    // 字幕动画
    quence.AppendguideInfoTxt.DOText(GuideTextContent.dutyStation_2, 4f).OnPlay
        () => ShowBtn()));

    // 提示标志的动画，使醒目
    if (tipsImg) {
        tipsImg.GetComponent<RectTransform>().DOPunchScale(new Vector3(0.2f, 0.2f, 0.2f), .8f, 3, 0).SetEase(Ease.InOutBack).SetLoops(-1); }
}

// 列车可以维持驶向前方车站，进入二级处置程序：即站台疏散
private void ExecuteSecondaryProcedure() {
    // 站台疏散，在序列动画执行开始前，显示值班站长的第二个面板    GuideInfoMgr.GetInstance().ShowPanel<GuideInfoDutyStationPanel2>("GuideInfoDutyStationPanel2");
    GuideInfoMgr.GetInstance().HidePanel("GuideInfoDutyStationPanel3");
quence.Kill();// 当单击了按钮后，quence 动画序列当即停止

    if (currentBroadcastAS)
        MusicMgr.GetInstance().StopSound(currentBroadcastAS);

    guideInfoTxt.text = "";
    MusicMgr.GetInstance().PlaySound("Button", false);
    sequence_ExecuteProcedure = DOTween.Sequence();
    PlaySequenceAni(sequence_ExecuteProcedure, GuideTextContent.disposalProcedure_2, 4.5f, "disposalProcedure_2");
    conditionSelectBtn2.interactable = false;
    conditionSelectBtn.gameObject.SetActive(false);
```

```
    // 字幕动画 / 语音播放完后，触发站台疏散
    sequence_ExecuteProcedure.AppendInterval(1f).AppendCallback(() => {
        EventCenter.GetInstance().EventTrigger("SecondaryProcedure");
        EventCenter.GetInstance().EventTrigger("OpenTurnstiles");// 打开地铁闸门
    });
    PlaySequenceAni(sequence_ExecuteProcedure, GuideTextContent.followVirtualRoute, 7.5f, "followVirtualRoute");
    ExecuteAfterGettingInfo();
}
// 播放序列的字幕动画及语音
private void PlaySequenceAni(Sequence quence, string textContent, float duration, string audioName) {
    quence.Append(guideInfoTxt.DOText(textContent, duration).OnPlay(
        () => PlaySound(audioName)));
}
/// 播报语音
private void PlaySound(string soundName) {
    // 若当前语音还没有播放完就单击了下一条，则当前语音停止，播放下一条语音
    if (currentBroadcastAS)
        MusicMgr.GetInstance().StopSound(currentBroadcastAS);
    MusicMgr.GetInstance().PlaySound(soundName, false, (sound) => {
        currentBroadcastAS = sound;
    });
}
```

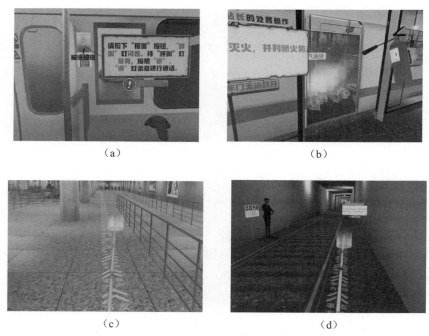

图 11-48　语音播报、导航线

（a）使用报警按钮；（b）灭火器尝试灭火；（c）站厅层的虚拟指引路径；（d）隧道中的虚拟指引路径

其中，虚拟指引路径采用 Line Renderer 组件实现路径显示。结合 NavMesh，设置

Agent 从列车上开始疏散时的起点到地铁站各个出口位置的终点，计算生成各种工况下的疏散路径，以这条路径上的各个拐角点坐标作为 Line Renderer 组件上 Positions 属性的输入，使得该组件沿着计算路径的系列拐角点生成一条可见的虚拟指引路径，组件如图 11-49 所示。

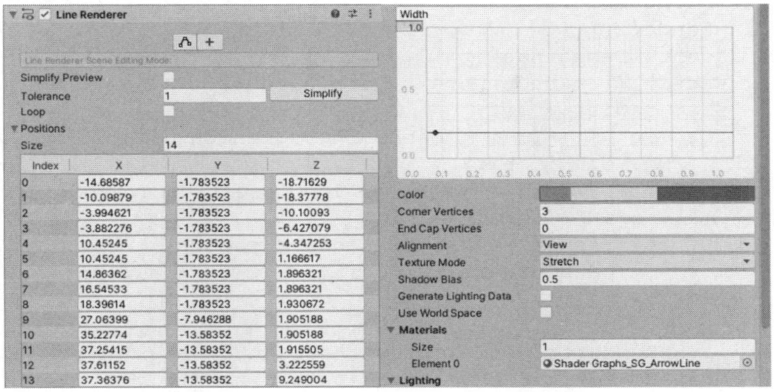

图 11-49　Line Renderer 组件

完成指引路径的可视化显示后，为路径添加沿着疏散目标点方向上的箭头移动动态效果，这里使用 Shader Graph 可视化着色器开发工具（Unity 引擎中的一个可视化着色器编写工具，可以图形化的方式创建和编辑着色器，而无须编写传统的着色器代码）实现在指引路径上显示箭头纹理 UV 的移动动态效果着色器 SG_ArrowLine.shadergraph，该着色器可视化节点连接如图 11-50 所示。生成虚拟指引路径并设置着色器参数的部分程序如代码 11-9 所示。效果如图 11-51 所示。

代码 11-9：以监听二级处置程序，站台疏散为例

```
// 监听二级处置程序，站台疏散
EventCenter.GetInstance().AddEventListener("SecondaryProcedure", () => {
    if (navmeshObstacle)
        navmeshObstacle.SetActive(false);
    tunnelEvacuation_Line1.SetActive(true);
    // 站台疏散中区分 1 号线和 4 号线的目标点
    m_TargetPos = SetConditionParameter.Instance().conditionSetting.Route_Platfrom_Target;
    SpawnVirtualRoute();
    if (_lineRenderer)
        // 设置 SG_ArrowLine.shadergraph 中的贴图 UV 平铺值
        _lineRenderer.material.SetVector("_Tilling", new Vector2(-200, 1));
});

// 使用 NavmeshAgent 计算路径，给 _lineRenderer 赋值
private void SpawnVirtualRoute() {
    if (_lineRenderer)
        _lineRenderer.gameObject.SetActive(true);
    SetLineRenderer();
}

// 设置 Line Renderer 组件
private void SetLineRenderer() {
```

```
            m_NavMeshAgent.CalculatePath(m_TargetPos, m_NavMeshPath);
            AgentToDebug(m_NavMeshAgent, m_NavMeshPath, _lineRenderer);
}

// 生成路径拐角点，并设置给 Line Renderer 组件的 Positions 属性
private void AgentToDebug(NavMeshAgent agentToDebug, NavMeshPath path,
LineRenderer _lineRenderer) {
    if (_lineRenderer) {
        if (agentToDebug.hasPath) {
            Vector3[] pathCorners = path.corners;
            float radius = .5f;
            for (int i = 1; i < pathCorners.Length - 2; i++) {
                NavMeshHit hit;
                bool result = NavMesh.FindClosestEdge(pathCorners[i], out
hit, NavMesh.AllAreas);
                if (result && hit.distance < radius)
                    pathCorners[i] = hit.position + hit.normal * radius;
            }

            _lineRenderer.positionCount = pathCorners.Length;
            _lineRenderer.SetPositions(pathCorners);
            _lineRenderer.enabled = true;
        } else {
_lineRenderer.enabled = false;
        }
    }
}
```

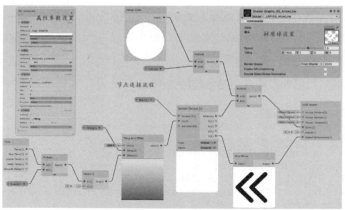

图 11-50　SG_ArrowLine.shadergraph 着色器节点连接、属性参数及其材质球设置

图 11-51　疏散方向指引路径

翻译委员会

主　译　谢晓竹
副主译　李卫东　王子强　屈　强
译　者　李冠男　张　洋　胡海荣　张权越
　　　　　蔺　敏　孙　瑜　卢　罡　刘中暄
　　　　　张文阁　张　增　唐　伟　王　璇

致 谢

谨以此书献给我的父亲理查德·科尔,他教会了我对感兴趣的事情要有持之以恒的信念和热情;也献给我亲爱的妻子布伦达,感谢她在本书编写过程给予我的支持和帮助。

译 者 序

本书详细介绍了无线传感器网络在战术情报、监视和侦察系统中的应用,从战术情报、监视和侦察系统,无线传感器网络的相关技术出发,对无线传感器网络在各类应用环境下的技术设计以及部署方案进行了深入研究。

本书着眼于面向战术情报、监视和侦察系统的无线传感器网络系统的设计。通过介绍战术情报、监视和侦察传感器系统的内涵和外延,引出战术情报、监视和侦察系统的设计方案,详细描述无线传感器网络系统设计中所涉及的关键技术、功能模块、性能评估等问题,并通过美国国防高级研究计划局的军事实例、海关和边境巡逻系统等案例介绍无线传感器网络系统的具体应用。

本书的特点是将无线传感器网络的方案设计与战术情报、监视和侦察系统相结合,突出了无线传感器网络在战术侦察情报系统中的实际应用,并结合美军传感器系统军事应用实例。本书从实践角度出发,着重阐述了应用部署的环节和步骤,以及其中的关键技术。本书章节按照系统实现(从概念到实现)的顺序安排,为读者提供一个完整的系统实现过程,内容描述由浅及深,注重实践应用,具有很强的指导性。

本书适用于从事复杂战场环境感知、危险环境监测等领域的科学研究人员和工程技术人员,对高等院校物联网工程相关领域的高校教师、研究生、高年级本科生,以及从事战场侦察情报相关专业和无线传感器网络相关专业的学生也大有裨益。

本书由谢晓竹主译,李卫东、王子强、屈强、刘中暄、李冠男、张洋、胡海荣、张权越、蔺敏、卢罡、孙瑜、张文阁、张增、唐伟、王璇等参与翻译,并由谢晓竹教授完成最后的校译。

在翻译过程中,译者力求忠实、准确地把握原著,同时保留原著的风格,但由于水平有限,书中难免有错误和不准确之处,恳请广大读者批评指正!

译 者
2023 年 7 月

前　　言

对于许多技术概念来说,相关的词汇会随着时代的变化而变化。无线传感器网络(WSN)已与物联网(IoT)融为一体,战术情报、监视和侦察(T-ISR)战场物联网(IoBT)也已成为现实。正如 Mark Weiser[1]在他的论文《普适计算》(UbiComp)中所预言的那样,这两种技术都被认为是21世纪初几个工程领域技术进步的产物。20世纪90年代,美国国家仪器有限公司(National Instruments,NI)发布了鼠标垫,提出"软件就是设备"思想。很明显,计算机代码正在成为连接物理传感器和仪器操作的纽带。准确地说,在使用"无线传感器网络"和"物联网"的名词时,人们既可以认为无线传感器网络与互联网有关,也可以认为无线传感器网络与互联网无关。同理,人们既可以认为物联网涉及无线传感器网络,也可以认为物联网与无线传感器网络无关。利用无线传感器网络技术可以形成一个自给自足的、由传感器节点组成的自组织(多跳)网络,该网络无论是否连接互联网,均接受控制中心的控制指令并向控制中心报告。无线传感器网络接入互联网,有两个主要的好处:一是借助互联网完善、成熟的基础设施,无线传感器网络可以提供全球通信;二是无线传感器网络可以获得互联网很多的服务和功能,提供复杂控制、数据处理和可视化能力。从概念上看,无线传感器网络可看作是物联网的一组感知输入,而物联网则看作是无线传感器网络的处理能力。因此,尽管本书的重点是无线传感器网络在战术情报、监视和侦察系统中的应用,但基于战术情报、监视和侦察的无线传感器网络系统的概念、数学方程、技术细节及实现,也与工业、卫生、环境、农业和民用(城市和交通系统)应用相关的无线传感器网络-物联网系统直接相关。

无线传感器网络的起步要归功于美国国防高级研究计划局(DARPA)提供的启动基金。美国国防部预测无线传感器网络的能力将能够解决一些迫切的问题,特别是关于战术情报、监视和侦察的传感器问题。因此,DARPA 负责中间件功能开发的重大进展,特别是通过网络嵌入式系统技术(NEST)项目。为了获得美国国防部的认可,这项技术必须达到一定的成熟度。在研究和测试的早期阶段,重点是满足低成本和低功耗的要求,其中一个结果是在此期间传感器节点(微粒)硬件的质量。此外,考虑到无线网络连接在大多数应用中很难实现,需要在地面附近放置射频收发器,以提高链路的可靠性。在最初的无线传感器网络开发过程中,发布了大量用于解决无线传感器网络中间件和操作的分析及仿真结果。尽管这些成果广受好评,但是,较全面介绍无线传感器网络的书籍(手册)从未出现过,而且公开文献也忽视了在这个开创性的10年中进行的重要工作。在实施NEST项目的同时,DARPA、美国特种作战司令部(USSOCOM)和其他政府机构进行了合作,成功地进行了现场测试和演示。本书较为全面地介绍了无线传感器网络技术,并详细描述了与无线传感器网络相关的各个子系统,同时提供了较为详细的参考资料。为了实现这个目标,本书规划了各个子系统的设计方案及其关键技术。本书各章节对应的无线传感器各子系统如图1所示。

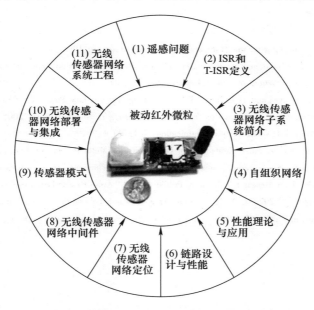

图1 本书各章节对应的无线传感器网络各子系统

无线传感器网络研究的持续发展主要集中在软件网络和深度神经网络(DNN)方面。当前进行的研究工作是向无线传感器网络注入复杂逻辑,使其能够自主运行,并能够理解和预测态势感知。无线传感器网络的目标是在学习如何通过提供侦察资源的能力来应对意外故障、中断或故意攻击的同时能够熟练地操作,即使这样做会导致操作能力下降。美国陆军作战能力发展司令部的陆军研究实验室(ARL)正在开展一些项目来解决无线传感器网络的这些问题。随着可穿戴物联网的持续发展和实现,无线传感器网络的发展正迎来新的篇章,将实现与无人平台的互联,以及越来越多的逻辑注入。

感谢那些为我成功完成这个项目提供环境、技术和指导的人。首先感谢在约翰霍普金斯大学工作的威廉·哈金斯博士和简·明科夫斯基博士,感谢这两位年轻的系统工程师和物理学家对我的指导。同时,要感谢诺斯洛普·格鲁曼公司信息技术部(NGIT)提供给我这个机会来领导技术项目,这些项目要求我与实际的战术情报、监视和侦察终端用户一起进行无线传感器网络的基础研究和测试。此外,还要感谢 Artech House 出版社的大卫·迈克尔森(David Michelson)提供的全力支持,对我提出的各种问题,他都会及时解答,并每周召开电话会议,以确保所有出版工作都能顺利进行。最后,我要感谢我的妻子布伦达,感谢她一如既往的鼓励和支持,感谢她在我繁忙时帮我打理家务。

参考文献

[1] Weiser, M, "The Computer for the 21st Century," *Scientific American*, 1991.

[2] Ganeriwal, S, L. K. Balzano, and M. B. Srivastava, "Reputation – based Framework for High Integrity Sensor Networks," *ACM Transactions on Sensor Networks*, Vol. V, 2007.

[3] Polastre, J, R. Szewczyk, and D. Culler, "Telos: Enabling Ultra – Low Power Wireless Research," *IPSN 2005: Fourth International Symposium on Information Processing in Sensor Networks*, 2005, pp. 364 – 369.

[4] Kanowitz, S, "Army tests smart – city communications tool," *FCW*, 2019.

[5] Saccone, L, "Army Studies Smart Cities for New Communication Methods," *In Compliance*, 2019, https://incompliancemag.com/army – studies – smart – cities – for – new communication – methods/, May 15, 2019.

[6] U. S. Army CCDC Army Research Laboratory Public Affairs, "Army Researchers Develop Innovative Sensor Inspired by Elephant," 2020. U. S. Army CCDC Army Research Laboratory Public Affairs, May 8, 2020, https://www.army.mil/article/235400/army_researchers_develop_innovative_sensor_inspired_by_elephants.

目　　录

第1章　战术情报、监视和侦察传感器系统：背景和概述 …… 1

- 1.1　战术情报、监视和侦察面临的挑战：传感器系统数据量 …… 3
- 1.2　战术情报、监视和侦察网络传感器前身：无人地面传感器 …… 4
- 1.3　战术情报、监视和侦察系统数据处理流程 …… 6
- 1.4　战术情报、监视和侦察概述：战略、作战和战术情报、监视和侦察的水平 …… 7
- 1.5　无线传感器网络技术融合 …… 11
  - 1.5.1　分组交换数字网络 …… 12
  - 1.5.2　微机电系统 …… 13
  - 1.5.3　互联网栅格与国防部信息网络 …… 13
  - 1.5.4　超大规模集成电路 …… 14
  - 1.5.5　嵌入式实时编码（中间件） …… 14
  - 1.5.6　便携式电源和供电 …… 15
  - 1.5.7　技术融合：无线传感器网络的研发 …… 15
- 参考文献 …… 16

第2章　战术情报、监视和侦察系统的设计 …… 19

- 2.1　情报、监视和侦察的定义 …… 19
- 2.2　战术情报、监视和侦察的目标 …… 20
- 2.3　情报、监视和侦察的影响：全球与本地化 …… 25
- 2.4　利用目标特征：特征提取 …… 26
- 2.5　针对作战背景的目标识别 …… 27
- 2.6　战术情报、监视和侦察系统数据产品组成 …… 28
- 2.7　战术情报、监视和侦察数据产品发布 …… 29
- 2.8　战术情报、监视和侦察系统工程 …… 29
- 2.9　监控开发和测试进度 …… 31

2.10 情报、监视和侦察数据的下游使用 ………………………………………… 31
参考文献 …………………………………………………………………………… 32

第3章 战术情报、监视和侦察系统的无线传感器网络 ……………… 34
3.1 无线传感器网络节点 …………………………………………………………… 35
3.2 无线传感器网络节点(微粒)功能 ……………………………………………… 36
3.3 无线传感器网络微粒子系统及示例 …………………………………………… 37
　　3.3.1 无线传感器网络微控制器 ……………………………………………… 40
　　3.3.2 基于微粒的数据采集 …………………………………………………… 46
　　3.3.3 射频收发器 ……………………………………………………………… 52
　　3.3.4 基于微粒的传感器模态 ………………………………………………… 55
3.4 自适应无线传感器网络功能以解决战术情报、监视和侦察
　　任务 ……………………………………………………………………………… 56
　　3.4.1 部署前注意事项 ………………………………………………………… 57
　　3.4.2 网络管理系统 …………………………………………………………… 58
　　3.4.3 传感器信号处理 ………………………………………………………… 58
　　3.4.4 数据/状态通信 …………………………………………………………… 59
　　3.4.5 电源管理 ………………………………………………………………… 59
　　3.4.6 标准化和遗留问题 ……………………………………………………… 59
　　3.4.7 物理属性 ………………………………………………………………… 60
3.5 协作(分层)架构 ………………………………………………………………… 60
参考文献 …………………………………………………………………………… 61
精选书目 …………………………………………………………………………… 64

第4章 自组织网络技术 ……………………………………………………… 66
4.1 概述:分组交换 ………………………………………………………………… 67
　　4.1.1 流量控制 ………………………………………………………………… 68
　　4.1.2 拥塞控制 ………………………………………………………………… 69
　　4.1.3 错误控制 ………………………………………………………………… 71
4.2 使用泊松分布的网络建模 ……………………………………………………… 73
4.3 标准:OSI 参考模型 …………………………………………………………… 75
4.4 实现标准:TCP/IP 包模型 …………………………………………………… 77
4.5 自组织无线网络标准:跨层模型 ……………………………………………… 79

- 4.6 自组织网络架构 79
- 4.7 移动自组织网络背景 82
- 4.8 移动自组织网络概述 83
- 4.9 路由协议分类 83
- 4.10 无线传感器网络和移动自组织网络比较 86
  - 4.10.1 无线传感器网络和移动自组织网络的共性 86
  - 4.10.2 无线传感器网络和移动自组织网络的差异 87
  - 4.10.3 无线传感器网络-移动自组织网络融合 88
- 4.11 移动自组织网络的挑战:问题和漏洞 90
- 4.12 移动自组织网络脆弱性与攻击模式 91
  - 4.12.1 黑洞攻击 91
  - 4.12.2 主动攻击 91
  - 4.12.3 泛洪袭击 91
  - 4.12.4 虫洞攻击 92
  - 4.12.5 灰洞攻击 92
  - 4.12.6 连接欺骗攻击 92
  - 4.12.7 SYN泛洪攻击 92
  - 4.12.8 会话劫持 92
- 参考文献 93

第5章 无线传感器网络系统性能基础:理论与应用 97

- 5.1 系统级开发的评估 97
- 5.2 基础战术情报、监视和侦察系统的设计开发 98
- 5.3 系统工程与技术性能设计 100
- 5.4 识别技术和关键性能参数 101
- 5.5 系统与子系统目标 102
- 5.6 目标/信号检测理论 105
  - 5.6.1 通过条件概率分布进行检测 105
  - 5.6.2 高斯噪声特性 108
  - 5.6.3 泊松噪声特性 110
- 5.7 传感器数据功能 113
- 参考文献 114

第6章 无线传感器网络的无线连接设计与性能 116
6.1 无线传感器网络链路性能:传播模型概述 117
6.2 传播模型 118
6.2.1 基本传播模型:自由空间(Friis方程) 119
6.2.2 多径引发的信号衰落 120
6.2.3 近地场景:双射线衰落模型 121
6.2.4 近地+障碍物:对数正态阴影模型 122
6.2.5 瑞利衰落模型 123
6.2.6 莱斯衰落模型 125
6.2.7 双波扩散功率衰落模型 126
6.2.8 选择性频率衰落 128
6.2.9 移动引发的选择性频率衰落 129
6.2.10 其他射频路径损耗模型 131
6.3 无线传感器网络收发器特点 131
6.3.1 收发器性能 131
6.3.2 信号损耗机理与噪声源 135
6.3.3 正交采样的优点 136
6.4 射频收发器整体性能 137
6.4.1 最小接收功率(信噪比) 137
6.4.2 强度指标 138
6.4.3 丢包指示 139
6.4.4 比特误码率监测 139
6.5 外部射频连接 139
参考文献 142
精选书目 144

第7章 定位 145
7.1 地理定位(导航卫星星座) 147
7.2 全球定位系统概述 148
7.2.1 GPS码 149
7.2.2 GPS无线传感器网络芯片 151
7.2.3 GPS芯片组性能 151

7.3 基于距离转换的方法 ·· 155
   7.3.1 射频信号强度法 ······································ 155
   7.3.2 到达时间法 ·· 156
   7.3.3 到达角法 ·· 159
   7.3.4 距离向量跳数 ·· 161
7.4 特殊定位:步行GPS ·· 162
参考文献 ·· 163

第8章 无线传感器网络中间件的功能 ···························· 166

8.1 无线传感器网络基础:中间件、服务和资源 ······················ 166
8.2 无线传感器网络中间件虚拟化 ································ 167
8.3 无线传感器网络中间件能力 ·································· 167
8.4 持续监控 ·· 169
8.5 无线传感器网络功能需求 ···································· 170
   8.5.1 检测功能 ·· 171
   8.5.2 跟踪功能 ·· 174
   8.5.3 判别/分类功能 ······································ 177
   8.5.4 识别 ·· 178
8.6 电源管理 ·· 179
   8.6.1 MAC的考虑 ·· 180
   8.6.2 低功耗微控制器的解决方案 ···························· 182
   8.6.3 电源:电池电源 ······································ 183
   8.6.4 电源:能量采集 ······································ 183
8.7 可靠性 ·· 184
   8.7.1 可靠的传输设计 ······································ 184
   8.7.2 可靠代码传播 ·· 185
8.8 安全 ·· 187
   8.8.1 密钥管理 ·· 188
   8.8.2 加密协处理器 ·· 188
   8.8.3 低截获概率和低检测概率 ······························ 188
   8.8.4 指令认证 ·· 189
参考文献 ·· 189

第 9 章 无线传感器网络传感器模式 192

9.1 传感器操作 193
9.2 无源光学传感器模式 195
9.2.1 被动红外探测器 196
9.2.2 无源成像传感器 200
9.2.3 无线传感器网络热成像 208
9.2.4 无线传感器网络的可见光成像（摄像头） 209
9.3 主动光学传感器：微型激光雷达 211
9.4 震动传感器 214
9.5 声学传感器 215
9.6 磁力计 215
9.7 化学-生物传感器 217
参考文献 218

第 10 章 无线传感器网络系统部署与集成 221

10.1 部署事项 222
10.1.1 任务目标 223
10.1.2 与人类活动区域的距离 223
10.1.3 地域地貌 224
10.1.4 天气/气候 225
10.2 部署规划——方法与工具 226
10.3 部署布局（感兴趣区域覆盖范围） 226
10.4 部署机制 229
10.5 无线传感器网络系统集成 230
10.5.1 开放地理空间联盟 230
10.5.2 IEEE 1451：智能传感器接口标准 233
10.6 用户集成 235
10.6.1 传统集成 235
10.6.2 指挥控制计算机通用操作图 235
10.6.3 猎鹰视图 237
10.6.4 目标光标 237
参考文献 238

第11章 无线传感器网络在战术情报、监视和侦察中的应用 …… 241

11.1 无线传感器网络在军事上的应用构想 …………………………… 242
11.2 无线传感器网络系统的实施和测试 ……………………………… 243
11.2.1 美国国防高级研究计划局智能尘埃:棕榈镇试验 ……… 243
11.2.2 美国国防高级研究计划局:"沙地一条线"试验 ………… 244
11.3 无线传感器网络与传感器网页服务的整合 ……………………… 261
11.3.1 语义传感器网络 ………………………………………… 261
11.3.2 美国国土安全部验证试验 ……………………………… 262
11.4 作为物联网的无线传感器网络 …………………………………… 263
11.5 国防部正在进行的行动实例 ……………………………………… 264
参考文献 ……………………………………………………………………… 264

第1章 战术情报、监视和侦察传感器系统：背景和概述

为满足情报、监视和侦察任务所要求的性能指标，往往需要通过多种途径来完成传感器系统的设计和开发。情报、监视和侦察任务涵盖的目标种类繁多，同时情报、监视和侦察任务的各种需求之间又是矛盾和冲突的。情报、监视和侦察系统的设计目的是用于完成在恶劣多变的使用环境中实现对复杂目标的检测和跟踪。要想成功开发能胜任情报、监视和侦察任务的传感器系统，前提是必须全面了解和掌握要完成的任务目标、目标的特征和运行的条件。情报、监视和侦察系统要能适应不断发展变化的任务目标，要能适应目标特征的不断变化。作为情报、监视和侦察系统的设计师，在整个设计过程中，从概念模型到系统设计（包括目标种类、运行环境和任务特征等）的各个方面都需要充分理解并详细考虑。

同时，设计师还需要仔细审查情报、监视和侦察系统的设计要求，并制定适当的验收标准，以支持在系统集成和测试（I&T）期间进行有效且彻底的评估。另外，无线传感器网络设计人员还应考虑并提前规划运行评估标准。有些情报、监视和侦察系统的运行和开发在没有详细考虑端-端系统工程的情况下就完成了系统的设计、集成和测试，从而导致系统在初始运行阶段就出现错误。系统的可靠性和合理的资源配置（规模、重量、功率和价格（SWAP2））最好通过同行研究和对现有技术的了解来完成。系统设计和用户问题可能包括以下内容。

（1）是否有足够的数据通信基础设施（具有足够吞吐量、具备延迟性和可用性的基础设施）来支持情报、监视和侦察系统的设计？

（2）所有接口是否都已识别、理解并可行？

（3）是否充分制定了合理且反应迅速的作战企图（CONOPS）？

（4）目标特征和行为是否已有完全定义？

（5）要提取哪些数据产品或情报信息？

（6）设计是否已将所有规模、重量、功率和价格等约束确定到合理的置信水平并考虑清楚？

为了更好地阐述上述的注意事项，下面我们来分析两个未能达到目标的情报、监视和侦察系统的实例：①使用U-2侦察机获取的图像进行简易爆炸装置

(IED 的目标检测;②使用 E-8C 联合监视目标攻击雷达系统(JSTARS)收集一个城市环境的情报、监视和侦察数据[1]。在"伊拉克自由行动"期间,情报、监视和侦察的分析人员利用 U-2 侦察机获取的图像数据来帮助探测和定位简易爆炸装置。预先计划中的方法是让分析人员通过视觉识别系统查看某区域的连续图像,根据检测到的土壤受到的扰动或沿联军可能行动的路线放置的物体来判断是否有简易爆炸装置。然而,由于 U-2 侦察机飞行策略安排的复杂性,导致巡逻飞行暂停了几天。不幸的是,敌人在更短的时间内策划并实施了简易爆炸装置攻击,而所设计的情报、监视和侦察任务系统却未能为作战人员提供及时、可行的信息。

另外一个例子是 2010 年的一项研究,该研究评估了联合监视目标攻击雷达系统对地面动目标指示(GMTI)平台在所支持的城市进行不对称作战方面的效用。但是,尽管联合监视目标攻击雷达系统是一个相当好的概念,但其使用价值还存在疑问,因为它没有有效的组织框架来将地面动目标指示器获取的信息提供给作战人员。设计人员并没有认识到联合监视目标攻击雷达系统与地面动目标指示器相关的局限性,以及联合监视目标攻击雷达系统无法区分城市环境中的移动目标。为什么我们要考虑战术情报、监视和侦察系统设计的这些例子?这些设计方法尽管是经过深思熟虑的,但是由于对其系统的运行环境理解不全面而导致使用时出问题。这些问题再一次突出了系统设计时要考虑的需求:①理解所有任务目标;②仔细考虑要做哪些侦察,以及如何进行侦察;③确定能够向作战人员和决策者提供最终有效的数据产品;④评估存在的时间和资源限制;⑤在需要的时间生成、格式化并分发准确的数据给急需人员。

在着手设计一个基于无线传感器网络技术的情报、监视和侦察系统之前,我们首先要考虑到战术情报、监视和侦察系统的特点和要求。一个有效的方法是从回顾以前的情报、监视和侦察系统设计开始。一个大规模的、网络化的遥感系统的例子是,第二次世界大战期间,英国人建立了一系列相互连接的雷达站,并把它们连在一起。尽管这个特殊的系统部署于 80 多年前,但它揭示了一个在今天依然困扰着情报、监视和侦察系统的问题,即数据量过大。鉴于以上这些例子,我们开始认识到如何才能为战术情报、监视和侦察系统的应用而开发出一个有效的无线传感器网络系统。

因此,本章将探讨通用战术情报、监视和侦察系统数据流的开发,并提出集成传感器系统的各个级别之间必要的互连。最后,本章进行全面概述,描述了最近出现的(和即将出现的)技术。幸运的是,这些技术的及时出现,才使得我们能够设计出满足当今战术情报、监视和侦察任务目标的无线传感器网络解决方案。

1.1 战术情报、监视和侦察面临的挑战：传感器系统数据量

采用能够进行远程探测和识别目标的分布式传感元件有着悠久的历史,第一个例子是1937年首次在伦敦附近安装了雷达站。这些站点成为代号为本土链的分布式雷达系统的先锋,并代表了第一个可操作的雷达系统[2]。到第二次世界大战时,如图1.1所示,本土链已经发展成一个有效的沿海预警雷达圈,负责探测和跟踪所有飞机。

图1.1 第二次世界大战中使用的本土链雷达塔

虽然本土链在远程检测方面很成功,但用户在获取有用的(可操作的)信息方面遇到了问题。庞大的数据量产生了大量的报告,这其中许多报告是相互矛盾的,从而降低了英国飞行员的整体效率。英国皇家空军战斗机司令部的指挥官,空军元帅休·道丁,通过采用分级报告结构,部分解决了这个问题。首先,在伦敦设计并建立了一个向中央过滤室报告的庞大电话网络;然后,中央过滤室对这些信息进行排序,并向飞行员提供清晰、简洁、无冲突的格式化报告。对报告的数据简化和必要的分类起到了一定作用,但需要大量的人工进行数据排序和处理。

海量传感器数据的管理和分析问题继续存在于后续的情报、监视和侦察系统中。例如,考虑一下基于战略侦察轨道空间平台设计的雷达传感器。第一个星载雷达是1964年美国国家侦察局(NRO)的羽毛笔计划,在星载雷达上使用的是侧视雷达(SLAR)[3]。但是,羽毛笔雷达产生的数据量超过了可用的射频

下行链路技术。为了恢复高保真数据,当时使用板载阴极射线管(CRT)将侧视雷达的测量值转移到照相胶片上。航天器将弹出胶片罐,通过降落伞使其减速,并利用特殊装备的飞机将其拦截。

1977年,美国海军发射了世界第一颗海洋卫星,即"海洋卫星"-1,其有效载荷由多种射频仪器组成,包括一个L波段合成孔径雷达(SAR)和Ku波段雷达高度计。由于一次灾难性停电[4]事故,"海洋卫星"-1仅运行了104天,收集的合成孔径雷达图像数据中仅有15%得到了处理。在"海洋卫星"-1短到仅104天的任务期间内,ku波段高度计依然产生了大量的数据(1684h的预处理波形),而需要进行的数据处理和评估也将使海洋学和地形分析人员工作十多年。1985年,发射的下一代ku波段高度计GEOSAT-1卫星,再次出现了数据量问题。在为期567天的GEOSAT-1卫星任务中收集的数据需要使用两个机载磁带录音机和8个10min的下行链接窗口,以传输每天450Mb的数据[5]。数据量的提取和传输仍然是一个关键问题。美国国家航空航天局2018年9月15日发射了ICESat-2卫星,该卫星携带光子计数的高级地形激光高度计系统(ATLAS),预计在其3.2年的任务期间,将产生超过拍比特级的数据量。毫不奇怪,要处理如此大的数据量,就需要设计和实现在ICESat-2号卫星上完成对重要信号和数据进行预处理的功能。这包括协同接收器算法和硬件设计,以明智地限制数据流,使用220Mb/s的X波段下行链路[6-7]。

随着传感器技术的不断进步,能够提供更高的时间和空间分辨率,与情报、监视和侦察相关的数据量继续呈指数级增长。在伴随着提高覆盖范围和更快测量帧率的额外需求推动下,战术情报、监视和侦察系统设计者必须解决数据量的关键特性。然而,使用多战术情报、监视和侦察传感器系统能获得更为准确的情报,导致对数据量的处理成为更加不可回避的问题。这就需要复杂的处理,如目标验证和分类,从中央处理中心转发到传感器节点。现有传感器节点必须使用关键的决策算法来确定哪些数据有价值,以避免对有限的网络吞吐量造成负担。此外,当数据通过网络迁移时,应使用聚合来平衡数据有效负载和网络开销,并识别和消除冗余消息。

1.2 战术情报、监视和侦察网络传感器前身: 无人地面传感器

目前的无线传感器网络设计和作战概念在很大程度上借鉴了用于解决战术情报、监视和侦察任务的远程传感器系统。特别是,无线传感器网络设计有效地

应用了在越南战争时期(1967—1972年),通过无人值守地面传感器(UGS)的设计和使用所获得的经验教训。许多无人值守地面传感器系统被开发和部署为自主操作,从而避免人类的直接注意力或使用独立电源(如铅酸电池)的干预。这些无人值守地面传感器使用无线甚高频射频连接,将情报、监视和侦察指挥中心与各种传感器部署连接起来,以实现数据检索和指挥能力。无人值守地面传感器系统和射频设备沿敌人可能通过的补给路线,采用空投和人工放置的方式进行部署和伪装。在越南战争期间,"冰屋白色行动"广泛使用了无人值守地面传感器系统[8],主要包括声学传感器、震动传感器、磁敏传感器和射频信号传感器,以及在有限的基础上使用具有生化能力的无人值守地面传感器系统。图1.2所示为一个空投的声学无人值守地面传感器系统。可人工放置的无人值守地面传感器系统的成功案例是远程监控战场传感器系统(REMBASS),该系统可以在世界范围内部署和使用,实现对目标持续(约90天)的探测、分类和跟踪。目标类型包括人员、轮式车辆和履带车辆。

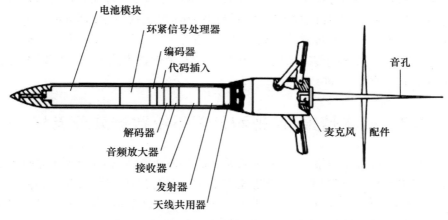

图1.2 1970年空投的无人值守声学传感器

1999年,美国陆军和美国海军陆战队开始部署无人值守地面传感器的改进型号AN/GSR-8(V),它是第二代远程监控战场传感器系统(REMBASS Ⅱ)[9]。REMBASS Ⅱ旨在收集数据,以增强态势感知,并使用震动/声学、被动红外和磁敏传感器的组合来帮助提高保护能力。图1.3所示为REMBASS Ⅱ系统,其中包括任务控制器(图1.3右上角笔记本电脑)、震动/声学传感器、红外传感器插件模块(IPM)、磁敏传感器插件模块(MPM)和手持式仅具有数据接收功能的监视器(AN/PSQ-16),以及配备15km(视线范围)中继器无线电(RPTR)RT-1175C/GSQ[10]。

图1.3 第二代远程监控战场传感器系统:任务控制器/监视器(CPU),
红外传感器,磁敏传感器,振动传感器

远程监控战场传感器系统使用甚高频通信和可选的中继器来进行目标数据消息的通信,将远程监控战场传感器系统网络通信范围扩展到150km以上。其他成功的无人值守地面传感器系统包括"探路者"[11]、"蝎子"2[12]和Flexnet[13]。这些系统采用了类似的传感器模式,并依赖于安全设备集成工作组(SEIWG)格式的甚高频中继器[14]进行通信。

1.3　战术情报、监视和侦察系统数据处理流程

要设计完成战术情报、监视和侦察系统的必备功能,就必须要了解系统的数据流。战术情报、监视和侦察传感器系统数据流从传感器信号的采集和处理开始,以提取关键数据。在从传感器中采集和提取数据的同时,对所产生的信号进行处理和数字化,并适当地与元数据和辅助数据相结合,形成各种情报、监视和侦察数据产品。图1.4所示总结了情报、监视和侦察(ISR)系统的处理流程,先将传感器获取的测量信息进行处理,形成智能情报产品,再将所获取得到的情报产品分发给情报、监视和侦察系统的用户。

在采集过程结束时,对数据产品进行压缩,以满足通信和存储的要求,但是与系统和相关基础架构关联的存储限制了数据产品的传输。数据产品旨在提供情报、监视和侦察遥感系统所需的关键测量数据。首先,这些产品在指挥中心汇编,与支持性数据和信息相关联,并进行分析,以开发生产出可使用的情报或情报产品;然后,对处理后的数据进行格式化并分发到适当的(和授权的)用户群。对于情报、监视和侦察系统的设计者来说,最重要的是,整个情报链不仅挑战了

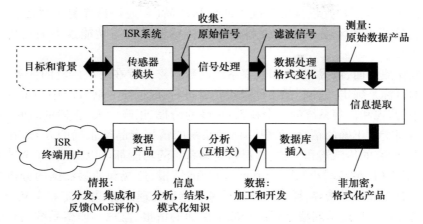

图 1.4　情报、监视和侦察系统测量加工流程图(图中 MoE 指有效性度量)

系统的处理能力,而且还强调了数据通信、数据传输延迟和数据存储,以及传感器模式的运行能力。

1.4　战术情报、监视和侦察概述:战略、作战和战术情报、监视和侦察的水平

定义情报、监视和侦察的级别与定义战略、作战和战术的级别是一致的[15-17]。在支持这些级别时,情报、监视和侦察传感器系统必须包括可靠性、可用性和适应性。情报、监视和侦察系统架构通过自修复、自适应数据和命令通信的动态路由以及使用内置冗余来实现通信的中断恢复。这些功能可以通过重叠功能、故障检测和纠正,以及容错子系统来实现。这是早期情报、监视和侦察系统的设计核心,也是目前正在使用和计划用于下一代传感器系统[18-19]的战术情报、监视和侦察系统的设计核心。

在战略层面,情报、监视和侦察任务负责获取数据和情报,以支持战略的定义、大规模方向和/或资源的总体分配。由于需要大的覆盖范围,战略情报、监视和侦察系统需要复杂的传感器,通过相对较大的平台(如舰船、飞机/大型无人机和跟踪车辆)提供支持,在全球范围内运行,具有较大的范围覆盖能力。战略情报、监视和侦察系统可访问的资源包括外太空、机载、海军和地面作战区域。战略情报、监视和侦察系统的优秀例子包括铺路爪远程预警系统(PavePaws)[20-21],美国海军霍华德·O·劳伦森号(T-AGM-25)导弹射程测量船(拥有两个最先进的被称为"眼镜蛇王"的主动电子扫描阵列[22],以及具备大规模实时联网合作交战能力(CEC)[23-24]的"宙斯盾"武器系统。这些

系统能为终端用户提供详细和准确的数据产品(如通用操作界面显示),能监控广泛的感兴趣区域(AOI),并将复杂的传感器设备与功能强大的支持平台紧密集成。

在作战层面,情报、监视和侦察系统的数据产品旨在解决广泛的任务,这些任务的目标是确定"正确"的工作是否正常进行,或按照文献[17]中 Haugh 所提的情报、监视和侦察系统的三个权限:正确的情报、正确的人、正确的时间(在正确的时间交付正确的情报、监视和侦察系统的情报产品给正确的人)。在这个级别上,所有的传感器和情报、监视和侦察系统的功能都可以由战略(全球和战区)和战术(区域或较小)用户访问。对作战情报、监视和侦察数据的分析是为改进现有作战提供指导,插入额外的任务和重新处理控制,并确定和定义当前或未来的任务。通过访问战略层面和战术层面的情报、监视和侦察系统的数据产品,可以持续监控、审查和评估情报、监视和侦察系统操作的有效性,来估计当前存在的问题。作战情报、监视和侦察还有助于确定对现有情报、监视和侦察系统进行新开发或升级的需求,以应对新的和紧迫的问题,如破坏性事件、威胁性趋势或当前情报、监视和侦察能力的缺口。作战情报、监视和侦察系统能分析所测量到的目标内容,以确定单个事件的重要性,识别并表示出存在紧急的威胁模式和趋势。

在战术层面,情报、监视和侦察系统采用更小规模的分布式网络传感器。战术情报、监视和侦察系统将感兴趣区域集中在一个区域,而不是更大的战区。战术情报、监视和侦察系统感兴趣的领域的目标范围和监测范围比战略系统所解决的范围要小(约 $100m^2$,相对于 $100km^2$ 来说)。从战术传感器系统中提取的数据更强调时间的关键性操作,并涉及相关的战场功能,包括敌军的运动方向(火力),确定敌军的机动性(位置和速度),敌军的自我保护(包括外围和入侵监视),总体安全、战斗损伤评估(BDA),以及对快速行动的直接支持(震慑行动)。所有数据和处理的结果通常采用通用操作界面(COP)显示器进行组合显示,并深度依赖于地理信息系统(GIS)的支持。本书后面各章的内容主要关注情报、监视和侦察层面所包含的内容;尽管如此,随着全球数据链接所展现的交联性,仍然无法明确区分和界定战略 - 战术传感器系统的边界。

作为对无线传感器网络系统的初步介绍,图 1.5 介绍了专注于低成本、低功耗和小尺寸(小体积)的无线传感器网络的微粒传感器节点的主要组件和特性。无线传感器网络的微粒传感器节点围绕两个关键子系统进行设计,即射频收发器(无线电堆栈)和微型处理系统(带板载内存、闪存和数位转换器)。在图 1.5 中描述了一个能够支持多个传感器设备、具有一个外部天线以及用于测试和操作的输入/输出端口的传感器节点。在图1.5的右上角是一张传感器节点总体设计的照片,其中白色半球形元件是一个菲涅耳透镜,与被动红外探测器(PIR)一起工作。

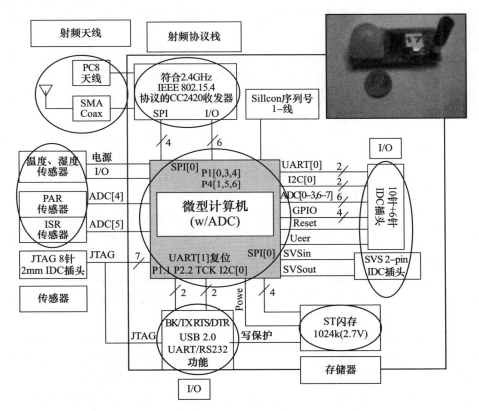

图1.5 无线传感器网络传感器节点

无线传感器网络与无人值守地面传感器的区别在于,无线传感器网络的传感器节点对规模、重量、功率和价格的需求明显更少,而规模、重量、功率和价格的限制导致无线传感器网络的传感器节点的射频连接可靠性降低、传感器有效的工作范围也相应缩小。尽管射频范围和传感器检测能力有所降低,但无线传感器网络的传感器节点可以通过部署大量的网络化协作节点(每次部署多于100个节点)而获得显著的优势。基于无线传感器网络系统提供了大面积的观测,同时也保持了较高的空间细分粒度和时间分辨率。使用无线传感器网络系统时,尽管每个传感器节点的能力有限,但无线传感器网络分辨率性能的提高可以直接提高整个系统的检测能力(检测概率(Pd))。在战略层面,使用大型传感器平台的方法是继续通过使用基于无线传感器网络的低功耗、低成本的系统进行战术应用。但是小型自动处理传感器在战术情报、监视和侦察任务中的应用，带来了一些独特的问题。

（1）空间细分粒度的感知会导致大量数据，如使用无线传感器网络提供的数据量。通过系统获取数据并将数据传送到相应的任务操作中心需要一个供能强大且协调的网络架构。

（2）通过低功耗无线信道传输关键的战术情报、监视和侦察数据产品，会导致信号丢失、拥塞或干扰，从而导致信道吞吐量和/或链路连续性发生变化。特别是当使用地面小型无线传感器网络的传感器节点时，其传输和接收功率都非常有限。

（3）满足可用性和持久性需求的高精度、低延迟的无线传感器网络代码的设计会受到严重有限的处理资源的阻碍。

（4）战术情报、监视和侦察系统必须保持安全性，包括低检测概率（LPD），这是低拦截概率（LPI）的一部分。

（5）可靠且强健的节点操作需要冗余、多进程任务和最小的延迟，以及限制电源可用性。由于低成本是核心特征，这使得传感器节点制造的复杂性和质量控制变得尤为关键，并强调质量保证。

（6）为了在系统级别上使用低功耗（短程）节点来实现足够的测量性能，这就需要大量的（大于100～10000）传感器节点，需要在非常有限的处理能力内实现复杂的网络管理系统（NMS）能力。

无线传感器网络系统的另一个好处是来自于对一个特定目标的多次观测。由空间分布的传感器实现的同步采样，可以根据目标的物理范围和不同的背景激励信号实现对目标类型的检测和识别。由于大量传感器分散在广大区域内，宏观的无关事件，如环境因素（雨、风、飞机），通常会同时激活多个传感器。相比之下，热门目标只会影响到分布式传感器的一个子集。通过基于无线传感器网络的系统实现对扩展物理区域的监控，该系统可以同时使用多个传感器和多个目标测量的时间流序列来进行处理，这对于目标分类和状态向量估计是非常有用。

从作战中使用无人值守地面传感器系统学到的经验教训，推动了当前一代战术情报、监视和侦察系统的设计。当前的作战任务需要快速的响应性、快速的适应性和持久能力。城市冲突、交战规则（RoE）限制，以及对地形、水、森林、北极场地和隧道的适应需要高度机动的部署能力。不断发展的战争战术也强调了需要具备高度灵活的情报、监视和侦察传感器才能成功地参与不对称的冲突。此外，为较低军事层级（排到营级）提供战术情报、监视和侦察系统能力，可直接提高部队的响应能力和敏捷性。与大规模情报、监视和侦察资源相关联的"权限"和"方向"命令链需要请求和重新定位时间,以及注入延迟,这在战术层面是不可接受的。

1.5　无线传感器网络技术融合

在20世纪90年代,几种关键技术的同时成熟使得极小规模的传感器概念能够实现。尽管其中一些技术早在几十年前就有了概念性的起源,但直到所有这些关键技术都成熟到可靠的水平,可行、低成本、低功耗的无线传感器网络节点设计才成为可能。激发无线传感器网络能力的工程和技术进步如下。

(1)分组交换无线电。这一概念和相关技术导致了可靠的数据/语音网络,并提供了无线节点形成自组网结构的关键能力,它可以连接到全球运行的大型分组交换网络,即互联网,特别是国防部信息网络(DoDIN)。

(2)微机电系统(微机电系统)。这种制造方法使得能够开发具有极低功耗和廉价子系统的设备,以执行与无线传感器网络节点相关的关键功能,如传感器和加速度计。

(3)超大规模集成电路设备设计和生产的进步。这导致了对关键节点子系统的低功耗、低成本设计,包括传感器(如CMOS成像仪)的推动能力、快速启动和低功耗射频收发芯片组以及高密度闪存。

(4)高级代码开发工具和实时操作系统(RTOS)。这种嵌入式软件的开发可支持最小的处理器和内存资源,特别是针对中间件的微控制器。

(5)替代和改进的便携式电源和发电装置。对小型传感器子系统来说电源可用性是一个难题,电源能量密度已显著增加,允许电池供电和辅助形式的电源和/或发电,以满足传感器节点的长期运行。

这些技术的进展几乎同时发生在20世纪90年代,由此揭开了无线传感器网络研究的开端。这些技术出现的巧合可以用基础工程的各种经验定律来解释。

(1)摩尔定律。集成电路(IC)晶体管数量每2~3年翻一番,采用超大规模的集成(超大规模集成电路),促进了低功耗、快速启动的射频收发器芯片组、全球定位系统(GPS)接收器和低功耗内存[25]的发展。

(2)贝尔定律。每10年出现一个新的计算类,带来越来越强大的微控制器和相关的子系统[26]。

(3)亨迪定律。每美元能够买到的像素每年翻一番,这支持为小型系统实施小型低功耗和低成本的光学传感器,如CMOS成像技术[27]。

1.5.1 分组交换数字网络

对通过分组交换网络实现可生存通信链路的研究始于1962年,以解决"冷战"时期对全面战争来临时失去连接的担忧。1962年,随着美国和苏维埃社会主义共和国联盟(苏联)卷入所谓的古巴导弹危机,一场核对抗似乎迫在眉睫。每一方都在建造核弹道导弹系统,都在考虑核攻击后的情况。当时,与"冷战"有关的军事问题的焦点是在遭遇袭击时的生存能力。考虑的问题包括在核袭击后,美国的指挥控制网络如何生存?虽然人们认为大部分连接不会受损,但人们认为集中交换设施将成为目标并被摧毁。

兰德公司的研究员保罗巴兰提供了一个解决方案:使用数字技术设计一个冗余的强健的通信网络。巴兰设想了一个放弃集中式交换机的系统,即使除去许多链路和交换节点仍可以正常运行,又设想了一个无人节点网络,从一个节点路由数据节点到另一个节点,而不管用户之间的时间如何,如图1.6所示。因此,采用分组交换网络设计,通过共享网络资源来适应网络挫折。链接提供了显示动态行为的方法,这意味着当源到目的地的网络物理路径受到间歇性链接连接或节点丢失时,链接(传递信息)将仍然存在。此外,即使出现消息错误、部分消息丢失和路径的拥塞[28],数据包网络设计也能令人满意地运行。

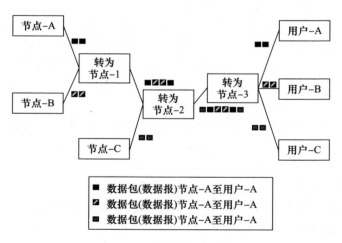

图1.6 报文交换的网络概念

支持战术情报、监视和侦察的关键,特别是使用无线传感器网络成功传输大数据量的关键,是使分组交换网络具有检测冲突和拥塞的能力,能重启路由并将数据包进行转发,以确保完整和及时的交付。作为一种共享资源,底层的网络基础设施可以提供给许多用户,同时该技术依赖于一个分组交换概念协议,即传输控制协议/互联网协议(TCP/IP),这是建立阿帕网(ARPANET)和后续互联网的基础。

1.5.2 微机电系统

微机电系统(MEMS)在20世纪80年代和90年代取得了巨大的进步。微机电系统对无线传感器网络的显著好处包括:①减少整体传感器和组件的体积;②大大降低每个传感器的成本。因此,微机电系统设备制造为工程师提供小型低功耗、低成本、高性能的传感器。

有了微机电系统,小型传感器系统可以减少产品的体积和功率需求。基于微机电系统的元件包括压力传感器、磁力计、热传感器和化学-生物-辐射-核(CBRN)检测装置[29-30]。对于系统的使用,微机电系统提供具有成本效益的小型惯性传感器(加速度计、陀螺仪)、光开关、音频传感器、动态存储器(DRAM)电路和小型振荡器[31],它支持与无线传感器网络的传感器节点相关的子系统需求。此外,微机电系统正在通过开辟一条可行的、微尺度能量获取功能[32]的路径来解决节点能量可用性问题。

1.5.3 互联网栅格与国防部信息网络

互联网栅格称为互联网的巨大基础设施,特别是美国国防部信息网络(以前称为全球信息网格(GIG)),均源自分组交换网络。互联网和国防部信息网络对战术情报、监视和侦察系统产生关键性的影响。国防部信息网络使具有短程通信系统的战术情报、监视和侦察系统能够在全球范围内部署和操作。近几十年来,美国国防部意识到全球范围内可靠的数据通信架构的存在,对于支撑美国积极追求和维持强大防御的能力至关重要,因此将重点放在以网络为中心的转型项目上,并提供大量资金。该全球数字数据网络基础设施的可用性直接受益于地面网络的进步、利用IP移动网络的部署(如联合战术无线电系统(JTRS))、联合战术信息分发系统(JTIDS)无线电的开发和部署,以及连接地面和空间部分的远程端口的发展。

联合战术信息分发系统是美国军方使用的波段时分多址(TDMA)网络无线电系统,实现了Link-16,这是一种可生存的战术数据链路(TDL)设计,满足为各种快速移动部队提供可靠态势感知(SA)的严格要求。20世纪90年代末,美国国防部将计划和倡议结合起来,形成一个安全的网络和一套仿效互联网的信息能力,在作战人员、决策者和支持人员之间部署了支持全球信息网格的快速通信,从而实现即时的战略和战术决策。网络空间功能最终被添加到全球信息网格中,形成第二代全球信息网格(GIG2.0)。2014年,全球信息网格被美国国防信息系统局(DISA)吸收,并被命名为国防部信息网络[33-34]。

1.5.4　超大规模集成电路

结构化超大规模集成电路设计是由卡弗·米德(Carver Mead)和林恩·康威(Lynn Conway)提出的一种模块化方法,其目的是通过重复排列基于对接布线连接的宏块,最小化互连面积,从而节省微芯片面积。结构化超大规模集成电路设计在20世纪80年代早期很流行,但由于布局和布线工具的未优化而浪费了芯片面积,因此不再被使用。然而,由于摩尔定律的进展,这种损失最终得以接受。

超大规模集成电路提出了现场可编程门阵列(FPGA)结构,通过超大规模集成电路,使系统芯片(SoC)器件的有效设计和开发成为可能。与传统的基于主板的个人计算机(PC)架构不同,系统芯片设备根据功能分离组件,并通过中央接口电路连接这些组件。系统芯片的设计可以将计算机组件集成到一个集成电路上,就好像所有这些功能都被内置到主板上一样。这些低功耗的系统芯片设备为处理、无线电芯片组和混合信号电路提供了关键的解决方案,从而产生更快和更低功率的闪存模/数(A/D)转换器。在提高微处理器/微控制器的处理能力、高速数据总线和通信、实现低功率射频收发器芯片组和固态焦平面(成像仪)方面,已经实现了重要的设备制造。特别是,超大规模集成电路的设计和生产衍生了战术情报、监视和侦察节点使用的几个组件和设备(如高效 Delta-Sigma A/D 转换器)。由于传感器节点严重依赖于有限的电源(如电池),超大规模集成电路也被应用于每个设计级别的电源管理硬件实现规则,以实现低功耗设计和高效协议[35]。

1.5.5　嵌入式实时编码(中间件)

与其他工程活动的进展类似,嵌入式系统软件和工程的设计和开发在过去的几十年里[36]取得了重大进步。嵌入式系统通过无线传感器网络等高用途的部件成功地集成到关键应用程序中。然而,随着对嵌入式系统的日益依赖,安全措施变得至关重要。在将嵌入式系统插入关键处理角色的同时,嵌入式系统对互联网的依赖也成比例增加。云连接工具不断发展,通过减少底层硬件的复杂性来简化嵌入式系统与基于云服务的连接过程。

中间件是无线传感器网络设计者非常关心的。中间件是介于网络操作系统和应用程序之间的软件层,它为经常遇到的问题(包括异构性、互操作性、安全性和可靠性)提供众所周知的可重用解决方案。随着越来越多的嵌入式系统与远程和无人值守系统一起工作,在能源有限的情况下操作成为高度优先的事项。能源监测器和可视化技术的开发和使用已经产生,能够支持无线传感器网络节点低功耗运行的发展。此外,还实现了实时可视化工具,以提供审查嵌入式软件执行的深入能力,并允许进行调优。最后,基于最近的研究,深度学习和人工智能开始在以无线传感器网络节点处理为中心的复杂应用中取得成功,如图像处理。随着这些功能的不断成熟,应该会有额外的处理被期望向上迁移到传感器节点,以解决无穷无尽的数据量问题。

1.5.6 便携式电源和供电

电力容量和管理方面的进步,包括电池和太阳能化学技术的改进,显著延长了低成本传感器节点的运行寿命。碱性电池的化学物质在20世纪末变得越来越容易使用,近几十年来,高能密度的锂离子电池出现了,传感器节点电源的关键在于电源在部署时的可用性,除非传感器节点配备可行(可修改关键节点的设计规则或低成本、规模小、重量轻和功率小)的充电能力,否则不可充电。

使用小型太阳能阵列和热尖峰系统(沿着插入地面的热梯度产生的热能)的技术经研究已成为一种扩展固定(电池)电源的方法。这些通过与大气进行化学作用来提供能量的类似技术已经研究成功。然而,目前的技术仍然处于一个相对成熟的水平,限制了它们在大多数战术情报、监视和侦察场景[37]中的使用。

1.5.7 技术融合:无线传感器网络的研发

这些关键技术的及时性和低速率无线网络的到来显著加快了无线传感器网络的能力,以满足(并超过)与战术情报、监视和侦察任务目标相关的需求。图1.7显示了随着无线传感器网络系统的发展而出现的一些关键技术。拥有完整的传感器系统,如被称为微粒低成本传感器,已成为21世纪初的一个现实。然而,改进所有这些技术以达到在现场使用的技术成熟度,作为战术情报、监视和侦察系统的持久、无人值守、可靠的传感器组件,未来还需要10~20年的时间。

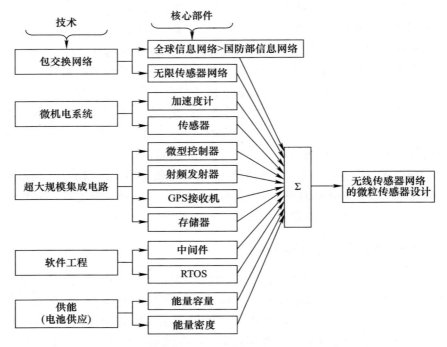

图 1.7 无线传感器网络关键成熟技术及关键作用

参考文献

[1] Brown,J.,"Strategy for Intelligence,Surveillance,and Reconnaissance," AFRL paper 2014-1,Air University Press,Air Force Research Institute,2014.

[2] Neale,B.,"CH-The First Operational Radar," The GFC Journal of Research,Vol.3,No.2,1985.

[3] Butterworth,R.,QUILL The First Imaging Radar Satellite,declassified 9 July 2012,revised 2004.

[4] Evans,D.,et al.,"Seasat—A 25-Year Legacy of Success," Remote Sensing of Environment,2005,pp.384-404.

[5] McConathy,D.,and C. Kilgus,"The Navy GEOSAT Mission:An Overview," Johns Hopkins APL Technical Digest,1987.

[6] "Ice,Cloud,and Land Elevation Satellite (ICESat-2) Project," NASA Algorithm Theoretical Basis Document (ATBD) for ATL02 (Level-1B) Data Product Processing.

[7] Accessed:13 May 2020,https://directory.eoportal.org/web/eoportal/satellite-missions/i/icesat-2.

[8] Rosenau,W.,"Special Operations Forces and Elusive Enemy Ground Targets:Lessons from Vietnam and the Persian Gulf War," USAF,RAND Report,2001.

[9] Accessed:13 May 2020,https://defense-update.com/20060107_rembass-ii-remotely-monitored-battlefield-sensor-system.html.

[10] Accessed: 13 May 2020 L3 Com REMBASS II, AN/GSV−8(V) Specifications, https://www2.l3t.com/cs−east/pdf/rembassii.pdf, 2004.
[11] Accessed: 13 May 2020 ARA Pathfinder Specifications, https://www.ara.com/path−finder/overview, 2018.
[12] Coster, M., and J. Chambers, "SCORPION II Persistent Surveillance System," Proceedings of the SPIE, 2010.
[13] Exensor, The Flexnet system, http://www.exensor.com.
[14] Coster, M., J. Chambers, and A. Brunck, "Updates to SCORPION Persistent Surveillance System with Universal Gateway," Proceedings, Unmanned/Unattended Sensors and Sensor Networks V, 2008.
[15] U.S. Joint Forces Command, Commander's Handbook for Persistent Surveillance, Version 1, Joint Warfighting Center Joint Doctrine Support Division, 2011.
[16] Roedler, G., and C. Jones (U.S. Army), Technical Measurement, A Collaborative Project of PSM, INCOSE, and Industry, Version 1.0 INCOSE−TP−2003−020−01, "Practical Software and Systems Measurement," INCOSE Measurement Working Group, 2005.
[17] Haugh, T., and D. Leonard, "Improving Outcomes Intelligence, Surveillance, and Reconnaissance Assessment," Air & Space Power Journal, 2017.
[18] Quattrociocchi, W., G. Caldarelli, and A. Scala, "Self−Healing Networks: Redundancy and Structure," PLOS ONE, 2014.
[19] Schaffner, M., "On the Automation of Intelligence, Sensing, and Reconnaissance Systems in Low UDR Operations," 26th Annual INCOSE International Symposium (IS 2016), 2016.
[20] Military Space Programs, Space Policy Project, AN/FPS−115 PAVE PAWS Radar, 2000.
[21] Korda, M., and H. Kristensen, "U.S. Ballistic Missile Defenses," Bulletin of the Atomic Scientists, 2019.
[22] Taylor, D., "USAF Missile Defense—From the Sea," Air Force Magazine, 2015.
[23] Johns Hopkins Applied Physics Laboratory (APL) Digest, 2012.
[24] "The Cooperative Engagement Capability," Johns Hopkins Applied Physics Laboratory (APL) Digest, 1995.
[25] Mollick, E., "Establishing Moore's Law," IEEE Annals of the History of Computing, 2006.
[26] Bell, G., "Bell's Law for the Birth and Death of Computer Classes: A Theory of the Computer's Evolution," IEEE Solid−State Circuits Newsletter, 2008.
[27] https://commons.wikimedia.org/wiki/Fi.le:Hendys_Law.jpg.
[28] Baran, P., "On Distributed Communications: I. Introduction to Distributed Communications Networks," The RAND Corp, Memorandum RM−3420−PR, United States AF Project Rand, 1964.
[29] "History of Microelectromechanical Systems (MEMS)," Southwest Center for Microsystems Education and The Regents of University of New Mexico, 2008—2010 Southwest Center for Microsystems Education (SCME), 2013.
[30] Accessed: 13 May 2020, https://www.lboro.ac.uk/microsites/mechman/research/ipm−ktn/pdf/Technology_review/an−introduction−to−MEMS.pdf.
[31] Warneke, B., K. Pister, "MEMS for Distributed Wireless Sensor Networks," IEEE Electronics, Circuits and Systems, 2002. 9th International Conference on, 2002.
[32] Stollan, N., "On−Chip Instrumentation: Design and Debug for Systems on Chip," New York: Springer, 2011.
[33] Chairman of the Joint Chiefs of Staff Instruction, Defense Information Systems Network (DISN) Responsibilities, Directive, 2015, https://www.jcs.mil/Portals/36/Documents/Library/Instructions/6211_02a.pdf?ver=2016−02−05−175050−653, p. A−2.

[34] Exhibit R – 2, RDT&E Budget Item, Justification: PB 2015 Defense Information Systems Agency Date: March 2014, Appropriation/Budget Activity, Research, Development, Test & Evaluation, Defense – Wide/BA 7: Operational Systems Development R – 1 Line #194, Program Element, 2014.

[35] Cook, B., S. Lanzisera, and K. Pister, "SoC issues for RF Smart Dust," Proceedings of the IEEE, 2006

[36] Romer, K., O. Kasten, and F. Mattern, "Middleware Challenges for Wireless Sensor Networks," Mobile-Computing and Communications Review, 2002.

[37] Arman, H., and S. Kim, "Ultrawide Bandwidth Piezoelectric Energy Harvesting," Applied Physics Letters, 2011.

第2章 战术情报、监视和侦察系统的设计

古往今来,情报、监视和侦察能力是谋划和取得任何成功战役的关键因素。与情报、监视和侦察相关的活动为我们过往的决策提供了重要的信息来源。获取相关作战信息能让指挥官决定是否、如何、何时、何地打击敌人。历史上有无数的情报、监视和侦察运用的先例。在《圣经·民数记》[1]中,摩西依靠对迦南的严密监视掌握了迦南的一举一动,对那片土地是什么样子、住在那里的人是强是弱?人数是多是少等一系列信息了如指掌,从而帮助他决定下一步的行动。

在美国内战期间,1863年斯图亚特的骑兵不在罗伯特·爱德华·李将军的手下,由于缺少詹姆士·埃韦尔·布朗·斯图亚特骑兵团的情报支撑,大大降低了李将军在到达葛底斯堡后,有效策划进攻时如何最好地部署部队的能力[2]。没有骑兵团的情报支撑,罗伯特·爱德华·李将军对联邦军队的实力和位置一无所知,这意味着失去了战略战场的位置优势。尽管缺少"情报、监视和侦察"可能不会改变这场关键战役的结果,但它肯定对北弗吉尼亚的军队没有帮助。今天,高度专业化的情报、监视和侦察分队,如第75游兵团的团属侦察连和第一特种部队作战分遣队(1st SFOD-D),扮演着为美国军队提供监视和侦察的关键角色。通过及时更新并反馈敌人的关键信息,为决策者提供有价值的数据,让他们有时间进行关键的适应性调整,因为预先计划好的指令都是基于现有的最好但其实是过时的情报。

2.1 情报、监视和侦察的定义

情报、监视和侦察传感器系统的目标是及时获取数据,在处理后,为指挥官(决策者)提供准确、相关和一致的信息,以指导当前和下一步的行动。情报、监视和侦察的重点是识别感兴趣的目标的行踪和特征。因此,实现情报、监视和侦察系统所需的数据采集和处理的功能是,处理和执行目标检测、目标跟踪、目标分类和目标轨迹推断,以考虑目标捕获和实施响应之间的有限时间。情报、监视和侦察是一个泛化的术语,指的是情报作战、侦察和监视活动,在军事理论中的描述如下。

(1) 根据文献[3]的定义,情报是:①采集、处理、整合、分析、评价、解释现有的国外或地区信息而得到的产物;②观察、调查、分析、了解敌方的情况。

(2) 为了方便在情报中使用,情报、监视和侦察系统的设计更注重如何保证随着时间的推移,能将作战指挥成功运用到实现侦察任务目标的每一个步骤中。远程系统的目标范围不仅包括能够识别重复出现的目标模式,还能够以一定的概率提示监视区域内是否存在有可疑目标。与情报提取相关的处理,需要长期采集观察数据,以形成与其他信息输入相匹配的相关性,并/或揭示对情报分析人员和活动有帮助的基础性模式。情报的核心是数据处理,用来确定任何可利用模式的存在性或结构。将情报、监视和侦察用于情报的重点取决于传感器的精度和测量的可重复性。监视指的是通过视觉、听觉、电子、摄影或其他手段,对航空航天、地面或地下区域、场所、人员或事物进行系统观察。

(3) 将情报、监视和侦察系统用于监测的目标有两个:①提供可操作的数据,强调从观察到决策者的数据传递的最小延迟,如任务操作中心(MOC);②提供数据用于趋势分析,以识别和/或描述可能感兴趣的基础性模式。

(4) 侦察是一项"通过视觉观察或其他探测方法获取敌人(或潜在敌人)活动和资源的信息,或获取有关特定地区的气象、水文或地理特征的数据"的任务。

(5) 监视与所监测的感兴趣区域高度相关,可根据检测到的目标情况进行修改。侦察任务在特定的感兴趣区域上进行,需要机动才能获得多个观测点。侦察测量通过提供地形、天气条件和感兴趣区域的动态数据来寻求目标以外的情报,感兴趣区域是监视任务的核心所在。涉及情报、监视和/或侦察的任务采用各种高度复杂的传感和观测数据的功能。情报、监视和侦察系统不断受到各种严峻的挑战,需要不断扩展以应对目标的动态性和复杂性,目标数量的增加,以及因敌人采取措施导致的误导或目标隐藏等情况。情报、监视和侦察的任务可以是简单到周界监测和管道保护,也可以是在大量的、长期的、不断变化的交战中需要使用大量的传感器平台和武器系统来观察和跟踪大量的复杂目标。美国海军的协同作战能力(CEC)[4]系统就是解决后一种任务的情报、监视和侦察设计的一个很好的例子。

2.2 战术情报、监视和侦察的目标

战术情报、监视和侦察操作的目标是获取数据,为作战部队提供敌方意图和实力的最新信息。为了充分地讨论战术情报、监视和侦察系统,我们需要对情报、监视和侦察系统规划实现的工作内容进行描述,特别是为战术情报、监视和

侦察任务[5]设计的系统。通过定义任务的内容和实现的的目标,明确系统级的需求并将需求向下分解到各个子系统。情报采集工作的类别是根据采集数据的方法和类型来确定的。情报的组织和实施的层次和关系显示了每个主要情报关注点的相互关系。各种情报行动的定义和层次顺序存在差异,图2.1给出了一种典型结构,并以说明各个情报、监视和侦察的组织和目标。

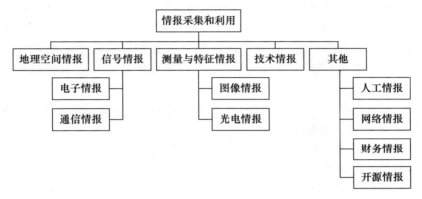

图2.1 情报的组织和实施的层次和关系

情报、监视和侦察类别概述如下。

(1) 地理空间情报,是指通过对图像和地理信息的开发和分析,对威胁的形成或存在进行评估而获得的有关人类活动的情报。地理空间情报可视化地描述和描绘地球[6]上的物理特征和地理参照活动。

(2) 信号情报(SIGINT),是指处理从拦截敌方信号中提取的信息。根据在亚利桑那州的华楚卡空军基地执行的情报工作,信号情报活动分为电子情报和通信情报[7]两个学科。电子情报是指调查信号的来源,识别涉及的信号源平台,并通过扩展,估计当前的敌对力量。电子情报可以用来识别武器系统(包括当前的作战模式),揭示敌人的营地,并可以用来定位移动的敌人装备。通信情报是指处理由射频(光学)通信载波传输的信息内容,并破译截获的通信信号的内容。

(3) 测量和特征情报,是一种技术情报收集,用于检测、跟踪、识别或描述固定或动态目标的显著特征(特征关键字)。测量和特征情报的数据依赖于传感器测量和模式提供的精度,包括雷达、声学、震动探测、成像仪、核传感器以及化学和生物探测[8]。测量和特征情报被定义为科学和技术情报,通过对获取的传感器的测量数据进行分析,以分割与目标相关的不同特征。这是无线传感器网络的主要贡献领域。然而,值得注意的是,无线传感器网络也可以应用于其他的情报行动,如信号情报(通过射频接收器和数据存储设备来取代传感器,获取和存储敌方的传输数据)。

(4) 技术情报,是关于敌人使用的武器和装备的情报。有一个与它相关的术语,即科学和技术情报,指的是在战略(国家)层面上采集到的信息。技术情报包括识别、评估、采集、利用和撤离被俘敌军物资(CEM),以支持国家和即时的技术情报要求[9]。

(5) 人工情报,是通过人际接触收集的情报,而不是遥感或技术数据采集学科。人工情报是指利用人的因素来提供其他途径无法获得的信息。在为态势感知和决策提供多功能和强大的信息的同时,人工情报可能需要大量的时间成本。在特定的环境中,最初建立有效的联系可能需要几个月的时间,而且很容易受到欺骗[10]。

(6) 网络情报,是指通过网络空间连接和系统(如服务器和笔记本电脑)采集数据[11]。与其他情报采集学科不同,网络情报并未在任何特定服务或联合作战条令中正式定义。使用网络情报的方法是从基于网络的消息传递和数据存储库中访问和提取重要信息。

(7) 财务情报,是指收集感兴趣的实体的财务事务的信息,以了解其财务模式和能力,并预测其意图[12]。财务情报揭露了不法的现金流动环节,并回溯了用于支持敌对活动的资金流动。美国国土安全部(DHS)下属的反毒品战术计划办公室[13]直接利用财务情报去执行任务就是一个著名的案例。财务情报致力于识别和审计与恐怖组织有关的融资。

(8) 开源情报,是从公开来源收集用于情报工作的数据[14]。在情报界,"公开"一词指的是公开的、可公开获得的消息来源(与秘密或保密的消息来源是相对)。开源情报(已经存在了几百年,回顾一下摩西和李将军的骑兵)。随着社交媒体、即时通讯和快速全球信息传递的出现,大量可操作和可预测的情报可以直接从公开的非机密来源获得。

战术情报、监视和侦察任务在于确定特定目标是否已经进入感兴趣区域,并专注于最大限度地提取数据,以帮助评估当前战场形势。对于与前方侦察有关的任务,主要功能是进行目标的探测和分类,确定目标的数量,绘制目标的位置(和方向),以及跟踪特定的感兴趣目标。对于监视,任务变成了对一个地区或周边地区的持续监视,以提供基地防御任务。对于一个成功的战术情报、监视和侦察任务来说,最重要的是保证目标识别的准确性,以及最小化由噪声、干扰或故意的错误目标(诱饵)引起的错误警报。图 2.2 所示为一个通用的架构图,用来显示战术情报、监视和侦察系统的要求。具体来说,图 2.2 中显示了传感器节点内发生的各种逻辑活动和服务,可分为 4 个主要功能:节点或系统初始化和组网、节点模式服务、传感器数据服务、传感器信号和数据处理。在每个功能类别中,都有驻留在传感器节点上并在其上面运行的进程。

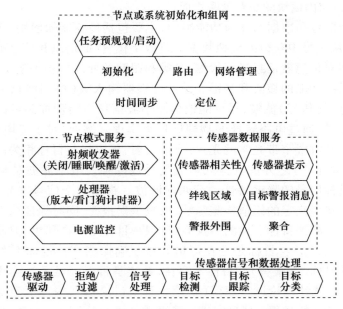

图 2.2 简化的战术情报、监视和侦察系统架构

对于节点或系统初始化和组网功能组中,逻辑模块提供初始条件、网络路由、路径链接、节点定位(在注册的坐标网格中)、时间同步等功能。预先计划好的操作服务在初始化过程中提供先验信息和驻留(非易失的)引导代码。在这个组中,路由方案是通过使用各种媒体访问控制协议发起和执行的,而这些协议对于建立传感器网络是不可或缺的。链路形成后,从每个节点到接入点(AP)的附加传感器节点和链路建立起来,提供外部控制和数据的滤波。这样一来,就形成一个整体的网络管理过程,可以监视网络的性能,并确定是否需要纠正行动(如自愈)。作为网络形成的前提条件,要执行时间同步和节点定位,以支持自组网的创建和优化。作为此功能组的一部分,安全过程将嵌入到网络管理模块中,不仅可以保护网络的完整性,防止各种网络攻击;还可以保护消息包,防止未经授权访问传感器数据、传感器/网络控制或内务数据。

在节点模式服务功能组中,逻辑模块提供收发模块、处理器的管理,以及板载功耗的持续监控。无线电收发器的各种模式在此组中进行管理,以实现节能之目的。在处理器被管理后,允许优先级事件根据需要篡夺控制,而看门狗计时器确保代码在陷入循环或空闲状态时的正确操作,以提供退出的方法,将处理器重新设置为初始代码。通过持续监控节点的用电情况,并定期调整配电控制,提高节点的长时间运行能力。由于传感器节点内的主要功耗与射频收发器和处理器相关联,该组内模块的交互紧密集成。

传感器信号和数据的处理功能组中,主要包括传感器的使用、传感器的信号处理、对从信号中获得的模拟数据进行数字化、提取信息和信息的预处理等模块。这些对传感器信息进行检测、分类和跟踪的处理模块等是实现情报、监视和侦察系统功能的核心和关键。设计传感器输入级(检测器),通过结合物理抑制和电子(信号)滤波,尽可能地抑制杂波信号。物理抑制可以基于信号被检测的方式,通过电路转换的物理原理来实现。例如,对于光电相机来说,在入口孔径处放置窄带光学滤光片,通过反射,可以将与目标相关的入射光信号(如太阳滤光片)之外的其他入射光信号滤除掉。电子滤波是根据观测信号和预期目标信号的噪声特性进行匹配滤波。将这两个信号求和,并呈现到一个用概率建模确定的阈值检测函数,以减少误报警,同时保证当出现目标时能高概率地检测到目标。检测涉及假设检验:目标是否在那里,但没有被发现(一个错过的目标)?目标是否在那里并被正确探测到?目标不存在而产生一个错误的目标(误报警)?目标不存在,系统是否正确显示?这些检测案例利用了概率和统计理论进行建模(在第 5 章中讨论),并构建了确定物体存在(或不存在)的初始过程。要确定进入感兴趣区域的对象是否为感兴趣的目标,需要进行下一个处理功能,即目标分类。目标分类功能高度依赖于先验信息,通过多种算法(如光谱分析、时间相关和二维图像相关)来区分不同的信号。一旦发现感兴趣目标,就开始跟踪,并测量与目标相关的特征(如位置、方向和速度)。对于网络传感器,必须正确格式化数据,并通过附加状态来表明与数据设备相关的置信度水平。在进行目标处理时,可能会同时面临多个目标,需要进行多目标的处理。这意味着系统应该要设计成具有并行处理的功能,对每一个单独的目标进行检测、分类和跟踪,必须考虑空间邻近目标(CSO)等问题,以及唯一航迹识别和估算(即交叉跟踪)。第 8 章讲述了建模进行目标跟踪的各种算法。

传感器数据服务功能组中,涉及为支持传感器节点行为的各种设置而设计的模块。传感器关联允许相邻传感器节点提供输入,用于验证检测事件,进行目标分类及目标跟踪。提供绊网和自鸣器行为,以允许传感器节点进入预设的休眠(不活动)状态,直到从绊网传感器区域或自鸣器节点接收到特定的警报消息来激活休眠的传感器。传感器提示允许传感器节点连接和警报与传感器节点无关的传感器系统。非同质传感器节点可与其他情报、监视和侦察设备集成,充分利用已经部署或可用的现有的传感器系统。目标警报消息的传递负责生成传感器节点的数据负载,这些数据负载被转发到收发器进行数据的格式化、压缩、加密和传输。最后一个逻辑模块是聚合,它主要负责降低与分组交换网络相关的网络开销,这些开销会造成数据传输效率低,相关的能源利用率低。聚合逻辑的目的是通过网络(依赖于网络层次结构)将其他节点发送的消息累加到用作中继的节点,从而执行有效的数据打包,并将这些消息组合成单个消息进行滤波。

2.3 情报、监视和侦察的影响:全球与本地化

由于成熟技术的融合,使得传感系统具有新颖而又可靠的能力,在全球范围内同步运行多个传感器系统的做法已然司空见惯。广泛分布的情报、监视和侦察系统已经存在几十年。早在1949年,大规模情报、监视和侦察系统的概念和设计就已经出现。其中之一就是由美国海军开发的用于跟踪苏联潜艇的被动声纳系统[15]。近期另一种大型的情报、监视和侦察系统的架构则是设计了一套完全不同的系统硬件,用于探测和识别洲际弹道导弹的发射。美国弹道导弹防御(BMD)系统采用了超视距E/F波段雷达(如AN/SPQ-11"眼镜蛇朱迪"),以及称为"国防支持计划"(DSP)的持续运行的卫星系统等传感器。1970年11月,美国首次发射了采用地球同步轨道,载有红外相机技术的"国防支持计划"卫星系统,该卫星系统是全球早期预警系统的一部分。目前,"国防支持计划"卫星系统仍在继续运行,但是它现在的任务是采集火山和森林火灾的数据。对于情报、监视和侦察,"国防支持计划"卫星系统正在被天基红外系统(SBIRS)和空间跟踪和监视系统(STSS)所取代。"国防支持计划"卫星也称为天基红外低轨卫星,截至2018年1月共发射了10颗卫星,携带有8个天基红外系统或2个空间跟踪和监视系统的有效载荷[16]。

战术情报、监视和侦察较少发生,但是渗透能力更强。作为情报、监视和侦察系统,战术情报、监视和侦察解决了大量的任务目标,但提供了一个独特的能力,即可操作的响应。可操作的情报、监视和侦察系统强调快速响应所识别的感兴趣目标和观察敌人的行为。这些系统用于生成警报条件和/或向决策者及时提供关键信息。

战术情报、监视和侦察系统已经广泛应用于与快速反应部队(QRF)[17]等相关的作战任务。当然,战场指挥官和现场决策者可以真正的利用战略层面的设备所提供的大规模情报、监视和侦察系统所提供的情报信息,包括卫星系统(如美国的锁眼卫星)、远程和高性能无人机(如"全球鹰"侦察无人机)、专业飞机(如预警机)。然而,本地化的战术情报、监视和侦察信息可根据指挥级别进行调整,从而在比战略情报、监视和侦察系统设备低得多的级别上进行

使用。在较低的指挥和控制级别,就可以对紧急情况作出反应,并进行适当的调整。

2.4 利用目标特征:特征提取

通过现场测试、数据采集和目标模拟实现对目标特征的研究。目标特征,特别是分类分析,可以处理从传感器测量中获得的属性,这些属性提供了目标和相关特征之间的唯一相关性。目标特征驱动传感器性能方程,特别是目标检测、目标识别(辨别)和跟踪能力。因此,战术情报、监视和侦察系统设计的初衷是识别目标属性和特征,并通过校准来完成。目标特征是根据目标的物理形状、尺寸、投影截面积、所用材料、目标速度、传感器与目标之间角度、传感器与环境因素相关的特性等的直接观察。

特性可能包括基于光电或射频的波长相关特性(如反射率、发射率)、目标释放能量和时间物理特性(如横截面的面积)。目标特征的成功使用依赖于情报、监视和侦察系统的有效运行,更重要的是情报、监视和侦察基础测量与处理对于成功辨别的精确度和准确性。这就是为什么要通过密集的校准来评估传感器的重复性、稳定性和可用性。

在高效的特征数据库中要尽可能采集可识别的和可用的特征,同时尽量避免情报、监视和侦察系统不关注的细节,或对下级情报、监视和侦察产品生成毫无价值的信息。特征库效率的一个极好的例子是激光振动测量传感器(LVS)对于海上目标的使用。激光振动测量传感器系统通过发射连续激光束的相互作用来响应目标表面的微观振动。波束一旦从目标后向散射,通过微小($0.5 \sim 1 \mu m$振幅)的在整个目标表面传播的振动波进行频率调制(FM)。这些振动波已经被证明对任何特定的目标都是非常独特的,并且作为识别目标的关键因素很容易辨别出来(类似于声纳信号处理)。对于这种特殊的情报、监视和侦察传感器类型,目标轮廓(横截面)和其他宏观细节不会影响激光振动测量传感器实现目标识别的有效性。与那些在投影区域外工作的系统不同的是,由于对物理特性的不敏感性,激光振动测量传感器可以在不考虑目标和传感器之间相对方向的情况下工作。

为了支持目标分类和目标识别的过程,专门面向情报、监视和侦察的特征提取计划和测量工作将重点放在目标属性的判别,统称为情报采集和利用。这项工作的关键是寻找可靠的信号,这些信号是可重复的且容易观察到的,并具有战术情报、监视和侦察传感器可测量的独特特征。设计特征数据库在很大程度上依赖于与独特目标相关的测量参数的成功识别。如果能够形成一个全面的非时变数据库,提供统计上分离的相似目标的可分离参数值,则存在可行的区分的可能性。一个例子是使用与图像情报相关联的数据采集。光电(EO)传感器的关键性能参数(KPP)是光学分辨率。如果能够在不同的观察角度(传感器与目标的角度)上采集到构成目标二维图像的点,就可以生成轮廓线,进行目标分类识别。不足为奇,这取决于图像数据的保真度和数据库的基本质量,这是使用分辨率来描述的。对于圆形孔径的相机,最佳分辨率的定义是假定瑞利的分辨率判据[18]。此判据明确含义是:最大可实现光学系统的分辨率取决于光的波长 λ 和光学系统入口瞳孔的直径 D。用适当的长度单位表示,瑞利的光学分辨率是基于被角度 θ 分开的两个点的角间距。其中,一个点的最大强度衍射图样与第二个图样的第一个最小强度图样重叠,有

$$\sin(\theta) = 1.22 \frac{\lambda}{D} \tag{2.1}$$

信号的分辨率为特征数据库提供巨大的财富。这并不奇怪,因为完善的分类系统(如声纳)可以访问广泛的特征数据库。目标识别的好坏取决于处理时的分辨率水平,如用低频分析表示[19]可以实现的分辨率。与声纳一样,时间分辨率也是信号情报的关键。在此背景下,情报指的是为组织或个人提供决策支持并可能获得战略优势的信息。与信号情报相关的一个关键性能特征与声纳类似:具有足够的频率分辨率来区分接收信号中呈现的频率内容。以 T 为采样窗口(持续时间), f_s 为采样频率, N 为等间距信号采样的个数,频率分辨率 δf 可表示为

$$\delta f = \frac{1}{T} = \frac{f_s}{N} \tag{2.2}$$

2.5 针对作战背景的目标识别

要确定目标存在与否,需要传感器能够将目标与其他物体区分开来,特别是那些可能被误认为目标、在压力环境和不同背景下呈现出目标特征的物体。这些干扰源会降低信噪比(SNR),并可能通过产生误警报来隐藏目标和/或混淆传感系统。正如在对图像(式(2.1))和频率分析(式(2.2))的讨论中所述,总体测量分辨率是至关重要的。传感器的选择、信号处理方法和整体架构的设计依赖于对关注的目标、系统的运行环境和预期背景相关的空间(或光谱)特征有全面的理解。

一个设计良好的传感器响应和信号处理会抑制(或拒绝)所观察场景内的

背景和杂波数据。专业的传感器和传感器信号处理设计会努力拒绝不必要的噪声和背景能量。下行信号和数据处理可进一步增强选择性,从而减少数据量和无线传感器网络消息流量。最后,可以在数据处理期间(如在操作中心)应用关键测量和辅助数据(如接近天气传感器),以进一步完善传感器数据产品。对于相机、雷达、震动和声学传感器,可使用基于频谱的算法(时间和空间频率选择性与滤波)进行结构化背景处理[20-21]。

主动传感器是发射可控(已知)探测波形并处理来自目标的散射和反射的回波来提取信号(如雷达、声纳、激光雷达)的传感器。除了常用的短时傅里叶变换(STFT)算法外,主动传感器还可用其他技术来提高信噪比性能。例如,科恩类时频分布(TFD)[22]的应用已经成功地提取出了由于缺乏信噪比而导致傅里叶变换处理不稳定的信噪比场景中的信号。对于前面提到的激光振动测量传感器的处理,采用基于科恩类时频分布算法,能显著提高信号解调和信号谱分析[23]的能力。

2.6 战术情报、监视和侦察系统数据产品组成

在信号和传感器数据处理之后,最终的数据产品可以简单到仅检测警报功能,也可以复杂到传感器关联显示(如以情报、监视和侦察为中心的通用操作界面),这需要定义良好的遥感数据、数据库信息和精确的场景配准传感器之间的逻辑组合。设计形成最终数据产品时必须折中考虑延迟问题(报告时间)与数据的精度和准确性。将情报、监视和侦察信息处理成数据产品还必须考虑数据采集的通信带宽、网络管理功能和传入的任务操作命令。考虑到传感器分辨率和性能的不断增长(特别是对于高分辨率相机),必须注意避免不适当的数据量。由于这个原因,以及确定系统自主性的设计规则,许多战术情报、监视和侦察系统采用分层处理,其中整体处理从传感器节点物理分布到中继。

分层处理支持更高的传感器自主性,允许传感器快速适应变化的条件或目标特征,而无需任务行动中心的干预。一阶处理交由传感器节点处理,从多模态比较(传感器之间的信号和事件时序)开始。基于节点的处理通过消除非关键数据(如误报)来保留网络带宽,从而直接影响系统的整体性能。随着数据量的减少,网络能量被保存,拥塞最小化。数据从传感器传播到中继提供数据收敛,揭示战术情报、监视和侦察功能如何从额外的处理中受益的机会。最后,在通常比传感器节点具有更多处理能力的输出中继上,可以考虑进行额外的数据格式化和压缩。

2.7 战术情报、监视和侦察数据产品发布

随着定义良好、及时和准确的数据产品(如警报信息)的产生,下一个亟待解决的功能是数据传播。情报、监视和侦察数据产品是有价值的商品,必须提供给战术情报、监视和侦察任务作战中心,在中心处进行大规模的处理和分析。许多任务需要使用重叠(尽管是单独的)观测进行相互关联和核查。此外,情报、监视和侦察系统必须考虑如何安全地将数据分发给经过认证和批准的终端用户。

利用联合传感器、网络和显示控制的互操作性来发挥作用,是支持战术情报、监视和侦察任务的既定目标。因此,可以利用一些现有的标准,如 MIL-STD-2525D(通用作战符号)[24],以确保可信工作站的不可操作性。设计中的这一考虑允许服务层的组合,以提供实时且独立的验证数据源——在评估战术情报、监视和侦察系统性能和设计权衡时,这是一个非常强大的能力。

2.8 战术情报、监视和侦察系统工程

有了定义明确的任务目标和需求,应该生成一个需求验证矩阵(RVM),用于系统的评估、验证和确认,从子系统/单元级别开始,以端到端的操作评估(OpEval)结束。有了全面而准确的需求验证矩阵,就将需求与验证过程联系起来,使用完善的系统 V 图[25]可以确保可测试性、制定计划周密的测试方法以及协调测试准备工作。每个设计级别的需求都有明确的定义,按照需求验证矩阵,测试矩阵与独特的测试都和参数测量相关联。

系统工程的过程是从确定需要修改现有系统或开发新系统来处理新出现的威胁或事件开始。进行初步研究和试验,以确定是否存在可行的解决方案。确定问题和并行解决方案,并进行权衡研究,以对最佳的解决方案路径进行排序(并选择)。在开发了可行的设计概念后,开发操作概念,以确定关键的利益相关者,提出最高级的计划需求和目标,提供标准,以确定系统的成功测试(和验证),强调修改系统的操作考虑因素,并建立关键利益相关者之间的责任[26-27]。

如图 2.3 所示的 V 图(V 的左侧)强调了每个底层设计与开发级别的功能和相关需求的分解。系统的分解从定义实现由操作概念过程定义的功能所必需的接口和功能开始。根据操作概念定义系统的接口和功能,并对系统功能进行分解。功能的分解、定义和分配也属于系统需求开发的内容。将系统需求分配

到子系统,并将子系统需求派生到组成单元,最终与特定的硬件和软件实现结合在一起。

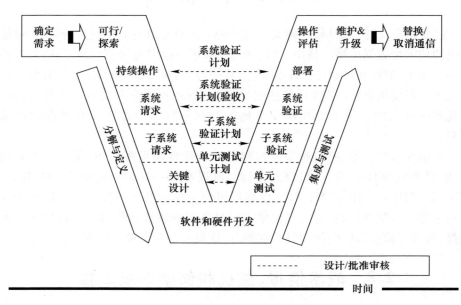

图 2.3 系统需求与验证/确认的关系

随着硬件组件、软件模块和子组件的设计和制作完成,从各级别(V 的右侧)开始测试。

在每个组装级别的模块测试成功后,继续进行下一层——集成与测试,直到所有组成元素都符合要求。出现问题和测试失败时,可以重新审核设计和开发的阶段,以确定问题的来源,并再次进行验证和测试(在某些情况下,技术或实现中的问题源于操作概念阶段,此时必须修改最初的需求,但是成本非常高,这也是我们在早期任务定义阶段花费大量时间的原因)。需求、测试计划和验收方法的相关性是通过将需求与特定的测试参数连接起来的测试计划来完成的,如图 2.3 中的端点双箭头线所示。每个需求都通过一种被认可的方法(测试、分析、演示和组合)来认证,以满足(超过)已确定的需求阈值,从而提升到下一个集成与测试阶段。

当系统测试成功后,就会进行部署,并启动关键的适用性鉴定阶段。适用性鉴定确定所设计的系统是否满足所有最高级任务目标(需求),并确保与所有接口系统无缝集成。验证表明,基于派生需求,设计和开发成功,而适用性鉴定表明系统是否按照预期执行。在适用性鉴定之后,系统操作在整个系统生命周期中伴随着维护(以及升级,如果合适的话)开始。V 图上的虚线表示关卡评估法

(初步设计评估、关键设计评估、软件需求评估和类似的事件),通常需要提供对技术能力和整体系统进展的计划评估。这些事件需要特定的文档来讨论接口、测试计划和过程,以及主题专家(SME)评估的设计细节。这些关卡的存在是为了确保设计或实现不会偏离项目早期开发的需求。评估还有助于提供关于如何处理接口和后续测试的指导。

2.9 监控开发和测试进度

对于完成特定任务的战术情报、监视和侦察系统的评估,需要根据特定任务的要素将特定任务的目标转化为可测量的技术参数。这些参数在系统集成和系统测试的各个阶段都要用到,以保证在开发过程的各个阶段实现所要求的技术能力,获得满意效果,并通过技术性能指标(TPM)来表示。技术性能指标或关键性能参数(KPP)的选择子集对于系统的成功运行至关重要。技术性能指标用于在项目经理级别上监视整个设计、开发和测试阶段的性能,以衡量进度并控制项目的资源(包括资金、进度计划和人员)。关键性能参数必须经过核实,以证明系统的可运行性。关键性能参数值具有很高的可见性,并且在所有的项目级别(包括资金来源)都被考虑,以决定在每个评估里程碑(如评估)的开发是否进行。技术性能指标和关键性能参数代表了一种持续监测进展的方法,以确定开发是否按计划进行,或者风险是否在增加,并需要对设计中的意外事件进行评估或考虑。

2.10 情报、监视和侦察数据的下游使用

情报、监视和侦察系统通过多阶段信息提取和分析实现系统的运行,这些阶段用于全面开发具有准确性、精度和具有一定时间延迟的数据产品,帮助分析人员和决策者评估情报、监视和侦察系统所监测的事件是否正在发生。随着传感器测量数据的采集,下游处理对数据进行累积,形成时间序列,对目标信号进行时间关联和滤波。这些时间序列使处理能够减少背景干扰、传感器伪影,并提高目标识别能力和辨别能力,减少残留噪声。最后,在脱机分析中使用战术情报、监视和侦察数据,根据所采集的敌方目标信号的各个方面进行评估和充分利用。这广泛用于以信号情报和通信情报为中心任务的系统中。

涉及北约盟军行动的作战力量就是利用目标特征的一个主要例子。2005年,佐尔坦·丹尼上校(南斯拉夫陆军第 250 防空导弹旅)使用苏联伊萨耶夫(Isayev S)S 125 涅瓦导弹系统的南斯拉夫版本探测并击落 F–117 隐形战斗机。

丹尼上校曾透露,"我们使用了一点创新来更新20世纪60年代的老式地对空导弹来探测夜鹰[28]"。丹尼上校拒绝讨论细节,对 SA – 3 制导系统的改进保密。但他表示,改进涉及长波长,这样当炸弹舱门打开时,他们就能探测到飞机。丹尼上校意识到长波长系统单独使用效果并不好,但是当与从 SAM 射频系统的切换传感器组合使用时,利用本身提供一个可靠的目标跟踪并允许更短波长的雷达执行比例转向,就成功拦截了 F – 117 战斗机。丹尼上校知道,当雷达频率低于 900MHz 时,雷达截面呈指数级增长。

参考文献

[1] "Numbers Chapter 13," verses 17 – 20, *New International Version* (*NIV*) *Bible*, Biblica, Inc., 2011.

[2] Wert, J., *Cavalryman of the Lost Cause: A Biography of J. E. B. Stuart*, Simon & Schuster, 2008.

[3] Joint Publication 1 – 02, Department of Defense Dictionary of Military and Associated Terms, 2016.

[4] "The Cooperative Engagement Capability," *Johns Hopkins APL Technical Digest*, Vol. 16, No. 4, 1995.

[5] GAO, Intelligence, Surveillance, and Reconnaissance DOD Can Better Assess and Integrate ISR Capabilities and Oversee Development of Future ISR Requirements, Report GAO – 08 – 374, 2008.

[6] "Geospatial intelligence (GEOINT) Basic Doctrine," National System for Geospatial Intelligence Publication 1.0, 2018.

[7] Henderson, L., "Operational and Technical Sigint—2020 Foresight," The Industrial College of the Armed Forces, 1993.

[8] Lynn, C., "Making the Most of MASINT and Advanced Geospatial Intelligence," MASTER OF MILITARY STUDIES, USMC Command and Staff College, 2012.

[9] "TECHINT Multi – service Tactics, Techniques, and Procedures for Technical Intelligence Operations," U. S. Army Field Manual FM 2 – 22.401, CD – ROM, Army Publishing, June 9, 2006.

[10] Pigeon, L., C. J. Beamish, and M. Zybala, "HUMINT Communication Information Systems for Complex Warfare," Defence Research and Development Canada, Valcartier, Quebec, 2020.

[11] Alsmadi, I., "Cyber Intelligence Analysis: Cyber Security Intelligence and Analytics," in *The NICE Cyber Security Framework*, Springer, 2018.

[12] Walton, A., "Financial Intelligence: Uses and Teaching Methods (Innovative Approaches from Subject Matter Experts)," *Journal of Strategic Security* 6, No. 3 Suppl, 2013.

[13] Levesque, N., "Fighting Narcoterrorism: A Counter Narcotic Approach to Homeland Security," Master in Management for Public Safety and Homeland Security Professionals Master's Projects, Pace University, 2012.

[14] Williams, H., and H. Blum, "Defining Second Generation Open Source Intelligence (OSINT) for the Defense Enterprise," *RAND Report*, 2018.

[15] Holler, R., "The Evolution of the Sonobuoy from World War II to the Cold War," *U. S. Navy Journal of Underwater Acoustics*, 2013.

[16] Office of the Secretary of Defense, "Status of the Space Based Infrared System Program," Report to the Defense and Intelligence Committees of the Congress of the United States, 2005.

[17] Chychota, M., and E. L. Kennedy Jr. "Who You Gonna Call? Deciphering the Difference Between Reserve, Quick Reaction, Striking and Tactical Combat Forces," *Infantry Online*, https://www.benning.army.mil/infantry/magazine/issues/2014/Jul-Sep/Chychota.html.
[18] Smith, D., *Field Guide to Physical Optics*, Bellingham, WA: SPIE, 2013.
[19] Martino, J., J. P. Haton, and A. Laporte, "Lofargram Line Tracking by Multistage Decision Process," *IEEE International Conference on Acoustics, Speech, and Signal Processing*, 2013.
[20] Rauch, H., W. I. Futterman, and D. B. Kemmer "Background Suppression and Tracking with a Staring Mosaic Sensor," *Optical Engineering* 20(1), 1981.
[21] Galambos, R., and L. Sujbert, "Active Noise Control in the Concept of IoT," Proceedings of the 2015 16th International Carpathian Control Conference (ICCC), 2015.
[22] Boashash, B., Time-Frequency Signal Analysis Methods and Applications, Wiley, 1992.
[23] Cole, T., and A. El-Dinary, "Estimation of Target Vibration Spectra from Laser Radar Backscatter Using Time-Frequency Distributions," *SPIE Proceedings Applied Laser Radar Technology*, v. 1936, 1993.
[24] "Joint Military Symbology," Department of Defense Interface Standard, 2014.
[25] Engel, A., Verification, Validation, and Testing of Engineered Systems, Hoboken, NJ: Wiley, 2010.
[26] "JCIDS Process Concept of Operations (CONOPS)," *AcqNotes*, acqnotes.com, 2017.
[27] "Illustrating the Concept of Operations (CONOPs) Continuum and Its Relationship to the Acquisition Lifecycle," *Proceedings of the 7th Annual Acquisition Research Symposium*, 2010.
[28] Gregory, R., Clean Bombs and Dirty Wars: Air Power in Kosovo and Libya, Potomac Books, 2015, pp. 65-67.

第3章 战术情报、监视和侦察系统的无线传感器网络

本章对无线传感器网络进行正式定义,并介绍了相应的传感器节点。传感器节点的设计有很多方法,在此,我们将重点讨论应用于战术情报、监视和侦察任务的无线传感器网络的核心内容。如第1章所述,与低功耗、低成本传感器节点(微粒)相关的几种技术同时达到了有效的成熟度,从而推动了可行无线传感器网络系统的开发进程。无线传感器网络系统在关键性领域取得了重大成功,包括多模态传感、实时信号和数据处理、自治网络管理、自适应电源管理和自定位。所有这些都是在没有操作员干预,并使用安全通信的情况下实现的。正是鉴于这些技术成就和支持无线传感器网络系统的成功演示,无线传感器网络在战术任务中的应用呈指数级增长。

微粒网络(微粒场)由采用多跳、分组交换网络的空间分布的传感器节点组成。所有的初始化、操作和正在进行的网络管理功能都在没有操作员干预的情况下进行。这包括节点、网络层级的故障检测和修复,进而实现了传感器实时支持和协同处理(通过节点到节点的数据共享和聚合),并基于任务行动中心发出的命令和/或通过先验指令按要求提取数据。

作为战场物联网的一部分,无线传感器网络之所以能受到持续的关注主要源于无线传感器网络的系统支持能力,通过一定的专门设计,可以在某个网络领域内对建筑、地形、隧道和桥梁等结构进行自主监测。这类似于一个延伸到不同方向,但仍然连接在一起的传感器。这一特性使得无线传感器网络能够适应不断变化的环境和地形,如图3.1所示。从图3.1中可以看到,无线传感器网络中的传感器可以部署在危险的位置进行工作,可以将传感器节点组集成为一个传感器结构,作为一个统一的传感器系统运行,由很少(或没有)的工作人员操作和控制。重要的是,无线传感器网络具有扩展能力,具有将感能力扩展到任意感兴趣区域的功能。一旦部署了无线传感器网络系统,那么在以后的时间里,就可以很容易地通过增加额外的微粒部署来增强无线传感器网络,或者通过使用移动传感器(如移动平台传感器)来临时增强系统的能力。

最初,人们对无线传感器网络领域的发展提出了很高的期望,设定了一个将

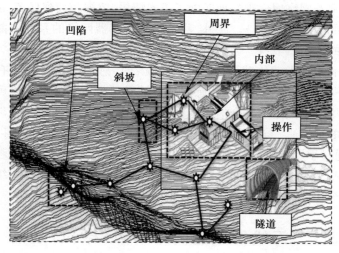

图 3.1 无线传感器网络固有的微粒场能力(每个圆形图标表示传感器节点的位置,连接线表示网络连接)

传感器节点大小(体积)相当于灰尘大小(几立方毫米)的目标[1]。然而,为战术情报、监视和侦察设计的实际微粒的大小至少增大了 3~4 个数量级,以适应合适的传感器、收发器、天线和电源(如电池)。尽管在生产接近尘埃大小的微粒方面已经取得了进展,但仅可用于生物医学工程中的诊断应用,其中节点到节点的距离和操作时间大大低于战术情报、监视和侦察应用所需的时间。这些早期的技术突破和演示确实表明了最终能够达到极小体积的能力,但目前的制造能力还无法提供一个完整的低成本传感器节点解决方案。

战术情报、监视和侦察的传感器节点设计面临的挑战是底层子系统必须在性能和能力方面提供大量的功能。战术情报、监视和侦察应用所需的传感器节点功能将在 3.1 节至 3.5 节中进行讨论。

3.1 无线传感器网络节点

无线传感器网络在战术情报、监视和侦察任务中的成功应用取决于传感器节点实现是否能够满足测量要求,这些测量要求是稳健的、持久的,并与感兴趣区域内的自主操作兼容。战术情报、监视和侦察传感器不是部署随后回收的传感器系统。这并不意味着所有基于无线传感器网络的系统都被认为是一次性的,但对于特别具有挑战性(和危险)的应用,无线传感器网络系统应该被认为是消耗品。

无线传感器网络属性很好地匹配了战术情报、监视和侦察任务,能够监测那些不可接近的地形(图3.1)。此外,基于无线传感器网络的系统的能力远远超过相对简单的传感器节点。当大量部署时,无线传感器网络节点场为系统用户提供了一个非常强大的传感器。这是因为无线传感器网络微粒场有多个传感器,可以从不同的角度观察相同的感兴趣区域和目标。微粒场的维度范围允许基于局部和场范围激励的复合信号相关性和数据处理(如微粒场可以扩大到平方公里大小的区域)。与微粒相关的尺寸(体积)、重量和功率特性以及自组织能力,支持通过手动定位以外的机制(如空中分散系统)进行大型微粒网络的部署。这允许基于无线传感器网络的系统为战术情报、监视和侦察系统的设置和操作提供一个快速响应的解决方案。

3.2 无线传感器网络节点(微粒)功能

由于对资源的激烈竞争,无线传感器网络微粒的设计存在着主要的限制:大小(体积)、重量和功率。如果数量很大(一个微粒场包括100~10000个微粒),价格(或规模、重量、功率和价格)也会成为一个问题。由于不需要人在回路(MITL)的能力,单个微粒场需要的所有资源必须是自给自足的。除非发出间歇性的网络命令来实现按需数据提取或微粒场命令或重编程。根据任务目标和特性的要求,战术情报、监视和侦察微粒必须满足距离、分辨率和测量精度的最小技术性能指标的阈值。因此,战术情报、监视和侦察的许多微粒设计由两个或多个传感器组成,以提高目标的探测概率和分类。

无线传感器网络节点部署后,单个微粒将按计划形成自组织网络,一旦组网,它们就会被设计赋予单一传感器的能力。内置的网络协议和管理功能在引入感兴趣区域后继续识别和包含新的微粒,这提高了系统的可扩展性。网络管理逻辑(通过中间件实现)发现故障后,能够快速识别故障,并通过网络拓扑产生的故障进行网络自修复,自动更新到相关的路由表中。为了支持战术情报、监视和侦察的任务,必须将微粒设计为能长时间运行、允许进行动态和灵活的网络配置,并实现如图3.2所示的子系统,图3.2所示的子系统是传感器系统的典型无线传感器网络:无线通信,通过微控制器进行信号或数据处理(包括A/D转换、D/A转换);传感器调节、测试、更新和外部硬件连接的输入/输出(I/O)访问。

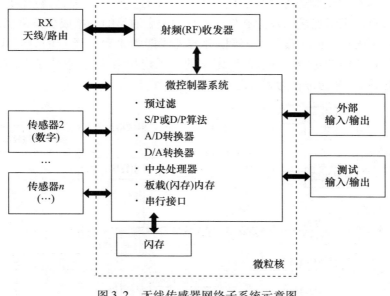

图 3.2　无线传感器网络子系统示意图

3.3　无线传感器网络微粒子系统及示例

随着与无线传感器网络中传感器节点关联的各子系统的接入,规模、重量、功率和价格这个关键约束将被消除。无线传感器网络,传感器节点上的每个子系统之所以存在,是因为它提供必要的功能。对于许多早期的微粒来说,无线传感器网络的应用范围广泛,导致添加过多的子系统。然而,随着应用程序变得更加具体,已经具体到哪些功能是必需的,哪些功能不是必需的,微粒设计可以针对特定的应用程序进行调整。战术情报、监视和侦察应用程序的一个问题是与性能和能力需求相关的可变性。在战术情报、监视和侦察应用中,大多数(可能不是全部)早期使用的无线传感器网络都使用了通用的核心子系统,如图 3.2 所示。然而,在过去的 10 年中,无线传感器网络系统越来越依赖互联网连接,将传感器系统与任务行动中心连接起来,从而被归入物联网,现在又被归入战争物联网。对于大型的部署,如工业和医疗系统,无线传感器节点根据具体的应用进行精细调整,减少未使用的电路和 I/O,从而减少对规模、重量、功率和价格的需求。

无线传感器网络节点提供数据采集系统(DAS),该系统通过处理器和 A/D 转换器(ADC)硬件提供信号调理和数字化。信号处理(数据提取和压缩)、存储

37

和测量数据格式化都是通过微控制器逻辑实现的。在操作中,微粒场维护到所有网络节点的无线连接以及能够与任务行动中心通信的一条或多条路径。在不考虑严格部署模式的情况下,需要稳健的无线能力来允许微粒的分布式定位。将上述微粒所需的功能与现有的已定义的子系统相结合,就形成了如图 3.3 所示的微粒核心,并通常作为系统芯片实现。

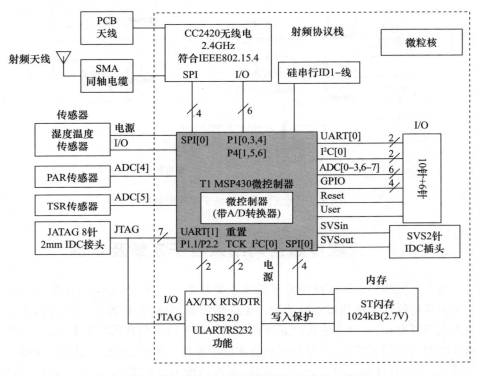

图 3.3　战术情报、监视和侦察微粒的系统示意图

过去开展过很多使用微粒的研究和试验计划,为了支持这些试验,开发和制作了许多微粒设计。图 3.4 所示的 Tmote Sky 微粒[2]是一个典型的微粒子系统的实现(图 3.3)。Tmote Sky 实现了一个低功耗微粒,能支持小尺寸、快速(兼容 IEEE 802.15.4)射频无线电启动(小于 6μs),工作频率为 2.4GHz,是一个为微粒设计者所熟知的微控制器(16bit TI MSP430,带闪存)。Tmote Sky 提供了集成的支持功能,如定时器、电源电压调节、比较器、测试和操作 I/O 端口、直接内存读取控制器以及环境传感器(湿度、温度和光电探测器)[3-4]。

在解决无线传感器网络在战术情报、监视和侦察任务中的应用问题时,没有一种特殊的微粒设计比在美国国防高级研究计划局的网络化嵌入式系统技术项

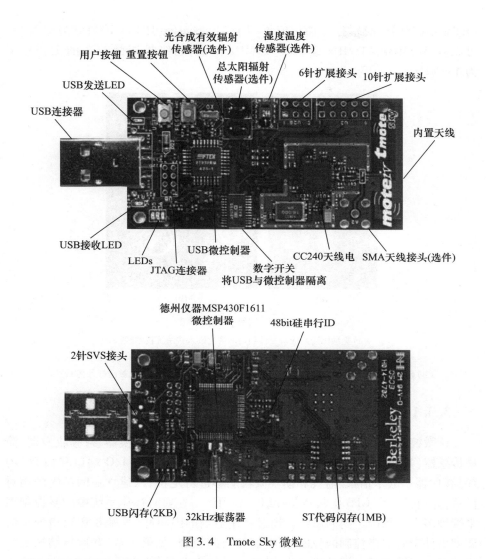

图 3.4 Tmote Sky 微粒

目[5]框架下开发的超级扩展微粒(XSM)更受关注。图 3.5 所示为超级扩展微粒 2,图 3.5(a)显示了扩展的射频天线和支持子系统的内部电路,图 3.5(b)显示了无源红外(PIR)探测器、声学麦克风和芯片磁力计。超级扩展微粒设计的目标是为中间件开发提供一个平台,以实现对感兴趣目标[6]的持久检测、目标分类、虚警识别和跟踪。超级扩展微粒向后兼容 California - Berkeley(UC – B)和 Crossbow MICA2 微粒[5]。该设计基于 Atmel 公司的精简指令集微控制器(AVR)架构,该架构包含一个 8bit 的时钟频率为 7.383MHz 的微控制器

(ATmega128L)。该微控制器集成了一个 Chipcon 公司的 CC1000 射频芯片组,可以在 315MHz、433MHz 或 868/916MHz 传输;超级扩展微粒 2 的工作频率为 433MHz。

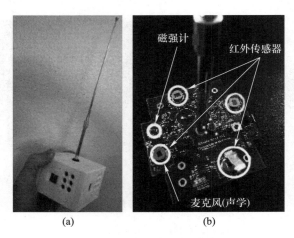

图 3.5　超级扩展微粒 2
(a)美国国防高级研究计划局网络化嵌入式系统技术微粒
设计——超级扩展微粒 2(3.5″×3.5″×2.5″);
(b)超级扩展微粒板内部布局,显示磁力计(磁强计)、麦克风和 4 个被动红外传感器。

3.3.1　无线传感器网络微控制器

该微控制器系统(SoC 器件)承载了微处理器、A/D 转换器、射频收发器、简易传感器(热探测器和光探测器)、电源管理电路、大量的 I/O 端口和板载(闪存)存储器。战术情报、监视和侦察微粒能够进行定位,以建立在网络内的相对位置,并包括一个 GPS 接收器芯片组。利用运行在实时操作系统中的微控制器来管理多个子系统之间的协作。通过使用适当的中间件(见第 8 章),微处理器调度事件定时器来控制微粒的操作、媒体访问控制(见第 4 章)和网络结构的整体动态。所请求的数据被格式化,并通过射频收发器,通过网络利用中继传输到终端用户直到长途通信网络(如国防部信息网络,见第 1 章)。无线传感器网络微粒的设计人员使用了大量的微控制器设备;然而,在 149 个所列的微粒(截至 2020 年 7 月)中,42 个微粒内核使用 TI MSP430 RISC 微控制器,而 46 个微粒内核使用 Atmel ATmega128(L)精简指令集微控制器[7]。这两种微控制器系统设备加起来约占所有无线传感器网络相关微控制器设备的 59%,第三大常用设备是 Microchip PIC(10 个微粒)。

回想一下,微控制器(微处理器)要么使用哈佛结构,要么使用冯·诺伊曼结构。对于微控制器来说,哈佛结构非常普遍。对于哈佛结构中,程序存储器和数据存储器是分开的,而对于冯·诺伊曼结构中,其程序和数据存储在同一个内存模块中。超级扩展微粒 2 ATmega128 是一种改进的哈佛结构,它基于使用 AVR 增强的精简指令集结构的低功耗 CMOS 8bit 微控制器(与先前的 MICAz 和 MICA2 微粒设计一样)。AVR 是最早使用片上闪存进行程序存储的微控制器系列之一,而不是一次性可编程 ROM、EPROM 或 EEPROM(最初的 AVR 是挪威特隆赫姆当地一家名为 Nordic VLSI 的 ASIC 设计公司开发的,即现在的 Nordic Semiconductor,它是超低功耗通信微控制器系统器件(如 nRF52 系列)的开发商)[8]。ATmega128 可以在一个时钟周期内执行强大的指令,并且可以接近 1MIPS/Hz,允许设计者根据处理速度[9]来优化功耗。Atmel AVR 内核结合了一个丰富的指令集和 32 个通用工作寄存器。所有 32 个寄存器都直接连接到算术逻辑单元(ALU),允许在一个时钟周期内执行一条指令访问两个独立的寄存器。由此产生的结构在实现吞吐量比传统 CISC 微控制器快 10 倍的同时,代码效率更高。

　　ATmega128 的关机模式保存寄存器内容,但是会冻结振荡器,禁用所有其他芯片功能,直到下一次中断或硬件复位。在省电模式下,异步定时器继续运行,允许用户保持一个时间基准,而其余功能模块处于休眠状态。模数转换器(ADC)降噪模式可以停止 CPU 和除异步定时器和模数转换器之外的所有 I/O 模块,以降低模数转换过程中的切换噪声。在待机模式下,ATmega128L 晶体/谐振器振荡器正在运行,而其余功能模块处于休眠状态。因此,启动非常快,功耗非常低。在扩展待机模式下,主振荡器和异步定时器均继续运行。

　　MSP430 体系结构实现了冯·诺伊曼方法,因为它们共享一个公共总线,防止指令获取和数据操作同时发生。冯·诺伊曼的设计比哈佛架构机更简单,它有一组专用的地址和数据总线,用于从内存中读取数据和向内存中写入数据,以及另一组地址和数据总线用于获取指令。这个专用地址空间形成了经常提到的冯·诺伊曼瓶颈,它限制了此设计的性能。美国德州仪器公司(TI)在 1993 年开发了 MSP430,目前已进入第六代。该结构包括:一种包含算术逻辑单元和处理器寄存器的处理单元;一种具有指令寄存器和程序计数器、存储数据和指令的设备内存储器和外部大容量存储器的控制单元;输入/输出端口。MSP430 支持软件工程编程技术,实现了计算分支、表处理、全寄存器访问和直接内存到内存传输。各种指令都可以访问所有寻址模式,其中某些指令是单周期寄存器操作(类似 RISC 的行为)。

3.3.1.1　处理器性能、延迟

　　处理器速度(时钟频率 f)和指令速度(MIPS 每秒百万条指令)是帮助确定

微控制器处理速度能力的指标。这些方法不能单独提供实际代码执行速度的精确度量,因为执行代码的速度受到特定指令集体系结构(ISA)的显著影响。单个机器指令可能需要不止一个时钟周期,特别是对于递归循环代码结构。过去一直在追求试图衡量性能的度量标准[10],其中比较被接受的方法之一是每条指令的周期(时钟)CPI,它是使用广泛接受的基准代码[11]确定的。如果度量应用程序的执行时间为 ΔT,那么性能 P 为

$$P = \Delta T^{-1} \tag{3.1}$$

然而,存在一个问题:我们有待选择一个微控制器和代码应用程序,这对于战术情报、监视和侦察来说可能会因应用程序的不同而有很大的差异。为了预测处理器-应用程序的综合性能,我们使用每条指令的周期,它是处理器速度 f 和总执行时间 ΔT 的乘积,除以评估中使用的代码相关的指令数 IC,即

$$\text{CPI} = \frac{\Delta T * f}{\text{IC}} \tag{3.2}$$

由于在初始设计过程中应用程序代码有待生成,因此通过使用试图模拟要用在实现应用程序的代码的基准程序以高保真级别估算出 IC。为了避免偏差,指令周期的值是通过在计划的应用程序代码中以特定频率出现的各种指令类型的平均性能来估算的。有效的 CPI_e 是基于指令相关的发生概率 P_i 的第 i 种指令的各指令类型 CPI_i 的期望值(加权平均值)。CPI_e 就变为

$$\text{CPI}_e = \sum_i (\text{CPI}_i) * (P_i) \tag{3.3}$$

式中:使用式(3.2)评估每个指令的单个 CPI_i 组分。

式(3.3)中的概率 P_i 表示为计划代码中某一指令类型使用的归一化频率。为保证完整性,一旦生成了应用程序,我们就可以对评估式(3.2)进行性能比较,有

$$\Delta T = \text{IC}_a * \text{CPI}_e * \frac{1}{f} \tag{3.4}$$

式中:IC_a 为与所使用的特定基准相关联的实际指令数(假设反映应用程序)。没有 IC_a 值并不完全妨碍比较各种微控制器,因为比较可以使用 CPI_e 的比率,可以确定每个候选微控制器的相对性能。不足为奇的是,还有其他的性能度量可以影响最终的选择,如内存带宽(每秒字节数)功耗以及相关的外围设备支持(如数模转换器速度、位大小和 I/O 支持)。

除了使用处理器速度值 CPI 作为速度的度量外,通过流水线指令架构实现

的架构设计增强直接影响总体速度能力。在流水线设计中,指令执行在时间上是重叠的。把一个管道分为几个阶段,并彼此连接起来形成一个类似管道的结构,在处理数据时不会因为同时处理两个或多个级别而被迫进行串行处理。每个流水线阶段都有一个输入寄存器来保存数据,然后由组合逻辑来为下一阶段提供输入。流水线阶段将来自处理器的指令累加起来,以便在有序的进程中存储和执行指令,并通过指令时间重叠来提高总体指令吞吐量。通过基于多处理核心[12]的体系结构的处理并行性,也可以提高函数执行的速度。Amdahl 定律表达了对采用多个处理流的任务执行时间的理论改进。将 p 定义为从并行化中受益的代码比例,s 定义为最终的加速因子,即延迟的理论改进,则 $S_L(s)$ 估算为[13]

$$S_L(s) = \frac{1}{(1+p) + \frac{p}{s}} \tag{3.5}$$

然而,由于任务段不能从并行处理中受益,这种改进仍然存在局限性。

3.3.1.2 精简实时操作系统

无线传感器网络实时操作系统(RTOS)的设计目标不是高吞吐量,而是保证可预测性能,这需要最小的中断延迟和最小的线程切换延迟。无线传感器网络实时操作系统是为实时应用程序设计的,它可以在数据到达时处理数据,没有缓冲延迟。与实时系统相关的逻辑结构必须合理定义,具有固定的时间约束,要求处理在时间约束内完成,否则系统就会失败。无线传感器网络实时操作系统的实现可以遵循事件驱动或分时方法。事件驱动的无线传感器网络实时操作系统基于任务优先级进行任务切换,而分时系统则基于时钟中断进行任务切换。大多数无线传感器网络实时操作系统实现使用抢占式调度算法,其关键特点是具有一致的执行时间来接受和完成应用程序任务[14]。对于无线传感器网络传感器节点来说,实时操作系统的价值是操作系统在给定时间内的响应速度与任务完成能力的对比。然而,战术情报、监视和侦察微控制器需要一个最大的执行时间来确保传感器输入和外部中断被处理。

无线传感器网络实时操作系统实现与传统的设计不同。对于无线传感器网络,实时操作系统设计必须强调电源管理、稳健的通信网络和事件驱动的传感器数据采集。无线传感器网络实时操作系统候选对象必须提供一种能够得到小内核(小内存占用)的架构。此外,无线传感器网络实时操作系统架构必须是灵活的,只有应用程序需要的服务加载到系统中,并根据需要扩展到内核中。基于无线传感器网络实时操作系统的战术情报、监视和侦察系统需要快速有效地响应实时事件,这强调了在延迟性能之上需要一个高级中断系统。中断需要过多的时钟周期来响应,因为在调用中断例程之前需要保存 CPU 寄存器,否则实时响应就会受到影响。现存一些重要的文档提供了对无线传感器网络系统使用的无线传感器网络实时操作系统实现示例进行深入的讨论和敏锐的观察[14-15]。对于在评估[16-17]中使用了各种基准的无线传感器网络应用程序,也有深入的回顾和比较。图 3.6 给出了无线传感器网络实时操作系统图,说明了操作系统的功能和应用程序、板支持包(BSP)和硬件之间的层次结构(BSP 通过标准接口功能来初始化和微粒控制硬件,为平台无关的无线传感器网络实时操作系统提供链接)。

图 3.6 无线传感器网络实时操作系统框图

3.3.1.3 战术情报、监视和侦察用无线传感器网络中间件

中间件是一组驻留在操作系统和网络协议上的程序,为应用程序的开发和操作提供基础。其目标是让中间件聚合支持应用程序开发和管理的底层硬件的详细信息。中间件层级的资源管理比无线传感器网络实时操作系统层级和应用程序层级的资源管理更简单、更灵活。例如,中间件层级支持标准化集成,并提供支持和协调多个应用程序[18]运行时的环境,因此在此层级上添加安全特性更合适。第 8 章深入研究了基于无线传感器网络的战术情报、监视和侦察系统所需要的特定中间件模块,但是对于有关微粒子系统的讨论,中间件代表的是一个支持应用程序开发的标准化系统服务集合。通过自适应算法,无线传感器网络中间件能够对网络资源进行动态管理,支持系统资源和实时操作系统资源的有效利用。这是无线传感器网络的一大优势。网络管理系

统(NMS)能力的优化对于满足服务质量(QoS)的要求至关重要,这是通过应用程序和低级网络协议之间的协商来实现的。无线传感器网络中间件根据当前的网络状态和所需的服务质量[19]来关联特定的应用程序的特性和网络协议。

基于微粒的中间件还依赖于对网络结构的微粒部署、设置和维护的支持,包括对现有网络结构进行微粒初始化和扩展。网络管理系统可以通过分组交换网络检测到链路故障和/或拥塞,并迅速采取补救措施。无线传感器网络中间件还必须处理传感器操作数据产品实时生成和存储、电源管理、微粒定位和支持的架构(如中继、最近邻居和微粒组网关)[20]。最后,中间件代码解决了通过无线(OTA)代码安装进行重编程和中间件更新的问题。图3.7说明了战术情报、监视和侦察微粒上的中间件层,以及物理设备所需的接口、与无线传感器网络实时操作系统的协调以及与网络的交互。

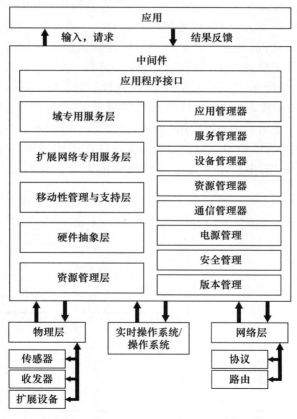

图3.7 战术情报、监视和侦察微粒中间件功能

3.3.2 基于微粒的数据采集

微粒可以承载直接连接到微控制器或通过直接连接到微控制器系统的传感器子系统的多个传感器设备。大多数无线传感器网络传感器是模拟转换器,会对物理刺激作出反应,产生与感觉输入强度相对应的电压或电流信号。由板载处理器实现的传感器信号处理相关的典型功能包括信号预滤波、离散时间采样和信号级数字化(幅度量化)。不管特定的设置是什么,信号调节都被设计成发生在检测器输出的早期,并包括放大、滤波和阻抗匹配的组合。在信号调节之后,发生基于时间的采样函数,然后使用数模转换函数进行数字化。

3.3.2.1 采样理论

传感器被认为是转换器,输出信号(电压或电流)是根据输入能量的强度产生的。对于成像器和其他二维传感器,传感器输出(电压、电流)可以被认为是一个信号值阵列,其中处理必须保持二维空间顺序。由于通信网络和长途网络的有限带宽,从传感器到最终用户的连续数据流受到限制,微粒对基于时间采样的板载传感器产生的响应进行采样并数字化。式(3.6)提供了一种算法,通过时间采样函数 $s(t)$ 对信号 $g(t)$ 进行均匀采样,该采样函数表示为一系列狄拉克脉冲函数 $\delta(t)$,在采样之间的周期 T_s 内产生信号 $g(t)$ 的离散时间值 $g(k)$。图 3.8 给出了由 $g(t)$ 导出的采样信号 $g(k)$ 的示意图。在图 3.8(a) 中,存在一个连续信号 $g(t)$,通过抽样函数 $s(t)$ 在 T_s 周期内等距离采样,结果如图 3.8(b) 所示,图中给出了每个采样间隔的数字化函数 $g(k)$。抽样函数使用

$$g(k) = g(t)_{nT_s} = g(t)s(t) = g(t) \sum_{k=-\infty}^{\infty} \delta(kt - kT_s) \tag{3.6}$$

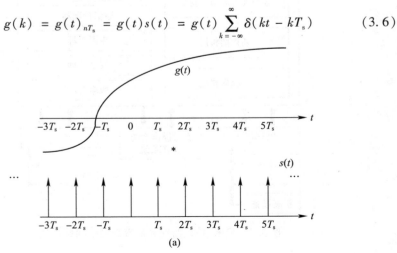

(a)

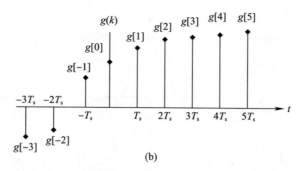

(b)

图3.8 工作在信号 $g(t)$ 上的采样函数 $s(t)$
(a)连续信号的采样 $g(t)$;(b)形成的采样序列 $g(i)$。

式(3.6)所示的抽样时变信号使用著名的奈奎斯特香农抽样定理[21-22]解决,这表明不会使基础信息失真的信号的最小采样频率应该大于(或等于)信号最高频率分量频率的2倍。如果频率分量大于此最大值,采样过程就会折损,因为高频分量会由于混叠而以不正确的频率重新引入(在错误频率下信号能量分配错误)。

式(3.7)给出了利用傅里叶变换 $F\{\}$ 将时域采样转换为频率(谱)表示的路径。回想一下,函数的时间相乘会形成单个傅里叶变换的卷积,即

$$g_s(t) = s(t)g(t) \rightarrow \text{Fourier} \rightarrow F\{g_s(t)\} = F\{s(t)\} * F\{g(t)\} \quad (3.7)$$

利用式(3.6)和式(3.7),得到采样信号的频率表示为

$$G_s(w) = F_s(w) * \sum_{k=-\infty}^{\infty} \delta(w - kw_s) \quad (3.8)$$

采样信号表示式(3.8)由信号的期望频谱含量[图3.9(a)]和采样频率整数倍 $ωs$ 处出现的多个信号频谱组成,如图3.9(b)所示。图3.9(c)显示了在最高信号频率两倍(或更高)处不采样导致采样不足的影响。如式(3.8)和图3.9所示,将采样函数的频率分布按采样频率的整数值进行缩放和重复。

原始信号的重构是通过应用一个适当缩放的频率窗函数来实现的,该函数是一个矩形函数,它可以阻塞除奈奎斯特极限内的所有频率。矩形函数定义为 $\text{rect}(x)$,其值为

$$\text{rect}(x) = \begin{cases} 0, & |x| > \frac{1}{2} \\ \frac{1}{2}, & |x| = \frac{1}{2} \\ 1, & |x| < \frac{1}{2} \end{cases} \quad (3.9)$$

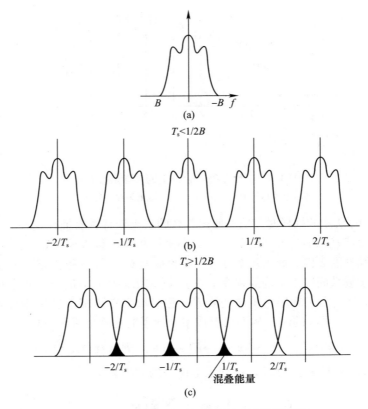

图 3.9 防止采样不足引起混叠的奈奎斯特判据

对总宽度为 W 的 $\text{rect}(x)$ 函数进行傅里叶变换,得到归一化正弦基数函数为

$$F\{\text{rect}(W)\} = W\text{sinc}(x) = W\frac{\sin(\pi x)}{\pi x} \tag{3.10}$$

在重建信号时,指出了多个处理步骤。如图 3.9[及(3.8)]所示,采样信号 $g(t)$ 的频率含量为频谱重复,频谱中心位于 ωs 的整数区间。使用式(3.6)得到的时间采样重构信号需要对信号进行滤波,限制其频宽为 $W = 2\omega s$。变换后(傅里叶反变换 $F^{-1}\{\}$),$\text{rect}(\omega)$ 函数再次表示为基数正弦函数 $\text{sinc}(t)$,即

$$F^{-1}\left\{\frac{1}{\sqrt{2\pi a^2}}\text{rect}\left(\frac{w}{2\pi a}\right)\right\} = \text{sinc}(at) = \frac{\sin(at)}{at} \tag{3.11}$$

我们现在有足够的数据来使用式(3.6)中 $g(k)$ 获得的样本来实现信号 $g(t)$ 的理想化重构。对采样的频率信号式(3.9)进行限频,并进行逆变换得到

一系列 sinc(t) 函数,有

$$g_r(t) = \sum_{k=-\infty}^{\infty} g(k) \operatorname{sinc}\left(\frac{t - kT_s}{T_s}\right) \quad (3.12)$$

式(3.12)代表了使用量化香农表示进行数据采样的共同基础。图 3.10 说明了使用式(3.12)采样数据重构信号。

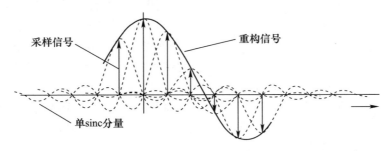

图 3.10　使用 sinc(x) 系列重构信号

近年来,非均匀采样、自适应采样特别是压缩采样(CS)的研究取得了很大进展。压缩采样假设待采样信号的两个特征为稀疏性和非相干性。稀疏性是指信号的信息速率可以通过小于信号带宽的采样速率可靠地获得,或者信号包含的自由度小于其有限长度的要求。当使用适当的依据时,信号有非常密集的表示,由此推断出非相干性。压缩采样方法最有利于稀疏信号,即频率内容分组在不同的光谱区域。假设在信号上使用的变换最多有 K 个非零项,实验表明采样这样的 K 稀疏信号需要每秒 $O(K\log(W/K))$ 次采样才能稳定重构信号,远远低于奈奎斯特速率[23-24]。重要的是,压缩采样不依赖于信息的删除或压缩,也不需要以奈奎斯特速率运算。有效的采样可以在奈奎斯特速率以下进行,从而节省数模转换器的运行功率。

3.3.2.2　D/A 转换器

在传感器节点上数模转换器功能的实现是通过单独的数模转换电路或者作为微控制器的一个分区功能来处理的。无论是哪种实现,都有各种数模转换器算法和方法可用,大多数基于奈奎斯特速率。值得注意的是,数模转换器方法包括:①逐次逼近(SAR);②积分三角法($\Sigma-\Delta$);③流水线;④斜率转换器;⑤闪速;⑥折叠插值。

逐次逼近转换器是许多多路数据采集系统和传感器应用的数模转换器架构的选择。逐次逼近转换器相对容易使用,没有流水线延迟,并且具有较高的精度和分辨率(高达 24bit),采样率超过每秒 500 万次采样[25]。最近,一种单通道混合流水线逐次逼近达到了每秒 300 万次采样[26]。虽然逐次逼近转换器与其他数模转换器设计相比速度较慢,但它们的功耗也是最低的。逐次逼近体系结构包括一个数模比较器和控制逻辑(连续逼近寄存器);然而,与其他数模转换器架构相比,整体形状因素仍然很小。需要注意的是,为了保持较高的精度,相关的数模转换器也必须满足该精度级别的要求。

积分三角数模转换器需要快速的过采样时钟,因此输出速率较低,但这些转换器更适合于高分辨率。积分三角转换器的工作原理是在高采样率下执行一位转换,然后对结果进行平均,以提供高分辨率的输出。积分三角转换器的固有优势是,即使分辨率为 16bit,也不需要进行特殊的修整或校准。另外,积分三角转换的一个问题是需要增加采样率来得到可接受的输出值,这需要组件以更高的速率运行,因此该体系结构非常耗电。

流水线数模转换器采用多级并行结构,每级同时操作一个或几个连续采样位。并行结构增加了吞吐量;然而,多级结构导致了功耗和转换延迟的增加。多级并行结构通过提供数字纠错逻辑,降低了每个闪速比较器阶段所需的精度。这种结构确实需要大量的硅,如果要求超过 12bit 的精度,需要进行微调和/或校准。

最简单的斜率转换器是一个单斜率积分数模转换器,将输入信号与一个众所周知的参考电压水平进行比较。触发比较器所需的时间与未知输入电压成正比。这种数模转换器功耗低,但高度依赖于积分器组件的容差。为了克服这种灵敏度,采用双斜率积分体系结构对输入电压进行积分,然后在可变的时间内使用已知的参考电压进行分解。与逐次逼近数模转换器相比,单斜率数模转换器带宽范围较窄,无法与逐次逼近转换速度相媲美;斜率转换器被限制在大约每秒 100 次采样。然而,与斜率转换器相关的一个好处是共模抑制。有了斜率转换器,不需要的频率可以被过滤掉。此外,由于积分是简单的平均,当输入端出现杂散噪声时,斜率转换器具有较好的噪声性能。最后,通过积分电阻的值来设置斜率转换器的积分器坡度,可以用于匹配输入信号范围到 D/A 转换器[27]。

闪速(直接转换)转换器方法实现了一个线性电压阶梯,在每个阶梯级上有一个比较器来比较输入电压和连续参考电压。参考阶梯在每一梯级由电阻或电容电压分压器构成,为比较器和随后的数字编码器提供输入,后者将输入转换为二进制值。与其他转换器结构相比,要提高精度需要更多的比较器。对于 k 位转换,闪速转换器需要 2^k-1 个比较器,这会消耗电能。此外,因为需要大量比较器,成本较高,除非需要高频转换,否则闪速转换器在精度远高于 8 位时不切实际(成本高昂)。

折叠插值(F-I)数模转换器架构解决了功耗和大布局的问题,特别是与闪速转换器相比。折叠插值转换器使用单步转换,接近或满足与闪速转换器相关的转换率。对于折叠插值转换,两个相邻前置放大器的每一个输出连接到中间比较器,将输入信号与参考电压阶跃中间的参考电压进行比较。虽然折叠插值数模转换器中锁存比较器的数量等同于闪速数模转换(假设两者具有相同的分辨率),但插值将参考阶梯所需的前置放大器和电阻减少50%(或更少,取决于内插因子)。总的来说,这节省了总面积,降低了功耗。此外,在插值过程中,由于误差[28]的平均和分布,折叠插值转换器表现出高线性度。图3.11总结了逐

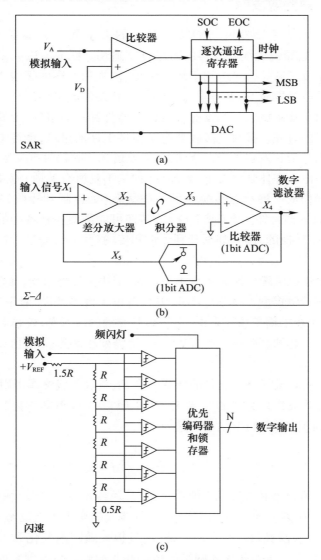

图 3.11 使用奈奎斯特采样的著名数模转换器架构(逐次逼近、积分三角和闪速)

次逼近、积分三角和闪速转换器的架构。除了总结的数模转换架构外,无线传感器网络的研究人员还研究了用于操作微型传感器的特定目的的数模转换器方法。这些方法包括如下数模转换器结构:熵编码[29]、可重构[30]、时间交错/并行、残余型和过采样转换器。

3.3.3 射频收发器

随着基于无线传感器网络的持久系统的大量微粒的出现,对极低功耗(LP)、低成本、近距离无线收发器的需求日益迫切。低成本嵌入式极低功耗收发器的设计激发了新一代可应用于战术情报、监视和侦察的无线传感器网络的设计。在设计收发器时,需要考虑每一种工作状态的能量:发射、接收、空闲、休眠和转换。由于功率放大器和发射器的电子器件都是通电的,因此发射是一个消耗大量能量的过程。接收是接收器电子器件工作的过程,能源消耗通常排在第二位。空闲是指收发器处于工作状态,但发射和接收都没有发生,只有一部分收发器组件通电。在休眠状态下,大部分(如果不是所有的话)收发子系统是不通电的。当操作从一种状态转换为另一种状态(如休眠到接收)时,最终状态(转换)表示收发器元件上电(或下电)。转换可能需要各种各样的组件通电持续时间,并根据转换的方向(如断开到传输和传输到断开)呈现不同的能量使用状况。

为了确定提议的通信链路是否满足要求,采用了各种模型,通常从较简单的 Friis 自由空间传输模型[31]开始。Friis 方程假设了许多条件,对于理想环境(如卫星通信)所呈现的简单情况来说,它是相对准确的。否则,传输路径中的物体以及大气吸收引起的衰减会产生多径问题,这需要比 Friis 方法所允许的复杂性更复杂。

给定在发射器天线终端测量的功率电平 P_t,接收天线终端可用的功率 P_r 取决于与反射接收天线相关联的区域 A_r、发射天线 A_t、发射器与接收器之间的距离 d、射频发射波长 λ。Friis 方程可表示为

$$P_r = P_t \left(\frac{A_r A_t}{\lambda^2 d^2} \right) \tag{3.13}$$

式(3.13)假设幂和长度测量值单位相同,距离 d 为可以假设的平面波传播的距离,此需要距离大于 $2a^2/\lambda$,其中 a 为所涉及的两个天线的最大线性尺寸。另外,式(3.13)假设射频功率全向传输,能量损耗随距离变化为 $1/d^2$。当接近地面时(见第 6 章),无线传感器网络的传播并非如此。考虑到发射器和接收器的天线收益(分别为 G_t 和 G_r),发射器和接收器(分别为 L_t 和 L_r)的损耗以及引

入的各种损耗,将衰减、极化不匹配和寄生损耗设为 L_m,可以得到 RF 链路预算的方程,将式(3.13)两边取对数相等,得到

$$P_r = P_t + G_t + L_t + G_r - L_r - L_m - 20\lg\left[\frac{4\pi d}{\lambda}\right] \tag{3.14}$$

式(3.14)认为是一个基本的链路预算方程,其中所有项均以分贝(dB)为单位,具体见 3.3.3.1 节的定义。使用分贝可以简单地增加或减少项目来确定链路余量(信噪比超过 1 的那部分)。

3.3.3.1 综述:射频分贝(对数)单位

无线传感器网络系统最严重的故障之一是通信链路的不可靠。如式(3.14)所示,在讨论射频系统时,总是使用分贝术语来表示链路余量、天线增益、射频功率、天线增益和参考电压。让我们快速回顾一下分贝单位及相关的定义。射频功率,单位为毫瓦分贝(dBm),其中 P_2 为功率,单位是 W,$P_1 = 1\text{mW}$,计算公式为

$$10\lg\left[\frac{P_2}{P_1}\right] \tag{3.15}$$

天线增益相对于各向同性(4π)的辐射体,比较天线增益值 G_a 与各向同性值 G_i(dBi),其定义为

$$10\lg\left[\frac{G_a}{G_i}\right] \tag{3.16}$$

电压参考(dBv)测量电压值,V_2,参考 $V_1 = 1$;然而,对于射频测量值,V_1 通常设置为 $1\mu\text{V}$,有

$$20\lg\left[\frac{V_2}{V_1}\right] \tag{3.17}$$

作为使用分贝单位的一个例子,欧盟(EU)对特定的短程设备(如微粒)允许的最大有效辐射功率 ERP 传输为 25~100mW。将 25mW 转化为 13.98dBm。ERP 是实际天线相对于半波偶极子而不是理论各向同性天线辐射的总功率。与各向同性天线式(3.16)相比,半波偶极子的增益为 2.15dB。一个相关的天线术语——有效各向同性辐射功率 EIRP,是各向同性天线在一个单一方向上辐射的总功率。它给出了天线最强波束方向的信号强度。有效各向同性辐射功率和有效辐射功率之间的关系,可表示为

$$\text{EIRP}[\text{dB}] = \text{RRP}[\text{dB}] + 2.15[\text{dB}] \tag{3.18}$$

或者直接使用瓦(W),式(3.18)变为

$$\text{EIRP}[\text{W}] = 1.64 \times \text{ERP}[\text{dB}] \tag{3.19}$$

在部件(子系统)层面上,确定给定发射功率 P_t 和天线增益 G_a,得到

$$\text{EIRP} = P_t[\text{W}] \times G_a \tag{3.20}$$

典型的无线传感器网络接收器灵敏度为 $-85 \sim -110\text{dBm}$。式(3.20)也可以写成两点之间给定距离 d 处的电场 E,单位为米(m)。以伏特/米(V/m)为单位的 EIRP 表示为

$$\text{EIRP} = \frac{(E \times d)^2}{30} \tag{3.21}$$

关于 dB 单位,最后要注意的是,当使用功率谱密度 PSD 时,使用的 dB 单位为 dBm/Hz 或 dBm/MHz。

3.3.3.2 工业、科学和医疗无线电波段综述

工业、科学和医疗 ISM 无线电波段是国际上保留的用于数据研究和医疗目的的射频近程使用的频段。ISM 频段被指定为一种无需正式许可的射频通信手段。这些未经许可的射频频段于 1947 年在大西洋城举行的国际电信联盟(ITU)国际电信会议上确定,1985 年更新并明确了目前的美国标准(FCC 规则中第 15.247 部分)。未经许可的 ISM 频段使用包括与医疗设备、无线计算机网络、Wi-Fi、WLAN、蓝牙设备、ZigBee、Z-wave、WirelessHD、WiGg、射频识别(RFID)、近场通信(NFC),当然还有无线传感器网络节点相关的应用。工业、科学和医疗用户不需要持有无线电运营商的许可证,因此允许基于射频技术的快速和最新增长来提供数据传输和访问。从负面意义上看,工业、科学和医疗设备缺少监管保护,不受其他工业、科学和医疗波段用户的干扰。研究人员可以快速访问工业、科学和医疗波段,但效果可能会因本地界面的不同而有所差异。

无线传感器网络节点的设计使用了工业、科学和医疗波段。这并不意味着已经部署的战术情报、监视和侦察系统也会如此,但出于我们的考虑,将把重点放在工业、科学和医疗波段内运行的微粒上。加州大学伯克利分校和其他大学在美国国防高级研究计划局(网络化嵌入式系统技术计划)的无线传感器网络研究中大量使用了工业、科学和医疗波段。表 3.1 给出了工业、科学和医疗的主要频段,以及与这些频段相关的应用和功率电平。频率和功率电平值取决于有关国家的频率分配和功率电平,同时还列举了使用工业、科学和医疗频段而变得成熟的各种应用(设备和系统)。例如,美国食品和药物管理局(FDA)与美国联邦通信委员会和基于 RF 的医疗设备[32]相关的法规进行了广泛的协调。对于战术情报、监视和侦察,工业、科学和医疗频段包括 433MHz、908MHz、2.4GHz 和 5GHz 频段。然而,在有植被的户外操作时(见第 6 章)会出现传播损耗和单个

微粒所需的数据速率较低的情况,因此系统设计倾向于使用较低的工业、科学和医疗频段(如433MHz)。

表3.1 工业、科学和医疗频段

ISM 频段	应用	EIRP	BW
6.765~6.795MHz	医疗、RFID	16.4mW	30kHz
13.553~13.567MHz	高频 RFID,NFC	100mW	14kHz
26.957~27.283MHz	民用频段(CB)、监视器	820mW	326kHz
40.66~40.70MHz	周边保护、控制系统	100mW(500mW)	40kHz
433.05~434.79MHz	RFID,MICA 微粒,XSM(TXSM)微粒,低功耗的手持式收音机(FRS)	50mW(100mW)	1.84MHz
863~870MHz	超高频 RFID,Zwave	3280mW	3MHz
902~928MHz	MICA2 微粒,测量系统(业余),Zwave	1W	26MHz
915MHz	Zigbee	4W	26MHz
2.4000~2.4835GHz	蓝牙,Wi-Fi(802.11b/g)	100,500mW	100MHz
	MicaZ,TelosB,SunSpot 微粒(802.15.4)		
	ZigBee、RFID、NFC	1W	100MHz
5.650~5.925GHz	Wi-Fi-802.11a/n/ac	4W	275MHz
	U-NII 5GHz 频段		275MHz
	Wi-Fi-802.11a/n	1W	275MHz
5.15~5.25GHz	WLAN	250mW	100MHz
5.25~5.35GHz	WLAN,无线接入系统(WAS)	200mW	100MHz
5.725~5.825GHz	WLAN,无线接入系统(WAS)	1W	100MHz
57~64GHz	WirelessHD,WiGig(802.11等)	10W	7GHz
122.020~123.000GHz	SiGe 收发器(传感器/通信),SoC,业余卫星	500(1000)mW	1GHz
244.0000~246.000GHz	业余卫星组织	500(1000)mW	2GHz

3.3.4 基于微粒的传感器模态

大量基于无线传感器网络的传感器模式已经被开发出来,并用于各种无线传感器网络演示、部署和操作。无线传感器网络节点已经派生出无人值守地面传感器配置所使用的传感器方法的缩小版本,如震动、声学、磁性、被动红外和/或光学(相机)仪器。此外,无线传感器网络的研究和演示还评估和使用了超宽带(UWB)雷达、微型激光测距仪以及化学、生物、辐射、核和爆炸(CBRNE)传感器。第9章讨论了适用于无线传感器网络的各种传感器模态,并对每种模态进行了物理描述和性能方程的推导。

3.4 自适应无线传感器网络功能以解决战术情报、监视和侦察任务

为了满足战术情报、监视和侦察任务的最低要求,微粒必须提供和支持多种操作模式。这些模式(阶段)使用中间件模块实现,相关内容将在第8章详细讨论。本节介绍了操作阶段,预先了解战术情报、监视和侦察微粒在执行一系列自主功能时必须具备的能力。这些操作模式与以下任务相关:设置、网络管理、信号处理、数据/状态通信和电源管理。此外,战术情报、监视和侦察微粒必须能够与现有的标准化接口无缝集成,与适当的遗留系统兼容,并遵循物理约束以满足低检测概率阈值。图3.12提供了微粒阶段的概述,以及与每个阶段相关联的最高级微粒活动。如图3.12所示,设置阶段的重点在于单个微粒,从部署前的检查到单个微粒的开启和操作。在微粒初始化后立即开始,操作重点转移到整个无线传感器网络微粒场的形成和维护、微粒场和微粒场传感操作、微粒场数据产品的提取、微粒和网络的持久性、互联性和安全操作。

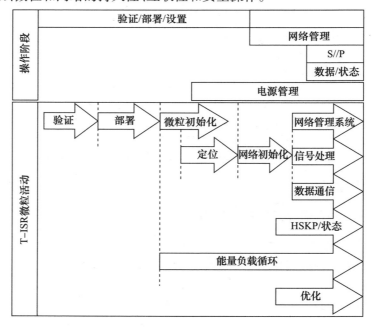

图3.12 无线传感器网络系统运行阶段与微粒活动的对齐

图 3.12 为无线传感器网络运行模式之间的时序关系,显示了单个微粒在新建立的网络中从初始启动到运行能力的阶段行为。如图 3.12 所示,与微粒和无线传感器网络操作阶段相关的最高级操作模式(按阶段函数分组)包括设置、网管、传感器处理、数据/状态通信和电源管理。

(1) 设置:①自动任务前就绪核查;②部署效率和便利性;③自初始化;④本地化。

(2) 网络管理系统(NMS):①自组织;②确定最近的邻居;③网络初始化;④路由优化;⑤网络维护;⑥自修复。

(3) 传感器处理:①数据采集和转换;②实时传感器信号处理。

(4) 数据/通信现状:①数据通信(滤波);②保密通信和自我保护;③微粒数据采集和报告。

(5) 电源管理:①能源负荷循环;②操作优化。

(6) 标准化和遗产:①与滤波中继功能的互操作性;②标准化的信息格式;③与通信基础设施和任务作战中心无缝对接。

(7) 物理属性:①最小尺寸(体积)和重量;②环境耐用性;③隐蔽性。

网络管理和电源管理阶段协同工作,以建立无线传感器网络,同时通过微粒级和微粒场的能量负载循环,努力将电力消耗降至最低。随着网络的建立,操作传感器处理和数据/状态通信开始并持续,直到无线传感器网络微粒场因故障(或电池耗尽)而退役或停止运行。标准化和遗留活动考虑的是如何从外部接收无线传感器网络数据。为了充分利用这些来之不易的数据集,无线传感器网络数据必须由任务操作中心传送并成功解译。此外,微粒应满足 IEEE 1491-99、物联网设备和系统协调标准[33]等遥感标准。物理属性处理物理外观、约束尺寸(用于检测和重量)、易于部署,并提供影响物流的规范。

3.4.1 部署前注意事项

在部署任何无线传感器网络系统之前,所有子系统、微粒、中继和通信系统都要经过验证,确认其功能齐全。与任何大型生产线一样,并不是每一个微粒都可以测试[34]。相反,与大规模的生产运行作业一样,使用具有统计意义的样本量(基于随机选择)来估计微粒子系统的潜在故障率。考虑到基于低成本制造的传感器可靠性的特征,可以应用可靠性分析方法(马尔可夫链、蒙特卡罗仿真、可靠性框图)确定传感器网络系统的整体可靠性。网络设计预测到了一定百分比的节点失效,因此存在自修复能力,并在操作开始时要求具备该能力。在早期的无线传感器网络预部署中,由于观察到多个微粒子系统的故障,微粒级测试被证明是有价值的。这并不奇怪,因为无线传感器网络的核心目标是使用低成本的微粒在恶劣的环境中运行。使用真实世界的无线传感器网络部署,对传感器故障的调查揭示了对网络性能的影响,并提供了一个背景和方法来描述这些故障[35]。此外,详细分析了故障类型(如永久的、间歇的、临时的、瞬态的和潜在的)[36]和子系统故障(传感器、微控制器系统、无线电收发器和电源)[37]。

在操作和使用无线传感器网络系统中,故障和/或退化的操作可以被监控,因为属于微粒中间件,由传感器数据流的速度和网络管理的错误来确定故障的存在,隔离可能原因并使用技术来解决有故障的无线传感器网络组件[38-40]。通过仿真和分析以及实际的现场演示,研究由于硬件故障、软件错误或射频通信链路问题而导致的无线传感器网络节点的可靠性。由于硬件和软件的问题,我们需要对早期的微粒设备(2000—2010年)进行原位测试。回想一下,这些设备是在成本有限的情况下建造的,而在短短几年的开发中,就解决了低功耗、传感器操作持久的非常具有挑战性的应用问题。

3.4.2　网络管理系统

网络管理高度依赖于微粒对其所有最近邻的微粒,并允许微粒连接到一个过滤中继的路径的相对定位。在战术情报、监视和侦察应用中,假设所选的无线传感器网络系统是一个具有多跳能力的系统,以允许可靠的系统运行和部署大的微粒数,从而允许长期运行(容错)。自组织行为是成功设计基于无线传感器网络的战术情报、监视和侦察系统的重要内容,它通过微粒间的协调和协作提高了无线传感器网络系统的可靠性、可扩展性和可用性。自修复网络不需要对网络进行集中控制,而是通过点对点进程来运行,在这个过程中微粒可以区分和连接它们最近的邻居。这就避免了向集中式网络管理功能提供健壮连接的必要性。在局部最近邻层建立的连接在整个网络中传播,广泛的连接成为一种即时行为。

当系统中的节点数量增加时,需要解决可伸缩性问题。由于磨损,可能会部署额外的微粒,以增强现有系统的更新微粒能力,或扩大感兴趣区域的监测。特别是对于战术情报、监视和侦察系统来说,感兴趣区域通常涉及较大的尺寸,这意味着需要大量的微粒。(同样值得注意的是,这些区域可能是连续的也可能不是连续的。)

3.4.3　传感器信号处理

如前所述,无线传感器网络微粒通常采用多种传感器模态(见第9章)来支持减少误报和提高目标分类能力。因此,信号处理的考虑必须符合无线传感器网络资源,同时满足电池寿命、延迟、测量精度和传感器校准等基本要求。由于较简单(不太复杂)的无线传感器网络传感器的优势是模拟、模拟滤波、增益控制和 A/D 处理,所有这些都必须在微粒核内实现。

使用紧凑型磁阻器件的磁力计开始是模拟信号,并需要仪表放大电路(使用分压器功能)。在模拟信号处理中,电压阈值是获得可靠模拟电平的工具。对于无线传感器网络,阈值调整可以通过中间件实现,以实现用户控制放大器偏置。光学传感器,无论是被动的还是主动的,都需要大量的信号处理,这取决于所使用的组件。例如,被动红外传感器需要功率控制、电源滤波、红外光学探测器和随行电路、有源带通滤波器、累加运算放大器和窗口比较器。

3.4.4 数据/状态通信

无线传感器网络要求的特性包括高服务质量、显著的容错能力、网络可扩展性、低功耗、足够的安全性、可编程性、易维护和低总成本。服务质量(如延迟)、可操作性、网络故障的检测和修复需要完善的系统健康监控设备。通过了解射频信号强度(RSSI)、电池电压和有源/非有源传感器等参数,可以评估微粒和整个无线传感器网络领域的健康状况和状态。

3.4.5 电源管理

在无线传感器网络实现中所选择的通信协议直接影响电力消耗。然而,完整的功率预算需要了解功率分布、运行概况、底层电路和由微粒硬件实现的方法。电源管理从初始化和形成无线传感器网络开始,在早期设置阶段对执行任务循环、睡眠模式和内置功能(微粒硬件、固件和中间件)至关重要。图 3.12 的一个困难是,操作阶段需要多个接口和其他活动来执行分配的任务,如需要 MAC 协议的电源管理以及访问监测(和控制)传感器和收发器操作。

3.4.6 标准化和遗留问题

标准化和兼容性是通过中继(滤波点)连接无线传感器网络微粒场的重要因素。将经过无线传感器网络处理的数据注入全球信息网格(国防部信息网络)需要遵守标准的消息格式和协议,以及与遗留通信和显示系统相关的接口。当考虑以下问题时,会出现遗留问题:

第 11 章讨论了战术情报、监视和侦察无线传感器网络测试系统的体系结构,并提供了战术情报、监视和侦察无线传感器网络测试系统的示例和演示。

(1) 为复杂的传感器(如无人值守地面传感器)执行自鸣器激活:如何最好地连接到现有的无人值守地面传感器功能(如 LP – SEIWG 格式化)?

(2) 在任务控制中心注入和显示经过处理的无线传感器网络数据,以验证目标探测、跟踪和分类(如符号体系需要遵守 MILSTD-2525D)。

(3) 无线传感器网络物理封装与部署机制和/或平台(如分发器、飞机吊舱)的无缝集成。

(4) 遵守首要的安全问题(如芯片标识号、生产数据和身份验证协议的使用)。

3.4.7 物理属性

回想一下,在无线传感器网络开发的早期,微粒被概念化为具有"灰尘"级的尺寸。最初将无线传感器网络概念作为一种军事应用,给人们带来的兴奋程度远远超出了当时可实现的范围。使用大型偶极子天线、光滑面、声信号器和闪光灯(LED)会降低战场上军事最终用户的可用性和接受度(在战场上保持非常低的探测剖面可能意味着生死存亡)。此外,为支持各种现场测试和演示而招募的特种部队人员设计需要手动放置和按钮或开关操作的微粒,对于战术情报、监视和侦察任务来说是不可能的(见第 11 章)。那些参与战术情报、监视和侦察设备交付和部署的人员根本不希望有一个需要改变现有装备的传感器系统(例如,脱下手套,将重物从任务初始地转移到感兴趣区域,以及需要消耗大量时间的人在回路的初始化操作和验证操作的正确性)。当考虑到战术情报、监视和侦察时,大部分被带到现场的东西都是由个人携带的。因此,士兵会质疑他们随身携带的每件物品的重要性,并必须相应地进行优先级的安排。

3.5 协作(分层)架构

对于战术情报、监视和侦察,预计无线传感器网络系统将依靠中继连接到全球数据通信。这与无线传感器网络中的内部中继不同,后者在数据流向层次结构[41]的顶层时提供更高级别的处理。无线传感器网络节点的低功耗、低成本方面允许密集覆盖传感器,但会牺牲通信范围。为了有效地与全球系统(如国防部信息网络)连接,无线传感器网络系统依赖于远程任务操作中心控制的操作滤波中继。无线传感器网络系统经常被要求与复杂的传感器(如无人值守地面传感器)一起工作,这些传感器依赖于此中继能力。通过向终端用户同时提供与有能力的传感器(如成像器)和无线传感器网络微粒场的通信连接,滤波中继可以起到双重作用。通过这种连接,将适当的控制逻辑注入到系统中,微粒可以在不受任务行动中心干预的情况下,控制高耗能精密传感器的运行。通过这种方式,分层传感器配置将依赖于微粒场层作为自鸣器或绊网功能。有了这种能力,更复杂(和能量消耗)的传感器的操作可以实现更长的操作时间。图 3.13

展示了一个分层的战术情报、监视和侦察系统,它采用一个无线传感器网络系统来与各种无人值守地面传感器设备进行协作。

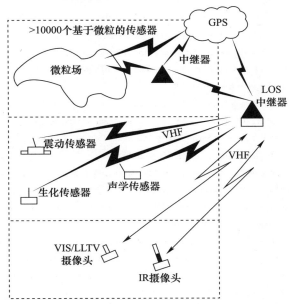

图3.13 多层战术情报、监视和侦察系统由多个传感器层组成(无线传感器网络微粒场、简易无人值守地面传感器和复杂无人值守地面传感器(成像仪))

参考文献

[1] Römer, K., "Tracking Real – World Phenomena with Smart Dust," *Wireless Sensor Networks*, EWSN 2004. Lecture Notes in Computer Science, Vol. 2920, Springer, 2004.

[2] https://usermanual.wiki/Sentilla/TMOTESKY/html, used by permission, Joe Polastre, Rob Szewczyk (UCB), email, June 29, 2019.

[3] TMOTESKY Tmote Sky User Manual tmote – sky – datasheet – 102, Sentilla, 2005.

[4] Gajjar, S., et al., "Comparative Analysis of Wireless Sensor Network Motes," in 2014 *International Conference on Signal Processing and Integrated Networks* (SPIN), Noida, 2014, pp. 426 – 431.

[5] Polastre, J., R. Szewczyk, and D. Culler, "Telos: Enabling Ultra – Low Power Wireless Research," *Fourth International Symposium on Information Processing in Sensor Networks*, 2005.

[6] Dutta, P., et al., "Design of a Wireless Sensor Network Platform for Detecting Rare, Random, and Ephemeral Events," *ACM/IEEE Information Processing in Sensor Networks*, 2005.

[7] List of wireless sensor nodes, https://en.wikipedia.org/wiki/List_of_wireless_sensor_nodes.

[8] Nain, N., and S. Vipparthi," Internet of Things and Connected Technologies," *4thInternational Conference on Internet of Things and Connected Technologies* (ICIoTCT), 2019, 2020.

[9] "8 – bit Atmel Microcontroller with 128KBytes In – System Programmable Flash," Atmel Corp, 2011.

[10] Buturuga, A., R. Constantinescu, and D. Stoichescu, "A Practical Approach to Microcontroller Performance Evaluation," *Proc. SPIE* 10977, *Advanced Topics in Optoelectronics, Microelectronics, and Nanotechnologies IX*, 2018.

[11] Jeffers, J., J. Reinders, and A. Sodani, Chapter 14 in *Intel Xeon Phi Processor HighPerformance Programming* (second edition), Knights Landing Edition, Elsevier, 2016.

[12] Farber, R., *CUDA Application Design and Development*, Elsevier, 2011.

[13] Amdahl, G., "Validity of the Single Processor Approach to Achieving Large Scale Computing Capability," *AFIPS Spring Joint Computer Conference*, 1967.

[14] Reddy, V., et al., "Operating Systems for Wireless Sensor Networks: A Survey," *Int. J. Sensor Network*, 2009.

[15] Farooq, M., and T. Kunz, "Operating Systems for Wireless Sensor Networks: A Survey," *Sensors*, 2011.

[16] Tan, S., B. Anh, and T. Nguyen, "Survey and Performance Evaluation of Real – Time Operating Systems (RTOS) for Small Microcontrollers," *IEEE Micro*, 2009.

[17] Hadim, S., and N. Mohamed, "Middleware: Middleware Challenges and Approaches for Wireless Sensor Networks," *Proceedings IEEE Computer Society*, 2006.

[18] Ajana, M., et al., "Middleware Architecture in WSN," in *Wireless Sensor and Mobile Ad – Hoc Networks: Vehicular and Space Applications*, Springer, 2015.

[19] Sohraby K., D. Minoli, and T. Znati, "Chapter 8: Middleware for Wireless Sensor Networks," in *Wireless Sensor Networks Technology, Protocols, and Applications*, John Wiley & Sons, 2007.

[20] Romer, K., O. Kasten, and M. Friedemann, "Middleware Challenges for Wireless Sensor Networks," *Mobile Computing and Communications Review*, 2002.

[21] Chen, Y., Y. Eldar, and A. Goldsmith, "Shannon Meets Nyquist: Capacity of Sampled Gaussian Channels," *IEEE Transactions on Information Theory*, 2013.

[22] Stern, H., "Bandpass Sampling—An Opportunity to Stress The Importance of In – Depth Understanding," *American Journal of Engineering Education*, 2010.

[23] Schroeder, D., "Adaptive Low – Power Analog/Digital Converters for Wireless Sensor Networks," *IEEE: Third International Workshop on Intelligent Solutions in EmbeddedSystems*, 2005.

[24] Davenport, M., et al., "Introduction to Compressed Sensing," *Compressed Sensing: Theory and Applications*, Cambridge University Press, 2012.

[25] https://www.ni.com/en-us/innovations/white-papers/10/benefits-of-delta-sigma-analog-to-digital-conversion.html.

[26] Wu, C., and J. Yuan, "A 12 – Bit, 300 – MS/s Single – Channel Pipelined – SAR ADC with an Open – Loop," *IEEE Journal of Solid – State Circuits*, 2019.

[27] https://www.maximintegrated.com/en/design/technical-documents/tutorials/1/1041.html.

[28] Zahrai, S., and M. Onabajo, "Review of Analog – To – Digital Conversion Characteristics and Design Considerations for the Creation of Power – Efficient Hybrid Data Converters," *Journal of Low Power Electronics and Applications—Open Access Journal*, 2018.

[29] Marcelloni, F., and M. Vecchio, "A Simple Algorithm for Data Compression in Wireless Sensor Networks," *IEEE Communications Letters*, 2008.

[30] Razak, Z., A. Erdogan, and T. Arslan, "An Adaptive Algorithm for Reconfigurable Analog – to – Digital Converters," 2010 *NASA/ESA Conference on Adaptive Hardware and Systems*, 2010.

[31] Shaw, J., "Radiometry and the Friis Transmission Equation," *Am. J. Phys.*, 2013.
[32] U. S. Food and Drug Administration, "Wireless Medical Devices," 2018.
[33] IEEE P1451-99—Standard for Harmonization of Internet of Things (IoT) Devices and Systems, 2016.
[34] Jiang, P., "A New Method for Node Fault Detection in Wireless Sensor Networks," *Sensors*, 2009.
[35] Sharma, A., L. Golubchik, and R. Govindan, "Sensor Faults: Detection Methods and Prevalence in Real-World Datasets," *ACM Trans. Sensor Network*, 2010.
[36] Khan, M., "Fault Management in Wireless Sensor Network," *GESJ: Computer Scienceand Telecommunications*, 2013.
[37] Deif, D., and Y. Gadallah, "A Comprehensive Wireless Sensor Network Reliability Metric for Critical Internet of Things Applications," *EURASIP Journal on Wireless Communications and Networking*, 2017.
[38] Rehena, Z., et al., "Detection of Node Failure in Wireless Sensor Networks," *IEEE Conference: Applications and Innovations in Mobile Computing (AIMoC)*, 2014.
[39] Shaikh, R., and A. Sayed, "Sensor Node Failure Detector in Wireless Sensor Network: A Survey," *International Journal of Emerging Technology in Computer Science & Electronics (IJETCSE)*, 2015.
[40] Mahapatro, A., and P. Khilar, "Detection of Node Failure in Wireless Image Sensor Networks," *ISRN Sensor Networks*, 2012.
[41] Lamont, L., et al., "Tiered Wireless Sensor Network Architecture for Military Surveillance Applications," *SENSORCOMM 2011: The Fifth International Conferenceon Sensor Technology*, 2011.

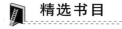 精选书目

Arora, A., et al., "A Line in the Sand: A Wireless Sensor Network for Target Detection, Classification, and Tracking," Computer Networks Journal, Vol. 46, No. 5, 2004, pp. 605 – 634.

Arora, A., et al., "ExScal: Elements of an Extreme Scale Wireless Sensor Network, Embedded and Real – Time Computing Systems and Applications (RTCSA)," in IEEE International Conference on (Formerly Real – Time Computing Systems and Applications, International Workshop on), September 2005.

Avilés – López, E., and J. Antonio García – Macías, "TinySOA: A Service – Oriented Architecture for Wireless Sensor Networks," Service Oriented Computing and Applications, Vol. 3, No. 2, pp. 99 – 108.

Blanckenstein, J., J. Klaue, and H. Karl, "A Survey of Low – Power Transceivers and their Applications, IEEE Circuits and Systems Magazine, Vol. 15, No. 3, 2015, pp. 6 – 17.

Chen, Y., C. – N. Chuah, and Q. Zhao, "Sensor Placement for Maximizing Lifetime per Unit Cost in Wireless Sensor Networks," IEEE MILCOM 2005 – 2005 IEEE Military Communications Conference, DOI: 10.1109/MILCOM.2005.1605825.

Chong, C. – Y., and S. P. Kumar, "Sensor Networks: Evolution, Opportunities, and Challenges," Proceedings of the IEEE, Vol. 91, No. 8, August 2003.

Defense Information Systems Network (DISN) Connection Process Guide (CPG), Version 5.1, Defense Information Systems Agency (DISN), Risk Management Executive (RME), Risk Adjudication and Connection Division (RE4), September 2016.

FACT FILE, A Compendium of DARPA Programs, Defense Advanced Research Projects Agency, Revision 1, August 2003.

FACT FILE A Compendium of DARPA Programs, Defense Advanced Research Projects Agency, August 2003, p. 39.

Distributed Sensor Nets, Information Processing Techniques Office, Defense Advanced Research Projects Agency (DARPA), Proceedings of a Workshop, Carnegie – Mellon University. Pittsburgh, PA, Session 1: System Organization, Rpt AD – A143 691, December 1978.

Gay, D., et al., "The nesC Language: A Holistic Approach to Networked Embedded Systems,"
Proceedings of Programming Language Design and Implementation (PLDI), June 2003.

Hac, A., "Security Protocols for Wireless Sensor Networks," in Wireless Sensor Network Designs, John Wiley & Sons, 2003.

Happonen, A., Low Power Design for Wireless Sensor Networks, Springer, 2012.

"History of Microelectromechanical Systems (MEMS)," Southwest Center for Microsystems Education and The Regents of University of New Mexico, 2008 – 2010, Southwest Center for Microsystems Education (SCME), September 2013.

https://www.businesswire.com/news/home/20060123005247/en/Moteiv – Corporations – Tmote – Sky – Mote – Platform – Receives.

https://www.crunchbase.com/organization/sentilla#section – overview.

http://www2.ece.ohio – state.edu/ ~ bibyk/ee582/XscaleMote.pdf.

https://www.slideshare.net/KailasKharse/difference – between – cisc – risc – harward – vonneuman.

Ibarra-Esquer, J. E., et al., "Tracking the Evolution of the Internet of Things Concept Across Different Application Domains," Sensors (Review), Vol. 17, p. 1379, doi:10.3390/ s17061379, 2017.

Lee, S., et al., "Intelligent Parking Lot Application Using Wireless Sensor Networks," in 2008 International Symposium on Collaborative Technologies and Systems, IEEE, 2008, pp. 48–57.

Madhuri, V. V., S. Umar, and P. Veeraveni, "A Study on Smart Dust (MOTE) Technology," IJCSET, Vol. 3, No. 3, March 2013, pp. 124–128.

Minkoff, J., Signals, Noise, & Active Sensors, equation (6.50), p. 13, Wiley & Sons, 1992.

Omiyi, E., K. Bür, and Y. Yang, A Technical Survey of Wireless Sensor Network Platforms, Devices, and Testbeds, A Report for the Airbus/ESPRC Active Aircraft Project EP/F004532/1: Efficient and Reliable Wireless Communication Algorithms for Active Flow Control and Skin Friction Drag Reduction, Lund University, March 19, 2008.

Omiyi, P., K. Bür, and Y. YangA Technical Survey of Wireless Sensor Network Platforms, Devices and Test Beds, Technical Report; Vol. EP/F004532/1 AIRBUS-01-190308), University College London, 2008.

Polastre, J., R. Szewczyk, and D. Culler, Computer Science Department TELOS: Enabling Ultra-Low Power Wireless Research, University of California, Berkeley, CA.

Rabaey, J., et al., PICORADIO: Communications/Computation Piconodes for Sensor Networks, Air Force Research Laboratory, AFRL-VS-TR-2003-1013, 2003.

Saladino, A., and S. Mitchell, DISA Services Course Executive Overview-AFCEA, June 14, 2017.

Silva, A., M. Liu, and M. Moghaddam, "Power-Management Techniques for Wireless Sensor Networks and Similar Low-Power Communication Devices Based on Nonrechargeable Batteries," Journal of Computer Networks and Communications, Vol. 2012, Article ID 757291, 2012.

Stollon, N., On-Chip Instrumentation: Design and Debug for Systems on Chip, Springer, 2011.

Tether, T., Statement to Science Committee, U.S. House of Representative Multidisciplinary Research, May 2005.

Wang, Q., and I. Balasingham, "Wireless Sensor Networks—An Introduction," ComputerScience, DOI:10.5772/ 13225, 2010.

Weber, W., et al., "TinyOS: An Operating System for Sensor Networks," in Ambient Intelligence, Springer, December 2004, DOI:10.1007/3-540-27139-2_7.

第4章 自组织网络技术

无线传感器网络系统配置为没有先验、静态基础设施的无线网络。无线传感器网络节点被设计成临时的分布方式,所有节点都参与到对等网络中。此类网络是自组织网络,其特征是节点状态自治,可连续发现新用户、全网监控并进行分辨率管理,并具有高效的单播、组播和向网络用户广播消息的性能。除了无线传感器网络之外,还存在其他已投入使用的自组织网络用来支持战术情报、监视和侦察功能。其中,最引人注目的是移动自组织网络(MANET)。移动自组织网络是一组自主移动设备(如软件控制的手持式无线电、笔记本电脑、智能手机和无线传感器)的集合,这些自主设备通过协作网络算法(协议)建立可控的无线链路相互通信[2]。

所有的自组织网络,特别是无线传感器网络和移动自组织网络系统,受益于第3章中介绍的大量前人的技术研究和开发。其中,分组交换通信是将自组织网络推向分布式数据收集和传播前沿的核心概念。将分组交换通信应用于无线自组织网络意味着在开发过程中要综合考虑如何使用这些网络相关的基本协议和接口,具体如下:

(1) 无线连接。
(2) 自主初始化、操作和控制。
(3) 尽量减少能源损耗。
(4) 最小化处理复杂性(处理器能力和内存大小)。
(5) 可靠、快速的信息传输。

分组交换的初衷是在使用有线网络时提高其可靠性(将在4.1节中介绍),因为这种网络提供了静态的和完美定义的基础设施,这与电话系统类似。无线连接引起了链路变化激增,包括间歇性连接、掉线、网络节点快速和频繁的加入或退出,以及物理安全损失。自组织网络能够自主运行,执行自动初始化、自组织,并在链路/节点故障的情况下,可依据路由自动修复。要整合这些极具价值的功能,就需要在物理层、网络路由和运营管理等领域对网络功能进行巧妙的设计。由于自组织网络无集中控制,于是节点执行影响了网络的进程。

网络运行的每个阶段都需要能源,包括节点初始化、自定位、无线链路设置和网络管理(操作、监控和维护)。自组织节点的设计具有独立性,因此其本身依赖于本地电源。对于无线传感器网络来说,这可能只不过是小容量电池组。临时静态节点的处理资源有限,特别是那些设计为低成本、低功耗和体积最小的节点。移动自组织网络节点优于无线传感器网络节点。对于移动自组织网络来说,移动意味着依赖于专门提供给节点的电源,或者通过移动平台(如无人和有人驾驶的车辆)提供的电源。因此,移动自组织网络节点的处理器复杂度可能比无线传感器网络节点的处理器复杂度要高得多;然而,考虑到移动性,移动自组织网络节点仍然受规模、重量、功率和价格约束。

如前所述,部署自组织网络是为了获得及时和准确的传感器测量数据,而无线连接可能使这两方面都不会实现。因此,将分组交换通信适应到无线网络时,正确地考虑了前面的方法和设计,从而使系统成功地初始化,并管理有线网络消息的完整性、拥塞和整个网络延迟的问题。本章考虑基于适用于自组织网络的分组交换算法构建和操作通信网络所涉及的原理。分组交换网络的底层性能建模来自于与泊松点过程相关的数学描述(见第 5 章的基础数学模型)。此外,本章描述了主要的分组网络模型、OSI 模型和 TCP/IP 模型的使用,并深入讨论了关于分组网络设计、开发、测试和实现的重要文献。此外,本章还介绍了移动自组织网络的背景,初识移动自组织网络协议设计。本章最后比较了无线传感器网络和移动自组织网络系统,并回顾了自组网的问题和漏洞。

4.1 概述:分组交换

格式化的数据得以在数字网络上进行可靠传输,原因在于分组交换,它是现代数字通信网络背后的核心概念。分组交换网络的设计和研究始于 20 世纪 50 年代,由美国兰德公司[3]的保罗·巴兰和英国国家物理实验室(National Physics Laboratory)的唐纳德·戴维斯共同完成[4-5]。分组交换的设计是为了适应共享网络资源和链路而表现出动态行为的网络,这意味着它们的网络路径会受到拥塞、间歇性链路连接或节点丢失的影响。此外,分组网络设计假定存在消息错误或消息丢失,这表明需要重传数据。图 4.1 说明了报文分段,通过这个过程,分组交换架构帮助动态路径路由,可以从消息错误和丢失中恢复。实际的数据包格式化和处理取决于选择的算法(封装在数据链路层协议中),这些算法被选择来匹配网络的特征。

分段使数字通信系统能够以一系列数据包的形式发送消息,每一个数据包都比原始数据报文短。通过将这些较小的数据包从源路由到目的地,可以实现对网络可用性、传递时间(延迟)的改进,以及从损坏或丢失的消息中恢复。打包的数据由网络报头信息(由协议驱动)和数据(表示为载荷)组成。报头提供

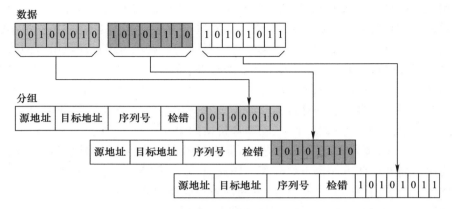

图 4.1 传输数据的数据分割简化示例

元数据,将消息定向到预期的接收端,包括纠错编码[如循环冗余码校验(CRC)][6-7]、序列号(用于消息重组)以及根据网络需求和使用的相关协议的附加信息。图 4.1 显示了附加到分段数据的基本报头格式。

错误消息的认定是使用传输层协议在消息头插入纠错码(如循环冗余码校验)和序列值,通过异常事件的起始和目的地的协议来进行确认。消息有损时,比特位的值会改变,可通过错误检查处理。确定消息是否丢失的方法是使用插入的序列号,序列号随着发送的消息单调增加。因为网络消息传递不受任何特定数据类型的限制,所以网络可用性得到提高。消息可以中继任何类型的信息(如多媒体、命令和传感器测量)。此外,通过分组路由可以动态控制消息流,缓解拥塞。流量控制是管理源节点和目标节点之间传输数据速率的过程,目的是防止起始附近的高速率压倒终点附近的低速率。拥塞缓解、控制监测,以及控制进入网络的数据速率,都是为了避免过度的分组流量导致路径出现拥塞崩溃。

重要的是,要认识到流量控制不同于拥塞控制,尽管提供这两种服务的协议所使用的机制之间存在重叠。拥塞控制解决了节点连接过量的问题(两个节点之间的路径),而流量控制则集中在目的节点。

4.1.1 流量控制

文献中关于特定算法与其中一个控制机制的关联存在混淆。例如,停等算法以及相关的自动重发请求(ARQ)变体,都被用于流量和拥塞控制。流量控制基于节点,尝试匹配源端发送速率和目的端接收速率,流量控制的基本方法是采用简单的停等过程[8-9]。在此,源节点被强制等待,直到目的节点为每个传输的消息返回确认(ACK)消息,才能发送下一个数据消息。但是,等待期将网络链接与消息流量捆绑在一起,特别是在传播延迟比传输延迟大得多的情况下。因此,源节点由于没有持续地发送消息,因此实际上是在浪费时间(也是在浪费能源)。此外,如果消息返回确认消息丢失,则等待进程停止传输,但源收发器仍然处于活动状态,没有数据流动。

为了解决消息返回确认消息丢失、源端和目的端互相等待发送同步消息而导致的死锁问题,源端可以使用看门狗计时器,计时器将在每次消息传输时重置并启动。如果没有收到确认并且出现超时,源端可以假设确认消息丢失,并重新发送假设丢失的数据包。这一过程确保了数据流在出现死锁时重新启动,并将被认为是丢包消息返回确认的等待时间最小化。停等式流量控制方法的一种变体是,在与基于源端的看门狗计时器相关联的确立的时间周期内设置传输,其中每个传输并不需要确认。在每个确认消息中,目的端通知源端当前可用的缓冲区大小。在每个发送时间窗口的开始时,源端发送若干帧数据。如果在收到确认之前超时,那么源端停止数据帧的传输。首先,接收端需根据以前接收的确认消息来确定是否需要向下调整数据消息的速率,这通过调用接收确认信息中的目的节点缓存信息就可以查到;其次,源端重新发送满足目标缓冲区大小的中断数据消息子集,期望在超时发生之前,消息返回确认成功到达。当源端发送双方同意的帧数 N,而目的端表示它可以处理时,此过程继续进行。这为基本的"停止与等待"提供了一种折中,即每一条确认消息传输一次。在此,源端正在等待每 N 帧的消息返回确认。虽然与基本的停等(每条消息)方法相比,有 $N:1$ 的改进,但仍然有一段时期(看门狗计时器持续时间)浪费时间和能源。

另一种流量控制方法是通过使用滑动窗口[10]最小化等待时间。使用滑动窗口,目的端将接收数据存储在接收缓冲区中,并向源端返回 ACK 消息。流量控制通过访问源端和目标端缓冲区大小来决定源端可以传输到目标端的字节数。源端发送的字节数不能超过目标端缓冲区的可存储的字节数;相反,正如等待目的节点的确认指示那样,源节点必须等待,直到接收完当前发送缓冲区中的所有字节,才能继续发送更多数据。类似于停等式,每个确认消息通知源端当前目标缓冲区大小。如果目标缓冲区已满,则 ACK 消息将窗口大小设置为 0,源端就必须在更多传输数据到达前等待。当目的端的应用程序从接收缓冲区中提取数据后,目的端向源端发送一个确认消息,表明被提取的数据对应的窗口大小,源端可以重启发送消息,但不能超过更新后的窗口大小。

4.1.2 拥塞控制

拥塞控制(避免网络拥塞)是为了避免由于过量的数据包进入链路而导致链路无法使用的过程。这种控制通过使用特定的确认消息来指示源端和目的端之间当前链路状况来监控消息流量,从而解决节点对网络的过载问题。拥塞控制方法和流量控制中使用的算法一样,从确认消息和计时器中提取的信息,以抑制源端出现网络路径过载。为了避免拥塞,使用了两个并行活动:使用路由节点侦听数据流速率,可以沿着替代路径将数据包重定向到预期目的端,使用带有从确认消息收集的信息的计时器来限制来自源端的数据流。

通过对通信流的持续监测,这些并行活动可以用于控制数据流,使其与路径带宽提供的容量相匹配。与流量控制一样,对于拥塞控制进行了大量的研究,并对其在分组交换通信中的使用进行了评估。已有很多基于计时器的算法示例,并且已经结合网络协议进行实现[11],通过慢启动、快速重传和快速恢复[12]来有效地实现拥塞控制。为了启动网络运行和维持拥塞控制,整体的网络设置过程在开始时使用慢启动,随后使用协议内的快速重传来实现拥塞避免,如在传输层协议中实现(TCP)。当数据流监控注意到确认消息正在丢失时,传输层会创建一个超时,网络操作会重新启动慢启动机制,并再次调用分阶段进程。图4.2说明了数据流阶段、慢启动和避免拥塞。

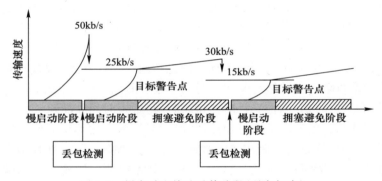

图4.2　慢启动和快速重传阶段(避免拥塞)

与其他最小化拥塞的方法一样,慢启动通过控制传输的数据量来避免拥塞。这种方法通过定义每个数据包可以传输的数据量来在源端和目的端之间的协商连接,并缓慢增加数据量,直到达到网络容量。这确保在不阻塞网络的情况下传输尽可能多的数据,从而优化报头的开销——有效载荷位。源端初始数据包包含一个拥塞窗口估计值,这是根据源端最大窗口确定的。目的端确认数据包并以它自己的窗口大小进行响应。如果目的端未能响应,则源端假定数据大小过大并停止传输。在成功的传输过程中,当接收到确认时,源端会增大下一个数据包的窗口大小。窗口大小逐渐增加,直到目的端不再确认每个包或达到了源端窗口限制。有了这个限制,便可以完成拥塞控制,控制处理数据速率。

快速重传是重复发送确认消息(重复打包),当网络运行时,网络管理监控源端和目的端之间传输的消息及关联的确认消息。如果丢包,与最后一个成功接收的消息关联的确认消息将继续重发同一确认消息($m-1$ 索引值,m 与丢失的消息相关),直到源端重新发送丢失的消息。这是通过重复的确认消息向源端发出的信号。此时,源端重新发送被丢弃的消息,而目的端则立即将其确认索引更新为已接收到的索引。图 4.3 说明了慢启动和快速重传的时间线。

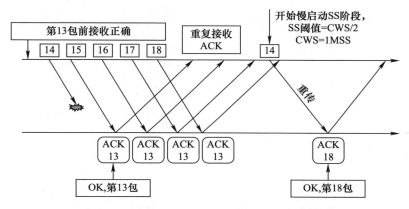

图 4.3　快速重传时间线示例(数据包 14 丢失的)

快速恢复是对快速重传拥塞控制的改进。研究表明,在碰撞避免模式下,如果拥塞窗口大小超过快速重传时的拥塞窗口大小,传输协议将以比单独快速重传时更快的速率运行。对于快速恢复,拥塞窗口(CWS)设置为饱和阈值加上 3 个最大报文段长度(MSS),而不是快速重传使用的一个最大报文段长度。

4.1.3　错误控制

自动重发请求[13-15]表示一组错误控制协议,用于在有噪声或不可靠的通信网络上传输数据,它适用于自组织网络。这些协议位于在 OSI 参考模型的数据链路层(DLL)和传输层,并自动重传在传输过程中损坏或丢失的帧。自动重发请求也被称为使支持重传的肯定确认(PAR)协议。使用这些协议,如果正确接收到帧,那么目的端将向源端发送确认消息。如果源端在指定的时间内没有收到发送帧的确认,则会发生超时,并且源端假定该帧在传输过程中已经损坏或丢失。此时,源端重新发送帧,重复这个过程,直到正确的丢失帧被发送。图 4.4 说明了分组交换网络的自动重发请求协议,其中包括停等流量控制的基本流程,如图 4.4(a)所示。通过接收确认消息,停等进行最基础的错误检测。使用停等自动重发请求,源端使用计数器,它从每次传输开始计时,如图 4.4(b)所示。如果确认在倒计时期间到达,源端继续发送下一个数据帧。如果计数器在接收到确认之前超时,那么源端假定数据丢失并重新发送数据帧(并重启计时器)。停等自动重发请求机制不能最大程度地利用资源。与流量控制一样,源端等待并处于空闲状态,直到收到一个确认。通过改进后的回退 N 帧(Go-Back-N)自动

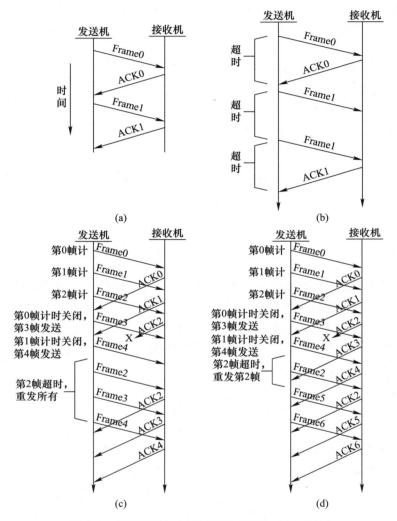

图 4.4 用于错误(丢弃的消息)控制的 ARQ 方法

(a)基本的停等过程;(b)每次传输开始,使用停待自动重发请求,源端现在使用计数器;
(c)返回 N 帧(Go-Back-N)自动重发请求协议,该协议假设目的端不能提供足够的缓冲区空间,必须在到达时处理每一帧;(d)选择性重发自动重发请求协议选择性地只发送丢弃的数据帧。

重发请求方法,源端和目的端都保持一个源窗口大小的窗口,以允许多帧传输而无需接收前面帧的收到确认。对于流量控制,这种方法是停等方法的一种变体。

使用回退 N 帧(Go – Back – N)自动重发请求,目标窗口使接收端能够接收多个帧并确认。目的端跟踪传入的序列号。当发送端节点发送窗口中的所有帧时,会检查接收到的确认序列号,如果确认无误,则发送端继续发送下一组帧。如果发送端发现它已经收到了非确认(NAK)或没有收到任何特定帧的确认,则会从第一个丢失的确认开始,重新发送所有帧。图 4.4(c)说明了回退 N 帧(Go – Back – N)自动重发请求协议。使用回退 N 帧(Go – Back – N)自动重发请求协议假设目的端不能为窗口大小提供足够的缓冲空间,必须在到达时处理每一帧。这强制源端重传所有未被确认的帧。为了有选择地只发送丢失的数据帧,采用了选择重发自动重发请求协议,如图 4.4(d)所示,该协议跟踪成功发送的消息的序列号。目的端在内存中维护帧,并且只对丢失或损坏的帧发送非确认消息。然后,源端可以选择性地只发送接收到非确认消息的帧(对于图 4.4(d),为 ACK2)。

总之,使用具有可用协议的分组交换架构有许多优点。

(1) 消除了网络支持的不同数据类型(语音、命令、数据和视频)提高了网络效率;

(2) 多个逻辑电路使用同一物理链路上发送消息,增加了可用带宽;

(3) 通过在整个网络中提供从源端到目的端的多条路径,提高可靠性和生存力;

(4) 保证数据准确传送到预定目的端。

4.2 使用泊松分布的网络建模

许多流量和拥塞控制的方法都依赖于假设数据流量(更具体地说包到达)可以表示为泊松过程[16]。毫无疑问,电话、流量[17]和网络点击都是无记忆的,且被认为是泊松过程。泊松过程表现出事件之间的独立性,事件的平均到达率(如无线传感器网络消息)保持不变,并且排除同时发生的两个到达事件。常用的方法是利用泊松概率密度函数作为性能模型来建立和评估自组织网络。在该模型中,参数的值与过程相关,即网络消息(到达事件)的平均速率和接收时间帧(记为时间帧),确定了在一段时间 T 内有 k 条消息到达的概率 $P(k)$,有

$$p(k) = e^{\frac{\text{事件}}{\text{时间帧}}T} \times \frac{\left(\frac{\text{事件}}{\text{时间帧}} \times T\right)^k}{k!} \tag{4.1}$$

将每个时间帧内的平均事件数表示为 λ，式(4.1)则变成较为熟悉的形式为

$$P(k) = e^{-\lambda} \times \frac{\lambda^k}{k!} \tag{4.2}$$

在式(4.2)中，我们使用时间帧来定义 λ，表示计算网络流量吞吐量和其他特征的概率值时所涉及的持续时间。作为使用泊松分布进行网络分析的一个简单例子，考虑到早期的无线分组交换网络(夏威夷地区分组交换网或简易ALOHA)开发并使用了一种介质访问协议，该协议假设用户电台在任何时间帧 λ 的传输尝试都服从泊松分布。

考虑 ALOHA 网络的吞吐能力，式(4.2)用来估算帧 ΔT 内的概率，一个帧内只有一个节点发送报文，$t = 0 \sim \Delta T$，如果下一时间帧 $t = \Delta T \sim 2\Delta T$ 内没有节点发送报文，则发送尝试成功。将此扩展到后续的时间框架 $2n\Delta T$ 到 $(2n+1)\Delta T$，如果一个节点试图在此时间框架内传输，而不是在下一个时间帧 $(2n+1)\Delta T$ 到 $(2n+2)\Delta T$，则消息可以成功传输。使用 ALOHA，节点可以在任何时间随机开始传输(检查与否意义不大)。节点传送数据的决定独立于任何其他节点。假设在一个帧内试图传输的平均节点数表示为 λ，我们可以将式(4.2)应用于尝试的传输，但未传输作为联合(独立)概率为

$$P\{\text{success}\} = P\{1\}P\{0\} = (e^{-\lambda} \times \lambda) \times (e^{-\lambda}) = \lambda e^{-2\lambda} \tag{4.3}$$

式(4.3)给出了未改变 ALOHA 系统的预期吞吐量。存在间歇性版本的 ALOHA[18]，其吞吐量为

$$P\{\text{success}\} = \lambda e^{-\lambda} \tag{4.4}$$

泊松过程可以应用于自组织网络的各种属性的设计和评估[19]，用于描述自组织网络的消息到达率、节点位置、覆盖能力[20]和连通性。这种方法打破了固定磁盘硬盘假设(即所有无线节点往各个方向传输)，并且在射频范围内的所有节点都成功地连接到另一个节点，从而实现了精细化的建模和评估。在射频波长的地形和各种物理特征(如多径传输)都会以不同方式影响每个节点[21]不同的波束方向。噪声源和干扰也会使各种连接充满错误和/或丢失的数据包，两者都需要重新传输损坏(丢失)的数据报。

吉尔伯特在1961年开展了关于随机平面网络(目前称为随机几何图)[22]的工作，是对随机分布节点(服从单位面积固定密度泊松过程)的连接性进行建模。通过应用所谓的连续渗透理论，吉尔伯特的工作得到一种数学方法，用于确定网络随时间的连通性(代际传播)、信息承载能力和路由。关于泊松点过程在网络建模背景下的关键作用的讨论在很多文献中都有记载和描述，如网络文献[23]中有相应介绍。关于式(4.2)到式(4.4)，最后一个要注意的

是,在计算 λ^k 和 $k!$ 项时,数学处理可能会导致溢出问题。当计算$(\lambda^k)/k!$,以及与$(e^{-\lambda} \times \lambda^k)/k!$ 比率时,可能会出现舍入误差。为了在使用此方程时提供数值稳定解,可以使用伽马函数的斯特林公式,即

$$\Pr\{k\} = \exp[k\ln(\lambda) - \lambda - \ln(\varGamma(k+1))] \tag{4.5}$$

4.3 标准:OSI 参考模型

分组交换网络的发展利用了分组数据消息传递的优势;然而,在发展早期,很明显,必须建立一个网络的总体模型来管理所涉及的功能和接口。随着计算机和计算机网络增长与复杂性的扩大,一种依靠标准服务来指定网络功能的方法变得显而易见。功能分层是为了支持将独立协议开发成功能依赖于较低层的分层服务。分层功能不再依赖于一个协议来实现一个层;相反,我们期望在每一层存在一系列的协议,每一层都依赖于较低层的协议。

为了寻求一个全面的网络模型来支持这种分层方法,国际标准化组织(ISO)在 20 世纪 70 年代开始了一个长达 10 年开发联网的通用标准和方法;与此同时,国际电报和电话协商委员会(CCITT)也在进行相关的工作。结合这些结果,国际标准化组织在 1978 年公布了一个网络模型产品草案;经过改进和修改,该草案在 1984 年成为 OSI 参考模型。OSI 模型的核心目标是通过应用标准化通信协议来支持不同通信系统的互操作性。通过使用明确的协议,OSI 层被定义为独立于较低或较高层网络层运行的独立功能。表 4.1 给出了 7 层 OSI 模型,以及用于指代与每一层相关的数据的层功能和术语。

表 4.1 OSI 7 层模型层次和目标总结

OSI 层	名称(标题)	信息描述	目标/目的
7	应用	数据流	支持应用程序和最终用户流程 识别通信合作者、识别 QoS、考虑用户身份验证和隐私,并识别数据语法的约束。这一层的所有内容都特定于应用程序。这一层为文件传输、电子邮件和其他网络软件服务提供应用服务
6	表示		通过将应用程序格式转换为网络格式,独立于数据表示(如加密)的差异,反之亦然。这一层对要通过网络发送的数据进行格式化和加密,从而避免了兼容性问题。它有时被称为语法层
5	会话		建立、管理和终止应用程序之间的连接。会话层设置、协调和终止两端应用程序之间的对话、交换和对话。它可以处理会话和连接协调
4	传输	分段	提供终端系统或主机之间的数据透明传输,并负责端到端错误恢复和流控制。它确保完整的数据传输

(续表)

OSI 层	名称(标题)	信息描述	目标/目的
3	网络	报文[1]，数据报[2]	提供交换和路由技术,创建逻辑路由,即虚电路,用于在节点之间传输数据。这一层的功能包括路由和转发,以及寻址、互连、错误处理、拥塞控制和包排序
2	数据链路	帧	编码和解码成二进制数字的数据包。提供传输协议知识、物理层的管理和错误处理、流控制和帧同步。数据链路层子层包括媒体访问控制层和逻辑链路控制(LLC)层。MAC 控制网络对数据的访问和传输的权限。LLC 控制帧同步、流控制和错误检查
1	物理	编码位	这一层通过网络在电气和机械层面传输比特流——电脉冲、光或无线电信号。它提供了在载波上发送和接收数据的硬件手段,包括定义电缆、卡和物理方面

OSI 参考模型[24-25]纯粹是一个理论模型。然而,该模型已用于传递网络功能、定义接口,并帮助表示处理每个网络功能的众多协议。OSI 参考模型有助于定义术语,并澄清定义以下内容的协议：

(1) 布设和连接物理传输介质的方式。

(2) 设备之间用于通信的交互过程和方法。

(3) 确保设备保持正确数据流速率的算法。

(4) 协议设计者概念化网络组件,以演示它们在网络中相互配合的一种有用方法。

(5) 一种通知设备何时发送或不发送数据的过程。

(6) 确保将数据传递给预期的接收端,并由其接收。

尽管 OSI 模型是一个概念模型,但它仍然被用来描述处理每一层的协议如何实现功能,以及层到层接口如何依赖于低层服务[26]。因为各层目的单一(支持单一功能层),遵循 OSI 参考模型可以通过明确的功能划分促进协议的改进。需要注意的是,如表 4.1 所列,网络层(第三层)的信息传输有两种约定:如果考虑到消息传输的可靠性,则采用 TCP/IP 协议,并将传输的数据消息称为数据包(Packet);如果需要高速的数据传输而不考虑传输的可靠性,则使用 UDP(用户数据报协议)协议,并将传输的数据消息称为数据报。

一些主要的网络和计算机供应商,以及大型商业实体和政府,都支持使用 OSI 模型[27-30]。除了支持明确层协议设计外,一个显著的好处是,通过 OSI 模型,可以使用全球词典来描述协议的开发。

4.4 实现标准:TCP/IP 包模型

对于美国国防部(DoD)来说,阿帕网是 DoD 网络模型的催化剂。这个4层模型不同于最初的设想和在20世纪60年代阿帕网计划中定义的模型,而是在随后关于 DoD 网络模型[31]的讨论中继续提及的4层模型。DoD 分层模型描述了分组交换网络的功能和接口,如表4.2[32]所列。DoD 模型,通常称为 TCP/IP,与 OSI 参考模型并行开发,后者于1984年由 ISO 发布[33-34]。OSI 模型是纯理论的,而 DoD 模型[35-36]严重依赖于 TCP/IP 协议,这是10年来对部署的网络不断改善的结果。

表 4.2　DoD 分组交换网络模型

DoD 层	名称(标题)	信息描述	功能
4	应用程序服务	数据流	简易网络时间协议 E-mail(SMTP)、TelNet(网络虚拟终端)、网络管理协议(SNMP)、超文本传输协议(HTTP)、文件传输协议(FTP)和其他服务
3	传输(主机到主机)	数据包	消息传递和主机管理;TCP,(用于可靠传递);UDP(用于速度/流,非保证传递);主机监视协议(HMP)
2	因特网	数据报(段)	统一寻址、路由、拥塞和流量控制;IP
1	网络访问	编码位	具有标准化接口和支持分组交换(CCITT)的网络技术 V24、V35、EIA RS449 MilSTD-18(RS-232C)及更多

图 4.1 提供了分组交换网络背后的想法,就是将数据流分割成分组。但为了保证准确的传递、网络运行顺畅和检测/纠错,TCP 将报头数据连接起来,保证消息的传递。生成的数据包如图4.5所示。在 TCP/IP 传输层,数据流被应用服务层接受,TCP 将数据流分割成源端、目的端和路由协议在较低的因特网层选择的路径所能接受的适当的数据包大小。TCP 通过三次握手开始源端到目的端的传输,开始数据包的传输。TCP 从源端(客户端)发送一个同步包到目的端(服务器),如果两者都被成功发送并被解析,目的端将一个同步和确认包返回给源端。

有了来自目的端的确认,源端向目的端发送一个确认包,约定的包标志被设置为带有确认约定的序列号和确认值,并且该路径对连续发送数据包[37]开放。值得注意的是,这种三次握手已经被公开认为是导致互联网服务器(和用户)安全问题的罪魁祸首。TCP/IP 使用客户端-服务器三次握手时,不可避免会出现

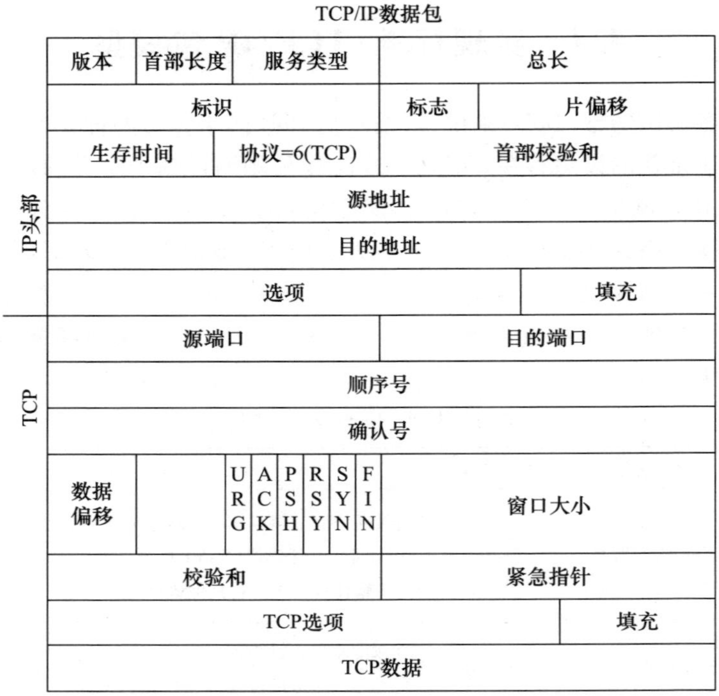

图 4.5 TCP/IP 报文图;分段数据指定为 TCP 数据

延迟;这给攻击者提供了一个窗口,通过在短时间内发送多个连接请求使服务器泛洪。同步(SYN)泛洪攻击会将服务器淹没,服务器停止响应。关于如何补救泛洪问题已有一些研究和方法[38-39]。

至于数据包的交付,TCP 会启动计时器以确保遵循合理的运行时间,以提供合理的等待时间。如果超过设定的时间,则 TCP 会重新发送报文。在报头中插入序列号是为了允许目标应用程序服务正确地重新组合,因为分组交换网络不能保证数据消息的时间顺序(由于路由、延迟和类似的影响,报文通常会被打乱顺序接收)。如前所述,在初始化期间处理序列值的初始化,实现流量控制,以确保设备之间的数据速率匹配。

TCP 提供缓冲功能。此外,为了提高带宽效率,TCP 可以改变等待发送到目的端的数据包确认的时间。当两个节点努力匹配数据包速率时,这个时间窗口由源端或目的端更新。这个滑动窗口过程维持了可持续的源端到目的端的数据速率。校验和值通过包头引入,以允许错误检查和控制,因此任何错误都将丢弃预期损坏的包,并将创建一个请求源端重发包。TCP 监控目的端重复的报文,当检测到重复的报文时,重复的报文将被丢弃。

4.5 自组织无线网络标准:跨层模型

有线网络的细化和改进,极大地受益于 TCP/IP 模型和 OSI 网络模型。同样,无线网络也受益于 TCP/IP 模型。自组织无线网络协议标准化的典型例子包括基于 IEEE 802.11、IEEE 802.15 标准的局域网(WLAN)和无线个人局域网(PAN)[40]。然而,自组织无线网络具有与有线网络明显不同的特性。

值得注意的是,无线网络系统不同于有线分组交换网络,特殊的无线系统必须应对有限的能源、可变的射频传播、独特的安全问题和困难的环境条件。特别是无线传感器网络,由于无线传感器网络节点(模块)在设计上有严格的限制,特别是在尺寸、重量和功率方面,因此解决问题的难度更大。几十年前设计的网络模型作为针对自组织网络的分层协议的开发和实现的基础,非常令人满意。但是,鉴于自组织无线网络和计算机对计算机网络之间的众多差异,需要一种改进的设计范式。

资源管理在无线网络协议的设计和开发中扮演着至关重要的作用,其关键的设计目标是有效地使用电力和链路带宽。在过去的十年中,已经完成了大量的研究和分析,建立修改层模型以实现改进的无线网络协议。这种基本方法导致了跨层设计(Cross – Layer Design,CLD)的产生,通过考虑并促进跨层的交互和配置,改进或优化了层的传递功能[41]。跨层配置的应用,可以提供更多的通用性、互操作性、资源的有效使用和网络的可维护性,减少了由独立层之间的数据共享所带来的开销。跨层设计方法背后的目标在于维持网络层的功能,使各层之间协调和交互,以进一步优化协议对无线网络节点的响应。正在研究的关键领域包括改进的电源管理[42]、安全[43]、拥塞控制[44]、路由优化[42],以及其他网络管理和通信功能。

过去许多重大的研究旨在修改数据链路(MAC 协议)和网络(路由协议)层,因为 MAC 协议的效率是从收集路由统计信息中受益,如流量、链路质量、拥塞和延迟,以优化两级协议的功能。直接向路由任务提供 MAC 信息可以减少内部数据通信,从而提高性能(速度和路径准确度)。

4.6 自组织网络架构

无线传感器网络和移动自组织网络等自组织网络在形成面向战术情报、监视和侦察目标的响应式设计时,为用户提供了多种解决方案。网络节点特别是移动自组织网络的网络节点是移动的。因此,频繁地进入和离开网络,会导致连接中断,需要建立新的路由,改变网络拓扑结构。无线传感器网络节点通常是静态的(不改变位置),但节点级的自治行为独立于任何集中的网络控制。自组织网络拓扑允许多种拓扑布局,具有单跳和多跳两种基本结构。单跳网络是指在任何节点和接入点(AP)之间只有一条链路,没有任何中间路由或中继过程的网络。多跳拓扑采用分层结构。图4.6显示了两种拓扑[45]。在图4.6中,较大的红色节点(加长天线)表示接入点(AP),单跳节点直接与接入点通信。

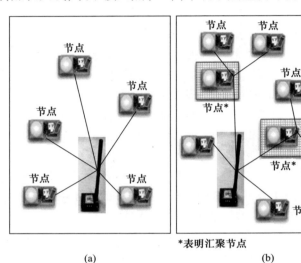

*表明汇聚节点

图4.6 网络通信方式
(a)单跳;(b)多跳。

在多跳配置(图4.6(b))中,网络层次的第二层仅通过汇聚节点(用星号表示)与接入点通信。汇聚节点通过多跳能力实现对节点数据流量一定程度的处理(如消息聚合、压缩和路由)。这些下层节点组仅使用它们分配的汇聚节点来中继它们的数据[46-48]。最上层节点层将节点直接连接到接入点(单跳),设计为汇聚节点的许多节点具有下级节点层(簇或组),这些节点仅通过簇头获取和发送消息。接入点和低层节点之间的访问通过这些汇聚节点进行,它们实际上充当网关(或等同于路由器)。分层系统允许合理的射频范围,使自组织网络的覆盖区域显著增加。在文献中,汇聚节点和簇头是等价的,但是簇头不仅是一个仅用于网络的路由器,还是一个对传入数据进行额外处理和重新格式化的路由器节点(如冗余抑制、数据平滑和数据压缩)。

图4.7显示了视距(LOS)和非视距(NLOS)传播路径的简化版本。与任何无线通信一样,除了与有线通信系统相关的问题之外,还存在许多问题。射频衰

落(可变衰减)、射频噪声干扰和多径传播共同导致静态链路质量波动。令人满意的,甚至可以说是高度可靠的,链路裕量可能会由于时间传播问题(如天气和物体移动到网络附近)而迅速消失。另一种情况是,间断的链路有时会周期性地传递数据消息。这些意想不到的传播效应会产生各向异性的射频能量模式,取决于局部传播的动力学,随时间而变化(如土壤水分含量和反射物体在射频场内移动)。

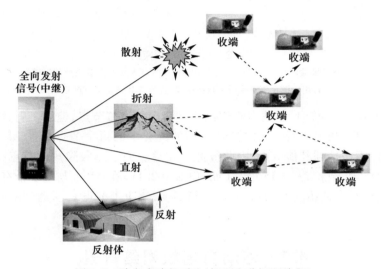

图 4.7　消息多路径到达(视距和非视距路径)

对于始终移动的发射器和/或接收器,它们的行为呈现出动态特性。如图 4.7 所示,多个射频信号到达指定的接收器,其中包括沿着不同的路径传播的预期(直射,LOS)和非预期(散射、衍射和/或反射)的信号。针对解决这种传播不规律对 MAC 和路由协议层的影响,已经进行了一些相应的研究[49-50]。不稳定传播模式的存在不仅会影响实现通信链路所需的足够信噪比的功率裕量,而且还会增加使用载波侦听算法的 MAC 协议,以解决隐藏的终端问题的可能性。图 4.8 所示的隐藏终端问题发生在一个节点 A 连接到另一个节点 B,但不直接与其他连接到节点 B 的节点(如节点 C)通信时。而这些其他节点(包括节点 C)被认为对节点 A 是隐藏的。当节点 A 试图与节点 C 同时向节点 B 发送消息时,就会出现问题。

使用完善的 MAC 协议的节点,如载波侦听多址访问(CSMA),在共享传输介质[51]上传输之前先验证是否缺少射频流量。结果是多个节点同时向公共节点 B 传输数据包,这会产生干扰,阻止任何数据包成功接收。带有冲突检测的载波侦听多址访问(CSMA/CD)不工作;包冲突发生,在节点 B 准确接收。当节

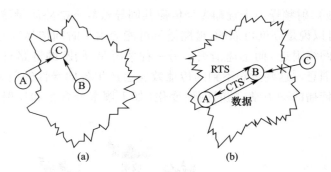

图 4.8 不规则射频模式
（a）表示隐藏终端具有载波侦听 MAC 协议，节点 A 和节点 B 彼此不知道；
（b）由于握手不对称而隐藏终端问题；节点 B 忽略了节点 C。

点建立到 AP 的连接时，无线自组织网络就会出现隐藏节点，但由于射频信道上的信噪比不足，或由于所采用的拓扑结构的配置中的每个节点都在 AP 的通信范围内，但不链接到其他节点，因此彼此不知道。为了克服隐藏的节点问题，请求发送 RTS 和清除发送 CTS 握手（如 IEEE 802.11）在 AP 上与基于带有冲突检测的载波侦听多址访问的 MAC 协议一起实现，解决了节点 C 所遇到的问题，见图 4.8(b)。

4.7 移动自组织网络背景

最初的移动自组织网络系统是从 20 世纪 70 年代早期美国国防高级研究计划局赞助的分组无线网络（Prnet）项目衍生出来的产品。Prnet 使用 Aloha Csma 方法的组合实现介质访问，并采用距离矢量路由，为在无基础设施、敌对环境中的移动战场元素提供分组交换网络。它逐渐发展成为一个健壮、可靠的可操作的实验网络。由于移动自组织网络已经与无线传感器网络系统[52]结合部署和运行，因此考虑用自组网形式的移动自组织网络。通过对移动自组织网络实现和相关协议的深入讨论，可以对无线传感器网络的空间交换和具体实现进行比较和研究。

正如第 3 章所讨论的，各种技术的进步使无线传感器网络受益匪浅，极大地促进了各种形式的自组织无线通信，高度动态的节点到节点连接被建立、修改和改造，而所有这些都没有固定的基础设施。移动自组织网络像无线传感器网络一样，通过动态的、健壮的路由来使用无线连接。智能手机和移动通信设备易于支持标准化的无线接口（IEEE 802.11、蓝牙和蜂窝 4G/5G）。在缺乏固定基础设施的情况下，移动自组织网络系统作为分布式 NMS[53] 运行，可能包括一个

(或多个)蜂窝网络AP,或因特网[52](用于军事系统,国防部信息网络)。移动自组织网络系统是一种临时数据和语音通信体系结构,对于短期任务非常可靠且响应能力非常强。

4.8 移动自组织网络概述

移动自组织网络系统是一个由分组交换链路连接的移动网络设备自动构成的集合,这些链路形成了一种网络结构,通过这种网络结构,消息可以发起并发送到既定目的端。每个移动自组织网络节点作为一个路由器,根据节点加入或离开网络环境来重新组织网络拓扑。与蜂窝网络不同,蜂窝网络的节点仅与一组精心部署的基站进行通信,移动自组织网络没有基站,因为两个移动自组织网络节点可以直接使用单跳(或间接使用多跳)进行通信。此外,移动自组织网络节点可以对单个节点进行寻址,为多个选择节点提供组播,或者以广播方式对所有网络节点进行寻址。

在移动自组织网络系统中众所周知的复杂性直接或间接地源于移动节点引起的不稳定性,会导致频繁故障。此外,新链路的激活会导致网络拥塞增加,可能造成链路过载和服务质量(QoS)下降,服务质量是一种广泛使用的度量方法,它将网络能力与用户满意度联系起来,基于网络参数,通过使用具有先验连接功能(如路由)的网络模型进行评估。服务质量性能指标,如连通性、健壮性、脆弱性、可达性和吞吐量,可以评估网络的互操作性。与节点数量和移动性相关的一个问题是连通性,当节点被组织成孤立的组时,连通性会变得过低。

在移动自组织网络系统中使用了几个标准。蓝牙技术的进步使得广为普及的移动自组织网络成为可能。IEEE 802.15.4(如 ZigBee)的发展和改进为无处不在的无线传感器网络[54-55]和移动自组织网络网络[56]确立了核心协议。通过有条不紊的发展,IEEE 802.11 已经将无线局域网用于移动自组织网络。最后,各种无线网络技术,如蜂窝网络上的4G(5G),已被用于移动自组织网络配置。

4.9 路由协议分类

本节概述了无线自组织网络的路由协议,它们与应用于无线传感器网络系统的路由方法相似(如果不完全相同的话),这并不奇怪。路由协议负责在整个网络中生成路由,维护支持已建立路由的链路,并在连通性发生变化时删除路由。根据协议的特性、算法属性和性能可对移动自组织网络路由协议进行分类。基本工具,如包投递(Casting),对于路由协议发展是极有帮助的。路由协议的最终选择标准取决于所有预期条件下的网络指标,并保持稳健的能力,在意外事件发生时允许优雅降级。

在路由协议标准中,设计理念最为重要,因此考虑了三种移动自组织网络路由设计模型:主动式、反应式和混合式。每个设计标准,都已经设计、评估和使用了多种路由协议。图4.9展示了移动自组织网络路由协议背后的设计理念。主动式路由协议是表驱动的,它维护每个网络节点的当前信息和节点到节点的连接。当节点进入或离开一个网络时,整个网络的整体连通性映射被更新并传播,以维护整个网络状态。每个节点上都有一个拓扑表,将该特定节点的连接性与网络联系起来。拓扑表的形成、更新和全网广播的方式都基于使用的路由协议。

图4.9　移动自组织网络协议:设计方式分类

目前,已有几种成功的主动式(表驱动)路由协议,但以下4个特性在自组织网络系统[57]的研究和部署中最为突出。

(1)目的序列距离矢量(DSDV)。网络中的每个节点都维护着一个包含网络中所有可能目的地的路由表,并记录到每个目的地的跳数。

(2)最优链路状态路由(OLSR)。它取决于拓扑信息的周期性交换。OLSR的关键概念是利用多点中继(MPR),通过减少所需的传输数量来提供一种有效的泛洪机制。

(3)无线路由协议(WRP)。它是一种无环路由协议。每个节点维持距离、路由、链路代价和消息重传列表的表。通过在相邻节点之间发送更新消息来传播链路更改。邻居之间定期交换问候消息。

(4)簇头网关交换路由协议(CGSR)。采用最小群变化协议(LCC),避免每次群子网状态发生变化时出现过多的重选集群头。

反应式路由协议依赖于源端,由需求驱动的算法组成。反应式协议只有在源节点的指示下才会生成路由。一旦找到了可行的路由,或者检查了所有可能的路由排列,此过程结束。一旦发现并建立路由,就由一个路由维护程序来维护,直到目的节点变得不可访问或路由被消除。常用的反应式(按需)自组织网络路由协议具体以下[57]。

（1）自组织网络按需平面距离矢量路由协议（AODV）。它是一种广播网络消息发送减少的 DSDV 衍生物；是以移动性为中心的协议，是纯按需求获取路由的系统，不在所选路径上的节点不维护路由采集或参与路由表交换。

（2）动态源路由（DSR）。它是一种高度自适应的协议。在该协议中，移动节点需要维护包含移动节点侦听到的源路由的路由缓存。路由缓存中的条目随着新路由的感知而不断更新。

（3）临时预定路由算法（TORA）。在高度动态的移动网络环境中运行，由源端发起。临时预定路由算法通过将控制消息定位到拓扑变化附近的一个小节点子集，为任何所需的源/目的地提供多个路由。

（4）相对距离微分集路由协议（RDMAR）。使用相对距离估计算法估计两个节点之间的距离，以限制路由搜索的范围，以节省路由请求消息淹没到整个无线区域的代价。

路由协议固有的通信机制依赖于传播能力，它直接影响路由协议的性能。可选择性地将消息传递到网络节点是路由（和其他高级）协议所需的基本功能。图 4.10 展示了三种网络通信模式。

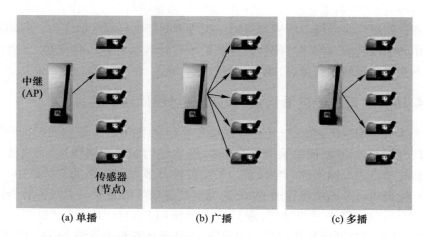

图 4.10　MANET 协议包传播方式：单播（一对一），广播（一对所有）和多播（一对选择子集）

从网络结构的角度看，数据链路协议如图 4.11 所示，与图 4.9 相似。我们考虑了三种网络视图模型：分层（基于层）、地理（节点和节点到节点的相对位置）和平面路由（通过主动或反应式协议对路由进行统一应用）。

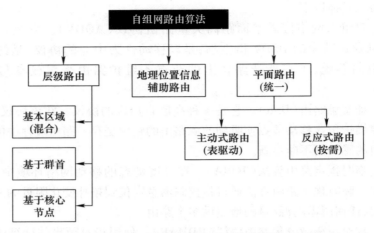

图 4.11 数据链路协议:网络结构

4.10 无线传感器网络和移动自组织网络比较

战术情报、监视和侦察任务非常注重精准应用,需要在较长的时间线上以最小的物理轮廓、非典型移动自组织网络组件的质量进行自主操作。然而,已开发的移动自组织网络系统具有直接适用于无线传感器网络设计的能力。移动自组织网络和无线传感器网络之间的差异被系统设计者认为是一种优势,二者可以相互补充以实现战术情报、监视和侦察目标。

4.10.1 无线传感器网络和移动自组织网络的共性

无线自组织网络,如无线传感器网络和移动自组织网络,使用的架构假设不需要现有的基础设施,而是采用单跳和多跳(也称为 MESH 网络)。无线传感器网络和移动自组织网络的一个必需的关键特性是节点间链路的有效路由,以最小的开销提供可靠的消息传递,并快速重新配置损坏的路径。无线传感器网络和移动自组织网络必须节能,并能够自主操作(包括自组织)。自组织网络节点,如无线传感器网络和移动自组织网络,由具有计算和通信能力的活动设备组成,提供远程侦听和终端处理,支持节点操作、传感器信号的 A/D 采样、数据压缩和数据消息格式化。在考虑汇聚节点时,会根据底层群设计的行为进行额外的处理,如数据积累、冗余检查、判别标准以及底层节点流量的整体组合。无线传感器网络和移动自组织网络节点,特别是汇聚节点,必须能够过滤、共享、合并和操作所提供的数据。

4.10.2 无线传感器网络和移动自组织网络的差异

移动自组织网络和无线传感器网络更明显的差异是,通常情况下,移动自组织网络节点是移动的,而无线传感器网络节点是静止的。无线传感器网络系统是预先规划的,旨在解决特定的任务,并为任务操作提供关键的测量数据。安装在网络节点中的中间件是专门为系统需求定制的。这是由于无线传感器网络专注于单一或选定的任务目标,而移动自组织网络系统是为临时但快速反应的任务而设置的,其中所有数据类型都可以预期,任务目标是可变的。无线传感器网络节点通常支持板载传感器,而移动自组织网络节点通常用作数据通信节点。历史上,无线传感器网络一直用于节点传感器模式可检测到的局部特征的远程侦听。这包括但不限于天气、指定目标、感兴趣的信号(如无线电通信)和事件观察(如地震活动和森林火灾)。移动自组织网络节点通常用于数据通信,可以包括(或不包括)传感器。

移动自组织网络是一种定位网络,允许在节点之间快速和通用的通信设置,为临时任务服务。例如,对于自然灾害,移动自组织网络可以用来传递信息和语音,以协调救援,并为部署的团体提供后勤支持和关键信息。从本质上来说,没有侦听发生。无线传感器网络和移动自组织网络的自组织网络在节点数量上也存在差异。为了执行复杂的任务,无线传感器网络域通常超过100个节点,可能需要超过10000个节点。移动自组织网络系统涉及大量的节点,但大多数系统不超过几百个节点。无线传感器网络传感器可以大量工作,因此其传感器可以设计为短距离工作,以节省电力,节点可以周期性工作,以延长工作能力。此外,无线传感器网络的数据速率通常保持在亚兆位/秒的范围内。另外,移动自组织网络节点可以访问大功率电源,其性能的关键特征是减少延迟。移动自组织网络与多媒体数据一起工作,其数据速率远远超过无线传感器网络。

最后,无线传感器网络力求小封装,通常能源无法补充(无线传感器网络节点通常部署在无法访问或不可恢复的位置),强调每个节点的最小成本。移动自组织网络具有人在回路(HITL)元素,每个节点的设备成本明显高于无线传感器网络。出于这些差异,由于低成本、小封装无线设备的资源非常有限,无线传感器网络节点的设计和实现要求可能相当严格。此外,为了进一步降低每个节点的成本,还采用了大批量生产,如此一来,QA流程模拟了那些大批量、廉价的微处理器系统。与无线传感器网络节点相比,移动自组织网络节点具有更多的预算和更低的制造量,可以在制造工艺和相关的QA方面表现出色,从而在每个构建中产生更高数量的操作节点。表4.3比较了2017年的无线传感器网络和移动自组织网络网络的相关特性。随着这些技术的发展,这些技术甚至合并成一个单一的架构,这些差异预计将随着时间的推移而变得不那么明显。

表4.3 特性比较:无线传感器网络和移动自组织网络

问题(2017)	移动自组织网络	无线传感器网络
标准	IEEE 802.11	IEEE 802.1
节点数量	<无线传感器网络,100	非常大,>1000
节点运动	分散	集中
节点功能	节点既是主机又是路由器	在初始化时分配
交互	人在回路	自主
主要目的	分布式通信	传感器和信息收集
应用设备	相对统一	特定于应用
特定于应用	统一	对应用具有强大的依赖性
规模	大	远大于移动自组织网络
数据带宽	宽	窄
节点失效	远小于无线传感器网络	重要
数据速率	丰富的多媒体	低功率,低速率
数据冗余	否	是
功率	基于平台	非常低(电池)
节点群	稀疏	非常密集,10~30m间距
部署单位	几个组织	单一所有权
应用节点	移动	静止
通信模式	单播、全向播、组播	单播、全向播、组播
路由协议	主动、被动、混合	洪流、传播、平面路由、分级、基于位置
内存限制	吉字节	千字节或兆字节
网络规模	基于活跃用户	AOI驱动
识别	MAC地址	不唯一(中间件分配)

4.10.3 无线传感器网络-移动自组织网络融合

移动自组织网络的一个主要关注点(与无线传感器网络一样)是形成可行的、高效的通信链路,需要最小的开销,同时在路径中断时支持快速重构。小型无线传感器网络节点的传输距离较短,有利于无线传感器网络配置的多跳[58]。无线传感器网络链路可靠性的一个突出问题是有限的功率可用性或更小的天线设计来满足规模、重量、功率和价格的限制。无线传感器网络节点通常部署在地面,将偶极天线(或使用各种工业、科学和医疗频段如433MHz、833MHz、2.4GHz和5GHz的晶片天线的电气中心)部署在离地面 4inch 左右,严重阻碍了每个节点的射频范围。无线传感器网络系统的可靠性不仅必须克服不可靠的无线电连接,而且使用的协议必须注意不采用提供传送重传的设计,这当然会消耗更多的能源。

对于移动自组织网络,节点与更大的平台相关联,与无线传感器网络节点相关联的平台相比,这些平台支持更大的射频天线和/或电源。链路可以跨越更长的距离,运行的可靠性更高。无线链路存在射频干扰可能导致链路故障的问题,但智能的网络拓扑和相关的监控(在链路层协议中连续执行)允许在关键链路脱落的情况下快速自我修复。

考虑到上述情况,可以使用两种网络类型的组合来设计一种混合网络,克服与无线传感器网络或移动自组织网络相关的问题。无线传感器网络提供持久观测和长期工作(尽管带宽低)的能力,而移动自组织网络则允许更高的带宽和根据需要的动态重新配置。图 4.12 说明了如何配置移动自组织网络和无线传感器网络(群)系统来共同工作[59-60]。在该图中,簇头节点可以是无线传感器网

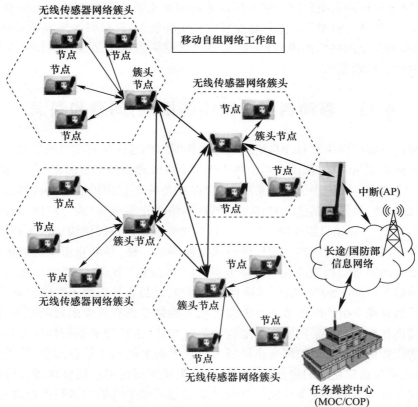

图 4.12　无线传感器网络与移动自组织网络协作架构

络节点,也可以是提供中继功能的移动自组织网络节点。

图 4.12 强调,无线传感器网络和移动自组织网络的集成提供了跨网络路由机会,克服了无线传感器网络系统的典型限制,如带宽和连接距离,并揭示了执行战术情报、监视和侦察任务的新颖、经济的解决方案。将无线传感器网络节点域连接到支持蓝军跟踪(BFT)的移动自组织网络系统,可以让移动小组持续监测感兴趣区域,而不必处于危险范围内。无线传感器网络还可以通过移动自组织网络低延迟的传感器数据包交付来提高整体网络的可操作性。移动自组织网络—无线传感器网络混合网络利用移动自组织网络的主干网能力,使移动自组织网络成为无线传感器网络的主干通路。部署和使用无线传感器网络系统来查询被监控区域,获取到达和离开移动自组织网络节点的警报,这有助于移动自组织网络的设计。这支持了总消耗能量的守恒,因为发现和广播数据包需要大量和相当数量的能量。

一个关键的考虑是提供移动自组织网络—无线传感器网络集成的支持端口,同时避免移动自组织网络和无线传感器网络集群之间过多的分组交换。理想情况下,移动自组织网络节点将保持在低功耗状态,只有当无线传感器网络集群(或移动自组织网络路由器)表明需要通过网络重组来适应底层拓扑结构的转移时才会活跃起来。

4.11 移动自组织网络的挑战:问题和漏洞

移动自组织网络和移动自组织网络协作网络仍然面临着突出的挑战。与大多数自组织网络一样,移动自组织网络无需中央管理机构来管理和/或连接节点即可自主运行。作为一个无线系统,可能存在各种恶意代码攻击,包括病毒、蠕虫、间谍软件、木马和其他针对移动自组织网络操作系统和/或用户应用程序的攻击工具[61]。移动自组织网络的核心目标是为移动用户提供快速的数据访问,但仅限于网络认证的用户。与任何分组交换网络一样,移动自组织网络依赖于连接节点的完整性和连续性。故障节点(或"未授权"节点)造成的中断可以通过拒绝服务(DoS)等攻击破坏移动自组织网络,这极大地影响了网络带宽。

虽然移动自组织网络节点比无线传感器网络节点有更大的射频范围,但传输范围仍然有限。由于网络拓扑结构的频繁变化,维护和更新拓扑信息是路由协议的任务。移动自组织网络协议努力避免不必要的拓扑信息维护,这涉及控制开销,避免造成更多的带宽浪费。移动自组织网络的可扩展性体现在即使网络存在大量节点的情况下也能针对可接受的服务水平的能力进行广泛地定义。新进入的用户以及离开的用户频繁地询问网络,这将产生大量的网络流量。此外,与任何无线系统一样,射频和数据干扰是一种特殊类型的拒绝服务攻击,由恶意节点在确定网络物理链路的特征后发起。无线连接时常被传输质量差所困扰,这是无线通信固有的问题而引起的误差源(图4.7)。

4.12 移动自组织网络脆弱性与攻击模式

移动自组织网络系统基于无线通信,将它的信号传递给想要的和不想要的接收机。入侵者可以很容易地进行窃听,以获得有关网络流量的关键情报,而无需主动注入虚假信息。这种类型的攻击为攻击者提供了可能揭示被入侵网络的操作方面的信息,这对设计或实施成功的攻击是非常有帮助的。可用的和用于攻击自组织网络的方法有很多。对于移动自组织网络,使用和考虑的主要攻击包括黑洞、射频干扰/干扰、泛洪、拒绝服务、虫洞、链路欺骗和会话劫持。这个列表并不详尽,但它确实提出了移动自组织网络(和无线传感器网络)在设计时必须考虑的一组核心问题。除了这些攻击方法之外,还有隐蔽部署、操作和防止信号截获的考虑,这些都需设计低探测和截获概率(LPD/LPI)的系统解决。设计不佳的协议可能会让攻击者有机可乘,如在 TCP/IP 的初始三次握手实现中与之相关的协议。

4.12.1 黑洞攻击

各种路由协议固有的发现路由这一步骤为黑洞攻击打开了漏洞。在这种攻击中,当一个恶意节点侦听网络中的路由请求包时,它会作出响应。它请求获得到目标节点的路径最短和时间最近的路由,即使这样的路由是不存在的。因此,恶意节点很容易将网络流量误送至该节点,并迅速丢弃接收到的数据包。

4.12.2 主动攻击

入侵者通过产生路由中断、网络资源耗尽和/或节点中断,对网络资源或传输的数据执行有效的侵犯。实现成功攻击的方法是假设引入一个产生严重射频干扰的节点,或一个加入目标网络并产生过多(无用的)网络消息流量的节点。物理攻击所采用的其他方法是删除形成主要路径或路由连接,以及插入人为干扰,这两种方法都会破坏已建立的链接。

4.12.3 泛洪袭击

攻击者通过耗尽网络资源(如带宽)来消耗节点资源(如计算能力、电池电量等)。泛洪也用来中断路由操作,从而导致网络性能的严重下降。例如,在

AODV（按需距离矢量）协议中，恶意节点可以在短时间内向网络中不存在的目的节点发送大量路由请求。由于没有节点响应这些错误的路由请求（RREQs），因此这些消息将淹没整个网络。导致节点电池电量和网络带宽大量消耗，最终导致 DoS，进而使网络关闭。

4.12.4 虫洞攻击

攻击者在网络中的某个节点接收报文，然后将它们通过隧道（虫洞）传输到网络中的另一个节点。随后，攻击者将被拦截的报文从修改后的节点重放到网络中。当路由控制消息被隧道化时，路由可能会中断。对于按需距离矢量协议，这种攻击可能会阻止发现路由，并可能在网络使用广播时创建虫洞。因为用于传递信息的路径通常不是实际网络的一部分，所以虫洞很难检测，这使得虫洞可以在网络不知情的情况下破坏网络。

4.12.5 灰洞攻击

灰洞策略产生路由伴攻，导致消息丢失。灰洞攻击有两种方法：①一个节点宣称自己有到达目的节点的有效路由，而实际上并非如此，消息被捕获到一个死胡同（丢弃）；②引入强接收节点，以一定的概率拦截和丢弃数据包。在这种情况下，正在传输的信息会丢失到网络中。

4.12.6 连接欺骗攻击

欺骗利用恶意节点发布与非邻居的假链接来扰乱路由操作。例如，在最优链路状态路由协议中，攻击者可以在目标节点上发布一条带有两跳邻居的假链路。这将导致目标节点选择一个恶意节点作为其群头（用于连接节点）。作为中继节点，恶意节点可以访问数据，并通过修改或删除路由流量来操纵数据或路由。线路欺骗攻击可以调用许多 DoS 方案，再次关闭网络。

4.12.7 SYN 泛洪攻击

SYN 洪泛攻击是一种 DoS 攻击，攻击者通过与目标节点建立大量半开的 TCP 连接来攻击目标节点。这些半开的连接永远不会完全打开连接所需的握手，在此过程中，发送节点不断地陷入试图关闭连接的循环中。与任何 DoS 攻击一样，网络将无法运行。

4.12.8 会话劫持

在会话劫持中，攻击者在初始设置后利用未受保护的会话。在这种攻击中，攻击者欺骗节点的包地址,找到目标所期望的正确序列号,并发起各种 DoS 攻击。为了成功,恶意节点必须从节点收集安全数据(如密码、密钥和登录名)和其他信息。会话劫持攻击也被称为地址攻击,对于像最优链路状态路由这样的泛洪协议来说,地址攻击非常有效。

研究和测试,是移动自组织网络和无线传感器网络的设计人员知道这些可以破坏无线网络的主要方式。对各种攻击模式的认识,是过去 10 年来人们越来越关注自组网安全的原因。尽管最初的无线传感器网络开发考虑了安全措施(如公开密钥和其他算法),但大部分研究都与提高无线传感器网络级传感器、收发器、网络可靠性和电源管理紧密相关。随着无线传感器网络系统设计的这些方面被反复强调和细化,以及无线传感器网络被嵌入到物联网中,在过去的 10 年中,市场上对安全通信和节点保护的重视有所增加。

参考文献

[1] Moore, J., "MANET and the Art of Communication," https://fcw.com/articles/2003/08/25/manet – and – the – art – of – communication.aspx, 2003.

[2] Kochhar, et al., "Protocols for Wireless Sensor Networks: A Survey," *Journal of Telecommunications and Information Technology*, 2018.

[3] Baran, P, "On Distributed Communications Networks," *The RAND Corporation, Report P – 2526*, 1962.

[4] Kirstein, P., "The Early History of Packet Switching in the UK [History of Communications]," *IEEE Communications Magazine*, 2009.

[5] Kleinrock, L., "An Early History of the Internet [History of Communications]," *IEEE Communications Magazine*, 2010.

[6] Peterson, W., and D. Brown, "Cyclic Codes for Error Detection," *Proceedings of the IRE*, 1961.

[7] Grami, A., "Chapter 10: Error Correction Coding, Introduction to Digital Communications," in *Introduction to Digital Communications*, Elsevier B. V., 2016.

[8] "DCN—Data – link Control & Protocols," Tutorialspoint, https://www.tutorialspoint.com/data_communication_computer_network/index.htm.

[9] Modiano, E., "The Data Link Layer: ARQ Protocols," MIT 6.263/16.37: Lectures 3&4.

[10] "TCP Flow Control and the Sliding Window," TCP/IP and Network Concepts for Advanced Tuning, IBM Knowledge Center. https://www.ibm.com/support/knowledgecenter/SSGSG7_7.1.0/com.ibm.itsm.perf.doc/c_tcpip_concepts.html.

[11] Internet Engineering Task Force (IETF) Working Group Request for CommNet, RFC 5681.

[12] Stevens, W., "TCP Slow Start, Congestion Avoidance, Fast Retransmit, and Fast Recovery Algorithms," ACM Digital Library, RFC2001, https://dl.acm.org/doi/book/10.17487/RFC2001, 2001.

[13] Gerla, M., and L. Kleinrock, "Flow Control: A Comparative Survey," *IEEE Transactions on Communications*, 1980.

[14] Low, S., "Optimization Flow Control. I. Basic Algorithm and Convergence," *IEEE/ACM Transactions on*

Networking, 1999.

[15] Ikegawa, T., and Y. Takahashi, "Sliding Window Protocol with Selective – Repeat ARQ: Performance Modeling and Analysis," *Telecommun Syst.*, 2007.

[16] Yin, X., "A Fairness – Aware Congestion Control Scheme in Wireless Sensor Networks," *IEEE Transactions on Vehicular Technology*, 2009.

[17] Pascale, A., et al., "Wireless Sensor Networks for Traffic Management and Road Safety," *IET Intelligent Transport Systems*, IEEE, 2012.

[18] Nakpeerayuth, S., et al., "Efficient Medium Access Control Protocols for Broadband Wireless Communications, Advanced Trends in Wireless Communications," *Advanced Trends in Wireless Communications*, 2011.

[19] Akyildiz, I., et al., "Ad Hoc and Sensor Networks, Wireless Networks, Next Generation Internet," *6th International IFIP – TC6 Networking Conference Proceedings*, 2007.

[20] Kumar, S., and D. Lobiyal, "Sensing Coverage Prediction for Wireless Sensor Networks in Shadowed and Multipath Environment," *Scientific World Journal*, 2013.

[21] Franceschetti, M., L. Booth, and M. Cook, "Percolation in Multihop Wireless Network," Lee Center for Advanced Networking at Caltech, 2003.

[22] Gilbert, E., "Random Plane Networks," *Journal of the Society for Industrial and Applied Mathematics*, 1961.

[23] Franceschetti, M., and R. Meester, *Random Networks for Communication: From Statistical Physics to Information Systems*, Cambridge University Press, 2008.

[24] Lai, R., "A Survey of Communication Protocol Testing," *Journal of Systems and Software*, 2002.

[25] Zimmermann, H. "OSI Reference Model—The ISO Model of Architecture for Open Systems Interconnection," *IEEE Transactions on Communications*, Vol. 28, No. 4, April 1980, pp. 425 – 432, doi: 10.1109/TCOM.1980.1094702.

[26] Russell, A., *Open Standards and the Digital Age: History, Ideology, and Networks*, Cambridge University Press, 2014.

[27] Costa, L., "Open Systems Interconnect (OSI) Model," *Journal of the Association for Laboratory Automation*, Vol. 3, 1998.

[28] Pelkey, J., *Entrepreneurial Capitalism and Innovation: A History of Computer Communications 1968 – 1988*, James Pekey, 2007 Chapter 12, Section 12.5.

[29] Myers, G., Tech Document 2499 Understanding Open Systems Interconnections (OSI), 1993.

[30] Chatterjee, S., "Internet of Things (IoT) Using Cross – Layer Design: Issues and Possible Solutions," 2017. https://www.researchgate.net/publication/329980937_Cross_Layer_Design_in_the_Internet_of_Things_Issues_and_Solutions.

[31] Cerf, V., and E. Cain, "The DoD Internet Architecture Model," in *Computer Networks*, Vol. 7, 1983.

[32] Zimmermann, H., "OSI Reference Model—The ISO Model of Architecture for Open Systems Interconnection," *IEEE Transactions on Communications*, Vol. 28, No. 4.

[33] Day, J., and H. Zimmermann, "The OSI Reference Model," *Proceedings of the IEEE*, 1983.

[34] MIL – STD – 1777, 1983.

[35] Parziale, L., et al., *TCP/IP Tutorial and Technical Overview*, IBM Redbooks, 2006.

[36] Espina, D., and D. Baha, *The Present and the Future of TCP/IP*, 2009. https://pdfs.semanticscholar.org/1292/b32b72a303e3e19bc357779ddf4a714c4c42.pdf.

[37] Min Ma, Q. , S. Liu, and X. Wen, "TCP Three – Way Handshake Protocol Based on Quantum Entanglement," *Journal of Computers*, 2016.

[38] Hsu, F. , Y. Hwang, and C. Tsai, "TRAP: A Three – Way Handshake Server for TCP Connection Establishment," *Applied Sciences*, 2016.

[39] Song, L. , *Cross Layer Design in Wireless Sensor Networks, A Systematic Approach*, VDM Verlag, 2008.

[40] Medagliani, P. , et al. , "Cross – Layer Design and Analysis of WSN – Based Mobile Target Detection Systems," in *Ad Hoc Networks*, Vol. 11, 2011.

[41] Boubiche, D. , and A. Bilami, "Cross Layer Intrusion Detection System for Wireless Sensor Network," *International Journal of Network Security & Its Applications (IJNSA)*, 2012.

[42] Akyildiz, I. , et al. , "A Cross Layer Protocol for Wireless Sensor Networks," *IEEE 40th Annual Conference on Information Sciences and Systems*, 2006.

[43] Tsitsigkos, A. , et al, "A Case Study of Internet of Things Using Wireless Sensor Networks and Smartphones," *28th Wireless World Research Forum*, 2012.

[44] Saudi, N. , et al. , "Mobile Ad – Hoc Network (MANET) Routing Protocols: A Performance Assessment," *Proceedings of the Third International Conference on Computing, Mathematics and Statistics*, Springer, 2019.

[45] Minha, Q. , et al. , "On – Site Configuration of Disaster Recovery Access Networks Made Easy," *Ad Hoc Networks*, Vol. 40, April 2016, pp. 46 – 60.

[46] Prabha, C. , S. Kumar, and R. Khanna, "Wireless Multihop Ad – hoc Networks: A Review," *IOSR Journal of Computer Engineering (IOSR – JCE)*, 2014.

[47] Sabri, N. , et al. , "Performance Evaluation of Wireless Sensor Network Channel in Agricultural Application," *American Journal of Applied Sciences*, 2012.

[48] Zhou, G. , Tet al. , "Impact of Radio Irregularity on Wireless Sensor Networks," *MobiSys*' 04, June 6 – 9, 2004.

[49] Ababneh, N. , "Radio Irregularity Problem in Wireless Sensor Networks: New Experimental Results," *Proceedings IEEE Sarnoff Symposium*, 2009.

[50] Bellavista, P. , et al. , "Convergence of MANET and WSN in IoT Urban Scenarios," IEEE Sensors Journal, 2013.

[51] Puff, C. , "Network Management System for Tactical Mobile Ad Hoc Network Segments," Master's Thesis, Naval Postgraduate School (NPS), 2011.

[52] Ouni, S. , Z. Ayoub, "Predicting Communication Delay and Energy Consumption for IEEE 802. 15. 4/ZIGBEE Wireless Sensor Networks," International Journal of Computer Networks & Communications (IJCNC), 2013.

[53] Ding, X. , et al. , "Link Investigation of IEEE 802. 15. 4 Wireless Sensor Networks in Forests," Sensors, 2016.

[54] Reyeset, J. , "A MANET Autoconfiguration System Based on Bluetooth Technology," IEEE 2006 3rd International Symposium on Wireless Communication Systems, 2007.

[55] Saeed, N. , "MANET Routing Protocols Taxonomy," International Conf. Future Communication Networks (ICFCN), 2012.

[56] Kamal, Z. , and M. Salahuddin, "Introduction to Wireless Sensor Network," in Wireless Sensor and Mobile Ad – Hoc Networks: Vehicular and Space Applications, D. Benhaddou, A. Al – Fuqah (eds.), Springer, 2015.

[57] Bruzgiene, R., L. Narbutait, and T. Adomkus, "MANET Network in Internet of Things System," Ad Hoc Networks, 2017.
[58] Cardone, G., et al., "Effective Collaborative Monitoring in Smart Cities: Converging MANET and WSN for Fast Data Collection," ITU – T Kaleidoscope Academic Conference, 2010.
[59] Raja, L., and S. Baboo, "An Overview of MANET: Applications, Attacks and Challenges," International Journal of Computer Science and Mobile Computing, 2014.

第5章 无线传感器网络系统性能基础：理论与应用

查尔斯·汉迪（Charles Handy）对美国国防部长罗伯特·麦克纳马拉（Robert McNamara）关于越南战争时期的军事探测是这样描述的：①探测任何容易探测的东西，目前这是可以实现的。②忽略那些不容易探测的东西，或者给它一个任意的定量值，这是人为的，具有误导性。③假定那些无法轻易探测的东西并不重要，这真是瞎了。④那些难以探测的东西真的不存在，这是自杀。[1]在设计无线自组网络（或任何系统）时，必须仔细地确定和定义目标以及有意义的指标。在开发早期阶段，系统设计师必须充分理解并考虑问题和任务目标以开发响应式设计。有了定义良好的任务目标和顶层需求，就有可能将有意义的需求向下传递到组成的子系统。在这个步骤中，要把具有支持作用的低层需求定义好，并与子系统技术性能指标和更重要的关键性能参数相关联，如第2章所述。技术性能指标共同影响预期的关键性能参数值，需要在整个开发过程中持续进行探测，并通过关键性能参数与系统级需求相关联。

本章提供了如何更好地识别和评估性能参数（技术性能指标和关键性能参数）的相关基础信息，这些参数能够反映任务需求和系统的开发进度。本章介绍了无线自组织网络各子系统之间的相互关系，这些关系会影响系统的整体性能。最后，为了给无线传感器网络工程师和终端用户提供如何评估传感器性能的背景知识，本章回顾了作为检测和分类过程基础的概率和统计建模知识。

5.1 系统级开发的评估

技术性能指标在基础设计层次上定义，并作为关键性能参数来评估系统性能的未来价值[2-3]。技术性能指标的定义和使用遵循 EIA-632《系统工程过程》等标准。关键性能参数提供子系统和整个系统如何很好地满足顶级技术需求的快照，通过验证获得的技术性能指标值，来估计成功实现预期关键性能参数值[4]的概率。技术性能指标过程确认进度，并确定子系统和单元级别上的不确定性，这些不确定性可能无法满足高层次的终端产品需求。一旦评估值超出规定的容差就需要进行评估并采取纠正措施。根据 EIA-632 标准，评价技术性能指标的特征和定义如下[5]。

（1）迄今为止的成就：根据估计或实际测量得出技术性能指标的值。此跟踪过程监视整个开发阶段的关键性能参数值，以确保最终设计满足关键需求（或需要修改系统目标）。

（2）当前估计值：技术性能指标的预测值。通过评估，可以在开发过程的早期识别、跟踪和处理技术性能的风险。

（3）技术节点：完成或报告技术性能指标评估的时间点。开始关键系统测试和集成，这种情况通常每个月发生一次，甚至可能是两月一次也可能是每月两次。

（4）计划值概要：从开发开始时，或者为了修正计划而重新计划时，为技术性能指标进行分时段的计划是有效的。这是对跟踪价值和相关修订的响应。

（5）容差范围：包含预计值信息的包络线，指示允许的变化和估计误差。这允许一定程度的不确定性，需要考虑其他支持参数可能允许此类不确定性。

（6）目标：技术工作结束时的目标或期望价值。这些价值连同阈值（下面讲述），为需求验证矩阵（RVM）提供了内容，确立了测试的通过标准。

（7）阈值：限制可接受的值，如果不满足，将危及项目。这些值需要密切评价和考虑，因为它们是响应任务目标的基线体系。

（8）变化：计划值与迄今为止取得的成果之间的差异。方差用来表示问题区域和可能的风险。在整个开发和测试阶段，随着系统工程团队对风险评估、评级、跟踪和后续缓解的判断，风险图需要根据不确定性进行生成和更新。

跟踪过程的成功需要准确识别技术性能指标。最近，一些研究和实践已经开发相关工具来帮助这一技术管理的过程，如用于关键性能参数识别的机器学习（Machine Learning，ML）[6]。机器学习已经广泛用于识别对系统设计和开发有显著影响的所有关键性能参数（和支持性技术性能指标），以估计软件开发工作和缺陷预测。最后，评估指标包括各种类型的需求性能因素，包括功能、技术、约束、接口和环境。通过定义良好的输入和输出，函数参数指示出操作所寻求的内容。约束是对设计实现的限制，如规模、重量、功率和价格，或者对系统如何自适应使用的限制。环境因素是指那些与维持工作系统有关的因素，以及必须考虑的因素，以确保有效地运作。

5.2 基础战术情报、监视和侦察系统的设计开发

从目标到需求的过程涉及多个产品，其中包括作战企图的开发，作战企图定义了在系统需求文档中获取的系统和接口需求[7-8]。从顶层需求向下传递到子系统，导致在每个已经复杂的级别上又产生额外的需求。对于每个系统/子系统

层,使用确定的技术性能指标值生成需求验证矩阵[9-10],以建立在子系统和系统集成以及测试(I&T)阶段使用的成功标准。图 5.1 给出了一个从确定的战术情报、监视和侦察问题(任务)到迭代设计的开发设计流程。技术性能指标用于评估和开发基础系统;然而,在评价系统的有效性时,必须评估具体操作等因素。描述需求后,推演出任务目标,并将该任务目标用于生成顶层需求(先推演出关键性能参数,再推演出技术性能指标)。其他需求在系统和子系统级别时引入,相互结合起来生成性能参数的预期值,系统必须满足这些值才能按预期操作。规范来源于每个系统元素的顶级需求,同时,较低级别的作战企图也在开发(不要将它与图 2.3 所示的总体系统/任务作战企图混淆)。基本作战企图的存在是为了评估子系统根据其设计在独立运行时和与相邻子系统交互时的运行情况。这些派生的规范形成基准之后,对于每个子系统的细化设计来说都是至关重要的。细化设计完成后,通过纸板和原型测试、数学建模和/或仿真运行进行性能分析。

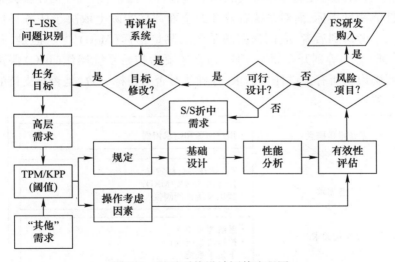

图 5.1 基础系统设计评估流程图

在直接评估子系统实现的同时,也要使用基础设计对基于子系统的作战企图进行评估。在评估技术解决方案并发现性能和作战企图可接受后,基础设计便可以进入全面(FS)开发周期。评估,即验证和确认设计,可以采用以下一种(或多种)方法:测试、分析、模拟/演示和检查。如果在对设计的评估中,可行性受到质疑,或者发现设计在各种关键技术领域存在不足,那么子系统要做些让步。如果重新设计的子系统不能适应风险,则需要修改系统目标,并且可能需要修改任务需求。否则,设计的解决方案穷尽后,应该从顶层开始对项目重新

99

评估。早期的小型和大型的情报、监视和侦察应用程序无法考虑系统操作的各个方面，在顶层重新考虑时，这些程序将不得不停止或大幅度调整重新定位。

5.3 系统工程与技术性能设计

图5.2说明了从明确运行需要到系统设计的处理步骤。它代表了V图中工程开发部分的向下分支(图2.7)。分解和定义发生在系统工程的这个阶段以形成需求和相关的技术性能指标(和关键性能参数)，生成(或迭代)设计概念以实现基准设计。图5.2显示了两个阶段的研究过程：①定义接口方案，该接口也定义子系统(研究1)；②系统级的研究(研究2)，这个研究中得到任务目标并产生基本需求(关键性能参数)。需要注意的是，性能测量指标(MoP)与可测量范围直接相关，如关键性能参数所代表的那些指标。通常，系统评估在很大程度上取决于性能测量指标，而对系统有效性的全面评估实际上取决于任务目标是否得到满足。考虑到后者，应该强调的是效能测量指标(MoE)[11]。但是，此评估(系统验证)必须等到开发周期完成，通常还要为初始系统操作(IOC)保留。这就要求明确说明所有关键任务需求，并确认是否与目标一致，是否与支持的子系统性能一致。

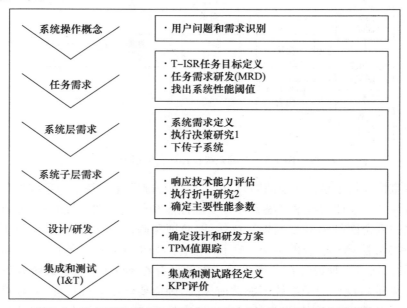

图5.2 战术情报、监视和侦察任务目标到系统关键性能参数流程

5.4 识别技术和关键性能参数

我们如何继续确定并完整定义系统及子系统的技术性能指标和关键性能参数？有一些特定的性能指标,如设计一个系统,针对已知的目标特性和噪声源提供有效的信噪比。然而,要想成功实现,还必须考察与假定特征相关的变化和精确度。响应式系统设计必须能够适应预期特性的变化,并具有成功处理的操作水平和设计能力。这并不意味着为了获得过多的容量而进行过度的设计。未使用的余量会浪费资源,特别是那些在战术情报、监视和侦察应用程序中通常稀缺的余量。如果某个特征有问题,则应考虑性能方面的可变度,并使用足够的余量来缓冲性能的意外下降。这是在性能不能满足一个或多个限制条件的研究任务。目标确认或背景的变化要求战术情报、监视和侦察系统具有稳健性。此外,战术情报、监视和侦察系统通常不被期望或要求处理多个任务类别。有时,这些系统又需要同时进行这些操作。

我们的目标是开发一个系统,其设计既要稳健地解决任务目标,又要足够敏捷地允许系统响应备用战术情报、监视和侦察任务。在考虑性能参数时,系统设计者必须考虑潜在的任务类型。从第2章开始,我们对无线传感器网络战术情报、监视和侦察系统的应用目标有了一个总体概览。图5.3说明了典型情报、监视和侦察任务的重叠目标。如图5.3所示,与信号情报(SIGINT)和测量与特征

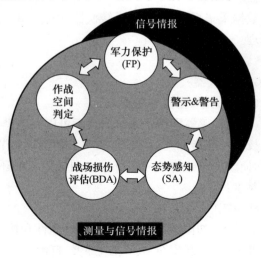

图5.3 与信号情报、测量与信号情报目标有关的典型战术情报、
监视和侦察任务的重叠目标

情报(MASINT)目标相关的情报、监视与侦察任务共享需求。主要的战术情报、监视和侦察任务应用包括：①军力保护(FP)；②警示和警告(I&W)；③战事损伤评估(BDA)；④态势感知(SA)；⑤情报收集(如信号情报、测量和信号情报)。

图 5.3 表明，战术情报、监视和侦察系统必须审慎地设计和实施，以提供能够支持若干任务的性能，而不需要重新配置或修改。在调整系统以正确响应不同的任务时可能会有细微差别，但其理念是系统应该具有确保多任务效能的平衡能力。

5.5 系统与子系统目标

技术性能指标/关键性能参数定义的第一步是实现系统需要的支撑子系统，该子系统能完成响应式设计。对于无线传感器网络的战术情报、监视和侦察系统，有许多方法可用于定义基于无线传感器网络的系统。回想一下第 1 章中对无线传感器网络中传感器节点子系统的介绍。毫无疑问，所选的性能参数必须反映硬件、软件(固件)、子系统到子系统的接口，以及系统的总体行为。涉及第 3 章中讨论的主要子系统如下：

(1) 传感器属性(如光学、射频、磁性、声学/震动、化学－生物)。
(2) 射频收发器。
(3) 单片机及数据采集系统，包括数模转换器、内存、CPU。
(4) 配电与管理。
(5) 中间件。
(6) 定位(如 GPS 接收器)。
(7) 物理因素(节点大小、重量和功率)。

与全系统一样，无线传感器网络子系统的目标可以在整个开发、集成和测试过程中使用相应的技术性能指标进行跟踪。无线传感器网络节点和模块只是整个战术情报、监视和侦察系统架构的一小部分。同样重要的还有直接影响系统性能的外部接口和要素：

(1) 出口方式和系统(中继)。
(2) 长距离通信系统(如国防部信息网络)的连通性和接入。
(3) 系统级别考虑的问题(安全、持久性、部署、自治)。
(4) 与精密传感器的连接。

无线传感器网络应用于战术情报、监视和侦察已经得到了广泛的研究，它有可能带来一种网络化的低成本传感器方案来解决众多的战术情报、监视和侦察目标。为了确定技术性能指标/关键性能参数来评估无线传感器网络的性能,必须考虑传感器的基本性能。当然,必须考虑在 5.4 节中列出的战术情报、监视和侦察任务目标支持子系统,但是任何情报、监视和侦察系统的使用,目的都是目标检测、分类和跟踪。无线传感器网络系统已经并将继续采用多种传感器模式,包括基于无人值守地面传感器的系统:被动红外探测器、声学、震动和磁。利用近几十年来发展和完善的技术,无线传感器网络节点集成了 CMOS 和热成像仪(摄像机)、主动传感器(如激光和射频雷达)和基于微机电系统的化学 – 生物探测系统等。描述传感器识别技术的性能指标是一个复杂的过程,不仅仅是简单地描述输入信号。对于每个属性,必须精确地对信号和导致噪声的因素进行建模,在确定适当的技术性能指标时,必须考虑关键参数,如距离、衰减和基底噪声。在光学方面,我们考虑了目标距离 R 和光学分辨率 δ_θ。测距是根据光从目标到传感器的传播过程中发生的能力耗散。被动系统依赖于反射(如可见光传感器)或目标的热辐射(红外传感器)。当光能从目标传播到传感器时,它经过扩散表现为球形波。根据辐射线测定,通量随着 R^{-2} 的减小而减小。对于主动光学系统或激光雷达,这一损失可能更大,取决于目标是否被解析。对于未确定的目标,当发射的询问激光照度淹没目标时,未被目标截获的那部分照度会产生能量损失。R^{-2} 输出损失加上 R^{-2} 回波损失,从传感器获取的能量产生 R^{-4} 信号损失。

但是,这(还有一些类似的考虑)如何转化为传感器的性能呢? 特定传感器可通过其性能方程计算信噪比来实现。对于顶层,我们可以考虑那些影响信噪比的参数,信噪比可作为光学系统的技术性能指标/关键性能参数。任何传感器的信噪比都涉及到与信号和噪声贡献有关的几个方面。需要做的是推导或获取与传感器形态相关的性能方程(模型等),引入那些通过性能方程测量到的特征,用于评估操作性能参数。

设计验证需要开发需求验证矩阵。我们知道,这首先要识别和评估所有相关的技术性能指标,这个过程需要与主题专家法(SME)结合完成。表 5.1 为美国国家航空航天局近地小行星会合激光高度计(NLR)传感器识别的技术性能指标。表 5.1 说明了在设计传感器时如何考虑性能和逻辑/物理要求,列出了性能方程所使用的术语,以验证仪器(如 NLR)的设计能够操作并满足任务规定的要求。此外,表 5.1 给出了每个技术性能指标的预期(必需)阈值,这将在集成的各个阶段(通过标准)进行验证。

表 5.1　NEAR 激光雷达设计值(关键性能参数)

关键性能参数:最大范围,运行	327km(最大计数)
关键性能参数:全范围精度(NLR + S/C)	<6m
关键性能参数:精度范围	<0.312m
脉冲能量	15.3mJ@1.064μm
能量抖动	<1% rms
脉冲宽度	15.2ns(FWHM)
脉冲宽度抖动	<0.82nm
波长传播	±1nm
脉冲频率	1/8Hz、1Hz、2Hz、8Hz
$T-0$ 掩码,范围和步长	$0\sim511.5\mu s$,步长 = 500ns
距离门,距离和步长	$81ns\sim42.7\mu s$,步长 = 41.7ns
TEM00(% 高斯符合率)	>91%
散度(1/e2 点)	<235urad
校准激光功率抖动	<±5%
关键性能参数:校准定时抖动	<1.05ns
热控制	<±2℃
镜头使用寿命	$>10^9$
有效 RX 光圈,f/#	>7.62cm,f/3.4
接收器频谱带宽	<7nm(FWHM)
临时接收机带宽	30MHz,滚降 = -42dB/倍频程
APD 暗噪声电压	<150μV rms
APD 混合响应率 R	>770kV/W - 光学
光接收器视场	>2900urad
阈值级别,$n = 0\sim7$	$2^n\times16mV$
关键性能参数:数据速率,可选择	51,6.4b/s
关键性能参数:孔径变化,发射到接收最大值	<345urad

性能参数的生成还要考虑一系列与传感器系统部署实施和运行相关的问题。为此,我们考虑了信噪比,信噪比受到距离的影响,并且会影响探测概率 P_d。在为每个传感器模式生成完整的技术性能指标/关键性能参数时,还需要注意其他方面。

(1) 与感兴趣的目标相关联都有哪些特征？这些特征可否检测,允许跟踪,和/或对其他无兴趣的物体成功的区分开？

(2)目标识别的过程中,是否存在一个目标特征数据库,或者在当前的时间表、能力和/或成本下,可以实现一个目标特征数据库?
(3)搜索区域/体积的范围是多少?
(4)在什么范围内传感器必须建立可靠的探测?跟踪?识别?
(5)目标观测存在哪些整合期?
(6)什么背景或大气条件可以预测使用视距传输?
(7)我的传感器必须在什么样的环境条件下加入?
(8)有多少分配给系统和子系统的尺寸、重量和功率?
(9)数据速率/数据容量多少是好?
(10)性能值测量中的参数的精确度和准确性如何?

首先,我们考虑传感器如何实现检测、分类和跟踪等基本功能。

5.6 目标/信号检测理论

本节回顾传感器检测性能的建模方程。这些概率表达式适用于大多数传感器模式,特别是主动传感器。针对目标形成跟踪文件、从背景中找感兴趣的目标进行识别、对噪声源作出响应以及其他数据提取处理中的下游信号和数据处理,传感器呈现出不同的方法。建模传感器性能的基本方法是使用概率模型的统计测量。该方法在文献中定义明确,为明确底层定义进行了总结,并介绍/回顾使用到的相关数学[12-13]。对于传感器性能方程,我们通常认为信噪比是目标距离的反比函数,即

$$\mathrm{SNR} \sim R^{-n}(n=0,1,2,3,4,\cdots) \tag{5.1}$$

随着预测信号 S 和噪声 N 的各自变化,我们可以看到各种属性具有独特的考虑和项。虽然系统可能只负责指示目标是否存在,但操作成功就可以确定最大操作距离 R_{max} 的值。这个值可以得到:①检测概率;②可接受的虚警率(FAR);③传感器覆盖能力的预估[13-14]。第 9 章讨论了无线传感器网络节点的传感器模式,讨论了用于提供目标检测、跟踪和识别的过程。

5.6.1 通过条件概率分布进行检测

检测噪声中信号的传统方法是通过概率来确定信号是否存在。决策标准基于似然比测试(LRT),它使用基于另一事件发生的概率表达[14-16]。利用贝叶斯原因概率规则,可以建立似然比检测公式。此问题可以表述为假设检验,在目标出现时,其中一个假设 H_1 被接受,而只有噪声存在时,对应的目标 H_0 才会发生。

目的是最大化正确决定的概率。这里提供一个使用联合分布和条件分布的框架来考虑信噪比。接收器存在噪声源,包括热噪声(又称 Johnson 噪声)、散粒噪声(光学传感器)和进入接收器的背景噪声。测得的接收信号包络为 $x(t)$,它是一个关于信号 $s(t)$ 和随机过程噪声 t 的函数 F,即

$$x(t) = F[s(t), n(t)] \tag{5.2}$$

对于加性高斯白噪声,如 5.6.2 节所述,函数 F 变成简单和运算,即 $x(t) = s(t) + n(t)$。利用概率表达式,我们可以得到 H_1 的条件为 $P[H_1 | x(t)]$,为了更清晰,去掉了时间依赖性,即 $P(H_1 | x)$,可解读为在给定传感器测量 x 的情况下发生的 H_1 的概率。我们认为基于测量的另一个假设为 $P(H_0 | x)$。我们现在有了一个简单的决策方法,即通过似然比检测来决定是否有信号存在(而不是单独噪声),即

$$P(H_1 | x) > P(H_0 | x) \tag{5.3}$$

当表示目标存在时,结果等于 $P(H_1 | x)$。利用式(5.3),应用贝叶斯定理,得

$$\frac{P(x | H_1)}{P(x | H_0)} > \frac{P(H_0)}{P(H_1)} \tag{5.4}$$

式(5.4)建立了一种方法:通过测量 H_1 和 H_0 得到比值 $P(H_0)/P(H_1)$[14-16],从而得到一个合理阈值 TH,在许多情况下,假设该比值为 1。式(5.4)中的左侧项为每个假设的先验条件概率。$P(x | H_1)$ 和 $P(x | H_0)$ 被称为似然。式(5.3)中的项表示为后验条件概率[15],通过测量和噪声统计量计算。测试后选择两个值 $P(H_0)$ 或 $P(H_1)$ 中较大的假设为正确。这种比较被称为最大似然准则。仅有噪音的区域 H_0 表示为 R_0,而信号加噪声的区域 H_1 表示为 R_1。图 5.4 为一个示意图[14-18],说明了使用这些条件概率和相关的假设发生的情况。零假设用 $P(x | H_0)$ 表示,表示只存在噪声。另一种假设 $P(x | H_1)$,表明被测信号中同时存在信号和噪声。

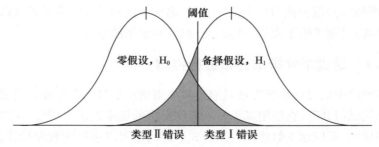

图 5.4 零假设 H_0、备择假设 H_1 及类型误差 Ⅰ 和 Ⅱ

考虑到我们的假设基于概率估计,判断不正确的概率也是有限的。这里可能会发生两种错误:类型Ⅰ和类型Ⅱ[17]。类型Ⅰ是超出所选阈值的 $P(x|H_0)$ 分布。在这种情况下,噪音被误解为信号,当 H_0 是正确的,会选择 H_1。结果是一个错识判断,明明不存在却表明有信号。这种情况称为虚警,当读到虚警的概率 P_{FA} 或使用该术语时,其实指的是虚警率[17-18]。

另外,当包含信号和噪声的测量不超过判定阈值时,也会发生虚警。在这种情况下,作为类型Ⅱ误差,尽管信号是存在的,但是我们的测量却只包含噪声。这就是漏检。不幸的是,当使用贝叶斯或多级阈值选择 H_1 而不是 H_0 时,有一些相反的情况。首先,需要对先验值进行初步估计。接下来,必须为基础统计数据假定一个表征模型。图 5.5 所示为噪声和信噪两种情况下的高斯分布;然而,通常噪声和信号的第一(均值)和第二(方差)阶矩是不同的,甚至统计分布也可能不同(如与高斯信号相关的泊松噪声)。

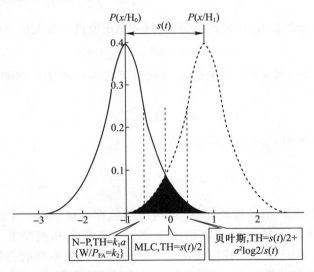

图 5.5　加性高斯白噪声添加到信号 $s(t)$ 的判决准则(贝叶斯、最大似然估计、N-P)

寻求估计和使用阈值替代方法的更大推动力是类型Ⅰ和类型Ⅱ误差始终存在。解决这个难题的方法是,也许我们应该接受 P_{FA} 的一个设定值(不超过)并使用条件概率确定检测的概率 P_d。这是奈曼和皮尔逊在 1933 年发表的论文[19]中提出的奈曼-皮尔逊(N-P)模型。认定类型Ⅰ和类型Ⅱ误差永远存在(除非 R_0 和 R_1 区域不重叠),我们可以朝着允许 P_{FA} 的值的方向努力,寻求最大的发现概率 P_d。评估错误类型Ⅰ的概率 α,当 H_0 为真时,选择 H_1 可以估算[15]为

$$\text{类型 Ⅰ}: \alpha = \int P(x|H_0) dx \qquad (5.5)$$

α 的值等于所谓的 P_{FA}。类似地,对于类型 II 误差概率 β,有

$$类型\ II: \beta = \int P(x|H_1) dx \tag{5.6}$$

传统目标是最大限度地提高正确检测的概率 P_d,它来自 H_1 的概率(正确 + 错误)的总和(或 H_1),即

$$P_d = \int_{R_1} P(x|H_1) dx = 1 - \int_{R_0} P(x|H_1) dx = 1 - \beta \tag{5.7}$$

我们利用等式约束 $P_{FA} = \alpha$,根据文献[20-22],通过引入拉格朗日乘子 λ 来最大化拉格朗日量 $L(x,\lambda)$,寻求一个使 P_d 最大化的判定阈值,即

$$L(x,\lambda) = P_d + \lambda(\alpha - P_{FA})$$

$$= \int_{R_1} P(x|H_1) dx + \lambda \left[\alpha - \int_{R_1} P(x|H_0) dx \right] \tag{5.8}$$

乘积 $\lambda\alpha$ 为常数,R_1 区域的积分项,只考虑正值进行最大化,有

$$P(x|H_1) - \lambda P(x|xH_0) > 0 \tag{5.9}$$

式(5.9)确立 N-P 阈值 TH_{N-P},该阈值可选择 H_1 作为拉格朗日乘积 λ,即

$$\frac{P(x|H_1)}{P(x|H_0)} > \lambda \tag{5.10}$$

根据可接受的 $P_{FA}(\alpha)$ 值求解 λ 的值,有

$$P_{FA} = \alpha = \int_\lambda^\infty \frac{P(x|H_1)}{P(x|H_0)} dx \tag{5.11}$$

如何正确判断"信号是否存在"是传感器数据处理中的一个关键环节。本节允许我们开发工具来辨别猜错的概率——类型 I 和类型 II 误差,分别如式(5.5)和式(5.6)所示。我们还提出了一种估计检测概率的方法 P_d,通过假设噪声统计(来自先验信息)和所选传感器的可接受虚警率(式(5.11))。基于非零 P_{FA} 值的容差,我们得到了估计关键传感器参数(技术性能指标/关键性能参数)的方法,即检测概率为 $1-\beta$。

5.6.2 高斯噪声特性

在假设噪声项的统计结构时,有两种主要的统计分布被广泛使用:加性高斯白噪声(AWGN)[23]和散粒噪声(Shot Noise),它们都可以通过泊松分布得出最佳建模。这些统计模型在大量的参考文献中都有详细的介绍,为了方便起见,本节对其进行了总结。高斯白噪声表示测量中可观测噪声的随机行为,由系统假

设,使用该模型还假定噪声 $n(t)$ 与源信号 $s(t)$ 无关。该模型忽略了信号干扰、后向散射闪烁和衰落信道等问题,这些问题在第 9 章的激光雷达 9.3 节中有详细讨论。均值为 $0(m=0)$,标准差为 σ 的加性噪声的高斯白噪声概率分布函数可表示为

$$P_N[x(t)] = (2\pi\sigma^2)^{-1/2}\exp\left[\frac{-x^2}{2\sigma^2}\right] \tag{5.12}$$

假设测量值为信号和噪声函数的和,即 $x = s + n$,则对 H_0 和 H_1 进行假设检验,分别为

$$P_N(x|H_0) = P_N(x|H_0), \quad P_N(x|H_1) = P_N(x-s|H_1) \tag{5.13}$$

对于 H_0 假设观察仅由噪声 $n(t)$ 组成。对 H_1 假设观察包含信号,等于 $s(t)+n(t)$,其中 $s(t)$ 是一个确定性值的时间序列。利用高斯白噪声式(5.12)进行观察 $x(t)$,式(5.4)中 H_1 的似然比检测变为

$$\frac{P_N(x-s|H_1)}{P_N(x|H_0)} = \frac{\exp\left[-\frac{(x-s)^2}{2\sigma^2}\right]}{\exp\left[-\frac{(x)^2}{2\sigma^2}\right]} > 1 \tag{5.14}$$

利用奈曼-皮尔逊(N-P)准则,假设 $P_{FA} = K_0$(为常数),结果为[15]

$$P_{FA} = K_0 = (2\pi\sigma^2)^{-1/2}\int_\lambda^\infty \exp\left[\frac{-x^2}{2\sigma^2}\right]dx \tag{5.15}$$

对高斯函数积分时,通常采用误差函数 $\mathrm{erf}(x)$,其定义为

$$\mathrm{erf}(x) = \int_0^\infty \exp[-t^2]dt \tag{5.16}$$

在式(5.8)中,这里 x 即为 λ,代入式(5.14),得到(利用互补误差函数定义)P_{FA} 的计算方程为

$$P_{FA} = K_0 = \frac{1}{2}\left(1 - \mathrm{erf}\left[\frac{1}{\sqrt{2}\sigma}\right]\right) = \frac{1}{2}\mathrm{erfc}\left[\frac{1}{\sqrt{2}\sigma}\right] \tag{5.17}$$

图 5.5 说明了三个标准的判定标准:贝叶斯、极大似然估计和奈曼-皮尔逊。使用高斯白噪声模型评估检测概率,即

$$P_d = (2\pi\sigma^2)^{-\frac{1}{2}}\int_\lambda^\infty \exp\left[\frac{-(x-s)^2}{2\sigma^2}\right]dx = \frac{1}{2}\left(1 + \mathrm{erf}\left[\frac{s-\lambda}{\sqrt{2}\sigma}\right]\right) \tag{5.18}$$

将此观察的信噪比确定为 $s/\sqrt{2}\sigma$，说明了信噪比和 P_d 是如何直接关联的。这强调了对传感器子系统的技术性能指标的识别，技术性能指示分别为 P_d，P_{FA}（FAR）和信噪比。在第9章中，介绍了信噪比依赖关系，从而揭示了用于传感器的第二组技术性能指标。

5.6.3 泊松噪声特性

为了处理受散粒噪声影响的传感器，如激光和射频雷达，考虑西米恩·泊松在1837年发表的第二概率分布函数。泊松通过考虑在一个固定时间间隔内发生的离散事件的数量来确认错误数量。泊松概率理论曾在1898年时获得恶名，波特凯维茨将泊松概率分布函数应用于研究战马踢死普鲁士军队的人数[24-25]。由于泊松分布对事件间隔描述特别准，基于光学接收器的基本特性，泊松概率分布函数可以成功地估计激光雷达的性能。光学探测器对光量子进行响应，在探测过程中，响应与光子的一个积分周期内到达速率有关，即所用探测器读取间隔。对于雷达来说，电子在传输过程中不连续产生散粒噪声。当考虑由伯努利试验组成的实验成功数时，出现了泊松分布。随着试验数量的增加，相关的二项分布（实验只有两个结果）产生泊松分布。

假设一个实验需要一个时间间隔 Δt，特定事件发生的平均次数为 λ（不要与之前用于波长的变量名混淆），那么在这个时间间隔内 n 次成功的概率为

$$P(n) = (\lambda \Delta t)^n \exp\left[\frac{-n\Delta t}{n!}\right] \tag{5.19}$$

从泊松概率阶矩的研究来看，第一阶矩（均值 μ）等于速率，λ 为第二阶矩（方差，σ^2），利用期望函数 $E[\ ]$，均值和方差分别为

$$E[P(n)] = m = \lambda, \quad E[\sigma^2] = \lambda \tag{5.20}$$

泊松统计量被用来评价激光雷达（和任何以光子计数的）光学系统。为了利用泊松概率描述建立一个似然比检测，我们建立了零假设 H_0 和备选假设 H_1。对于光学传感器，其性能的表征从探测器开始，探测器通过常数因子将入射光子转换为电流，该常数乘子表示探测器响应度 R（单位为 A/W，光功率输入 P_o，单位是 W）。和任何接收器一样，有许多噪声源。对于光学探测器，即使没有光信号进入传感器，也存在噪声（暗）电流 i_d。此时，可以用 i_n（噪声）$= i_d$ 和 i_r（接收）$= i_s$（信号）$+ i_n$ 来建立信号和噪声方程。得到两个时间序列：以光子/s（Q）测量的输入光信号（和噪声）和以安培（C/s）为单位的输出电流。为了将这些时间序列转换为速率方程，以应用泊松统计，我们使用光子到达速率参数 λ。对光电学的快速回顾重点集中在光的量化上。光学系统单位时间的能量 E（单位是 J）使用了一个

确定的关系 $E = hv$,其中 h 为普朗克常数$(6.626176 \times 10^{-34} \text{J/s})$,$v$ 为光辐射(信号)的频率。对于每一个光子,我们都有一个感应输入。对于光学传感器,信号电流来自于一个光子流 Q(光子/s)撞击探测器,转换成电流(q 个电子/秒)。其中,Q 通常表示光子速率(光子/s),小写的 q 表示电子电荷($q = 1.60217662 \times 10^{-19}$库仑)用来表示电流。图5.6给出了概念,图中显示了光圈接收到的信号通量(光子/秒),引导能量冲击探测器阵列。通过探测器的响应,光子被转换为电流(q 个电子/秒),并由接收器电子进行处理。光子量子的使用可支持将信号建模为光子在定义区间 t 内的到达率。

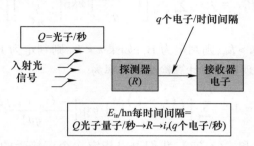

图5.6 光输入信号转换为接收端输入电流 i_r

插入由光输入信号导出的每个时间间隔的平均光电子数,零假设 H_0 变成 $i/q = i_d/q$,备用假设 H_1 变成 $(i_d + i_s)/q$。利用泊松分布函数,Δt 时间内发生 k 个事件的概率通过式(5.19)给出[15],进而有

$$P(k) = \frac{(k\Delta t)^k}{k!} \exp[-k\Delta t] \quad (5.21)$$

使用式(5.4)表示的最大似然法来建立似然比检测,有

$$\frac{P(k|H_1)}{P(k|H_0)} = \frac{\left[(i_d + i_s)\left(\frac{\Delta t}{q}\right)\right]^k \exp\left[-(i_d + i_s)\left(\frac{\Delta t}{q}\right)\right]}{\left(\frac{i_d \Delta t}{q}\right)^k \exp\left[\frac{-i_d \Delta t}{q}\right]} \quad (5.22)$$

式(5.22)可简化为

$$\frac{P(k|H_1)}{P(k|H_0)} = \left(1 + \frac{i_s}{i_d}\right)^k \exp\left[\frac{-i_d \Delta t}{q}\right] > 1 \quad (5.23)$$

判定(贝叶斯)阈值设置 H_1,如果在间隔 Δt 期间观察到 k 个事件,则有

$$k > \frac{\lg \lambda}{\lg\left[\lambda + \frac{i_s}{i_d}\right]} + \frac{i_s \Delta t}{q} \quad (5.24)$$

采用奈曼－皮尔逊概率模型得到的判定准则为

$$P(k|H_1) = > \frac{\exp\left[\frac{-i_d \Delta t}{q}\right]}{k!}\left(\frac{-i_d \Delta t}{q}\right)^k \quad (5.25)$$

与前面一样,估计检测概率 P_d 时,我们使用 N－P 阈值 K_0 来设置一个可接受的虚警值,并求得以下问题:

$$P_{FA} = 1 - \sum_{n=0}^{K_0-1}\left[\left(\frac{-i_d \Delta t}{q}\right)^n \exp\left[\frac{-i_d \Delta t}{q}\right]\right] \quad (5.26)$$

通过 K_0,如果 $k > K_0$,则判定为 H_1;如果 $k < K_0$ 则判定为 H_0。使用式(5.25)得出的 $k = K_0$,我们现在可以计算检测的概率为

$$P_{FAd} = 1 - \sum_{n=0}^{K_0-1}\left[\left(\frac{(i_d + i_s)\Delta t}{q}\right)^n \exp\left[\frac{-(i_d + i_s)\Delta t}{qn!}\right]\right] \quad (5.27)$$

使用式(5.26)和式(5.27),我们可以指定一个可接受的虚警级别,并评估使用泊松特征建模的传感器的检测概率。考虑判定准则(阈值)方程,我们可以列出可以与每个传感器子系统相关联的技术性能指标/关键性能参数属性,而不考虑使用的某特定模式。表 5.2 列出了这些参数。

表 5.2 传感器子系统关键性能参数

检测关键性能参数	定义
P_{FA}	虚警概率;可表示为一定采样间隔 D_t 内的虚警,与虚警率有关
P_d	检测概率
SNR	信噪比,通常以接收功率与组合噪声功率的比来衡量
AWGN	加性高斯白噪声;假设输入具有预定义的均值 m 和方差 s^2 的统计模型
TH(l, k_0)	阈值,通过假设先验值,计算得到的值,如噪声统计
到达率 I	先验统计泊松参数

上述假设检验的标准选择基于对随机过程的观察。传感器实际上在测量的时间序列上有效,可以采用包络检测、求平均值和匹配滤波相关性。图 5.7 自顶层给出了匹配滤波器方法,该方法使用输入与阈值的比较来检测期望的信号。在图 5.7 中,接收到的信号与匹配的滤波器进行卷积。如果信号包含一个目标信号(脉冲),与任何其他输入相比,匹配的滤波器获得一个峰值,因为相关性基于接收预期的目标信号。对于积分时间(或脉宽)Δt,匹配的滤波器将响应持续时间为 $2\Delta t$ 的输出信号。尽管匹配滤波器的硬件实现这样功能的模块只有一

个,图5.7利用两个方框来展示接收到的信号如何处理[18]。总有一个噪声信号,结果显示为底部路径。如果使用了正确选择的阈值,则产生的平滑噪声信号不会超过设置的阈值TH,检测也不会发生。当目标信号输入由信号和噪声组成(显示为求和点),阈值函数针对此求和信号进行运算。这解释了信噪比对目标检测对比误报警的灵敏度(类型Ⅰ误差)。当噪声功率接近信号功率级时,阈值函数将开始考虑仅噪声信号作为目标检测(图5.4)。这就是我们选择使用条件概率来优化阈值[18]的原因所在,如图5.5所示。这种广义检测理论的提出和使用同样适用于被动和主动传感器模式。该方程不限定于任何特定的传感器模态,并指出哪些参数是关键的检测功能。我们对匹配过滤的介绍是通用的;然而,随着我们在战术情报、监视和侦察系统设计中采用特定的传感器方法,检测功能之外的下游处理变得越来越专业化。

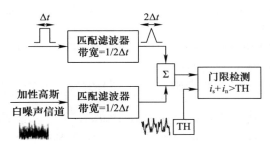

图5.7 对匹配的滤波器输出使用阈值检测

5.7 传感器数据功能

附加功能可以根据特殊传感器系统进行应用。例如,包络检测(图5.7)满足直接探测的激光雷达的工作要求,但相干(零差)雷达可以通过将后向散射信号与输出发射脉冲(如果是外差,则与本振)[26]混合来提取额外的信噪比增益。接收器产生这种增益是因为传感器设计巧妙地利用先验信息来获得信噪比。此外,检测是任何传感器子系统的初始功能。如果唯一的目的是检测目标的存在,就像在自鸣器或绊网场景中一样,我们可以讨论匹配过滤和相干处理,得出合理的传感器的端到端描述。然而,考虑到我们使用无线传感器网络能力来实现复杂任务的战术情报、监视和侦察系统,传感器数据功能引起了人们的特别兴趣,包括目标跟踪,重新获取、识别目标特征。这些数据功能不仅提供了有关被观察目标的关键数据,而且可以通过仅给有高价值目标的发送信息来减少数据量,并消除任何由阈值误差引起的虚警。

参考文献

[1] Handy, C., The Empty Raincoat: Making Sense of the Future, Hutchinson, 1994.

[2] Oakes, J., R. Botta, and T. Bahill, "Technical Performance Measures," Proceedings of the INCOSE Symposium, 2006.

[3] Roedler, G., and C. Jones, "Technical Measurement, A Collaborative Project of PSM," INCOSE, and Industry, INCOSE – TP – 2003 – 020 – 01, 2005.

[4] "The Measureable News," The Quarterly Magazine of the College of Performance Management, 2016.

[5] "EIA – 632, Processes for Engineering a System," Government Electronics and Information Technology Association Engineering Department, ANSI/EIA – 6: 1998, Electronic Industries Association, 1999.

[6] Thorstrom, M., "Applying Machine Learning to Key Performance Indicators," Master's thesis in Software Engineering, Chalmers University of Technology, University of Gothenburg, Department of Computer Science and Engineering, 2017.

[7] "MIL – HDBK – 520A (Supersedes MIL – HDBK – 520 (USAF))," Department of Defense Handbook System Requirements Document Guidance, 2011.

[8] "Defense and Program – Unique Specifications Format and Content," Department of Defense Standard Practice, 2003.

[9] Levaardy, V., M. Hoppe, and E. Honour, "Verification, Validation & Testing Strategy and Planning Procedure," Proceedings of the 14th Annual International Symposium of INCOSE, 2004.

[10] Engel, A., Verification, Validation, and Testing of Engineered Systems, John Wiley & Sons, 2010.

[11] Hill, B., "Assessing ISR: Effectively Measuring Effectiveness," Air & Space Power Journal, 2017.

[12] Barton, D., Modern Radar Systems Analysis, Norwood, MA: Artech House, 1988.

[13] Cao, Q., et al., "Analysis of Target Detection Performance for Wireless Sensor Networks," Distributed Computing in Sensor Systems: First IEEE International Conference, 2005.

[14] Skolnik, M., Introduction to Radar Systems, McGraw – Hill Book Co., 1980.

[15] Minkoff, J., Signals, Noise, and Active Sensors, John Wiley & Sons, 1991.

[16] Oppenheim, A. V., and G. C. Verghese, Signals, Systems and Inference, Pearson Education Limited, 2015.

[17] Eaves, J., and E. Reedy, Principles of Modern Radar, Van Nordstrand Reinhold, 1987.

[18] RCA Electro – Optics Handbook, EOH – 11, 1974.

[19] Neyman, J., and E. Pearson, "On the Problem of the Most Efficient Tests of Statistical Hypotheses," Phil. Trans. R. Soc., 1933.

[20] Arfken, G., H. Hans Weber, and F. Harris, Mathematical Methods for Physicists, A Comprehensive Guide (Seventh Edition), Elsevier, 2013.

[21] https://llc.stat.purdue.edu/2014/41600/notes/prob1804.pdf, Purdue University.

[22] Dapaa, G., "A Common Subtle Error: Using Maximum Likelihood Tests to Choose between Different Distributions," Casualty Actuarial Society E – Forum, 2012.

[23] Helstrom, C., "The Resolution of Signals in White, Gaussian Noise," Proceedings of the IRE, 1955.

[24] Moppett, I. , and S. Moppett, "Deaths by Horsekick in the Prussian Army—and Other 'Never Events' in Large Organisations," Anaesthesia, Vol. 71, 2016, pp. 17 – 30.
[25] Sheynin, O. , "Bortkiewicz' Alleged Discovery: The Law of Small Numbers," Hist. Scientiarum, 2008.
[26] Yang, J. , and Z. Zhang "A Balanced Optical Heterodyne Detection for Local scillator Excess – Noise Suppression," Proceedings of SPIE, 2012.

第 6 章　无线传感器网络的无线连接设计与性能

任何基于无线传感器网络的战术情报、监视和侦察系统的成功运行都依赖于大型传感器节点网络的精心设计和可靠运行。这就需要在单个无线传感器网络层面上实现可靠的无线通信。无线传感器网络系统中使用的射频收发器必须成本低廉，且能够在现有节点资源的限制（如尺寸、重量和功率）下运行。传感器节点收发器的设计也必须考虑到严苛的战术情报、监视和侦察系统的使用环境。无线传感器网络的设计团队试图通过激光二极管和 LED 等技术使用光通信；然而视距（LOS）指向的准确性和清晰度问题使得设计团队在其达到射频连接能力之前就排除了这一技术。

射频收发器为无线传感器网络节点提供物理层（PHY）基础，使其能够作为临时性分组交换网络运行。考虑无线传感器网络系统的设计时，了解节点布局的物理层要求和所用收发器特性至关重要。虽然大量现有文献提供了数字无线通信设计和运行方面的详细信息，但无线传感器网络射频连接带来了不同于传统通信的挑战，具体如下：

（1）自主网络运行要求——端到端，网络运行和维护均无人工干预。

（2）运行时射频电气中心（高度）在地面或接近地面（几英寸内）。

（3）强调节能设计，能够在有限的能源下支持长时间运行。

（4）射频系统须符合极小封装要求，将被发现的概率降到最低（秘密任务），支持存储和运输/搬运，适应各种军事投送系统（例如，基于规则的投送、无人机载弹投放和作战人员手的放置）。

由于接近地面，运行环境严苛，因此在典型的射频通信系统中并不常见（如吹动的草、动物）。

在本章中，对无线网络能力主要分两部分讨论：①射频信号传播；②射频收发器设计。在讨论传播时，本章详细介绍了信道建模，这是对射频信号损耗和噪声特性进行预估所需的。此外，本章回顾了适用的传播模型和收发器设计要求和方法，并介绍了信号损失和噪声源。图 6.1 所示为通过现有通信链路连接的两个节点，其中一个节点为数据源，即发射器（TX），另一个节点为汇聚节点，即接收器（RX）。图 6.1 展示了射频信号的三种传播路径：直接路径、散射路径和反射路径(包括地平面)。6.1.1节~6.1.10节讨论了描述各种路径信号损耗和射频噪声源的模型。

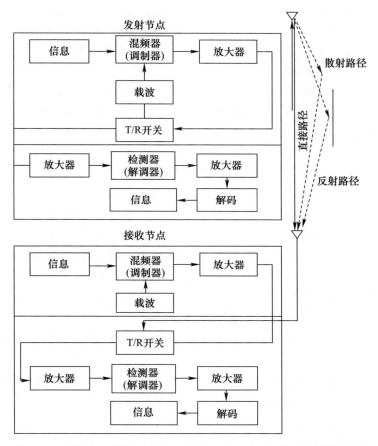

图6.1 直接路径、散射路径和反射路径三种路径下的射频性能评估

6.1 无线传感器网络链路性能:传播模型概述

采用无线传感器网络节点的战术情报、监视和侦察系统部署需要能够测定网络和传感器性能,但如何进行测定?有哪些工具?本章提供了电磁(EM)波传播的描述和相关数学模型。此外,还讨论了无线传感器网络节点设计的硬件实施。

无线通信特性与影响射频信号完整性的环境和物理参数密切相关。传播模型用于描述和评估链路的可靠性,以确定数据包是否可以成功传输,以及如果不能成功传输,有哪些链路特征可以改进。如果了解发射器功率水平,就可以通过使用适当的射频模型,计算传播路径和接收器灵敏度值。在开发射频模型时,需要考虑与电磁波传播相关的底层物理特性,以及射频收发器设计和链路层协议(见8.6.1节中对 MAC 的讨论)。我们首先描述普遍公认的传播模型,这些模型用于描述所接收波形的信号损失和统计学特点。通过多次射频测量和分析、推导和验证合适的传播模型,这个过程会耗费大量精力。通过合适的传播模型,可以研究无线传感器网络射频收发器和个体组件,从而实现响应式收发器设计。同样重要的是,可以估算出品质因数,例如接收信号强度指标(强度指标)、比特误码率(BER)、丢包率等。

6.2 传播模型

射频发射和接收信号特性的经验性测定结果(包括发射和接收强度水平),为如何最准确地掌握传播效应提供了依据。这些效应造成射频信号沿着传播路径衰减、失真和干扰,通过考虑这些效应的影响,可以勾勒出接收信号的统计学特性。在选择传播模型时,必须根据传输信号定义(频率、极化、调制),以及传输介质的各个方面(环境描述符)等射频参数,选择适当的传递函数。关于媒介特性,还需要考虑动态行为如何影响性能。无线传感器网络收发器在工业、科学和医疗频段内工作,传输功率相对较低,以维持可持续的功耗水平。通常,无线传感器网络应用程序将发射和接收天线定位在地平面(或附近)。此外,传感器模式必须遵守规模、重量、功率和价格约束,这进一步限制了节点之间的距离。理想情况下,无线传感器网络节点的系统设计应将射频系统要求与车载传感器能力相关联,以避免功耗和能力失衡。在短距离下,传感器节点通常被放置在 LOS 内,这会令接收节点上的射频信号产生复杂行为。

为了充分理解射频传输行为的建模,首先采用 Friis[1] 开发的基本自由空间路径损耗(FSPL)模型,来描述传播模型。自由空间路径损耗提供了描述链路能力的起点。对于我们的系统,必须考虑到一种情况:无线传感器网络天线位于或接近地面,导致其高度远低于典型的射频天线电气中心(例如,对于工业、科学和医疗偶极子,该高度为半波长,约 0.5m)。可采用射频(和天线终端)的发射功率 P_t 和接收功率 P_r 来定义信号损耗 L,同时以分贝为单位,三者关系可表示为

$$P_r[dB] = P_t[dB] - L[dB] \qquad (6.1)$$

式(6.1)描述了基本链路损耗。如果以瓦(W)为单位,损耗定义为接收功率与发射功率的比值。对于下面的大多数开发模型和方程,我们将坚持使用分贝(dB)来描述信号损耗。

6.2.1 基本传播模型:自由空间(Friis 方程)

第3章总结了自由空间射频传播的自由空间路径损耗方程(Friis 传播方程)。通过式(3.13),假设射频信号工作波长为 λ,发射器和接收器之间传播距离为 d,有源信号区分为 A_t 和 A_r,则可以估计接收功率 P_r 对应的发射传输功率为

$$P_r = P_t \left(\frac{A_r A_t}{\lambda^2 d^2} \right) \tag{6.2}$$

在式(6.2)中,我们将接收器功率与发射器功率相联系。将式(6.2)变形为总有效天线增益 G_e,得到[2]

$$G_e = \left(\frac{4\pi A_e}{\lambda^2} \right) \tag{6.3}$$

式(6.3)可与射电天文学关联,而从热动力学角度看,可用来定义有效区域 A_e[3]。通过式(6.3),可以用接收器和发射器的有效天线增益 G_{RX} 和 G_{TX} 变换式(6.2),分别为

$$P_r = P_t \left(\frac{\lambda^2}{4\pi d^2} \right) G_{RX} G_{TX} \tag{6.4}$$

式(6.4)根据天线增益和射频信号波长,实现发射和接收功率电平的估算。式(6.4)表示为单射线模型,表明随着射频频率增加,接收端可能会出现更高的功率损耗。为了克服较高频率时的自由空间路径损耗,一种方法是采用增加方向增益的发射器和接收器天线设计。(发射器功率增加也有助于确保链路可靠,但会牺牲节点功率)。遗憾的是,实施定向天线,牺牲了设置的简便性,以换取精确的指向(如点对点通信)。在链路方程中使用式(6.4),在射频频率 f 上全面使用分贝(dB)单位,用 $\lambda = c/f$ 将波长与光速 c 关联,得到

$$\text{FSPL} = 20\lg(d) + 20\lg f + 20\lg\left(\frac{4\pi}{c}\right) - G_{RX} - G_{TX} \tag{6.5}$$

自由空间路径损耗模型的一个基本假设是发射器和接收器之间不存在反射或散射。结果造成多径信号的损失未被考虑在内,相比实际测量结果,接收信号功率估算较为乐观。自由空间路径损耗为我们提供了理想的链路损耗估算。然而,对于近地配置,相比高度超过 50cm[4] 的天线,观测到的传播行为一直出现显

著的损耗(>10dBm)。除了忽略信号通过多路径传播的影响外,自由空间路径损耗传播模型也不考虑极化效应、信号干扰或系统失真效应造成的信号损失。复杂的传播模型和假设,考虑到了这些信号路径损耗机制,包括射频噪声源的影响。多路径模型通过叠加相对强的视距信号与接收器天线上较弱的非视距信号,考虑到了增加的信号损失。

多路径行为符合统计学规律,损耗估算最好描述为一个随机变量。不同位置的接收器虽然到发射器等距 d,其功率损耗会有相当大的差异。目前还不存在通用公式或模型来精确描述各种无线传感器网络环境下的路径损耗。因此,传播模型采用概率分布函数来估算信号强度(信号包络)。用该概率模型来描述传播,就可以考虑到衰减、弥漫环境(如下雨)和散射等因素产生的影响,所得结果更趋同经验性方法获得的结果。

6.2.2 多径引发的信号衰落

如果发射信号的一些反射或散射部分到达接收器,则会发生信号叠加,产生的瞬时接收功率将成为随机变量。每一部分射频信号都会引起衰减、延时和信号相移的差异。由于叠加,到达的信号会导致干扰。通常会导致接收信号强度下降,称为衰减,可用一个随机过程变量表示,该变量根据时间延迟、地理位置和射频频率修正接收信号。强破坏性干扰周期称为深度衰减,会导致射频链路由于信噪比显著下降而暂时失效。衰减分为慢衰减和快衰减,即接收信号的幅度和相位的变化率。衰减需用相干时间描述,即幅度或相位发生变化并与前值失去关联所需的最少时间。当信道的相干时间大于接收器检测过程的时延,就会发生慢衰减。当发射端和接收端之间的主信号路径被阻塞时,只要非视距信号到达接收端[5],就会出现这种情况。

在慢衰减期间,振幅和相位变化在检测和信号提取过程中相对恒定。当信道的相干时间小于信号接收和处理的时延,就会出现快速衰减,导致信号的幅值和相位在处理过程中发生显著变化。加上衰减的时序特征(快和慢),无法准确估算信号损失,要求系统设计人员采用最适合应用的传播模型。用统计模型来描述路径损耗是一种合适的方法。6.1.3 节 ~6.1.10 节讨论了反映实测损失统计数据的高利用率衰减模型,包括以下内容。

(1)双射线(地平面)衰减模型。
(2)对数正态阴影模型。
(3)瑞利衰减模型。
(4)莱斯衰减模型。
(5)双波扩散功率(TWDP)衰减模型。

6.2.3 近地场景:双射线衰落模型

无线传感器网络在地面或近地面运行时,一种传播损耗建模方法考虑了两种射频信号的交互:视距和非视距。这一描述引出了双射线(地平面)模型。双射线传播模型如图 6.2 所示,用于模拟近地传播相关的观测数据。假设天线高度(h_{TX} 和 h_{RX} 分别为发射天线和接收天线高度)相比总路径长度 d 较小,采用该模型确定的双射线损耗(单位为分贝)为

$$L_{PE} = 40\lg d - 20\lg h_{TX} - 20\lg h_{RX} \tag{6.6}$$

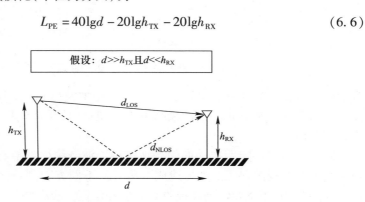

图 6.2 双射线(地平面)传播模型

各向同性发射和接收天线的高度单位为米(m),式(6.6)假设 d 比天线高度大得多[5-6]。与自由空间路径损耗模型不同,双射线模型考虑了发射器到接收器的反射路径和地面反射特性。当射频地面反射系数接近理想值 -1 时,双射线模型与观测数据的相关性最好。对于天线高度小于 5cm 的无线传感器网络战术情报、监视和侦察应用,测试结果表明,Friis 模型与双斜率方法趋同,具有几何启发性,因为视距波和反射波实际上遵循相似的路径。虽然双射线模型背后的原理似乎合理,地面上低高度的配置在频率较高时存在问题。在 2.4GHz 上的测量表明,在天线高度 <50cm[5] 的短程配置($d<100m$)中,接收功率有显著波动。出现了一个临界距离 d_c,表明损耗随距离变化而呈现指数级变化。图 6.3 所示为近地面传播路径损失的两个区域:第一个区域为波纹区域,其中存在波峰和波谷,衰减随 d^{-2} 变化而变化;第二个区域($d>d_c$)在没有功率波纹的情况下呈现衰减,损耗随 d^{-4} 变化而变化。这两个区域之间的断点[7]出现在 d_c 处,有

$$d_c = \frac{4\pi h_{RX} h_{TX}}{\lambda} \tag{6.7}$$

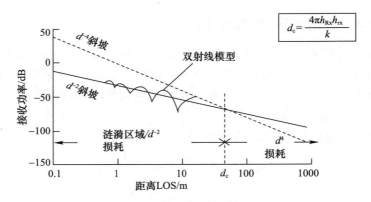

图 6.3　近地路径损失的近场和远场行为

零值代表直接信号和反射信号抵消的点,而小增益(Friis 模型)代表信号相加的点。零值存在于断点 d_c 之前的衰减范围内,断点是开始衰减的位置。在该点后不存在零值。

图 6.3 给出一定距离内的信号波涟漪。波涟漪由反射、衍射和散射导致的视距路径和非视距路径的叠加造成。信号从不同方向到达接收器,并重新组合出不同的振幅、相位和时延。接收到的信号建模为所有路径贡献之和,多射线传播模型建模为

$$P_r = P_t \left(\frac{\lambda}{4\pi}\right) \left| \sum_{i=0}^{N} \frac{c_i \Gamma_i \sqrt{G_i} e^{-j\Delta\phi_i}}{d_i} \right|^2 \quad (6.8)$$

式中:P_r 和 P_t 为接收和发射功率电平;射频频率波长为 λ;天线总增益为 G_i;系数 c_i 和 Γ_i 分别为路径 i 的衰减值和反射值。与第 i 个路径的相位差为 $\Delta\phi_i$,对应了到达信号的不同路径长度 d_i,表达式为

$$\Delta\phi_i = 2\pi \frac{(d_i - d_0)}{\lambda} \quad (6.9)$$

式(6.8)产生了一种周期性的深度衰减行为,可用双射线模型[7]跟踪(不包含高频衰减分量)。虽然双射线模型非常接近工业、科学和医疗射频频段内近地天线高度的测量特性,但应该考虑障碍物(阴影),这可以通过对数正态阴影模型来解决。

6.2.4　近地 + 障碍物:对数正态阴影模型

回想一下,Friis 自由空间模型也假设发射器和接收器之间存在畅通无阻的路径。为了反映各类环境中地形、植被和其他物体阻挡信号而呈现随机阴影效

应的传播损耗,需要对 Friis 自由空间(和多径衰减模型)进行扩展,将这种阴影效应纳入考虑。一种广泛使用的方法是采用对数正态规律,注入射频地面测量数据[8]中观察到的随机性。在发射器远场区域($d > d_0$),由式(6.7)[9]给出任意距离 $d > d_0$ 的对数正态路径损失 LNS(d)。引入阴影项 χ,这是一个具有阴影变化(标准差 σ)的零均值化高斯分布随机变量。用拟合参数、路径损失指数 n 和阴影变化表示部署环境(如植被、建筑或隧道内部和城市环境)对射频信号传播的影响。参考路径损耗 d_0 称为近距参考距离,通过 Friis 路径损耗式(6.5)或在 d_0 处通过实地测量得到。根据射频测量[8],城市或建筑阴影障碍物(自由空间,$n = 2$)的 n 值从 1.6(室内空间)到 6 不等,有

$$L_{\text{LNS}}(d) = L_{\text{LNS}}(d_0) + 10n\lg\left(\frac{d}{d_0}\right) + x, \quad d_c \leq d_0 \leq d \tag{6.10}$$

6.2.5 瑞利衰落模型

多个尺寸等于或小于射频波长 λ 的物体发生散射时,我们也会看到所有到达信号叠加;然而,路径的统计学特性造成对数正态模型所用的较大物体发生变化($> \lambda$)。在多个传播路径中存在多个散射中心的情况下,通过中心极限定理得到一个信道脉冲响应,可以表示为一个高斯过程,而不考虑单个散射分量的分布。将接收信号建模为上述独立散射中心各自贡献的累加,将复合信号特征建模为正交非相关高斯分布随机变量[10]。图 6.4 中基于两个高斯分布模型(概率和加性高斯白噪声)的简单假设,给出接收天线上的接收信号示意图。图 6.4 也给出了不同标准差 σ 的瑞利概率密度函数(pdf)和累积分布函数(cdf)。

如果发射信号不直接到达接收端,那么正交随机变量具有零均值和均匀相位分布(0 到 2π 弧度)。在这种场景下,接收到的信号在振幅上具有可比性,瑞利分布被认为最符合经验结果。将形成的包络统计量转换为径向变量($r > 0$),并将损失值作为具有零均值和二阶矩统计量的瑞利分布随机变量,即 $E[r^2] = \sigma$[11],结果为

$$p_R(r) = f(r, \sigma) = \frac{r}{\sigma^2} e^{-r^2/2\sigma^2} \tag{6.11}$$

由此产生的接收器信号电平是主要损耗分量残留、阴影与瑞利衰减相关行为(相比前两种机制影响较小)的组合。信道衰减的快慢取决于散射中心、接收器和发射器相对传输路径的移动速度(需要使用方向余弦)。值得注意的是,发射器或接收器(如移动自组织网络)的移动可能会在信号分量中产生可检测的

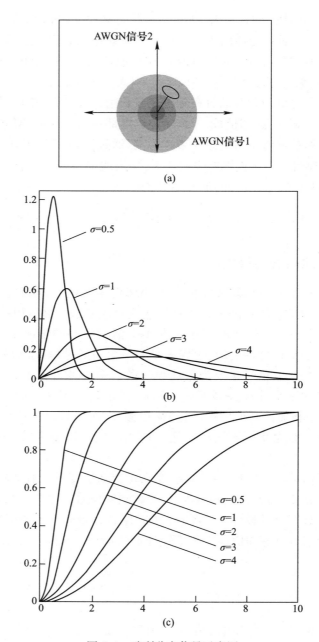

图 6.4 瑞利分布信号示意图
(a)加性高斯白噪声(AWGN)信号模型示意图;(b)瑞利概率密度函数;
(c)瑞利累积概率密度函数。

多普勒频移,并在路径损耗中产生一个需要考虑的项。在静态应用中,发射器和接收器节点是静止的,路径仍可能注入散射中心移动产生的多普勒分量(如吹起的植被或降雨)。对多普勒效应的考虑将在 6.2.9 节中讨论。

6.2.6 莱斯衰落模型

假设对瑞利衰减重复先前的场景,即信号路径中存在多个散射中心,考虑存在一个主导信号,即直接接收到的发射信号。在这种情况下,接收到的信号包络线 r 服从于莱斯分布,有主导幅值 A,使用第一类修正贝塞尔函数 J_0,通过[12]估算莱斯损耗,有

$$p_R(r) = f(r,\sigma) = \frac{r}{\sigma^2} e^{-(r^2+A^2)/2\sigma^2} J_0\left(\frac{rA}{\sigma^2}\right) \tag{6.12}$$

如果将主导幅值参数 A 设为零,则将如预计一般恢复到瑞利衰减模型。图 6.5 描述了莱斯行为的信号示意图。

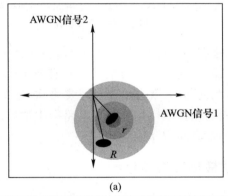

(a)

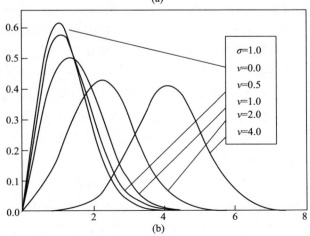

(b)

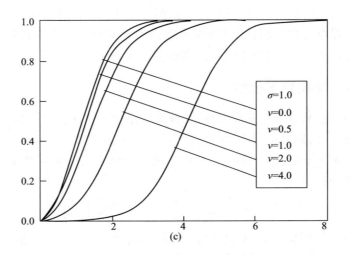

图 6.5 莱斯分布信号示意图
(a) 加性高斯白噪声 (AWGN) 信号模型示意图；(b) 莱斯概率密度函数；
(c) 莱斯累积概率密度函数。

虽然使用概率方法有助于追溯,但对于静态应用(其中节点是固定的,环境是不变的,如在建筑或隧道内部署),衰减具有固有确定性。如果局部拓扑动态变化或其中一个节点四处移动,就会出现时间波动;移动节点将根据其相对于链接节点的位置,对不同的拓扑结构作出响应。路径中物体的移动也会被视为拓扑变化,引起类似的到达时间(TOA)波动。

6.2.7 双波扩散功率衰落模型

在特定的情况下,双波扩散功率传播模型回归到前两个模型。如果节点到节点的链路诱发多路径行为——主要由射频路径内的反射物体造成,则接收信号可通过假设两个等幅信号以及多个互相随机相移的小幅信号来最好地表征。这是双波扩散功率衰减模型[14]所假设的射频环境。恒定振幅信号称为衰减模型的镜面分量。双波扩散功率分布的包络 R 是这些恒幅信号的总和,其相位项被建模为独立的均匀随机变量——在区间 $[0,1]$ 内的 U_1 和 U_2。将这些恒定的振幅和相位变量与独立的零均值高斯随机变量 X 和 Y 相结合,得到等效标准差值 σ,并建立双波扩散功率模型,有

$$R = \| V_1 e^{j2\pi U_1} + V_2 e^{j2\pi U_2} + X + jY \| \qquad (6.13)$$

接收信号包络的功率密度函数用 2 个单独波的振幅、平均功率 P、峰值镜面与平均漫反射功率的比值 K 和两个镜面分量之间的差值 Δ 来表征。这个功率

密度函数与双波扩散功率衰减相关,具体可表示为

$$P = V_1^2 + V_1^2 = 2\sigma^2 \tag{6.14}$$

$$K = \frac{V_1^2 + V_2^2}{2\sigma^2} \tag{6.15}$$

$$\Delta = \frac{2V_1 V_2}{2\sigma^2} \tag{6.16}$$

K 因子可以从 $0 \sim \infty$ 变化。当 $K = 0$ 时,包络 R 等于瑞利衰减。当 $K = \infty$ 时,R 对应有反射的传播路径上的双波包络衰减。差异参数的取值范围是 $0 \sim 1$。当差值为 0 时,双波扩散功率模型回归到莱斯衰减。图 6.6 比较了与瑞利和莱

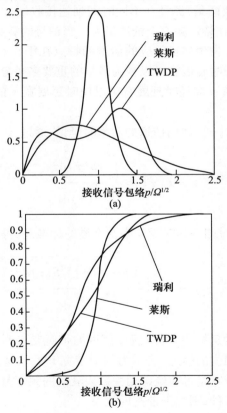

图 6.6 双波扩散功率衰减
(a) 瑞利、莱斯、TWDP 概率密度函数;(b) 瑞利、莱斯、TWDP 累计概率密度函数。

斯分布相关的双波行为。

与瑞利和莱斯衰减的特殊情况不同,双波扩散功率衰减不存在简单的封闭解。相反,确定的功率密度函数为

$$f_R(r) = r\int_0^\infty J_0(rV)\mathrm{e}^{-v^2\sigma^2/2}\left(\prod_{i=1}^N J_0(V_i v)\right)v\mathrm{d}v \qquad (6.17)$$

已经提出了几种方法,以封闭的形式近似双波扩散功率的功率密度函数,或直接评估相关统计数据(更多细节参阅精选参考书目)。

6.2.8 选择性频率衰落

选择性频率衰减是由于一个信号通过两条单独路径到达而导致射频信号部分抵消,其中一条(或两条)路径在不同时间到达接收端。选择性衰减表现为一种缓慢的循环干扰,在特定频率上抵消最大。当信号的载频变化时,接收器的振幅大小也随之变化。发生多径效应的信道的特点在于它有一种度量,可表示为多径时延展宽。多径时延展宽可以视为最早的重要多径分量与最迟多径分量的到达时间之间的差值。多径时延展宽可以用时延展宽 τ_i 的均方根 rms 来量化,具有统计性质。

平均信道时延 $E[\tau]$,使用信道的功率时延谱,通过 $S(\tau)^{[14]}$ 来计算有

$$E[\tau] = \frac{\int_0^\infty \tau S(\tau)\mathrm{d}\tau}{\int_0^\infty S(\tau)\mathrm{d}\tau} \qquad (6.18)$$

时延展宽 τ_{rms} 通过归一化时延功率密度谱的标准差,得到

$$\tau_{\mathrm{rms}} = \sqrt{\frac{\int_0^\infty (\tau - E[\tau])^2 S(\tau)\mathrm{d}\tau}{\int_0^\infty S(\tau)\mathrm{d}\tau}} \qquad (6.19)$$

使用平均多径时延扩展,可以假设信道的带宽是平滑的(频谱分量通过具有可比增益和线性相位的信道)表示为相干带宽 BW_c。这是信道传输函数保持不变的带宽。相干带宽是可能经历相关振幅衰落的频率范围的统计测量。如果多径时延散布等于 τ 秒,则相干带宽近似为

$$BW_c = \frac{1}{\tau}H_z \qquad (6.20)$$

频率选择性衰减时,信道的相干带宽小于信号带宽,信号功率在特定频率下

衰减。选择性频率衰减在光谱图上产生一种云状图案,如图6.7所示。横坐标为时间,纵坐标为频率,灰度表示信号强度。强烈的破坏性干扰通常被称为强衰减,可能会由于信道信噪比的严重下降而导致暂时的通信失败。恒定(稳定)频率分量为如图6.7所示中的深色水平线。

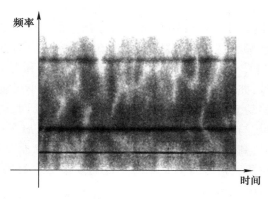

图6.7　频率选择性时变衰落

目前,有几种可以缓解选择性频率衰减效应的分集方案,包括分集空间接收和频率调制。空间分集采用间隔为1/4波长的多个天线。接收器不断比较到达天线的信号,传递质量更优的信号。如果在平坦响应区域之外,频率分量则会发生不相干衰减。由于不同的频率分量所受影响是独立的,因此整个信号不太可能同时受到深衰减的影响。具有色散特性的信道发生频率选择性衰减,因此信号能量在各个频率上传播,导致传输的符号与邻近频率上的符号发生干扰。接收器内的均衡器可以补偿码间干扰的影响。频率分集方法包括正交频分复用(OFDM)和码分多址(CDMA)调制。用正交频分复用将宽带信号解析成窄带调制子载波,使每个子载波暴露于平坦衰减而非频率选择性衰减。在码分多址中,接收器被配置为一组接收信号处理器,分别处理每个回波信号。选择性衰减也可以通过纠错编码、简单均衡或自适应位加载来解决。通过在符号之间引入时间保护间隔,避免了符号间干扰。如果符号持续时间大于时延展宽(大约是10倍),则认为该信道无码间干扰。

6.2.9　移动引发的选择性频率衰落

虽然无线传感器网络部署中的节点位置通常为静态,但无线传感器网络中可能包含滤波中继或移动节点群(如基于无人车中继和移动单传感器节点的地面部队)。所以,考虑到多普勒效应,我们讨论节点之间相对速度相关的传播建模。在我们对传播模型的讨论中,我们用公式 $s(t) = \cos(2\pi f_c t + \psi)$ 中的频率 f_c

和相位 ψ 来考虑传输信号 $s(t)$。一般射频传播模型的多普勒效应方面有详细资料,尤其是蜂窝电话[15-19]。在移动环境中,衰落分为大尺度衰落和小尺度衰落。由于大范围内的移动,大尺度衰落会造成衰减或路径损耗,并导致路径损耗成为距离的函数。大尺度衰落的特点是平均路径损耗的均值符合对数正态变化规律。

由于多径的原因,小尺度衰落在接收信号幅值上产生短期波动。小尺度衰落分为平坦衰落或频率选择性衰落,并遵循6.2.8节中所述规律。当反射路径多且无直接LOS信号分量时,存在小尺度衰落并遵循瑞利行为。若存在主导性的非衰落信号分量,如直接LOS传播路径,则所产生的小尺度衰落包络线用瑞利分布描述。当移动节点接收到大量的反射和散射波 N 时,瞬时接收功率被认为是一个随机变量,与天线的位置有关。用 $s(t) = \cos(2\pi f_c T + \varphi)$ 的载波信号作为我们的模型信号,其中第 n 个信号分量有振幅 a_n、相位 ϕ_h,以及相对于 α_n 移动方向的接收器到达角。信号频率变化的多普勒频移与发射器接近或后退速度,以及速度矢量的角度 α_i 有关,有

$$\Delta f_i = \pm \frac{V}{\lambda} \cos(\alpha_i) \qquad (6.21)$$

式中:V 为沿发射器天线LOS的相对速度。接收到的信号 $r(t)$ 可以表示为

$$r(t) = \sum_{i=1}^{N} a_i \cos(2\pi f_c t + \psi + \phi_i 2\pi \Delta f_i t) \qquad (6.22)$$

如果在收发器中使用正交方法(见6.4.3节),则同相 $I(t)$ 和正交 $Q(t)$ 分量表示为

$$I(t) = \sum_{i=1}^{N} a_i \cos\left(\frac{2\pi f_c t}{c} \cos\alpha_i + \psi + \phi_i\right) \qquad (6.23)$$

$$Q(t) = \sum_{i=1}^{N} a_i \sin\left(\frac{2\pi f_c t}{c} \cos\alpha_i + \psi + \phi_i\right) \qquad (6.24)$$

信号在传播过程中发生多普勒频移,但不引起散射,瞬时频移为

$$\Delta f = \frac{d\phi(t+1)}{dt} - \frac{d\phi(t)}{dt} = \frac{V}{\lambda} \qquad (6.25)$$

由于信号中包含镜面分量和多径分量,而它们会改变瞬时频率的时间依赖性,并产生大于 $\pm V/\lambda$ 的频率变化,其中包含非线性射频(平方律)检测[20]。由节点到节点速度,镜面分量的相位可能旋转一定角度 θ,导致接收到的信号相位旋转大于 θ 的角度。然而,当漫反射信号与衰落同时出现时,相位变化率要远远

大于镜面多普勒引起的相位变化率。在较高的相对速度 V 下,与镜面分量相比,衰落时的瞬时频移 $d\phi(t)/dt(t)$ 显著增大,增加了信号误差。具有锁定和跟踪信号能力的相干解调器可以抑制此频率(FM)噪声,并减少多普勒频移的影响。然而,对于较大的多普勒频移,非调制信号(载波)很难恢复,因为需要宽带(相对于数据速率)锁相环(PLL)。

6.2.10 其他射频路径损耗模型

对传播特性度量结果应用其他概率分布模型,催生了其他分布,如 Nakagami (−m)分布[21,22]。然而,此类分布涉及一个问题,即其本身并不基于物理量,而是试图匹配来自测试程序[23]的度量行为。除了前面提到的模型,还有一些射频传播建模文档中的路径损耗模型值得注意,如 COST231 − Hata 模型和 COST231 − Walfish − Ikegami 模型[24]。然而,这些模型假设天线的位置高于地面1m(甚至10m)。因此,这些模型被广泛用于评估蜂窝网络,但在多数情况下未必适用于无线传感器网络[25−26]。

6.3 无线传感器网络收发器特点

幸运的是,低功耗小型化收发器的出现解决了无线传感器网络节点设计相关的大小、重量和功率约束。大规模射频芯片组的生产通过使用独立的射频收发器,或近期的集成微控制器/收发器系统芯片,催生了低成本的无线传感器网络连接方法。这些系统芯片器件的共同特点包括:①超低功耗;②多种工作和休眠(省电)射频工作模式;③高接收灵敏度和频率选择性;④低输出功率,发射功率可调;⑤可接口各种微处理器系列;⑥使用专门的数字信号处理(DSP)设备和门阵列(FPGA)的软件定义无线电(SDR)实时处理。

6.3.1 收发器性能

(1)收发器性能的品质因数与整个收发器处理过程中各个点上的信噪比有关,从接收天线端子开始。使用通用框图讨论收发器设计中的信号损失和噪声源,如图6.8所示。在此图中,高亮显示无线传感器网络收发器的4个主要活动。

(2)通过发射/接收(T/R)开关,发射(TX)和接收(RX)射频滤波、放大、路由、阻抗匹配和交换。在此分段中,信号是模拟信号,在载波(临时)频率上进行处理。

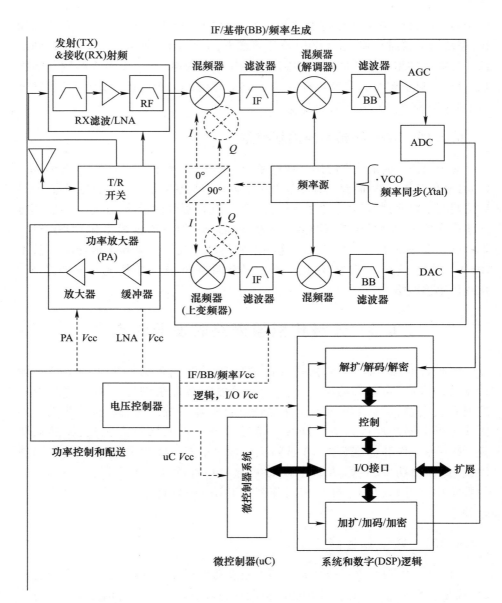

图 6.8　射频收发器功能框图（虚线表示单通道采样和正交采样）

（3）中频（IF）和基带频率处理，包括用于调制和解调（包络检测、滤波、放大、稳定频率源本振（LO））的混频器，以及与 A/D 和 D/A 转换器相关的采样电路。该部分负责模拟信号的数字化，这一过程尽量靠近接收器天线，以避免模拟信号处理方面的难点。

(4) 微控制器(uC)和 DSP 逻辑,包括接口(I/O)端口、内存能力以及相关的软件和固件,实现启动逻辑和 SDR 功能。编码/解码、加密和扩展/解扩展功能都在此分段内实现。

(5) 电源(如电池)、控制和分配。此分段负责调整、路由和调整所有收发器功能的供电电压。

利用图 6.8,从发射/接收射频组件开始,一个经过适当调谐和阻抗匹配的天线用于信号的传输和接收。天线设计对于无线传感器网络应用来说相对复杂,因为要促进信号的成功传输和接收,存在着很多彼此竞争的目标。射频能量的高效接收依赖于天线谐振波长和天线离地高度的匹配情况。天线和信号连接(传输线)之间的功率传输采用平衡/非平衡变换器(平衡到非平衡)设计,使收发器电路与天线匹配,实现传输和接收。特别是,平衡/非平衡变换器将差分信号转换为单端信号(以及将单端信号转换为差分信号)[27]。图 6.8 中天线前的元件是发射和接收开关(发射/接收开关),该元件共享资源,并确保发射电路与接收电路充分隔离。基于 CMOS 的发射/接收开关结构的开关时间小于 90ns,插入损耗(2.4GHz 时)为 0.5dB,接收和发射之间的隔离为 25~30dB[28]。到达天线终端的信号(通过发射/接收开关)被路由到带通滤波器,以抑制带外频率,并让下游元件在目标信号[29]的窄带内工作。在这一阶段,滤波有助于在低噪声放大器(LNA)和之后的混频器保持线性。插入低噪声放大器来放大输入信号,以应对接收器后续电路带来的信号损失和噪声增加。

低噪声放大器必须提供足够的增益来建立系统噪声系数。噪声系数以分贝为单位,是响应标准噪声温度(290K)的接收端噪声输出与无输入信号时测量的输出之间的差值。热噪声(约翰-奈奎斯特噪声)用乘积 kTB 确定,其中 k 为波尔兹曼常数,B 为信号带宽,T 为负载的绝对温度。在考虑电压方差(利用单边功率谱密度)的情况下,推导出热噪声功率 kTB(W/Hz)。接收到的信号被路由到下变频混频器,下变频混频器将 VHF-UHF 载波转换为 IF。IF 使得滤波器可以在比载波频率低的频率上工作,这样性能较好。图 6.8 以粗体显示了单通道 IF/基带部分,并以暗色调(灰色)元件表示正交处理配置。在某些系统中,射频信号直接馈送到解调器。

中频信号继续传输并进入中频滤波器,该滤波器限制了系统带宽,减少了不必要的杂散信号(混频器图像)。第三个混频器(解调器或检测器)从中频信号中解调,产生的基带(BB)信号通过最终滤波器送到数模转换器进行数字化。数字化信号流被送到微处理器系统或数字信号处理(取决于收发器配置和设计)。通过信号的解扩来实现数据恢复(假设对发射信号应用了伪随机数 PRN 扩频码)。此外,还需要额外的处理来解码和解密分组化的数据。当采用基于正交处理的调制方案时,解调器将接收到的信号分解为同相 I 和正交 Q 分量。在每个混频器,引入适当的本地振荡信号,通过信号倍频提供所需的频率。本地振荡信号的稳定性是一个值得关注的问题,因为在这个阶段可能会出现显著的相位噪声,并产生杂散频率分量。

用于发射的数据分组(数据报)在微控制器系统和 DSP 逻辑中形成。通过数模转换器,将要发射的数据流转换成模拟信号。此基带信号经过滤波,滤除数模转换器中的数字化尖峰,然后路由到混频器。该混频器使用本地振荡信号将基带信号调制成中频信号。在调频系统中,频率源可以直接调制。在发射路径中,经常绕过中频,直接进行射频调制。在进入射频部分之前的最后一个部件是功率放大器(PA)。功率放大器根据传播损耗和接收能力的估算,将发射信号放大到适当的水平。根据所选的调制方案,功率放大器必须为线性放大器。对于频率系统,功率放大器可以是一个相当高效的 C 类放大器。对于四值移键控方案,放大器必须是 AB 类,并比增益压缩低几分贝运行。图 6.8 的功能部件中的最后一个子系统是功率控制和分配功能。该功能为所有收发子系统提供电源管理和经过调节的电源。对于无线传感器网络节点,这个子系统通常与电池电源相关联。基于软件的(中间件)控制管理电源开关和调节,为各种收发器组件和子系统供电或去电,以延长电池使用寿命。

图 6.9 所示为将无线传感器网络节点从使用 15inch 偶极子天线(图 6.9(a))更改为芯片天线设计(图 6.9(b))的例子,该芯片天线设计包括一个额外的软件控制功率放大器。该传感器节点由俄亥俄州立大学(OSU)和加州大学在网络化嵌入式系统技术计划下联合开发(第 1 章和第 11 章),是传感器节点设计的试验台,已在多个演示任务中用来评估无线传感器网络对战术情报、监视和侦察问题的解决效果[30]。与此同时,研究人员正在继续研究在不增加发射功率且信号传输距离可以接受的情况下,如何减小天线尺寸。图 6.9 展示了超级扩展微粒传感器节点的改进,涉及从初样模型到为美国国防部各类用户改进使用的模型。

多种射频芯片收发器适用于无线传感器网络设计,根据调制方案和系统架构进行分类。尽管复杂调制(如正交频分复用(OFDM))解决了选择性衰落,并提供了有效的频谱利用,但功率方面的考虑使收发器制造商依赖更简单的调制,例如,开关键控(OOK)、频移键控(FSK)、超宽带(UWB)、最小移键控(MSK)、二值移键控(BPSK)、四值移键控(QPSK)[31]。

图 6.9 战术超级扩展微粒天线重新设计
(a)原超级扩展微粒 2 传感器节点;(b)替换芯片天线和功率放大器;
(c)整体重新包装的超级扩展微粒;(d)添加伪装皮肤得到战术超级扩展微粒;
(e)现场的战术超级扩展微粒传感器节点。

6.3.2 信号损耗机理与噪声源

根据收发器框图(图6.8),可以讨论多种信号损耗机制和噪声源。在整个收发器处理过程中有一个重要的滤波功能,以帮助控制频率;然而,可实现的滤波器没有瞬时截止属性,如果频率间隔不足,信号包络线会进入相邻的信号通道,导致能量从一个信号转移到另一个信号。当一个信号的功率谱与另一个信号的功率谱纠缠在一起时,就会发生码间干扰(6.2.8节)。与滤波相关的缺陷会造成码间干扰,在没有热噪声[32]的情况下会干扰信号。如前所述,参考本地振荡器相位抖动会导致检测过程中出现信号丢失。本地振荡器信号用于调制时,其相位抖动会产生带外分量,会被随后的滤波器滤除,从而导致信号功率损失。通过调制,传输载波所消耗的能量即是接收端信息相关信号所损失的能量,表示为调制损耗。

在传播方面,除了信号损耗外,还有大气衰减和噪声源。大气衰减取决于发射器到接收器的路径(距离和射频通过大气的路径)和载波频率。在我们的应用中,无线传感器网络节点以 10～100m 的距离分隔,最大限度地减少大气衰减,但天气影响(如暴雨)除外,因为天气影响会造成损耗和噪声[32]。传播噪声也来自背景辐射,如黄道带射频辐射和接收天线视场内的其他天体。宽带噪声源,包括背景噪声和天线的热噪声,是低噪放之前连接带通滤波的主要原因。这种预滤波将进入接收器的噪声能量降到最低;然而,作为白噪声,噪声功率不可避免地残留,并进入接收系统。当来自其他频率通道的非所需信号能量外泄到正在处理的频带时,就会发生邻近的信道干扰。同信道干扰是由信号带宽内出现干扰信号能量,或其他信道用户辨别能力不足造成的。由于探测器上有多个信号的非线性组合,产生互调(IM)噪声,成为设计中需要评估和考虑的噪声分量。

6.3.3 正交采样的优点

正交采样是一个将连续(模拟)带通信号数字化,并将得到的频谱转换为以 0Hz 为中心的过程。正交采样的目的在于获得模拟带通信号的数字化,离散频谱中心在 0 而不是在载波(f_c)或 IF(f_{IF})频率。要实现这一点,需要引入一个时间信号 $e^{-j2\pi f_c t}$,在合适的混频器处(图 6.8)实现复杂的 I、Q 两路下变频。图 6.10所示为使用采样率f_s(采样次数/秒)进行正交采样实现 I/Q 解调的方法。向混频器直接输送参考本地振动器,向其余混频器输送 90°相移信号,其中插入低通滤波器(LPF),以实现抗锯齿滤波。混频器输出 I 和 Q 两路信号,注入到数模转换器中。

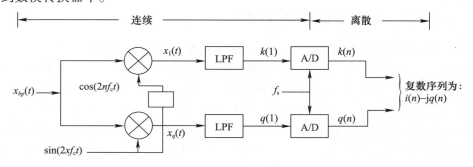

图 6.10 正交采样方框图

此正交采样方案的优点包括：

（1）A/D转换器采样率为标准实信号处理时采样率的1/2,其中实信号处理时,只有一路数模转换器。

（2）以较慢的数据率加倍采样,即可使用较低的时钟率,从而节省功率。

（3）在给定的采样率f_s下,宽带模拟信号更容易处理。

（4）由于频率范围较宽,正交序列快速傅里叶变换处理效率高。

（5）正交序列以2倍速度有效超额采样,实现信号平方运算,而不需要向上采样。

（6）在整个信号处理过程中保留I和Q信号,提供信号相位信息,并实现相干处理。

（7）正交采样便于在解调过程中测量信号的瞬时幅度和相位。

6.4 射频收发器整体性能

收发器的整体性能表现在,不同应用场景下可靠收发的最大通信距离。当然,此最大距离会因环境条件而异。此外,可靠性可通过一个（或多个）不同的品质系数（如接收端信噪比、误码率、数据包丢失）来量化。对于无线传感器网络应用,请记住,传感器节点必须与最邻近的传感器节点通信,但应该有通信距离余量,以防止传感器节点故障时,能够到达下一个最近的传感器节点,实现自我修复和动态重路由。

6.4.1 最小接收功率（信噪比）

为了确定所需的最小功率,我们的通信信道具有加性高斯白噪声特征,将接收器输入端出现的噪声认作热噪声,灵敏度可用接收器的噪声系数来定义。在接收器内,射频和模拟基带信号在数字信号处理之前的信噪比称为载波噪声比（CNR）。信噪比定义为数字基带信号[32]中每单位噪声功率谱密度下单位比特的能量。从天线端口到数模转换器输出的接收器载波噪声比表示为输入载波噪声比与输出载波噪声比的比值。接收器输入端的信噪比可用于确定满足接收器本地噪声情况检测所需的最小接收信号功率,即可计算所需最小接收功率P_{RX}。将接收器输入的噪声电平设置为热噪声kTB,接收器的灵敏度（所需的最小接收功率$\text{Min}[P_{RX}]$）表示为[29]

$$\text{Min}[P_{RX}](\text{dB}) = 10\lg(kT) + 10\lg(\text{BW}) + \text{NF} + \text{CNR}_{\min} \quad (6.26)$$

式中:BW为以赫兹为单位的接收器噪声有效带宽;NF为以分贝为单位的接收器总噪声系数;$\text{CNR}_{\min}$为获得所需误差率所需的最小载波噪声比。对于传感器节点设计者常用的 IEEE 802.15.4 无线电收发器(如 TICC2420、MSP430F534X、ATMEL AT86RF230 和 ATmega128RFA1),灵敏度值范围为 -90~-122dBm[33]。最小载波噪声比主要通过数字基带信号的解调、解码和数字信号处理来确定。然而,如果这些滤波器的带宽、带内纹波和/或组延迟失真定义不明确[34],则接收器射频模拟滤波器的幅频和相频响应可能会影响该载波噪声比值。

6.4.2 强度指标

收发器设计者和无线传感器网络最终用户可以使用强度指标测量工具来评估性能。强度指标是利用无线(如 Wi-Fi)和无线传感器网络收发器设计中内嵌的电路功能来测量的指标。IEEE 802.11 和 IEEE 802.15.4 网络的服务质量评估普遍依赖强度指标。收发芯片组和 SoC 的优势在于拥有嵌入式强度指标测量功能,已用于无线传感器网络系统。这些内部强度指标测量(式(6.21)中的变量 A,单位为 dBm)基于距离 d(单位为 m)来评估接收功率,以及使用适当的自由空间损耗指数 n(如式(5.1)),即

$$P_{RX}\text{dBm} = A - 10n\lg d \tag{6.27}$$

强度指标不是一个具体物理参数;而是一个相对性能指标,因制造商而异。强度指标的解读由收发器设计者设置,范围为 0~100,或 0~127,或 0~255,具体取决于制造商。使用强度指标时尽量接近 0dBm,以获得最佳信号性能。通过强度指标对射频性能进行排序,可以测量高可靠性链路($A = -30$dBm)到断点之间,在满意和不满意(-90dBm)[35]区间内的强度指标数值。图 6.11 所示为使用 TXSM 传感器节点时,强度指标随着探测距离($f = 433$MHz)而滚降,如

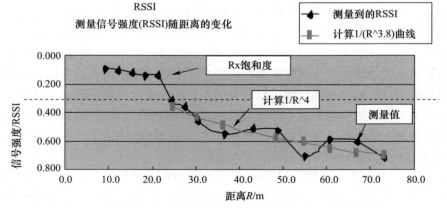

图 6.11 战术超级扩展微粒传感器节点在距离上的强度指标测量

图 6.9(e)所示。对于使用该传感器节点的环境,最佳拟合模型呈指数衰减($n = -3.8$)。最后,还需要注意的是,在接收符合 IEEE 802.11 标准的帧的前导阶段对强度指标值进行采样,而不是整个帧。

对于无线传感器网络系统,传感器节点设计中将使用强度指标作为定位工具。在部署节点期间,通过定位来确定单个无线传感器网络节点的位置,以保证网络的可操作性和作用距离。虽然强度指标可以在定位过程中使用,但产生的定位精度未必满足无线传感器网络应用的要求。然而,在大多数传感器节点设计中可配备此功能,作为初始定位方法。

6.4.3　丢包指示

射频链路可靠性的直接度量是发送信息是否被完整接收,以及是否可完全恢复。丢包是链路不可靠的一种表现,说明需要排查导致链路故障的原因,如消息冲突、射频信号功率不足、射频干扰、跨层(MAC/PHY)问题等。重叠消息的成功识别依赖于几个要素,包括 MAC 层和物理层(PHY)[36]。我们的网络设计必须考虑 Jain 公平性[38]和实现稳健的网络管理系统行为,如包速率适应、争用、窗口选择、功率控制和载波侦听选择等。

6.4.4　比特误码率监测

数据层协议的设计直接依赖于整个网络的信噪比评估,以确定各种射频链路的可靠性。目前,对性能的讨论集中在信噪比,它是设计和实现无线传感器网络系统的基础。然而,除非能感知链路问题,并通过网络反馈,自主调整影响信噪比的参数,否则就存在局限性。包帧通常在接收端丢失,而非发射端。这表明在接收端测量信噪比可以反馈给相关发射器。通过信噪比反馈,可以调转载波感知、数据速率、传输功率[36]等参数,改进链路性能。这种方法存在一些问题:①传感器节点间的信噪比反馈需要对 IEEE 802.11 协议进行修改;②测量的信噪比和发射概率之间的实际相关性对单个链路来说具有唯一性,而且信噪比和传输率均随时间变化,要求不断更新从接收器到相关发射器的统计数据。

6.5　外部射频连接

要保证无线传感器网络系统的整体射频设计和性能评估的完整性:还需要考虑到另外两个射频链路,即 GPS 接收器和无线传感器网络中传感器节点场分别到中继(也称为 AP)的双向链路。虽然 GPS 接收通常仅用于无线传感器网络系统的部署和初始化操作,但必须基于所需的定位精度和可用功率预算。除非节点是移动的,否则一旦设置完成,GPS 功能可能关闭。GPS 芯片组和所需接口在提供高精度定位的同时,不断降低成本和功耗要求。对于此子系统,传感器节点必须考虑与 GPS 芯片组的接口以及位置关系,以及与 L 波段天线的连接。注意,有些任务无法可靠获得 GPS 信号,或者无法调节能量消耗。在这些情况下,在部署期间可通过外部系统将 GPS 坐标传递到每个传感器节点,实现 GPS 定位。这种 GPS 传输系统可部署在无 GPS 信号的地方,如建筑物和隧道内。

当需要注入命令,或者提取传感器探测和日志数据时,就需要中继功能。中继(或 AP)为外部通信架构提供必要的连接,包括全球资源。采用一系列无线设备和协议,包括军用标准化甚高频通信(如低功耗安全设备集成工作组)、甚高频卫星连接和甚高频蜂窝连接。对于战术情报、监视和侦察,中继设计和性能与所用的外部系统相匹配,使用已建立的网络协议与现有的战术情报、监视和侦察系统进行无缝集成。安全设备集成工作组(SEIWG)负责协调和规划系统架构、技术设计和系统集成,以促进美国国防部用户所有物理安全设备的互操作性。安全设备集成工作组强调设备互操作性,允许新设备与现有系统的无缝集成,而无需重新设计架构。SEIWG-005 是一个针对美国国防部物理安全服务的接口规范(射频数据传输接口),定义了物理安全传感器与控制命令显示设备(CCDE)[37]之间的射频通信路径。

目前已部署了一些战术情报、监视和侦察传感器系统,这些系统使用甚高频标准通信协议,在传感器系统和控制中继之间通信。其中一种系统强调低功耗,是无线传感器网络中继设计实现的通信波形之一,可插入到美国国防部相关任务中。图 6.12 和图 6.13 展示了战术情报、监视和侦察中继的例子,该系统是网络化嵌入式系统技术计划项目为演示无线传感器网络任务能力开发的。图 6.12 是一种空中插入的中继设计,支持使用 433MHz/2.4GHz 通信的无线传感器网络传感器节点。部署的中继器穿透地面,并以挡板为阻挡,以确保无线传感器网络、极低功耗安全设备集成工作组和 GPS 天线保持在地平面之上。中继器能提供足够电量,支持传感器节点场持续工作,完成任务。

图 6.13 展示了一种部署在无线传感器网络场域(在本例中为手动放置)的无线传感器网络过滤中继设计,将工作在 433MHz 的无线传感器网络传感器节点连接到极低功耗安全设备集成工作组。与之前的中继一样,该中继配备充足电能(电池袋),以匹配无线传感器网络传感器节点场的持续工作时长。这两个中继器都使用极低功耗安全设备集成工作组来连接先进的战术情报、监视和侦察传感器,并使用空间地面链路(SGL)收发器实现通信。

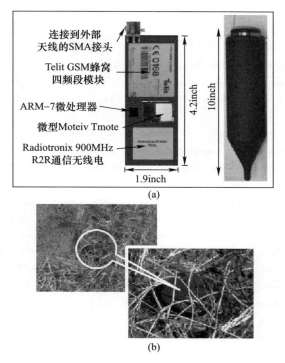

图 6.12　空中插入无线传感器网络中继、传感器节点场到极低功耗安全
设备集成工作组(SEIWG)

(a)空中中继的尺寸和内部板组成；(b)部署的空中中继(特写)，展现了该元件的隐蔽程度。

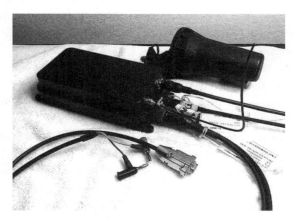

图 6.13　手动放置的无线传感器网络中继、传感器节点场到极
低功耗安全设备集成工作组通信链路

141

参考文献

[1] Shaw, J., "Radiometry and the Friis Transmission Equation," American Journal of Physics, 2013.
[2] Stutzman, W., "Estimating Directivity and Gain of Antennas," IEEE Antennas and Propagation Magazine, 1998.
[3] Rohlfs, K., and T. Wilson, Tools of Radio Astronomy (Fourth Edition), Springer Science and Business Media, 2013.
[4] Gregory, D., "New Analytical Models and Probability Density Functions for Fadingin Wireless Communications," IEEE Transactions on Communications, 2002.
[5] Remley, A., et al., "Radio-Wave Propagation Into Large Building Structures—Part 2: Characterization of Multipath," IEEE Transactions on Antennas and Propagation, 2010.
[6] Gu, Q., RF System Design of Transceivers for Wireless Communications, Springer Publishing Company, Incorporated, 2010.
[7] Yusof, K., J. Woods, and S. Fitz, "Short-Range and Near Ground Propagation Model for Wireless Sensor Networks," IEEE Student Conference on Research and Development(SCOReD), 2012.
[8] Wang, D., et al., "Near-Ground Path Loss Measurements and Modeling for Wireless Sensor Networks at 2.4GHz," International Journal of Distributed Sensor Networks, 2012.
[9] Viswanathan, M., Wireless Communication Systems in MATLAB, Second Edition, 2018, https://www.gaussianwaves.com/wireless-communication-systems-in-matlab/.
[10] Sabri, N., et al., "Performance Evaluation of Wireless Sensor Network Channel in Agricultural Application," American Journal of Applied Sciences, 2012.
[11] Sklar, B., "The Characterization of Fading Channels," IEEE Communications Magazine, 1997.
[12] Puccinelli, D., and M. Haenggi, "Multipath Fading in Wireless Sensor Networks: Measurements and Interpretation," ACM, 2006.
[13] Kritsis, K., et al., "A Tutorial on Performance Evaluation and Validation Methodology for Low-Power and Lossy Networks," 2018, IEEE Communications Surveys & Tutorials, Vol. 20, No. 3, 2018, pp. 1799 – 1825, doi:10.1109/COMST.2018.2820810.
[14] Goldsmith, A., Wireless Communications, Cambridge University Press, 2012.
[15] Boeglen, H., et al., "A Survey of V2V Channel Modeling for VANET Simulations," 2011 Eighth International Conference on Wireless On-Demand Network Systems andServices, 2011.
[16] Patel, C., et al., "Comparative Analysis of Statistical Models for the Simulation of Rayleigh Faded Cellular Channels," IEEE Transactions on Communications, 2005.
[17] Balachandran, K., et al., "Channel Quality Estimation and Rate Adaptation for Cellular Mobile Radio," IEEE Journal on Selected Areas in Communications, 1999.
[18] Abdi, A., and M. Kaveh, "A Space-Time Correlation Model for Multielement Antenna Systems in Mobile Fading Channels," IEEE Journal on Selected Areas in Communications, 2002.
[19] Feukeu, E., K. Djouani, and A. Kurien, "Compensating the Effect of Doppler Shiftin a Vehicular Network," Africon, Pointe-Aux-Piments, 2013, pp. 1 – 7, doi:10.1109/AFRCON.2013.6757685.
[20] https://en.wikipedia.org/wiki/Rayleigh_fading.
[21] Zedini, E., I. Ansari, and M. Alouini, "Performance Analysis of Mixed Nakagami-mand Gamma-Gamma

Dual – Hop FSO Transmission Systems," IEEE Photonics Journal, 2014.

[22] Stefanovic, H., and A. Savic, "Some General Characteristics of Nakagami – m Distribution," 1st International Symposium on Computing in Informatics and Mathematics, ISCIM, 2011.

[23] Oestges, C., et al., "Experimental Characterization and Modeling of Outdoor – to – Indoor and Indoor – to – Indoor Distributed Channels," IEEE Transactions on Vehicular Technology, 2010.

[24] Lee, S., and L. Choi, "ZeroMAC: Toward a Zero Sleep Delay and Zero Idle Listening Media Access Control Protocol with Ultralow Power Radio Frequency Wakeup Sensor," International Journal of Distributed Sensor Networks, 2017.

[25] Tang, W., et al., "Measurement and Analysis of Near – Ground Propagation Models under Different Terrains for Wireless Sensor Networks," Sensors, 2019.

[26] Ikegami, F., T. Takeuchi, and S. Yoshida, "Theoretical Prediction of Mean Field Strength for Urban Mobile Radio," IEEE Trans. Antennas Propagat., 1991.

[27] Grini, D., "RF Basics, RF for Non – RF Engineers," MSP430 Advanced Technical Conference, Texas Instrument, 2006.

[28] Kidwai, A., C. Fu, and J. Fully, "Integrated Ultra – Low Insertion Loss T/R Switch for 802.11b/g/n Application in 90nm CMOS Process," IEEE Journal of Solid – State Circuits, 2009.

[29] 工业、科学和医疗 ail, A., and A. Abidi, "A 3 – 10 – GHz Low – Noise Amplifier with Wideband LC – Ladder Matching Network," IEEE Journal of Solid – State Circuits, 2004.

[30] Madhuri, V., S. Umar, and P. Veerave, "A Study on Smart Dust (MOTE) Technology," IJCSET, 2013.

[31] Zhao, B., and H. Yang, "Design of Radio – Frequency Transceivers for Wireless Sensor Networks, in Wireless Sensor Networks: Application – Centric Design," Analog Integrated Circuits and Signal Processing, Vol. 79 No. 2, 2010, pp. 319 – 329, doi: 10.1007/s10470 – 014 – 0267 – 3.

[32] Sklar, B., Digital Communications Fundamentals and Applications, Prentice Hall, 1988.

[33] https://en.wikipedia.org/wiki/Comparison_of_802.15.4_radio_modules.

[34] Gu, Q., RF System Design of Transceivers for Wireless Communications, Springer, 2006.

[35] Dolha, S., P. Negirla, and F. Alexa, "Considerations About the Signal Level Measurement in Wireless Sensor Networks for Node Position Estimation," Sensors, 2019

[36] Giustiniano, D., D. Malone, and D. J. Leith, "Measuring Transmission Opportunities in 802.11 Links," IEEE/ACM Transactions on Networking, 2010.

[37] SEIWG – 005, https://www.0cq.osd.mil/ncbdp/nm/pse0g/0bout/seiwg.html.

精选书目

Jain, R., D. – M. Chiu, and W. Hawe, "A Quantitative Measure of Fairness and Discrimination for resource Allocation in Shared Computer System," ACM Transaction on Computer Systems, September 26, 1984.

Nakagami, D., "The m – Distribution, a General Formula of Intensity of Rapid Fading," in Statistical Methods in Radio Wave Propagation: Proceedings of a Symposium, June 18 – 20, 1958, pp. 3 – 36; W. C. Hoffman (ed.), Pergamon Press, 2006.

Nakagami, D., and P. Viswanath, Fundamentals of Wireless Communication, Fourth Edition, Cambridge, UK: Cambridge University Press, p. 31.

Young, W. F., et al., "IEEE Radio – Wave Propagation Into Large Building Structures—Part 1: CW Signal Attenuation and Variability," IEEE Transactions on Antennas and Propagation, Vol. 58, No. 4, April 2010.

第7章 定 位

无线传感器网络用以提供对监控范围内的感兴趣区域和感兴趣目标的持续观察,因此需要了解每个传感器节点的物理位置,以唯一地提供被监控目标的位置。当目标用以获取环境或事件信息(如温度和湿度)时也有例外,但对于战术情报、监视和侦察任务,需要精确地估计目标状态向量(位置、速度和方向)。对于战术情报、监视和侦察系统,传感器数据必须能够参考全球坐标系,如世界大地测量系统(WGS84)。世界大地测量系统是美国国防部对全球地理空间信息参考系统的标准定义,也是美国全球定位系统(GPS)公认的参考系统。世界大地测量系统是一个以地球为中心、地球固定的地球参考系统和大地基准点,它的定义依赖于一组一致的常量和模型参数来描述地球的大小、形状、重力场和地磁通量。世界大地测量系统与国际地面参考系统(ITRS)兼容。国际地面参考系统描述了使用测量系统在地面或近地面上创建适用于大地测量的地心坐标参考系的程序。

目标状态向量 **SV** 定义为使用笛卡尔坐标系估计的位置(x,y,z)的集合。这个向量包含了相关的时间标签t和目标速度(V_x,V_y,V_z),它提供了沿着x,y,z坐标的方向。目标状态向量表示为列向量(或行向量的转置),有

$$\mathbf{SV} = \begin{pmatrix} x \\ y \\ z \\ V_x \\ V_y \\ V_z \\ t \end{pmatrix} = (x \quad y \quad z \quad V_x \quad V_y \quad V_z \quad t)^{\mathrm{T}} \tag{7.1}$$

定位是通过一个普遍接受的坐标系统下,确定单个传感器节点的绝对或相对位置。部署无线传感器网络后,所部署的传感器节点的位置是随机分布的,这说明部署完成后需要进行定位。除了允许将位置目标状态向量与观测目标相关联外,许多无线传感器网络系统(包括那些不与战术情报、监视和侦察相关的系

统)依赖于节点位置来实现基于位置的处理。基于位置的无线传感器网络数据流量处理的例子包括网络管理、智能传感器数据处理(如识别算法)、数据聚合、系统状态和内务评估。

在无线传感器网络开发早期,人们就认识到进行定位的必要性,并通过多种方法来提供对节点(和接入点)位置的估计[1-4]。虽然,为每个节点使用适当的 GPS 接收器是获取位置信息的直接方法,但在包含 GPS 接收器的节点设计中无法满足成本、复杂性和功率要求;这激发了对定位替代方法的研究和评估。另一种方法,即相对定位,已经被研究和实现,从 GPS 定位节点(标记为锚点或信标节点)的位置数据被转移到不支持 GPS 接收的节点。此外,许多基于距离和接近度估计的定位算法也被研究、实现和评估,如图 7.1 所示。

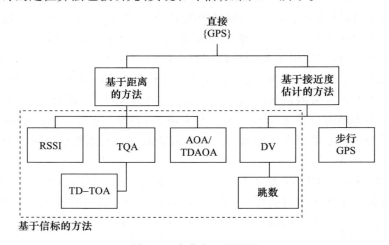

图 7.1　定位方法(词源)

战术情报、监视和侦察系统的定位活动和相关硬件必须避免过度的功耗、节点复杂性或容易暴露节点位置的电磁泄漏。除了 GPS 收发器之外,所有的方法都能发出可检测的信号;然而,如果设计得当,无线传感器网络初始化期间的定位阶段是短暂的,可以在本地静止期间计时。可以认为,正常运行的无线传感器网络系统会发出射频信号;但是与节点到节点通信相关的射频发射功率相对较低($1mW,0dBm$)[5-6],持续时间为秒量级。外滤继电器也会发射射频信号,比单独的节点发射更强的信号能量。中继尺寸、重量和功率约束没有那么严格。这允许中继设计包含更大的能源(见第 6 章),并允许复杂的天线设计实现窄波束射频传输或空间对地链接(SGL)指向天空。利用大地定位间接确定位置有两大类定位方法是基于距离的方法和基于接近度估计的方法[7]。这两种定位方法所使用的方法都是对已知的坐标值应用更新,以反映要定位节点的位置。基于距离的系统利用射频信号来估计节点之间的距离和方向。其他依赖于射频信号的定位方法也取得了成功,例如通过射频信号强度求解距离、应用到达时间或到达角度的三边运算(7.3.2节)、应用信号之间的时差估计传播角(7.3.1节)。

在定位过程的设计和实现中,最后要考虑的是使准确性和精度要求与能力相匹配。在二维空间(如建筑内部)中,合理的精度和定位节点的精度可以通过二维(2D)解决方案来满足,战术情报、监视和侦察任务发生在拓扑偏离平坦表面的相当恶劣的地形中,这需要在三维空间中满足准确性和精度阈值。在没有GPS的情况下,要获得明确的二维定位解,需要3个固定坐标节点,要获得三维定位解,至少需要4个固定坐标[8]。

7.1 地理定位(导航卫星星座)

通过使用约92颗全球导航卫星系统GNSS卫星获得的定位和定时数据信号,可以直接测量到传感器节点的定位(二维或三维)。在地球上(或附近)任何有多颗(不小于4颗)导航卫星存在的地方,都可以获得该信号。全球导航卫星系统是一个导航卫星星座的集合,包括美国GPS、欧洲伽利略系统(Galileo)、俄罗斯全球导航卫星系统(GLONASS)和中国北斗导航卫星系统。图7.2给出了全球导航卫星系统[9]在L波段的不同频带。全球导航卫星系统的射频频带表示为卫星无线电导航业务(RNSS),区域内分配给航空无线电导航服务的两个频

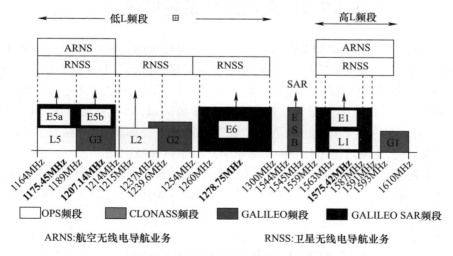

图7.2 全球导航卫星系统导航频带

带表示为航空无线电导航业务(ARNS)。L波段频率能够有效穿透云层、雾、雨、雪和植被。然而,在密集和持久的环境浓度中,如大雨或茂密的森林冠层,全球导航卫星系统信号可能发生衰减,使其无法达到全球导航卫星系统定位所需的精度。然而,对于大多数户外应用,取决于对全球导航卫星系统卫星的观测角度,信号水平足以满足准确定位的需求。

大多数全球导航卫星系统(包括全球导航卫星系统增强系统)在L1波段内使用相似的频率。因此,存在能够使用任何一种全球导航卫星系统导航业务[10]的多系统接收器。当全球导航卫星系统信号在大气中传播时,接收器的延迟是可变的。全球导航卫星系统信号的统计延迟会在整个GPS接收过程中产生误差,导致测量位置的噪声或偏移。根据卫星到接收器的几何形状、一天中的时间或太阳活动,电离层可能会带来相对较大的延迟(最高可达16ns,或5m的误差)。对流层的天气要素(如降水和风)会产生高达1.5ns(0.5m)的位置误差。考虑到这些误差,通过使用差分全球导航卫星系统可以减少由此产生的大气位置误差。差分全球导航卫星系统需要额外增加固定式接收器,作为参照。这些全球导航卫星系统参考站接收全球导航卫星系统信号,但与全球导航卫星系统用户不同的是,固定式接收器算法实现了反解方程。它们不使用计时信号来计算位置,而是用已知的卫星位置来计算计时误差,形成误差修正因子。这使得固定式接收器将卫星测量数据与一个能够测量残余定时误差的固定、高度精确的本地基准相关联,并传送给全球导航卫星系统用户进行校正。

7.2 全球定位系统概述

GPS(原来称为NAVSTAR)最初是美国政府投资的一种基于卫星的无线电导航系统,由美国空军运营,是一种全球导航卫星系统,可以向地球上任何地方的GPS接收器提供地理位置和时间信息。导航卫星系统主要测量导航信号的位跳变时间。精确定位需要位边缘的亚纳秒级测量,以可靠地解决1ft① 的误差②。为了获得必要的位边缘测量和实现有效的多径抑制,GPS接收器需要有一个宽带宽,这通过使用载波的伪随机噪声(PRN)调制实现。

位置和定时数据由军用GPS接收器提取和处理,调谐到L波段的两个载波信号,分别称为 L1(1575.42MHz)和 L2(1227.60MHz)。第三种频率为L5

---

① 1ft = 0.3048m。

② 达到亚纳秒级的测量精度,才能有效区分每比特信号元的位边缘,从而可靠实现低于1ft的误差。

(1176.45MHz),与飞机接收系统一起使用,用于安全的运输和其他高性能(精度)应用。与 L1[11]相比,由于高辐射功率和增加的芯片速率(更窄的相关峰)的结合,增强了处理 L5 信号的性能。利用多频率和多编码去除电离层折射引起的色散性一阶效应。民用 GPS 的使用仅限于 L1、L2 和 L5 信号,这些信号没有加密。军事应用可以获取 L1 和 L2 上的加密代码,并使用最新的代码进行操作,目前这些代码是 M 编码的 L1C 和 L2C 信号。在载波上编码的授时信息,使全球导航卫星系统接收器可以连续地确定接收到的授时信号。信号包含接收器用来计算卫星位置和调整精确定位的数据。接收器利用信号接收时间和广播时间之间的时间差,来计算从接收器到卫星的距离。当接收器知道自己相对于每颗卫星的精确位置时,它会将自己的位置转换成基于地球的坐标系,从而得到纬度、经度和海拔。

对于美国的 GPS,采用的模型和空间参考坐标系依赖于世界大地测量系统的定义。世界大地测量系统由美国国家地理空间情报局(NGA)管理,提供了一个参考坐标系、一个椭球地球引力模型(EGM)、一个世界磁模型(WMM)和一个局部数据转换列表。(转换,更具体地说是大地基准面转换,是指坐标根据所参照的大地基准面不同而发生的变化)。世界大地测量系统大地坐标利用一个参考椭球体生成。世界大地测量系统坐标系原点是椭球体的几何中心,$+Z$ 轴是该旋转椭球体的旋转轴。$+X$ 轴定义为 IERS(国际地球自转和参考系统服务)定义的参考子午面(IRM)[12]与通过原点且同 Z 轴正交的赤道面的交线。子午面的不确定度为 0.005″,与国际航海局(BIH)的子午线相一致。$+Y$ 轴与 Z 轴和 X 轴垂直,并最终构成以地球为中心的右手正交直角坐标系。

7.2.1 GPS 码

与 GPS 载波信号相关的代码有三种类型:①C/A(粗捕获)码;②P(精确)码;③导航信息。

C/A 码可以在 L1 频道上找到,序列每 1ms 重复一次。C/A 码通过生成的 PRN 确定代码来实现。载波以 1.023Mb/s 的速度传输 C/A 码,在二进制转换($+1$ 和 -1)之间的长度(物理距离)为 293m。C/A 码根据卫星时钟提供时间解算信号传输延迟,相当于 299.7km 的距离来说,这很容易计算出来,尽管还有 1ms 的模糊度。C/A 是一种适合于最初锁定信号的粗代码。每颗卫星都有一个不同的 C/A 码,因此它们可以被唯一地识别。P 码在 L1 和 L2 信道上是相同的,用来实现精确定位。

P 码传递的基本信息,如卫星时钟时间或传输与 C/A 信息相同,但它提供 10 倍的分辨率。与 C/A 码不同,一个称为反欺骗的过程可以加密 P 码。P 码以

7天为一段,周期为267天,每颗卫星使用结构相同但相位相异的P码序列。载波使用29.3m的芯片以10.23Mb/s的速度发送P码。从L1信道获得的导航信息数据以50b/s的速度传输。该消息是一个1500bit的序列,需要30s来传输。导航报文包括有关广播星历(卫星轨道参数)、卫星时钟校正、历算数据(所有卫星的粗星历)、电离层信息和卫星健康状况的信息。图7.3给出了C/A码和P码的载波编码。

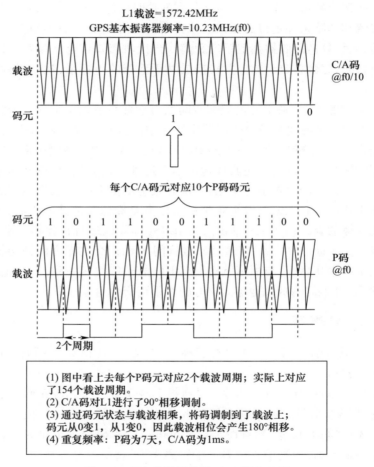

图7.3　GPS载波的编码:C/A码和P码

要进行大地基准转换,需要使用美国国家航空航天局和美国国防部批准的地理转换器。基准面是测量和测绘中用作参考的点、线或面。大地基准面是地球的数学模型,用于计算任何地图上的坐标[13]。在处理由无线传感器网络观测产生的情报、信息或参与活动方面,对任务操作有用的是测量服务计划(MSP)地理翻译程序(GEOTRANS),这是一个应用程序,可以在各种坐标系统、地图投影和基准之间转换地理坐标。

7.2.2 GPS 无线传感器网络芯片

凭借全球导航卫星系统信号的可用性和 SWAP2 足够的设计裕量,无线传感器网络传感器节点设计师可以考虑增加 GPS 接收模块,除非应用与全球导航卫星系统星座的连接存在问题(如在隧道和/或建筑内部)。战术情报、监视和侦察系统设计时,只考虑捕获全球导航卫星系统星座的 GPS 卫星信号,而其他应用(民用和公共工程)可能考虑北斗、伽利略等所有全球导航卫星系统信号的全覆盖。因此,战术情报、监视和侦察无线传感器网络芯片组和模块只关注基于 GPS 的系统。

7.2.3 GPS 芯片组性能

在设计无线传感器网络节点时,都需要研究任何芯片组的特性和性能这两个方面。当然,必须考虑 7.2.2 节中讨论的与 SWAP2 约束相关的问题。精度、更新率、接收器灵敏度、干扰/干扰机阻抗、多星座操作以及在一个无线传感器网络节点内集成的方便性都是无线传感器网络设计者最关心的问题。本节将介绍这些问题。

7.2.3.1 GPS 芯片组的精确度和灵敏度

GPS 接收器的精度取决于许多变量,包括接收器设计、一天中的时间、信号强度、处理时间和多路径效应。相对低成本的 GPS 芯片组的测量精度为小于 1.89m 的水平位置误差[14]。最近,利用同时处理 L1 和 L5 信号的接收器设计(如实时动态定位),提高了精度,达到厘米精度(< 30cm)[15-16]。实时动态差分(RTK)是一种用于提高全球导航卫星系统定位数据精度的方法。要实现实时动态差分定位,不仅要考虑 GPS 信号的数据内容,还要考虑其载波相位。实时动态差分定位依赖于单个参考站或插值虚拟站提供实时校正,提供厘米精度[17]。特别是对于 GPS,实时动态定位方法被称为载波相位增强或 CPGPS[18]。接收器灵敏度是衡量 GPS 芯片组能力的另一个关键指标。使用式(6.20)所示的接收器灵敏度,并将 kTB 乘积的值替换为 $T = 290K$ 和 $B = 1Hz$,则最小接收器灵敏度为

$$\text{Min}[S_{RX}](\text{dBmHz}) = -174\text{dBmHz} + NF + CNR_{\min} \qquad (7.2)$$

需要注意功率和灵敏度方程的单位。对于式(6.20),单位是 dBm(是按

1mW标准化的功率)。对于卫星通信,术语称为载波噪声比。与载波噪声比相关的灵敏度单位,使用相对于1mWHz的dB单位,而不是载波噪声比测量功率密度时使用的相对于1mW的dB单位。带内干扰的累积效应会增加本底噪声,降低性能。灵敏度,如式(7.2)所示,定义为GPS接收器仍然能够跟踪信号并处理位置定位的最低卫星功率水平。为了帮助GPS接收器满足最小的信号功率水平,可以通过在接收器输入处级联几个低噪声放大器实现。如图7.4所示,第一个低噪声放大器决定了接收器噪声系数大小。使用噪声功率$n_i(i=1 \sim M)$、放大增益$g_k(k=1 \sim M)$的多重放大器,得到系统噪声输入为

$$\text{NOISE}_{\text{total}} = 10\lg\left[n_1 + \sum_{i=2}^{M} \frac{n_i - 1}{\prod_{k=1}^{i-1} g_k}\right] \tag{7.3}$$

要确定总增益,将各增益相加,有

$$\text{GAIN}_{\text{total}} = \sum_{k=1}^{M} g_k \tag{7.4}$$

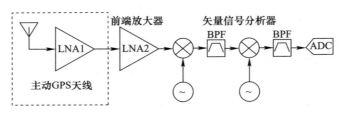

图 7.4 LNA 级联

GPS接收器指定两种不同的灵敏度:采集和信号跟踪。采集灵敏度指的是GPS接收器能够实现定位的最低功率水平。信号跟踪灵敏度指的是GPS接收器能够跟踪单个卫星的最低功率水平。不幸的是,这种最低功率水平涉及许多变量,是很难预测的。改进的灵敏度概念表示为获得最小误码率的最低信号功率水平。由于误码率与载波噪声比相关,灵敏度可以通过使用已知的输入功率水平验证接收器报告的载波噪声比来测量。此关系用式(5.5)和式(5.6)表示,即Ⅰ类误差和Ⅱ类误差。回想一下:Ⅰ类是假设报告的目标实际并未出现,称为虚警;而Ⅱ类是报告目标不存在,但实际目标出现了,称为漏警。对于数字通信,比特误码率BER是Ⅰ类误差α和Ⅱ类误差β概率的总和,即[19]

$$\text{BER} = \frac{\alpha + \beta}{2} \tag{7.5}$$

考虑在第5章中确立的方程,我们根据两个假设定义了与观测到的信号相

关联的概率:仅噪声时的 H_0 和在信号和噪声同时存在时的 H_1。结合高斯白噪声,噪声概率分布函数为

$$P_n(x) = \frac{e^{-x^2/2\sigma^2}}{\sigma\sqrt{2\pi}} \qquad (7.6)$$

使用高斯白噪声概率分布代入式(7.5)的高斯白噪声概率分布函数,其中 α 由式(5.16)确定,β 由式(5.17)确定,比特误码率方程可以表示为每比特能量 E_b 和噪声功率密度 N_0,有

$$\text{BER} = \frac{1}{2}\text{erfc}\left(\sqrt{\frac{E_b}{N_0}}\right) \qquad (7.7)$$

通常使用互补误差函数 $\text{erfc}(x)$,有

$$\text{erfc}(x) \equiv 1 - \text{erf}(x) \qquad (7.8)$$

此外,对于式(5.15),文献[20]使用 Q 函数定义来表示式(7.7),则定义为

$$Q(x) \equiv \frac{1}{2}\text{erfc}\left(\frac{x}{\sqrt{2}}\right) \qquad (7.9)$$

式(7.7)用 Q 函数表示,BER 可表示为

$$\text{BER} = Q\left(\sqrt{\frac{2E_b}{N_0}}\right) \qquad (7.10)$$

图 7.5 给出了比特误码率作为比特能量函数的典型性能,表示为 E_b/N_0,可使用文献[21]生成。这些操作曲线,也被称为瀑布曲线,用于评估从比特误码率测试开始的 GPS 接收器。测试并不关注比特误差之间的持续时间,而是确定产生过多比特误差的背景噪声水平。瀑布曲线图是测试的最终结果,是比较和选择无线设备时的一个重要因素。通过观察概率分布,可以有效地进行测试,在可接受的测试时间量以及达到期望的测量置信水平和准确性所需的测试时间之间进行权衡。测试完成后,可以将测量的置信水平和准确性应用于瀑布曲线,进行可靠的定量比较[22]。

卫星的载波噪声比值由 GPS 接收器芯片组根据导航报文内容通过的比特误码率计算进行估计。在清晰的天空视野下,GPS 的典型载波噪声比值范围为 30~50dBHz。对于大多数 GPS 接收器来说,实现位置定位(采集灵敏度)所需的最小载波噪声比为 28~32dBHz[23]。利用式(7.10),建立了用比特误码率和载波噪声比 E_b/N_0 测量的灵敏度之间的关系。因此,信噪比由式(7.11)定义,该

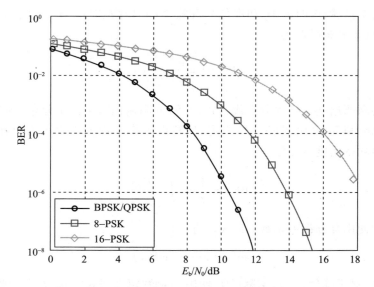

图 7.5　GPS 性能曲线图；比特误码率是载波噪声比的函数

工具用于评估各种调制方案（如二值移键控、四值移键控、多进制数字相位调制和正交振幅调制）[24]的比特误码率作为载波噪声比的函数。最后一点，信噪比和归一化信噪比（每比特的信噪比 E_b/N_0）通过链路频谱效率（b·s^{-1}·Hz^{-1}）相关联，信道数据速率 f_b 与信道带宽 B[21,24]的比率为

$$\text{SNR} = (\text{CNR})\left(\frac{f_b}{B}\right) = \left(\frac{E_b}{N_0}\right)\left(\frac{f_b}{B}\right) \quad (7.11)$$

7.2.3.2　频道数和更新速率

当多个 GPS 卫星同时处于视野中时，GPS 接收器访问处理的信道数量会影响生成第一个定位所花费的时间。GPS 接收器可同时操作 4 到数百个信道，其中 12~14 个信道就可以达到跟踪能力要求。由于 GPS 芯片组不能预测在什么时间点上哪些卫星是可见的，因此接收和使用的频率越多，位置定位就能越快产生。（有些接收系统会根据位置维护一个 GPS 年历，可以预测在一段时间内看到哪些卫星，但有些接收系统不会这么做）。

GPS 接收器的另一个指标是更新速率，这对移动用户尤其重要。GPS 模块的更新速率是执行重新计算的频率和生成位置更新的频率。大多数芯片组和 GPS 模块的标准是 1Hz。然而，快速移动的平台（如车辆和无人机）可能需要更快的重新计算速率（如 5~10Hz），需要高性能微处理器来处理传入的位置导航信息。对于战术情报、监视和侦察应用，GPS 接收器的设计是为了节省电力。

GPS信号锁定后,可通过实现可隔离的芯片组或关闭多余信道处理的芯片组来实现省电的目的。

7.2.3.3 全球导航卫星系统芯片组的约束(尺寸、重量和功率和成本)

回想一下,无线传感器网络传感器节点对SWAP2有严格的约束,因此在很大程度上避免了包含GPS接收器能力。然而,与第1章中提到的技术一样,GPS芯片组(SoC和模块技术)在精确度、灵敏度和SWAP2方面都有了显著的改进。在成本方面,射频元件集成到CMOS中,实现了端到端CMOS无线电,降低了成本。GPS芯片组/模块制造商较好地改进了CMOS工艺。特征尺寸从90nm降到45nm以下,降低了功耗和成本。平均而言,GPS芯片组消耗30mA,包括位于输入端(天线终端)的低噪声放大器。

在封装方面,还必须考虑GPS接收器的L波段天线。GPS天线采用晶片天线实现,而不是全向陶瓷贴片天线(介质谐振器),后者需要更大的接地面,更大且更昂贵的螺旋和偶极子(鞭形)设计[25-27]。

7.3 基于距离转换的方法

要将无线传感器网络场与大地坐标关联起来,最好采用系统坐标中位置的绝对测量,无需进行转换处理。这可以使用锚节点(也称为信标)来实现,其中节点位于全球坐标系统中,或者每个节点直接在全球坐标系中定位自己,就像使用GPS接收器的情况一样。要使用锚节点(也称为信标)。通过锚节点,网络节点通过坐标转换进行定位,其中使用来自锚节点的相对位置(x,y,z)或GPS接收器获取的大地坐标来更新被定位节点的坐标。

有许多技术可以用来估计节点到锚节点的距离:射频传播、声传播,以及通过应用似然估计确定网络层次和最近邻[28-29]。GPS的直接转换也可以实现,GPS接收器获取被放置节点的大地测量解,并将该信息(坐标)传递给该节点以供将来参考(如步行GPS[30])。与单节点定位技术相比,聚合定位技术通过多个传感器节点的多个测量值来定位传感器,而单节点定位技术通过描述单个传感器节点和一组地标来实现。

7.3.1 射频信号强度法

射频信号强度法在第6章中提到过,该方法通过信噪比SNR,发射功率估计P_{TX}(借助式(6.26)),接收功率P_{RX}、自由空间衰减指数n等参数来计算节点位置。要使用这种方法,必须正确估计传播方程、功率级和发射器与接收器节点之间的初始距离d值。然而,理解传播特性不是一件容易的事。通常会出现几种非理想情况,如第 6 章所述。射频信号强度测量完整性的一个基本问题是,使用基带电压设计的算法和电路反映射频信号强度。在精度要求较高时,对接收器电路要求更高。

多径衰落依赖于环境,并且在许多情况下依赖于传输信号的频率。如果收发器使用多个频率,且滤波得当,多径衰落的影响会得到缓解,但频率无关的多径效应(如地面反射)仍存在[31]。基于射频信号强度定位的另一个难点在于发射功率可能不够精确。在不知道发射器精确功率的情况下,路径损耗估计肯定不准。最后一个问题是:使用传播方程只能测量距离,因此在三维空间中进行精确定位是不可能的。为了改进基于射频信号强度的位置测量,需要使用 3 个定位点进行多次迭代。对于三维精度,需要四个定位点[5]。结合使用射频信号强度和其他测距技术可以得到可靠的位置估计;然而,设计者和最终用户必须知道,传播环境的不均匀性会使射频信号强度方法不可靠和不准确。

7.3.2 到达时间法

到达时间法是通过测量射频信号的单向传播次数(或差)来估计到信标的距离。如图 7.6 所示,对于二维情况,每个到达时间量都可表示为一个以接收器为圆心、信标在圆周上的圆;对于三维情况,则是一个球面。对于无噪声测量,需要三个或更多信标源来提供源位置的唯一交点。对于二维位置估计,至少需要三个信标源。如果少于三个源,就可能没有交点,这就不能确定唯一定位解。因此,至少需要三个信标源才能获得交点,这些信标源可以根据优化准则表示为一组圆方程;在已知信标源阵列几何形状的情况下,可以估计出接收器位置。

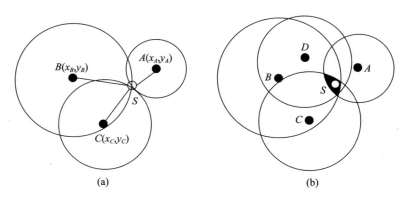

图 7.6 到达时间配置多锚(信标)源
(a)三边求解发射源位置;(b)多边求解(>3 接收节点)确定发射源位置。

基于到达时间的方法是将包含传输时间的单个数据包从一个节点发送到另一个节点。假设节点之间的时钟完全同步,可以计算出距离。使用到达时间定位的一个优点是它比射频信号强度定位更精确,且不受信道衰落的影响。然而,不幸的是,节点之间的时间同步比较困难[8]。节点定时电路、振荡器的稳定性和热不敏感性都影响时间同步的准确性。然而,射频信号在自由空间以光速传播,要求所有时间测量都具有较高的精度,以避免较大的不确定性(如1m 精度要求总的时间误差≤3.3ns)。

要规避高精度定时,一种方法是使用比射频传播慢得多的信号,如声学(超声波)信号。但是,对于战术情报、监视和侦察系统,无线传感器网络系统不能暴露自身位置,因此不能使用声学信号。

7.3.2.1 时钟同步

无线传感器网络系统致力于提供分布式信息处理任务,如数据采样、数据融合和其他基于时间的任务。网络中的每个节点都有一个内部独立时钟。由于振荡器的缺陷、老化、热环境和其他时间变化,这些单独的时钟会发生时间漂移。为了实现网络范围内的时间一致性,必须对这些时钟进行校准。目前有大量时钟同步算法,文献[29,32,33]有着详细的记录。

7.3.2.2 到达时差

到达时间有一个变量,即到达时间差 TDOA,它不需要测量从信标(锚节点)发送测距信号的次数。相反,到达时间差需要结合信号传播速度(通常是光速),计算从被定位目标节点发送测距信号,到信标节点接收到信号的时间差。利用到达时间形成一个差值,计算出目标节点与两个信标节点之间的距离差值 d,即传播速度与时间差的乘积。这个差值可以在二维上进行计算,使用已知的信标对位置 (x_1, y_1) 和 (x_2, y_2),有

$$\Delta d = \sqrt{(x_2-x)^2} - \sqrt{(y_2-y)^2} - \sqrt{(x_1-x)^2} - \sqrt{(y_1-y)^2} \quad (7.12)$$

使用非线性回归,式(7.12)可以转换为双曲线形式。在计算出足够数量的双曲线后,利用轨迹交点确定目标的位置。图7.7给出了一个简化的例子:对于二维情况,一个目标节点需要三个信标(B_1,B_2 和 B_3)。目标在未知时间发出一个信号,被第一对信标 B_2 和 B_3 在时间 t_1 接收。计算距离差 Δd,并得到目标节点可能位置的双曲线轨迹。这个双曲线显示了两个分支,使得识别交点变得困难(图7.7(a))所示。然而,可以用第二个信标对 B_1 和 B_2(图7.7(b))估计出目标的近似位置,排除一个分支,如图7.7(b)所示。此时上层分支被排除,位置解算成功如图7.7(c)所示[34]。

可采用通用的互相关(GCC)[28]方法测量到达两个不同位置接收器的射频

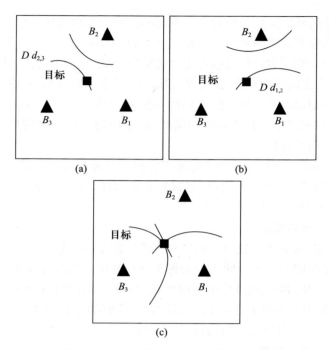

图7.7 带多个信标的到达时间差配置
(a)两个信标(2和3)定位目标的场景;(b)第二对信标(1和2)定位目标;
(c)结合信标2和3的位点与信标1和2的位点,提供最佳估计的目标节点的位置。

信号的到达时间差值。互相关方法是指在两个接收器中,将接收信号通过频率响应 $H(f)$ 的滤波器,然后进行互关联、积分、平方和处理,最后进行峰值检测。互相关是通过两个接收信号 $S_1(t)$ 和 $S_2(t)$ 之间的一系列时移 τ 进行,直到获取峰值。检测到峰值后,对应的时间延迟就是 τ_{max}。在信号进入相关处理前进行预滤波,以降低噪声功率,提供信噪比。如何选择频率响应 $H(f)$ 显得尤为重要,特别是当多径环境中出现多个延迟时。如果各种信号延迟没有充分分离,那么第一多径分量可能会覆盖随后延迟达到的主信号,使峰值的估计变得困难。频率响应设计的目的在于先得到窄带信号,再检测接收信号的互相关峰值,从而提高到达时间差估计精度。

为了阐明上述原理,假设来自目标节点的测距信号为 $s(t)$,该信号在干扰(振幅衰减 A_i)和噪声 $n_i(t)$ 的传播信道下,由两个接收器发射和接收。测距信号到达两个信标传感器时的时延模型 $s_1(t)$ 和 $s_2(t)$ 为

$$\begin{cases} s_1(t) = A_1 s(t - \tau_1) + n_1(t) \\ s_2(t) = A_2 s(t - \tau_2) + n_2(t) \end{cases} \quad (7.13)$$

假设接收到的信号和噪声都是平稳的随机过程,以便进行时间和统计抽样。这种假设使得所有边缘和联合密度函数不依赖于时间起点[35]的选择。该模型还假设了噪声过程 n_1 和 n_2 是不相关的。最后,假设信号的观测发生在有限的持续时间 T,我们感兴趣的是由相关器获得的峰值输出,此时对应的就是延迟 τ。到达时间差为 $\tau = \tau_1 - \tau_2$(这里,假设 $\tau_1 > \tau_2$),我们可以忽略衰减系数,将式(7.13)改写为[31]

$$\begin{cases} s_1(t) = s(t) + n_1(t) \\ s_2(t) = s(t-\tau) + n_2(t) \end{cases} \tag{7.14}$$

互相关和自相关的过程随后出现,如图7.8所示。将互相关和自相关乘积求和,形成两个接收信号的互相关为

$$R_{s_1 s_2} = R_{ss}(t-\tau) + R_{n_1 n_2}(t) \tag{7.15}$$

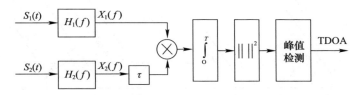

图7.8 到达时间差估计的互相关过程

到达时间差的精确估计需要使用时延估计方法。时延估计能够抗噪声和干扰,并能够解决多径问题。此外,估计得到频域互概率分布函数,经过傅里叶反变换,还可以实现时域互相关。有些情况下,因为信号可以在计算互相关之前进行滤波,所以频域处理方法是首选。互相关要求接收器之间同步,但对发射器发送时间没有任何要求。当信标接收器的间隔距离增加时,到达时间差测量的精度和时间分辨率将会提高,因为距离增加能够更好地分离到达时间信号。如果信号之间到达时间差小于等于互相关峰的宽度(其在时延轴上的位置对应于到达时间差),则用传统的到达时间差测量方法[31]通常无法得到可靠结果。

7.3.3 到达角法

在使用信标,没有GPS直接辅助的情况下,传感器节点定位也可以通过测量到达角(AOA)完成。到达角方法,以及必要操作、准确性和注意事项,都有很好的文档记录。在到达角中,信标节点需要发送全向信号,供目标节点接收与定位。到达角为射频信号到达天线阵列(或非对称天线图的旋转位置)的角度。到达角可通过目标节点阵列中各阵元之间的到达时间差计算。这可以视为波束形成,但恰恰相反,在波束形成中,对来自各阵元的信号进行加权,以控制天线阵

159

的增益。在到达角中,每个阵元的到达延迟被测量并转换为到达角测量。

例如,假设有一个二元阵列,阵元间隔为 1/2 入射波波长。如果一个波在轴向入射阵列,那么它将同时到达各个阵元。两个阵元之间测量到的相位差为 0°,相当于 AOA = 0°。如果一个波在阵列的侧面入射,那么两个阵元之间将测量到 180°的相位差,对应于 AOA = 90°[36]。图 7.9 说明了到达角的几何原理。

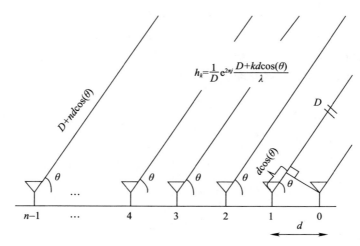

图 7.9 到达角定位测量相位(角度)的几何解释

与到达时间差一样,存在多径反射时,定位精度受到影响。由于接收天线各向异性会引起信号强度变化,目标接收器无法区分发射信号强度的变化。解决这个问题的方法是在接收器上使用全向天线。通过将各向异性天线接收到的信号强度相对于全向天线接收到的信号强度归一化,可以显著解决和消除信号强度变化的影响。第二个天线及其相关的到达角处理过程,增加了节点设计的复杂性;然而,比起缩放天线阵列和相关处理来说,这种复杂性增加并不多。

综上所述,对于使用信标节点进行到达角位置换算的方法,如果目标节点的方向已知,则需要至少两个非共线信标对目标节点进行定位。可以使用磁铁或磁强仪来测量目标节点方向。如果方向不可用,则至少需要三个信标节点来确定位置和方向。与使用到达时间差测量进行定位相似,到达角定位容易受到测量噪声的影响,如果目标节点不能接收足够数量信标的测距信号,还会出现其他问题。邻居节点之间的到达角测量值,以及相对于每个信标的到达角(甚至多次跳离)可以使用节点之间的几何关系计算。这使得使用三角测量进行定位成为可能。

7.3.4 距离向量跳数

距离向量跳数(DV-HOP)定位方法中,信标节点将自身位置信息发送给网络中正在部署的其他节点。消息逐跳传播,累积跳数 HC_{ij} 会插入到发送消息中[2,5]。每个节点维护一个信标信息表,并计算节点与信标之间的最小跳数。当一个信标接收到来自另一个信标的消息时,它使用两个信标的位置和跳数来估计一跳的平均距离。有了这个信息,信标节点将解算值作为修正因子传递给网络其他节点。在接收到修正因子后,非信标节点可以估计到信标点的距离,并采用三角法则来估计自身位置。

距离向量跳数算法分为 4 个阶段[37]。第一阶段,信标 B_i 发送包含其坐标 (x_i, y_i) 和变量 $HC_{i,j}$ 的信息,其中 $HC_{i,j}$ 表示接收到此消息的传感器节点 j 与发送信标节点 i 之间的链路(跳数)。传感器存储并交换信标节点的跳数。第二阶段,B_i 信标节点计算跳长 HOP_i 为

$$HOP_i = \frac{\sum_{j=1, i \neq j}^{M} \sqrt{(x_i - x_j)^2 + (y_i - y_j)^2}}{\sum_{j=1, i \neq j}^{M} HC_{i,j}} \tag{7.16}$$

式中:M 为网络中的信标节点数,下标 j 为其他信标节点,$HC_{i,j}$ 为信标 i 和信标 j 之间单跳的长度,(x_i, y_i) 和 (x_j, y_j) 为信标 i 和 j 的坐标。计算出平均跳长后,由信标 i 传给网络其他节点。其他节点只需要更新收到的平均跳长,并根据平均跳长计算目标节点到信标的距离 d_j 为

$$d_j = (HOP_i)(HC_j) \tag{7.17}$$

式中:HC_j 为信标 j 维护的跳数。通过此距离向量跳数算法,信标节点与未知节点之间的距离被用作平均跳长[3,37,38]。第三阶段,传感器使用最小二乘方(LS)进行三角定位。此 LS 问题的目标是使目标节点到各信标节点的测量距离(根据式(7.17)得到)与估计距离的误差平方之和最小。在最后一个阶段,定位误差 ϵ_i 计算式为

$$\epsilon_i = \sqrt{(x_i - x_j)^2 + (y_i - y_j)^2} \tag{7.18}$$

式中:(x_i, y_i) 和 (x_j, y_j) 为信标节点与目标节点的坐标。精度 a_i 可以用通信距离 R 计算,有

$$a_i = \frac{\epsilon_i}{R} \tag{7.19}$$

如果将距离向量跳数方法应用于稀疏拓扑网络,误差将会比较大。

7.4 特殊定位：步行 GPS

步行 GPS 这种技术不需要在每个节点中安装 GPS 接收器,但是仍然需要直接依赖 GPS 获取节点位置[30]。节点部署的工作原理是让执行手动放置传感器节点的人员携带具有 GPS 功能的设备,该设备定期向传感器节点广播其位置。通过将无线传感器网络连接到 GPS 设备,有效地解决了同类型节点之间的无线连接的问题。传感器节点上运行的步行 GPS 接收中间件,让节点连成了一个网络。该接收中间件接收来自 GPS 连接网络广播的位置数据,并从中推断自身位置。这种体系结构将与 GPS 设备交互产生的复杂性降低,从而减少了传感器节点的代码量和数据内存。通过此解耦,只要有一个节点连接了 GPS,无线传感器网络中的其他几点都能定位。

GPS 位置由纬度和经度表示,即分别从赤道南北和本初子午线东西的角度测量。由于无线传感器网络网络相对较小($<1\times1km^2$),在节点消息中加入完整的全局坐标(如 GPS)是没有必要的。GPS 数据包太大,加入全局坐标效率太低。更多时候,我们认为网络中的所有节点位置相同或相近,可以使用一个局部坐标系来减少网络传输开销。GPS 坐标使用了 29B 的 11B。此外,采用线性单位的局部坐标系比全局坐标系更适合无线传感器网络。

融合数据(如为定位目标而对几个 GPS 信号进行三角定位)会增加计算成本,也是提高效率时需要考虑的问题。采用步行 GPS 方法的局部坐标系建立其原点(记作参考点)。在局部坐标系下,假设另一个点的伪 GPS 坐标为 λ_2 和 ϕ_2,则参考点(GPS 坐标为 λ_1 和 ϕ_1)与该点之间的距离 D 为

$$D = \sqrt{(F_{lat}\times(\phi_1-\phi_2)^2)+(F_{lon}\times(\lambda_1-\lambda_2)^2)} \tag{7.20}$$

式中:F_{lat} 和 F_{lon} 分别为纬度和经度变化 1°时,对应距离变化的转换因子。测量单位为 m/(°),计算式见式(7.21)和式(7.22),其中 $a=6378137m$, $b=6356752.3142m$,高度高于椭球面。

$$F_{lat}=\frac{\pi}{180}\left(\frac{a^2b^2}{\sqrt{(a^2\cos^2\phi+b^2\sin^2\phi)^2}}+h\right) \tag{7.21}$$

$$F_{lalont}=\frac{\pi}{180}\left(\frac{a^2b^2}{\sqrt{(a^2\cos^2\phi+b^2\sin^2\phi)^2}}+h\right)\cos\phi \tag{7.22}$$

式中:h 对换算系数的影响很小(一般假设 $h=200m$)。对于由 λ_2 和 ϕ_2 指定的 GPS 位置,该点的 x、y 坐标通过局部坐标系提供。x 轴是东西方向,y 轴

是南北方向。式（7.20）～式（7.22）中相关参数的值可由 GPS 接收器获得。

步行 GPS 定位分为两个不同的阶段。第一阶段发生在传感器节点部署期间。执行人工部署的载体（如士兵或车辆）携带具有 GPS 连接的无线传感器网络，该网络周期性地将其位置信息传送到新部署的节点。连接 GPS 的节点充当信标，新节点根据广播消息中提供的信息推断自己的位置。第二阶段是系统初始化阶段。如果传感器节点未获取位置信息，则向相邻节点询问它们的位置信息。通过三角法则，请求节点可以利用收到的邻居节点位置信息推断自身位置。第二阶段提高了步行 GPS 方案的鲁棒性。跟踪应用检测的位置与部署节点自身解算的位置非常接近，说明了步行 GPS 的有效性。步行 GPS 定位仅适用于手动部署节点的传感器网络；然而，对于许多传感器网络，手动部署是唯一可行的解决方案。

参考文献

[1] Nasipuri, A., and K. Li, "A Directionality Based Location Discovery Scheme for Wireless Sensor Networks," WSNA'02, SeptemBER 28, 2002, ACM, 2002.

[2] Mao, G., and B. Fidan, "Localization Algorithms and Strategies for Wireless Sensor Networks," IGI Global, 2009.

[3] Chariabi, Y., "Localization in Wireless Sensor Networks," Master's Degree Project Stockholm, Sweden, report IR – RT – EX – 0523, 2005.

[4] Paul, A., and T. Sato, "Localization in Wireless Sensor Networks: A Survey on Algorithms, Measurement Techniques, Applications and Challenges," Journal of Sensor and Actuator Networks, 2017.

[5] Chee, Y., "Ultra Low Power Transmitters for Wireless Sensor Networks," Doctoral dissertation, University of California, BERkeley, Technical Report No. UCB/EECS – 2006 – 57, 2006.

[6] Yusof, Y., M. Islam, and S. Baharun, "An Experimental Study ofWSN Transmission Power Optimization Using MICAz Motes," 2015 International Conference on Advances in Electrical Engineering (ICAEE), 2016.

[7] Mesmoudi, A., M. Feham, and N. Labraoui, "Wireless Sensor Network Localization Algorithms: A Comprehensive Survey," International Journal of Computer Networks & Communications (IJCNC), 2013.

[8] Garg, V., and M. Jhamb, "A Review of Wireless Sensor Network on Localization Techniques," International Journal of Engineering Trends and Technology (IJETT), 2013.

[9] https://gssc.esa.int/navipedia/index.php/.

[10] Soderholm, S., et al., "A MultiGNSS Software – Defined Receiver: Design, Implementation, and Performance Benefits," Ann. Telecommun., 2016.

[11] Leclère, J., R. Landry, Jr., and C. Botteron, "Comparison of L1 and L5 Bands 空 GNSS Signals Acquisition," Sensors, 2018.

[12] https://wiki2.org/en/IERS_Reference_Meridian. International Earth Rotation and Reference Systems Service (IERS) Reference Meridian (IRM).

[13] https://earth-info.nga.mil/GandG/coordsys/datums/index.html.
[14] William J. Hughes Technical Center, WAAS T&E Team "Global Positioning System (GPS) Standard Positioning Service (SPS) Performance Analysis Report," Federal Aviation Administration GPS Product Team, Report #96, 2017.
[15] Dabove, P., and V. Di Pietra, "Single-Baseline RTK Positioning Using Dual-Frequency GNSS Receivers Inside Smartphones," Sensors, 2019.
[16] Moore, S., "Super-Accurate GPS Chips Coming to Smartphones in 2018," IEEE Spectrum, 2017.
[17] Wanninger, L., "Introduction to Network RTK," IAG Working Group 4.5.1, Accessed: 3 March 2020.
[18] Mannings, R., Ubiquitous Positioning, Norwood, MA: Artech House, 2008.
[19] Minko, J., Signals, Noise, & Active Sensors (Radar, Sonar, Laser Radar), John Wiley & Sons, 1992.
[20] https://en.wikipedia.org/wiki/Q-function.
[21] http://www.montana.edu/aolson/ee447/EB%20and%20NO.pdf.
[22] https://www.eetimes.com/confidence-in-waterfall-curves-guides-noise-analysis-in-wireless-system-test/#.
[23] https://www.ni.com/en-us/innovations/white-papers/08/gps-receiver-testing.html#section-455231815.
[24] Goldsmith, G., Wireless Communications, Cambridge University Press, 2005.
[25] Palihawadana, A., "GPS & GPS Antenna Designing Literature Review," GPS Antenna Design, 2019.
[26] Falade, O., et al., "Single Feed Stacked Patch Circular Polarized Antenna for Triple Band GPS Receivers," IEEE Transactions on Antennas and Propagation, 2012.
[27] Boccia, L., G. Amendola, and G. Di Massa, "A Shorted Elliptical Patch Antenna for GPS Applications," IEEE Antennas and Wireless Propagation Letters, 2003.
[28] Mao, G., B. Fidan, and B. Anderson, "Wireless Sensor Network Localization Techniques," Computer Networks, Vol. 51, No. 10, pp. 2529-251.
[29] Chepuri, S., G. Leus, and A. van der Veen, "Joint Localization and Clock Synchronization for Wireless Sensor Networks," IEEE 2012 Conference Record of the Forty Sixth Asilomar Conference on Signals, Systems and Computers, 2012.
[30] Stoleru, R., T. He, and J. Stankovic, "Walking GPS: A Practical Solution for Localization in Manually Deployed Wireless Sensor Networks," 29th Annual IEEE International Conference on Local Computer Networks, 2004.
[31] Ahmed, H., et al., "Estimation of Time Difference of Arrival (TDOA) for the Source Radiates BPSK Signal," IJCSI International Journal of Computer Science Issues, 2013.
[32] Chepuri, S., G. Leus, and A. van der Veen, "Joint Localization and Clock Synchronization for Wireless Sensor Networks," IEEE Signals, Systems & Computers, Asilomar Conference, 2012.
[33] Wu, Y., Q. Chaudhari, and E. Serephin, "Clock Synchronization of Wireless Sensor Networks," IEEE Signal Processing Magazine, 2011.
[34] https://sites.tufts.edu/eeseniordesignhandbook/files/2017/05/FireBrick_OKeefe_F1-.pdf.
[35] Cooper, C., and C. McGillem, Methods of Signal and System Analysis, Holt, Rinehart, and Winston, 1967.
[36] Peng, R., and R. Sichitiu, "Angle of Arrival Localization for Wireless Sensor Networks," Sensor and Ad Hoc Communications and Networks (SECON), 2006.
[37] Chen, H., et al., "An Improved DV-Hop Localization Algorithm for Wireless Sensor Networks," 2018

13th IEEE Conference on Industrial Electronics and Applications (ICIEA), Wuhan, 2018, pp. 1831 - 1836, doi:10. 1109/ICIEA. 2018. 8398006.

[38] Pachnand, G. ,"Modified DV - Hop Algorithm for Localization in Wireless Sensor Networks," Indonesian Journal of Electrical Engineering and Informatics (IJEEI) ,2014.

第8章 无线传感器网络中间件的功能

通过大范围分布的传感器节点获取的数据,可以看出无线传感器网络系统是以数据为中心的通信网络。除非节点向任务行动中心发出信号表明感兴趣的事件(基于预设条件)正在展开,否则战术情报、监视和侦察任务应用不太可能请求传感器进行观测。可通过从传感器节点解耦数据,集合应用处理程序来增强系统的鲁棒性,这些处理程序能够通过解决质量和资源需求的不同组合来明确目标[1]。这种以数据为中心自一个传感器节点到其最近的节点(约10个节点),到区域节点(约100个节点),再到整个传感器场(>1000个节点)持续下去,可以达到相当于微粒的数量级。为了满足任务目标,无线传感器网络系统持续监测和测量子系统的状态,能够动态平衡整个系统,并通过关注以下三个系统要求来保持响应性:

(1) 成功采集与战术情报、监视和侦察任务目标相关的传感器数据;

(2) 及时将观测信息和状态数据传送到任务中心进行分析和反应;

(3) 通过充足可用的电力和足够的安全性[2]来保证系统足够的持续有效。

要想成功设计出能够响应战术情报、监视和侦察任务的无线传感器网络,基础是要理解特定的目标;然而,提高传感器性能、操作适应性、鲁棒网络形成和高效实时数据处理等系统能力也同样重要。第5章提出了能够满足这些要求的一套完整的战术情报、监视和侦察任务目标集合。在将任务特征与节点和系统设计相关联时,我们可以通过权衡硬件、系统设计尤其是无缝集成无线传感器网络元素的算法代码以及中间件的方法来实现这些关键系统功能。中间件能够为系统资源的使用提供适应性和高效性。通过这种使用方式,标准化的系统服务可以被多种应用程序使用,可以创建一个运行时环境来实现对多个应用程序[3]的支持和协调。通过这些特性的实现,无线传感器网络可以实现本章讨论的战术情报、监视和侦察的关键功能。

8.1 无线传感器网络基础:中间件、服务和资源

理想情况下,中间件插入一个软件层,这个软件层消除了与代码生成和各种

不同元件(如微处理系统、模数转换器、无线电芯片组和网络协议等)操作相关的复杂性。基于使用无线传感器网络和嵌入式实时操作系统的一般计算应用,无线传感器网络中间件能够提供必要的与遥感相关的特定服务。采用模块化设计,中间件是可重构的,并通过面向服务的体系架构(SOA)解耦任务、服务和应用程序的粒度。面向服务的体系架构是在代码开发期间使用的一种软件范例,它通过网络上的通信协议为应用程序提供功能。面向服务的体系架构服务是可以远程访问的基本功能单元,因此允许用户以特殊方式快速组合功能,以形成完全由现有服务构建的应用程序。

无线传感器网络资源要求是动态的,因为传感器节点可能由于传感器节点移动、网络链路或节点故障的原因而离开或加入网络。这种动态的网络环境注重无线传感器网络中间件监控和持续更新资源管理的底层方法,使得服务可以根据需要提供,也有利于提高系统效率。无线传感器网络系统强调资源的优化管理,避免耗尽节点可用的资源,如电池功率、链路容量以及微处理器内存。

8.2　无线传感器网络中间件虚拟化

在计算中,虚拟化指的是创建某物的虚拟(而不是实际)版本的行为,包括虚拟计算机硬件平台、存储设备和计算机网络资源。虚拟化是在多个应用程序之间对分布式处理器提供的系统资源进行逻辑性划分的一种已经建立的方法。虚拟化创建了一个环境,支持资源、服务和网络的高效共享。虚拟化系统的无线传感器网络虚拟化可以集成不同的硬件、应用和网络能力,实现对网络资源的监控和管理。图8.1展示了介于应用层、网络和物理层之间的中间件虚拟化模型。图8.1描述了中间件通过虚拟化支持的一些关键功能,包括网络、传感器、电源的管理和各种服务的访问。中间件虚拟化对无线传感器网络节点和系统设计有什么好处?虚拟化可以模拟物理传感器、各种节点设计协作形成的网络,或与不同任务关联的节点的集群,虚拟化允许节点的子组同时执行多个应用程序。此功能支持开发和测试阶段,以及研究如何最好地构建各种接口。

8.3　无线传感器网络中间件能力

一旦部署完毕,无线传感器网络系统就会收集观测中指挥决策所需的关键数据,相当于支持任务的最终成功完成。系统运行的好坏取决于节点设计、中间

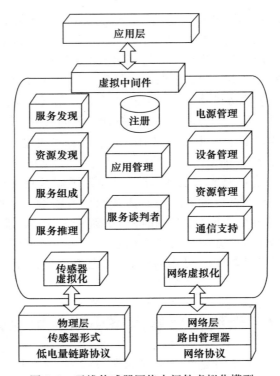

图 8.1 无线传感器网络中间件虚拟化模型

件设计和无线传感器网络总体架构选择时对技术和实现的重视程度。对无线传感器网络中间件的需求是实现无线传感器网络节点算法的基础。表 8.1 给出了通过中间件获得的与无线传感器网络操作相关的功能性能力。中间件提供高级传感任务,传感器节点能够根据节点的个体特征(如传感模式、节点位置和电量储备)协调和委派任务。设计和实现这样的实时中间件是一项艰巨的任务。节点是小型、低成本的设备,而且电量有限,这意味着资源、微控制器性能、传感器性能、无线通信带宽和无线电传输范围都受到限制。最后,为了降低每个节点的成本,还考虑了质量保证因素。

节点移动(如移动自组织网络系统)、节点故障和环境产生的中断导致无线传感器网络网络拓扑频繁变化。尽管多跳和移动架构可以跨分区传输信息,但容纳不存在的节点或中断的路径而重设链路可能会导致无限的延迟,并形成单向链路。无线传感器网络系统的设计必须能够响应这些通常在中间件中发生的链路故障,以进行监控和动态重路由。识别故障和解决网络故障的功能依赖于根据实时节能算法构建的中间件。在总体状态确定且/或路径重路由过程中,网络效率会下降;但是,自治性保持不变。

表 8.1 无线传感器网络节点的中间件功能

	网络形成	MANET 管理
NMS	（路由协议）	链路表
	最近邻状态	网络（链路）状态
	可伸缩性	存储和转发
	自愈	—
定位	单个节点位置（相对位置,绝对位置）	网络相对位置
		跳计数器
收发器	活跃:传输	编码/解码/ECC 数据报
	活跃:接收	重新传输过程
	不活跃	RTS/CTS
	睡眠	—
处理器	编程上传（OTA）	检测
	代码图像版本监控	跟踪和跟踪文件（多目标）
	Grenade 计时器	判别
	操作系统和服务	分类
	数据处理	识别
	目标任务	聚合
传感器	活跃	阈值设置,CFAR 进程
	备用	操作参数表
	关机	预设与更新
电源管理	LPL 协议	传感器活动监测和控制
I/O	测试端口启用/禁用	诊断接口
安全	加密密钥管理	命令应答
	命令授权	节点密钥/组密钥（集群）
	命令验证	篡改监视和行动

8.4 持续监控

持续监控可以看作是一个两阶段活动。第一阶段发生在无线传感器网络系统以较低功耗模式运行时，也就是当系统监测分配的感兴趣的区域等待潜在目标出现时，节省功耗。在第二阶段，首先检测到潜在目标，然后根据设计增加无线传感器网络系统的活动，执行检测功能来验证感兴趣目标的存在。整个系统可能不会被激活,但是根据系统所观察到的目标活动,额外的节点和网络服务会上线以验证感兴趣目标的存在。

8.5 无线传感器网络功能需求

表 8.1 列举了战术情报、监视和侦察系统的主要功能和性能。图 8.2 给出了直接访问节点的功能和处理传感器的信息:检测、跟踪、判别/分类、识别。此外,图 8.2 说明了重新获取(更新跟踪文件)、聚合(用来自其他节点的数据压缩消息流量)和能够进行多目标或近距离空间对象(CSO)跟踪的算法,其中跟踪功能检测多个对象并调用与多个目标或 CSO 相关的算法。除了及时报告,这些关键功能还描述了任何战术情报、监视和侦察系统(不仅仅是无线传感器网络)的总体需求:查找、分类和目标跟踪。无线传感器网络设计还必须能够执行许多其他功能;但是,我们可以认为这些功能是电源管理、网络管理和安全这样的基础功能的。设计良好的中间件显然是需要的。

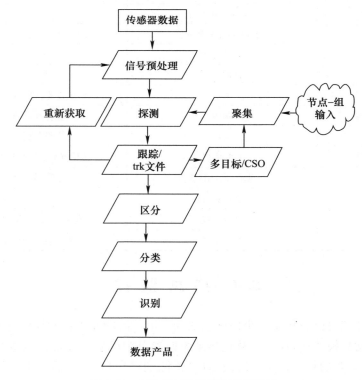

图 8.2 支持中间件的目标处理函数

8.5.1 检测功能

检测开始于向无线传感器网络系统发出潜在目标信号的事件。与检测功能相关的关键需求是:不允许遗漏(进入感兴趣区域的对象,但未被检测到)和最小化(或理想情况下,不存在)误报警。正如第 5 章所讨论的,检测方法是使用估计理论推导出来的,并且与假设检验密切相关。回想一下,若目标已经存在,但系统没有产生预期的警报响应时,则检测效果矩阵包括对检测概率 P_d 的评估、误报警 P_{FA} 和出现一次遗漏的概率 P_m。目标是在一定传感、计算和通信的性能水平条件下,使 P_d 最大化和 P_{FA} 最小化。不幸的是,P_d 和 P_{FA} 可能是正相关的。此外,造成误报警可能也意味着遗漏目标,从而增加了遗漏目标的概率 P_m。如第 5 章我们处理 P_d 和 P_{FA} 这两个概率,P_m 可以表示为

$$P_d = 1 - P_m \tag{8.1}$$

关于检测概率,回顾第 5 章中的系统设计过程,我们最开始是在尽可能最大化 P_d 的同时去找一个可接受的 P_{FA}。在某些情况下,可以实现一种提高检测概率但同时不增加虚警概率的方法。对于主动传感器模式(如激光和射频雷达),可以使用匹配滤波器布局(图 5.7 和图 6.8)实现后向散射信号的相干集成,通过正交采样保存相位信息。假设非波动性目标和背景噪声是独立的,观测的样本对样本(如 AWGN)积分导致的线性增益与采样大小 N 成正比,在非相干积分和上述假设成立下,增益以样本量的平方根($N^{-1/2}$)增加[5]。

增加观测时间可以通过多种方法实现,但最突出(也是最简单)的方法是利用大量传感器节点来延长感兴趣的区域内观测到潜在目标的窗口时间。当然,关于部署的节点数量的确定,必须考虑到任务的感兴趣的区域以及传感器在操作环境中的有效距离指标。这种考虑直接影响部署设计,这是因为无线传感器网络系统设计师试图平衡节点数量、板载传感器功能和处理能力。部署数量的选择还应考虑对链路、硬件的可靠性以及寿命的支持。链路故障通过使用替代路径的 MAC 重路由解决,保留节点支持自愈。给定部署模式的和按 M 型部署的传感器,可以对入侵距离进行表征。入侵距离指的是潜在目标在被检测到之前进入被监控感兴趣区域的总距离。目标被检测到取决于触发节点的数量 M_{trig}。因此,引入了一个基于无线传感器网络的延迟时间 T_D,表示实际入侵和检测到事件信号之间的时间[6]。允许的系统延迟 T_{sys} 是通过实际目标入侵时间和通知给最终用户(如任务操作中心)的相关时间戳之间的时间差来计算的。

T_{sys} 很大程度上取决于 T_D 的值;然而,其他因素也进入了总体延迟方程,如

节点和组处理时间、消息传播的检测、滤波中继到骨干通信架构的延迟以及MDC（最终用户）报警消息的传递/识别。以前，这些因素造成的时间滞后占主导作用，但考虑到全球通信的巨大进步和最新的处理器速度，直接与传感器节点相关的决策时间 T_D 已成为估计总延迟时间的主要因素。为了完全满足战术情报、监视和侦察系统的目标，无线传感器网络可能需要依赖于多个传感器的观测 M_{obs} 和更高网络层次的数据融合。更高的处理层次是通过结合一些最近邻节点的观测（历史测量记录和相关的数据）进行定义的。多节点观测具有优势。在无线传感器网络节点上使用的传感器不需要提供远距离传输的能力。此外，无线连接的传感器阵列本身扩展了传感器覆盖范围，超过了单个节点。最后，传感器不需要在大视场（FOV）上进行检测。

8.5.1.1 有源和无源模式的节点

在无线传感器网络部署过程中，传感器方向随机分布，视场较窄的传感器随机指向；但是，当单个节点可能未观察到时，相邻节点会对其进行覆盖，因此感兴趣的区域可以被充分覆盖。利用这种传感器技术和相关处理，可以节省电量和成本。通过使用主动传感器模式（激光和射频雷达），在特定的任务配置中也可以实现节能。为了平衡有源传感器节点电量消耗和传感范围，必须为感兴趣的区域提供足够的电量覆盖。当扩大传感范围时，超过无源模式（被动模式）能力的情况可能发生，但这不是重要的占空因数。这种混合式无线传感器网络依靠无源传感器节点来提供大量的持续监测，并具备激活有源传感器的提示功能。可以看到，适合此类无线传感器网络的场景就是那些强调长线性尺度（或区域）的感兴趣区域的场景。

混合系统通过使用分层方法平衡电量（和成本）消耗。无源传感用于识别目标何时进入感兴趣区域，而有源传感可以提供精确的目标定位和改进的分类。这使得主动传感器日常运转最少，同时减少了监测大型感兴趣区域所需的无源传感器数量。例如，混合无源－有源节点部署对于涉及道路、管道、水路、地形特征或建筑周边的任务是非常有效的。这种混合传感器场由无源传感器通过自治规则来控制和操作有源传感器，如图 8.3 所示。图 8.3 描述了在无源传感器场（如被动红外）内使用微激光传感器节点的情况。有源系统的范围远远超过无源节点的范围（100∶1）；然而，有源系统消耗的电量也多出几个数量级（成本也更高，但是比率较低，只有 10 倍之多）。相对于精度（目标的定位）和有源节点主要传感器距离（10^3∶1），该混合方法平衡了无源节点的耐用性。无源节点扮演自鸣器的角色，执行持续监测任务，以激活有源传感器节点。

8.5.1.2 恒虚警检测处理器

对于一个由分布式传感器、同质或异构节点组成的系统，最后需要考虑的是

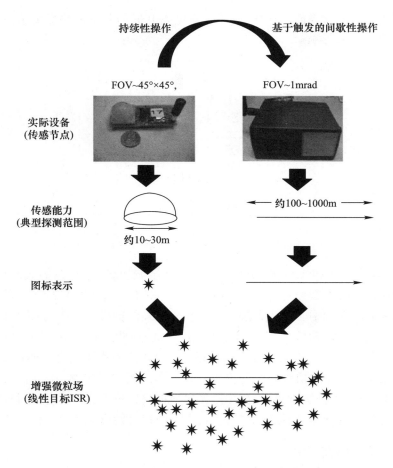

图8.3 混合传感器微粒场显示了使用持续传感器节点在物体
检测和确认后触发有源传感器节点

对多传感器提供多个观测数据的处理。设计适当的检测算法可以利用这些多个观测数据,来提高测量数据融合:一是通过对测量数据的直接融合(如测量数据的不相干或时间延时积分);二是通过使用数据构造作为恒虚警检测(CFAR)处理器。CFAR的基础是在保持一定的误警率的前提下,在非平稳噪声和杂波背景下自动检测目标。在目标检测中,根据背景观测噪声功率大小自适应地设定阈值。通常,噪声功率电平起初是未知的,可以使用一个固定的阈值。不幸的是,一个恒定的阈值可能会增加误警率,同时显著降低检测概率。CFAR根据当前状态,通过使用相邻测量的背景值来设置阈值,如图8.4所示。通过这种方法,阈值可以通过多个观察值的加权移动平均数来更新,而不是使用单个测量值或使用固定的先验阈值。这样,就可以避免离群值和背景测量显著偏离平均背景噪声等带来的影响。

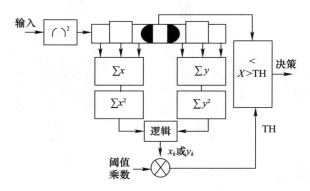

图 8.4　CFAR 处理方法背后的工作原理

CFAR 在同质和非同质背景(如多目标和杂波边缘)下检测的效果评估,在公开的文档中已有很多论述[7-8]。在分析中,采用自适应阈值技术,实现利用单传感器和 CFAR 的中心检测方法。基于多分布式传感器的自适应 CFAR 处理和数据融合技术已成功应用于声学传感领域。在这些系统中,M_{trig}($<M$)分布式传感器(最邻近节点)提供了在均匀高斯背景噪声下对组平均过程的观察。

对汽车车道偏离摄像系统的检测就是该方法的应用实例。CFAR 与多个传感器一起使用,以抑制背景变化,多摄像机数据可以积累,适当的图像拼接,并输入到霍夫变换处理器,以提取关键边缘,用于向司机发出车道偏离信号。

8.5.2　跟踪功能

跟踪涉及建立目标位置的时间序列。跟踪的目的在于呈现一个目标的轨迹,即位置随时间的变化,以及方向和速度的估计值。通过预测轨迹,传感器场可以智能地激活传感器节点的静默区域,以便做好收集观测数据的准备。在跟踪过程中,大量有害事件的发生可能会干扰跟踪过程,包括目标中断(观测中断)、多目标重叠(混淆目标)、目标完全丢失(如地形隐藏、背景噪声过大、目标信号丢失)。

现在有很多算法用来处理观测数据缺失、数据接收错误、处理损坏或机动目标等问题。要实现成功的跟踪,需要无线传感器网络系统估计目标进入的初始点,并在可接受的探测延迟内为系统(和任务行动中心)提供足够精度的轨迹。这个需求隐含了目标定位的需要。跟踪性能要求规定必须界定和指定跟踪精度,即目标的实际位置和估计位置之间的最大差异(在实际限制内)。由于上述某个问题的存在,预测轨迹与主动轨迹的过度发散通常会导致目标轨迹丢失。

8.5.2.1 $\alpha-\beta$ 跟踪

机动目标的跟踪一直都比较困难,但可以通过许多算法来解决,如经典的 $\alpha-\beta$ 跟踪器。$\alpha-\beta$ 跟踪器是一个在简单场景下效果不错的模型,模型中轨迹依赖于位置 x 及其一阶导数——速度 v。假设速度在采样间隔 Δt 内保持恒定,下一个采样时间的位置更新可以估计为

$$\hat{x}_k = \hat{x}_{k-1} + \hat{v}_{k-1}\Delta t \tag{8.2}$$

随机变量表示从位置测量和使用速度假设得到的值的估计。如果系统获得与速度如何偏离匀速假设相关的信息,式(8.2)可以通过修改 $\hat{v}_k$ 来适应这一点。有了这些假设,对于速度,有

$$\hat{v}_k = \hat{v}_{k-1} \tag{8.3}$$

对于位置,一个更新值的预测 $\hat{x}_k$ 要对先前位置进行估计,会因观测噪声而产生误差。预测误差 $\hat{r}_k$ 称为残差估计误差或偏差,并遵循统计滤波解释。预测误差的估计可以度量为观测位置 x_k 与预测位置 $\hat{x}_k$ 之间的差值,有

$$\hat{r}_k = x_k - \hat{x}_k \tag{8.4}$$

$\alpha-\beta$ 跟踪器使用两个常数 (α,β) 分别修正位置和速度估计。假设正偏差,$\hat{r}_k > 0$,表明之前的位置估计值偏低,利用常数 α 和 β 对预测的位置和速度值进行修正,将位置和速度预测值修正为

$$\hat{x}_k \leftarrow \hat{x}_k + \alpha\hat{r}_k \tag{8.5}$$

$$\hat{v}_k \leftarrow \hat{v}_k + \beta\frac{\hat{r}_k}{\Delta t} \tag{8.6}$$

式(8.5)和式(8.6)实际上是位置和速度的平滑估计。选择一个适当的采样周期(如足够快),这些修正显示估计值在梯度方向有小偏差。随着修正量的累积,状态向量估计的误差减小。为了收敛和稳定,α 和 β 乘数的值应该为正且较小,并满足取值范围[9],有

$$0 < \alpha < 1;\quad 0 < \beta < 2 \tag{8.7}$$

$$0 < 4 - 2\alpha - \beta \tag{8.8}$$

当 $0 < \beta < 1$ 时,噪声受到抑制;否则进入系统的噪声会被放大。α 和 β 值根据经验进行调整。例如,当跟踪瞬态转移时,较大的 α 和 β 值产生更快的响应,

而较小的 α 和 β 增益降低了引入状态估计的噪声大小。当在精确跟踪和降噪之间取得平衡时，$\alpha-\beta$ 跟踪算法有效，与直接测量相比，状态估计式(8.1)会收敛到更高的精度。

8.5.2.2 卡尔曼滤波器 – 跟踪器

对 $\alpha-\beta$ 跟踪器进行了改进，如卡尔曼滤波器、扩展卡尔曼滤波器（EKF）、模糊逻辑修正 $\alpha-\beta$ 滤波器和粒子滤波器[10-12]。卡尔曼滤波对状态变量的值进行估计，并以一种类似 $\alpha-\beta$ 滤波器的方式修正它们，但从动态意义上来说，是从建模状态输入和过程噪声源推导而来。卡尔曼滤波器与 $\alpha-\beta$ 滤波器的显著区别如下：

（1）卡尔曼滤波器使用详细的动态系统模型，扩展了简单的双状态（位置、速度）模型；

（2）卡尔曼滤波器使用多个观测变量来校正状态变量估计，这可能也不是单个系统状态的直接测量；

（3）状态特性和观测的协方差噪声模型被输入到卡尔曼滤波器中，与使用固定增益常数不同，卡尔曼滤波器自动更新系数。

利用具有恒定过程噪声协方差和测量协方差的匀速目标动力学模型，设计了一种跟踪运动目标的卡尔曼滤波器，其收敛于 $\alpha-\beta$ 滤波算法。然而，使用假设的过程和测量误差统计，在每一个时间预测步骤中递归地计算状态增益值。相反，$\alpha-\beta$ 增益值则是临时计算。使用卡尔曼滤波器对目标位置进行精确跟踪可以很好地减少驻留误差，但需要相对复杂的计算和存储空间[13-15]。这种计算负载对于无线传感器网络传感器节点可能不合适（或不可行）。使用卡尔曼滤波器的另一个问题是验证复杂的建模结构和使用大量的系统参数。这需要对整个系统进行复杂、精密的诊断评估。

8.5.2.3 $\alpha-\beta-\gamma$ 追踪

一种使用比卡尔曼滤波简单的改进跟踪方法，适用于基于无线传感器网络的应用，这种方法需返回到 $\alpha-\beta$ 跟踪器，但是需要修改三个增益参数，称为 $\alpha-\beta-\gamma$ 滤波器。该算法建立在 $\alpha-\beta$ 跟踪器的基础上，但假设加速度恒定，且速度恒定。按照式(8.5)和式(8.6)更新系统状态，但有第三个参数（γ）用于加速。这使得状态向量更新为

$$\begin{cases} \hat{x}_k \leftarrow \hat{x}_k + a\hat{r}_k \\ \hat{v}_k \leftarrow \hat{v}_k + \beta \dfrac{\hat{r}_k}{\Delta t} \\ \hat{a}_k \leftarrow \hat{a}_k + \gamma \dfrac{\hat{r}_k}{\Delta t^2} \end{cases} \quad (8.9)$$

与 $\alpha-\beta$ 跟踪器中预测速度的处理类似,对 $\alpha-\beta-\gamma$ 滤波器加速度估计的更新需要使用之前的加速度输出,即

$$\hat{a}_k \leftarrow \hat{a}_{k-1} \tag{8.10}$$

8.5.2.4 跟踪复杂度和方法:马尔可夫链和曼克勒斯算法

当传感器系统必须跟踪某一目标而不是汇集多个目标的轨迹,或同时需要跟踪多个目标时,跟踪的复杂性就会凸显。传统上,基于建立跟踪的概率和误报的密度进行跟踪效果分析,据此考虑使用各种跟踪算法,如马尔可夫链模型和曼克勒斯分配算法[16]。使用马尔可夫链模型时,对跟踪行为的描述采用传统面向跟踪的、基于简单历史位置(马尔可夫链)建模的跟踪算法。在曼克勒斯算法时,通过使用位置逻辑(如最近邻方法),逐次采样建立关联,从而形成偶图,使每个对象之间从测量到测量都有关联。传感器系统的总体跟踪性能用两个关键特征(TPM)来衡量:①从目标回波建立跟踪的概率;②计算单位时间内单位监视空间产生的错误轨迹密度。

第一个性能度量是通过目标观测建立轨迹的概率。在多假设跟踪算法中,数据到数据的关联假设保持为一组一致的轨迹。为了建立轨迹,我们必须使用合理的逻辑操作,该操作基于公式化轨道而提取的假设。在实践中,跟踪功能依赖于复杂的机制,包括使用少量的数据点推导出的高斯分布、开发可靠的数据关联逻辑以及消除可能的目标轨迹以达到目标轨迹的最佳估计。对同一跟踪逻辑产生的误跟踪密度的估计是另一个需要量化的性能指标。建立轨迹的概率和伪迹密度这两个量被称为系统运行特性,相当于二元分类系统中常用的接收器运行特性(RoC)。

8.5.3 判别/分类功能

在检测之后,就开始了判别和分类的过程。对于这些专业功能,需要考虑具体语义,因为在实践中,这些功能的目标是重叠的[17-18],并且这两个功能都需要使用统计推理,如第 5 章所述。为了区分这两种活动,我们将采用判别和分类的规范定义。判别背后的目的在于根据直接测量结果将目标和对象划分为不同的群体。判别功能用于描述数据统计信息,并努力识别将目标与指定组关联时有用的最佳参数(值)。判别功能依赖于与特定对象相关的可观察特征,该特征可以将该对象与一组预定义的群体(如车辆、人员)之一联系起来。判别功能的实施效果高度依赖于在判别空间 K 中区分群体的标准。用于统计上确定个体群体的特征参数必须具有足够的选择性,以便通过决策理论为对象的类分配提供合理的置信度(第 5 章)。当然也会因为分离因子 K 和可用于区分竞争群体的可观察量的选择,而导致出现目标分类错误。

为寻求多种判别方法并应用于潜在目标的判别,图 8.5 描述了一个多变量函数,用于对目标群体进行分类。通过比较可观察量,以确定某目标群体是否与特定的目标群体相关。目标分类效果的好坏取决于目标群体和非目标群体之间分类评价指标 K 的分离度。如果 K 代表不同分类组的分离,那么就会发生分类错误,因为依据判别分离组对从观察数据收集的数据进行统计,会产生目标分类的重叠。

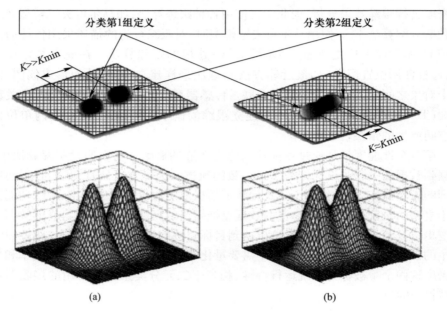

图 8.5　判别(K - 因子)分类群分离
(a)组 1 定义,大于 K_{min},判别充分识别;(b)组 2 定义,判别空间不足。

与分类相关的目标是将新查看的目标和对象分配给预定义的组群体。一旦一个对象被观察到,适当的判别式将该对象放入多个群体类中的一个。在分类中,基于越来越详细的判别进一步细化,以达到对目标的具体识别。分类性能通过使用与错误分类相关的成本来评估,这取决于与错误分类相关的任务失败的严重程度。对于正确的分类,代价应为零。误分类的代价并不一定相等,这意味着将第 1 组对象误分类为第 2 组对象并不等于将第 2 组对象误分类为第 1 组对象[19-21]。

8.5.4　识别

识别是最后一个阶段,是将一个已检测和分类的目标与唯一的对象联系起来。识别是用来判断某车辆是否真正属于某一个非常具体的目标名单。用于战术情报、监视和侦察的无线传感器网络系统的识别旨在判定一个目标/对象的类别为某一种车辆(履带式、轮式、柴油、汽油等),以及判定人员是武装人员或是非武装人员。识别功能可以为传感器模式提供帮助;因为从速度和位置的跟踪估计中收集到的信息有助于提供判别分离因子 K,这对于快速将物体进行区分和完成目标类别的分类非常有用。一个大型的传感器场可以通过使用差异和分类规则来区分背景噪声和目标,这些规则与激活节点相关,根据激活节点是簇内还是一个较大区域而有所不同。例如,雷暴会同时激活一个传感器场里所有的声学监测,而一辆柴油车在穿过传感器场时只会激活其轨迹上的一组节点。

图 8.6 演示了在对等点(集群)上对传感器节点进行的分组,当数据从节点传输到接入点(AP)时,网络实现了信息的聚合和相关。该集群支持处理指定的检测区域,其中具有侦听视域(FOR)的简易传感器可以远低于 360°。因为可以通过传感器部署和射频范围功能来实现重叠,提供冗余,所以集群还支持无线传感器网络网络的可靠性。簇头负责层级的处理。

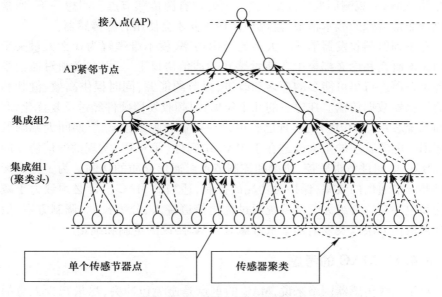

图 8.6 多节点和层级数据处理

8.6 电源管理

电源管理是一个更关键的支撑功能,它通过中间件和硬件设计的结合来实现。在无线传感器网络的严重故障模式中,能量耗尽是导致无线传感器网络可靠性问题、节点丢失和网络中断的首要原因。通过电池系统、太阳能或能量收集提供电源使无线传感器网络网络运行。因此,在无线传感器网络系统设计的所有方面,都必须考虑电源管理:节点能力、部署模式以及可能最重要的、灵活的中间件设计。

在构成无线传感器网络传感器节点的子系统中,无论节点处于活动模式还是非活动模式(如睡眠模式),无线电收发器都会消耗大部分可用能量。在有源运行期间,射频收发器的平均功耗是微处理器或传感器子系统[22]的 400% ~ 500%。在静态模式下,射频子系统仍然会消耗较大的电量,其次是微控制器系统,因为传感器会断电以进入睡眠模式。

在电量消耗排名中有一个明显的例外。当传感器模式基于有源技术(如微激光和/或射频雷达)时,电量使用最大的单元,从射频收发器变成传感器,但这种情况只有当传感器为有源传感器时才会发生。因此,必须通过使用异构的传感器场(有源和无源传感器的组合)、专业中间件、节点冗余以及增强能量生成和存储(如每个观测周期的能量收集)来处理有源传感节点。回想一下,通常只有执行非常特殊的战术情报、监视和侦察任务才会使用有源传感器。

考虑到射频收发器消耗了大多的可用功率,就不难理解为什么大量关于节能的深入研究和论文都集中在能量感知的通信协议上[23-25]。必须对通信系统的各个方面进行尽可能多的探索和改进,以节约能源,同时提供高效、健壮和及时的传感器数据传输。在过去的几十年里,射频收发器硬件经过反复优化,芯片组和系统芯片(第 6 章)的实现已经可以在传输和睡眠模式[26]期间大幅降低能量使用。电源管理的重大改进在于 MAC 中间件(第 4 章)实现的通信协议的控制。MAC 中间件负责监控、协调和控制节点对通信介质的访问。为了提高无线传感器网络通信的效率,保持对功耗的控制,适当的 MAC 设计必须致力于减少干扰和包冲突。分组无线电系统通过优化信道接入、分组长度、调制方案、信道信令和重传方法以及发射功率来考虑对 MAC 协议的定制和细化。

8.6.1 MAC 的考虑

对于无线传感器网络来说,MAC 的重点是避免包冲突,尽量减少无意的消息接收,减少传输开销(如清除发送、等待发送)和空闲监听。无线传感器网络的平均通信量相对较低。然而,在触发事件期间,出现了高于平均消息率的情况,这反映为数据包之间的到达间隔时间减少。此外,随着数据流向访问点(AP)传播,节点数量越少,消息流量就越大。正如第 6 章所讨论的,网络链路是相当不可预测的,最好用概率模型来表示。在无线传感器网络设计中,链路丢失的解决方案多种多样，包括自修复、重传、和/或重路由等。

完善的 MAC 实现可以分为基于预留的协议（如 TDMA）和基于争用的协议（如 CSMA）。不幸的是，TDMA 和 CSMA 都不适合无线传感器网络系统，因为无线传感器网络的重点首先是低功耗运行。无线传感器网络开发了许多低功耗 MAC 协议并经过广泛的评审，也得到了很好的介绍[27-30]。一种成功开发的称为 Berkeley – MAC(B – MAC)的 MAC 协议，可应用于各种专门设计用于支持战术情报、监视和侦察活动的无线传感器网络系统。

虽然低功耗 MAC 协议有很多，但鉴于 B – MAC 在战术情报、监视和侦察验证和评估中使用的背景，我们将重点关注 B – MAC。为实现低功耗工作，B – MAC 采用自适应前置采样方案，以减少占空比和最小化空闲监听。B – MAC 重量轻，可重新配置。利用 B – MAC 基元可以有效地实现无线传感器网络协议。例如，传感器 MAC(S – MAC)和超时 MAC(T – MAC)可能作为将 B – MAC 用作链路协议的业务来实现。S – MAC 和 MAC 执行同步、组织、分段，这有助于缓解隐藏的终端等问题。B – MAC 是为了满足无线传感器网络应用的要求而设计的，它结合了有利于无线传感器网络系统的特定 MAC 特性，包括：

（1）低功耗运行。
（2）有效避免冲突。
（3）实现简易，达到最小代码和内存使用。
（4）高低数据速率下均能实现高效信道使用。
（5）可通过网络协议进行重构。
（6）对动态网络配置具有容错性。
（7）可扩展到非常大的节点数量。

B – MAC 建立在 CSMA/CA 定义的基础上，采用清晰信道评估（CCA）来确定信道是否清晰，包括载波侦听和能量检测。载波侦听（CS）机制由物理侦听和虚拟侦听两部分组成。物理侦听由 PHY 层提供，直接测量有效包（符号）的接收信号强度。如果信号强度高于某个预定的（标准）阈值水平，则认为介质繁忙。虚拟侦听由 MAC 提供，被称为网络分配向量（NAV），当介质可用时作为节点的指示器。只要持续时间大于当前的 NAV 值，NAV 就会在每次接收到未发送到接收节点的有效帧时更新。通过评估 NAV，节点可以避免在物理侦听错误指示空闲介质时进行传输。

使用基于 CSMA/CA 的协议，传感器节点在发送帧之前执行 CCA，以避免在信道繁忙时造成冲突。回想一下，CCA 测定通过阈值实现，只有当被测信号低于本底噪声时，通道才被认为是清晰的。不幸的是，在 RF 噪声环境下，由于信道能量的显著差异，阈值可能会产生大量的误报。误报降低了有效信道带宽，因此应该减少。虽然 CCA 在 PHY 层实现,但它直接影响到与电源管理和链路吞吐量相关的 MAC。此外,CSMA/CA 由于隐藏的节点问题,是不可靠的。由于在一个特定节点的 CCA 准备发送不检测数据消息定向到预期的接收节点,因此可能发生冲突;第三个节点被发送节点[31]隐藏(未检测到)。隐藏的节点问题可通过在链路节点之间使用等待发送(RTS)和清除发送(CTS)短消息来解决。然而,RTS 和 CTS 增加了消息流量而不传递数据;实际上,这些消息消耗的能量没有完成主要的目标,即传递有效的目标数据。

B – MAC 协议直接采用了一种基于离群点检测的技术来提高 CCA 的质量。使用 B – MAC CCA,节点在接收到的信号中寻找异常值,以获得显著低于本底噪声的信道能量。如果一个节点在信道采样过程中检测到一个异常值,那么因为一个有效的信号出现显著低于本底噪声的异常值的概率非常低,它会宣布该信道已清除,如果一个节点在 5 个样本中没有检测到这样的异常值,那么 CCA 就会声明该通道处于繁忙状态。离群点检测技术依赖于估计本底噪声的准确性。B – MAC 采用自动增益控制来估计本底噪声,以适应环境噪声的变化。每个节点在信道被认为是清晰的时候采集信号强度样本,例如,在发送一帧后立即采样。从这些值中,每个节点计算一个平均值,并使用它作为一个简单的低通滤波器来估计本底噪声。使用异常值检测的结果性能成功地超过了 CS 阈值[32]。

除了避免冲突和良好的通道利用率,准确的 CCA 还有节能效果。CCA 允许节点在等待接收数据帧时监听前导通信,以确定信道是否仍然繁忙。如果节点在接收数据之前检测到通道已返回到空闲状态,则节点停止侦听并返回到睡眠模式。通过避免这种接收,准确的 CCA 提高了前导采样性能。直接影响功耗的其他方面包括部署模式(节点和链接中的冗余)、节点操作和任务循环操作的使用。

8.6.2 低功耗微控制器的解决方案

低功耗微控制器为节点设计人员提供了消耗不同功耗级别的多种功耗状态、多种唤醒延迟以及不同级别的外设支持。低功耗微控制器系统运行时保持在尽可能低的功率状态,以满足应用要求。准确地确定这种状态需要全方位了解相关子系统内存、传感器和 ADC 组件的功率状态。当电源模式从低功耗状态变成活动状态时,状态转换与微控制器接收中断有关,直到 RTOS 调度程序识别到空任务队列,此时,微控制器返回到低功耗状态。RTOS,比如久负盛名的 TinyOS 2. x,使用多个(适用于 TinyOS 2. x)机制决定微控制器采用何种低功耗状态:状态和控制寄存器、页面重写标志位和功耗状态超控。页面重写标志位或修改位与计算机内存块相关联,它指示相应的内存块是否被修改过。当处理器写入(修改)此内存时会设置页面重写标志位。该位表示其关联的内存块已经被修改,还没有被保存到存储器中。当任务队列为空[31]时,TinyOS 调度程序将处理器置于睡眠状态。

无线传感器网络节点设备的设计采用了现成的低功耗微控制器组件和系统,其中包括预处理和 ADC 电路。通过开发基于硬件专业化和电源门控,可以开发新的微控制器架构,从而节省了两个数量级[33]的额外功率。降低微控制器功耗的方法集中在前端级,其中功耗是静态的[34]。低功耗应用的微控制器设计是通过模拟 CMOS VLSI 处理单元在亚阈值范围设计技术[35]进行开发的。

8.6.3 电源:电池电源

无线传感器网络的设计可能需要使用电压调节器或转换器来实现恒定的轨电压。如果轨电压具有严格的工作电压范围规定,则使用 DC – DC 变换器可以允许系统利用更多的电池容量。然而,功率效率(如 e_v)与任何 DC – DC 稳压器相关联,它是调节电压 V_r 乘以源(电池)电压 V_b 的函数,即

$$e_v \propto \frac{V_r}{V_b} \tag{8.11}$$

只要符合转换器的净空规格,DC – DC 调节就可以正常工作。稳压器正常工作,直到达到低漏电压水平。此时,稳压输出将开始随着源电压的变化而变化,恒轨电平不再存在。由于功率损失 L_p 而需要进行考虑。此损失使用输入和输出电压电平之间的电压差与消耗电流 i_d 的乘积进行评估,有

$$L_p = (V_r - V_b) i_d \tag{8.12}$$

为了降低传感器节点的总功耗,可以将电池组直接连接到轨电源上。然而,不调节轨电源时,因为系统电压没有严格定义,会形成不确定性。为保证运行,节点设计人员应采用具有额定最大和最小允许电池电压的组件。此外,当电压降至额定工作电平以下时,需要将电路断电,以复位微控制器系统。

8.6.4 电源:能量采集

对于无线传感器网络传感器节点来说,从环境能源中获取电能是一种有吸引力且越来越可行的选择。然而,设计高效的微尺度能量采集系统需要深入考虑和权衡。能量采集的大部分挑战来自传感器形状因素的限制,将换能器的体积限制在立方毫米。因此,这些微型传感器的最大功率输出非常小,通常只有几毫瓦。因此,采集子系统应该精心设计,尽可能多地从换能器中提取能量,并以

最小的损耗将其传输到电子系统中,这就要求设计具有非常高效的节能性能[36]。

近几十年来人们进行了大量的研究,评估了从各种自然和人造能源中获取的能量,达到了无线传感器网络可用的规模。在增加传感器节点功率以及使用越来越多的高能量电池组方面,已经取得了许多成功,并将继续取得进展。无线传感器网络的能量采集机制考虑了四种主要的自然和人造能源:辐射能(包括太阳能、天然电磁场和人造的电磁场)、机械能(风力驱动、水驱动、压电材料振动)、化学能交换(如直接甲醇燃料电池[37])和热能(地热差分提取)。每种方法都有潜力,并且都会带来必须考虑和评估的设计更改。关于利用热能、辐射能和机械能的无线传感器网络设计方法的描述已有很多记录,具体请参阅文献[38]以获得全面的了解。

8.7 可 靠 性

无线传感器网络由数百或数千个传感器节点组成,其处理、存储和电池能力有限。降低无线传感器网络节点功耗(通过增加网络生命周期)和提高网络可靠性(通过提高无线传感器网络的 QoS)的策略有很多种。然而,功耗和可靠性之间存在着内在的冲突:可靠性的提高通常会导致功耗的增加。为了追求可靠性,路由算法可能会通过不同的路径转发相同的报文(多径策略),显著增加了无线传感器网络的功耗。为了确定采用多径策略的无线传感器网络系统的性能,评估建模必须将电池电量作为关键因素[39]。

8.7.1 可靠的传输设计

无线传感器网络系统可靠性的技术包括数据包重传、网络冗余和数据纠错编码(ECC),其中重传不需要反向通道。现有的研究主要集中在传统的基于重传的可靠性,即通过重传来恢复丢失的数据包,从而保证数据包的可靠传输。这可能会导致额外的传输开销,不仅会消耗能源,还会导致网络拥塞,从而影响数据传输的可靠性。纠错编码会导致链路拥塞,使用纠错编码的数据消息包含冗余信息,用于检测和纠正传输错误,但整个消息(以及信号错误检测所需的消息)不需要重传。

重传和冗余可以逐跳实现,也可以通过端到端操作的过程实现。逐跳算法采用中间节点来实现重传或提供链路冗余。使用端到端算法,只使用源节点和目的节点进行重传或冗余。结合使用这些方法的组合算法也已经基于数据包或事件级别的可靠性进行了评估。数据包可靠性要求相关传感器节点的所有数据包都到达接入点,而事件可靠性则确保接入点获得足够的信息来识别某个特定的触发事件已经发生。目前有很多基于重传技术和冗余技术混合组合的可靠性方案,而且已经在以无线传感器网络可靠性为核心的文献[40]中进行了广泛研究。

8.7.2 可靠代码传播

可靠性的另一个方面与系统中节点的中间件编程有关(一个或多个传感器场)。为了进行正确的操作,无线传感器网络系统必须能够断言所有节点都在运行预期的中间件版本,并且存在一个健壮的流程来提供空中传送(OTA)重编程,以允许对驻留在每个节点上的中间件代码进行修改、更正或更新。无线传感器网络的可靠性必须能够到达不在接入点(中间件更新源)无线电范围内的节点,需要通过多跳传播进行更新。

插入中间件更新还必须考虑在中间件上传期间出现错误时恢复节点操作的方法。可恢复性表示传感器节点具有升级正在传播和实现的中间件版本的手段,或者具有回退能力,可以返回到以前的版本并重新尝试上传。假设上传的OTA传播在有限的时间窗口内在整个系统中重复和/或弹回。其目标是提供自治逻辑,以防止节点被永久锁定而无法到达中间件(或者考虑提供自启动的全面下电功能)。针对无线或多跳无线重编程功能,提出了许多恢复算法,包括网络内编程(XNP)、Trickle算法、多跳无线编程(MOAP)和Deluge协议。

所有这些算法都对操作做出了假设,其中一个核心假设是恢复算法是完整且可操作的。不幸的是,低成本传感器节点已被证明以非预期、非计划的方式运行,排除了这一核心假设。因此,除非实现了一种检测错误上传的方法,并且为节点提供了对网络的访问以尝试重复上传,否则任何可恢复能力都不能得到保证。

8.7.2.1 处理器保护模式和中断计时器

在传统的操作系统实现中,计时器使操作系统能够保持对处理器的控制。在将处理器的控制权交给以用户模式下运行的应用程序之前,操作系统会设置一个计时器来重新获得对处理器的控制;当计时器中断发生时,控制返回给操作系统。修改计时器操作的指令有特权,限制这些指令只能在操作系统的保护模式下执行。不幸的是,许多8bit微控制器不能提供真正的保护模式,导致出现应用程序伪控制节点硬件和计时器被激活或中断,这使得操作系统没有机制来抢占行为不端的应用程序。

劫持操作系统可能是偶然发生的,也可能是有意为之(出于安全考虑)。在过去的无线传感器网络中间件中,在RTOS下编译无线可编程(OTA)应用程序的模式就像 TinyOS 一样,是创建一个包含 RTOS、无线重编程组件和用户应用程序的单一代码图像,并希望它们能够协同和谐地共存。这形成了一个漏洞,会导致永久禁用无线重编程。

一个相关的例子就是使用不包含无线重编程模块的应用程序推送上传。这样做使得无线传感器网络系统没有能力执行 OTA 重编程。永不存在的最小单元块的意外插入也会造成漏洞。即使对于使用了看门狗定时功能的健壮的 RTOS,最小单元块的微小改动引出的错误代码,即使该最小单元块没有全局退出,也可能会不断地禁用中断和循环,导致清除监视时钟。由于中断被禁用,监视时钟周期性地清除,RTOS 不存在重新获得控制权的机制。即使中断向量在一个受保护的代码段内,公共指令也存在,因此它们在代码中的存在并不罕见,特别是在中断处理程序中。自动检测恶意代码非常关键。鉴于手动重新编程所有的无线传感器网络节点是不切实际的,有一些方法可以解决这个问题,其中一种方法就是在与 DARPA NEST 程序相关的传感器节点(XSM)上使用 Grenade 计时器,见 8.7.2.2 节。

8.7.2.2 Grenade 计时器法

Grenade 计时器与监视时钟一样,不能重置;该计时器一旦启动就不能停止,只能加速[41]。Grenade 计时器的属性是有序的。任何软件模块都可以在任何时候触发微处理器 Grenade 计时器。Grenade 计时器计数到触发硬中断的时间可以由微处理器(如引导加载程序)在一定范围内调整,直到被激活。一旦 Grenade 计时器启动,它就不能停止,倒计时值也不能改变(一次性启动直到锁定)。只要 Grenade 计时器没有被激活,用于实现 Grenade 计时器的实时时钟仍然可以被处理器引导加载程序或应用程序访问。

Grenade 计时器法可以防止对应用程序失去控制权,但不能防止违反完整性或机密性。如果应用程序可以访问和覆盖关键的 RTOS 代码,那么内存保护会被破坏。将 RTOS 放置在 ROM 中使其不受修改的影响;但 RTOS 工作区域仍然受到破坏的影响。在支持动态更新的节点设计中,RTOS 模块可以归入闪存或 RAM。解决这一漏洞的方法是使用 Grenade 计时器电路拦截处理器地址总线。当 Grenade 计时器激活时,会屏蔽高位地址总线(如果人们希望节省引脚数,在原则上一个位就足够了),并在激活计时器之前用 RTOS 定义的固定页地址替换它。这将防止应用程序读写授权内存页[42]之外的内存或 I/O 地址。

8.7.2.3 节点图像完整性

如果通过状态检查和其他诊断工具检测到节点运行不正常,或者根本无法运行,并通过其中一个原因已确定代码因某种原因而损坏,那么如何重获控制并将正确的代码加载到传感器节点？使用 Grenade 计时器可以保证引导加载程序最终重新获得处理器控制。通过正确设置处理器熔断器，可以保护关键的 RTOS 组件（引导加载程序、中断向量和中断处理程序），免受应用程序的影响。为了恢复网络的互操作性，设计了一个网络引导加载程序与 Grenade 计时器一起操作。网络引导加载程序通过设置的熔断器来实现，因此它可以被擦除，并且只能通过手动重新编程来更改。一个有效的引导加载程序由最小的网络堆栈、网络重编程模块、Grenade 计时器驱动程序和支持代码组成。网络引导加载程序提供一种逻辑，驱动无线传感器网络系统实现与验证码或代码完整性修复相关的功能。

使用表明代码图像版本的唯一标识符进行代码验证，该标识符存储在受应用程序代码保护的非易失性内存（如闪存）中。为了进一步验证当前图像版本是否正确，网络引导加载程序通过广播请求来询问相邻节点的版本值。接收到的消息提供版本号，以及可以与请求节点的值进行比较的值。如果值相同，则认为代码图像是正确的。如果不是，则向相应的节点请求较大的版本（假设使用增量版本号），并用于更新节点图像。为了避免发生上传迭代循环，组级的网络管理功能观察和跟踪上传过程的状态，并在代码图像的多次传输超过预定的计数值时进行干预。当错误的版本号值表示较新的代码图像，并且网络反复来回传输代码图像时，这可能耗尽所有可用的能量存储，或者至少耗尽受影响节点区域的大量能量，这样可以防止失控的消息传递。错误的代码版本也可以通过使用消息验证码验证新应用程序图像及其版本号来处理。

8.8 安　　全

无线传感器网络系统形成一个信息源，构成任务关键系统的一部分，当应用于战术情报、监视和侦察任务时，系统及相关数据的安全性和完整性至关重要。对战术情报、监视和侦察无线传感器网络系统的威胁多种多样。为了使无线传感器网络技术成功应用于战术情报、监视和侦察应用，安全性是一个必须考虑的主要问题。中间件在寻址资源分配、高效通信和管理无线传感器网络方面有着相对悠久的历史。在考虑无线传感器网络的安全措施时，漏洞包括缺乏防篡改能力、使用开放媒体暴露无线消息以及对手通过恶意节点或被破坏节点向网络中注入错误信息的可能性。与无线传感器网络系统服务、资源和数据相关的安全方面仍然是一个挑战。

在安全性方面，有必要考虑几个主要类别：消息安全、节点安全、系统安全和隐蔽操作。消息安全是指传感器节点之间的消息传输的安全性。节点安全地址与物理节点对应。系统安全与网络和整个系统有关,并解决拒绝服务(DoS)、恶意节点、访问点(AP)的破坏和/或滤波过程等安全问题。由于传感器节点的最小体积和低成本要求,很难从硬件的角度解决安全措施。公钥(PK)算法和其他安全协议措施已经遇到了一些问题,原因在于电量限制以及内存和计算能力不足,无法适应高级加密方案。为了实现成功的安全措施,在与无线传感器网络建模、硬件和协议相关的初始设计和分析中,必须考虑和实现各种机制,并在安全级别和计算能力之间进行资源权衡。

8.8.1 密钥管理

对于那些从事密码学工作的人来说,安全设计的口头禅是,除了加密密钥的值之外,整个加密机制都被认为是对手掌握的。作为回应,安全设计者不应该依赖于保持机密的算法,而应该依赖于密钥安全。密钥管理成为成功实现密码可靠性的重要内容和基本组成部分。

有关研究的密钥管理方法的一个例子就是与节点分组(集群)相关联的密钥管理,它采用了分布式概率聚类方案。单跳内的节点视为集群,并被认为是一个网络。无线传感器网络系统视为许多单跳集群的集合,具有一个用于集群内消息授权的集群密钥和一个用于集群间通信的相邻集群密钥。通过一种有效的局部密钥预分配算法,每个节点只需发送一条集群密钥公告消息,就可形成一个集群密钥网络。

8.8.2 加密协处理器

随着CMOS和VLSI技术的不断发展,出现了低功耗、低成本的加密协处理器。具有这种级别的专用处理能力、建立在安全措施上的微处理器正在使用越来越复杂的算法[43],让人们体验到增强的安全能力。最后,关于隐蔽操作,如果对方不知道无线传感器网络系统的存在,则存在可以依赖系统安全性的置信度。这属于低检测概率和低截获概率的范围。

8.8.3 低截获概率和低检测概率

由于无线电波的传播性质,以拦截为目的的敌对窃听者能够轻松拦截正在传输的数据包。低截获概率通信系统通过使用扩频技术实现。扩频是指通过将传输信号扩展到一个大的频带来提供安全通信的成熟算法。扩频背后的想法是使用比原始信息更多的带宽,同时保持相同的信号功率。扩频信号在频谱中没有明显可识别的峰值,使得发射信号更难与噪声(低检测概率)区分,因此更难被干扰或拦截(低截获概率)[44]。

8.8.4 指令认证

认证协议的存在是为了确保特定无线传感器网络系统中每个节点的真实性,授权或阻止对网络和数据消息的访问。通过向节点提供经过验证的凭据以允许对系统的任何访问,认证协议的使用有助于减少网络攻击和安全漏洞。认证协议用于保护敏感的传感器数据不被敌人[45]破坏或攻击。

参考文献

[1] Romer, K., O. Kasten, and F. Mattern, "Middleware Challenges for Wireless Sensor Networks," ACM Sigmobile Mobile Computing and Communications Review, 2002.

[2] "Chapter 3: The Extreme Scale Mote (XSM)," http://www2.ece.ohio-state.edu/~bibyk/ee582/XscaleMote.pdf.

[3] Ahmed, S., "Middleware for Sensor Networks," https://www.slideserve.com/erling/middleware-for-sensor-networks-powerpoint-ppt-presentation.

[4] Khalid, Z., N. Fisal, and M. Rozaini, "A Survey of Middleware for Sensor and Network Virtualization," Sensors, 2014.

[5] Anderson, S., "Target Classification, Recognition and Identification with HF Radar," RTO SET Symposium on Target Identification and Recognition Using RF Systems, 2004.

[6] PixInsight, "Image Integration," https://pixinsight.com/doc/tools/ImageIntegration/ImageIntegration.html.

[7] Chang, K., S. Mori, and C. Chong "Performance Evaluation of a Multiple-Hypothesis MultiTarget Tracking Algorithm," 29th IEEE Conference on Decision and Control, 1990.

[8] Uner, M., and P. Varshnev, "Distributed CFAR Detection in Homogeneous and Nonhomogeneous Backgrounds," IEEE Transactions on Aerospace and Electronic Systems, 1996.

[9] Asquith, C., "Weight Selection in First Order Linear Filters," U.S. Army Missile Command, Report no. RG-TR-69-12, 1969.

[10] Gelb, A., Applied Optimal Estimation, The MIT Press, 1974.

[11] Ligorio, G., and A. Sabatini, "Extended Kalman Filter-Based Methods for Pose Estimation Using Visual, Inertial and Magnetic Sensors: Comparative Analysis and Performance Evaluation," Sensors, 2013.

[12] Hue, C., J-P. Le Cadre, and P. Perez, "Tracking Multiple Objects with Particle Filtering," IEEE Transactions on Aerospace and Electronic Systems, 2002.

[13] Olfati-Saber, R. "Distributed Kalman Filtering for Sensor Networks," Proceedings of the 46th IEEE Conference on Decision and Control, 2007.

[14] Caceres, M., F. Sottile, and M. Spirito, "Adaptive Location Tracking by Kalman Filter in Wireless Sensor Networks," IEEE International Conference on Wireless and Mobile Computing, Networking and Communications, 2009.

[15] Medeiros, H., J. Park, and A. C. Kak, "Distributed Object Tracking Using a ClusterBased Kalman Filter in Wireless Camera Networks," IEEE Journal of Selected Topics in Signal Processing, 2008.

[16] Munkres, J., "Algorithms for the Assignment and Transportation Problems," J. Soc. Indust. Appl. Math, 1957.

[17] https://maitra.public.iastate.edu/stat501/lectures/Classification – I.pdf

[18] Helwig, N. , "Discrimination and Classification," University of Minnesota, course notes, 2017, http://users.stat.umn.edu/~helwig/notes/discla – Notes.pdf.2017.

[19] Jeffrey, T. W. , "Target Classification, Discrimination, and Identification," Phased – Array Radar Design: Application of Radar Fundamentals, IET Digital Library, 2009.

[20] Debes, C. , et. al. , "Target Discrimination and Classification in Through – the – Wall Radar Imaging," IEEE Transactions on Signal Processing, 2011.

[21] Ostwald, J. , H. Schnitzler, and G. Schuller, "Target Discrimination and Target Classification in Echolocating Bats," in Animal Sonar, P. E. Nachtigall, and P. W. B. Moore (eds.), Springer, 1988.

[22] Bachir, A. , M. Dohler, and T. Watteyne, "MAC Essentials for Wireless Sensor Networks," IEEE Communications Surveys & Tutorials, 2010.

[23] Malewski, M. , D. Cowell, and S. Freear, "Review of Battery Powered Embedded Systems Design for Mission – Critical Low – Power Applications," International Journal of Electronics, 2018.

[24] "Chapter 2. Hardware: Sensor Mote Architecture and Design," http://feihu.eng.ua.edu/NSF_TUES/sensor_hardware.pdf.

[25] "Chapter 8: Power Management," https://www3.nd.edu/~cpoellab/teaching/cse40815/Chapter8.pdf.

[26] La Rosa, R. , et. al. , "Strategies and Techniques for Powering Wireless Sensor Nodes through Energy Harvesting and Wireless Power Transfer," Sensors, 2019.

[27] Aslam, S. , F. Farooq, and S. Sarwar, "Power Consumption in Wireless Sensor Networks," FIT'09, 2009.

[28] Sha, M. , G. Hackmann, and C. Lu, "Energy – efficient Low Power Listening for Wireless Sensor Networks in Noisy Environments," 2013 ACM/IEEE International Conference on Information Processing in Sensor Networks (IPSN), 2013.

[29] Agnelo Silva, A. , M. Liu, and M. Moghaddam, "Power – Management Techniques for Wireless Sensor Networks and Similar Low – Power Communication Devices Based on Nonrechargeable Batteries," Journal of Computer Networks and Communications, 2012.

[30] Jain, R. , "Energy Management in Ad Hoc Wireless Networks," https://www.cse.wustl.edu/~jain/cse574 – 06/.

[31] Snoeren, A. , "Lecture 17: 802.11 Wireless Networking," https://cseweb.ucsd.edu/classes/wi13/cse222A – a/lectures/222A – wi13 – l17.pdf.

[32] Szewczyk, R. , P. Levis, and M. Turon, "Microcontroller Power Management," Wired/Wireless Internet Communications: 7th International Conference, WWIC 2009, 2009.

[33] Pasha, M. , S. Derrien, and O. Sentieys, "A Complete Design – Flow for the Generation of Ultra Low – Power WSN Node Architectures Based on Micro – Tasking," Design Automation Conference, 2010.

[34] Antao, U. , C. Dibazar, and T. Berger, "Low Power, Long Life Design for Smart Intelligence, Surveillance, and Reconnaissance (ISR) sensors," 2012 IEEE Conference on Technologies for Homeland Security (HST), 2012.

[35] Zhai, B. , et al. , "Energy – Efficient Subthreshold Processor Design," IEEE Transactions on Very Large Scale Integration (VLSI) Systems, 2009.

[36] Lu, C. , V. Raghunathan, and K. Roy, "Micro – Scale Energy Harvesting: A System Design Perspective," Proceedings of the Asia and South Pacific Design Automation Conference, 2010.

[37] Knight, C., J. Davidson, and S. Behrens, "Energy Options for Wireless Sensor Nodes," Sensors, 2008.
[38] Satish, G., and P. Varma, "Energy Management System in Ad Hoc Wireless Networks," International Journal of P2P Network Trends and Technology (IJPTT), 2013.
[39] Damaso, A., N. Rosa, and P. Maciel, "Reliability of Wireless Sensor Networks," Sensors, 2014.
[40] Mahmood, M., W. Seah, and I. Welch, "Reliability in Wireless Sensor Networks: A Survey and Challenges Ahead," Computer Networks, Vol. 79, 2015, pp. 166 – 187.
[41] Stajano, F., and R. Anderson, "The Grenade Timer: Fortifying the Watchdog Timer Against Malicious Mobile Code," Proceedings of 7th International Workshop on Mobile Multimedia Communications (MoMuC 2000), 2000.
[42] Xie, L., et. al., "A Tamper – Resistance Key Pre – distribution Scheme for Wireless SensorNetworks," Proceedings of the Fifth International Conference on Grid and Cooperative Computing Workshops (GCCW'06), 2006.
[43] Panic, G., O. Stecklina, and Z. Stamenkovic, "An Embedded Sensor Node Microcontroller with Crypto – Processors," Sensors, 2016.
[44] Bash, B, D. Goeckel, and S. Guha, "Hiding Information in Noise: Fundamental Limits of Covert Wireless Communication," IEEE Communications Magazine, 2015.
[45] Riaz, R., et. al., "SUBBASE: An Authentication Scheme for Wireless Sensor Networks Based on User Biometrics," Wireless Communications and Mobile Computing, 2019.

第9章 无线传感器网络传感器模式

实现无线传感器网络的主要目标是在需要观测数据的地方(和时间)部署传感器。本章讨论与无线传感器网络相关的传感器属性,回顾满足无线传感器网络条件的传感器模式的设计和性能,同时提供必要的灵敏度性能。韦氏词典将"传感器"定义为"一种能对物理刺激(如热、光、声、压、磁或特定的运动)做出反应并发送相应脉冲(如用于测量或操作控制)的设备"[1]。但是,在这里,我们在考虑应用、传感器功能以及战术情报、监视和侦察任务要求时,使用了一个更具体的定义。对于战术情报、监视和侦察来说,传感器是一个换能器,可以预测地对外部物理力或场做出反应并将这些输入力(场)转换为适当定义的电信号。有了这个工作定义,我们可以对传感器的选择和设计附加条件。为了确保对输入信号进行预测其响应,要考虑基本传感器功能和传感器校准两个方面。随着对战术情报、监视和侦察任务的关注,传感器节点可以仅用于询问是否已检测到目标,或者可用于执行复杂级别的战术情报、监视和侦察任务,如提供检测到目标的唯一识别特征。传感器节点的预期用途和系统期望之间的相关性定义了传感器性能规格以及传感器的校准刻度。在我们的工作定义中使用"适当定义"信号是为了表明传感器本身并不一定为战术情报、监视和侦察系统最终用户提供现成的信号。相反,传感器涉及提取、处理和格式化测量数据的电路和处理算法。

本章讨论的传感器模式遵循图9.1所示的层次结构,其中灰色框表示为无线传感器网络节点开发的显著模式。如果传感器发出询问信号(如雷达),则光学、射频和声学传感器就是有源传感器,而无源传感器是目标信号被探测器探测到的传感器。对于光学系统来说,激光雷达与成像仪(摄像头)是分开的。对于射频传感器,雷达是以主动的方式工作,而被动射频接收器可用于拦截目标发射的信号。几十年来,战术情报、监视和侦察应用中无人值守的地面传感器一直采用无源模式,以第1章1.2节中关于无人值守地面传感器的讨论为例。这些传感器包括基于各种物理刺激的传感器,如声学、震动、磁力和化学-生物剂。

考虑到无线传感器网络节点资源有限,适应大规模传感器设备的版本严重受限。然而,无线传感器网络系统相对于基于大量分布式节点的复杂传感器具

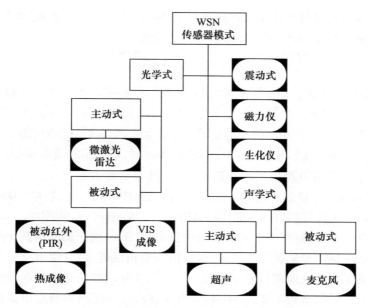

图9.1 无线传感器网络传感器模式层次

有明显的优势。与更复杂但独立的传感器相比,这种传感器节点设计更具优势。尤其值得注意的是,每个无线传感器网络节点所需的覆盖范围只是独立复杂传感器所需覆盖范围的一部分。与复杂的传感器不同,无线传感器网络节点数量庞大,不需要处理大面积或敏感区域,这是由多个节点提供的各种视角所带来的宝贵结果。

9.1 传感器操作

操作方面的问题会影响所有传感器属性,包括地形、天气、时间(ToD)、昼夜效应、背景干扰和目标特征(包括密度和数量)。在评估传感器性能并将特定传感器与替代传感器比较时,应该彻底了解传感器特性的基本面。为了响应未知的场景和目标,传感器节点通常支持两种或更多的传感器模式,以提高目标检测率、减少误报率。除了对传感器的考虑因素,将传感器性能与无线收发器能力相关联,因为这两个功能竞争相同的有限资源。无线传感器网络设计者寻求最大限度的通信范围(R_{RF}),这也是传感器(R_{sen})的目标。为了通过高可靠的无线连接,确保可靠的网络完整性和鲁棒性,特定的节点设计力求其RF范围能够达到传感器范围的数倍。随着节点密度的增加,RF与传感器距离比R趋近1(1∶1)。然而,距离比的设计取决于任务和节点的操作特性。采用有源或声学/震动传感

器的任务可以很容易地使距离比值接近1∶100。考虑到传感器和射频系统适用于无线传感器网络设计,可以将距离比值约束为

$$0.1 \leqslant R = \frac{R_{RF}}{R_{sen}} \leqslant 10 \quad (9.1)$$

式(9.1)中的界限是基于实际战术情报、监视和侦察节点的设计目标和性能。首先,当传感器和射频系统的有效距离为10m或以上时,可以考虑使用它们。传感器距离小于10m,小于10m的范围会增加覆盖重要感兴趣的区域所需节点的数量(如1km×1km)。当平均射频范围达到约100m时,与典型的战术情报、监视和侦察任务寿命和可用节点功率匹配的收发机,其节点放置在水平面上($1/r^4$衰减,图6.3)),被认为是良好平衡的位置。一些传感器能够覆盖(或超过)1000m范围,但大多数用于无线传感器网络的传感器通常工作在10~30m范围内。

如图9.2所示,是在单个部署系统中跨越式(9.1)的距离比值的无线传感器网络节点的示例。想象这样的任务,即保护一条长通道,可以使用一个1km长的线性传感器结合单独监测区域来实现。与图8.3所示的任务相关联,图9.2考虑了由声学/震动、微型激光雷达(MLR)节点和被动红外探测器节点组成的异构无线传感器网络系统。声学/震动传感器提供宽视场覆盖(灰色圆形区域)和相对较长距离的感知,除非实施鲁棒性强的三角测量,否则无法精确定位目标。(对于无线传感器网络类的传感器而言,利用分布声信号的相关性进行相移定位过于复杂。)利用微型激光雷达节点,可以监测震动/被动红外探测器覆盖区域之间的空隙区域。与设计的所有节点一样,射频范围(RRF)不足以支持1km链路,甚至对于NLR节点也是如此。

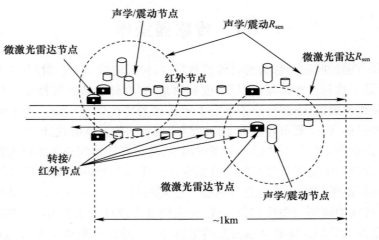

图9.2 具有距离比变化的异构无线传感器网络系统设计

然而,这些系统可以使用被动红外探测器节点进行补充,具有成本效益。这些填充节点提供了第二层检测和跟踪,并通过多跳 MAC 提供中继能力(第4章)。

对于传感器的性能要求,无线传感器网络设计者必须考虑任务目标和传感器的关键特性,如探测距离 R_{sen}、视场 FOV,以及在任务环境和背景中操作时感兴趣目标的信号分辨率。驱动传感器设计的其他方面包括节点资源(功率、体积、质量)、测量精度、安全性和采样率(s)。对于球传播的信号辐射,探测距离与接收信号功率 P_{rec}、源发射功率 P_{src} 直接相关,强度取决于传感器与目标之间的距离 r,它们之间的关系可表示为

$$P_{rec} \propto \frac{P_{src}}{r^2} \tag{9.2}$$

利用式(9.2),并引入一个项来捕获噪声功率 P_{noise},信噪比定义了传感器作用距离,单位为 dB,可以表示为

$$SNR \doteq 10\lg(P_{src}) - 10\lg(P_{noise}) - 20\lg(r) \tag{9.3}$$

回想一下,在第 8 章中,使用多次传感器采样或多个传感器节点数据进行非相干集成的讨论,得到 $N^{1/2}$ 的有效信噪比增益。因此,与单传感器节点 SNR_1 相比,有 N 个传感器(SNR_N)得到具有采样增益的信噪比为

$$SNR_N - SNR_1 = 10\lg(N) \tag{9.4}$$

9.2 无源光学传感器模式

选用光学传感器作为节点,可在可见光(380~800nm)和红外(IR)波段(1~14μm)工作。对于无线传感器网络,可见光波段成像依赖于固有硅(光电二极管)和 CMOS 探测器阵列技术。在红外光谱中,由于 SWAP2 的约束,无线传感器网络传感器采用非冷却式探测器。无源光学传感器的复杂度从单检测器光电二极管(用于探测光是否存在)到使用大型检测器阵列的高分辨率视频图像。此类元件可以用简单的光电二极管(简单的运动检测)或需要成像仪(和支持电子)来实现。

无线传感器网络中的传感器工作在可见光和红外波段的电磁辐射(EMR)波段。近红外波段(NIR)定义为 0.75~1.4μm,短波红外波段(SWIR)定义为 1.4~3μm,中波红外波段(MWIR)定义为 3~8μm,长波红外波段(LWIR)定义为 8~15μm[2]。对于红外传感器的使用,图 9.3 给出了室温($T=300K$)物体的光谱辐射测量,表明人类的峰值辐射为 9.5μm。有了红外波段,传感器可以日

夜工作，因为目标基于物体的温度，在红外波段以黑体的形式发出能量（发射量的黑体<1）。对于可见光波段传感器，需要反射光。虽然可见光传感器提供了很好的分辨率，但它们只能在有照明光源的条件下使用。

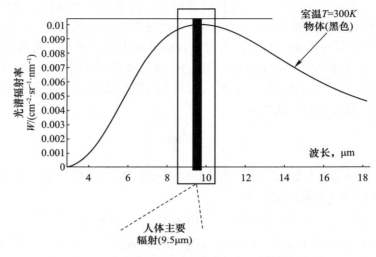

图9.3　战术情报、监视和侦察目标光谱辐射测量

9.2.1　被动红外探测器

单一的光学探测器可以通过测量落在光电二极管表面的光的变异性来指示运动。这些简单的光电二极管探测器具有极高的成本效益，功率需求低；然而，它们的虚警率较高。在单检测器视场内的任何场景变化都可能触发一个事件。在外部部署的情况下，即使是云的运动引起的光线变化也会触发光电二极管探测器。使用在 $5\sim14\mu m$ 范围内工作的热释电探测器作为被动红外探测器，使用分割的视野减小虚警率。该波段的传感器响应对于战术情报、监视和侦察来说是最佳的，因为它很容易捕获300K物体（如人体）发射的 $9.5\mu m$ 中心光谱。被动红外探测器的原理如图9.4所示。利用图9.4(a)，观测体被分成两部分，每一部分分配给两个极性相反的串联热释电探测器之一。通过滤光镜阻止不需要的光，如图9.4(b)所示。图9.4(b)也描述了探测器的电路功能和相关处理。两个热释电探测器元件串联反接，一个物体从一个探测器视场移动到另一个的输出信号中发生极性变化。红外信号产生的电压通过JFET源跟随器进行组合和输出缓冲。检测部分（图9.4(a)）的输出送入信号调理电路，抑制直流分量，滤去信号中的高频，进行放大、电压比较，并输出到微控制器。被动红外探测器和相关信号处理的功耗范围为 $50\sim65mW$。值得注意的是，最终输出电压与两

个陶瓷元件的输出电压差成正比。

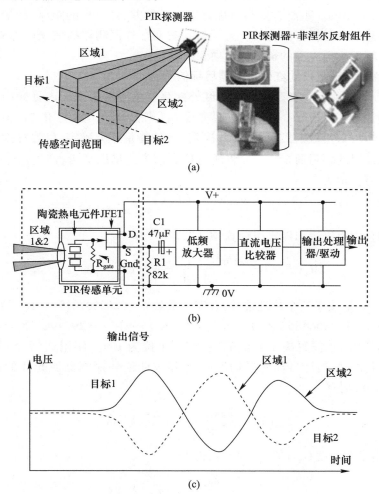

图 9.4 被动红外探测器传感器原理
(a)光学传感;(b)被动红外探测器和信号调节框图;(c)合成输出信号。

图 9.4(c)表示观测场景中目标相对于传感器向相反方向移动。随着目标速度通过视场增加,输出信号频率也增加。虽然与被动红外探测器相关的虚警率不为零,但是被动红外探测器在互补配置下工作,虚警率会减少。互补探测器的行为也最大限度地减少了由于局部电场相互作用而引起的共模干扰,并消除了到达被动红外探测器传感器的、同时发生的(背景)热信号。被动红外探测器的范围可以通过计算传感器的信噪比来确定,信噪比随 R^{-2} 的变化而变化。低

成本的被动红外探测器可以检测热差(目标到背景),并实现对人体目标的可靠检测,通常为10m。距离直接与目标背景的净热差、到目标的距离、光学性能和相对于传感器的目标方向有关。为了得到被动红外探测器的信噪比方程,需要利用红外辐射传播方面的辐射计量项和假设。

9.2.1.1 确定被动红外探测器目标信号

如前所述,目标存在产生的被动红外探测器信号基于视场内目标和背景之间产生的差分亮度信号。这通过光谱亮度 L_λ(来自光谱出射度 $M_\lambda(T,\lambda)$)在光通带(由被动红外探测器窗或滤光片决定)上的能量积分确定,L_λ 为每投影单位面积表面发射的辐射通量[3-4]。将所有项表示为光谱因变量,产生信号亮度的光谱分布可表示为[5]

$$L_\lambda(T,\lambda) = \frac{\varepsilon_\lambda(\lambda) M_\lambda(T,\lambda)}{\pi} \tau_\alpha(\lambda) \tau_o(\lambda) \tag{9.5}$$

利用普朗克光谱出射定律计算 $M_\lambda(T,\lambda)$[6] 为

$$M_\lambda(T,\lambda) = \frac{2\pi hc^2}{\lambda^5} \frac{1}{e^{\left[\frac{hc}{\lambda kT}\right]} - 1} \mathrm{W/(cm^2 \cdot \mu m)} \tag{9.6}$$

式(9.6)取决于三个物理常数,普朗克常数 $h = 6.626070151 \times 10^{-34} \mathrm{Js}$;玻尔兹曼常数 $k = 1.38064852 \times 10^{-23} \mathrm{m^2 kgs^{-2} \cdot K^{-1}}$;光速 $c = 299792458 \mathrm{m/s}$(在真空中)。使用的单位解决了光谱响应,波长单位为 μm。使用式(9.5)计算总目标亮度 L_{tgt} 需要估计目标的平均温度 $\overline{T_{tgt}}$ 和被动红外探测器滤光片的带通积分 $(\lambda_2 - \lambda_1)$,则有

$$L_{tgt}(\overline{T_{tgt}}) = \frac{\epsilon_{tgt}}{\pi} \int_{\lambda_1}^{\lambda_2} L_\lambda(\overline{T_{tgt}}, \lambda) \mathrm{d}\lambda \tag{9.7}$$

同样,使用平均温度 $\overline{T_{bg}}$ 计算背景亮度,得到

$$L_{bg}(\overline{T_{bg}}) = \frac{\epsilon_{bg}}{\pi} \int_{\lambda_1}^{\lambda_2} L_\lambda(\overline{T_{bg}}, \lambda) \mathrm{d}\lambda \tag{9.8}$$

要估计由于存在目标而发生的信号输出 S_{tgt} 时,我们就形成了目标与背景亮度值的差值,必须在通带上积分为

$$S_{tgt}(\overline{T_{tgt}}, \overline{T_{bg}}) = K \int_{\lambda_1}^{\lambda_2} [L_\lambda(\overline{T_{tgt}}, \lambda) - L_\lambda(\overline{T_{bg}}, \lambda)] \mathrm{d}\lambda \tag{9.9}$$

系数 k 结合了热释电响应率和光集效率等相关常数。发射率值可以假设为常数,它只允许 <1% 的误差[7]。

9.2.1.2 确定被动红外探测器的信噪比

被动红外探测器传感器的噪声项是基于背景噪声、探测器噪声和放大器噪

声的组合,其中背景噪声是主要的噪声源。在主噪声分量上设置一个边界,即背景的热波动,并使用式(9.9)的最小值 T_{bg}^{MIN} 和最大值 T_{bg}^{MAX} 背景温度范围时,得到噪声项为

$$S_{bg}(T_{bg}^{MIN}, T_{bg}^{MAX}) = K \int_{\lambda_1}^{\lambda_2} [L_\lambda(T_{bg}^{MAX}, \lambda) - L_\lambda(T_{bg}^{MIN}, \lambda)] d\lambda \qquad (9.10)$$

我们使用 S_{tgt}/S_{bg}、几何形状、传感器孔径和目标的可观测(投影)区域来评估信噪比。对于接近传感器的目标,传感器的视场 Ω_{sens} 被完全照亮,目标被视为扩展目标;整个接收器视场都充满了目标能量。对于距离传感器视场仅部分被目标区域填充的目标 Ω_{tgt} 时,目标视为已解决的目标。为了确定被动红外探测器传感器的信噪比,我们利用式(9.9)和式(9.10),有

$$SNR = \frac{\Omega_{tgt} f^2}{R^2 A_d} \frac{\int_{\lambda_1}^{\lambda_2} [L_\lambda(\overline{T_{tgt}}, \lambda) - L_\lambda(\overline{T_{bg}}, \lambda)] d\lambda}{\int_{\lambda_1}^{\lambda_2} [L_\lambda(T_{bg}^{MAX}, \lambda) - L_\lambda(T_{bg}^{MIN}, \lambda)] d\lambda} \qquad (9.11)$$

式中: $\Omega = f^2/R^2 A_d$ 为探测器视场实心角在目标距离 R 处投影区域的重叠。以 sr(立体弧度)为单位的立体角在辐射测量中用于确定物体发射的能量以及传感器接收的能量为

$$\Omega = \frac{da}{R^2} \qquad (9.12)$$

图9.5 描述了根据式(9.12)的立体角定义,即在与球面中心有一定距离 R 的球面上的投影区域 a 的立体角 Ω。这相当于一个半球立体角 2πsr 的面积 $2\pi R^2$(图9.4)。式(9.1)使用的另外两个术语是光学系统的焦距 f 和探测器的探测面积(瞬时 FOV, IFOV) a_d。通过确定综合亮度值和选择最小 SNR 来获得

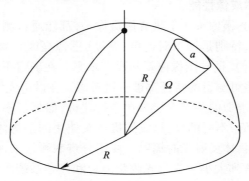

图9.5 用辐射量定义立体角

范围性能水平检测概率的值,见第 5 章。

在实践中,被动红外探测器需要对其典型应用中使用的、简单的单被动红外探测器的光学装置和相关电子器件进行特定的更改,以满足战术情报、监视和侦察的检测性能要求。在典型的被动红外探测器应用中需要的检测性能改进包括超过 10m 的可靠检测范围和对缓慢移动目标的检测。当观测缓慢移动的目标时,因为目标的热辐射的时间变化与背景热波动的速率相同,所以被动红外探测器效率较低。此外,为了检测缓慢移动的目标(例如,爬行的人),被动红外探测器的传输频带的低频限制必须接近于零。当满足此条件时,低频噪声会增加。为了检测缓慢移动的目标,我们采用了一些被动红外探测器(>2),这些探测器沿着相同的视距方向,增加了探测区域,同时由于每个探测器被分配了更小的观测区域,因此也增加了每个探测器的信噪比。除了通过多个探测器定位光学传感体外,还需要在环境温度变化时产生电压漂移。热释电传感器配有场晶体管,起到电压跟随器的作用。因此,为了使传感器能够有效地检测缓慢移动的人群,需要开发一种算法来消除背景噪声引起的传感器信号的变化以及热释电传感器[8]温度漂移引起的信号变化。

9.2.2 无源成像传感器

从单探测器光学传感器移动到探测器阵列产生了无源成像传感器(摄像头),在给定适当的目标和像素大小的范围内,可以在视场(FOV)内对物体进行空间分辨,以进行目标识别。此外,形成二维图像(帧)的时间序列引入了增加 SNR 的过程,这个过程是通过背景抑制和图像时间积分来得到的。使用图像序列可以实现帧对帧的相关性,这对于建立和跟踪单个运动目标是非常有用的(如在第 8 章中讨论的曼克勒斯目标跟踪方法)。

9.2.2.1 评估成像性能

无论是对可见光摄像头还是热成像摄像头,都能通过测量和评估几个特性来评估其成像性能,特别是场景对比度、亮度(图像亮度)、场景分辨率、数据数字化噪声(像素组合)、诱导图像像差和噪声水平。在确定正确表示观察场景的成像传感器时,这些可测量的特征都被直接考虑。在讨论成像仪时,可见光和红外成像仪可以使用类似的关键性能参数进行评价,如分辨率、光学系统响应、对比度和信噪比。然而,不同的是,热成像摄像头使用的是物体的发射辐射,而可见光摄像头依赖于物体反射光的辐射。使用分辨率测量来评估成像仪,分辨率是像素数(探测器阵列大小)、光学光收集能力和光学系统质量的函数。分辨率测量通过对比图像数据和定义良好的输入测试场景获得。分辨率表示光学系统对由输入辐射亮度表示的空间频率做出适当响应的能力,它通过调制传递函数

(MTF)测量进行评估。

对于红外(IR)成像传感器性能的讨论,涉及一个称为最小可分辨温差(MRTD)的术语,MRTD通过基本操作评估来确定。MRDT为空间分辨率的函数,定义为分辨率标准(测试)杆状目标所需的信噪比。红外成像仪与可见光成像仪一样,通过分辨率测量进行评估,分辨率是像素数(探测器阵列大小)、光学光收集能力和光学系统质量的函数。与成像仪一样,分辨率测量通过将图像数据与定义良好的输入测试场景进行比较获得。另一个被广泛接受的用于描述红外系统分辨率性能的度量是噪声等效温差(NETD)。NETD定义为传感器对输入温度变化ΔT的灵敏度,以产生等于rms噪声水平的输出信号ΔV_s。MRTD与噪音量的直接关系以及NETD的评估方法见9.2.2.6节。对于可见光传感器,采用点扩散函数(PSF)来评估系统对两点目标的分辨能力,以评估分辨率。对于可见光成像仪,可以通过两种方法来计算其分辨率:①基于焦平面上的艾里图形的折射分辨率;②确定光学系统调制传递函数(MTF)。MTF代表了光学系统准确传递场景空间频率内容的能力,被认为是光学系统的传递函数。

9.2.2.2 点扩散函数

光学系统的脉冲响应是它对点光源的响应,用点扩散函数表示。假设成像系统为线性位移不变量(LSI),无论涉及哪个空间点,其输出都是相同的。在理想的光学条件下,每个图像点都是相应场景点的完美缩放复制品。不幸的是,输入光强由一个有限的孔径收集,这不可避免地在边缘引入了衍射,导致缩放图像的轻微模糊。场景和图像之间没有尖锐的点对点映射,每个场景点在图像中产生衍射。对于点光源(如恒星),光学孔径的衍射会产生由亮(白色)环和暗(黑色)环组成的同心环,这种图案被称为艾里图形。考虑到成像传感器的孔径为圆形,可以将进入传感器的亮度建模为三维函数,圆形对称的$x-y$截面和z轴上的强度,如图9.6(a)所示。将r定义为半径,用来描述假定的圆形对称亮度的函数为孔径函数$\mathrm{circ}(r)$,有

$$z = \mathrm{circ}(r) = \begin{cases} 1 & r < 1 \\ 0.5 & r = 1 \\ 0 & \text{其他} \end{cases} \quad (9.13)$$

我们寻求的是入射辐射分布的表达式,假设为光学系统像面上的非相干光。对于直径为D的孔径,我们使用$\mathrm{circ}(r/D)$来表示圆形孔径上的辐亮度作为半径的函数。从傅里叶光学中,我们采用从数学上运算的夫琅和费(远场)衍射积分,作为孔径分布的傅里叶-贝塞尔变换,也称为汉克尔(Hankel)变换。使用归一化半径r',式(9.14)可以得到第一类贝塞尔函数$J_1(x)$的出射光瞳(在检测

器处)的傅里叶变换,如式(9.15)[9-10]所示。选取光学系统的波长 λ 和焦距 f,式(9.13)的 Hankel 变换为

$$r' = \frac{\pi D}{\lambda f} r \tag{9.14}$$

$$\text{PSF}(r') = \left[2 \frac{J_1(r')}{r'} \right]^2 \tag{9.15}$$

图 9.6(a)和图 9.6(b)分别为圆形入射亮度分布,分别是 circ(r)及其 Hankel 变换(艾里图形)。图 9.6(c)是通过艾里图形光中心的截面剖面图。为了确定分辨能力,考虑了分离距离。对于建立光学系统分辨率的瑞利判据,最小分辨分离发生在艾里图形的前零点处 r_A,有

$$r_A = \frac{1.22 \lambda f}{D} \tag{9.16}$$

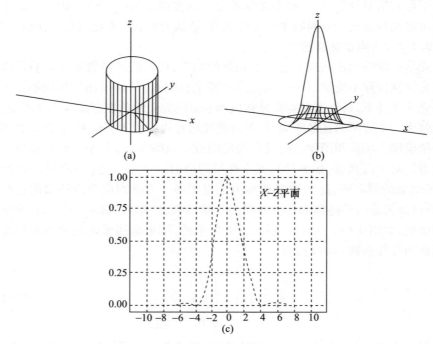

图 9.6　孔径函数的 Hankel 变换
(a)孔径函数;(b)三维艾里图形(PSF);(c)PSF 剖面图。

图 9.7(a)给出了瑞利(Rayleigh)判据。图 9.7(b)和图 9.7(c)说明了两个备选标准:阿贝(Abbe)判据和斯派乐(Sparrow)判据。Abbe 判据定义了分离距

离发生的地方,PSF剖面相交于50%最大信号强度(亮度)值。当PSF分布叠加在求和信号水平上没有可察觉的波纹时,就会出现Sparrow判据。图9.7说明了为每个判据[11]定义的分辨率距离。

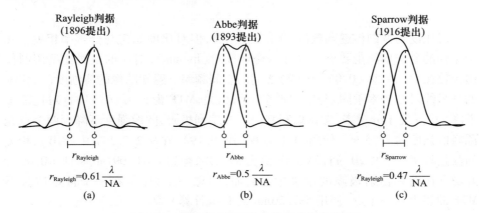

图9.7 采用不同判据的光学成像仪分辨率
(a) Rayleigh判据; (b) Abbe判据; (c) Sparrow判据。

9.2.2.3 成像分辨率

随着数码成像仪和摄像头的出现,确定分辨率的方法种类也多了。在最近几十年里,大多数关于摄像头分辨率的讨论都使用成像仪像素数来定义(如$M \times N$像元数)。如果不是因为我们的光学器件被限制在通过有限的孔径收集入射光,这就足够了,我们知道,它会在焦平面上产生衍射图案。点扩散函数(PSF)由式(9.15)定义,描述了光由于入口孔径在焦平面上的衍射分布。所谓的衍射极限,即入射光在焦平面上的分布是光学系统可以达到的理论上的最佳聚焦。不幸的是,由于探测器阵列配置(像素大小和像素数)、像素之间的间距、数字化噪声和光学像差的存在,理想的衍射受限光学系统在设计和实现上存在一些不利因素。

数字化噪声的产生源于焦平面有限的空间容量。落在像素(检测器)上的光合并以形成图像。像差是由于光学表面的缺陷、色散和光路的误差,使得入射光难以正确地传递到焦平面上。随着像差的增加,图9.6衍射图的中心瓣相应地变宽,中心峰值幅度减小,由此产生图像变形或模糊。使用像差成像仪的峰值点扩散函数高度与衍射极限峰值点扩散函数值的比值定义为斯特雷氏比[12]。最后,将光学视场外的光定向到焦平面(如杂散光),会引入额外的噪声。

9.2.2.4 成像对比

我们使用式(9.9)间接地解决了成像仪的对比度问题,根据目标的存在(或

不存在)来关联辐射强度的变化。对比度 C 可以表示为感兴趣目标(Stgt)信号输出与背景(Sbg)的归一化比值,即

$$C = \frac{S_{tgt} - S_{bg}}{S_{tgt} + S_{bg}} \tag{9.17}$$

对比度与调制传递函数(MTF)直接相关,但对比度如何与分辨率相关?几十年前的分辨率测量要求可区分每毫米线对(lp/mm),对应的是对比度调制传递函数在 5%～2%(0.05～0.02)之间的空间频率。感知图像的清晰度(与传统的毫米线对分辨率不同)与空间频率密切相关,MTF 为 50%(0.5)时,对比度会下降 1/2。关于分辨率,考虑瑞利判据。在瑞利极限,图像强度下降到两个点光源峰值强度的 73.5%。使用 MTF 方程[式(9.19),在 9.2.2.5 节中提出],相关的截止频率(式(9.20))计算 MTF 值为 8.94%,得到 $C = 0.09$(或 MTF = 0.09),并隐含在瑞利衍射极限的定义中。然而,回想一下,这是在一个特定波长下 MTF 曲线上的一个点(使用 587.56nm 氦 D 线计算)[13]。

9.2.2.5 调制传递函数

热成像和可见光成像二者均使用 MTF 来表示观测场景的空间频率内容被光学系统传送到图像的准确度。MTF 测量图像捕获的原始场景(输入)的锐度、对比度和清晰度;它相当于评估在一个给定的空间频率下相对于低频率的对比度 C。MTF 通过直接关联对比,使用空间定义的目标图,提供线对(类似于电子系统的每秒的周期个数,即赫兹)来评估。校准图显示随线对(线对/mm,lp/mm)之间间隔减小而变化的线,以评估频率性能,并以强度振幅与空间频率(周期/像素,周期/毫米,或线宽/图片高度)的关系表示。图 9.8(a)说明了使用 MTF 图(lp/mm)作为光学系统的输入,由此产生的光学系统能力表明原始场景的表现恶化(系统响应退化)。图 9.8(b)为不断增加的空间频率 MTF 测试图。图 9.8(c)给出了 MTF 输入场景的图形描述,该场景为具有直流偏移的正弦曲线。光学系统响应表示发射的亮度,并提供非负的对比度调制。使用由图 9.8(c)定义的项 y_1(调制振幅)和 y_2(直流偏移)评价对比度 C,即

$$C = \frac{y_1}{y_2} \quad y_1 > 0, y_1 < y_2, 0 < C < 1 \tag{9.18}$$

如图 9.8(c)给出的变量 y_1 和 y_2 为光响应函数 $y = f(x)$ 的最大值和最小值。使用图 9.8(c),对比度的表示类似于式(9.9),并验证式(9.18)表示的对比。

$$C = \frac{(f_{max} - f_{min})/2}{(f_{max} + f_{min})/2} = \frac{(y_2 + y_1) - (y_2 - y_1)}{(y_2 + y_1) + (y_2 - y_1)} = \frac{y_1}{y_2} \tag{9.19}$$

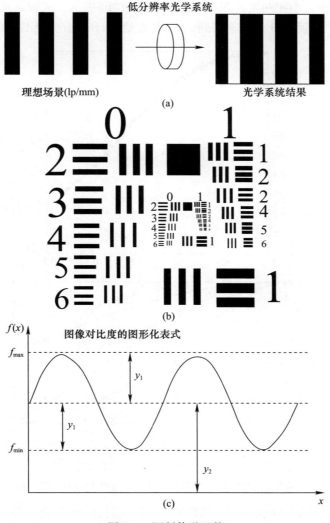

图 9.8 调制传递函数

(a) MTF 目标图；(b) 图像对比度图形表示；(c) 显示了在 y_2 的偏移背景的情况下，随着 y_1 的变化，图像在距离 x 上的对比度。

响应函数 $f(x)$ 为一个可测量的特性，反映输出到输入的对比度，如透过率。为了得到光学系统的响应，我们将输出与输入对比度值之比 $H(x)$ 表示为

$$H(x) = \frac{C_{\text{OUTPUT}}(x)}{C_{\text{INPUT}}(x)} \tag{9.20}$$

式(9.20)给出了单空间频率下调制传递函数的结果。图 9.9(a)给出了基

于探测器像素大小和间距的 MTF 曲线。图 9.9(b)展示了成像系统的各个 MTF 组件,包括圆透镜 MTF。计算得到的 MTF 就是 MTF 所有分量的乘积。

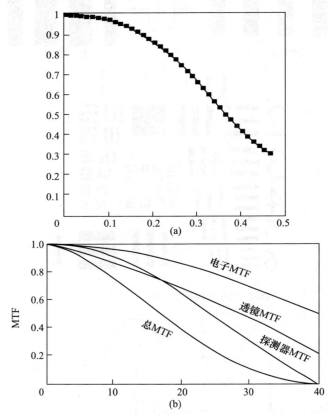

图 9.9 透镜系统的调制传递函数
(a)随着空间频率的典型下降;(b)光学元件对整体 MTF 的影响。

为了得到透镜系统的响应 $MTF[f]$,需要出射光瞳(孔径直径 $=2w$)的自相关。对于衍射受限的情况,采用自相关方法得到圆孔径的 MTF 表达式。采用图 9.10(a)中两个位移圆[14]的方法,重叠面积(阴影部分)等于图 9.10(b)中面积 B 的 4 倍。使用以下定义:z_i 等于从出瞳到像平面的距离;f_x 等于 X 方向的空间频率(图 9.10);λ 等于波长。根据图 9.10(b)所示的几何图形,我们确定了圆形扇区的面积为 $A+B$。式(9.21)~式(9.24)采用面积法,通过空间频率为 x、y 频率分量的 RSS(平方和根值)得到 MTF。

$$\text{Area}[A+B] = \left[\frac{\theta}{2}\right](\pi w^2) = \left[\frac{\arccos(\lambda Z_i f_x/2w)}{2\pi}\right](\pi w^2) \qquad (9.21)$$

$$\text{Area}[A] = \frac{1}{2}\left(\frac{\lambda Z_i f_x}{2w}\right)\sqrt{w^2 - \left(\frac{\lambda Z_i f_x}{2w}\right)^2} \tag{9.22}$$

$$\text{MTF}[f_x, 0] = \frac{4[\text{Area}[A+B] - \text{Area}[A]]}{\pi w^2} \tag{9.23}$$

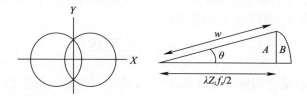

图 9.10 圆形孔径下 MTF 表达式的推导

记径向频率 f、$\text{RSS}[f_x, f_y]$、截止频率 f_0,有

$$\text{MTF}[f] = \begin{cases} \frac{2}{\pi}\left[\arccos\left[\frac{f}{2f_0}\right] - \frac{f}{2f_0}\sqrt{1-\left(\frac{f}{2f_0}\right)^2}\right] & f \leqslant 2f_0 \\ 0 & \text{其他} \end{cases} \tag{9.24}$$

空间截止频率给出了一种精确的方法来量化光学系统可分辨的最小物体。使用光学系统 $f^\#$ 值,定义为焦距/孔径直径,得到光学系统的截止频率为

$$f_0 = \frac{w}{\lambda Z_i} = \frac{1}{\lambda f^\#} \tag{9.25}$$

可通过卷积带有镜头瞳孔的夫琅和费衍射模式的理想图像来确定衍射的影响。值得注意的是,如图9.9所示的 MTF 曲线表明,光学系统作为低通滤波器对所观察的场景进行滤波。因此,从光学角度会产生一定模糊,且对比度下降[14]。

9.2.2.6 热成像仪:最小可分辨温差

热成像摄像头探测、识别或确认物体所需的分辨率水平方面存在差异。与可见光成像仪相比,热成像的性能标准和分辨率要求既有相似之处,也有不同之处。在定义热成像仪能力时,一个被广泛接受的标准是采用检测、识别或确认(DRI)的约翰逊判据。在评估用于 ISR 任务的红外摄像头时,约翰逊通过使用不同目标的有效分辨率来实现 DRI 目标,确立了性能判据[15-16]。为了更加清楚,DRI 的定义如下:

(1)检测解决了成像仪从背景中区分物体的能力。

(2)识别实现了对象分类能力(如车辆、人或动物)。

(3)确认提供了对观察对象的深入评估,以提供独特的细节(如个人、车辆类型)。

1958年约翰逊给出的DRI性能定义是基于观察者可最少使用50%的样本图像成功进行DRI评估。最小可分辨温度差（MRTD）将约翰逊的可分解棒概念与热像仪系统性能联系起来。MRTD在实验室环境下进行,具有准确性和可重复性,为评估作业环境中的性能提供了一种成功的方法。MRTD可以通过应用公开文献[18,19]中描述的建模代码(如NVTherm)来确定,使用MTF、信噪比和噪声等效微分温度(NETD)的简化表达式为

$$\text{MRTD}(f) = \frac{\text{SNR NETD}}{\text{MTF}(f)} \quad (9.26)$$

式(9.26)在低空间频率时效果较好,在高空间频率时效果较差。尽管在范围和保真度方面有限,但几十年来,约翰逊指标在评估作战场景中的热成像仪能力方面的应用已经成功地建立了性能界限。热成像仪技术的发展提供了高质量的热成像仪,可以提供更高水平的目标捕获性能,但不能超越几何范围和大气传输损失方面的基本限制[20]。正如在式(9.26)中所使用的,NETD提供了MWIR/LWIR热摄像头能力的基本度量。热像仪的NETD表示红外传感器对输入温度变化ΔT的灵敏度。当输出信号ΔV_s等于RMS噪声水平Nrms时,则定义SNR = 1[21],并将NETD表示为

$$\text{NETD} = \Delta T \text{ when } \text{SNR}(\Delta T) = 1 \quad (9.27)$$

虽然NETD通常被认为是一个系统参数,但是除了系统损失(由于亮度守恒),探测器NETD和系统NETD是相同的。NETD可以进一步定义为使用热量和信号变化作为光子通量Q的函数,即

$$\text{NETD} = N_{\text{rms}} \frac{\partial T/\partial Q}{\partial V_s/\partial Q} = N_{\text{rms}} \frac{\Delta T}{\Delta V_s} \quad (9.28)$$

当SNR(ΔT) = 1时,式(9.28)要恢复到式(9.27),有

$$\text{SNR} = \frac{\Delta V_s}{N_{\text{rms}}} \quad (9.29)$$

其他信息包括公开文献[15,20,22-24]中使用NETD对背景限制性能(BLIP)和空间噪声考虑的讨论[15,20,22-24]。

9.2.3 无线传感器网络热成像

对于战术情报、监视和侦察,红外成像仪感兴趣且最常用的电磁辐射(EMR)波段是MWIR和LWIR波段之间的光学频率(图9.3)。

为了实现单光子响应的最大灵敏度,热成像仪探测器采用低温冷却,以避免探测器自身辐射造成的信号损失,工作温度通常为-200℃(-328℉)。低温冷

却和高灵敏度探测器阵列的成本不利于低成本(和低功率)无线传感器网络节点,但幸运的是,最近对太阳能阵列技术的研究已经通过使用非晶硅(a-Si)微辐射热计探测器阵列实现了可接受的非冷却式探测器性能。现代微加工技术使得微元素(像素)热探测器阵列的生产成本相对较低,其响应时间与光子探测器相似。非冷却式微辐射热计成像仪演示了对75mK灵敏度的操作,能够探测150~500m范围的距离,这很容易满足与无线传感器网络传感器相关的距离目标。a-Si探测器阵列不仅免去了低温冷却器,在7~14μm波段产生足够的灵敏度,而且还满足与无线传感器网络节点设计[25]相关的成本和功率约束。

随着人们对无线传感器网络类热感测(距离物体小于100m)越来越重视,大量的热成像设备为低功耗、低成本的热成像仪提供了设计选项,并且已经从基于MEMS-ASIC技术的小型4×4探测器阵列[26]发展到帧速率9Hz下的384×288和640×480阵列[27-28]。研究表明,微辐射热计能够提供高保真度的测量,而这种测量传统上只与冷却式红外成像仪相关。其中一项研究特别获得了商业上可用的钒氧化物微辐射热计,并将其与科学级冷却锑化铟成像仪在类似条件下进行了比较。尽管微辐射热计的NETD测量大约比冷却式成像仪差2~6倍,直接比较表明,微辐射热计始终优于更昂贵和更复杂的InSb成像仪[29]。微辐射热仪正在不断改进,例如ULIS ATTO640提供60Hz VGA格式(640×480),12μm间距,并强调低SWAP[30]。

9.2.4 无线传感器网络的可见光成像(摄像头)

在无线传感器网络部署的早期,无线传感器网络节点被用来支持单个战术情报、监视和侦察无人值守地面传感器摄像头的操作。这些摄像头(如第1章提到的REMBASS)相对耗电,需要能够提供大量电量的便携式电池组(包),如多节BA55690U电池。这些电池每个重2.25lb,采用3个或更多一组,成功用来提供14/28VDC。无线传感器网络节点用于扩大已部署的传感器场,以激活无人值守地面传感器精密传感器单元(SSU),从而在较长时间[31]保持电池寿命(每5590个电池提供64000mAh,或连续2.5A)。SSU设备不在无线传感器网络传感器场,并使用无线传感器网络节点在待机模式(或关闭)下运行,以提供持续的监控。当无线传感器网络系统检测到目标并将其分类为感兴趣目标时,将自动生成一条警报消息并将其转发到适当的SSU,以调整到某个工作模式。这有助于将监控功能转移到低功耗的无线传感器网络节点上,从而为摄像头预留电源,避免了误报触发不必要的SSU操作和电源使用。虽然这在当时是合适的,但SSU的摄像头系统,加上5590个电池重量和大小,不能直接由无线传感器网络节点使用。

随着手机和相关摄像头的快速商业化发展,低成本和低功耗的摄像头系统已十分常见,对 WNS 节点设计者来说也是可行的。2000 年,第一个真正(完全集成硬件)的手机摄像头问世,尤其是夏普 J – Phone(J – SH04)提供了 11 万像素的分辨率和 256 色[32],手机的进步也在努力追求低成本和低功耗。对于 2005 年 VGA 移动摄像头模块 VS6524,VGA 帧的 200 万像素成为可行的节点子系统,动态时最大 30mA,静态 10μA 的电源要求为 3VDC。尺寸为 7.0mm × 7.0mm × 4.5mm,也有利于插入节点进行成像。以前(和现在)的无线传感器网络节点设计,采用了与手机行业相关的基于 VGA(640 × 480)视频/照片帧大小 CMOS 的摄像头。图 9.11 展示了用于无线传感器网络节点设计的摄像头模块缩放示例。图 9.11(a)和图 9.11(b)分别展示了 VGA VS6524[33-34] 和 OV2640/OV5642 摄像头的物理包。200 万和 500 万像素的 OV2640/OV5642 包含高清串行外设(SPI,4 线)和集成电路(I2C,2 线)接口,降低了摄像头控制接口的复杂性,使一个微控制器[35]可以添加多个摄像头。图 9.11(c)提供伴随的 VS6524 支持电子[34]。

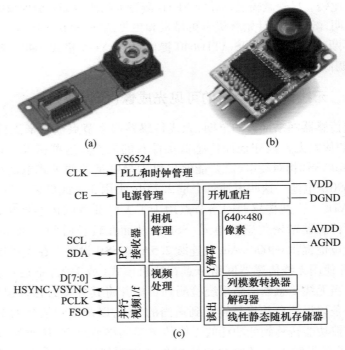

图 9.11 CMOS 摄像头示例
(a)VS6524 摄像头;(b)OV2640/OV5642;(c)VS6524。

与 20 世纪的成像传感器(无人值守地面传感器)一样,基于无线传感器网络的 CMOS 摄像头可以根据各种操作模式进行编程,以节省电量和限制数据流拥塞。战术情报、监视和侦察成像仪可以根据命令提供单个图像、图像组或基于系统资源管理程序的可变帧率视频。随着手机分辨率达到 1.08 亿像素(例如,小米 CC9 pro 手机内置高通骁龙 865 芯片组),近期预计将超过 2 亿像素(例如小米 Mi10)[36],低功耗摄像头的设计和制造能力也在加速提升。

9.3 主动光学传感器:微型激光雷达

与无源系统不同,有源系统(基于激光)需要更多的能量来保证持续运行,从而对无线传感器网络传感器节点设计者来说是一个挑战。然而,有些战术情报、监视和侦察应用需要远程(≫10m)节点,不需要在高占空比下运行。如图 9.2 所示,示例包括对大型线性对象的保护,或者进入不利于节点直接物理部署的地形(水道、山谷和沟壑)。这突出了无线传感器网络传感器场相对于传感器节点的另一个优点,传感器节点与最近的相邻节点紧密相连,并且依赖于集成而不是单个节点来提供所需的数据。经过美国国防部、国防情报局(DIA)和国防部特种作战司令部 USSOCOM 的联合工作,支持将低功率、低成本激光雷达与现有无线传感器网络节点相结合,形成微型激光雷达传感器(MLRmote)。图 9.12 显示了微型激光雷达传感器,它被演示用于各种战术情报、监视和侦察任务,包括部队保护、资产保护和边境支持。节点设计采用 TI MS430F1611 微控制器、CC2420 2.4GHz 射频收发器,并支持 SIRFⅢ GPS 芯片组进行定位。该传感器由一个红外激光测距仪和一个被动红外探测器组成,用以保证微型激光雷达传感器的占空比。微型激光雷达传感器由以下组件组成:

(1) 采用 TI MSP430F1611 处理器的自定义开发板。
(2) Chipcon CC2420 2.4GHz 无线电。
(3) 3.3V 国家半导体 LM2621 开关电源。
(4) 带有通电外部天线的 ET301 GlobalSATSirf Ⅲ GPS。
(5) 带有 MSP430F2013 的 Perkin Elmer 被动红外探测器传感器。
(6) PNI 双轴磁力计。
(7) Opti-Logic RS100 RS232 红外Ⅰ类(905nm,对眼睛安全)激光测距仪。
(8) 9V 国家半导体 LM2731 激光器电源。
(9) 3.7V,6600mAh 锂离子可充电电池模块。

虽然微型激光雷达传感器是一种 LOS 传感器,需要在 100m 范围内进行清晰的观测,但也在密集的草地和树叶环境下进行了地面测试,在最多 10m 范围

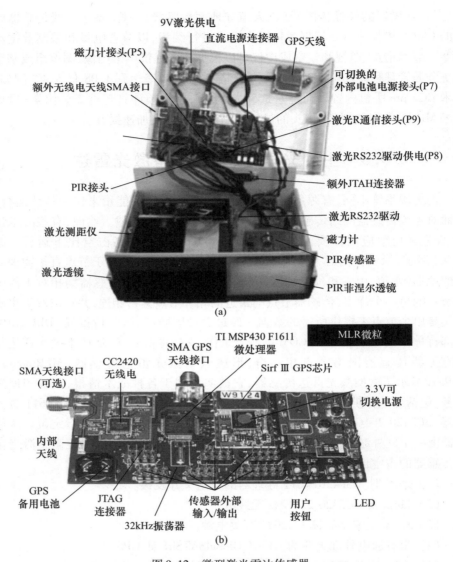

图 9.12 微型激光雷达传感器

(a) 组装好的微型激光雷达传感器；(b) 微型激光雷达传感器逻辑板的特写。

内运行。距离高度依赖于方位角，这表明路径高度可变，而且通过浓密植被的反射率也很高。用于无线传感器网络应用的激光通信也得到了解决，并面临着与微型激光雷达传感器[37]类似的挑战。

如果 SWAP2 是受保护的无线传感器网络产品，为什么考虑激光雷达系统？对于简单的应用，它是对目标检测和测距（甚至目标定位）范围的扩展。不能期望基于无线传感器网络的传感器(如微型激光雷达传感器)持续运行;否则,节点的预期生命周期将以小时为单位计算,而不是按月为单位计算。但是,如果用极低功率的节点进行增强,如图9.2所示,增强的无线传感器网络系统就可以长时间运行。有了6600mAh的电源,微型激光雷达传感器持续时间很大程度上取决于占空比(红外激光被激发的频率和发射脉冲重复频率(PRF)),可以设置为典型值2Hz。在PRF=2Hz的60s脉冲下,系统估计可运行60天。显然,从每次测距操作(3.3VDC、400mA时)激光带来的相对较大功率,占空比和PRF必须智能控制,以达到战术情报、监视和侦察任务持续时间。为了提高持续工作时间,就要抑制来自(无源感知)传感器场的虚警。有一些缓和的办法和技术途径可以使基于激光的传感器更容易适合战术情报、监视和侦察。对大于100m传感器范围的需求可以大幅减少到10~100m范围,并仍然提供了无源节点无法提供的关键探测和定位功能。引入低成本直接探测激光测距仪的目的在于为无线传感器网络设计者提供一种解决方案,满足典型无线传感器网络传感器模式能力之外的任务需求,而不必诉诸于使用复杂的(大型的和昂贵的)精密传感器单元(SSU)。

为了给直接探测激光雷达提供测距能力,提出了高分辨处理后的目标和已高分辨处理目标的距离方程。未高分辨率处理布置解决了传感器和目标的物理位置问题,从而使激光淹没目标。后向散射信号是被截获的发射功率的一部分,并被定向回激光雷达接收器。传感器接收回的功率表达式P_r可以通过查阅大量的激光雷达(和雷达)说明书来确定[38-41]。对于未高分辨率处理目标结果,接收到的指向传感器的功率为

$$P_r = \left[\frac{P_T}{4\pi R^2}\right] G_a \left[\frac{\sigma}{4\pi R^2}\right] A_e \tau_e \tag{9.30}$$

式中:接收功率是同位素激光辐射功率、发射天线增益、远场目标横截面、再辐射、接收天线增益、端到端透射率这几组参数的乘积。所使用的各项定义为发射光功率P_T,光天线发射增益G_a、目标截面σ、激光到目标距离R、光接收天线增益A_e、有效传输端到端τ_e。求解最大距离的估计,得到

$$R_{MAX} = \left[\frac{P_T G_d A_e \tau_e}{(4\pi)^2 P_r}\right]^{1/4} \tag{9.31}$$

对于求解的目标,发射光束落在目标上时,激光距离方程(LRE)表示为

$$P_r = P_T \frac{\rho_t}{R^2} A_e \tau_e \tag{9.32}$$

使用式(9.32)确定最大范围,得到

$$R_{MAX} = \sqrt{P_T \frac{\rho_t}{P_r} A_e \tau_e} \qquad (9.33)$$

使用式(9.32)可从总噪声等效功率(NEPT)和信噪比两个方面定义 P_r 为

$$P_r = (NEP_T)(SNR) \qquad (9.34)$$

NEP 通过对贡献噪声源求和,解决了众多的噪声源,包括光子泊松行为 Q、本振噪声、背景和散射辐射、探测器内暗电流 s、热电流、放大器噪声 F、$1/f$ 噪声(闪烁,而不是光频率)以及 ADC 量化噪声。表 9.1 给出了噪声源列表、均方噪声电流的表达式以及所使用的参数定义。

表 9.1 均方根噪声电流的激光噪声源表达式

噪声的来源	均方根电流	参数
信号光子	$2qPsR\lambda B$	P_s——信号功率
背景光子	$2qPb R\lambda B$	P_b——背景功率
暗电流(总)	$2qi_D B$	i_D——平均暗电流
热噪声	$4kTB/R_L$	T——设备温度 R_L——负载电阻
放大器噪声	$4k(F-1)TB/R_L$	F——噪声因素
$1/f^n$ 噪声 (闪烁,接触状态)	特定探测器	f——调制频率 n——适当经验因子(高通滤波器)

9.4 震动传感器

地面上人类活动会从接触点产生特有的振动,称为地震波。地震振动主要以瑞利波的形式沿地表传播,剩余能量以垂直于瑞利波的体波形式传播。在过去的几十年里,由于传输方向和频率内容的保存,使用基于震动的无人值守地面传感器来实现 ISR 目标已经被证明是非常有用的。从震动无人值守地面传感器提取的数据、频率相关的衰减和环境地面特征已经建模。地面环境对行人和车辆的探测能力有很大的影响。例如,在白天,由于噪声水平的提高,有效距离减小,震动信号的速度随着振动频率[42]而变化。

与声学传感器相比,低功率检波器传感器对环境变化的多普勒效应不那么敏感。使用了两种基于线圈的检波器传感器:单轴检波器和三轴检波器。单轴检波器提供了改进的方位估计,单轴检波器力争仅在一个轴上获得最大灵敏度。通过使用超低噪声的 MEMS 加速度计,基于无线传感器网络的检波器应用得到了进一步的改进。MEMS 加速度计的一个优点是能够在线圈型检波器无法工作的各种频段内探测目标的震动信号特征[43]。

提取震动和声学传感器的关键特征在于采集后的信号处理,准确解析和提取信号的频率内容。应用快速傅里叶谱分析,取得了满意的结果[44]。然而,将 FFT 和加窗 FFT 算法应用到数据中总是意味着对底层数据的假设,因为采样的时间序列表示一个无限的信号,采样数据窗口内的频率内容是稳定的。已经证实使用激光测振数据方法不仅通过降低必要的解调 CNR 阈值来改进检测,还可以通过减少跨频产品(典型的傅里叶处理[45])来提高基带信号光谱估计的分辨率和精度。除了最大限度地提取震动和声学传感器的信号,信号分析对于降低虚警率、从单一振动事件(如雷声、树倒和岩滑等)中区分移动物体(人、动物和车辆)至关重要。使用神经生物学驱动的算法来检测接近的车辆和识别车辆已经被考虑[46]。

9.5 声学传感器

有许多不同类型的麦克风和声学换能器可用作声学传感器,包括动态、驻极体、电容器、带状和压电类型。驻极体麦克风灵敏、回弹性强且廉价,体积还小。驻极体设计衍生于电容麦克风的使用,电容产生的信号电压与所产生的声波成正比。在驻极体中,偏置电压是本身存在的,这减少了操作所需的功率。

市面上已有使用 MEMS 的驻极体器件在售,并采用小型表面贴装封装方式。驻极体麦克风可以使用标准的自动化制造工艺直接组装和焊接到印刷电路板(PCB)上,从而降低成本并提高可靠性。对于声学信号,信号数据在频域比时域更重要和紧凑。因此,传感器处理器对采集到的时域信号进行快速傅里叶变换(FFT)进行频谱分析。如果传感器的功率效率没有很高的优先级,那么处理器将持续采样音频数据并计算 FFT。然而,采样数据和计算 FFT 需要运行 ADC,并以比静态操作更高的速率为处理器计时。这些过程转化为更高的电流消耗,从而功率消耗更大。限制传感器功耗是当务之急,迫切需要另一种解决方案。其中一种方法是,传感器可以保持在节电状态,直到背景音频电平超过预设的阈值。一旦触发,传感器可以进入到采集状态,在此时间段内,ADC 和处理器以更高的速率[47]运行。

9.6 磁力计

磁传感器探测到含有铁磁性材料、会扭曲地球磁场的目标。磁力计(磁强计)的设计方法很多,因为有多种效应可以用来感知和测量磁场。当带电流的材料暴露在磁场中时,就会产生电磁效应。低成本和简单的磁力计设计采用霍尔效应,当浸入与电流方向成直角的外部磁场时,与沿着导电材料的电流垂直的电势相关。通过使用各向异性磁电阻(AMR)传感器进一步改进磁力计,对平行磁场做出响应,并感应两个磁极,使 AMR 比霍尔效应传感器更灵敏,除非提供额外的电路。磁场对电阻的调制通过磁电阻来实现,霍尼韦尔 HMC-1002 磁力计传感器[48]利用了磁电阻,其中磁电阻元件被配置为惠斯通电桥[49]来产生差分电压输出(图 9.13)。最近,采用了 MEMS 技术在降低磁力计尺寸、重量、功率和成本的同时,提高磁力计的灵敏度和分辨率[50]。

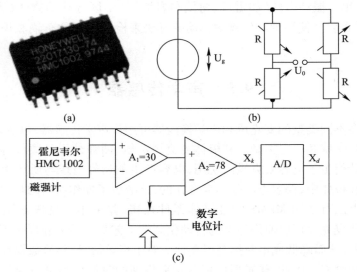

图 9.13 磁阻式磁力计的惠斯通电桥布置
(a)AMR 2 轴磁力计芯片(霍尼韦尔 HMC1002)[48]示例;(b)惠斯通电桥配置[49];
(c)基于 HMC1002 的磁力计[49]框图。

磁导率 μ 定义为磁感应强度 B 与磁场强度 H 之比,与外部磁化场 M 相比,可以增加或减少材料内的磁场。磁感应强度 B 为材料内部实际磁场的度量,被认为是单位截面面积内磁力线或磁通量的密度。磁场强度 H 为线圈中电流流动产生的磁化磁场的度量。在真空中,由于磁场不受物质的影响,磁通量密度等于磁场(使用 CGS 单位时,渗透率无量纲,值为 1)。对于 MKS 和 SI 单位,B 和 H 有不同的量纲,自由空间渗透率 μ_0 定义为 $4\pi \times 10^{-7} \text{Wb/A}$。在这些体系中,渗透率 $\mu = B/H$ 称为介质的绝对渗透率,然后将相对渗透率 μ_r 定义为 μ/μ_0 的比值。在统计信号处理中,定常系统的传感器模型可以用状态向量表示,其中 Y_k 为一个测量值,X_k 为系统的状态,n_k 为时刻 kT_s 的测量噪声(T_s 为采样周期)。该模型

可表示为

$$Y_k = h(X_k) + n_k \tag{9.35}$$

在载波电荷 q 存在磁场(分别为电场 E 和磁场 B)时,产生对电子的作用力 F,并产生电流(基于载波速度 v),使用可以被磁化的对象,磁感应矢量诱导磁场,磁场可以用磁力计来测量。具体有

$$F = q(E + v \times B) \tag{9.36}$$

$$B = \mu\mu_0 H \tag{9.37}$$

考虑到目标作为磁偶极子,可以将目标场建模为磁偶极子场。利用麦克斯韦方程组推导出该场的表达式,并通过非线性模型[51]表示,有

$$h(x_k) = B_0 + \frac{\mu_0}{4\pi} \frac{3(r_k \cdot m_k)r_k - \|r_k\|^2 m_k}{\|r_k\|^5} = B_0 + J^m(r_k)m_k \tag{9.38}$$

$$J^m(r_k) = \frac{\mu_0}{4\pi \|r_k\|^5}(3r_k r_k^T - \|r_k\|^2 I_3) \tag{9.39}$$

式中:B_0 为偏压,r_k 为目标相对于传感器的位置,m_k 为目标的磁偶极矩,n_k 为零均值白高斯噪声。r_k 的雅可比矩阵 $J^m(r_k)$ 用在式(9.38)[52]中,得到的传感器模型的系统状态表示为

$$X_k = [B_0^T \quad r_k^T \quad m_k^T]^T \tag{9.40}$$

偶极子模型是一个将目标视为一个点光源的近似感应磁场。如果相比其大小,目标远离传感器,则这个近似是有效的。

在给定合理的热变化情况下,假定偏压 B_0 为常数,等于地球磁场。在实际应用中,偏压包括环境中其他金属物体引起的磁畸变,也假定为恒定。当物体的磁场表示为多极级数展开时,在知道单个磁极不存在的情况下,最低阶偶极子以 $1/r^3$ 的形式衰减,而高阶多极子则随距离增加进行相应幂衰减。当距离接近目标尺寸时,偶极矩在信号中占主导地位,导致定位和表征目标的问题等价于磁偶极子定位并测量其矩矢量。全场磁力计只产生一个基准面,不能解决无约束定位问题。单轴矢量分量磁力计失去了全场传感器的抗运动噪声能力,在定位能力方面没有任何优势。

9.7 化学-生物传感器

化学-生物传感器是需要应用传感材料的分析换能器设备。随着与化学或生物粒子相关的输入变化,传感特性通过改变特性和创造可读的能量形式来做

出响应。合成信号被处理,以识别化学-生物种类在采样体积(通常是环境)中的存在和浓度。用于化学-生物感应的能量转换原理,涉及辐射能、电学能、机械能和热能。值得注意的是,化学-生物传感器在包含高干扰水平的复杂样品中对感兴趣的分析物有相对较低的响应选择性。此外,化学-生物传感器的短期稳定性也很差。各种毒素、危险物质、爆炸物、标记物、氧化剂、有机化合物、细菌和病毒传感器都已通过传感器设计[54]来解决。

在无线传感器网络系统中,配备了生化功能的节点可以提供目标更为详尽的演变,方法是通过一系列对时间序列的检测和已部署的无线传感器网络中继的结构。为了实现无线传感器网络的综合能力,化学生物传感器响应必须实现以下附加功能:

(1)传感材料的识别与加固。
(2)将传感材料与灵敏度合适的传感器相匹配。
(3)开发与允许判别(FAR 抑制)的无线传感器网络处理能力兼容的算法。

参考文献

[1] "Sensor," in Merriam - Webster. com, retrieved April 12, 2020, from https://www.mer - riam - webster.com/dictionary/sensor.

[2] Kopackova, V., and L. Koucka, "Integration of Absorption Feature Information from Visible to Longwave Infrared Spectral Ranges for Mineral Mapping," Remote Sensing, 2017.

[3] Zalewski, E., "Chapter 24: Radiometry and Photometry," in Handbook of Optics, Volume Ⅱ: Design, Fabrication and Testing, Sources and Detectors, Third Edition, McGraw - Hill, 2009.

[4] Norkus, V., et al. "Performance Improvements for Pyroelectric Infrared Detectors," in Proc. SPIE 6206, Infrared Technology and Applications XXXII, 62062X, May 18, 2006, https://doi.org/10.1117/12.664389, 2006.

[5] Kastek, M., et al., "Long - Range 被动红外探测器 Detector Used for Detection of Crawling People," Proc. SPIE 7113, Electro - Optical and Infrared Systems: Technology and Applications, 2008.

[6] Korites, B., Korites, B., Python Graphics, Berkeley, CA: Apress, 2018, pp. 355 - 357.

[7] Madura H., T. Piatkowski, and E. Powiada, "Multispectral Precise Pyrometer for Measurement of Seawater Surface Temperature," Infrared Physics & Technology, 2004.

[8] Whatmore, R., and R. Watton "Chapter 5: Pyroelectric Materials and Devices," in Infrared Detectors and Emitters: Materials and Devices, Chapman and Hall, 2001.

[9] Goodman, J., Introduction to Fourier Optics (Second edition), McGraw - Hill, 1996.

[10] Sheppard, C., Diffraction Optics, in Handbook of Biomedical Optics, D. A. Boas, C. Pitris, and N. Ramanujam (eds.), CRC Press, 2011.

[11] Weixing, L., "Single Molecule Cryo - Fluorescence Microscopy," Ph. D. dissertation, Georg - August - Universitat, 2016.

[12] Nugent, P., et al., "Measuring the Modulation Transfer Function of an Imaging Spectrometer With Rooflines of Opportunity," Optical Engineering, 2010.
[13] Nakamura, J., Image Sensors and Signal Processing for Digital Still Cameras, CRC Press, 2017.
[14] Vollmerhausen
[15] Barela, J., et al., "Determining the Range Parameters of Observation Thermal Cameras on the Basis of Laboratory Measurements," in Proc. of SPIE Electro – Optical and Infrared Systems: Technology and Applications X, 2013.
[16] Tracy, A., et al., "History and Evolution of the Johnson Criteria," SANDIA REPORT SAND2015 – 6368,
[17] Johnson. J., "Analysis of Image Forming Systems," Selected Papers on Infrared Design. Parts I and II, Vol. 5, 1985.
[18] Moyer, S., "Modeling Challenges of Advanced Thermal Imagers," Ph. D. dissertation, Georgia Institute of Technology, August 2006.
[19] Maurer, T., et al., "2002 NVTherm Improvements," Proceedings of SPIE Infrared and Passive Millimeter – wave Imaging Systems: Design, Analysis, Modeling, and Testing, 2002.
[20] Peric, D., et al., "Thermal Imager Range: Predictions, Expectations, and Reality," Sensors, 2019.
[21] Chrzanowski, K., "Noise Equivalent Temperature Difference of Infrared Systems Under Field Conditions," Optica Applicata, Vol. X, 1993.
[22] Rogalski, A., "Infrared Detectors: An Overview," Infrared Physics & Technology, 2002.
[23] Andersson, J., L. Lundqvist, and J. Borglind, "Dark Current Characteristics and Background – Limited (BLIP) performance of AlGaAs/GaAs Quantum Well Detectors," Proceedings Optoelectronic Integrated Circuit Materials, Physics, and Devices, Volume 2, 397, 1995.
[24] Joseph Kostrzewa, J., et al., "TOD Versus MRT When Evaluating Thermal Imagers That Exhibit Dynamic Performance," Proc. SPIE 5076, Infrared Imaging Systems: Design, Analysis, Modeling, and Testing XIV, 2003.
[25] Tissot, J., et al., "Uncooled Microbolometer Detector: Recent Developments at ULIS," Opt – Electronics Review, 2006.
[26] "High Sensitivity Enables Detection of Stationary Human Presence," OMRON D6T MEMS Thermal Sensors, OMRON datasheet, https://omronfs.omron.com/en_US/ecb/products/pdf/en – d6t. pdf.
[27] "Seek Thermal Introduces Two New Series of Low Cost, High – Resolution OEM Thermal Cameras," Seek Thermal, December 10, 2019.
[28] "Micro Core Ultra – Compact, Low Cost, High – Performance Thermal Imaging Core with 200 × 150 Sensor Resolution," Seek Thermal, 2020.
[29] Rajic, N., and N. Street, "A Performance Comparison Between Cooled and Uncooled Infrared Detectors for Thermoelastic Stress Analysis," Quantitative Infrared Thermography Journal, 2014.
[30] "ULIS Releases ATT0640^{TM}, World's Smallest 60 Hz VGA/12 Micron Thermal Image Sensor," Andrew Lloyds & Associates, 2019.
[31] "Li – SO2 Primary Battery System BA 5590 B/U One Battery for Various Military Applications," Saft, December 2005.
[32] "Sharp J – SH04: World's First Ever Phone with Integrated Camera," Gadgetizor. com, 2010.
[33] "STMicroelectronics Expands Phone Camera Family with Highly Integrated 2 – Megapixel Module," Em-

beddedTechnology. com, 2007.
[34] "CMOS OV5642 Camera Module, 1/4 – Inch 5 – Megapixel Module Datasheet," OmniVision, 2013.
[35] Jackson, L. , "ArduCAM Mini Released," ArduCam, 2015
[36] Dolcourt, J. , "Qualcomm: Your Next Phone Could Have an Enormous 200 – Megapixel Camera," C l Net, 2019.
[37] Ghosh, A. , et al. , "Free – Space Optics based Sensor Network Design Using Angle Diversity Photodiode Arrays," Free – Space Laser Communications X, 2010.
[38] Eaves, J. , Principles of Modern Radar, Van Nostrand Reinhold, 1987.
[39] Skolnik, M. , Introduction to Radar Systems, McGraw – Hill, 1980.
[40] Minkoff, J. , Signals, Noise, & Active Sensors, John Wiley & Sons, 1992.
[41] Jelalian, A. , Laser Radar Systems, Norwood, MA: Artech House, 1992.
[42] Koc, G. , and K. Yegin, "Hardware Design of Seismic Sensors in Wireless Sensor Network," International Journal of Distributed Sensor Networks, 2013.
[43] Beresík, R. , J. Puttera, and F. Nebus, "Seismic Sensor System for Security Applications Based on MEMS Accelerometer," IEEE 2014 International Conference on Applied Electronics, Pilsen, Czech Republic, 2014.
[44] Sharma, N. , et al. , "Detection of Various Vehicles Using Wireless Seismic Sensor Network," IEEE 2012 International Conference on Advances in Mobile Network, Communication and Its Applications, 2012.
[45] Cole, T. , and A. S. El – Dinary, "Estimation of Target Spectra from Laser Radar Backscatter Using Time – Frequency Distributions," SPIE Proceedings Applied Laser Radar Technology, 1993.
[46] Debaser, A. , et al. , "Recognition of Acoustic and Vibration Threats for Security Breach Detection, Close Proximity Danger Identification, and Perimeter Protection," IEEE Conference on Technologies for Homeland Security, 2011.
[47] Shimazua, R. , et al. , "MicroSensors Systems: Detection of a Dismounted Threat," Proceedings of SPIE Unmanned/Unattended Sensors and Sensor Networks, 2004.
[48] Honeywell Device, HMC1001/1002/1021/1022 Technical Specifications, https:// aerospace. honeywell. com/ content/dam/aero/en – us/documents/learn/products/sensors/ datasheet/N61 – 2056 – 000 – 000_MagneticSensors_HMC – ds. pdf.
[49] Koszteczky, B. , and G. Simon, "Magnetic – Based Vehicle Detection with Sensor Networks," 2013 IEEE International Instrumentation and Measurement Technology Conference (I2MTC), 2013.
[50] Herrera – May, A. , et al. , "Resonant Magnetic Field Sensors Based on MEMS Technology," Sensors, 2009.
[51] Wahlstrom, N. , and F. Gustafsson, "Magnetometer Modeling and Validation for Tracking Metallic Targets," IEEE Transactions on Signal Processing, 2014.
[52] https://en. wikipedia. org/wiki/Jacobian_matrix_and_determinant.
[53] Czipott, P. , et al. , "Magnetic Detection and Tracking of Military Vehicles," Technical Report, AD – A409217, NASA/STI 2002.
[54] Potyrailo, R. , N. Nagraj, and C. Surman, "Wireless Sensors and Sensor Networks For Homeland Security Applications," Trends Analyt. Chem. , 2012.

第10章 无线传感器网络系统部署与集成

部署无线传感器网络系统涉及多方面的考虑：从先期规划阶段需要考虑的各种任务目标和相关地域的地貌问题，到部署后出现的如何与支持性基础设施完成整合从而为最终用户提供远程能力的问题。部署规划过程有多个步骤，借之回答每个战术情报、监视和侦察任务分配的原因、位置和方式问题。下面是几个考虑事项的范例：

（1）部署区域在室外吗？是否需要穿过河流或者水道？是否需要进入隧道？是否处于建筑物内部？或者是由上述提及的某种组合？

（2）该系统将来要公开运行还是秘密运行？

（3）传感器节点之实体是采用多种机制进行安装，还是只可采用限定的一种或者几种特别的方式进行安装，从而满足便捷性或安全性方面的要求？

（4）部署后，是否会有多个渗出过滤点和多种渗出过滤功能？

（5）具体任务或者作战参数是否会有更新？

（6）与接入中继点相比，这些传感器节点应获得多少自主权？

（7）在战术情报、监视和侦察系统环境中有哪些服务可以无缝使无线传感器网络系统实现在线布署？

（8）如何确保与远方的最终用户实现快速且可靠的链接？

（9）无线传感器网络的信息输出格式是否正确？系统能否以符合战术情报、监视和侦察标准的显示与演示格式向远方的最终用户提供信息？

到目前为止，我们已经介绍了战术情报、监视和侦察系统使用无线传感器网络的原因和目标。此外，我们还回顾了无线传感器网络系统的功能和部署过程，并重点介绍了子系统设计和传感器节点的部署过程。此外，本书也讲解了有关的各种理论问题和模型，以及与具体部署有关的各种事项。最后，我们还讨论了无线传感器网络系统涉及的各种子系统和技术；例如中间件的功能和设计、各种使能技术、MAC设计、定位方法和节点传感器的各种模态。在学习了评估系统组件的各种方法并且理解了系统整体功能之后，我们现在讨论如何部署无线传感器网络节点并将其纳入各种任务环境的问题。无线传感器网络系统对于各种战术情报、监视和侦察任务来讲都是一种强大的工具；和之前基于无人值守地面传感器的系统[1]一样,其成功部署及与战术情报、监视和侦察基础设施的顺利整合,都需事先理清一些注意事项并进行充分规划。

10.1 部署事项

对于任何情报、监视和侦察任务,预先规划对于任务的成功至关重要。军方称为作战环境联合情报准备(JIPOE)。作战环境联合情报准备是一个分析过程;国防部联合情报组织使用这一过程生成信息评估报告和其他情报产品,为联合部队指挥官提供决策支持。这是一个持续的过程;其任务包括定义作战环境、描述具体作战环境的影响、评估对手方以及确定蓝红两方各自可能采用的各种行动方案[2]。对于无线传感器网络系统的部署,预先规划阶段必须解决与任务分配相关的各种关键问题,包括对遥感能力的要求、是否接近人类活动区域、部署区域地形地貌以及感兴趣区域的天气/气候情况。传感器节点在完成实体部署之后,应自主完成一系列任务,包括初始化、与其他节点建立无线连接从而构建点对点网络,以及启动感应功能并持续进行监控。

无人值守地面传感器完成部署后,通常会有一位系统操作员负责确认部署过程无误、初始化无误且运行正常。无线传感器网络系统免去了这一需要;传感器节点中预先装有专门的软件程序,能够在没有人工参与的情况下建立并维持健康的网络链接。这种设计使实际部署前签出无线传感器网络组件和子系统这一准备步骤变得额外重要。部署完成后,确认最终网络构建完善、节点运行正常、与渗出过滤中继点链接有效,这一步骤可通过远程链接完成,人工放置传感器的情况除外。这与许多无人值守地面传感器系统的情况相同,操作员就在刚刚完成部署的系统附近。然而,操作员并不总能接近传感器节点;而且,越来越多的情况是,传感器节点需要通过空中或使用车辆上进行放置。

具体无线传感器网络系统的运行模式由任务目标决定。基于无线传感器网络的传感器场地可分为主动式战术情报、监视和侦察系统;反应式战术情报、监视和侦察系统。主动式战术情报、监视和侦察系统中的传感器节点定期采样并将数据转发到渗出过滤中继点;而反应式系统仅在预定事件触发系统时才会将数据传给用户。反应式无线传感器网络特别适用于事件驱动型应用,入侵侦察系统就是一个例子,这种系统可以充分利用无线传感器网络成本低、结构设计灵活和易于部署这些特性[3]。

10.1.1 任务目标

无线传感器网络系统作为物联网和战场物联网的组成部分,在和平时期可支持许多民用应用(如制造进程控制、房产监控、灾难搜索和救援、森林火灾监控以及海关和边境巡逻)。尽管民用和军用系统的任务目标差异很大,但各自所需的系统性能和功能特点却惊人地相似。具体应用程序决定相关无线传感器网络系统的构型设计、部署方法和运行特性。采用防御性应用程序(如周界监视系统)的情况通常意味着用户了解受监视区域且知道预期目标类型。了解感兴趣区域可为无线传感器网络终端用户带来一定优势,特别是该用户可完全控制和随意访问被监视区域。对于防御性任务来说,侵入点更容易掌握;因为用户在对区域(如桥梁、大门、围栏和沟壑)熟悉的情况下,该地域的脆弱点也就显而易见。至于系统公开运行还是隐蔽运行这一差异,也会对各种选择产生影响。对于防御性应用,传感器系统应装于明处,从而遏阻潜在的侵入者。最后,在防御性应用的场景下,将无线传感器网络系统运输到感兴趣区域并完成部署都会比较容易,并且通常都在用户的控制之中。

进攻性应用与防御性应用大不相同。对于进攻性应用,任务的性质通常要求系统以隐蔽的方式插入、初始化并开始运行。这意味着部署过程有一定难度,之后系统还要隐蔽运行。传感器节点必须位于指定感兴趣区域附近;具体地点要满足传感器和射频链接的有效范围要求。与防御性应用相反,进攻性系统通常会隐藏传感器和渗出过滤中继点,使对手不能发现。必须充分考虑并回答几个后勤和部署有关的问题。传感器节点的分散度和位置安排必须符合传感器和射频可靠工作范围值的要求、对感兴趣区域进行足够的监视、保持足够的操作隐蔽性。有许多方法和工具可以对部署进行优化;但是,无论这些预先规划工具给出的结果看起来多么精准,那也仅仅是一种估算。为了提高部署成功的可能性,需要获取与拓扑结构、土壤特征、环境条件和敌方能力(如步行人员、现场车辆以及预期目标数量)有关的深度信息[4]。与任何基于射频的技术一样,对操作环境的实体特征和电磁特性(如土壤湿度)的了解程度是决定成功与否的关键因素。

10.1.2 与人类活动区域的距离

在设置战术情报、监视和侦察系统时,与人类活动区域的距离直接决定无线传感器网络传感器的安放方法、部署布局和运行形式。这不仅仅因为放置传感器的过程可能被路人看到,还存在其他一些情况:人类活动会导致射频被干扰,无害入侵(平民和人类驯养的动物)也会造成大量误报,而且还会发生人为破坏或盗窃的情况。如要求秘密运行则不应有被人发现的可能性。部署过程不仅需要快速完成,而且必须在不方便的时间(如夜幕中或恶劣天气条件下)进行。至于电子干扰,无线传感器网络节点使用自适应扩频波形工作;如果安排得当,应该能够在严重射频干扰下令人满意地运行。至于密集的交通路径和相关人类活动带来的误报,巧妙使用传感器模态、划定整个传感器场地的范围以及采用定向功能,能够借此实现更好的目标识别能力。最后,对于人为破坏或盗窃的问题;隐秘应用必须使用隐蔽性的无线传感器网络部件并采用各种对策防止有人破坏或盗用节点。

10.1.3 地域地貌

系统运行所处的地形地貌环境会带来一些问题;这些问题与传感器和射频 LOS、地面和土壤组成、植被以及节点可及性这些因素有关。这些因素决定着传感器的检测范围、可用的放置方法和射频传播方式。例如,如果土壤坚硬实密,则震动传感器的探测范围会相对较好。车辆活动、海浪、火山活动、大地震颤甚至流水等环境干扰都会降低震动传感器的性能效果。同样,输电线和其他电子源发出的辐射也会影响到磁性传感器的工作。至于 LOS,震动和声学传感器可以处理 LOS 损失的问题,但它们需要在低震动/低声学活动的环境中工作,这就需要采取一些预防措施,例如要避免将声学传感器置放在瀑布附近。如果要增加传感器工作范围,或需要跨过沟壑、水道或其他不连贯地域,那么光学传感器可能成为合适的选择。

虽然植被可以为传感器和中继点提供覆盖带来隐蔽性,但植被会对射频通信链接形成干扰,使得天线放置变得困难。早期无线传感器网络使用 2.4GHz 射频链接时有过一个惨痛的教训,植被特别是针叶树会带来一种意想不到的难题:针叶树的含水量和叶针大小会在 2.4GHz 频率下发生共振,从而给该频率上的信号传输造成严重的衰减。在 ISM 频带上,植被给射频信号带来的衰减随着频率的增加而变得更为显著。对于 3.2~3.9GHz 的射频频率,雪松树(平均树冠厚度为 6.5m)造成的平均衰减值为 21 ± 1.6dB[5]。如图 10.1 所示,在有植被的情况,ISM 波段上的射频衰减显著。

由于存在沟壑、斜坡、水道和其他地形特征,因此传感器模态的类型和功能必须纳入考虑范围。当查看一个感兴趣区域或者更准确地说,是受关注的立体空间(VOI)时,节点定位的高度指标变得更为重要。(回顾图 3.1)随着感兴趣区域地质特征的日益复杂,部署方法和传感器模态选择都变得至关重要。当然,无论采用防御态势还是进攻态势,为了实现更好的系统性能表现,必须考虑到这一点:人为的威胁在看到一个区域特性时会对同样的地域特性

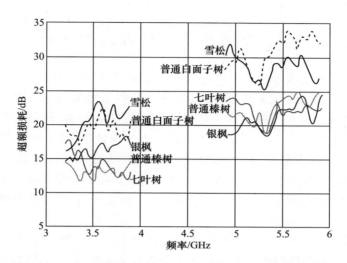

图 10.1 每种植被类型在 ISM 波段上所带来的射频衰减[5]

做出反应,并且可能发现这些特性可以带来的可用的机会(如利用沟壑完成部队移动)。

10.1.4 天气/气候

战术情报、监视和侦察系统需要在各种区域运行。有些运行区域中天气条件可能发生急剧变化,从而降低该系统的性能表现,最为显著的情况是传感器和射频链路可靠性表现尤其明显。

对于传感器所受影响,各种传感器方程(第 8 章)皆纳入了与大气条件、检测概率(和误报)相关联的系数和参数。计算射频链路可靠性时,纳入了一些与天气有关的参数,以估算天气对接收信号强度的影响,天气的这种影响可用射频信号强度来表征。温度和湿度对室外无线传感器网络无线电信号强度的影响一直通过经验值来表征。

特别值得注意的是,温度升高会在工业、科学和医疗波段上给射频信号强度带来负面影响[6]。雨和雾的影响在估算无线传感器网络射频链路可靠性时也纳入了研究。然而,在 2.4GHz 或更低频段上,雨雾的影响不像温度升高所产生的影响那么严重[7]。与其他天气因素相比,对 RSSI 产生较大影响的总是温度变化,当然这种说法的有效性要以传感器节点不被水淹雪埋为前提。传感器性能表现受温度影响,因为传感器中使用的是低成本组件;其中收发器性能表现受到这一情况的影响尤甚。为了减低温度变化的不良影响,节点设计中更多地使用了频率分集技术。

10.2 部署规划——方法与工具

使用几何分布或随机分布的传统部署方法都取得了成功。但是,基于无线传感器网络的系统成功与否,最终取决于其所采用的部署方案能否提供持续可靠的区域覆盖和网络链接。对于任何无线通信架构,衡量一个网络运行的良好程度总与一个众所周知的蜂窝网术语——服务质量(QoS)[8]有关。对于分组交换电信网络,服务质量描述的是流量优先分级和资源预留控制机制,而非实际取得的服务质量。服务质量供给充足,则无线传感器网络能够处理分配给多个不同应用程序、用户或数据流的各种优先级,并且能够确保数据流在一定水平上顺利运行。

每个具体的任务类型和部署环境都要有为之专门定制的优化目标;虽然关心的重点是感兴趣区域或受关注的立体空间的覆盖范围,但系统首先要有持续的网络连接和良好的能效才能确保无线传感器网络系统有能力完成战术情报、监视和侦察任务[9]。伴随着几种成熟地理信息系统的出现,已经开发、评估和归类[10]了大量的部署模式软件。这包括已经完成开发的一些数学代码,这些代码即使在环境特性变化[11-12]的情况下仍能得出系统实现完全覆盖的概率。其中,有些代码已经成为无线传感器任务规划工具,如地理区域限制环境代码(GALE)[13]、传感器部署规划工具代码(SDPT)[14]、情报、监视和侦察同步工具代码(IST)[2]。为了确保所交付无线传感器网络系统布局的可靠性,必须要求其实体网络的拓扑结构能够提供替代路径(参见第6章)。赋予系统容错能力的一个方法是,过载部署大量节点,从而使不同节点的射频工作范围之间在一定程度上重叠。这可以保证无线传感器网络系统运行可靠,但其代价是需要部署超量的节点。为了最大限度地减少节点数量,同时确保所部署的每个传感器节点都要被用到 k 节点不相交链路中,已经开发和评估了多种集中式预规划算法,如 GRASP – ARP[15]。

10.3 部署布局(感兴趣区域覆盖范围)

精细的能源管理至关重要,因为系统需要足够电力才能做到长久运行。在工作寿命满足任务要求之外,决定战术情报、监视和侦察系统是否合格的下一个关键要素是,传感器的感应能力和无线连接的可靠性必须符合要求。为了提供所需的覆盖范围,要确定部署布局中使用的节点数时必须同时考虑传感器探测范围(R_{sen})和射频链路工作范围(R_{RF}),这在推导式(9.1)所示的工

作范围比 R_{RF}/R_{sen} 时已经进行了讨论。传感器覆盖是指在一定的尺度距离上以所需的分辨率进行准确的目标检测和目标识别。射频覆盖是指有足够的能力成功建立射频链路并处理各类网络问题，包括拥塞、链路故障（如不良天气影响下的情况）和节点故障。因此，我们寻求的部署方案应最大限度地减少满足任务要求所需的节点数量，同时还要努力控制成本、方案复杂度和所需的维护工作（此外，部署的节点数目越少，进攻性系统越能更好地保持隐蔽性）。

为此，几何构型模式（如六边形阵列和晶格构型）获得了青睐；通过设定一些固定的有效距离（R_{sen}, R_{RF}）来描述该模式下系统基于节点紧密相间的运行布局；相关的实例有盘状感应模式和采用数据融合技术的双三角形部署模式[2,16]。

图 10.2 描述了盘状感应模式所用的节点布局。很可惜，在实际情况下，地形和植被，甚至任务本身的要求和限制，决定了无法使用这种间隔距离有规律的部署。此外，在秘密行动中，人们最不希望在环境中留下周期性结构或人为元素的任何迹象，以避免引起对方的怀疑。

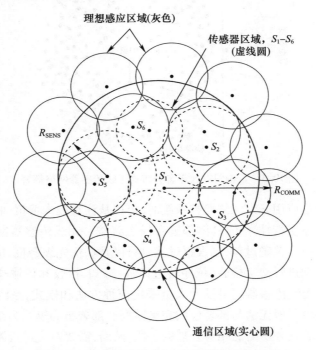

图 10.2　盘状感应模式（一种传感器节点布局）

更合适的布局方法是使用统计(随机)分布决定传感器的部署位置。这类方法之一是应用负偏对数正态分布,将 X 轴和 Y 轴上节点分布的对数值作为一个高斯分布变量。由此得出的部署方法要求在工作区外围所要放置的传感器节点密度最高,如图 10.3 所示。负偏将节点的大部推到外围,而在中心附近所要设置的节点则较为稀疏,而看起来这也是渗出过滤中继点所在的位置(这一布局类似于我们讨论过的一个采用反向高斯函数的方法[17])。通过以外围密集的方式进行部署,节点可以覆盖较大的区域,还能允许节点之间保持合理的(使它们不被检测到的)距离。在外围上进行高密度部署的方式还可确保感兴趣区域内在距离顶点最远的距离上仍能有足够的覆盖(这对于防御式系统有一定价值)。

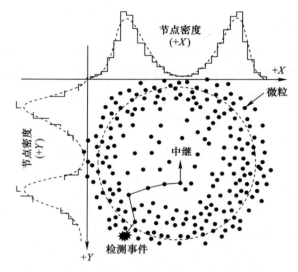

图 10.3　负偏斜对数正态分布式无线传感器网络部署

为某个特定应用开发无线监控系统时,可以从注重战术情报、监视和侦察任务的某个特定系统特性[18]的具体部署布局上获益。无线传感器网络系统的总体功能是提供一个关键过程,如误报过滤、事件检测、优先级警报、按时间间隔定时观察和按计划进行交叉检验(依序转过休眠、感知、接收和传输这几个工作状态)[19]。无论无线传感器网络设计人员采用何种方法和模式,系统的标的或相关的感兴趣区域一般无法与部署模式完美匹配。部署布局模式为系统设计人员提供了完成部署任务所需的相对合理的手段;然而,需要对之进行调整的情况是常态,最终的部署配置通常既需要先验性规划又需要最后加入具体任务的现实要求。

10.4 部署机制

系统布局在实体部件层面上必须与任务支持方面的各种限制保持一致,这与传感器选择和分散布局在其他层面的要求相同。在许多部署案例中,使用的是行之有效的人工部署;但是使用这种部署方法可能会让那些执行部署任务的人受到伤害,在战术情报、监视和侦察执行攻击性任务中尤其如此。即使在执行防御性任务的情况下,防御人员也可能因为地形和植被的限制而难以按照要求放置传感器节点。关于人工放置的情况,节点设计和系统实施计划必须考虑到设备重量、初始化顺序、放置的易用性(包括搬动天线和震动尖峰附件的操作)以及一些人体工程学方面的问题。为进攻性任务安放节点的团队要避免使用声学或光学(LED)信号作为提示来验证节点初始化过程。此外,系统设计人员必须考虑完成部署所需的传感器节点的具体数目,因为全部所需的节点可能会超过步行人员的最大背负能力。例如,在节点封装的缩入处加装一个节点电源开关。复杂的实体形态会给佩戴手套的人员带来困难(如需要扳动嵌入式开关或按下嵌入式按钮的情况)。如果现场置放的节点的数目变得很大,则每次都要脱下手套放置节点的操作要求就会变得非常困难。在寒冷气候或类似的情况下,花费较长的时间跋涉以完成部署任务,会阻碍甚至危及有关人员。

除人工置放外,还有一种方法被成功用于置放无人值守地面传感器及情报、监视和侦察传感器,即:使用旋转翼和固定翼飞机(或者最近出现的无人机)从空中投放。空投传感器的关键应用有空投声纳浮标(代号 High Tea,发生在1942年,第二次世界大战中)[20]和越南战争期间在 Muscle Shoals 计划中空投地面无人值守地面传感器节点(参见图 1.2 中的白色冰屋行动)。许多任务会要求沿着各种战斗人员通过的小径(如胡志明小道)空投地震传感器[21]。类似的方法已经用到了无线传感器网络系统上,在军用和民用的情况下皆有案例,包括 SAR 演示[22]。对使用枫叶或蝴蝶式伪装的技术也进行了评估,就像在杀伤性 PFM-1 反人员地雷部署中所使用的那样。PFM-1 是一种小型爆炸装置,依设计可通过多种机制完成部署:飞行器、火炮和专门设计的迫击炮[23]。将 PFM-1 部署方法的多功能性应用于节点设计中,已经并且依然处在研究考虑的过程中。这种通过旋翼无人机平台在广大的区域中投放大量节点的方法,将是一个经济、操作有效的发布方式。多个此类部署方法的演示和系统本身已经完成设计,包括使用旋翼无人机平台按照预定的网格模式在空中投放节点系统[24]。

10.5 无线传感器网络系统集成

第6章介绍了渗出过滤中继点(接入点)硬件,它可以从无线传感器网络微粒场中获取传感器和内务数据,同时向场地发出操作命令和信息更新。如图6.13和图6.14所示,空投型和人工放置型中继点装置都已存在。中继点的设置通常会使其可在多个射频频段上进行通信。多种频段可用于支持与无线传感器网络系统进行直接通信(工业、科学和医疗射频频段包括833MHz、2.4GHz和5.2GHz波段),提供远程甚高频(SEIWG – 005A)以便与复杂传感器单元(SSU)建立互连,并允许通过卫星通讯(或蜂窝网)与远程网络相连,从而将无线传感器网络系统桥接到全球通信基础设施上。除地面传感器节点外,也可通过地面或空中移动平台使用移动自组织网络节点。无线传感器网络系统(战术情报、监视和侦察和其他应用)得益于所考虑到的覆盖层因素;移动自组织网络节点以协作的形式加入固定节点无线传感器网络系统,以扩大传感的覆盖范围、加强射频的链接能力或者两者兼得。由基于移动自组织网络的节点所构组的覆盖层,可以用来动态区分和加快关键数据包(传感器数据和命令)的流量;当然,通过整合其与无线传感器网络收集数据过程中使用的最新标准和规范,才能利用低延迟移动自组织网络路径做到这些[25]。

由于战术情报、监视和侦察任务的基本性质横跨许多操作要求,系统集成涉及其他一些设计层面,包括了传输协议的适应性(见第4章)。开发各种传输协议持续地帮助提高网络效率。例如,已经完成了定义、模拟和测试使用慢推快取(PSFQ)技术的传输协议。早期的无线传感器网络往往只适用于各自特定的应用程序,并且与该应用硬连接从而以低成本有效地完成特定的任务。使用战术情报、监视和侦察系统时,通常会对已部署系统的用途进行重新调整,这会对原始设计形成挑战。基于 PSFQ 技术的协议支持简单而强大且可扩展的性能表现,适用于满足其他依赖可靠数据的应用程序的需求[26]。

10.5.1 开放地理空间联盟

开放地理空间联盟(OGC)是一个成立于1994年国际性自愿参加的共识性标准组织。开放地理空间联盟在全球与500多家商业、政府、非营利和研究机构合作,共同开发和实施规范地理空间内容和服务、传感器网络和物联网[27]的开放标准。地理信息技术领域有许多不相兼容的标准,这种情况加剧了地理信息系统之间共享计算机化的地理数据(Geodata)之难度。开放地理空间联盟标准的深层目标是规范化软件系统中的信息编码形式(数据格式标准和数据传输标准),为特征和特征关系统一命名(数据字典)并为描述数据集(元数据)提供合适的认知框架[28]。开放地理空间联盟标准属于技术文档,旨在提供这些标准寻址接口和编码的详细信息。开放地理空间联盟保持这些文档的开放访问,从而确保地理信息系统(GIS)开发人员能够开发关于地理信息系统产品和服务的接口和代码[29]。

10.5.1.1 传感器网赋能标准

"传感器网"这一术语描述了一种无线传感器网络架构,其中多个传感元件互连并使用多跳通信技术组成一个网络,并作为一个相互协调的同质系统运行。该术语描述了一种特定类型的传感器网络,它是一个由分布于空间中的多个传感器平台所组成的无定形网络,而传感器平台之间通过无线技术相互连接[30]。传感器网这一概念在很大程度上受到无线传感器联网(以及随后的物联网和战场物联网)的影响。总而言之,传感器网是一种基础设施,能够以标准化的方式通过万维网收集、模型化、存储、共享、处理和可视化传感器信息及与之相关的元数据信息。传感器网促进广泛的监控以提供及时和连续的观测,可被视为传感器资源,与互联网被视为一般性信息源相对应——传感器网是一个赋能最终用户使之可通过明确定义的方法轻松共享和访问传感器资源的基础设施。

构建传感器网的一个关键挑战是如何自动访问和整合通过各种传感器设备或通过仿真模型所获得的不同类型的地理位置数据。此外,传感器资源是使用整合特定机制的应用经过开发而来,而不是通过一个定义明确且已建立完毕的集成层获得。将各种传感器整合到一个通用的观测系统中,解决了一些并将继续解决不兼容的服务和编码带来的问题(即使在相同的战术情报、监视和侦察系统中也会有这种情况)。这类问题仍然是开放地理空间联盟的驱动力量,也是传感器网赋能(SWE)这一概念的基础[31]。传感器网赋能是由开放地理空间联盟开发和维护的一套标准,用于分解各种烟囱式地理信息系统并充分利用互联网的开源服务。传感器网赋能以一种面向服务的体系结构(SOA)方法,向传感器和传感器系统开发人员提供开放地理空间联盟标准,从而帮助他们提高通过互联网发现和使用远程感应器、转换器和相关传感器数据存储库的能力。传感器网赋能的目标是设计以网络为中心的传感器系统,这些系统可以支持几乎任何传感器或模型系统[32]。为什么让传感器网赋能涉入无线传感器网络,特别是基于无线传感器网络的战术情报、监视和侦察系统的设计和运作?通过使用传感器网赋能标准,战术情报、监视和侦察系统内置了更强的功能,具体如下:

(1)基于传感器位置、传感器数据、数据可靠性和数据质量以及传感器执行所需观测任务的能力,快速发现传感器和传感器数据(秘密数据或公开数据)。

(2)无需先验知识,仅通过系统用户软件可以理解的标准编码来获取传感器信息。

(3)使用通用的方式以特定于任务需求的格式轻松访问传感器观测结果。

(4)启用订阅服务,以便从检测和观测预定义事件的传感器系统处接收警报。

图10.4展示了传感器网赋能环境分层架构的概览,该架构包括从传感器设备(传感器层)通过传感器网络层(支持性服务和门户接口)到应用层的一切[33]。

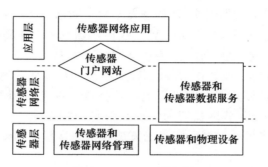

图10.4 SWE 环境架构

传感器网赋能标准有助于实现互操作性,以实现并维持传感器网。诺斯罗普·格鲁曼公司的PULSENet[34]就是一个典型的例子,囊括了用于战术情报、监视和侦察系统的无线传感器网络演示和测试程序。PULSENet 为异构传感器、相关元数据和观测结果[35]的自主发现、访问、使用和控制,提供了一个基于标准的框架。构建PULSENet采用了开源传感器网赋能代码、商用现成产品和定制软件的组合;其设计旨在将旧的非传感器网赋能标准的传感器纳入到基于传感器网赋能的架构中。使用PULSENet,实现了对无线传感器网络传感器数据的实时访问,以便为无线传感器网络微粒场附近的高分辨率摄像机提供警报和指向指令。传感器制造商可以遵从相关标准(如 IEEE 1451)和传感器网赋能定义的接口实现开放地理空间联盟传感器网赋能。各种服务是松散耦合的,这意味着服务接口独立于底层实现方法,并使用表述性状态传递或简单对象访问协议(SOAP)之类的协议通过网络进行交互[36]。开发人员或系统整合商可以将一个或多个服务融合到某个应用程序中,而不必知道每个服务是如何实现的。

10.5.1.2 面向服务的体系结构

作为一个战场物联网系统,无线传感器网络利用互联网(如国防部信息网络)基础设施在全球范围内发送大量的情报、监视和侦察数据。随着复杂性的不断增加,需要实现更高的抽象水平,从而为持续进行的战术情报、监视和侦察应用程序开发工作提供支持。掌控高复杂度代码的一种方法是采用面向服务的体系结构;这一构架是21世纪初从分布式计算的工作中演变而来。在面向服务的体系结构之前,服务被认为是应用程序开发过程的最终结果。随着面向服务的体系结构的出现,应用程序本身是服务的组成单元,这些服务可以单独交付,也可以作为组件组合到更大的复合服务中。特别说明的是,面向服务的体系结构是一种软件设计工具;它使用应用程序组件凭借网络协议来提供服务。使用面向服务的体系结构工具,中间件开发人员可以通过集成可重用的应用程序组件来构建大型功能模块,从而快速完成应用程序开发。由于面向服务的体系结构促进多个服务之间的松散耦合,功能被分拆到不同的单元(服务)中。不同的服务可以与特定的代码模块结合使用,从而提供大型软件应用程序的功能。TinySOA[37]就是一个为无线传感器网络设计的示例,可使无线传感器网络中间件开发人员方便地访问各种功能模块。从正在开发的中间件应用程序执行访问,使用一种简单的服务导向的接口和某种编程语言。

链接和融合平台路由信息、传感器开发结果以及数据库设置和分布(如GIS),可以改进共享态势感知,并提高任务效率。在信息融合社区中,研究工作寻求通过建立开放的标准这一手段将异构网络组件融合到一个可以接受外部访问的框架之中[38]。通过美国国防部信息网络,无线传感器网络使用由面向服务的体系结构提供的大规模处理应用程序,在全球范围内收集大量的情报、监视和侦察数据。TinySOA[37]允许中间件开发人员使用简单的面向服务的接口,通过网络化嵌入式系统技术存储库访问各种无线传感器网络功能块。通过智能转换器网络服务,IEEE 1451 标准(将在10.5.2节中讨论)识别的智能转换器可以高效、快速地集成到开放地理空间联盟传感器网赋能之中[39]。

10.5.2　IEEE 1451:智能传感器接口标准

IEEE 1451 是 IEEE 仪器仪表与测量学会传感器技术委员会制定的一套智能传感器接口标准。这些标准描述了一组开放、通用、独立于网络的通信接口,用于将各种连接器(传感器或执行器)连接到微处理器、仪器仪表系统和控制/现场网络上[40]。设立 IEEE 1451 标准的目标是允许使用者通过一组通用接口界面访问传感器数据,无论传感器是通过有线还是无线方式与系统或网络相连。IEEE 1451 标准的一个关键要素是定义每个传感器的传感器电子数据表(TEDS)。传感器电子数据表是连接到传感器的一个存储装置,用于存储可供远程查询的元数据。传感器电子数据表元数据包括传感器识别、校准、校正数据和与制造商有关的信息。传感器电子数据表的格式由 IEEE 仪器仪表和测量学会传感器技术委员会所制定的 IEEE 1451 智能传感器接口标准定义。IEEE 1451 标准描述并建立了一组开放、通用、独立于网络的通信接口,用于将传感器与微处理器、仪器仪表系统和控制/现场网络相连。图 10.5 说明了 IEEE 1451 标准的分层方法。

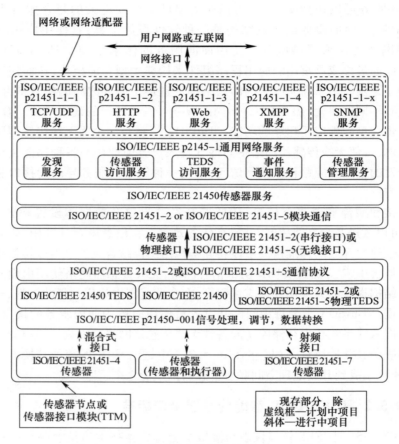

图 10.5　定义传感器和谐标准的 IEEE 1451 模型

传感器电子数据表可以通过两种方式实现。传感器电子数据表可以存储在传感器自身的嵌入式存储器(通常是 EEPROM)中,并连接到测量仪器或控制系统上。或者,一个虚拟传感器电子数据表可以作为一个文件存在,供测量仪器或控制系统访问。虚拟传感器电子数据表将标准化的传感器电子数据表扩展到了传统传感器和应用之上,而传统传感器和应用上可能没有嵌入式存储器[41]。

10.6 用户集成

随着传感器节点、支持性转发器和复杂传感器单元的成功部署,战术情报、监视和侦察系统也可供终端用户使用和控制。为有效地向这些用户发送数据,基于无线传感器网络的系统需要无缝运行,具有使用传统情报、监视和侦察系统和相关标准(如 MILSTD-2525D[42]符号系统)的能力。发明另一种新的格式或显示方法反而会适得其反,因为情报、监视和侦察分析师与电子和遥感情报、监视和侦察系统之间的互动体系已经持续50多年了。

10.6.1 传统集成

美国军方使用大量通用操作界面系统在基于地理信息系统的覆盖层中与传感器关联。这些系统是在几年的运行和升级中演化而来的,已经增强了对新传感器平台的处理能力,包括基于无线传感器网络的战术情报、监视和侦察系统。

用于提供必要转换的代码称为注入器。在无线传感器网络上更为常见的战术情报、监视和侦察显示器是诺斯罗普·格鲁曼公司的指挥控制计算机(C2PC)[43]、佐治亚理工学院的猎鹰视图(Falcon View)[44]和 MITRE 的目标光标(COT)[45]。情报、监视和侦察显示器有无数的衍生产品;根据任务的不同,这些显示器的变体已被开发,可为使用战术情报、监视和侦察传感器数据的情报、监视和侦察人员、情报的分析研判人员提供支持。

10.6.2 指挥控制计算机通用操作图

指挥控制计算机(C2PC)的战术显示环境是诺斯罗普·格鲁曼公司的一款广泛部署的基于终端的产品。指挥控制计算机促进通用战术图创建和可视化。指挥控制计算机使用人们熟悉的 Microsoft Windows 界面,提供地理地图显示和战术图像,具有实时跟踪功能、集成的消息传递服务以及一系列规划和决策工具。指挥控制计算机还提供一个开放的软件基础,可以在其上构建其他功能或将其集成到其他系统中;它易于扩展,并提供快速的传播渠道。指挥控制计算机的多功能性使其适用于从任务行动中心到战场的各种操作环境。相关的集成通信系统非常高效,可以在低带宽环境(如战斗网络无线电系统和卫星通信)下有效运行,还允许使用不可靠的网络连接。指挥控制计算机由三个构件组成:一个全局指令和控制系统(GCCS)统一构建(UB)主机、指挥控制计算机客户端和指挥控制计算机网关。UB 主机是馈送信息到指挥控制计算机网关和相关指挥控制计算机客户端的中心源。指挥控制计算机要求

UB 主机接收对受追踪信息的自动更新。UB 主机提供可导入指挥控制计算机的叠加层和操作员备注(OPNOTES)。UB 主机接收指挥控制计算机发送的快速报告、操作员备注或叠加层,并对其进行适当处理,从而生成战术通用操作图。

指挥控制计算机网关组件处理其从 UB 主机接收到的和从它处发送到 UB 主机的跟踪信息。需启动并运行网关,以使指挥控制计算机客户端接收到对追踪信息的各种更新。网关的工作原理对最终用户是透明的;指挥控制计算机客户端组件显示一个地图窗口和指挥控制计算机菜单架构。每个指挥控制计算机工作站必须运行一个指挥控制计算机客户端才能运行指挥控制计算机。图 10.6 说明指挥控制计算机在仿真实验中使用的(SIMEX)环境,包括作为指挥控制计算机覆盖层[46]的一个目标工作流系统(TWS)。目标工作流系统采用 Atlas(一种通用的应用程序框架和各种地图视图上的战术图形渲染)作为图形用户界面来显示轨迹图标和地图数据,并作为战术管理系统(TMS)接口来获取轨迹数据。

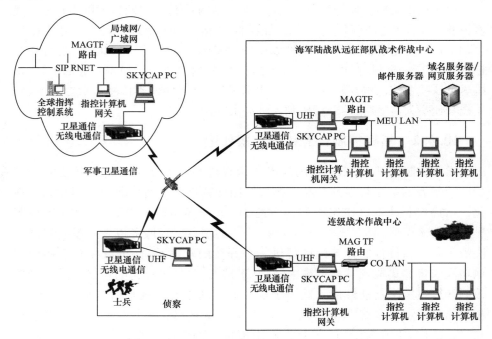

图 10.6 指挥控制计算机数据流

指挥控制计算机显示器依循 MILSTD-2525D 符号系统标准以显示地图叠加、友方单元位置、传感器位置和元数据、移动计划以及敌对单元位置。指挥控制计算机的多功能性是基于其在工作人员单元、相邻部门、下属以及上级总部之间的快速信息交换。

10.6.3 猎鹰视图

猎鹰视图(FalconView)是一个显示各种类型的地图和地理参考覆盖层的 Windows 地图系统。猎鹰视图由佐治亚理工学院研究完成,最初是为在 Windows 操作系统上运行开发的,现在已经开发了 Linux 版本和可在移动操作系统上运行的版本。该系统支持多种类型的地图,但大多数用户感兴趣的是航空图、卫星图像和高程图。

猎鹰视图支持许多类型的覆盖层,这些叠加层可以显示在多个地图背景上;典型叠加层的目标用户为军事任务规划用户、飞行员和航空支持人员。猎鹰视图是便携式飞行计划软件(PFPS)套件的一个组成部分;便携式飞行计划软件中包括猎鹰视图、作战飞行计划软件(CFPS)、作战武器投放软件(CWDS)、作战空投计划软件(CAPS)和不同软件承包商构建的其他几种软件包[47]。目前进行的工作包括将作为国防部最新的任务规划系统 XPlan 的一部分对猎鹰视图进行开发。将联合任务规划系统作为插件添加到猎鹰视图中的工作也在进行中。

10.6.4 目标光标

目标光标(COT)是一种简单的交换标准,用于共享目标信息。目标光标是一种松散耦合的设计,已经有了多种实现方法,用于促进多种系统与现场军事软件间的互操作性。目标光标最初由 MITRE 于 2002 年完成开发,为美国空军电子系统中心(ESC)提供支持,并在 2003 年进行的一次联合特遣部队演习中首次展示;在展示演习中,一架捕食者无人机可与有人驾驶飞机协作执行任务[40]。目标光标事件数据模型定义了一个 XML 数据协议,用于在战术通用操作画面系统之间交换时敏运动目标的位置信息。目标光标数据策略基于简洁的 XML 架构和一组用于通过带宽受限的硬件交换互联网信息的扩展。这种通信交换的最新技术涉及 TCP/IP 堆栈;针对频繁发送小数据包的情况进行了优化。相比之下,具有高带宽容量的系统可通过每次交换大量信息而不是频繁收发少量信息来提高其运行的经济性。

如果系统调用一次网络服务就可交换数千个移动对象的信息,而不必数千次调用网络服务一个个完成单个移动对象信息交换,则网络服务协议和网络服务本身就会更为有效。因此,目标光标数据模式已经用到了基于网络服务的信息交换,保留了目标光标的简洁性和可扩展性[48]。

参考文献

[1] Coster, M., J. Chambers, and A. Brunck, "SCORPION II persistent surveillance sys-tem with universal gateway," SPIE Proceedings Volume 7333, Unattended Ground, Sea, and Air Sensor Technologies and Applications XI, 2009.

[2] "Commander's Handbook for Persistent Surveillance," Version 1.0, Joint Warfighting Center Joint Doctrine Support Division, 2011.

[3] Sharma, A., and P. Lakkadwala, "Performance Comparison of Reactive and Proactive Routing Protocols in Wireless Sensor Network," IEEE Proceedings of 3rd International Conference on Reliability, 2014.

[4] Remote Sensor Operations, USMC, MCRP 2-10A.5 (Formerly MCRP 2-24B), 2004.

[5] Adegoke, A., "Measurement of Propagation Loss in Trees at SHF Frequencies," Doctor of Philosophy Thesis, University of Leicester (Department of Engineering), 2014.

[6] Luomala, J., and I. Hakala, "Effects of Temperature and Humidity on Radio Signal Strength in Outdoor Wireless Sensor Networks," IEEE Proceedings of the Federated Conference on Computer Science and Information Systems, 2014.

[7] Wennerstrom, H., "Meteorological Impact and Transmission Errors in Outdoor Wireless Sensor Networks," Uppsula University (Department of Information Technology), 2013.

[8] Abdollahzadeh, S., and N. J. Navimipour, "Deployment Strategies in the Wireless Sensor Network: A Comprehensive Review," Computer Communications, 2016.

[9] Thakur, A., D. Prasad, and A. Verma, "Deployment Scheme in Wireless Sensor Network: A Review," International Journal of Computer Applications, 2017.

[10] Sharmaa, V., et al., "Deployment Schemes in Wireless Sensor Network to Achieve Blanket Coverage in Large-Scale Open Area: A Review," Egyptian Informatics Journal, 2016.

[11] McKitterick, J., "Sensor Deployment Planning for Unattended Ground Sensor Networks," Proc. SPIE 5417, Unattended/Unmanned Ground, Ocean, and Air Sensor Technologies and Applications VI, 2004.

[12] Boudriga, N., "On a Controlled Random Deployment WSN-Based Monitoring System Allowing Fault Detection and Replacement," International Journal of Distributed Sensor Networks, 2014.

[13] "Advanced Remote Ground Unattended Sensor (ARGUS)," GlobalSecurity.org, https://www.globalsecurity.org/intell/systems/arguss.htm.

[14] ENSCO, "Sensor Modeling & Mission Planning Tools," ENSCO, 2020.

[15] Sitanayah, L., K. N. Brown, and C. J. Sreenan, "Fault-Tolerant Relay Deployment for k Node-Disjoint Paths in Wireless Sensor Networks," 2011 IFIP Wireless Days (WD), 2011.

[16] Cheng, W., et al., "Regular Deployment of Wireless Sensors to Achieve Connectivity and Information Coverage," Sensors, 2016.

[17] Li, H., et al., "A Reverse Gaussian Deployment Strategy for Intrusion Detection in Wireless Sensor Networks," 2012 IEEE International Conference on Communications (ICC), 2012.

[18] Vales-Alonsoa, J., et al., "On the Optimal Random Deployment of Wireless Sensor Networks in Nonhomogeneous Scenarios," Ad Hoc Networks, 2013.

[19] Brusey, J., E. Gaura, and R. Hazelden, "WSN Deployments: Designing with Patterns," IEEE Sensors, 2011.

[20] Holler, R., "The Evolution of the Sonobuoy from World War II to the Cold War," U. S. Navy Journal of Underwater Acoustics, 2014.
[21] Correll, J., "Igloo White," Air Force Magazine, 2004.
[22] Bernard, M., et al., "Autonomous Transportation and Deployment with Aerial Robots for Search and Rescue Missions," Journal of Field Robotics, 2011.
[23] Smet, T., and A. Nikulin, "Catching 'Butterflies' in the Morning: A New Methodology for Rapid Detection of Aerially Deployed Plastic Land Mines from UAVs," The Leading Edge, 2018.
[24] Corke, P., et al., "Autonomous Deployment And Repair of a Sensor Network Using an Unmanned Aerial Vehicle," Proceedings IEEE International Conference on Robotics and Automation, 2004.
[25] Bellavista, P., et al., "Convergence of MANET and WSN in IoT Urban Scenarios," IEEE Sensors Journal, 2013.
[26] Wan, C., A. T. Campbell, and L. Krishnamurthy, "Pump-Slowly, Fetch-Quickly (PSFQ): A Reliable Transport Protocol for Sensor Networks," IEEE Journal on Selected Areas in Communications, 2005.
[27] "Open_Geospatial_Consortium," https://en.wikipedia.org/wiki/Open_Geospatial_Consortium.
[28] "OGC's Role in the Spatial Standards World: An Open GIS Consortium (OGC)," White Paper; https://www.ogc.org.
[29] "Open_Geospatial_Consortium Standards," https://www.ogc.org/standards.
[30] Delin, K., P. Shannon, and P. Jackson, "Sensor Web: A New Instrument Concept," SPIE Proceedings Vol. 4284: Functional Integration of Opto-Electro-Mechanical Devices and Systems, 2001.
[31] Rouached, M., S. Baccar, and M. Abid, "Restful Sensor Web Enablement Services for Wireless Sensor Networks," 2012 IEEE Eighth World Congress on Services, 2012.
[32] Botts, M., et al., "OGC Sensor Web Enablement: Overview and High Level Architecture," GeoSensor Networks, 2006.
[33] Broring, A., et al., "New Generation Sensor Web Enablement," Sensors, 2011.
[34] Thompson, S., J. Kastanowski, and S. Fairgrieve, "PULSENet," IEEE Computer Society Proceedings MILCOM 2006, 2006.
[35] Fairgrieve, S., J. A. Makuch, and S. R. Falke, "PULSENet™: An Implementation of Sensor Web Standards," IEEE 2009 International Symposium on Collaborative Technologies and Systems, 2009.
[36] Halili, F., and E. Ramadani, "Web Services: A Comparison of Soap and Rest Services," Modern Applied Science, 2018.
[37] Avilés-López, E., and J. A. García-Macías, "TinySOA: A Service-Oriented Architecture for Wireless Sensor Networks," Service-Oriented Computing and Applications, 2009.
[38] Chen, G., et al., "Services-Oriented Architecture (SOA)-Based Persistent ISR Simulation System," Proc. SPIE 7694, Ground/Air MultiSensor Interoperability, Integration, and Networking for Persistent ISR, 2010.
[39] Song, E., and K. Lee, "Integration of IEEE 1451 Smart Transducers and OGC-SWE Using STWS," 2009 IEEE Sensors Applications Symposium, 2009.
[40] "Universal Core (UCORE)," https://en.wikipedia.org/wiki/Universal_Core.
[41] "IEEE Standard for a Smart Transducer Interface for Sensors and Actuators Wireless Communication Protocols and Transducer Electronic Data Sheet (TEDS) Formats," in IEEE Std 1451.5-2007, 2007.

[42] "Department of Defense Interface Standard Joint Military Symbology,MIL – STD – 2525D," MIL – STD – 2525C,2014.
[43] "Northrop Grumman Brochure on C2PC," https://www.militarysystems – tech.com/sites/militarysystems/files/supplier_docs//NG%20MS%20C2PC – Tactical%20DS.pdf.
[44] FalconView," https://en.wikipedia.org/wiki/FalconView.
[45] Kristan,M.,et al.,"Cursor – on – Target Message Router User's Guide," MP090284 MITRE PRODUCT,2009.
[46] Parks,E.,Integrating the Target Workflow System (TWS) with the Command,Contract No.:DAAB07 – 98 – C – C201,Dept.No.:W407 Project No.:V17A,2003.
[47] National Geospatial – Intelligence Agency (NGA),FalconView,https://www.nga.mil/ProductsServices/Pages/ – FalconView.aspx.
[48] Konstantopoulos,D.,and J.Johnston,J.,"2006 CCRTS:The State of the Art and the State of the Practice," Data Schemas for Net – Centric Situational Awareness,MITRE report,2006.

第 11 章 无线传感器网络在战术情报、监视和侦察中的应用

本书首先阐述了与情报、监视和侦察相关的遥感技术的历史、目标和定义，综述了"本土链"（Chain Home）以及越南战争时期的无人值守地面系统，因为这些系统是战术情报、监视和侦察等传感器原理和发展的先导。每个过往的系统均提供了遥感难点方面的经验教训，即使相关技术在进步，其中一些难点至今仍未克服。对无线传感器网络系统进行改造，使其适用于战术情报、监视和侦察任务，低成本、尺寸和功率引发的数据量、无线电连通性、传感器可靠性方面等尚未克服的挑战成为新的问题，有必要在弹性设计、合格性测试和系统复杂性方面做出相应让步。此外，在基于无线传感器网络的系统中，分布式节点在地平面或接近地平面的高度运行，严重限制了可靠的无线通信和传感器性能范围。为解决这些问题，美国国防高级研究计划局资助开展了一系列项目，进行了大量的研究、开发和测试，大大加速了无线传感器网络的成熟，对战术情报、监视侦察相关的功能做出了响应。

本书在讨论无线传感器网络时，将无线传感器网络解构为元件级子系统和相关技术（如图 11.1 所示），阐述每个无线传感器网络专题的理论和应用，并给

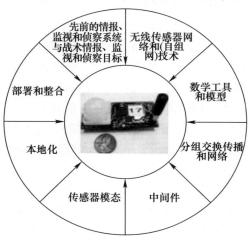

图 11.1 无线传感器网络主题：实战中的战术情报、监视和侦察系统设计

出一些设计案例。本章将这些元件重新组合起来,基于实际的战术情报、监视和侦察场景下的测试和演示,讨论无线传感器网络系统的运用。此外,本章讨论先前的无线传感器网络战术情报、监视和侦察测试和演示提供的经验教训,以及一些已经实现的功能。本章中的关键评估事件重点关注图11.1中所示的无线传感器网络技术的各个方面。

11.1 无线传感器网络在军事上的应用构想

分布式传感器网络的研究起始于1978年,最初为美国国防高级研究计划局资助的分布式传感器网络(DSN)计划。根据分布式传感器网络计划,兰德公司研究了战术情报、监视和侦察的核心功能,其目标是利用空间分布式互联传感器和处理资源,开发、评估有效的目标监控和跟踪能力[1-2]。20世纪80年代,参加分布式传感器网络计划的团队来自密歇根大学(UMI)、加州大学洛杉矶分校(UCLA)和麻省理工学院林肯实验室。

1992年,兰德公司召开了一个概念研讨会[3],形成了之后的无线传感器网络。为配合这些努力,加州大学伯克利分校(UCB)通过美国国防高级研究计划局赞助的"智能尘埃"计划,辨识出了几个概念,对微机电系统技术进行改造,为极小传感器(灰尘大小)提供传感器能力和通信解决方案,能够形成自组织网络(Ad hoc),作为互助式实体运行。同时,1993年在加州大学洛杉矶分校启动的美国国防高级研究计划局无线集成网络传感器(WINS)计划研发了第一代无线传感器网络设备和软件,1996年投入实地测试。无线集成网络传感器证实了多跳自组织无线网络的可行性,是首次验证微电源层面上运行无线传感器和网络算法的尝试。加州大学洛杉矶分校与加州千橡镇洛克威尔科学中心共同开发了一个模块化开发平台,评估各类传感器所需的更复杂的网络和信号处理算法。这些成果凸显了将低功耗实时功能与需要广泛软件开发的高级功能分离的重要性[4]。

在整个20世纪90年代,多个实验室、大学和军事组织加快了无线传感器网络的研究步伐。1998年,美国国防高级研究计划局资助了SensIT计划[5],该计划的研究重点是网络管理功能和基于节点的传感器数据处理方面的中间件。1998年,美国空军研究实验室(AFRL)与加州大学伯克利分校合作资助了一个名为PicoRadio[6-7]的计划,研究解决能够进行自组织通信联网的传感器节点的系统芯片(SoC)实现[3]、机载计算和地理定位。PicoRadio计划体现了美国国防高级研究计划局先进计算计划的关键原则,包括自适应计算和功率感知,从而实现低功耗、低成本无线电收发器芯片组的设计、制造和测试[8]。

1999年,加州大学伯克利分校为响应美国国防高级研究计划局的商业公告

(BAA99-07),启动了"奋进远征:构建流体信息基建"计划。该计划旨在开发用于传感器节点的实时操作系统(RTOS),计划到 2000 年前开发出实时操作系统解决方案 TinyOS(加州大学伯克利分校开发的开放源代码操作系统,专为嵌入式无线传感网络设计)。TinyOS 将处理资源(如机器周期、存储器和处理器活动)的使用降到最低,努力做到代码错误的预先排除[9]。利用新开发的 C 语言(称为 nesC 语言),构建了 TinyOS 1.0 版,在接下来的几年对其进行优化,推出了 1.X 版(2002—2005 年)和 2.X(2005 年至今)。在 2000—2010 年的 10 年间,无线传感器网络取得发展,TinyOS 是这一时期微粒(极小传感器)使用的实时操作系统,其他实时操作系统有 Contiki(一个小型、开源、极易移植的多任务电脑操作系统,专门设计用于一系列的内存受限的网络系统,包括从 8bit 电脑到微型控制器的嵌入系统)和 Arduino(一款便捷灵活、方便上手的开源电子原型平台,包含各种型号的 Arduino 板硬件和 Arduino 集成开发环境软件)。

11.2 无线传感器网络系统的实施和测试

随着传感器节点设计所需的技术、中间件开发和网络处理达到合理的成熟度,无线传感器网络能力的评估和验证成为了美国国防高级研究计划局网络传感器研究的重点。根据无线集成网络传感器、智能尘埃、PicoRadio 和 SensIT 这些努力取得的成果,问题变成了"要利用商用现货部件、实时算法和中间件实施来解决战术情报、监视和侦察问题,能取得哪些成果?"

11.2.1 美国国防高级研究计划局智能尘埃:棕榈镇试验

2000 年 3 月,加州大学伯克利分校在美国海军陆战队(USMC)的支持下,开展了一次概念验证试验。设计了一个基于微粒(极小传感器)的战术情报、监视和侦察系统,在加州棕榈泉(Palm Springs)附近与世隔绝的沙漠中检测车辆的活动情况。这次试验采用了 Rene 微粒传感器平台(Rene 距离传感器),配备两轴霍尼韦尔(HMC1002)磁力计,来检测车道上的车辆活动情况。试验中,以 5m 为中心,向车道约 20m 外的地点空投 6 个微粒(极小传感器)。利用一架无人机,按照 GPS 路线飞行,从空中部署这些微粒(极小传感器)[11]。无人机翼展为 5ft,配备摄像头,预先设置了多点飞行路径计划,其中包括一次低空飞行,沿公路部署微粒(极小传感器)[12]。一旦部署完成,这些微粒(极小传感器)将通过 916.5MHz ISM 频段收发器组建多跳网络,具备简单的开关键控(OOK)调制功能。对内部时钟进行同步,使各个节点获得的离散传感器观测结果之间产生关联。一旦有大型测试车辆(如高机动轮式车辆、牵引式货车)开过传感器节点,磁力计检测到每辆车引发的磁场变化,确定每辆车的最近接近点。检测事件贴上时间标签,并标记为一个车辆事件,传输给邻近节点。无人机飞回微粒传感器布设场地,就可对所布设的微粒传感器获取的数据信息进行查询。数据传输给无人机,无人机可作为滤波中继。无人机降落到任务中心后,从无人机下载数据,进行后续处理和显示。

加州大学伯克利分校在棕榈镇开展的试验提供网络内处理,支持网络容量和系统功率管理,显示出自组织网络的自主性和数据量处理的优势。每个传感器节点都对数据进行处理,导致网络拥塞程度和单个节点的传输时间下降。分布式处理对整个网络的数据负载进行均衡,节省了微粒传感器的功率。值得注意的是,TinyOS 实时操作系统在测试阶段持续改进,降低功耗。这些改进完成后,改进后的 TinyOS 在试验完成时,成功地将功耗降低了一半[11]。

11.2.2　美国国防高级研究计划局:"沙地一条线"试验

在证明了采用无线传感器网络技术实施战术情报、监视侦察功能的潜力后[13-14],美国国防高级研究计划局于 2001 年启动了网络化嵌入式系统技术项目,总结经验,并将研究拓展到有潜力的领域。2003 年,俄亥俄州立大学根据网络化嵌入式系统技术计划,在 MacDill 空军基地(佛罗里达坦帕湾)使用了 90 个微粒传感器(采用加利福尼亚大学伯克利分校的 MICA2 平台)开展了一次相关验证试验,成功地实现了战术情报、监视和侦察系统对各类目标的探测、追踪和分类能力,这些目标包括非武装人员、武装人员(定义为携带钢铁制品者)和车辆。在这次试验中,微粒传感器为人工放置,采用了两种传感器,一种是板载雷达(Advantaca TWR – ISM – 002 脉冲多普勒),另一种是磁力计。

此次测试名为"沙地一条线",其重点是验证无线传感器网络微粒的多功能性,从而成功设置具有目标分类能力的绊索节能配置[15]。此外,这项试验还涉及一些关注的领域,如实时数据压缩、信息过滤和网络管理。微粒节点对传感器信号进行预处理,并在主运行中心完成最终目标分类处理。定义一个影响场域,作为一个空间统计指标,以此为基础实施一个概念,成功实现目标的分类过程。运用俄亥俄州立大学所设计的验证实验架构,即使存在节点故障以及网络不可靠性问题,所部署的微粒传感器网仍然成功实现了目标识别[16]。

11.2.2.1　ExSCAL 试验

在先前试验的基础上,将微粒传感器扩展到硬件测试,不对其进行尺寸限定,以满足实际战术情报、监视侦察任务的要求。到 2004 年,美国国防高级研究计划局根据网络化嵌入式系统技术计划启动了"极限拓展项目"(ExSCAL),其目标是配置一个包含 1 万个微粒传感器的系统,作为自主网络运行,在 10km ×

1km 的监控区域内探测、追踪、分类各种类型的入侵者[17]。2004 年 12 月,俄亥俄州立大学开始部署一个分层多网络系统,其中包含大约 1000 个专门设计的微粒传感器,覆盖 Avon 公园空军靶场 1.3km×300m 的区域,将多达 200 节点进行端到端的自组织网络互联,构建了微粒传感器网络。

该极限拓展项目测试中使用的微粒传感器是经过专门设计的,其重点是通过使用被动传感器模块,实现长久持续的警戒。当时试验性微粒传感器平台尚未普及,无法支持所需的性能。此外,根据极限拓展项目量身定制的传感器节点必须嵌入相关特性,才能实现极限拓展项目的目标,其中包括传感器和射频覆盖、辨别各类目标的能力,以及软件控制数模转换器、基准电压等电源管理能力。这种专门设计还涉及到全向天线设计、无线(多跳)编程能力、插入看门狗定时器以及便于安装的物理包装设计。Crossbow 公司从 2004 年起开始制造这种由俄亥俄州立大学设计的分层多网络系统,称为极限规模微粒传感器网络(XSM100CB)。这种极限规模微粒传感器(之后为 XSM2)的设计采用同样的 Atmega 128L 处理器,与 MICA2 兼容。

图 11.2 所示为极限规模微粒传感器网络(XSM)(上)和极限规模微粒传感器网络电路板(下),其中标明了各种战术情报、监视和侦察模块:音频、磁力计和 4 个被动红外探测器。极限规模微粒传感网使用一个调谐到 433±25MHz 的收发器,采用 2AA 电池(约 6000mW·h)供电。极限规模微粒传感器设计中通过实施 Grenade 定时器电路,整合了支持代码错误恢复的硬件/软件。如前所述,一旦处理器失控,Grenade 定时器确保在发生预先确定的超时后,向一个引导加载程序提供手段,令其最终重新获得控制。通过合理设置处理器熔断图,引导加载程序、中断矢量和句柄将得到保护,从而免受应用代码的影响;而 TinyOS 无法应对这种情况。关于引导加载程序如何识别过期或错误的引导图像以及开展恢复,在极限规模微粒传感器网络设计文献中也有详细阐述[18]。

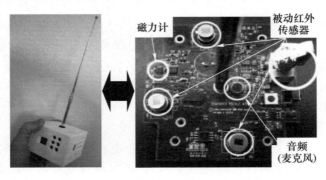

图 11.2　标明了主要传感器模块的 XSM

为支持大规模 ExSCAL 微粒传感器,无线传感器网络架构作为三层系统运行。基底层包含极限规模微粒传感器网络节点。第二层包含基于 Linux 的网关和 GPS 接收器,同样由俄亥俄州立大学设计,各包含 20~50 个极限规模微粒传感器网络节点。第三层也是最后一层,是主基站(滤波器或 AP)。ExSCAL 微粒传感器通过两种独立的应用管理方法进行管理。在中继和网关(XSS)层,一个多级命令与控制框架让操作员可以从基站(中继)开展管理操作。利用该服务,通过第二层网络向各个 XSS 网关上的管理守护进程下达指令。根据指令类型和范围规则,XSS 网关本地执行指令,或调用第一层管理进程。在极限规模微粒传感器网络基底微粒传感器层,单个节点能够自主管理,实现本地中间件服务的访问,从而检测和纠正低级故障,维持节点运行。根据多次 ExSCAL 验证试验的结果,俄亥俄州立大学的设计能够预估 ExSCAL 的成功率和可靠性表现。第一层端到端路由率估计为整个网络的 86.72%,而在第二层该比率为 98.32%。部署故障造成 5.37% 的失败率。观察到本地化故障(11.4%)和再编程故障(5.5%),两者在极限规模微粒传感器网络网络平均分布。协议设计能够容纳故障,基于政策的管理器能够辨识和解决出现违约故障的节点,第一层到第二层总体可靠性估计约为 73%[17]。

在网络化嵌入式系统技术计划下,美国国防高级研究计划局委托弗吉尼亚大学建造和测试一个综合传感器网络系统,开展监控任务,重点放在能源效率和隐蔽性,其成果是 VigilNet 系统,它是一个事件驱动型系统,最初设计利用 MICA2 微粒运行[19]。VigilNet 设计的前提是假定目标事件的战术性监控很少。在此前提下,预计系统闲置时间很长,主动感应、处理或发送消息的需要减少。不过,在出现目标的罕见情况下,需要进行密集的数据收集、处理和消息发送,其优先级高于节能。为了适应这种能耗模式,VigilNet 的设计中加入了绊索概念和哨兵配置,以延长系统使用寿命。

基于微粒传感器网的任务驱动布局,以及各个节点到中继的平均跳数,将微粒传感器网分割为各个绊索分区。这些分区被分为活跃区域和休眠区域,其中休眠区域的微粒传感器按序转入节能模式(睡眠模式),而活跃区域中的所有微粒传感器主动运行。VigilNet 中存在多种分区方法,通过考虑最低跳数或到互联中继的距离,对高质量链路进行预估。哨兵配置采用两个阶段流程:第一阶段确定最近的单跳邻近节点;第二阶段各个节点根据节点能量读数和覆盖等级(节点感应范围内邻近节点的数量)的权重,设定一个定时器值。使用哨兵配置,意味着保留一定比例的微粒传感器充当哨兵。虽然区域内的大多数微粒传感器设置为低功耗(睡眠)模式,但是哨兵仍将保持警觉和就绪状态,在感应到目标事件时向所有微粒传感器触发唤醒消息。VigilNet 可以配置为以绊索、哨兵或两者结合的模式运行。为了对 VigilNet 进行测试,弗吉尼亚大学利用 Avon 公园地区的 200 个微粒传感器,将 VigilNet 移植到极限规模微粒传感器网络微粒,开展持续监控测试。结果表明,采用绊索和哨兵节能方式的 VigilNet 在采用所有节能方法的情况下,提供了一个大幅节能的微粒传感器网络,并将最初的网络工作持续时间从 4 天延长到了 200 天[20]。

2004 年 12 月,美军开展了称为"净点"事件的关键性验证试验,标志着网络化嵌入式系统技术计划研究密集型目标的结束,同时将网络化嵌入式系统技术转移到解决与军事用户相关的问题。随着重点研究阶段的结束,在开始进入验证和证明(V&V)阶段,美国国防高级研究计划局委托诺斯罗普·格鲁曼 IT 公司(NGIT)计算机通信应用部门开展验证和证明任务,以便支持"极限规模自适应网络技术"(ExANT)项目向美国特种作战司令部和国防情报局转让技术。同时,美国特种作战司令部和国防情报局联合委托诺斯罗普·格鲁曼 IT 公司开展自适应网络传感器汇集和分发(ANSCD)计划项目,探究如何在现有的战术情报、监视和侦察系统中运作网络化嵌入式系统技术。自适应网络传感器汇集和分发计划旨在研究如何将基于无线传感器网络的系统与现有的精密传感器和其他战术情报、监视和侦察传感器进行最优整合,如激光振动计传感器系统(LVSS),该系统的设计原理是通过振动签名唯一地辨识目标[21]。

图 11.3 所示为网络化嵌入式系统技术计划相关的极限拓展项目、极限规模自适应网络技术项目、自适应网络传感器汇集和分发项目,包括无线传感器网络发展阶段、测试事件和主要验证试验。图 11.3 展示了美国国防高级研究计划局网络化嵌入式系统技术的总体发展历程,从基本研发计划到俄亥俄州立大学极限拓展项目和弗吉尼亚大学 VigilNet 系统的贡献,再到实现网络化嵌入式系统技术向军事用户转移的后续努力。图 11.3 中使用的缩写定义如下。

(1) FA:现场评估(涉及多达 5 个美国国防高级研究计划局项目计划)。

(2) C2PC:诺斯罗普·格鲁曼 IT 公司开发的具备网络化嵌入式系统技术译码能力,将极限规模自适应网络技术项目及自适应网络传感器汇集和分发项目的微粒传感器网络数据连接到美国海军陆战队的诺斯罗普·格鲁曼指挥控制计算机[22],具备显示战术情报、监视和侦察的能力。

(3) ExA:诺斯罗普·格鲁曼 IT 公司开展的极限规模自适应网络技术验证事件。

(4) I&T:极限拓展项目的最初整合和测试,以便用于极限规模自适应网络技术项目。

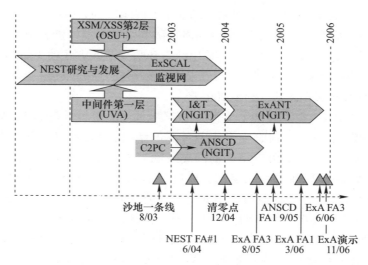

图11.3 网络化嵌入式系统技术无线传感器网络计划发展时间轴

11.2.2.2 极限规模自适应网络技术和自适应网络传感器汇集和分发现场测试

2005—2007年间,诺斯罗普·格鲁曼IT公司开展了运行评估的实地测试。在这两年时间,极限规模自适应网络技术项目在佛罗里达州绿色沼泽地区开展大规模测试(最多达4000个微粒传感器),另外在美国穆迪空军基地所在地区开展小规模的战术性试验(100~200个微粒传感器)。两个测试地区均是战术情报、监视和侦察微粒系统最终用户所需要面对的典型环境。

在测试现场,当地土壤成分及地理特征限制了近地射频传播。在这一测试现场,即使是商用级的VHF通信(49~108MHz)连接也会出现时断时续的情况;在某些特定地区,GPS在L频段也断断续续。即使测试地点面向开阔的天空,也会发生零星通信中断。在两个测试地点,暴雨、茂密的植被和大量野生动物的活动持续对测试造成干扰。虽然这些测试地区代表了实际的使用环境,但极限规模微粒传感器网络设计的目的是用于研究,而不是为暴雨、潮湿和极端温度变化等严酷环境而设计的。由于微粒传感器的消耗率增加,需要不断布置和清理微粒传感器,这也成为了特别耗时的工作。到2006年底,为了节省大型微粒传感器网络的设置、维护和关闭所需的人力和时间,极限规模自适应网络技术大型现场测试转移到了一个大型仓库建筑(>18000ft^2)。虽然现场测试遇到了挫折,但是依然开展了中间件和节点能力的验证,记录了系统的可靠性和误差数据。

图11.4所示为大规模(>1000个微粒传感器)极限规模自适应网络技术测

试活动所采用的框图,此类大型微粒传感器网络采用三层结构,其中顶层为基站(中继),中间为网关(XSS),底层(第一层)为极限规模微粒传感器网络。图11.4(右上部分)还展示了用于在美国特种作战司令部(USSOCOM)架构中支持基于无线传感器网络的战术情报、监视和侦察系统的网络硬件,其中 MOC/P 代表临时运行中心和处理,RSCC 指的是遥感命令与控制,后者是地面到卫星的双工链路,将美国特种作战司令部现场设备连接到部署于世界各地的国防部信息网络。除测试外,极限规模自适应网络技术项目要求诺斯罗普·格鲁曼 IT 公司将中间件代码模块化,再提交到美国国防高级研究计划局控制的代码库,供其他获批准的无线传感器网络计划使用,包括俄亥俄州立大学和弗吉尼亚大学的极限拓展项目。

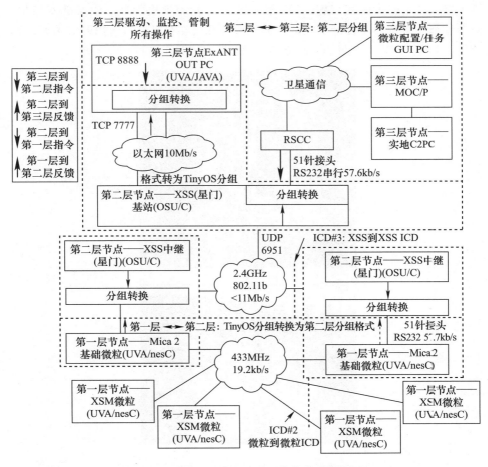

图 11.4　极限规模自适应网络技术系统框图

为进行验证测试，利用国防部信息网络（借助情报、监视与侦察卫星通信，并通过铱星通信系统），通过中继（称为基站或中继），利用远程运行控制计算机将数据和指令直接传送到传感器网络中。利用标准情报操作工作站（IOW），将从测试微粒传感器网络系统中采集到的目标数据传输到战术情报、监视和侦察任务终端，其中标准情报操作工作站使用美国海军陆战队的指挥控制计算机（C2PC），以及 MIL – STD – 2525D 符号体系。采用同样的连接，在佛罗里达 Avon 公园，开展对微粒传感器网络的控制。沿着偏远道路绵延几千米，其中还包括一个交叉路口，进行自适应网络传感器汇集和分发项目的测试部署。图 11.5 所示为交叉路口测试现场的鸟瞰图和地面视图。之所以选择该地区，除了因为该地区的地形和条件符合战术情报、监视和侦察系统运行环境外，还因为该地区具备足够大的感兴趣区域（聚焦区域）、充满挑战的地形以及战术情报、监视和侦察系统追踪目标所在地区的典型特征。在交叉路口可以开展追踪时延评估，目标车辆继续向两个不同方向行进（图 11.5(b)）。

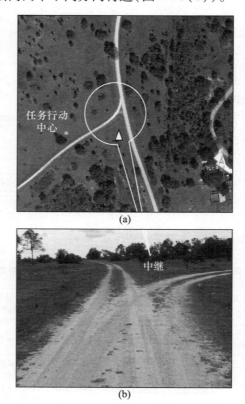

图 11.5　Avon 公园测试地区，其中星号代表运行中心，三角形代表微粒场中继所在地

在自适应网络传感器汇集和分发项目开展过程中,诺斯罗普·格鲁曼IT公司对极限规模微尘传感器设计进行了如下改进:①减少美国特种作战司令部所用的情报、监视和侦察传感器对应的视觉存在;②重新设计收发器子系统,增加射频范围;③加强微粒传感器在严酷(潮湿)环境中运行的能力。经过这些更改,设计出了战术性极限规模微粒传感器(TXSM),去掉了15.5inch的极限规模微粒传感器网络反射天线,对传感器外表进行伪装覆盖,降低了极限规模微粒传感器网络(3.5inch×3.5inch×3inch)原白色立方体的醒目程度,并通过将偶极子替换为更紧凑的PCB天线和工作台,修改了射频电路。图11.6(a)对极限规模微粒传感器网络和战术性极限规模微粒传感器的外观进行了比较。在小型自适应网络传感器汇集和分发(<200个微粒)项目测试中使用战术性极限规模微粒传感器,很好地适应了测试环境,如图11.6(b)所示。

在自适应网络传感器汇集和分发现场,对几个场景进行了评估验证(图11.5)。各个测试序列使用了不同目标的组合(非武装人员、武装人员、车辆)。在初始化阶段,中间件自动确定哪些微粒传感器进入低功耗模式、关闭或以哨兵模式运行。除了测试微粒传感器网络外,自适应网络传感器汇集和分发项目现场测试还用于验证微粒传感器网络与美国特种作战司令部精密传感器之间的互操作性。配置战术性极限规模微粒传感器,使其充当"敲钟人",对能耗更高的精密传感器摄像头系统进行警报和激活操作。在车辆进入受监控车道的地方进行测试,对穿过微粒传感器网络场的车辆进行监测、追踪和分类。

当检测到目标移动时,微粒传感器网络场也会向精密传感器摄像头(或震动/声学传感器)发出警报,通知相应的传感器开启,并获取目标的可见光和红外视频。中继(基站或中继)系统借助路由器,利用情报、监视与侦察卫星通信将微粒传感器和精密传感器获取的目标信息(包括图像数据)传送到任务行动中心(MOC)。图11.7所示为该精密传感器演示试验中所用的端到端架构。图11.7中包含该测试所用的两个精密传感器摄像头(可见光和红外)图片。该架构分为现场传感器(微粒传感器场和精密传感器)、全球中继、地面数据路由区段和任务行动中心。

不出所料,所部署的微粒传感器在不同使用情况下以截然不同的方式出现了故障。总结进行自适应网络传感器汇集和分发项目和极限规模自适应网络技术项目的现场验证测试时获得的经验教训,形成了实用的调试流程,以找出故障的微粒传感器和/或链路。此外,还设计了故障诊断工具,来快速识别微粒传感器故障。图11.8所示为无线传感器网络测试中成功使用的两个监控工具。塔式接收器可以截获射频信息,识别发送微粒传感器的身份信息(微粒ID),生成

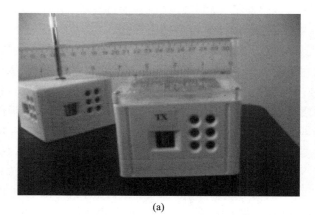

图 11.6　战术性极限规模微粒传感器、低可视度和
紧凑天线大幅增加射频范围(链路可靠性)
(a)配备重新设计的战术性极限规模微粒传感器(前景)的
原极限规模微粒传感器(背景);
(b)现场的战术性极限规模微粒传感器。

每个微粒传感器在各个固定时段发送的消息直方图。图 11.8(a)所示为各个微粒传感器丢失的消息统计图。使用此工具,如果微粒传感器成功加入网络,开始产生多余的消息流量,则统计图中就会显示出来。通过自行修复,可以解决此问题。如果自行修复不成功,则发送指令,将微粒传感器关闭;如果这一操作仍然不成功,则可以通过微粒身份信息定位微粒,用人工方式将其关闭。这些信息微粒传感器会用无用的消息流量独占链路,造成拒绝服务攻击中常见的拥塞,干扰网络的组建。

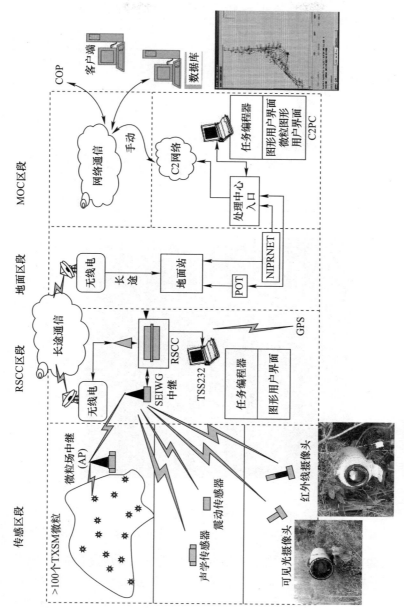

图 11.7 精密传感器设备的端到端极限规模自适应网络技术/自适应网络传感器汇集和分发项目的测试架构

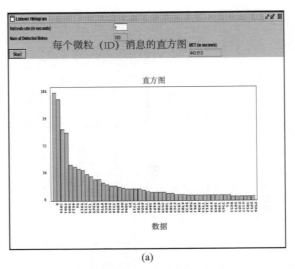

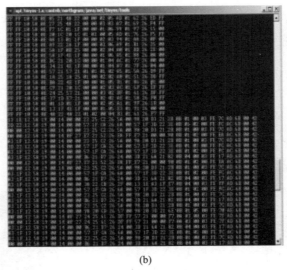

图 11.8 测试过程中监控站点

(a) 每个微粒(ID)消息的直方图; (b) 网络初始化阶段的 TinyOS 工具。

未启动的微粒传感器故障最容易处理,因为这些微粒传感器不干扰或堵塞网络;只是未能加入网络(或未能提供有用的传感器信息)。图 11.8(b)所示为一款 TinyOS 工具,该工具通过各个微粒传感器的中间件阶段来描述初始化过程。在现场测试验证实验中观察到的第三种故障,是微粒传感器虽然成功启动,开始传输信息,但却不能成功加入网络。这些微粒传感器会在

433MHz ISM 信道上发送数据,堵塞邻近微粒传感器,干扰射频链路。利用便携式射频频谱分析仪可以确定这些发生拥堵的微粒传感器的位置。图 11.9 所示为用于拦截网络消息的接收器塔。接收器是一个加载了故障诊断软件的微粒传感器,用于捕捉网络流量,产生各类显示结果,用于寻找和解决微粒传感器故障。

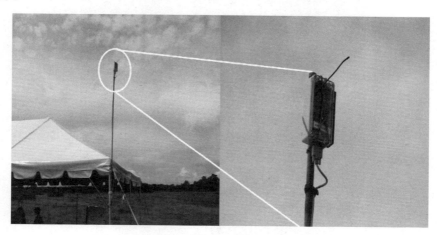

图 11.9 测试中的监控站:现场监听微粒(塔)

11.2.2.3 极限规模自适应网络技术大规模验证试验

当大规模现场测试转移到一个 18000ft² 的封闭区域后,极限规模自适应网络技术中间件的改造和开发开始加速。2007 年 6 月,极限规模自适应网络技术项目接近尾声,开展了最后的一系列测试和验证。在封闭区域内,利用地面和墙壁上的 1m×1m 区域建立了一个大型微粒传感器场(>2400 个微粒传感器),将微粒传感器数量增加到最多。图 11.10 所示为所用的大型测试区域。图 11.10(a)为大型区域之一,其中极限规模微粒传感器网络微粒在地面和墙壁上整齐排列成阵列。图 11.10(b)为两个主要区域,包括一个由 69 个微粒传感器组成的外部小型线性微粒传感器场,以及一个 SOF 摄像头系统(精密传感器),用于演示 IED 场景。在图 11.10 中,三角形图标代表用于组建极限规模自适应网络技术微粒传感器场的第二层网关,以及用于从外部微粒传感器场提取数据的单个中继。

两个系统使用同一个任务行动中心(MOC)来运作和控制,该任务行动中心也位于测试区域。为了适应极限规模微粒传感器网络微粒的高密度,避免大型现场出现射频信号饱和,并未像测试设置照片图 11.10(a)中那样对所有微粒天线进行延展。对于大型测试现场,同 VigilNet 部署一样,使用了全部三个层级

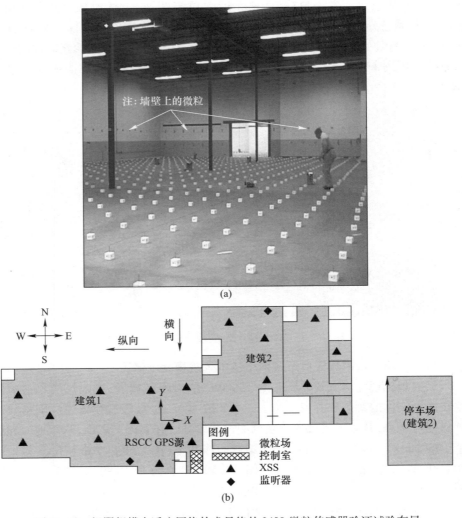

图 11.10 极限规模自适应网络技术最终的 2400 微粒传感器验证试验布局
(a)封闭测试区域照片;(b)测试区域 1 和 2 示意图(停车场 IED 模拟)。

(XSM、XSS 和中继)。测试任务行动中心和主微粒传感器场的连接如图 11.11 所示。对于 2400 个微粒传感器的微粒传感器场,使用美国特种作战司令部的一个中继,通过卫星通信网络,将微粒传感器场连接到任务行动中心。使用图 11.11 中的标签,利用极限规模自适应网络技术图形用户界面显示器(SWLAB02)和中继处理器(HWLABB01)在测试过程中监控各层状态。指挥控制计算机接收传感器的数据,并对数据进行格式处理,叠加到同一操作图上的工作,由一台笔记本电脑(OPSGATEWAY)完成。远程传感器指挥与控制和全球网络的状态通过一台标准指挥控制计算机(OPSPORTAL)提供。如前所述,持续开展测试诊断。433MHz 监听器/中继电脑(HWLAB02)和直方图/网络摄像头显示电脑(SWLAB01)根据操作员指令,拦截网络流量,并提供警报、图形和日志。

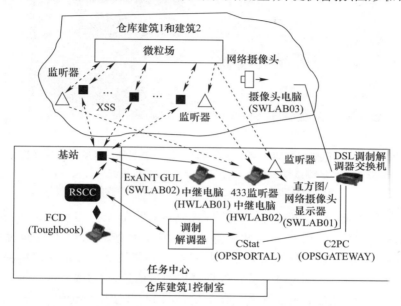

图 11.11　极限规模自适应网络技术计划最终测试的通信和控制架构

外部验证现场(IED 场景)包含一个无人值守地面传感器摄像头,后者通过远程传感器指挥与控制连接到线性极限规模微粒传感器网络微粒场。如图 11.12(a)所示为部署的微粒场和精密传感器摄像头。极限规模微粒传感器网络微粒沿车道排列,在测试场远端放置一个可见光摄像头。车辆或人员进入监控区域,然后停留一段时间,以此测试可见光摄像头的提示能力。如果停留时间超过预设(指令)时间,微粒就会提示可见光摄像头启动,抓取一个序列的图片,然后将图片和警报消息转发给任务行动中心。图 11.12(b)中的图像系由精密传感器可见光摄像头拍摄,在车辆停止或人员下车在路边放置物品(车辆左侧的黑盒子)时,该摄像头获得提示。

通过这些最终测试和验证,利用大型测试现场内的人员和机器人车辆(红外线和磁力目标),对微粒场能力的多个方面进行了评估。为了确保极限规模自适应网络技术测试以军事应用为重点,在特别行动部队(SOF)有丰富经验的人员直接参与各个测试阶段和活动,包括在 Avon 公园和绿沼泽开展的测试,以及最终验证活动。通过各类目标、目标数量、目标区间,大型微粒场成功地检测、

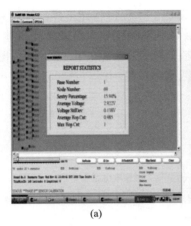 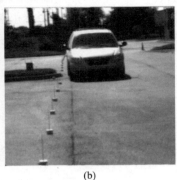

(a)　　　　　　　　　　　　　(b)

图 11.12　极限规模自适应网络技术在简易爆炸装置测试区域进行最终验证
（100 个微粒的测试场充当无人值守地面传感器,可见光摄像头延迟提示）
(a)微粒场设置；(b)通过激活测试目标微粒场获得的图像。

分类、追踪了各类事件,并通过一台指挥控制计算机显示器报告。此外,在一个测试阶段,两组人员从仓库的两头进入,触发了系统。每组人员通过 Sprint Blackjack 手机(三星 SGH-i607)上指挥控制计算机移动显示的实时链路,了解另一组的位置。从指挥控制计算机处理器提取该信息,通过 Wi-Fi 链路转发到手持设备。利用微粒数据在这些设备上监控目标,并使用标记语言跨主机通信生成屏幕图标[23]。

当时,该极限规模自适应网络技术微粒场是最大的联网和运行中的无线传感器网络系统,在 20 个网关设备上有超过 2200 个微粒联网。图 11.13(a)和图 11.13(b)分别为 2226 个微粒(6 月 26 日)和 2195 个微粒(6 月 27 日)的联网和运行微粒场。两天的最终验证试验成功表明,无线传感器网络可以实时支持战术情报、监视和侦察系统的功能,实现几分钟内在世界任何地方处理、传播结果。这些测试也显示了运行单个任务行动中心系统的两个偏远独立区域的无线传感器网络可以无缝整合。

该试验成功地评估了几个中间件应用,包括以下：
(1) 网络管理系统,包括自组织、自修复网络操作。
(2) 单个节点本地化。
(3) 通过参考微粒场的追踪数据实现地理配准。
(4) 节点和网络电源管理。
(5) 空中无线按需和自启动重新编程。
(6) 自主目标检测、追踪和分类。

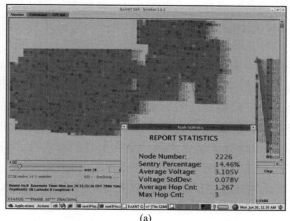

图 11.13　极限规模自适应网络技术最终试验布局
(a)2226 个节点(2007 年 6 月 26 日)；(b)2195 个节点(2007 年 6 月 27 日)。

（7）评估的安全通信措施(TinyPK,11.2.2.4 节中讨论)。

（8）切换传感器排队到历史(运行中的)先进传感器(无人值守地面传感器)。

（9）向各个运行的情报、监视与侦察显示器直接注入无线传感器网络传感器场数据,包括指挥控制计算机、目标光标和猎鹰视图。

11.2.2.4　无线传感器网络微粒安全研究

如第 8 章所述,无线传感器网络由于其本身属性,易于受到安全隐患的威胁：为了有效运行,包含大量空间分布、无线互联的节点。通过物理方式,可以对无线传感器网络实施多种攻击,如干扰射频链路、引入恶意消息或代码,或仅仅监听。

如果对无线传感器网络元件的保护不力,那么大量的机密信息可能遭到访问、销毁或篡改。在传感器节点上配置安全元件来防御此类攻击时,遇到的障碍是此类安全元件的计算能力和通信能力有限。密码算法并不简单,对低功耗微控制器系统的处理能力构成了不小的挑战。

在网络化嵌入式系统技术开发过程中,美国国防高级研究计划局和相关研究团队并未忽略此类安全漏洞。致力于解决安全问题的无线传感器网络团队转向分组交换网络寻求解决之道。在传统网络中,占据主导的流量模式是端到端通信,中间路由器只要求读取消息头部信息。消息的真实性、完整性和机密性通过端到端安全机制实现,如安全外壳(SSH)、安全套接层(SSL)或互联网协议安全(IPSec)[24]。在无线传感器网络中,占据主导的流量模式是多对一,多个节点在一个多跳拓扑上通信,来访问过滤中继。

传感器网络中的邻近节点通常会引发同样或相关的事件,如果每个节点都向中继发送响应分组,则会造成能源和带宽的浪费。为了减少冗余消息,无线传感器网络系统采取聚集和重复消除机制,这就要求中间节点访问、修改、压制消息内容。因此,无法像有线数字网络一样实施传感器节点到中继的端到端安全机制。端到端安全机制也面临各种拒绝服务攻击。如果只在最终接收端检查消息完整性,则网络可能会在检测之前就对敌方多跳注入的分组进行路由,消耗能源和带宽[25]。

在无线传感器网络发展的早期阶段,加州大学伯克利分校开发了TinySec,这是首个针对无线传感器网络系统的完全实施的链路层安全架构。TinySec的设计参考其他无线网络(如802.11b和GSM)相关的安全协议中的设计漏洞。在无线传感器网络中,TinySec受到有限微粒资源的限制,要求进行权衡;不过,此类网络限制也带来了一种固有优势,可用于分组开销和资源要求的设计中。链路层安全架构可在未授权分组首次注入网络时检测到这些分组。链路层安全机制确保邻近节点之间传输的消息的真实性、完整性和机密性,同时实现网络内处理。

TinySec利用链路层,提供两种不同的安全模式选择:带身份验证的加密和仅身份验证。在前一种模式下,对数据进行加密,利用MAC在分组中添加身份验证代码。不过在后一种模式下,不对数据加密。据加州大学伯克利分校(UCB)透露,在最占用资源和最安全的模式下,能耗会产生10%的额外耗电量。类似地,TinySec对带宽和时延的影响很小,证明是资源极其受限情况下的理想之选[25]。TinySec在无线传感器网络中广泛采用,无法解决所有的安全问题,如无法防止消息再发送攻击[26]之后的TinySec版本加入了美国国家安全局的Skipjack,后者采用简单快速的块加密算法,提供了进一步保护。

BBN技术公司在网络化嵌入式系统技术计划的资助下,研究如何通过针对微粒开发传统的模块化算法密码系统(TinyPK),保障无线传感器网络系统的安全。公共密钥(PK)技术广泛用于支持互联网主机和互联的对称密钥管理。虽然历史悠久、广泛使用的公钥加密算法对微粒而言过于复杂,但是BBN考虑了这种体制,并实施了Diffie-Hellman密钥协议算法。其结果是BBN证明了基于PK的协议可用于资源受限的传感器网络。TinyPK体制针对微粒网络采用TinySec对称加密服务,提供了微粒人工验证和安全通信所需的功能。有了TinyPk,被窃取和逆向工程的单个微粒无法用于冒充有不同证书的其他微粒——用极少的支出实现了一定程度的保护。遗憾的是,TinyPK未能解决撤销被窃取私钥的问题。同样,在TinyPK的设计中,对DoS攻击的防范较为有限;不过,无线电硬件的提升,包括IEEE 802.15.4展频能力的拓展(较低的检测和拦截概率),最终可以解决DoS问题。随着微粒网络扩展到更大规模,不可避免地要用到多个会话密钥,无线传感器网络系统本身将需要在内部生成和部署新的密钥[27]。

11.3 无线传感器网络与传感器网页服务的整合

过去10年来,对无线传感器网络的能力和技术的研究、开发和改进一直在不断进行。相关技术快速成熟,重塑了战场空间。其中最引人注目的是低成本无人飞行器(如无人机)和基于网络传感器的单兵可穿戴设备的出现。随着无人自主平台和无人装备(空中、海上和地面)的影响力不断增加,未来的战术情报、监视和侦察系统会具备更多新的、令人意想不到的能力。传感器网络以超过1万个传感器节点的数量级进行增长,由此导致搜索和查询之类的网络管理和数据操作成为极其困难的任务。为了解决和缓解这种复杂性,引进了传感器、节点和域的说明性描述语言,并用于进一步组织和控制庞大的网络。

美国国防高级研究计划局的网络化嵌入式系统技术计划的卓越努力和显著成果一直影响着传感器网络相关的研究和分析。许多论文都是基于美国国防高级研究计划局赞助的无线传感器网络方面的研究成果而撰写和发表的。尤其值得注意的是,随着传感器节点实时操作系统的进步,目前TinyOS依然被大量使用[28]。

11.3.1 语义传感器网络

正如第1章所述,传感器网络仍然面临数据量的问题。如果数据量过大,而又不充分了解如何处理的话,则会导致传感器网络效率低下,甚至还会导致完全丧失关键的关联性。要缓解数据量过多的问题,一种办法是用语义元数据注释传感器数据,提高异构传感器网络之间的互操作性,为态势感知提供关键的语境信息。这种设计策略是语义传感器网络(SSW)方法背后的驱动力,设计用于辅助数据的集成与发现[29]。语义传感器网络是一种特殊类型的网络中心型信息基础设施,用于搜集、建模、储存、检索、共享、操作、分析和可视化传感器信息和传感器所观测到的现象。语义传感器网络受益于 1994 年成立的开放地理空间联盟,这是一个由业界、学界和政府组织组成的国际联盟,负责制定开放的地理空间标准[30]。

通过对传感器、节点、域和网络的标准化声明性描述,大大降低了网络管理和数据操作的复杂度。此外,语义传感器网络中运行的传感器能够发现新的传感器,自主分享新发现的传感器相关的传感器数据(时间戳和空间坐标)。用基于语义网页的语言对传感器进行描述和对传感器观测数据进行编码,实现对传感器资源的表征、高级访问和形式化分析。有了语义传感器网络,就实现了传感器和语义网技术的融合[29],未来的战术情报、监视和侦察系统将大大受益于该协调工具的纳入。

11.3.2 美国国土安全部验证试验

除了新的无线传感器网络移动平台(如无人机和单兵可穿戴设备)以外,对于边境和地区(如机场)安全的关注也催生了智能视频技术。不幸的是,许多障碍限制了监控视频在大面积监控中的有效性,包括提供足够覆盖面所需的摄像头数量,这些摄像头会产生大量数据集,海量的数据淹没了有效信息,给系统用户带来困扰。IntuVision 公司和诺斯罗普·格鲁曼 IT 公司利用美国国土安全部(DHS)科技局的资金,联合开发了一款原型监控系统,通过智能传感器微粒、智能视频摄像头和传感器网络技术,协助大区域监控行动,以加强边境和关键基础设施的安全。该原型系统概念通过在传感器网络框架中使用智能视频节点,从而克服了监控方面海量数据集的处理问题。

智能视频节点是一款具有自动事件检测能力的 IP 视频摄像头,它能够通过外部传感器获得提示。通过微粒传感器场的观测信息形成警报,并利用诺斯罗普·格鲁曼 IT 公司提出的 PULSENet 服务框架[31]智能路由到智能视频节点摄像头,为智能视频节点扫描机制提供实时方向信息和方向指导。PULSENet 提供了一个基于标准的框架,用于异构传感器及其元数据以及观测数据的发现、访问、使用和控制。利用 intuVision 公司研发的的智能视频控制技术、诺斯罗普·格鲁曼 IT 公司基于被动红外传感器的微粒和 PULSENet 技术[32],设计、实施并测试了边境安全和监控的原型系统。图 11.4 描述了美国国土安全部测试使用的被动红外传感器微粒场的测试过程。图11.14(a)为用于整个无线传感器网络/智能视频节点/传感器网络赋能系统验证试验的被动红外传感器微粒现场测试。图11.14(b)为PULSENet分析师屏幕的截图,显示通过被动红外传感器微粒场提供的、对着某个地点的摄像头旋转角度(黑线)。图11.14(b)中笔记本电脑屏幕左上角图像,是智能视频节点所获取到的实时信号。

图11.14 被动红外微粒传感器测试图
(a)准备和端到端测试;(b)现场实时提示,摄像头立即调整转向威胁活动方向。

11.4 作为物联网的无线传感器网络

基于无线传感器网络的系统旨在通过访问全球通信架构和互联网服务,来利用其他各方的能力。基于此,无线传感器网络被认为是物联网的子集。这正是美国国防部对物联网担忧的主要原因:易遭受对手攻击的威胁。目前美国国防部正在这方面不断努力,解决方案仍然在评估中,其中包括美国国家安全局(NSA)的"遵守连接"(C2C)[33]网络安全平台,该安全平台能够自动跟踪所发现的网络设备,进行访问控制,并与指数级增长的实体网络保持同步。

以前的战术情报、监视和侦察系统的安全依赖于对输入目标信号的物理访问、保护和防欺骗机制。先进的战术情报、监视和侦察系统的设计则需要考虑如何更好地融入复杂的态势感知,从而为无线传感器网络系统提供复杂的逻辑判断,在信息有限的情况下,能成功自主运行。战术情报、监视和侦察系统需要根据传感器网络节点退化或不完整的输入集合,推测出所观测到的事件的全面概况,包括是否受到安全攻击。

11.5 国防部正在进行的行动实例

军队内部的无线传感器网络技术研究已经重新获得武装部队的大量支持[34]。尤其值得注意的是对美国陆军大型前沿作战基地(FOB)和战术行动中心(TOC)的保护。无线传感器网络已经成为周界防御系统中的一种综合能力,无线传感器网络等智能技术能够提高持续监控能力,包括识别潜在的威胁。一个尚未解决的问题是无线传感器网络缺乏透明的互操作性,这对物联网能力的无缝集成构成了挑战。为解决这个问题,美国陆军作战能力发展司令部的美国陆军研究实验室(ARL)正在研究远程广域网(LoRaWAN)覆盖范围内,包括城市地区,与智能设备互联,并与现有的通信基础设施互联[35]。为了测试这些概念,陆军评估了远程广域网在城市环境中发送、接收数据的能力,这对城市环境中的城市化地形军事行动(MOUT)的战争形态产生重大影响[36]。美国陆军研究实验室还解决了其他与无线传感器网络相关的问题,包括改进传感器模块的研究,如基于环层小体的高灵敏度的震动传感器[37]。

目前正在研究单兵可穿戴设备与环境感知传感器的连接性问题。各类有人平台和无人平台之间的互联操作一直并将继续扩展移动自组织网络系统的定义,并基于优先级设定和相关性智能数据过滤,提升有人和无人平台之间的互操作性。美国国防高级研究计划局提出的马赛克战(MOSAIC)[38]等概念,通过部署低成本、自适应和可损耗的系统(这些系统能够承担多重角色,互相协调行动)、迷惑、压倒对手部队,为军事作战提供了一种系统之系统的作战样式。马赛克战有望成为一种颠覆性技术,其目标是让敌方的决策过程变得复杂和崩溃。

参考文献

[1] "Proceedings of a Workshop on Distributed Sensor Nets," Information Processing Techniques Office, DARPA Teport AD – A143 691, hosted by Carnegie – Mellon University, December 1978.

[2] MIT/Lincoln Laboratories, "Distributed Sensor Network," Semi – Annual Technical Summary Report AD – A182 216, 1986.

[3] Cook, B. W., et al., "SoC Issues for RF Smart Dust," Proceedings of the IEEE, 2006.

[4] Pottie, G., and W. J. Kaiser, "Wireless Integrated Network Sensors," Communications of the ACM, 2000.

[5] Kumar, S., "SensIT: Sensor Information Technology for the Warfighter," in Proc. 4th Int. Conf. on Information Fusion, 2001, pp. 1 – 7.

[6] Merrill W., K. Sohrabi, and G. J. Pottie, "Pico Wireless Integrated Network Sensors (PicoWINS): Investigating the feasibility of Wireless Tactical Tags," U. S. Army Soldier and Biological Chemical Command, Final Report, 2002.

[7] Rabaey, J., et al., "Picoradio Communication/Computation Piconodes for Sensor Networks," ARFL Report VS – TR – 2003 – 1013, 2003.

[8] Hill, J., "System Architecture for Wireless Sensor Networks," dissertation submitted in partial satisfaction of the requirements for the degree of Doctor of Philosophy in Computer Science, University of California – Berkeley, 2003.

[9] Levis, P., "Experiences from a Decade of TinyOS Development," OSDI'12: Proceedings of the 10th USENIX conference on Operating Systems Design and Implementation, 2012.

[10] Tan, S., and B. A. Nguyen, "Survey and Performance Evaluation of Real – Time Operating Systems (RTOS) for Small Microcontrollers," IEEE Micro, 2009.

[11] "29 Palms Fixed/Mobile Experiment," University of California—Berkeley and MLB Company, 2004.

[12] Weng L., et al., "Neural – Memory Based Control of Micro Air Vehicles (MAVs) with Flapping Wings," in Advances in Neural Networks, D. Liu, et al. (eds), Lecture Notes in Computer Science, Vol. 4491, Berlin: Springer, 2007.

[13] Alexander, J., statement to the Subcommittee on Emerging Threats and Capabilities, Armed Services Committee, U. S. Senate, 2001.

[14] Tether, A., "Multidisciplinary Research," submitted to the Committee on Science U. S. House of Representatives, 2005.

[15] Arora, A., et al., "A Line in the Sand: A Wireless Sensor Network for Target Detection, Classification, and Tracking," Computer Networks: The International Journal of Computer and Telecommunications Networking, 2004.

[16] Madhuri, V., S. Umar, and P. Veeraveni "A Study on Smart Dust (MOTE) Technology," IJCSET, 2013.

[17] Arora, A., et al., "ExScal: Elements of an Extreme Scale Wireless Sensor Network," 11th IEEE International Conference on Embedded and Real – Time Computing Systems and Applications (RTCSA'05), 2005.

[18] "Chapter 3: The Extreme Scale Mote (XSM)," http://www2.ece.ohio – state.edu/~bibyk/ee582/XscaleMote.pdf.

[19] He, T., et al., "VigilNet: An Integrated Sensor Network System for Energy – Efficient Surveillance," ACM Transactions on Sensor Networks, 2006.

[20] Vicaire, P., et al., "Achieving Long – Term Surveillance in VigilNet," ACM Transactions on Sensor Networks, 2009.

[21] Cole, T. D., and A. S. El – Dinary, "Estimation of Target Vibration Spectra from Laser Radar Backscatter Using Time – Frequency Distributions," SPIE Applied Laser Radar Technology, 1993.

[22] Parks, E., "Integrating the Target Workflow System (TWS) with the Command and Control Personal Computer (C2PC) System: Proof of Concept," MITRE white paper, 1999.

[23] "KML 2.1 Reference—An OGC Best Practice," Open Geospatial Consortium Inc., Report #OGC – 07 – 039r1, Google, 2007. [24] "SSL, SSH and IPSec," Swarthmore Briefing, https://www.cs.swarthmore.edu/~mgagne1/teaching/2016_17/cs91/SSL_IPsec.pdf, Accessed 5/27/2020.

[25] Karlof, K., N. Sastry, and D. Wagner, "TinySec: A Link Layer Security Architecture for Wireless Sensor Networks," ACM SenSys'04, 2004.

[26] Dener, M., Security Analysis in Wireless Sensor Networks," International Journal of Distributed Sensor Networks, 2014.

[27] Watro, R., et al., "TinyPK: Securing Sensor Networks with Public Key Technology," Proceedings of the 2nd ACM Workshop on Security of Ad Hoc and Sensor Networks SASN '04, 2004.

[28] Xie, X., "Developing a Wireless Sensor Network Programming Language Application Guide Using Memsic Devices and LabVIEW," Master of Technology Management Plan II Graduate Projects, College of Technology, Architecture and Applied Engineering, Bowling Green State University, 2014.

[29] Broring, A., et al., "New Generation Sensor Web Enablement," Sensors, 2011.

[30] Sheth, A., C. Henson, and S. S. Sahoo, "Semantic Sensor Web," IEEE Internet Computing, 2008.

[31] Fairgrieve, S., J. A. Makuch, and S. R. Falke, "PULSENet?: An Implementation of Sensor Web Standards," International Symposium on Collaborative Technologies and Systems, 2009.

[32] Guler, S., et al., "Border Security and Surveillance System with Smart Cameras and Motes in a Sensor Web," Proceeding of SPIE Independent Component Analyses, Wavelets, Neural networks, Biosystems, and Nanoengineering VIII, 2010.

[33] National Security Agency (NSA), "Comply – to – Connect," Information Assurance Symposium (IAS), 2016.

[34] Castiglione, A., et al., "Context Aware Ubiquitous Biometrics in Edge of Military Things," IEEE Cloud Computing, 2017.

[35] Kanowitz, K., "Army Tests Smart – City Communications Tool, GCN, 2019.

[36] Saccone, L., "Army Studies Smart Cities for New Communication Methods," In Compliance, 2019.

[37] U.S. Army CCDC Army Research Laboratory Public Affairs, "Army Researchers Develop Innovative Sensor Inspired by Elephant," 2020.

[38] Grayson, T., "Mosaic Warfare," DARPA/STO Brief, 2018.